CAE分析大系

ANSYS Workbench结构分析与实例详解

◎ 许京荆 编著

人民邮电出版社
北京

图书在版编目（CIP）数据

CAE分析大系 ： ANSYS Workbench结构分析与实例详解 / 许京荆编著. -- 北京 ： 人民邮电出版社，2019.2（2022.8重印）
ISBN 978-7-115-49534-1

Ⅰ. ①C… Ⅱ. ①许… Ⅲ. ①有限元分析—应用软件 Ⅳ. ①O241.82-39

中国版本图书馆CIP数据核字(2018)第228280号

内 容 提 要

本书着眼于ANSYS软件的使用和实际工程应用，结合有限元分析方法和具体的软件操作过程，从工程仿真分析实际出发，详细介绍了ANSYS Workbench 18.2有限元分析软件的功能和处理各种问题的使用技巧，以及结构的静力分析、应力分析、网络划分、合理的有限元模型的建立、静强度分析、疲劳强度分析、热变形及热应力分析等。本书提供的每个分析案例包括工程问题的简化，分析模型的建立，施加边界条件及求解，结果的评定期待接近于工程实际。

本书为初学者提供机械工程中CAE涉及的有限元方法的基础理论及实践知识，基于ANSYS Workbench 18.2软件平台，初学者将学会使用商业化的有限元分析软件解决工程问题。

◆ 编　　著　许京荆
责任编辑　杨　璐
责任印制　陈　犇
◆ 人民邮电出版社出版发行　　北京市丰台区成寿寺路11号
邮编　100164　　电子邮件　315@ptpress.com.cn
网址　http://www.ptpress.com.cn
固安县铭成印刷有限公司印刷
◆ 开本：787×1092　1/16
印张：23.25　　2019年2月第1版
字数：701千字　　2022年8月河北第8次印刷

定价：79.00元

读者服务热线：(010)81055410　印装质量热线：(010)81055316
反盗版热线：(010)81055315
广告经营许可证：京东市监广登字20170147号

Preface
前言

目前，有限元方法 (FEM) 已成为预测及模拟复杂工程系统物理行为的主流趋势。商业化的有限元分析(FEA) 程序已经获得了广泛认同，因此，无论是在校本科生、研究生，还是科研工作者、工程设计人员都需要了解 FEM 的理论，而且需要学会使用有限元分析应用程序。

ANSYS 软件是融结构、流体、电磁场、声场和系统等分析于一体的大型通用有限元分析软件，广泛应用于航空、航天、电子、车辆、船舶、交通、通信、建筑、电子、医疗、国防、石油和化工等众多行业。目前，ANSYS 提供了完整的软件套件，涵盖了整个物理领域，对于一个设计过程而言，所需要的几乎任何工程模拟领域都可用 ANSYS 系列软件实现。ANSYS 作为现代产品设计中的高级 CAE 工具，其优越的工程可伸缩性、综合的多物理基础和自适应体系结构，通过模拟驱动的产品开发，为工程设计过程增加价值，提高效率，推动创新，并减少物理约束，使模拟测试成为可能，从而大大增强了工程模拟深度和广度。

ANSYS 产品中的 Workbench，以项目流程图的方式，将结构、流体和电磁等各种分析系统集成到统一平台中，进而实现不同软件之间的无缝链接。ANSYS 18.2 Workbench 操作便捷，处理复杂的工程模型更为方便，软件的分析功能和各项操作也有了更好的提升和发展。

读者对象

本书的目的是为初学者提供机械工程中 CAE 涉及的有限元方法的基础理论及实践知识。基于 ANSYS 18.2 Workbench 软件平台，初学者将学会使用商业化的有限元分析软件解决工程问题。本书具体着眼于 ANSYS 软件在实际工程中的应用，结合有限元分析方法和具体的软件操作过程，从工程仿真分析实例出发，详细介绍了 ANSYS 18.2 Workbench 有限元分析软件的功能和处理各种问题的使用技巧。

主要内容

第 1 章为初学者提供有限元方法的基础理论及实践知识，介绍了工程问题的数学物理方程及数值算法、相关的有限元基本方法及分析技术，以及如何使用有限元分析软件 ANSYS 18.2 Workbench 对简单的一维模型进行分析，并给出了结构、稳态热及稳态电流数值模拟案例加以分析和讨论。

第 2 章侧重 ANSYS 18.2 Workbench 基本功能及使用。ANSYS Workbench 集成平台采用项目图解视图，通过简洁的拖放操作完成简单至复杂的多场耦合分析。通过第 2 章介绍其基本的使用原则及对多场耦合案例给出详细的数值模拟过程，帮助读者理解及掌握 ANSYS Workbench 平台的使用。

第 3 章侧重 ANSYS Workbench 中的结构分析基础部分。在实际工程中，结构承受静载荷和动载荷的影响，而最基本的是搞清楚静载作用下的结构响应。ANSYS Workbench 结构分析基础部分，仅关注结构静力分析问题。本章详述了静力分析的相关概念及强度评估方法，并针对一个机车轮轴的工程案例，基于整体和局部不同的设计评估关注点，给出不同分析处理方式，并介绍了如何考虑将实际的工程问题转换为不同的分析模型的求解技术。

第 4 章侧重 ANSYS Workbench 结构网格划分的内容。网格是有限元数值模拟过程中不可分割的一部分，直接影响到求解精度、求解收敛性和求解速度。本章主要描述 ANSYS 18.2 Workbench 结构整体及局部网格划分方法、过程及其相关选项，以及如何检查网格质量，利用虚拟拓扑工具辅助网格划分提高网格质量，并分别给出单个零件及装配模型的网格划分案例，描述详细的操作过程并对不同网格进行对比，帮助读者熟悉及掌握结构网格划分技术。

第 5 章侧重如何在 ANSYS Workbench 中建立合理的有限元分析模型。对分析设计而言，合理的有限元分析模型意味着如何将工程问题转化为正确的数理模型。建立合理分析模型往往需要经历一个复杂的过程。本章利用 ANSYS 软件提供的众多工具，先讨论了结构分析建模涉及的相关求解策略，包括结构如何理想化，怎么提取有效的分析模型，网格划分需要注意的问题，加载求解及结果评估中需要考虑的要点，以及应力集中的处理等。再基于 ANSYS 18.2 Workbench 平台，详述了结构分析模型的处理，包括软件分析中对体类型、多体零件、点质量、厚度和材料属性等的描述及处理。然后重点讨论如何正确建立结构分析的连接关系，涉及接触连接及设置、点焊连接、远端边界条件、关节连接、弹簧连接、梁连接、端点释放、轴承连接、坐标系、命名选择和选择信息，并给出相应的接触分析案例、远端边界使用案例、关节应用案例和螺栓连接模型的不同建模技术及案例。最后基于单元类型的变化，给出杆梁分析模型及案例、2D 平面应力分析模型及案例，以及 3D 装配体接触分析模型及案例，每个案例分析均给出问题解读及详细数值模拟过程，期待读者能够理解并掌握解决问题的关键点及相关数值仿真技术。

第 6 章侧重在 ANSYS Workbench 中如何完成结构静强度分析。本章结合案例分析压力容器行业规范，对非标设计的开孔接管强度问题，采用分析设计法进行数值模拟及强度校核。

第 7 章侧重在 ANSYS Workbench 中如何完成结构疲劳强度分析。本章主要介绍疲劳分析设计方法，以及利用 Ansys 18.2 Workbench 的疲劳工具进行比例/非比例、恒定幅值/非恒定幅值载荷作用下的高周疲劳分析，并给出不同加载状态下的疲劳分析案例及详细的数值模拟过程。

第 8 章侧重在 ANSYS Workbench 中如何完成结构热变形及热应力分析。温度变化会以多种方式影响结构性能。本章结合环境温度和温差分布产生结构热变形引发的热应力问题，给出不同分析案例和详细数值模拟过程。

为了方便读者理解并建立正确的有限元模型，书中提供了许多概念理解型案例，这些案例包含理论分析和有限元数值模拟的对比结果，同时书中也解析了常见的工程案例。书中内容主要涉及结构线性、非线性静力分析，也包含部分热分析、电场分析及热–结构耦合场分析。本书提供的每个分析案例包括工程问题的简化，分析模型的建立，施加边界条件及求解，以及结果讨论及评估，其评定期待接近于工程实际。

本书配套提供了每个章节的分析案例所需的几何文件及 ANSYS 18.2 Workbench 分析完成的压缩文件(*.wbpz)，均放置在对应章节目录下。几何文件用于模型导入，源文件可用【Restore Archive】

还原打开，以便查看相关的结果（文档还原操作可参见章节 2.6.3）。

资源下载及技术支持

若读者在学习过程中遇到困难，可以通过我们的立体化服务平台（微信公众服务号：iCAX）联系，我们会尽量帮助读者解答问题。读者扫描右侧或封底的二维码即可获得本书全部案例源文件的下载方法，如果大家在下载过程中遇到任何问题，请发邮件至 szys@ptpress.com.cn，我们会尽力为大家解答。

由于本书内容涉及面广，书中不足之处在所难免，希望广大读者批评指正，也欢迎提出改进性建议。

致谢与分工

本书由上海大学机电学院安全断裂分析研究室（ANSYS 软件华东区技术支持中心）的许京荆老师编著。在写作过程中得到了吴益敏教授、王秀梅副研究员、王秀荣、刘威威、王正涛、陈雨、赵辉、袁坤、马玉屏、魏望望、戚严文、朱远、李盛鹏、刘云飞、叶天杨、陈梦炯、韦祎、白彦伟及笔者家人的支持与协助，在此深表谢意。

许京荆

2018 年 4 月

Contents
目录

第1章 有限元分析及 ANSYS Workbench 的简单应用

本章主要介绍有限元分析的基本方法，及如何使用有限元分析软件 ANSYS 18.2 Workbench 对简单的一维模型进行分析，并给出结构、稳态热及稳态电流数值模拟案例加以分析和讨论。

1.1 引言

随着计算机辅助技术 CAX（如 CAD、CAE、CAM 和 CAPP 等）的成熟和需求的变化，传统的产品研发、设计、制造、安装等方法也随之发生了根本性的改变。复杂的需求和过程需要与之适应的技术手段，故基于有限元法的计算机辅助工程技术（Computer Aided Engineering, CAE）及其软件应运而生，已成为工程应用领域中创新研究、创新设计的重要工具。

本章的主要目的是介绍有限元分析的基本方法及如何使用有限元分析软件 ANSYS 18.2 Workbench 完成简单的分析案例。

讨论的主要内容如下。

- 工程问题的数学物理方程及数值算法。
- 有限元分析技术的发展及应用。
- 有限元分析的基本原理及相关术语。
- 有限元分析的基本步骤。
- 使用 ANSYS 18.2 Workbench 分析简单案例。
- 验证分析结果及理解工程问题。

1.2 工程问题的数学物理方程及数值算法

一般而言，工程问题可以转换为与之等价的数学物理方程，而数值算法是求解数理方程的有效手段。

1.2.1 工程问题复杂的需求及过程

现代社会中，随着快速交通工具、大型建筑物、大跨度桥梁、大功率发电机组、精密机械设备等向高速化、大型化、大功率化、轻量化、精密化的趋势发展，由此引发的机械工程问题日趋复杂。这对工程设计人员提出了新的挑战， 往往需要在设计阶段就精确地考虑及预测出产品及工程的技术性能，不仅涉及结构分析的静力、动力问题，以及结构强度、刚度、稳定性、疲劳失效等问题，而且还涉及结构场、温度场、流场、电磁场等多场耦合情况的分析计算。

例如，随着对产品速度要求的提高，短时间内的加速或减速将导致结构惯性力增加；随着产品结构的柔度加大，结构更容易产生振动，而振动将降低结构的精度和缩短使用寿命，因此产品动力设计中就要综合考虑这些影响因素（见图 1.2-1 所示的运动机构）。

图 1.2-1 运动机构

保温夹套蝶阀（见图 1.2-2）中需关注温度分布、流体速度、压力分布对蝶阀性能参数的影响，故要进行热、流体、结构的耦合场分析；手机的设计中需要考虑（见图 1.2-3）传热、热应力、信号集成、芯片电源管理、高频分析、天线、触摸屏、信号干扰等多种工程难题。

图 1.2-2 保温夹套蝶阀

图 1.2-3 手机

1.2.2 工程问题的数学物理方程

1. 简述

解决实际工程问题时，一般都可以借助于物理定理，将其转换为相关的代数方程、微分方程或积分方程，即工程问题可以转化为与之等价的数学物理方程。

一般在工程问题的控制微分方程组的描述中，有相应的物理边界条件和/或初值条件，控制方程通常由其基本方程和平衡方程给出，平衡方程往往代表了微元体的质量、力或能量的平衡，这样给定一组条件，求解微分方程组就可以得到系统的解析解。

工程问题中常见的 3 种数学物理方程是波动方程、输运方程（扩散方程）和稳定场方程，其含义、控制微分方程和定解条件见表 1.2-1。

表 1.2-1　3 种数学物理方程

名　称	概　念	微 分 方 程	初始条件	边界条件
波动方程（双曲线方程）	描述各种波动现象，如声波、光波和水波	$u_{tt}-a^2\Delta u=\begin{cases}0 & \text{无外源}\\ f(x,y,z,t) & \text{有外源}\end{cases}$	初始“位移”和初始“速度”	第一类、第二类、第三类
输运方程（抛物线方程）	反映输运过程，如质量输运、瞬态传热	$u_t-a^2\Delta u=\begin{cases}0 & \text{无外源}\\ f(x,y,z,t) & \text{有外源}\end{cases}$	物理量在初始时刻的值	第一类、第二类、第三类
稳定场方程（椭圆方程）	反映稳定场，如静力平衡、稳态传热	$\Delta u=\begin{cases}0 & \text{无外源（Laplace）}\\ f(x,y,z,t) & \text{有外源（Poisson）}\end{cases}$	—	第一类、第二类、第三类
其中，u 为因变量；自变量 t 为时间；x,y,z 为空间坐标。	$u_{tt}=\dfrac{\partial^2 u}{\partial t^2}$，$u_t=\dfrac{\partial u}{\partial t},\Delta u=\left(\dfrac{\partial^2 u}{\partial x^2}+\dfrac{\partial^2 u}{\partial y^2}+\dfrac{\partial^2 u}{\partial z^2}\right),t>0,x,y,z\in\mathbf{R}$ 第一类边界条件：$u(x,y,z,t)_{\text{边界}\ x_0,y_0,z_0,}=f(x_0,y_0,z_0,t)$ 第二类边界条件：$\left.\dfrac{\partial u}{\partial n}\right\vert_{\text{边界}\ x_0,y_0,z_0,}=f(x_0,y_0,z_0,t)$ 第三类边界条件：$\left.\left(u+\dfrac{\partial u}{\partial n}\right)\right\vert_{\text{边界}\ x_0,y_0,z_0,}=f(x_0,y_0,z_0,t)$			

2．案例说明

下面以稳定场方程中的一维弹性问题为例加以说明，一维弹性直杆如图 1.2-4 所示。

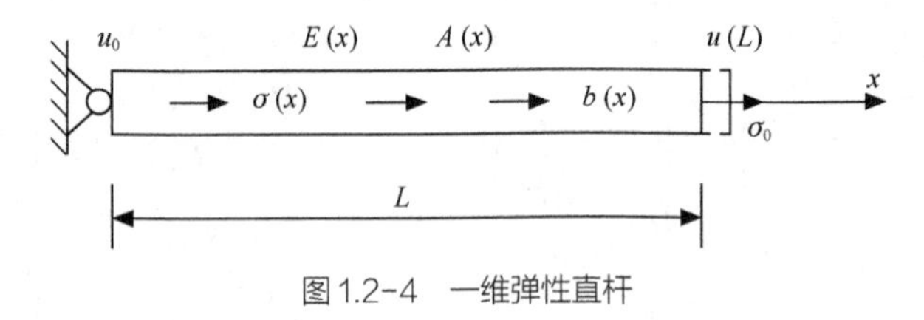

图 1.2-4　一维弹性直杆

（1）平衡方程。

假设轴向方向为 x，在法向应力 $\sigma(x)$ 和轴向体积力 $b(x)$ 的作用下，截面积为 $A(x)$ 的直杆上的微元体力平衡问题可以表示为一维微分方程：

$$\frac{\mathrm{d}\left(\sigma(x)\cdot A(x)\right)}{\mathrm{d}x}+b(x)\cdot A(x)=0 \tag{1.2.1}$$

（2）基本方程。

根据 Hooke（胡克）定律，x 处截面的应力 $\sigma(x)$ 与应变 $\varepsilon(x)$ 为线弹性关系，比例系数为直杆材料的弹性模量 $E(x)$，则材料本构方程表示为：

$$\sigma(x)=E(x)\cdot\varepsilon(x) \tag{1.2.2}$$

应变 $\varepsilon(x)$ 与轴向位移 $u(x)$ 的几何方程表示为：

$$\varepsilon(x)=\frac{\mathrm{d}u(x)}{\mathrm{d}x} \tag{1.2.3}$$

由式(1.2.1)～式(1.2.3)得到关于位移 $u(x)$ 的二阶微分方程：

$$\frac{\mathrm{d}}{\mathrm{d}x}\left[E(x)A(x)\frac{\mathrm{d}u(x)}{\mathrm{d}x}\right]+b(x)A(x)=0,\qquad x\in(0,\ L) \tag{1.2.4}$$

（3）定解条件。

第一类边界条件（也称为几何边界/本质边界）为位移边界：

$$u(x)\big|_{x=0}=u_0 \tag{1.2.5}$$

第二类边界条件（也称为自然边界）为应力边界：

$$E(x)\frac{\mathrm{d}u(x)}{\mathrm{d}x}\bigg|_{x=L}=\sigma_0 \tag{1.2.6}$$

根据上述条件可以得到未知的位移函数 $u(x)$的解。

式（1.2.4）的参数中，确定的直杆参数包括材料参数和几何参数，材料参数为弹性模量 $E(x)$，几何参数为截面积 $A(x)$和直杆长度 L；而使构件位移产生变化的扰动参数则是直杆的体积力 $b(x)$和边界条件。

因此工程问题中，可将影响系统行为的参数分为两组，一组参数反映系统的自然行为，为系统的自然属性，如弹性模量、热导率、黏度、面积、惯性矩等材料、几何特征等；另一组参数会引起系统的扰动，如外力、力矩、温差、压差等。

这样区分主要是为了帮助理解在有限元分析模型中涉及的矩阵（如结构分析中的刚度矩阵和载荷矩阵）的位置及其作用。

3. 工程物理问题的表征

为便于理解，表 1.2-2 给出部分工程物理问题的表征，表 1.2-3 给出稳定场边值问题中用一维控制微分方程表征不同物理问题的示例。

表 1.2-2 部分工程物理问题的表征

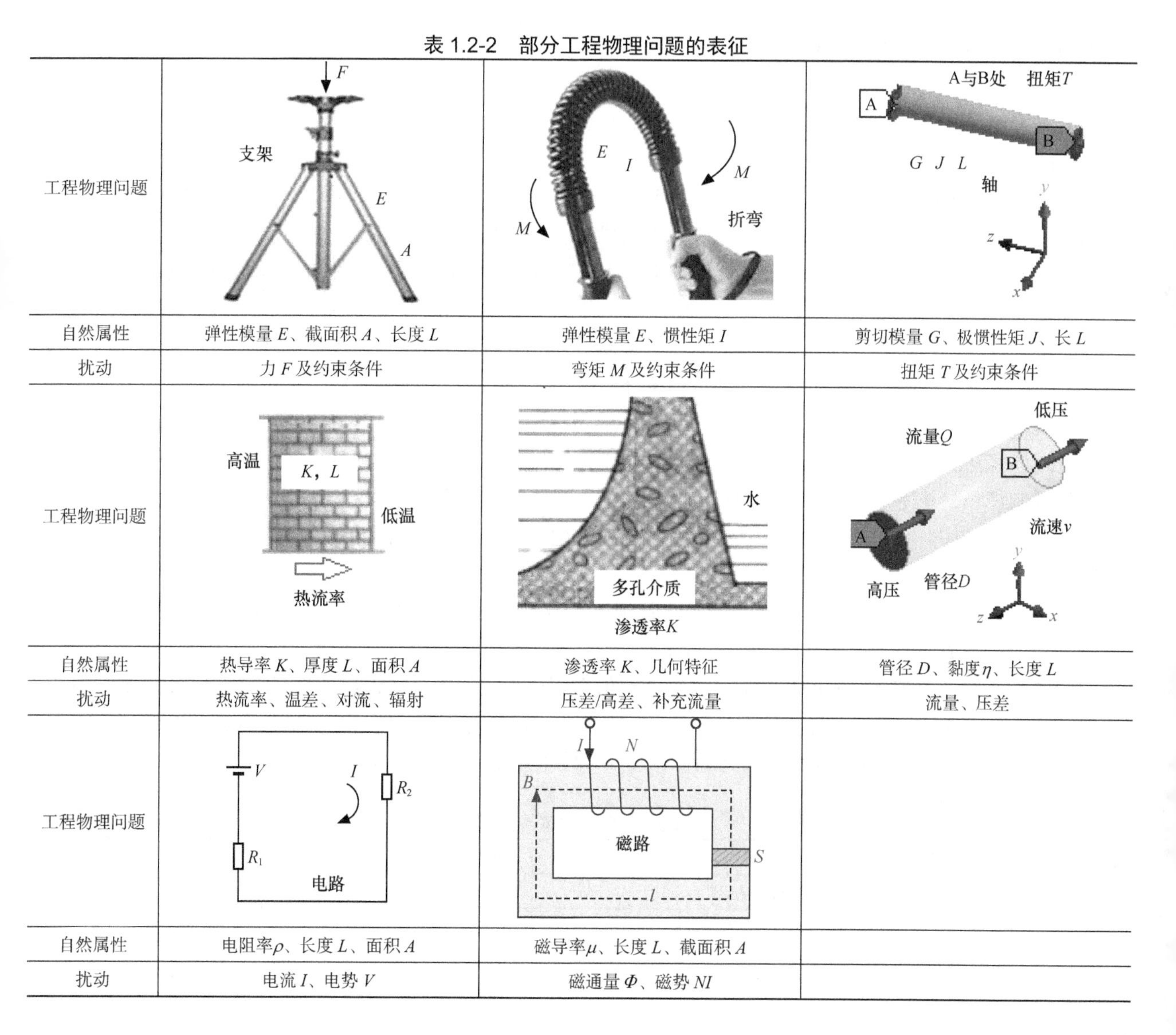

工程物理问题	支架	折弯	轴
自然属性	弹性模量 E、截面积 A、长度 L	弹性模量 E、惯性矩 I	剪切模量 G、极惯性矩 J、长 L
扰动	力 F 及约束条件	弯矩 M 及约束条件	扭矩 T 及约束条件
工程物理问题	热流率	渗透率 K	管流
自然属性	热导率 K、厚度 L、面积 A	渗透率 K、几何特征	管径 D、黏度 η、长度 L
扰动	热流率、温差、对流、辐射	压差/高差、补充流量	流量、压差
工程物理问题	电路	磁路	
自然属性	电阻率 ρ、长度 L、面积 A	磁导率 μ、长度 L、截面积 A	
扰动	电流 I、电势 V	磁通量 Φ、磁势 NI	

表 1.2-3　一维控制微分方程表征不同物理问题的示例

一维控制微分方程（泊松方程）：$\frac{\mathrm{d}}{\mathrm{d}x}\left[a(x)A(x)\frac{\mathrm{d}u(x)}{\mathrm{d}x}\right]+S(x)A(x)=0,\quad x\in(0,\ L)$

一类边界：$u(x)\big|_{x=0}=u_0$　　二类边界：$a(x)\frac{\mathrm{d}u(x)}{\mathrm{d}x}\bigg|_{x=L}=g_0$

物理问题	因变量 $u(x)$	$a(x)$	源 $S(x)$	g_0
直杆的轴向变形	轴向位移 $u(x)$	弹性模量 $E(x)$	体积力 $b(x)$	法向应力 σ_0
一维定常热传导	温度 $T(x)$	热导率 $K(x)$	体积热源 $\dot{q}(x)$	热流密度 q_0
位势流	流的高差 $h(x)$	渗透率 $K(x)$	体积流源 $q(x)$	渗透流速 v_0
一维管道流体	流体静压 $P(x)$	黏度 $\mu(x)$	体积流源 $q(x)$	流速 v_0
静电场	静电势 $\phi(x)$	介电常数 $\varepsilon(x)$	电荷密度 $\rho(x)$	电通密度 D_0
静磁场	磁势 $\Phi(x)$	磁导率 $\mu(x)$	电荷密度 $\rho(x)$	磁通密度 B_0
稳态电流场	电势 $V(x)$	电导率 $\sigma(x)$/电阻率 $\rho(x)$	—	电流密度 J_0

1.2.3　控制微分方程的数值算法

虽然推导控制方程不是很困难，但得到精确的解析解仍是个棘手的问题，因此近似求解的分析方法是一种有效的手段。

偏微分方程数值解的求解方法主要包括有限差分法、有限元方法、有限体积法，本质上都需要将求解对象细分为许多小的区域（单元）和节点，使用数值解法求解离散方程。有限差分法主要用于求解依赖于时间的问题（双曲线方程和抛物线方程），而有限元方法则侧重于稳定场问题（椭圆方程）；有限体积法则介于有限元法和有限差分法。

有限差分法使用差分方程代替偏微分方程，从而得到一组联立的线性方程组；而有限元法使用积分方法建立系统的代数方程组，用一个连续函数近似描述每个单元的解，由于内部单元的边界连续，故可以通过单个解组装起来得到整个问题的解。

有限体积法属于加权余量法中的子区域法，属于采用局部近似的离散方法；将计算区域划分为一系列不重复的控制体积，并使每个网格点周围有一个控制体积；使待解的微分方程对每一个控制体积积分，便得出一组离散方程。其中的未知数是网格点上的因变量的数值。为了求出控制体积的积分，必须假定值在网格点之间的变化规律。

有限单元法必须假定值在网格点之间的变化规律（既插值函数），并将其作为近似解。有限差分法只考虑网格点上的数值而不考虑值在网格点之间如何变化。有限体积法只寻求节点值，这与有限差分法相类似；但有限体积法在寻求控制体积的积分时，必须假定值在网格点之间的分布，这又与有限单元法相类似。在有限体积法中，插值函数只用于计算控制体积的积分，得出离散方程之后，便可忘掉插值函数；如果需要的话，可以对微分方程中不同的项采取不同的插值函数。3 种数值算法对比见表 1.2-4。

表 1.2-4　3 种数值算法对比

名称	适用范围	典型应用软件
有限差分法	简单几何形状的流动和换热问题	FLOW-3D、FlAC3D 等
有限元方法	广泛适用几何和物理条件复杂的问题	ANSYS、MSC Nastran、Abaqus、ADINA、LS-DYNA 等
有限体积法	流体流动和传热问题	STAR-CD、CFX、ANSYS Fluent 等 CFD 软件

1.3 有限元分析技术的发展及应用

有限元方法作为一种高效的数值计算方法，早期是以变分原理为基础发展起来的，广泛地用于“准调和方程”所描述的各类物理场中，最著名的就是拉普拉斯方程和泊松方程，工程实际中常遇到的热传导、多孔介质渗流、理想液体无旋流动、电势（磁势）分布、棱柱杆扭转、棱柱杆弯曲、轴承润滑等都属于这类方程。现在则扩展到以任何微分方程所描述的各类物理场中。

其实，有限元方法中对于连续性问题采用的“有限分割、无限逼近”的思想自古有之，我国魏晋时期数学家刘徽1755年前撰写的《九章算术注》就给出了数学史上著名的“割圆术”计算圆周率的方法。“割圆术”（见图 1.3-1）是以“圆内接正多边形的周长”，来无限逼近“圆周长”。刘徽形容他的“割圆术”说：“割之弥细，所失弥少，割之又割，以至于不可割，则与圆合体，而无所失矣”。

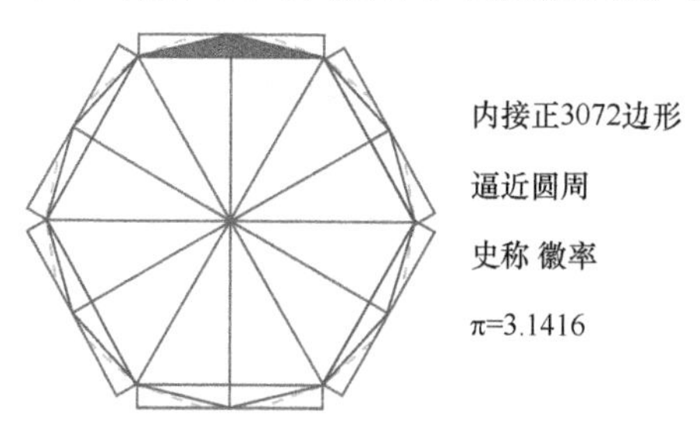

图 1.3-1 刘徽的“割圆术”示意图

现代有限元方法的起源可追溯到20世纪早期，1943年，美国数学家 Richard Courant 首先提出了可以用有限个单元模拟无限点的物体，Courant 也成为公认的应用有限元方法的第一人。

20 世纪 50 年代，随着计算机的出现和普及，美国的工程师 Turner、Clough 首先采用 Courant 的观点解决了飞机机翼的强度问题。1960 年，Clough 在论文《The finite element in plane stress analysis》中首次提出了“有限元（Finite Element）“这一术语，从而为有限元方法正式命名。1967 年，Zienkiewicz 和 Cheung 出版了第一本有关有限元分析的专著。1970 年后，有限元方法应用于非线性和大变形问题，Oden 于 1972 年出版第一本处理非线性连续体专著。

20 世纪 60 年代，我国中科院数学所计算数学家冯康首先从数学角度出发，总结出一个工程物理问题可以归结为 $\Delta U=0$（见表 1.2-1），都可用有限元方法求解，并在其论文中提出了“有限单元”这一名词。国内在有限元方法方面的贡献主要有：陈伯屏（结构矩阵方法），钱伟长、胡海昌（广义变分原理），冯康（有限单元法理论）。

现在，有限元分析已经成为数值计算的主流，结构、热、流体、电磁场中的稳态/瞬态、线性/非线性问题都可用有限元方法解决，国际上通用的有限元分析软件很多，如 ANSYS、MCS Nastran、Abqus、ADINA、LS-DYNA 等，且涉及有限元分析的杂志多达几十种，有限元分析技术及其软件已经得到广泛应用（见图 1.3-2）。

有限元方法的主要特征可归纳如下。

- 深度：解决多种类复杂问题。
- 广度：涵盖多学科领域（结构、热、流体、电磁等）。
- 综合：多物理场耦合。
- 灵活：从简单到复杂，从单行到多核、并行处理。
- 适应性：CAD 接口多、数据共享。

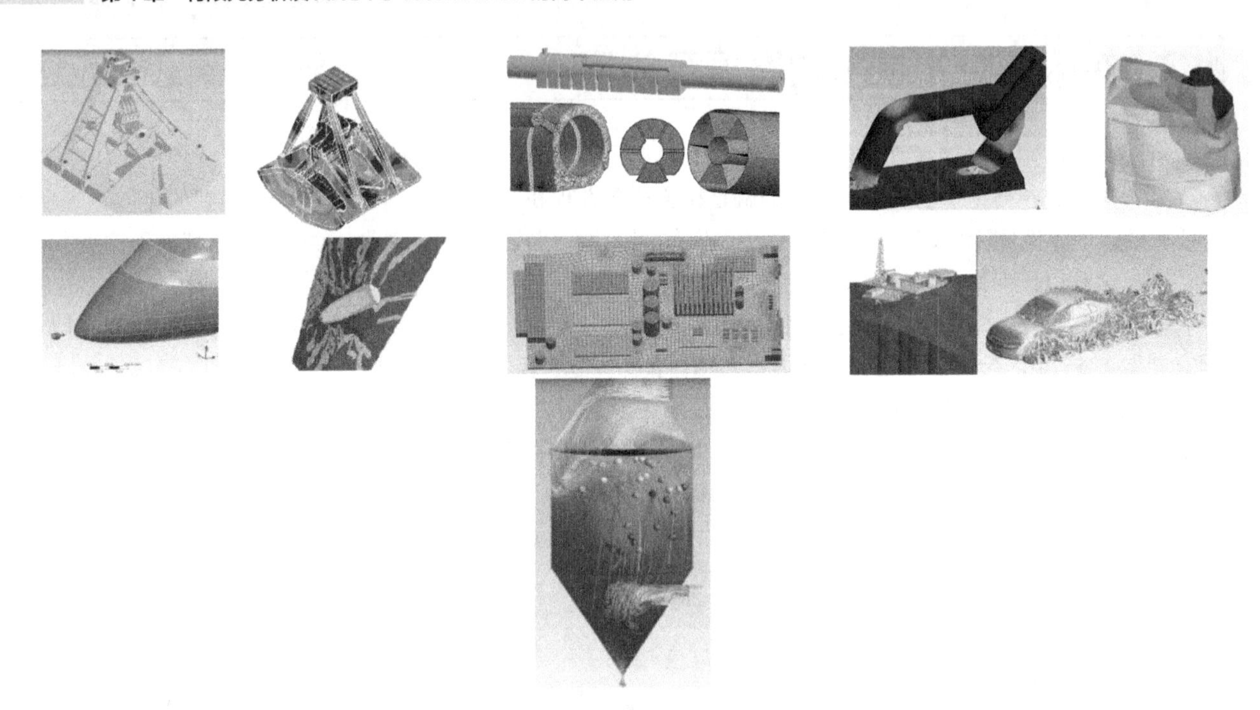

图 1.3-2　有限元分析应用

1.4　有限元分析的基本原理及相关术语

1.4.1　有限元分析的基本原理

正如前所述，有限元方法作为求解数学物理问题的一种数值计算方法，用于求解具有边值及初值条件的微分方程所描述的各类物理场中。该方法源于固体力学结构分析矩阵位移法，利用数学近似的方法对真实物理系统进行模拟，利用简单且又相互作用的单元，用有限数量的未知量去逼近无限未知量的真实系统。

简单的二维弹性问题的有限元分析模型示例如图 1.4-1 所示。

图 1.4-1（a）表示的是带圆孔的平板在均匀压力作用下的应力集中问题。图 1.4-1（b）是利用结构的对称性，采用三结点三角形单元离散后的有限元分析模型，各单元之间以节点相连。

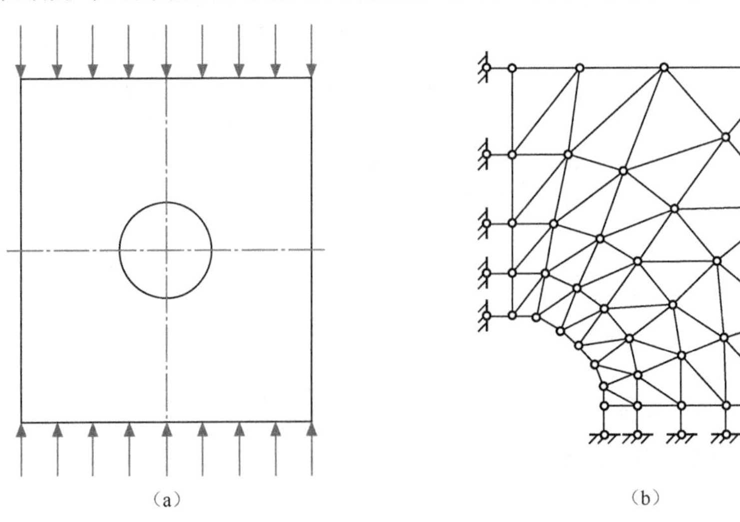

图 1.4-1　平面应力问题的有限元分析模型

1.4.2 有限元分析的相关术语

1. 物理系统

自然界的一切物质都不是以孤立个体的形式单独存在的，它们均与周围事物发生着相互作用，并由于相互作用形成各种联系，物理系统是在一定环境条件下（物理场）由相互作用的若干要素（几何与载荷）所构成的有特定功能的整体，如图 1.4-2（a）所示。

2. 有限元模型

有限元模型是真实系统理想化的离散的数学抽象模型，由一些简单形状的单元组成，单元之间通过节点连接，并承受一定载荷，如图 1.4-2（b）所示。

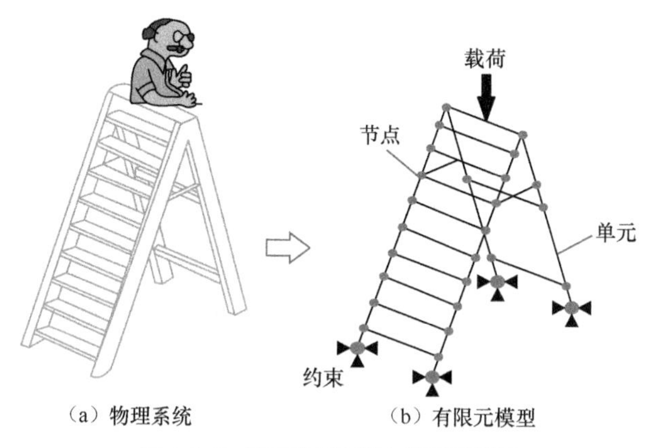

（a）物理系统 （b）有限元模型

图 1.4-2 真实物理系统与有限元模型

3. 自由度

自由度用于描述一个物理场的响应特性，如结构场中的位移自由度（见图 1.4-3）。

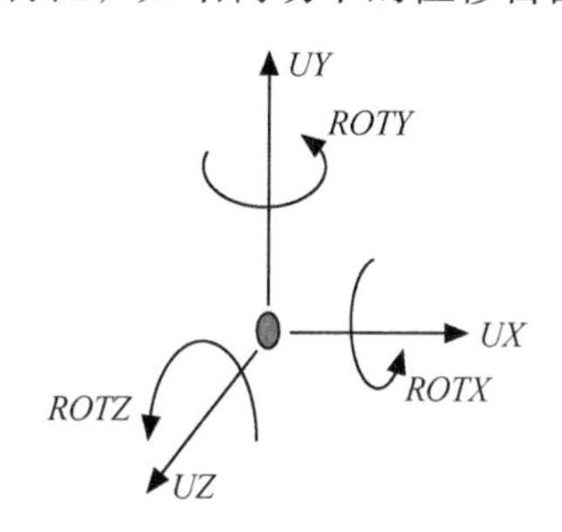

图 1.4-3 结构场自由度

热场中的温度、电场中的电势、磁场中的磁势、流场中的压力和速度等，对于不同工程领域使用的有限元分析（Finite Element Analysis, FEA）采用的单元自由度及载荷参见表 1.4-1。

表 1.4-1 不同物理场的有限元分析单元自由度及载荷

工程领域	结构场	热传导	声流体	位势流	通用流体	静电场	静磁场
自由度	位移	温度	压力	压力	速度	电势	磁势
载荷	结构力	热量	速度	速度	通量	电量	磁通量

4. 节点

节点是空间中的坐标位置，如图 1.4-2（b）所示，具有一定自由度和存在相互物理作用。节点自由度随连接该节点单元类型而变化。

5．单元

单元是一组节点自由度间相互作用的数值、矩阵描述（称为刚度或系数矩阵)。单元可分为线、面或实体以及二维或三维的单元等类型（见图 1.4-4）。每个单元的特性是通过一些线性方程式来描述的。多个单元作为一个整体，形成了整体结构的数学模型，信息是通过单元之间的公共节点传递的。

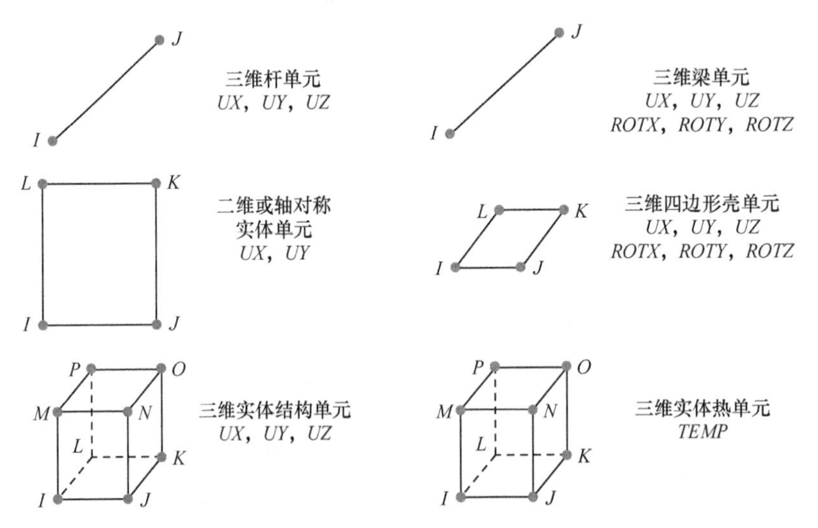

图 1.4-4　不同低阶单元类型

每个单元指定一个单元编号及有具体数字序列的整体节点数（通常按逆时针方向），如图 1.4-5 所示。

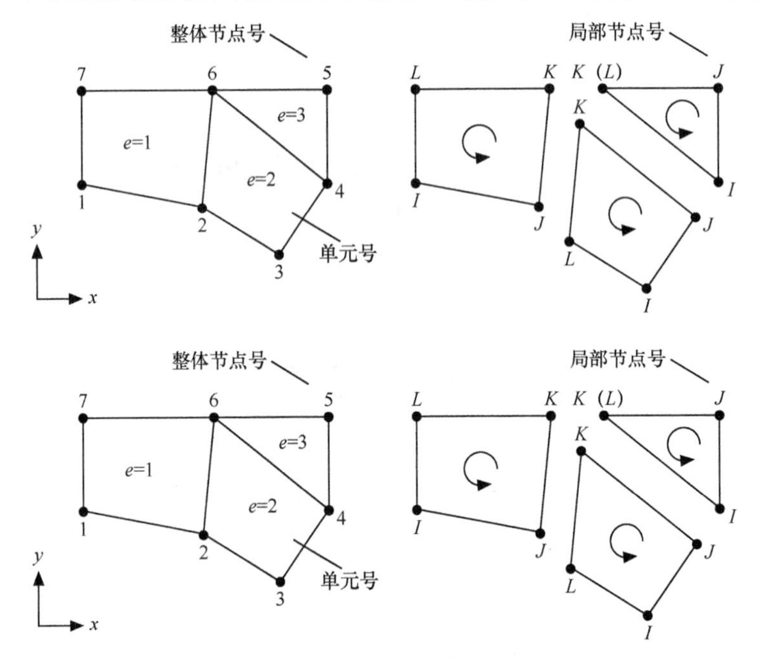

图 1.4-5　离散域的单元及节点编号

6．单元形函数

单元形函数是一种数学函数，规定了从节点自由度值到单元内所有点处自由度值的计算方法。这样通过有限元方法先求解节点处的自由度值，再利用单元形函数，就可得到任意位置的结果。

单元形函数的特点在于：提供了一种描述单元内部结果的“形状”，单元形函数描述的是给定单元的一种假定的特性。单元形函数与真实工作特性的吻合度直接影响求解精度，示例如图 1.4-6 所示。

单元形函数采用线性近似与二次近似的对比结果表明： 线性近似的有限元分析模型（常称为“低阶单元模型”）往往需要更多的节点和单元才能获得好的求解精度，相比之下，二次近似的有限元分析模型（常称为“高阶单元模型”）获得理想结果所需的节点与单元都较少。

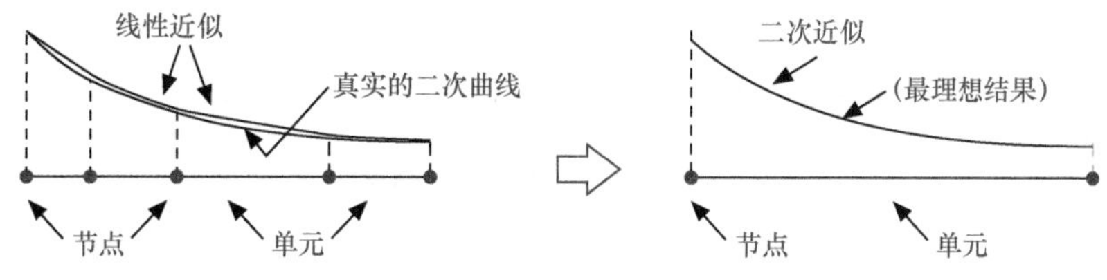

图 1.4-6　单元形函数的线性近似与二次近似

1.5　有限元分析的基本步骤

推导有限元公式的常用方法包括：直接法、虚位移法、最小势能法、变分法、加权余量法等。

直接法是根据单元的物理意义，建立有关场变量表示的单元性质方程；加权余量法直接使用控制微分方程求解，如求解传热及流体力学问题；变分法依赖于变分计算，这种方法涉及与结构力学中势能有关的函数极值。

各种方法的基本步骤都大体相同，可分为以下 3 个阶段。

1．前处理阶段

① 建立求解域并将其离散为有限个单元。

② 假设代表单元物理行为的单元形函数。

③ 对单元建立方程。

④ 将单元组成总体问题，构造总体矩阵（如结构分析中的整体刚度矩阵、位移矢量阵、力矢量阵）。

⑤ 依据平衡方程应用边界条件、初值条件和载荷。

2．求解阶段

求解线性或非线性微分方程组，得到节点解，如得到不同节点的位移或温度值。

3．后处理阶段

① 获得其他导出量，如结构场中应力、应变，温度场中的热通量等。

② 验证结果及理解问题。

1.6　有限元分析计算实例——直杆拉伸的轴向变形

直接法用于求解相对简单的问题，但对于解释有限元分析的概念非常有用。下面以直接法求解直杆拉伸的轴向变形为例，给出有限元位移法分析的解算过程。

1.6.1　问题描述

拉杆一端固定，另一端受外力 P=10kN，如图 1.6-1 所示，拉杆长度 L=400mm，横截面积 $A=10\times10\text{mm}^2$，材料为 Q235，弹性模量 $E=2\times10^{11}$Pa，屈服应力 250MPa，需计算轴向变形及应力。

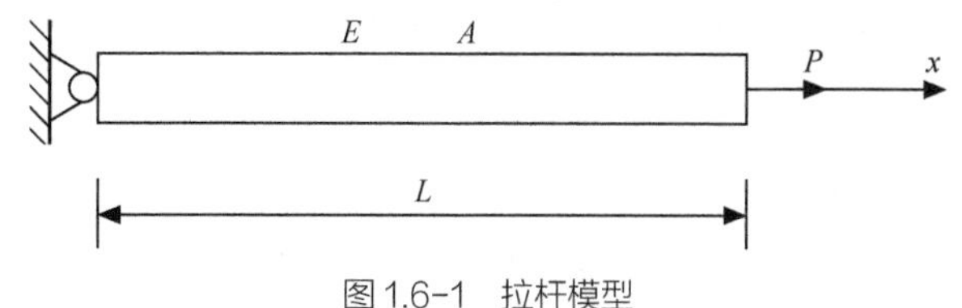

图 1.6-1　拉杆模型

1.6.2　微分方程的解析解

该模型为一维线弹性问题，体积力为 $b(x)=0$，微分方程由式（1.2.4）可写为：

$$\frac{\mathrm{d}}{\mathrm{d}x}\left[EA\frac{\mathrm{d}u(x)}{\mathrm{d}x}\right]=0,\quad x\in(0,\ L) \tag{1.6.1}$$

求解式（1.6.1）得到：

$$\frac{\mathrm{d}u(x)}{\mathrm{d}x}=\frac{C_0}{EA} \tag{1.6.2}$$

$$u(x)=\frac{C_0}{EA}x+C_1 \tag{1.6.3}$$

边界条件如下。

①位移边界（第一类边界）为：

$$u(x)\big|_{x=0}=0 \tag{1.6.4}$$

②应力边界（第二类边界）为：

$$E\frac{\mathrm{d}u(x)}{\mathrm{d}x}\bigg|_{x=L}=\frac{P}{A} \tag{1.6.5}$$

将位移边界条件[式（1.6.4）]代入到式（1.6.3）得到 $C_1=0$，将应力边界条件[式（1.6.5）]代入到式（1.6.2）得到 $C_0=P$，进而得到位移函数、应变函数和应力函数表达式。

① 位移函数为:

$$u(x)=\frac{P}{EA}x \tag{1.6.6}$$

② 应变函数为:

$$\varepsilon(x)=\frac{P}{EA} \tag{1.6.7}$$

③ 应力函数为:

$$\sigma(x)=\frac{P}{A} \tag{1.6.8}$$

将具体数值 P=10kN，L=400mm，$A=10\times10\text{mm}^2$，$E=2\times10^{11}$Pa 代入式（1.6.6）~式（1.6.8），得到：位移函数 $u(x)=0.0005x$，最大位移 $u(L)$=0.2mm，常值应变 $\varepsilon(x)$=0.0005，常值应力 $\sigma(x)$=100MPa。

1.6.3　微分方程的有限元数值解

下面用有限元法求解上述问题，求解过程包括：离散单元、建立单元刚度方程、建立整体刚度方程、引入边界条件、求解得到结果。

1. 离散单元

将杆件离散为具有两个节点的单元，节点处有轴向节点力 f_1 和 f_2，分别具有 x 方向的位移 u_1、u_2，如图 1.6-2 所示。

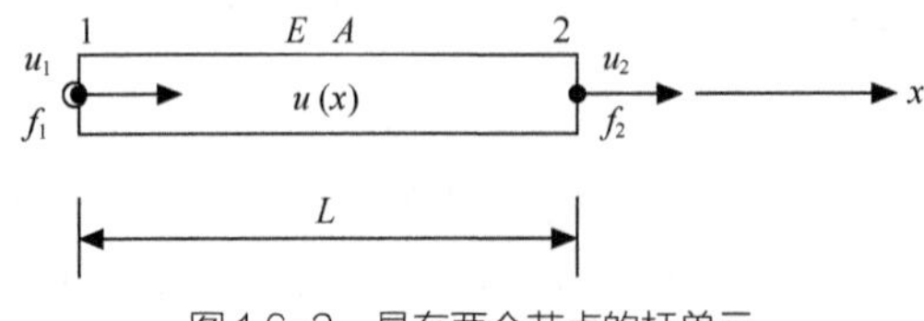

图 1.6-2　具有两个节点的杆单元

2. 节点 1 的力平衡方程

由于受到节点力的作用，杆单元节点 1 处的相对变形 $\Delta u_1=u_1-u_2$，作用在节点 1 的轴向力 f_1 可表示为：

$$f_1=EA\frac{\Delta u_1}{\Delta x}=EA\frac{u_1-u_2}{L} \tag{1.6.9}$$

3．节点 2 的力平衡方程

同理，作用在节点 2 的轴向力 f_2 可表示为：

$$f_2 = EA\frac{\Delta u_2}{\Delta x} = EA\frac{u_2 - u_1}{L} \tag{1.6.10}$$

4．单元刚度方程

合并式（1.6.9）与式（1.6.10），整理为矩阵形式的单元刚度方程:

$$\begin{bmatrix} \frac{EA}{L} & -\frac{EA}{L} \\ -\frac{EA}{L} & \frac{EA}{L} \end{bmatrix} \begin{Bmatrix} u_1 \\ u_2 \end{Bmatrix} = \begin{Bmatrix} f_1 \\ f_2 \end{Bmatrix} \text{或} \boldsymbol{K}^{(e)}\boldsymbol{u}^{(e)} = \boldsymbol{F}^{(e)} \tag{1.6.11}$$

式中，$\boldsymbol{u}^{(e)}$ 为未知的节点位移矢量；$\boldsymbol{K}^{(e)}$ 为单元刚度矩阵；$\boldsymbol{F}^{(e)}$ 为单元节点力矢量；上标 e 表示单元号。

5．整体刚度方程

对于多个单元构成的连续构件，或者说如果将该杆件划分为多个单元，则将离散单元组装成以位移为基本未知量的有限元位移法描述的线性代数方程组形式：

$$[\boldsymbol{K}]\{\boldsymbol{u}\} = \{\boldsymbol{F}\} \tag{1.6.12}$$

式中，$[\boldsymbol{K}] = \sum \boldsymbol{K}^{(e)}$ 表示由单元刚度组合成的整体刚度矩阵；$\{\boldsymbol{u}\} = \sum \boldsymbol{u}^{(e)}$ 为整体坐标系(x,y,z)中的节点位移矢量；$\{\boldsymbol{F}\} = \sum \boldsymbol{F}^{(e)}$ 为整体结构的节点力矢量。本例中，一个单元的刚度方程与整体刚度方程一致。

6．处理边界条件并求解节点位移

将边界条件 u_1=0 和 f_2=P 代入式(1.6.11)，即

$$\begin{bmatrix} \frac{EA}{L} & -\frac{EA}{L} \\ -\frac{EA}{L} & \frac{EA}{L} \end{bmatrix} \begin{Bmatrix} 0 \\ u_2 \end{Bmatrix} = \begin{Bmatrix} R \\ P \end{Bmatrix} \tag{1.6.13}$$

得到

$$\frac{EA}{L}u_2 = P$$

式中，R 为节点 1 处的节点反力，由此得到节点位移为：

$$u_1=0，u_2=PL/EA \tag{1.6.14}$$

7．求单元应变、应力及支反力

假设单元位移函数表达式为 $u(x)=a_1+a_2x$，根据 u_1 和 u_2 的值，可得到：

$$\begin{cases} u(0) = u_1 = a_1 \\ u(L) = u_2 = u_1 + a_2 L \end{cases} \tag{1.6.15}$$

得到：

$$u(x) = \left(\frac{u_2 - u_1}{L}\right)x + u_1 \tag{1.6.16}$$

整理为矩阵形式：

$$u(x) = \begin{bmatrix} 1 - \frac{x}{L} & \frac{x}{L} \end{bmatrix} \begin{Bmatrix} u_1 \\ u_2 \end{Bmatrix} \tag{1.6.17}$$

或写为：

$$u(x) = [N_1 \ N_2] \begin{Bmatrix} u_1 \\ u_2 \end{Bmatrix}, N_1 = 1 - \frac{x}{L}, N_2 = \frac{x}{L} \tag{1.6.18}$$

式中，$[\boldsymbol{N}] = [N_1 \ N_2]$ 为形函数（也称为插值函数）矩阵，N_i 表示当第 i 个单元自由度为单位值 1，而其他自由度的值为 0 时，假定的单元域内位移函数的形状。本例中，N_1 和 N_2 为线性函数，节点 1 处 N_1=1，节点 2 处 N_1=0，而节点 1 处 N_2=0，节点 2 处 N_2=1，如图 1.6-3 所示，插值函数与实际函数有可能不吻合，但在节

点处是相等的。

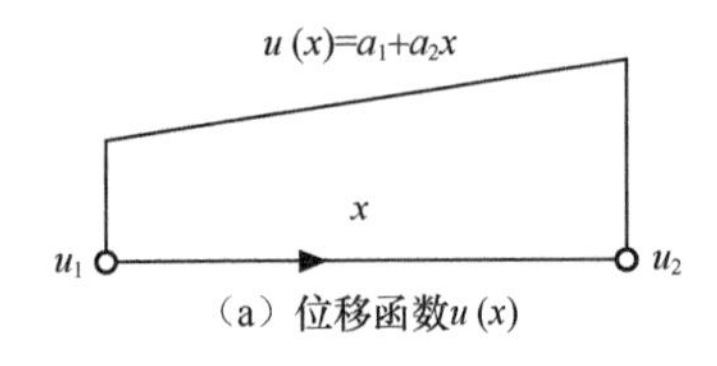

（a）位移函数$u(x)$

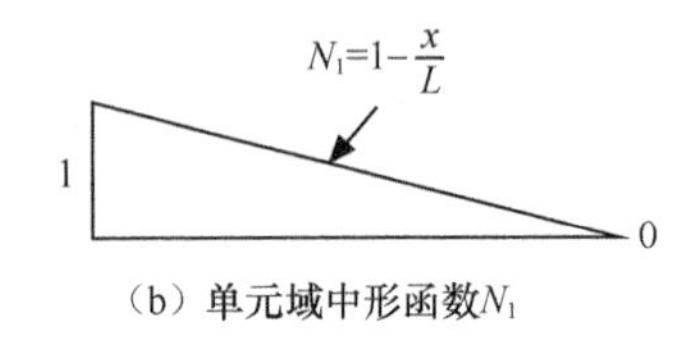

（b）单元域中形函数N_1

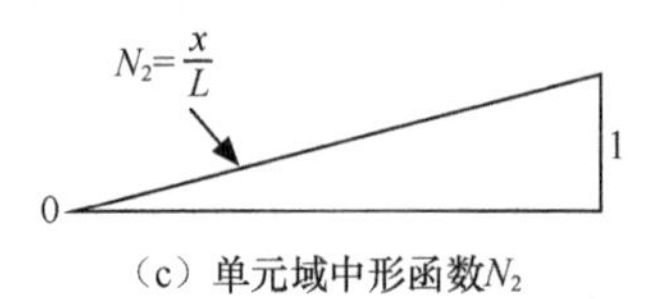

（c）单元域中形函数N_2

图 1.6-3 位移函数和形函数

将 $u_1=0$，$u_2=\dfrac{P}{EA}$ 代入式(1.6.16)中，得到单元位移函数表达式为：

$$u(x)=\frac{P}{EA}x+u_1=\frac{P}{EA}x \tag{1.6.19}$$

进而求导得到应变为:

$$\varepsilon(x)=\frac{\mathrm{d}u(x)}{\mathrm{d}x}=\frac{P}{EA} \tag{1.6.20}$$

得到应力为:

$$\sigma(x)=E\cdot\varepsilon(x)=E\frac{\mathrm{d}u(x)}{\mathrm{d}x}=\frac{P}{A} \tag{1.6.21}$$

由式（1.6.13）得到支反力为：

$$R=-\frac{EA}{L}u_2=-P \tag{1.6.22}$$

同样，将具体数值代入得到位移函数 $u(x)=0.0005x$；常值应变 $\varepsilon(x)=0.0005$；常值应力 $\sigma(x)=100\text{MPa}$；约束反力 $R=-10000\text{N}$。

1.6.4 ANSYS Workbench 梁单元分析直杆拉伸的轴向变形

下面对同样的问题，我们使用有限元分析软件 ANSYS 18.2 Workbench，采用三维有限应变梁单元 Beam188 计算拉伸直杆的轴向变形及其他相关结果，目的在于熟悉 ANSYS 18.2 Workbench 的使用及验证结构静力分析结果。

ANSYS Workbench 结构静力分析程序默认的单元为具有两个节点的 3D 梁单元 Beam188，每个节点 6 个自由度。

提示

Beam188 用于分析细长或中等粗细的梁结构，如图 1.6-4 所示，该单元基于 Timoshenko 梁理论，包含剪切变形的影响，适用于线性分析及大转动、大应变非线性分析，大变形分析中单元包含应力刚化，也支持弹性、塑性、蠕变及其他非线性材料，单元的详细描述可参见 ANSYS 单元帮助手册。本例中仅考虑轴力作用下的小变形线弹性行为。

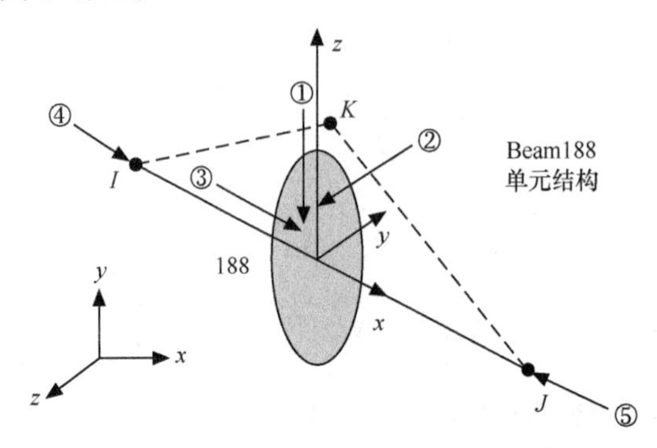

图 1.6-4 Beam188 梁单元（IJ 为主轴 x 方向，单元横截面为 yz 方向）

分析流程可以描述如下。

- 根据仿真需求进行结构静力分析，创建需要的几何模型。
- 对几何模型进行网格划分，建立有限元分析模型。
- 施加结构静力边界条件及载荷。
- 求解及检查结构静力分析结果。

1．运行程序→【ANSYS 18.2】→【Workbench 18.2】

进入 Workbench 数值模拟平台，如图 1.6-5 所示。

ANSYS Workbench（以下简称 WB）是将工程项目管理工具与核心求解功能整合在一起的统一平台。集成框架中集成了现有的 ANSYS 技术与应用产品；应用框架中提供了新开发的用户界面、应用程序等；常用工具和服务中，提供数据管理、参数管理、设计点、单位系统及日志、脚本、批处理执行功能等。

图 1.6-5 进入 Workbench 数值模拟平台

2．WB 中设置静力分析系统

（1）从左侧“工具箱”【Toolbox】下方的“分析系统”【Analysis Systems】中将“结构静力分析”【Static Structural】拖入到“项目流程图”【Project Schematic】中，出现的静力分析分析系统 A 中包括 7 个单元格（含义见图 1.6-6 右侧），每个单元格命令分别代表分析过程中所需的每个步骤，后面要依次按照顺序完成每个单元格中的命令。

（2）在静力分析分析系统 A 下方输入分析标题名称为 Rod。

（3）在工具栏中单击【保存】按钮。

（4）在弹出窗口中输入文件名称为 Rod.wbpj，确定后文件窗口标题由原来的【Unsaved Project】变为定义的文件名【Rod】。

（5）这时项目流程图下方可显示程序创建的文件列表，刚开始为 3 个文件，分别对应项目文件 Rod.wbpj、工程数据文件 EngineeringData.xml 和设计点文件 designPoint.wbdp，后续随着分析计算的进行组件会增加。

提示

WB 以工程流程图的方式管理工程项目，工程流程图是管理工程的一个区域，如图 1.6-7 右侧所示，“分析系统”【Analysis Systems】、“组件系统”【Component Systems】、“定制系统”【Custom Systems】、“设计探索”【Design Exploration】、“外部连接系统”【External Connection Systems】和 ACT 中的对象都可以加入工程流程图，并建立关联、描述工作流程及使用 WB 提供的各项功能。

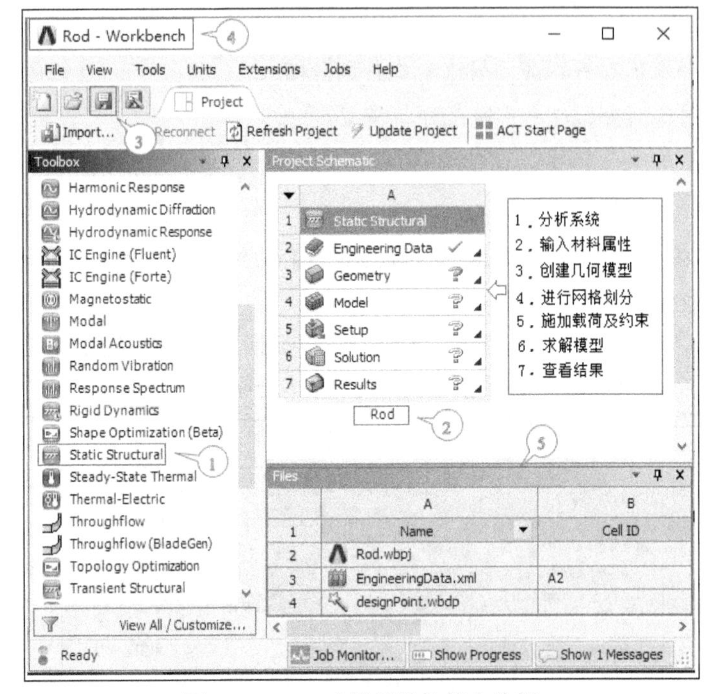

图 1.6-6　WB 中设置结构静力分析

3．输入材料属性（见图 1.6-7）

（1）在分析系统 A 中的 A2 “工程材料”【Engineering Data】单元格双击鼠标，进入工程数据窗口。

（2）在已有的工程材料【Outline of Schematic A2: Engineering Data】空格处输入新材料名称为 Rod。

（3）从左侧的工具箱下方选择“各项同性线弹性”材料模型：【Linear Elastic】→【Isotropic Elasticity】。

（4）在材料属性窗口下输入弹性模量为 2e11Pa、泊松比 0：【Properties of Outline Row 3: Rod】→【Isotropic Elasticity】→【Young's Modulus】=2e11Pa，【Poisson's Ratio】=0（注意：一维问题可忽略泊松比）。

（5）在工具栏中单击“项目”【Project】按钮，返回工程流程图的 WB 界面。

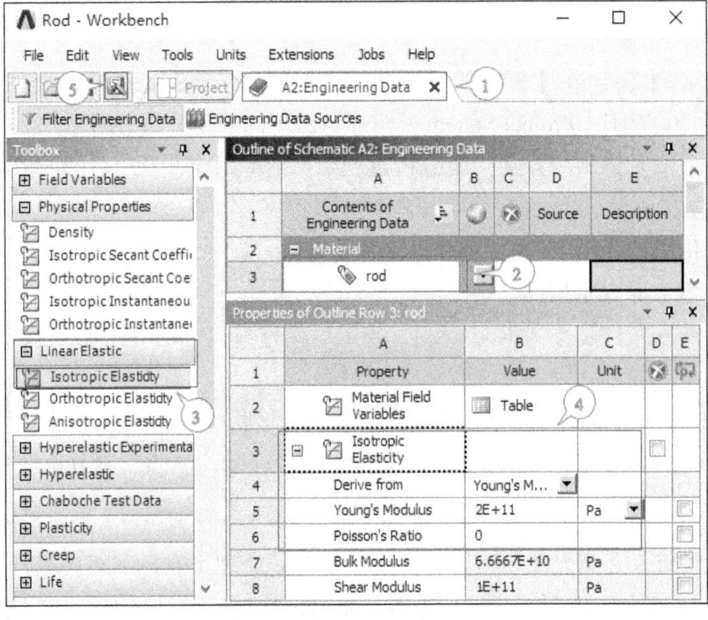

图 1.6-7　输入材料属性

4．创建有限元分析需要的几何模型（见图 1.6-8~图 1.6-13）

在 WB 中建立几何模型，可以通过设计建模器 DesignModeler（以下简称 DM）或直接建模器 SpaceClaim 实现。DM 采用特征描述、参数化的实体建模技术，提供适用于有限元分析的建模功能，包含创建草图及 3D 实体模型、CAD 模型简化/修改、创建概念化模型等，易学易用。

本实例使用 DM 建模，关闭程序默认的 SpaceClaim，这需要在选项中进行设置，如图 1.6-9 所示。

（1）WB 主菜单中选择工具选项【Tools】→【Options】。

（2）然后在选项窗口中设置几何模型的编辑器为 DM：【Options】→【Geometry Import】→【Preferred Geometry Editor】=DesignModeler。

（3）单击【OK】按钮关闭窗口，返回 WB。

（4）在项目流程图的静力分析系统中的 A3 几何单元格【Geometry】双击鼠标，进入 DM 工作窗口。

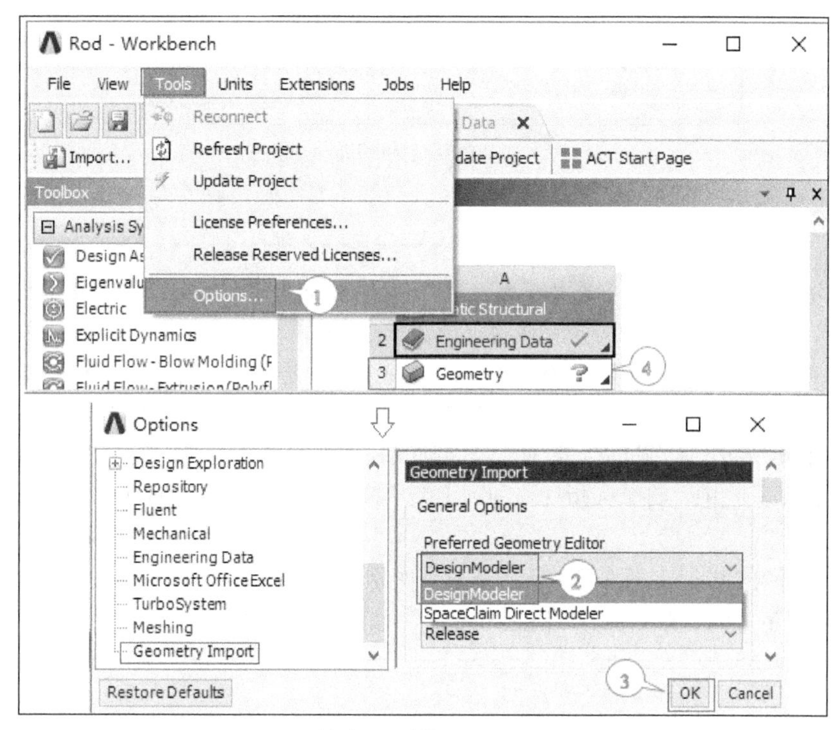

图 1.6-8　首选几何建模器为 DM 的选项设置

（5）DM 用户界面类似于大多数特征建模软件，菜单和工具栏可以接受输入的建模命令。

- 常用工具栏包括常用命令按钮，如新建、保存、模型导出、抓图等。
- 选择工具栏提供目标选择方式按钮，如点选、线选、面选、体选等。
- 视图工具条上的命令按钮可激活鼠标操作，如旋转、平移、缩放、聚焦等。
- 工作平面工具栏可以用来设置工作平面和定义草图。
- 3D 建模工具栏提供三维建模的各种命令按钮，如“拉伸”【Extrude】、“旋转”【Revolve】、“扫掠”【Sweep】、“蒙皮”【Skin/Loft】等。
- 导航树【Tree Outline】区域显示整个建模流程中的所有特征操作，模型的变化随着特征操作而改变。
- 导航树下每个分支命令的描述及设置都显示在“明细窗口”【Details View】。
- 图形窗口【Graphics】显示当前模型状态，状态栏区域显示当前模型状态提示。

（6）程序默认的长度单位为 m，本实例建模的长度单位为 mm，所以在 DM 的菜单栏中选择【Units】→【Millimeter】，如图 1.6-9 所示，图形窗口中整体坐标系 XYZ 旁边的标尺变换为 mm。

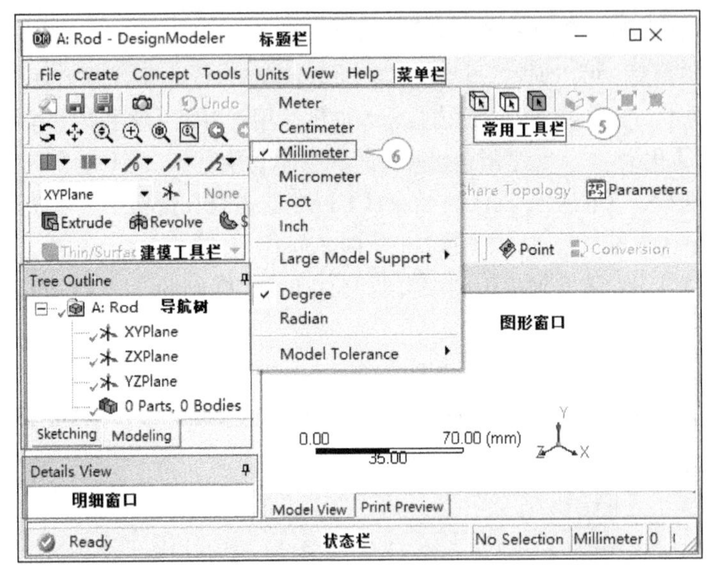

图 1.6-9　DM 界面

提示

DM 中将几何模型创建为 3 种不同体类型：3D 实体【Solid】由四面体或六面体单元划分网格；面体【Surface Body】只由面构成，可由三角形或四边形的 2D 实体单元或 3D 壳单元划分网格；线体【Line Body】由线或边构成，采用线单元进行网格划分。由于本实例用梁单元模拟，因此 DM 中需要建立线体模型。

（7）下面要在工作平面【XYPlane】上创建草图画线，在工具栏选择“正视图”【Look At】按钮。

（8）在工作平面工具栏中，将鼠标指针移动到【新草图】按钮，会出现【New Sketch】，单击【新草图】按钮。

（9）在导航树中【XYPlane】下面可以看到新建草图【Sketch1】。

（10）选择导航树下方的“草图标签”【Sketching】，如图 1.6-10 所示。

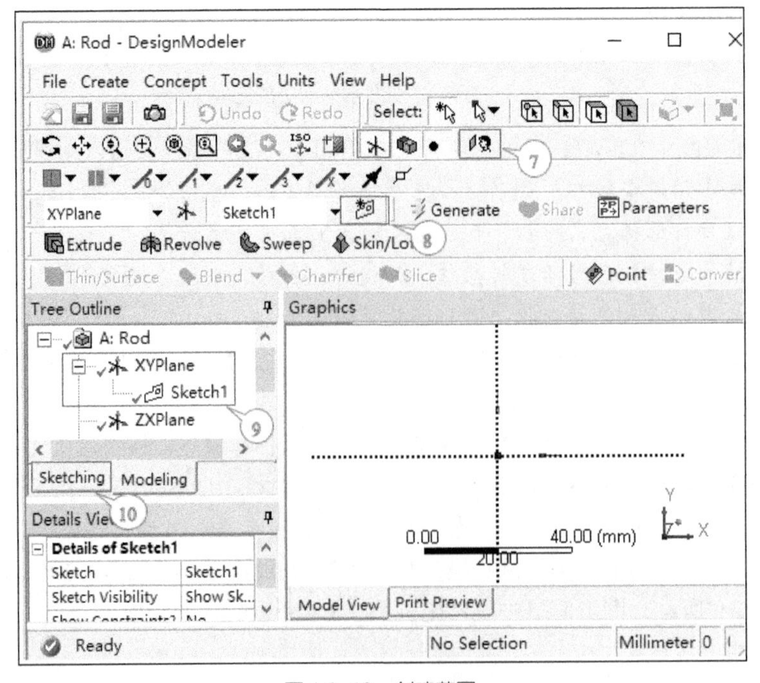

图 1.6-10　创建草图

（11）在“草图工具箱”【Sketching Toolboxes】窗口中选择【Draw】→【Line】，在图形窗口中单击鼠标，拖曳鼠标画线。

（12）鼠标在图形窗口中单击时会出现捕捉提示标记，本实例中捕捉到坐标轴的交点会出现 P，捕捉 x 坐标轴上的点会出现 C，画线与坐标轴平行会出现提示 H。

（13）在“草图工具箱”【Sketching Toolboxes】窗口中选择尺寸标注【Dimensions】。

（14）在图形窗口线上拖曳鼠标显示水平尺寸 H1。

（15）在明细窗口中设置尺寸为【Details View】→【Dimensions】→【H1】=400mm。

（16）切换选择到模型标签【Modeling】，返回到建模模式，见图 1.6-11。

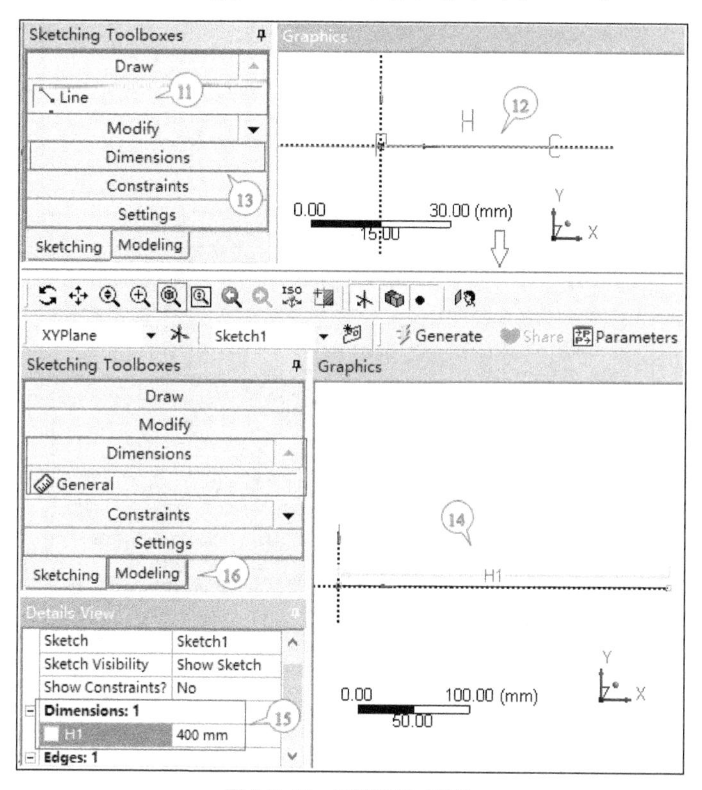

图 1.6-11　画线及尺寸标注

（17）在菜单栏中选择概念模型【Concept】下的“草图创建线体”【Lines From Sketches】命令。

（18）选择已经生成的草图【Sketch1】。

（19）在明细窗口中单击【Base Objects】中的【Apply】按钮，确认创建线体的草图。

（20）在工具栏中单击“生成”【Generate】按钮，然后创建的线体【Line1】出现在导航树中。

（21）展开导航树中生成的零件【1 Part，1 Body】，会看到下面有一个线体【Line Body】。

（22）图形窗口中将显示生成的线体模型（见图 1.6-12）。

（23）在菜单栏中选择概念模型【Concept】下的矩形横截面【Cross Section】→【Rectangular】。

（24）选择导航树中创建的矩形横截面【Rect1】，在明细窗口下设置矩形横截面的尺寸大小，本实例中保持 B=10mm，H=10mm 不变，图形窗口中会显示横截面的形状。

（25）在导航树中选线体：【1 Part，1 Body】→【Line Body】。

（26）在明细窗口中将矩形横截面赋给线体：【Cross Section】中选【Rect1】。

（27）在视图菜单中设置横截面实体显示方式：【View】下拉菜单中勾选【Cross Section Solids】。

（28）图形窗口会显示具有矩形横截面形状的直杆模型。

（29）如果图形窗口显示得不清楚，可用视图工具栏上的按钮（如等）进行调整（见图 1.6-13）。

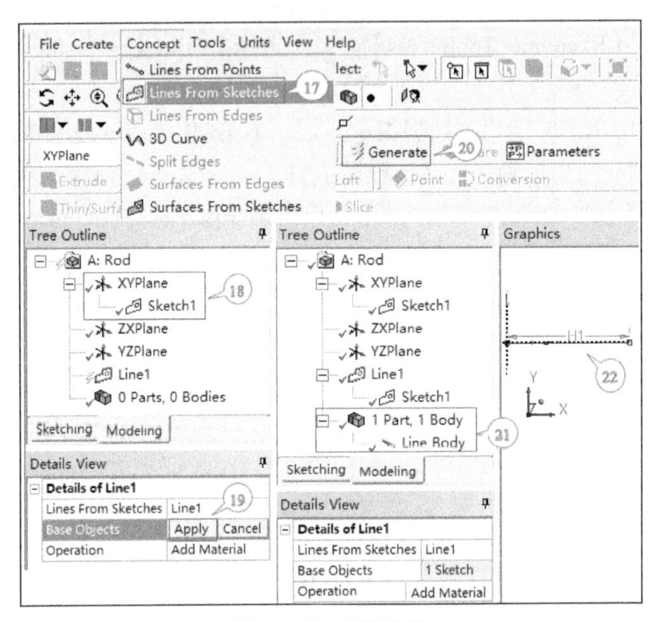

图1.6-12 创建线体

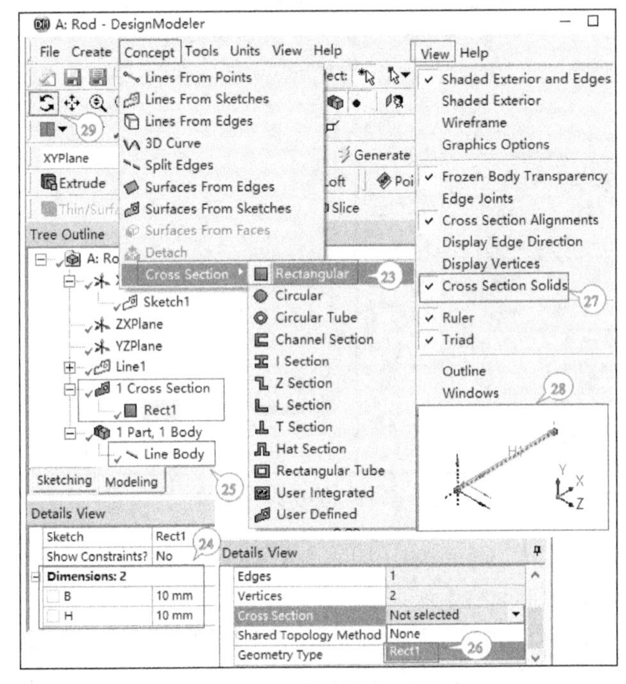

图1.6-13 创建线体及显示

提示

至此，DM 中的几何模型已经建立完毕，可选文件菜单的导出命令【File】→【Export】，将几何模型文件 rod.agdb 导出到指定的文件夹下。本实例将工程项目文件保存到程序创建的同名文件夹 Rod_files 中。如果不关闭 DM 程序，可在 Windows 窗口中切换到 WB 界面。单击【保存】按钮后，可看到文件列表中增加了保存的几何文件，默认名称 sys.agdb（如图 1.6-14 所示）。

下面将要进行的网格划分、设置边界条件、求解及查看结果都统一在“结构分析程序”【Mechanical】中完成。因此在 WB 界面中的有限元模型【Model】单元格双击鼠标，进入【Mechanical】进行结构静力分析。

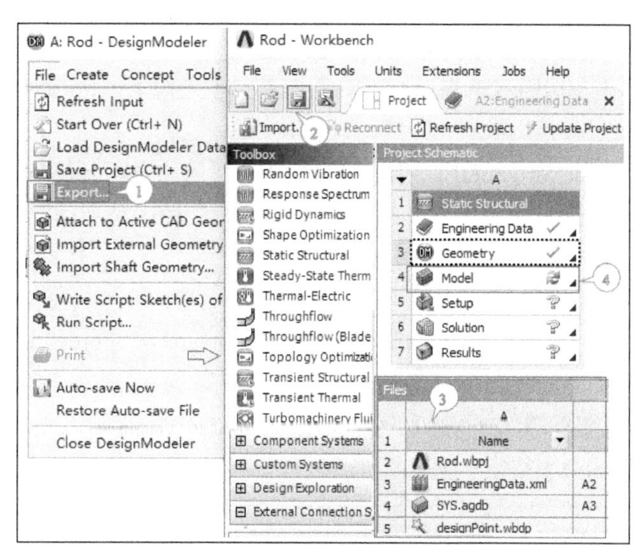

图 1.6-14 切换到 WB 界面

5. 网格划分（见图 1.6-15）

（1）在 WB 界面中的有限元模型【Model】单元格双击鼠标，进入【Mechanical】的结构静力分析图形窗口，包括标题栏、菜单栏、常用工具栏、导航树、图形窗口、明细窗口、状态栏等，如果导航树中选择某个对象，则对应出现的是当前活动工具栏。

（2）从图形窗口中看到的只有一根线。

（3）导航树中的对象前面有问号，表示相关参数未知，这里线体没有分配材料， 因此导航树中选【Geometry】→【Line Body】。

（4）在明细窗口中分配材料属性：【Material】→【Assignment】=rod。

（5）在导航树中选【Mesh】，则当前活动工具栏为网格划分的相关命令，选择【Mesh】→【Generate Mesh】或从鼠标右键的快捷菜单中单击【Generate Mesh】，生成默认网格。

（6）从图形窗口中可看到生成的梁单元，由于是线单元，所以单元仅在轴向，横截面上没有网格划分。

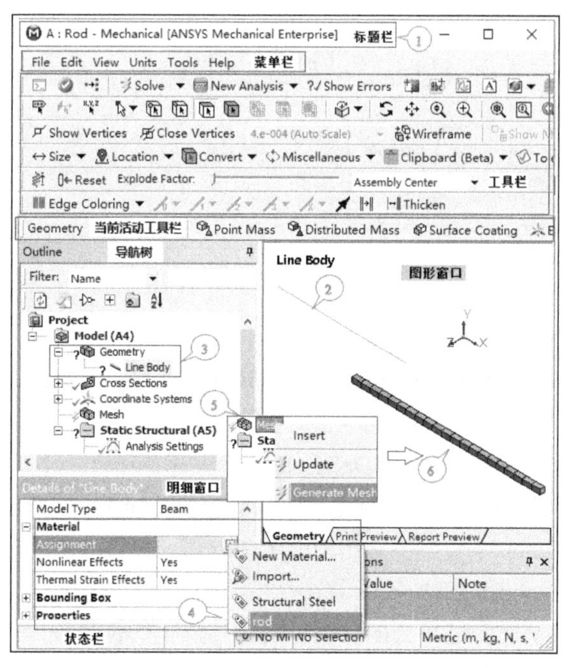

图 1.6-15 结构分析窗口及网格划分

6．施加载荷、约束及求解（见图 1.6-16）

（1）施加边界条件，线体左端固定，在选择工具栏中单击【点选】按钮。

（2）在图形窗口处选择线体左端点。

（3）单击导航树中的【Static Structural】，当前工具栏中显示静力分析环境选项。

（4）在活动工具栏中选择【Supports】→【Fixed Support】，则图中添加固定约束。

（5）在图形窗口中选择线体右端点。

（6）施加载荷，在工具栏中选择【Loads】→【Force】。

（7）施加 x 方向的轴向拉力 10000N，明细窗口中选择：【Details of "Force"】→【Definition】→【Define by】=Components，输入【X Component】=10000N。

（8）图形窗口中显示施加的力及方向。

（9）在工具栏中单击【Solve】按钮求解。

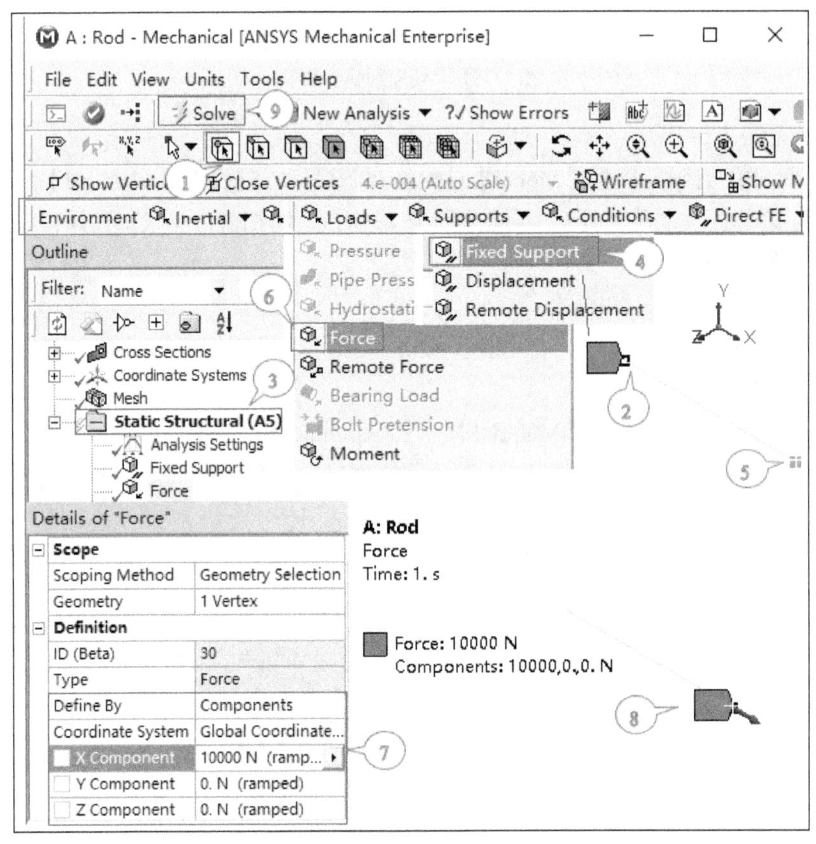

图 1.6-16　施加载荷、约束及求解

7．查看直杆轴向变形结果（见图 1.6-17）

（1）将长度单位改为 mm：菜单栏选【Units】→【Metric (mm,kg ,N,s,mV,mA)】。

（2）在导航树中选择“求解”分支【Solution】，这样将激活求解结果工具栏选项。

（3）在求解工具栏中选择“变形分量”：【Deformation】→【Directional】。

（4）在明细窗口中确定要显示“X 方向的变形”，即【Definition】→【Orientation】=X Axis。

（5）导出结果：选择【Solution】分支下方出现的【Directional Deformation】，单击鼠标右键，在快捷菜单中选择“评估所有结果”【Evaluate All Results】。

（6）图形窗口中显示轴向变形的结果云图，通过红色到蓝色的色带表示最大到最小的范围，具体值显示在图例中，可以看到杆的施力端的红色表示最大值为 0.2mm，而另一约束端的蓝色表示最小值为 0。

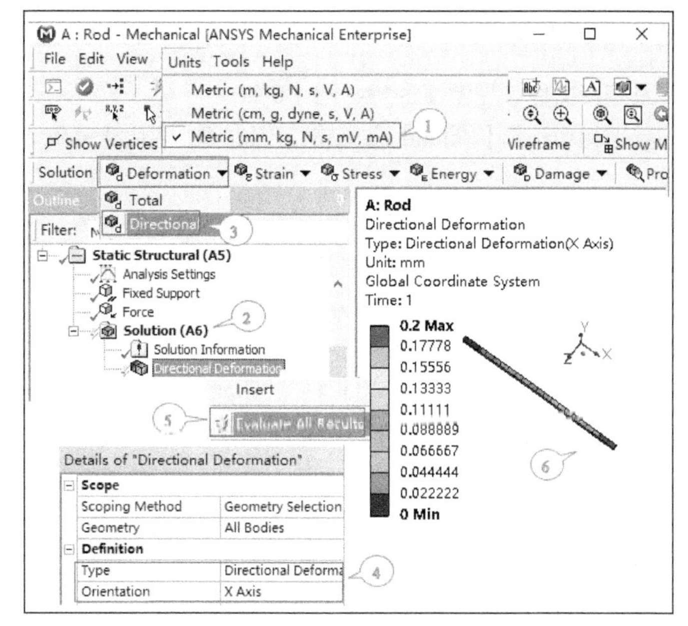

图1.6-17 轴向变形

提示

由于前面已经求解完毕，所以这里只要用【Evaluate All Results】导出结果就可以了，后续导出结果的操作与此类同。此外，查看结果的命令既可以在工具栏中获取，也可从快捷菜单中得到，后面会以不同的方式得到结果。

8. 使用梁工具查看轴向应力结果（见图 1.6-18）

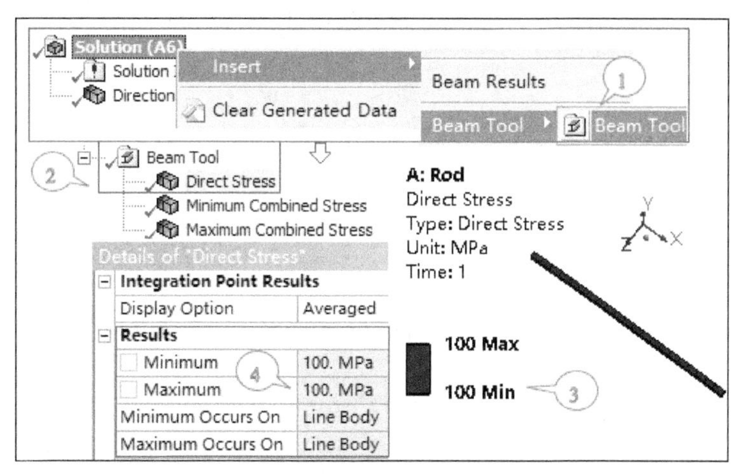

图1.6-18 轴向应力

（1）插入梁工具：导航树中选择【Solution】，单击鼠标右键，从快捷菜单中选择【Insert】→【Beam Tool】→【Beam Tool】。

（2）与显示变形一样，导出梁工具默认的 3 个结果：选择【Solution】分支下方出现的“梁工具”【Beam Tool】，单击鼠标右键，在快捷菜单中选择【Evaluate All Results】，然后展开【Beam Tool】，选择轴向应力【Direct Stress】，同时也可查看“最大组合应力”【Maximum Combined Stress】与“最小组合应力”【Minimum Combined Stress】。

（3）图形窗口显示轴向应力为 100MPa。

（4）明细窗口中也可显示最大值与最小值结果：【Results】→【Minimum】=100MPa，【Maximum】=100MPa。

9．查看约束反力结果及归档文件（见图 1.6-19、图 1.6-20）

（1）插入节点反力：在导航树中选择【Solution】，单击鼠标右键，从快捷菜单中选择【Insert】→【Probe】→【Force Reaction】。

（2）导航树中【Solution】分支下方出现“反作用力”【Force Reaction】。

（3）选择【Force Reaction】，明细窗口中设置按“边界条件定位”：【Location Method】=Boundary Condition，边界条件为“固定约束”：【Boundary Condition】=Fixed Support。

（4）然后在【Force Reaction】上单击鼠标右键，选择【Evaluate All Results】，得到约束反力的结果。在明细窗口中可以看到 x 方向的轴向力：【Maximum Value Over Time】→【X Axis】=-10000N。

（5）图形窗口显示约束处的反力方向与作用的拉力相反。

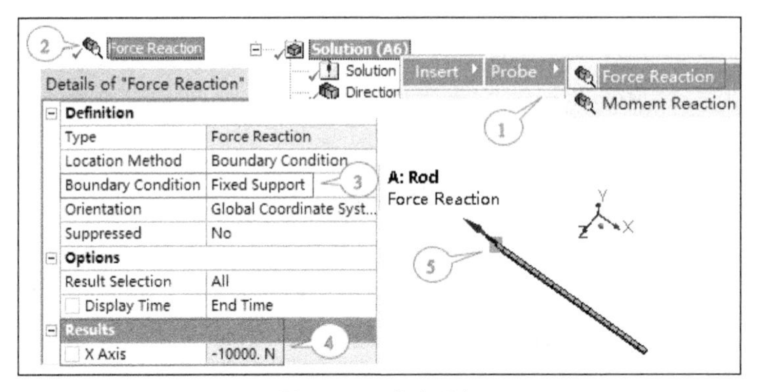

图 1.6-19　约束反力

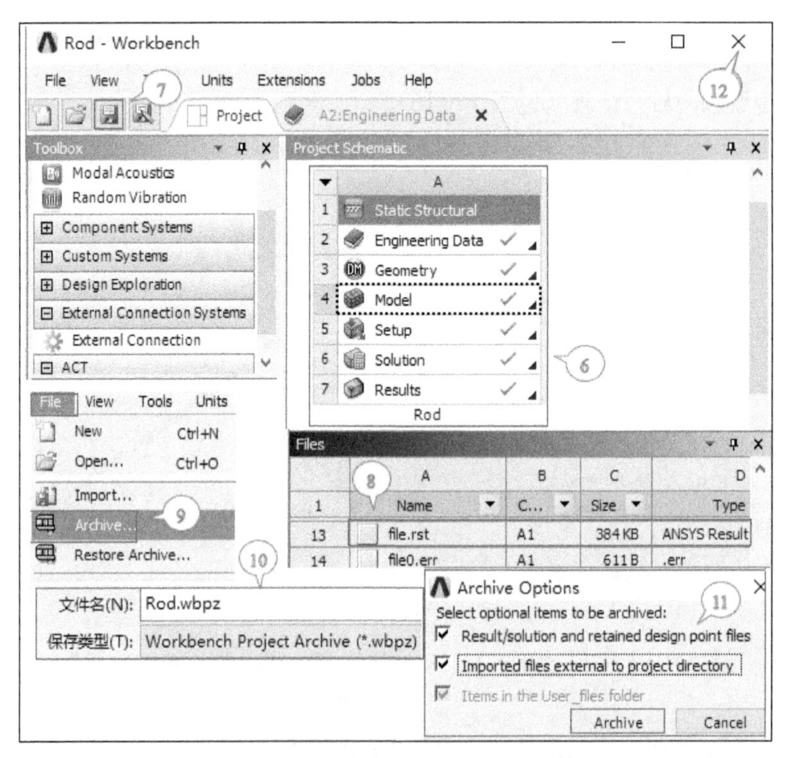

图 1.6-20　返回 WB 窗口归档文件并退出

（6）返回 WB 项目流程图界面，可以看到所有单元格处都显示绿色对勾，表明已经完成了整个分析项目且没有错误。

（7）单击【保存】按钮，保存文件。

（8）可看到所有文件列表及文件大小、位置等相关信息，如 file.rst 为生成的结果文件。

（9）压缩文件归档：单击菜单栏【File】→【Archive】。

（10）默认生成压缩包文件为 Rod.wbpz，该文件减少数据量，且以后可直接打开进入 WB。

（11）设置归档选项时勾选所有选项，将保存并压缩所有文件为一个压缩包文件，单击【Archive】按钮。

（12）最后，单击窗口右上角处的【关闭】按钮，退出程序。

1.6.5 验证结果及理解问题

不同计算结果的对比见下表，可以看到梁单元的数值结果与解析解是完全一致，值得注意的是，ANSYS 18.2 Workbench 并没有给出应变结果。

表 不同计算方法的结果对比

计算方法	最大轴向位数/mm	应力/MPa	应变 mm/mm	约束反力/N
解析解	0.2	100	0.0005	-10000
有限元数值解	0.2	100	0.0005	-10000
ANSYS 18.2Workbench	0.2	100	—	-10000

本实例中由于直杆的长度远大于其他两个方向的尺寸，因此采用梁单元模拟是合适的。其实同一个问题可以有不同的解法，本例采用 3D 单元建模也可以得到同样的结果。

提示

对于初学者而言，ANSYS 模拟的结果是否正确一直都比较令人困扰，因此在求解实际工程问题时，先做一些简单的有理论解对比的例子，弄清物理量的本质是很重要的一个环节，然后可用简化模型的数值解与解析解或试验结果对比，查看不同方法的结果趋势是否一致、误差是否收敛，避免出现太大的差距，这样做有助于得到正确解。

1.7 有限元分析计算实例——单轴直杆热传导

下面分析单轴直杆的一维热传导问题，采用的几何模型与 1.6 节的拉伸直杆相同，主要目的是理解稳态传热的有限元分析方法。

1.7.1 问题描述

图 1.7.1 所示为单轴直杆模型，热流率 Q=1W，从温度 T(0)=20℃的一端流入，流过长度 L=400mm、横截面积 A=10×10mm^2 的直杆，从另一端流出，假设材料为铝合金，导热系数 k=100 W/（m℃），计算轴向温度分布。

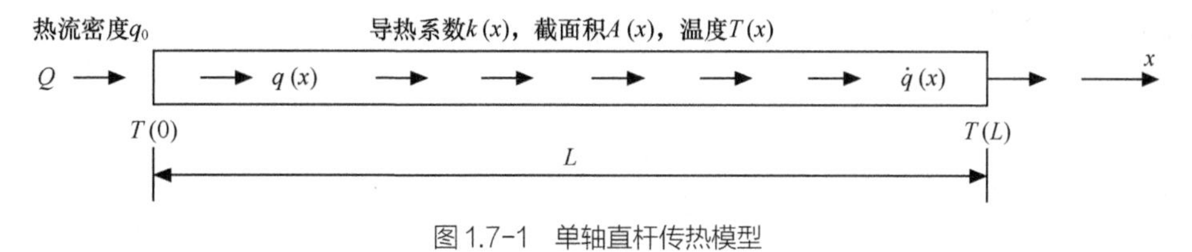

图 1.7-1 单轴直杆传热模型

1.7.2 微分方程的解析解

该模型为一维稳态热传导问题，从能量守恒方程和基本方程可推出控制微分方程。

1．平衡方程

能量守恒表示能量的变化为 0，对于给定热流密度 $q(x)$、热流截面积 $A(x)$与外部体积热流率 $\dot{q}(x)$ 的轴向热传导，可写为：

$$\frac{\mathrm{d}\left(q(x)\cdot A(x)\right)}{\mathrm{d}x}+\dot{q}(x)\cdot A(x)=0 \tag{1.7.1}$$

2．基本方程

根据热传导基本规律（Fourier 定律）的描述：在导热现象中，单位时间内通过给定截面的热量，正比于垂直于该界面方向上的温度变化率和截面面积，而热量传递的方向则与温度升高的方向相反。傅里叶定律用热流密度 $q(x)$表示时形式为：

$$q(x)=-k(x)\frac{\mathrm{d}T(x)}{\mathrm{d}x} \tag{1.7.2}$$

式中，$T(x)$为温度；$k(x)$热传导系数。由式(1.7.1)和式(1.7.2)得到关于温度 $T(x)$的二阶微分方程为：

$$\frac{\mathrm{d}}{\mathrm{d}x}\left[-k(x)A(x)\frac{\mathrm{d}T(x)}{\mathrm{d}x}\right]+\dot{q}(x)A(x)=0,\qquad x\in(0,\ L) \tag{1.7.3}$$

3．定解条件

第一类边界条件为温度边界：

$$T(x)\big|_{x=L}=T(L) \tag{1.7.4}$$

第二类边界条件为热流密度边界：

$$k(x)\frac{\mathrm{d}T(x)}{\mathrm{d}x}\bigg|_{x=0}=q_0 \tag{1.7.5}$$

本实例中 $\dot{q}(x)$=0，导热系数 k、热流面积为常数，则由式（1.7.3）得到：

$$\frac{\mathrm{d}}{\mathrm{d}x}\left[-kA\frac{\mathrm{d}T(x)}{\mathrm{d}x}\right]=0,\quad x\in(0,\ L) \tag{1.7.6}$$

代入边界条件，流入热量取正值，流出热量取负值，方程解如下。

①热流密度：

$$q(x)=q_0=\frac{Q}{A}; \tag{1.7.7}$$

②温度分布函数：

$$T(x)=T(0)-\frac{Q}{kA}x \tag{1.7.8}$$

将数值 Q=1W, A=100mm^2，L=400mm，k=100 W/m℃，$T(L)$=20℃代入,得到热流密度 $q(x)$=10^4 W/m^2，温度分布函数 $T(x)=-100x+60$，最高温度 T(0)=60℃。

1.7.3　微分方程的有限元数值解

1．离散单元

将杆件离散为具有两个节点的单轴热传导单元，节点处有轴向热流 Q_1、Q_2产生 x 方向的温度 T_1、T_2，如图 1.7-2 所示。

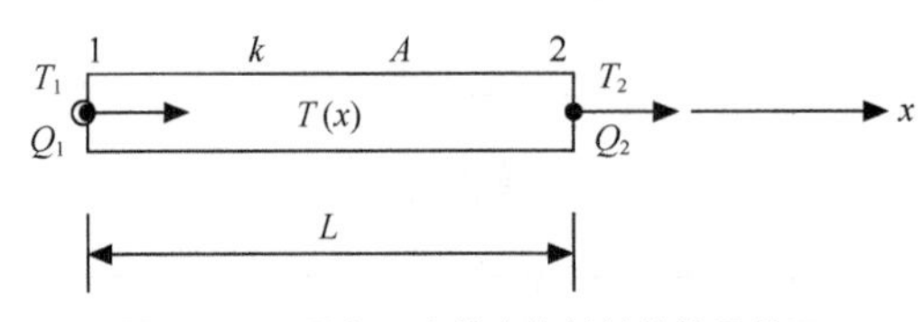

图 1.7-2　具有两个节点的单轴热传导单元

2．节点 1 的热流平衡方程

由于受到节点热流的作用，单轴热传导单元节点 1 处温差 $\Delta T_1=T_1-T_2$，作用在节点 1 处的轴向热流率 Q_1 可表示为：

$$Q_1 = kA\frac{\Delta T_1}{\Delta x} = kA\frac{T_1 - T_2}{L} \tag{1.7.9}$$

3．节点 2 的热流平衡方程

同理，作用在节点 2 的轴向热流率 Q_2 可表示为：

$$Q_2 = kA\frac{\Delta T_2}{\Delta x} = kA\frac{T_2 - T_1}{L} \tag{1.7.10}$$

4．单元热传导方程

合并式（1.7.9）与式（1.7.10），推导出矩阵形式的热平衡方程如:

$$\begin{bmatrix} \frac{kA}{L} & -\frac{kA}{L} \\ -\frac{kA}{L} & \frac{kA}{L} \end{bmatrix} \begin{Bmatrix} T_1 \\ T_2 \end{Bmatrix} = \begin{Bmatrix} Q_1 \\ Q_2 \end{Bmatrix} \text{或} \boldsymbol{K}^{(e)}\boldsymbol{T}^{(e)} = \boldsymbol{Q}^{(e)} \tag{1.7.11}$$

式中，$\boldsymbol{T}^{(e)}$ 为未知的节点温度；$\boldsymbol{k}^{(e)}$ 为单元热传导矩阵；$\boldsymbol{Q}^{(e)}$ 为单元节点热流率；上标 e 表示单元号。

5．整体热传导方程

对于多个单元构成的连续构件，或者说如果将该杆件划分为多个单元，则将离散单元组装成以温度为基本未知量的线性代数方程组形式，或者说热传导问题的有限元公式一般有如下形式：

$$[\boldsymbol{K}]\{\boldsymbol{T}\} = \{\boldsymbol{Q}\} \tag{1.7.12}$$

式中，$[\boldsymbol{K}] = \sum \boldsymbol{K}^{(e)}$ 代表由单元热传导组合成的整体热传导矩阵；$\{\boldsymbol{T}\} = \sum \boldsymbol{T}^{(e)}$ 为整体坐标系(x,y,z)中的节点温度；$\{\boldsymbol{Q}\} = \sum \boldsymbol{Q}^{(e)}$ 为整体结构的节点热流率。本实例中单元热传导矩阵等于整体热传导矩阵。

6．处理边界条件、求解节点温度及热流率

将边界条件 T_2=20℃，Q_1=1W 及 A=100mm^2，L=400mm,k=100W/（m℃）代入式（1.7.11）或式（1.7.12）。

$$\begin{bmatrix} 0.025 & -0.025 \\ -0.025 & 0.025 \end{bmatrix} \begin{Bmatrix} T_1 \\ 20 \end{Bmatrix} = \begin{Bmatrix} 1 \\ Q_2 \end{Bmatrix} \quad \text{得到} T_1 = 60℃，\ Q_2 = -1\text{W} \tag{1.7.13}$$

7．求单元热流密度

假设单元温度函数表达式为线性分布 $T(x)=a_1+a_2x$，根据 T_1、T_2 的值，可得到：

$$\begin{cases} T(0) = T_1 = a_1 \\ T(L) = T_2 = T_1 + a_2 L \end{cases} \tag{1.7.14}$$

得到：

$$T(x) = \left(\frac{T_2 - T_1}{L}\right)x + T_1 \tag{1.7.15}$$

得到：

$$T(x) = \begin{bmatrix} 1 - \frac{x}{L} & \frac{x}{L} \end{bmatrix} \begin{Bmatrix} T_1 \\ T_2 \end{Bmatrix} \tag{1.7.16}$$

或：

$$T(x) = [N_1\ N_2]\begin{Bmatrix} T_1 \\ T_2 \end{Bmatrix}, N_1 = 1 - \frac{x}{L}, N_2 = \frac{x}{L} \tag{1.7.17}$$

式中，$[\boldsymbol{N}] = [N_1\ N_2]$ 为形函数矩阵；N_i 代表当第 i 个单元自由度为单位值，而其他自由度的值为 0 时，假定的单元域内温度函数的形状。本实例中，N_1、N_2 为线性函数，节点 1 处 N_1=1，节点 2 处 N_1=0，而节点 1 处 N_2=0，节点 2 处 N_2=1，如图 1.7-3 所示，可以看到形函数的推导和结构杆单元是一致的。

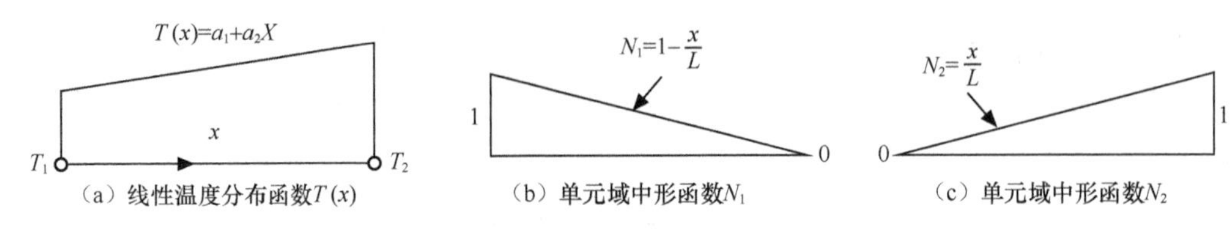

图 1.7-3　线性温度分布函数和单元域中形函数

将 T_1、T_2 代入式（1.7.15）中得到

$$T(x)=T_1-\frac{Q}{kA}x \tag{1.7.18}$$

进而得到热流密度:

$$q(x)=-k\frac{\mathrm{d}T(x)}{\mathrm{d}x}=\frac{Q}{A} \tag{1.7.19}$$

将数值 Q=1W, A=100mm^2，L=400mm，k=100W/（m℃），$T(L)$=20℃代入，得到温度分布函数 $T(x)=60-100x$，热流密度 $q(x)=10^4$ W/m^2。

1.7.4　ANSYS Workbench 热传导杆单元分析单轴直杆传热

下面基于有限元分析软件 ANSYS 18.2 Workbench，采用三维热传导杆单元 LINK33，计算单轴直杆传热的温度分布及其他相关结果，目的在于熟悉 ANSYS 18.2 Workbench 的结构稳态热分析及验证分析结果。

分析流程如下。

- 根据仿真需求，进行稳态热分析，导入已经创建的几何模型。
- 对几何模型进行网格划分，建立有限元分析模型。
- 施加热边界条件及载荷。
- 分析求解及检查结构稳态热分析结果。

提示

本实例中并没有重新开始分析，而是在同一个 WB 文件中又增加一个新的稳态热分析系统。也可以运行程序→【ANSYS 18.2】→【Workbench 18.2】，进入 WB 数值模拟平台，重新建立一个新文件开始。LINK 33 是用于节点间热传导的单轴单元，该单元每个节点只有一个温度自由度，热传导杆单元可用于稳态或瞬态热分析。

1．WB 中增加稳态热分析系统（见图 1.7-4）

（1）双击打开 Rod.wbpj 文件，由于前面已完成轴向变形分析，在 Rod.wbpj 文件的 WB 界面中可以看到结构静力分析系统 A 已经运行完毕，所有单元格后面都有一个绿色对勾标记。选择左侧工具箱【Toolbox】下方的“分析系统”【Analysis Systems】中的“稳态热分析”【Steady-State Thermal】。

（2）将“稳态热分析”【Steady-State Thermal】拖入到“项目流程图”【Project Schematic】分析系统 A 旁边的空白中，可以放置在上下左右的任意绿框的位置，这里放置在右侧。

（3）新增加热分析系统 B 中包括 7 个单元格，每一个单元格命令分别代表稳态热分析过程中所需的步骤，后面要依次按照 B2～B7 的顺序完成每个单元格中的命令。在热分析系统 B 下方输入分析标题名称 Rod，该名称会显示在激活分析系统 B 中相应的应用程序窗口的标题栏中。

（4）导入几何模型：稳态热分析系统 B 中选择“几何”【Geometry】单元格，单击鼠标右键，从快捷菜单中选择【Import Geometry】→【Browse】。

（5）查找前面保存过的文件位置，导入几何文件 rod.agdb；查看生成的文件：WB 菜单栏中选【View】→【Files】则激活文件显示；WB 窗口中会出现目前为止已经生成的文件窗口，包括文件名称、大小、位置等信息，如果在这里单击文件所在位置，可以直接找到并查看相应的文件。

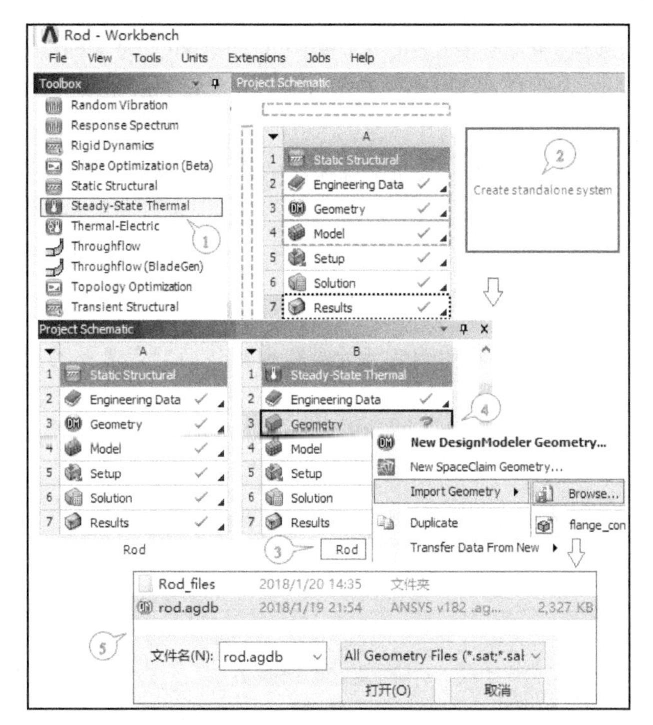

图 1.7-4 WB 中增加稳态热分析系统 B

提示

WB 的工程项目文件中包括主文件 Rod.wbpj 及同名文件夹 Rod_files，除了主文件，其他所有生成的文件都会放在 Rod_files 文件夹中，工具栏中单击保存项目文件按钮，则热分析系统 B 将保存在 Rod_files\dpo\sys-2 中。

2. 输入材料属性（见图 1.7-5）

（1）在分析系统 B 的“工程材料”【Engineering Data】单元格双击鼠标，进入“工程数据”窗口【B2: Engineering Data】。

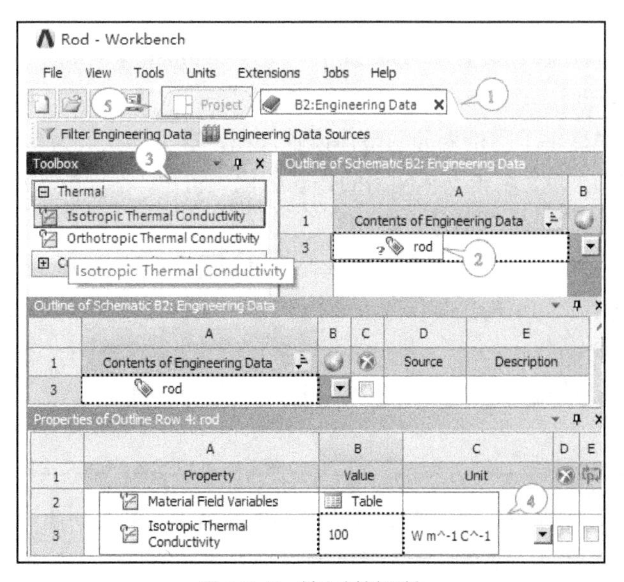

图 1.7-5 输入材料属性

（2）在已有的工程材料【Outline of Schematic B2: Engineering Data】窗口中输入新材料名称 rod。

（3）左侧的工具箱下方选择“各项同性热传导系数”：【Thermal】→【Isotropic Thermal Conductivity】。

（4）在材料属性窗口下输入热传导系数：【Properties of Outline Row 3: rod】→【Isotropic Thermal Conductivity】=100 Wm^-1C^-1。

（5）在工具栏中单击【Project】按钮，返回工程流程图的 WB 界面。

提示

更换图形区背景颜色的步骤如图 1.7-6 所示。

（1）为方便抓图，可用选项工具将图形区背景颜色由默认的蓝色更改为白色：WB 中菜单栏中选择【Tools】→【Options】，出现“选项”窗口。

（2）在“选项”窗口左侧选择“外观”【Appearance】。

（3）在“Appearance”窗口右侧设置：【Background Color】为白色。

（4）单击【OK】按钮确认。

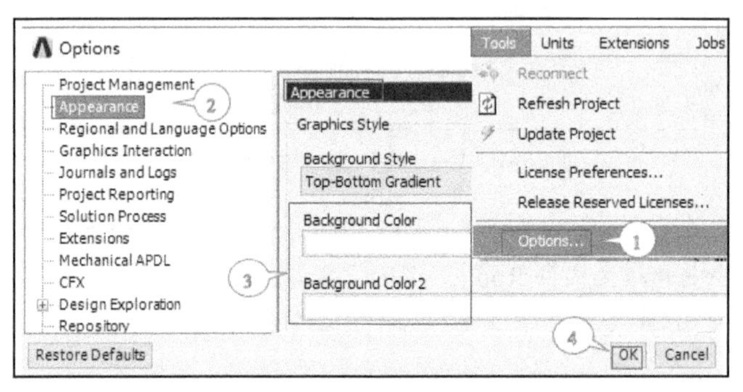

图 1.7-6　更换图形区背景

3. 网格划分（见图 1.7-7）

（1）在 WB 界面的有限元“模型”【Model】单元格双击鼠标，进入【Mechanical】的结构稳态热分析程序。给直杆分配材料：导航树中选择【Geometry】→【Line Body】。

（2）明细窗口中分配材料属性：设置【Material】→【Assignment】=rod。

（3）导航树中选择【Mesh】。

（4）【Mesh】明细窗口中提供了网格划分的整体设置选项，本实例默认为结构场【Defaults】→【Physics Preference】=Mechanical；“相关度”用于整体网格的自动细化或粗化，移动滑块可设置相关性从-100 ~ +100，网格由粗到密变化，默认设置【Relevance】=0。

（5）当前活动工具栏为网格划分的相关命令，选择【Mesh】→【Generate Mesh】生成默认网格。

（6）在图形窗口可看到生成的结构热传导单元，由于是一维单元，所以单元仅在轴向，横截面上没有网格划分。

（7）查看网格统计结果：明细窗口中展开【Statistics】，显示有 43 个节点、21 个单元。

提示

网格划分的节点和单元参与有限元求解，网格直接影响到求解精度、收敛性和求解速度。ANSYS 的【Mesh】集成了结构场、电磁场、流场、显式动力的网格划分功能，不同的物理场对网格的要求不一样，所以 WB 根据不同的分析类型，在求解开始时自动生成默认的网格。更灵活的网格划分需要自定义。

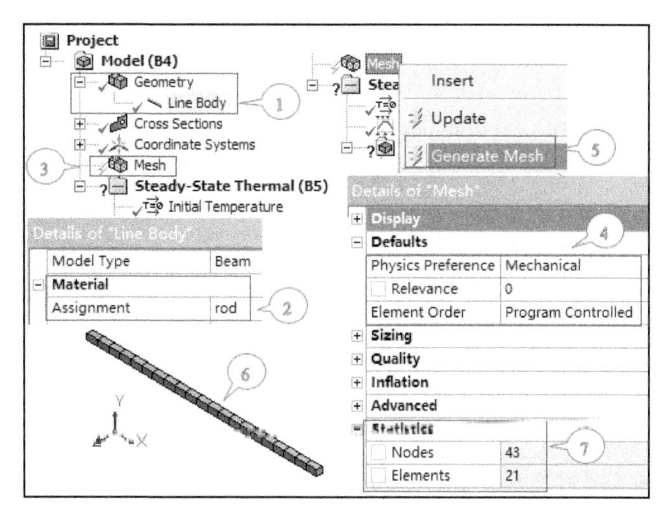

图 1.7-7　网格划分

4．施加稳态热分析边界条件及求解（见图 1.7-8）

（1）在工具栏中单击【点选】按钮。

（2）在图形窗口选择直杆的一个端点，如图 1.7-8 所示。

（3）在导航树中单击【Steady-State Theraml（B5）】，当前工具栏中显示“稳态热分析”环境的相关命令选项。施加“热流率”，在工具栏中选择【Heat】→【Heat Flow】。

（4）输入流入热流率为 1W。在明细窗口【Details of "Heat Flow"】中输入：【Definition】→【Define As】= Heat Flow，【Magnitude】=1W。

（5）在图形窗口显示热流率的值及位置。

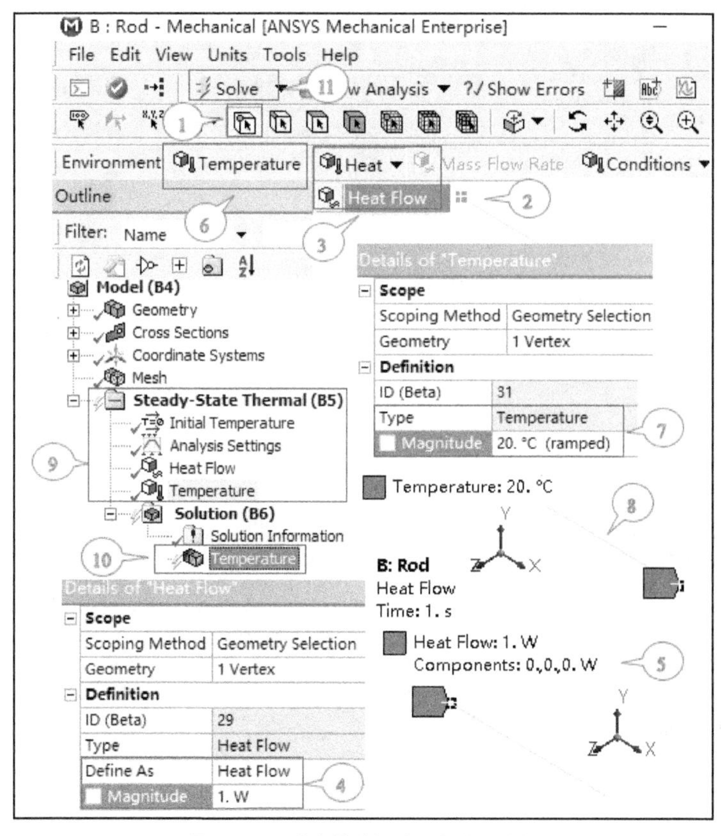

图 1.7-8　稳态热分析边界条件及求解

（6）同样，在图形窗口点选线体右端点，施加端点温度边界条件，在工具栏中单击“温度”【Temperature】选项。

（7）在明细窗口【Details of " Temperature " 】中输入温度值：【Definition】→【Type】=Temperature,【Magnitude】=20℃。

（8）在图形窗口显示温度值及位置。

（9）在导航树处显示施加完成的热流率及温度。

（10）导航树中单击【Solution(B6)】，活动工具栏中选择【Thermal】→【Temperature】，则插入需要的温度结果【Temperature】在导航树【Solution(B6)】下方，未求解前【Temperature】前面为黄色闪电标记。

（11）在工具栏中单击【Solve】按钮求解。

5．查看温度分布及热流率（见图 1.7-9）

（1）在导航树中选择“求解”分支【Solution】下面的“温度”【Temperature】。

（2）在结果工具栏中单击“最大值”按钮【Max】与“最小值”按钮【Min】。

（3）图形窗口显示最高温度 60℃、最低温度 20℃的温度分布结果。

（4）图形窗口下方单击【Animation】旁边的播放按钮，可动画显示温度的分布。

（5）在导航树中选中 B5 下面的“温度”【Temperature】，拖曳鼠标到【Solution】上再松开鼠标，则添加温度边界处的反向热流率结果。

（6）在导航树【Solution】下面会出现【Reaction Probe】，单击鼠标右键，从快捷菜单中选择【Evaluate All Results】，在图形窗口将显示热流的位置。

（7）明细窗口【Details of " Reaction Probe " 】中显示 1W 的热流从 20℃温度端流出。

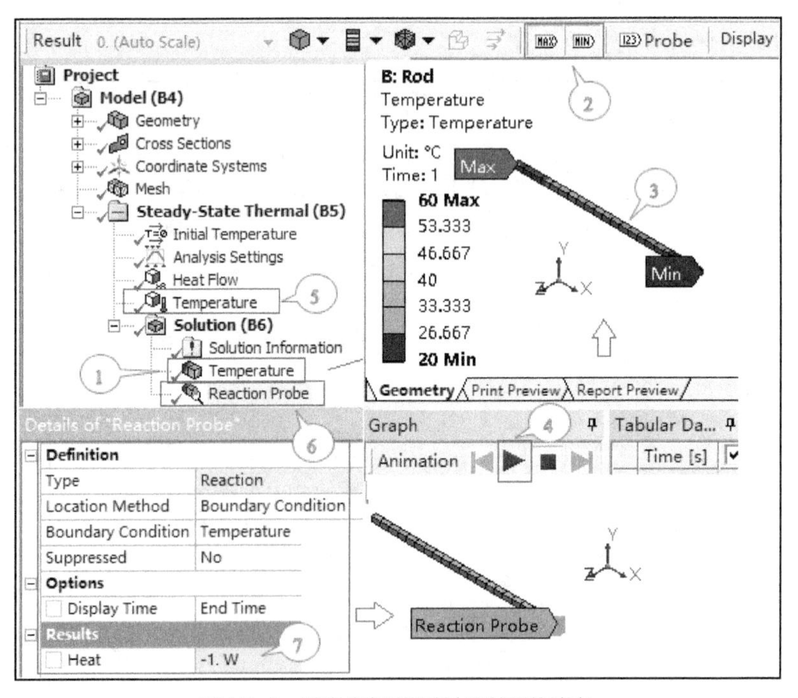

图 1.7-9　温度分布及温度边界处的热流率

1.7.5　验证结果及理解问题

不同计算结果的对比见下表。

表 不同方法单轴直杆热传导计算结果的对比

计算方法	最高温度/°C	热流密度 W/m^2	温度边界处的流出热流率
解析解	60	10000	-1
有限元数值解	60	10000	-1
ANSYS18.2 Workbench	60	—	-1

可以看到单轴热传导单元的数值解与解析解是完全一致的，且根据热流率的仿真结果，流入热量与流出热量相等，服从能量守恒准则，所以仿真结果是正确的。尽管 1D 分析中，ANSYS 18.2 Workbench 不显示热流密度结果，但并不妨碍对问题的理解和判断，因此也说明了利用简单模型有助于快速理解问题，熟悉操作过程，以及判断仿真结果是否有效及准确。

对于热传导杆单元中不显示的结果，则可以在后续的 2D、3D 的实例中查看。

1.8 有限元分析计算实例——单轴直杆稳态电流传导

下面进行单轴直杆的稳态电流传导分析，采用的几何模型为单轴直杆，主要目的是理解稳态电流传导的有限元分析方法。

1.8.1 问题描述

单轴直杆模型如图 1.8-1 所示，电流 I=100A 从电势 V(0)的一端流入，流过长度 L=200mm、横截面积 A=10 × 10mm^2 的直杆，从零电势的另一端流出（即 $V(L)$=0），假设材料电阻率ρ=2e-7Ωm，计算直杆轴向电势分布。

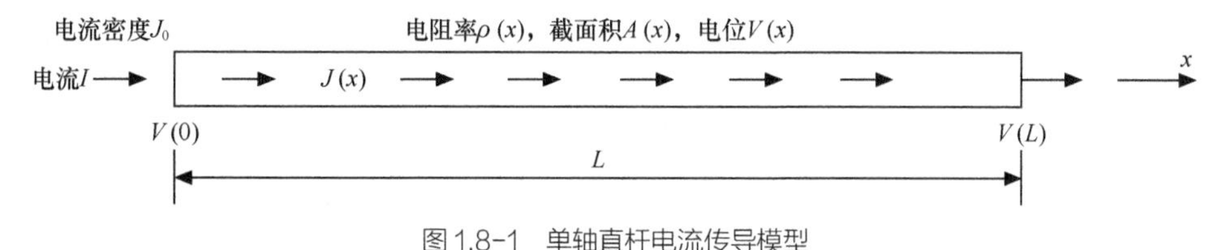

图 1.8-1 单轴直杆电流传导模型

1.8.2 微分方程的解析解

1. 平衡方程

该模型为一维稳态电流传导问题，电流守恒要求任意位置处沿轴向流入电流与流出电流相等，可写为：

$$\frac{\mathrm{d}I(x)}{\mathrm{d}x}=\frac{\mathrm{d}\left(J(x)\cdot A(x)\right)}{\mathrm{d}x}=0 \qquad (1.8.1)$$

2. 基本方程

对于电阻物质或导电物质，欧姆定律可以表示为：

$$J(x)=-\sigma(x)\frac{\mathrm{d}V(x)}{\mathrm{d}x}=-\frac{1}{\rho(x)}\frac{\mathrm{d}V(x)}{\mathrm{d}x} \qquad (1.8.2)$$

式中，$I(x)$为电流；$J(x)$为电流密度；$A(x)$为电流传导横截面积；$V(x)$为电势；$\sigma(x)$为电导率；$\rho(x)$为电阻率。

由式(1.8.1)和式(1.8.2)得到电势分布函数 $V(x)$的二阶微分方程：

$$-\frac{\mathrm{d}}{\mathrm{d}x}\left[(x)A(x)\frac{\mathrm{d}V(x)}{\mathrm{d}x}\right]=0,\quad x\in(0,\ L) \qquad (1.8.3)$$

或

$$-\frac{\mathrm{d}}{\mathrm{d}x}\left[\frac{1}{\rho(x)}A(x)\frac{\mathrm{d}V(x)}{\mathrm{d}x}\right]=0,\quad x\in(0,\ L) \tag{1.8.4}$$

3．定解条件

第一类边界条件为电势边界：

$$V(x)\big|_{x=L}=V(L) \tag{1.8.5}$$

第二类边界条件为电流密度边界：

$$\sigma(x)\frac{\mathrm{d}V(x)}{\mathrm{d}x}\bigg|_{x=0}=J_0 \tag{1.8.6}$$

本实例中电阻率、热流面积为常数，则由式（1.8.3）得到：

$$\frac{\mathrm{d}}{\mathrm{d}x}\left[-\frac{1}{\rho}A\frac{\mathrm{d}V(x)}{\mathrm{d}x}\right]=0,\quad x\in(0,\ L) \tag{1.8.7}$$

代入边界条件，方程解如下。

①热流密度为：

$$J(x)=J_0=\frac{I}{A} \tag{1.8.8}$$

②电势分布函数为：

$$V(x)=V(0)-\frac{I\rho}{A}x \tag{1.8.9}$$

将数值 I=100A，A=100mm^2，L=200mm，ρ=2e-7Ωm，$V(L)$=0V 代入，得到电流密度 $J(x)$=1e6 W/m^2（1e6 表示 1×10^6），电势分布函数 $V(x)=0.04-0.2x$，最高电势 $V(0)$=0.04V，还可得到电阻 R=4e-4Ωm。

1.8.3　微分方程的有限元数值解

1．离散单元

将杆件离散为具有两个节点的单轴电热传导单元，节点处有轴向电流 I_1 和 I_2，产生 x 方向的电势 V_1 和 V_2，如图 1.8-2 所示。

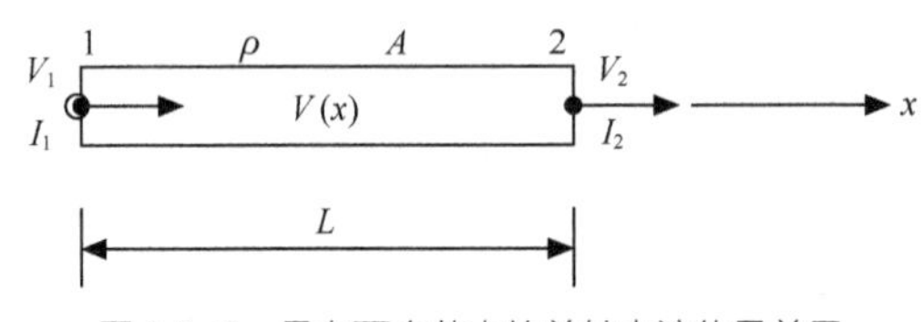

图 1.8-2　具有两个节点的单轴电流传导单元

2．节点 1 的电流平衡方程

由于受到节点电流的作用，单轴电流传导单元节点 1 处的电势差 $\Delta V_1=V_1-V_2$，作用在节点 1 处的轴向电流 I_1 可表示为：

$$I_1=\frac{1}{\rho}A\frac{\Delta V_1}{\Delta x}=A\frac{V_1-V_2}{\rho L} \tag{1.8.10}$$

3．节点 2 的电流平衡方程

同理，作用在节点 2 的轴向电流 I_2 可表示为：

$$I_2=\frac{1}{\rho}A\frac{\Delta V_2}{\Delta x}=A\frac{V_2-V_1}{\rho L} \tag{1.8.11}$$

4．单元电流传导方程

合并式（1.8.10）和式（1.8.11），推导出矩阵方程：

$$\begin{bmatrix} \dfrac{A}{\rho L} & -\dfrac{A}{\rho L} \\ -\dfrac{A}{\rho L} & \dfrac{A}{\rho L} \end{bmatrix} \begin{Bmatrix} V_1 \\ V_2 \end{Bmatrix} = \begin{Bmatrix} I_1 \\ I_2 \end{Bmatrix} \text{或} \boldsymbol{K}^{(e)}\boldsymbol{V}^{(e)} = \boldsymbol{I}^{(e)} \tag{1.8.12}$$

式中，$\boldsymbol{V}^{(e)}$为未知的节点电势；$\boldsymbol{K}^{(e)}$为单元电流传导矩阵；$\boldsymbol{I}^{(e)}$为单元节点电流；上标 e 为单元号。

5．整体电流传导方程

对于多个单元构成的连续构件，或者说如果将该杆件划分为多个单元，则将离散单元组装成以电势为基本未知量的线性代数方程组形式，或者说电流传导问题的有限元公式一般有如下形式：

$$[\boldsymbol{K}]\{\boldsymbol{V}\} = \{\boldsymbol{I}\} \tag{1.8.13}$$

式中，$[\boldsymbol{K}] = \sum \boldsymbol{K}^{(e)}$为由单元电流传导组合成的整体电流传导矩阵；$\{\boldsymbol{V}\} = \sum \boldsymbol{V}^{(e)}$为整体坐标系$(x,y,z)$中的节点电势；$\{\boldsymbol{I}\} = \sum \boldsymbol{I}^{(e)}$为整体结构的节点电流。本实例中单元电流传导矩阵等于整体电流传导矩阵。

6．处理边界条件并求解节点电势

将边界条件 V_2=0V、I_1=100A 及 A=100mm^2，L=200mm，ρ=2e-7Ωm 代入式（1.8.12），即

$$\begin{bmatrix} 2500 & -2500 \\ -2500 & 2500 \end{bmatrix} \begin{Bmatrix} V_1 \\ 0 \end{Bmatrix} = \begin{Bmatrix} 100 \\ I_2 \end{Bmatrix} \tag{1.8.14}$$

得到 $V_1 = 0.04\text{V}$，$I_2 = -100\text{A}$

7．求单元热流密度

假设单元电势函数表达式为线性分布 $V(x)=a_1+a_2x$，根据 V_1 和 V_2 的值，可得到：

$$\begin{cases} V(0) = V_1 = a_1 \\ V(L) = V_2 = V_1 + a_2 L \end{cases} \tag{1.8.15}$$

由此得到：

$$V(x) = \left(\frac{V_2 - V_1}{L}\right)x + V_1 \tag{1.8.16}$$

或写为：

$$V(x) = \begin{bmatrix} 1 - \dfrac{x}{L} & \dfrac{x}{L} \end{bmatrix} \begin{Bmatrix} V_1 \\ V_2 \end{Bmatrix} \tag{1.8.17}$$

或：

$$V(x) = [N_1 \ N_2] \begin{Bmatrix} V_1 \\ V \end{Bmatrix}, N_1 = 1 - \frac{x}{L}, N_2 = \frac{x}{L} \tag{1.8.18}$$

式中，$[\boldsymbol{N}] = [N_1 \ N_2]$为形函数矩阵；$N_i$为当第 i 个单元自由度为单位值，而其他自由度的值为 0 时，假定的单元域内温度函数的形状。本实例中，N_1、N_2为线性函数，节点 1 处 N_1=1，节点 2 处 N_1=0，而节点 1 处 N_2=0，节点 2 处 N_2=1，如图 1.8-3 所示。可以看到形函数的推导与一维结构杆单元、一维热传导单元都是一致的。

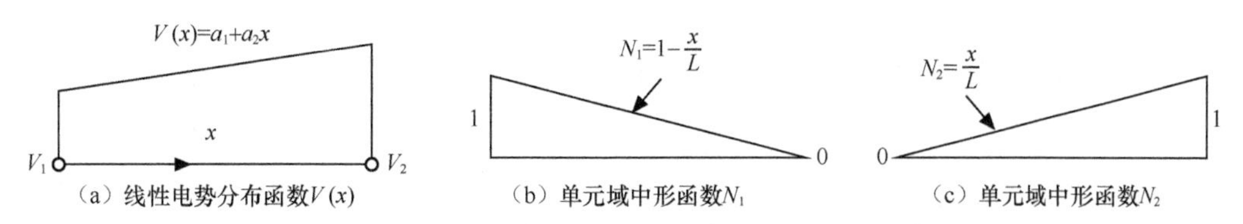

图 1.8-3 线性电势分布函数和单元域中形函数

将 V_1、V_2代入式（1.8.17）中得到

$$V(x) = -\frac{\rho I}{A}x + V_1 \tag{1.8.19}$$

进而得到热流密度：

$$J(x) = -\frac{1}{\rho}\frac{\mathrm{d}V(x)}{\mathrm{d}x} = \frac{I}{A} \tag{1.8.20}$$

将数值 I=100A，A=100mm^2，L=200mm，ρ=2e-7Ωm，$V(L)$=0V 代入，得到电流密度 $J(x)$=10^{6}A/m^2，单元电势分布函数 $V(x)=0.04-0.2x$。

1.8.4　ANSYS Workbench 电实体单元分析单轴直杆的稳态电流传导

下面基于有限元分析软件 ANSYS 18.2 Workbench，采用 3D 20 节点电流传导实体单元 SOLID231，计算单轴直杆稳态电流传导的电势分布及其他相关结果，目的在于熟悉 ANSYS 18.2 Workbench 的稳态电流场分析及验证分析结果。

分析流程可以描述如下。

- 根据仿真需求，进行稳态电流场分析，创建 3D 几何模型。
- 对几何模型进行网格划分，建立有限元分析模型。
- 施加稳态电流场边界条件及载荷。
- 分析求解及检查结构稳态电流场的分析结果。

提示

本实例在同一个 WB 文件中又增加了一个新的稳态电流分析系统。也可以运行程序→【ANSYS 18.2】→【Workbench 18.2】，进入 Workbench 数值模拟平台，重新建立一个新文件开始。SOLID231 每个节点有一个电势自由度，该单元基于标量电势函数，用于低频电场分析，如稳态电流传导、准静态时谐、准静态瞬态分析。

1.【Workbench】中增加稳态电流分析系统（见图 1.8-4）

（1）完成前面的分析后，在 Rod.wbpj 文件中 WB 界面可以看到结构静力分析系统 A 和稳态热分析 B 已经运行完毕，所有单元格后面都有一个绿色对勾标记。从左侧“工具箱”【Toolbox】下方的“分析系统”【Analysis Systems】中将“稳态电流分析”【Electric】拖入到“项目流程图”【Project Schematic】空白处。

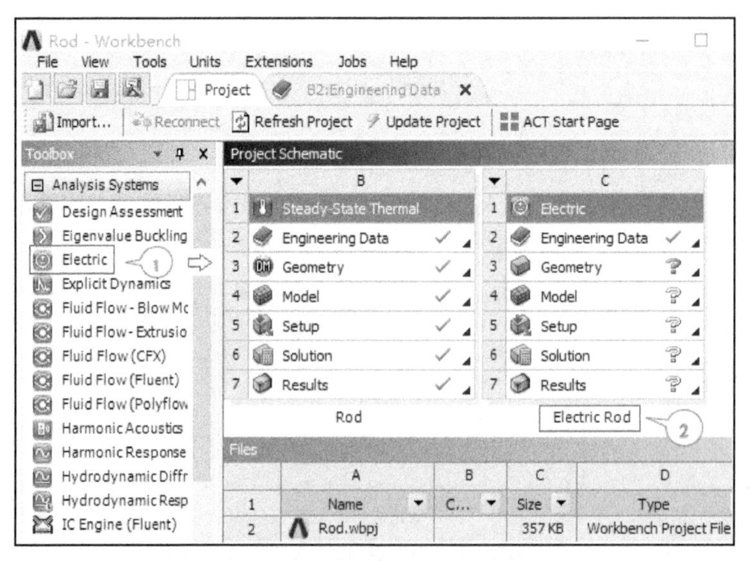

图 1.8-4　WB 中增加稳态电流分析系统 C

（2）新增加的电流分析系统 C 中包括 7 个单元格，每一个单元格命令分别代表稳态电流分析过程中所需的步骤，后面要依次按照 C2 ~ C7 的顺序完成每个单元格中的命令。在电流分析系统 C 下方输入分析标题名称“Electric Rod”，该名称会显示在激活分析系统 C 时相应的应用程序窗口的标题栏中。

提示

WB 的工程项目文件中包括主文件 Rod.wbpj 及其同名文件夹 Rod_files，除了主文件，所有其他生成的文件都会放在 Rod_files 文件夹中，在工具栏中单击保存项目文件按钮，则电流分析系统 C 保存在 Rod_files\dpo\sys-3 中。

2. 输入材料属性（见图 1.8-5）

（1）在分析系统 C 的“工程材料”【Engineering Data】单元格双击鼠标，进入“工程数据”窗口【C2: Engineering Data】。

（2）在已有的工程材料【Outline of Schematic C2: Engineering Data】窗口中输入新材料名称 rod。

（3）在左侧的“工具箱”【Toolbox】下方选择“各项同性电阻率”:【Electric】→【Isotropic Resistivity】。

（4）在材料属性窗口下输入电阻率值【Properties of Outline Row 3: rod】→【Isotropic Resistivity】=2e-7ohm m。

（5）在工具栏中单击【Project】按钮，返回工程流程图的 WB 界面。

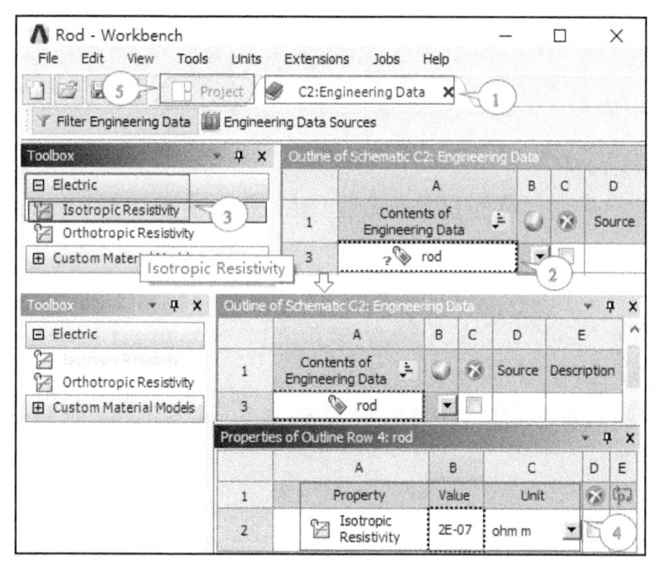

图 1.8-5 输入材料属性

3. 建立 3D 直杆几何模型（见图 1.8-6）

（1）在 WB 的分析系统 C 的“几何”单元格【Geometry】双击鼠标，进入 DM 程序，菜单栏中设置 mm 单位:【Units】→【Millimeter】。

（2）在 DM 中选择菜单栏的“创建块体”命令:【Create】→【Primitives】→【Box】。

（3）在明细窗口中输入长、宽、高的值:【Diagonal Definition】=Components,【FD6,Diagonal X Component】=10mm,【FD7,Diagonal Y Component】=10mm,【FD8,Diagonal Z Component】=200mm。

（4）在工具栏中单击“生成”【Generate】按钮，在图形窗口可看到生成的 3D 直杆模型。

（5）在导航树中可以看到建立块体的特征命令【Box1】前面已有表示完成的绿色对勾标记。

提示

DM 中，除了前面使用的利用草图进行特征建模外，也可以像本实例一样，采用直接创建实体的建模方式。

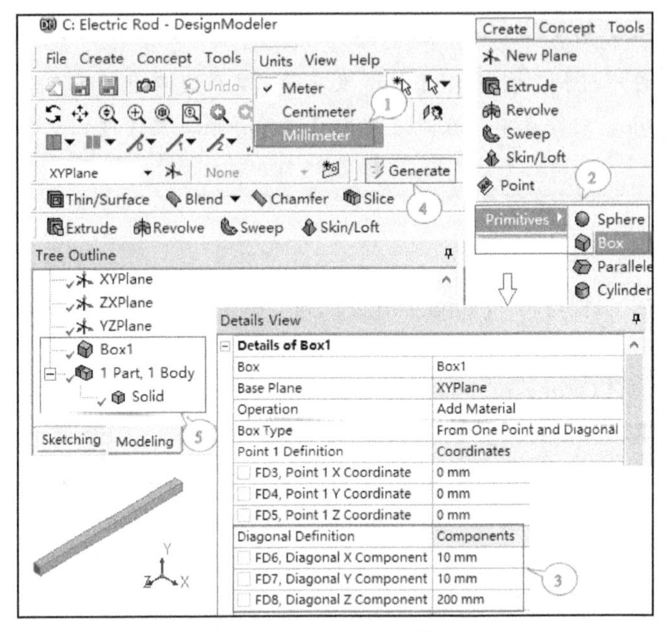

图 1.8-6　3D 直杆几何模型

4．网格划分（见图 1.8-7）

（1）返回 WB 界面，在有限元“模型”【Model】单元格双击鼠标，进入【Mechanical】的稳态电流分析程序。

（2）给直杆分配材料：导航树中选择【Geometry】→【Solid】。

（3）在明细窗口中分配材料属性：设置【Material】→【Assignment】=rod。

（4）导航树中选择“网格划分”【Mesh】。

（5）明细窗口中提供了网格划分的整体设置选项，设置【Defaults】→【Physics Preference】=Electromagnetics，【Relevance】=100，细化网格。

（6）当前活动工具栏为网格划分的相关命令，单击【Updat】按钮更新网格。

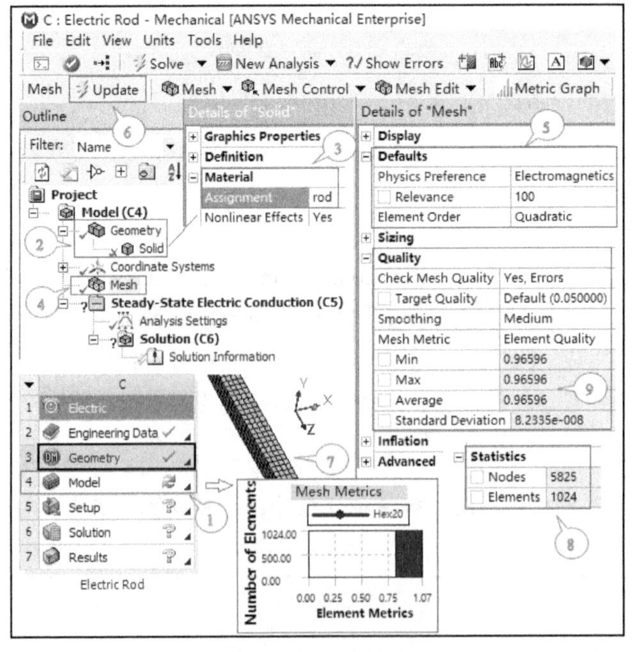

图 1.8-7　网格划分

（7）从图形窗口可看到生成很多 3D 实体单元，为了清楚地显示单元，可放大关注的区域，工具栏中单击【框选放大】按钮。在图形窗口框选需要放大的区域，比实例中拖曳鼠标框选直杆的一端。放大的网格视图上可以看到单元不仅在轴向，且横截面上也有 4×4 的网格。

（8）查看网格统计结果：明细窗口中展开【Statistics】，显示 3D 实体单元有 5825 个节点、1024 个单元。

（9）查看网格质量：展开【Quality】，设置【Mesh Metric】=Element Quality，网格质量的“平均值”【Average】=0.966（3D 20 个节点的电场单元直方图显示在图形窗口下方）。

提示

通常，用 WB 网格划分的统计功能查看单元质量时，建议 3D 平均值大于 0.7，否则会导致较大的计算误差。

5. 施加稳态电流传导分析边界条件及求解（见图 1.8-8）

（1）在工具栏中单击【面选】按钮。

（2）在图形窗口选择直杆的一个端面，见图 1.8-8 中的+*z* 端。

（3）在导航树中单击【Steady-State Electric Conduction（C5）】，当前工具栏中显示稳态电流分析环境的相关命令选项。施加+*z* 端面电势边界条件，在工具栏中单击“电势”【Voltage】命令。

（4）在电势明细窗口【Details of " Voltage "】中输入值：【Definition】→【Type】= Voltage，【Magnitude】=0V。

（5）同样，在图形窗口选直杆-*z* 方向端面。

（6）施加电流，在工具栏中选择“电流”【Current】。

（7）输入流入电流为 100A。在电流明细窗口【Details of " Current "】中输入：【Definition】→【Type】= Current，【Magnitude】=100A（如果单位不合适，可选择菜单栏中【Units】调整）。

（8）在工具栏中单击“求解”【Solve】按钮。

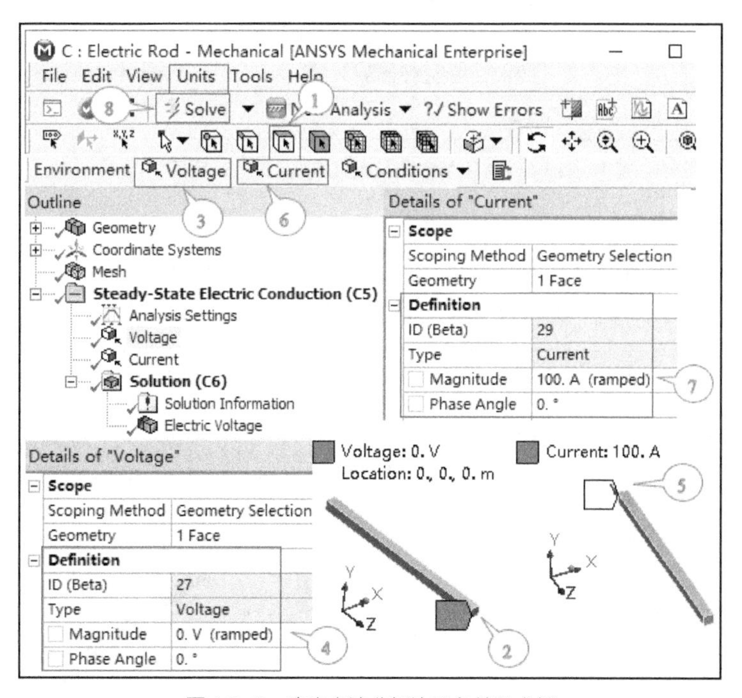

图 1.8-8　稳态电流分析边界条件及求解

6．查看电势分布及电势边界处的电流（见图 1.8-9）

（1）在导航树中选择“求解”分支【Solution】。

（2）在结果工具栏中单击【Electric】，从下拉菜单中选择“电势”【Electric Voltage】。

（3）在导航树【Solution】下面会出现【Electric Voltage】，这时其前面有黄色闪电标记，在工具栏中单击【Solve】按钮更新结果，导航树【Solution】下面的【Electric Voltage】前会显示绿色对勾标记。

（4）图形窗口中显示电势分布结果，最大值为 0.04V。

（5）在导航树中选择“求解”【Solution】分支。在结果工具栏中单击“探测”命令【Probe】，从下拉菜单中选择“反作用”命令【Reaction】。

（6）在明细窗口中设置“电势边界条件”:【Location Method】=Boundary Condition,【Boundary Condition】=Voltage。

（7）导航树【Solution】下面会出现【Reaction Probe】，在工具栏中单击【Solve】按钮或单击鼠标右键，从快捷菜单中选择【Evaluate All Results】获取结果，图形窗口中会显示电流流出对应的位置。

（8）电流流出值：明细窗口【Details of " Reaction Probe "】中显示电流流出-100A。

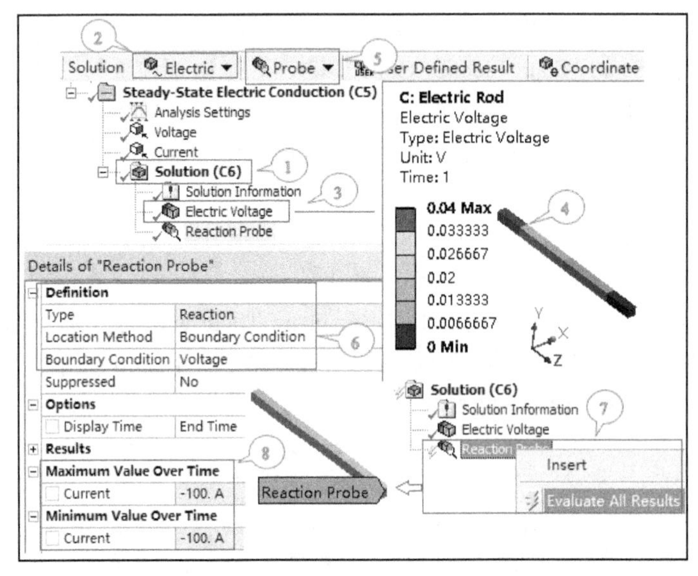

图 1.8-9　电势分布及电势边界处的流出电流

7．查看电流密度（见图 1.8-10）

（1）在导航树中选择“求解”分支【Solution】，在结果工具栏中单击【Electric】，从下拉菜单中选择“总电流密度”【Total Current Density】（也可选择“电流密度分量”【Directional Current Density】）。

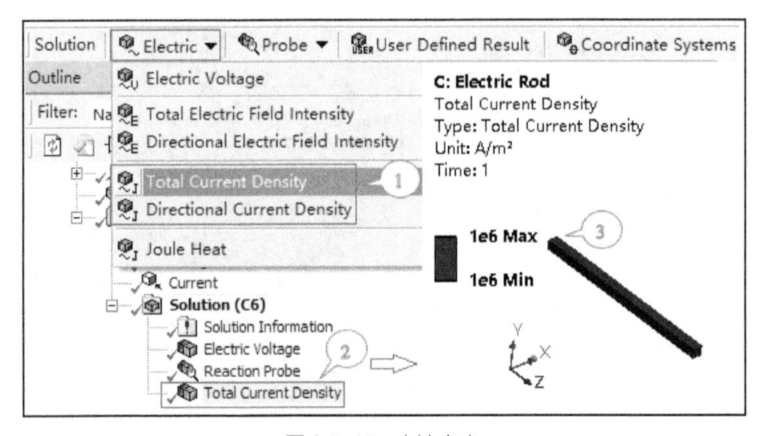

图 1.8-10　电流密度

（2）导航树【Solution】下面会出现【Total Current Density】，这时其前面有黄色闪电标记（如果选择“电流密度分量”【Directional Current Density】，明细窗口中需设置：【Definition】→【Type】= Directional Current Density，【Orientation】=Z Axis）。

（3）在工具栏中单击【Solve】按钮更新结果，导航树【Solution】下面【Total Current Density】前面会显示绿色对勾标记，图形窗口中显示电流密度为 1e6A/m^2（如果【Directional Current Density】前面显示绿色对勾，则图形窗口显示的电流密度为 z 轴分量，值为 1e6A/m^2）。

8．查看其他结果（见图 1.8-11）

（1）在工具栏中单击“多窗口显示按钮”，再选择“垂直二分视窗”【Vertical Viewports】。

（2）导航树中选择“求解”分支【Solution】，在结果工具栏中单击【Electric】，从下拉菜单中选择“总电场强度”【Total Electric Field Intensity】及“焦耳热”【Joule Heat】。

（3）在工具栏中单击【Solve】按钮更新结果，在图形窗口中选择左窗口，在导航树【Solution】下面选【Total Electric Field Intensity】，则显示电场强度为 0.2V/m。在图形窗口中选择右窗口，在导航树【Solution】下面选【Joule Heat】，显示电流产生的焦耳热为 2e5W/m^3。

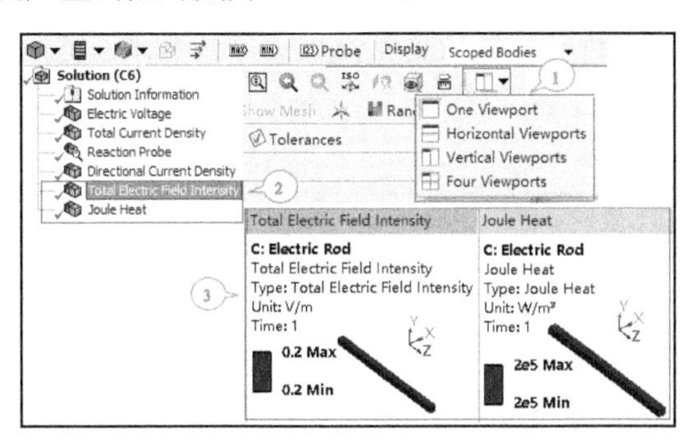

图 1.8-11　电场强度及焦耳热

9．返回 WB 保存文件（见图 1.8-12）

返回 WB 界面，单击【保存】按钮，可看到所有完成的项目及相关的文件列表，然后在菜单栏选择【File】→【Archive】，归档压缩文件包为 rod-3.wbpz。

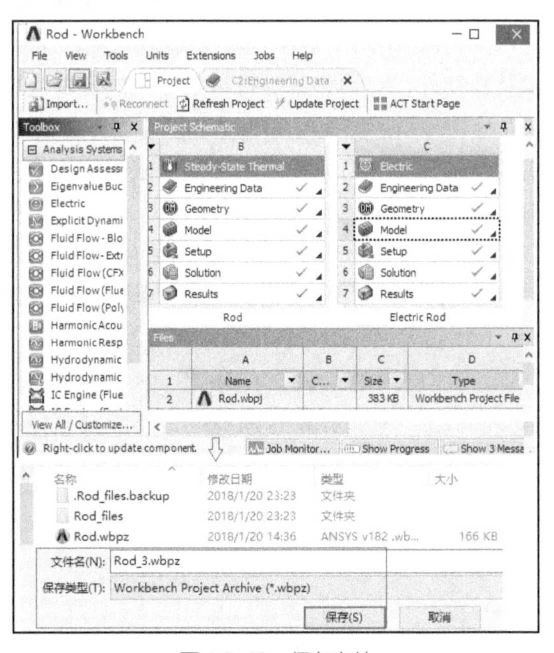

图 1.8-12　保存文件

1.8.5　验证结果及理解问题

单轴直杆稳态电流传导采用不同计算方法的结果对比见下表。

表　单轴直杆稳态电流传导采用不同计算方法的结果对比

计算方法	最高电势/V	电流密度/A · m^{-2}	反作用的电流/A
解析解	0.04	10^6	−100
有限元数值解	0.04	10^6	−100
ANSYS 18.2 Workbench	0.04	10^6	−100

由表可以看到，数值解与解析解是完全一致的，流入电流与流出电流是相等的，服从守恒定律，而且 ANSYS 18.2 Workbench 采用 3D 单元，可显示更多的计算结果。本实例通过简单的模型计算，表明电阻热会产生温度变化，因此焦耳热的计算结果是产生温度的源项，可用于后续热分析，并得到结构的温度分布。

1.9　本章小结

有限元方法已成为预测及模拟复杂工程系统物理行为的主流趋势，商业化的有限元分析程序 ANSYS 已获得了广泛使用。本章主要为初学者提供有限元方法的基础理论及实践知识，并给出使用有限元分析软件 ANSYS 18.2 Workbench 完成简单的一维分析案例（结构静力分析、稳态热传导分析、稳态电流场分析），小结如下。

（1）工程问题的物理模型可表示为一组有相应边界条件和初值条件的微分方程组的数学模型。微分方程组往往代表系统中质量、力或能量的平衡。

（2）有限元方法是求解工程物理问题微分方程的数值计算方法。因此有限元法作为一种通用的数学工具，适用于分析多物理场问题。下表汇总了用于不同物理场的有限元的一维单元示例。从简单的一维问题入手，理解及掌握有限元分析技术及其软件，有助于解决机械工程中的各种问题。

（3）在建立有限元模型前，理解物理系统的属性和参数、理清要分析的问题是明智的，对有限元分析结果的正确性应加以验证，如使用试验验证、解析解验证、不同有限元分析软件的相互验证等。

（4）在 ANSYS 18.2 Workbench 中，物理模型的自然参数是通过工程材料【Engineering Data】及几何建模【Geometry】输入的，对应于有限元方程中的广义刚度矩阵$[\boldsymbol{K}]$；通过【Setup】设置不同分析系统的边界条件（扰动参数），对应于有限元方程中的自由度矩阵及载荷矩阵，如结构分析中的位移矢量$\{\boldsymbol{u}\}$与力矢量$\{\boldsymbol{F}\}$。

（5）网格划分对求解精度、求解速度影响很大，ANSYS 18.2 Workbench 中的网格划分部分是将多物理场集成在一起，对不同的物理问题，网格划分的侧重点也不一样，但统一的原则是网格质量能够达到收敛解。

表 不同物理场的有限元的一维单元示例

<table>
<tr><th>单元</th><th>节点平衡方程</th><th>自由度</th><th>平衡方程</th></tr>
<tr><td colspan="4">线弹簧单元：弹簧刚度 k</td></tr>
<tr><td>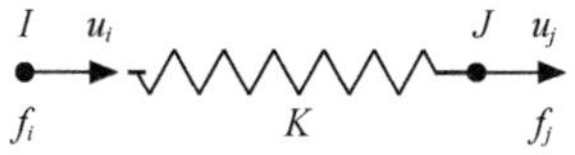
</td><td>$f_i = k(u_i - u_j)$
$f_j = k(u_j - u_i)$</td><td>节点位移 u_i，u_j</td><td>力平衡：
$f_i + f_j = 0$</td></tr>
<tr><td colspan="4">1D 弹性杆单元：弹性模量 E，截面积 A，长度 L</td></tr>
<tr><td>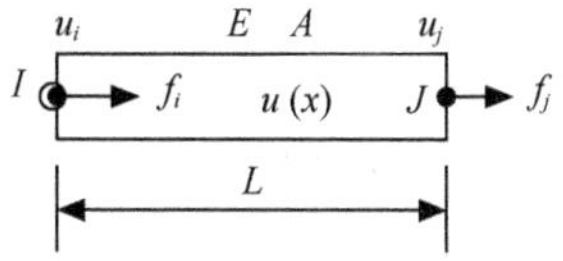
</td><td>$f_i = \frac{EA}{L}(u_i - u_j)$
$f_j = \frac{EA}{L}(u_j - u_i)$</td><td>节点位移：$u_i$，$u_j$</td><td>力平衡：$f_i + f_j = 0$</td></tr>
<tr><td colspan="4">扭转弹簧单元：剪切模量 G，极惯性矩 J，长度 L</td></tr>
<tr><td>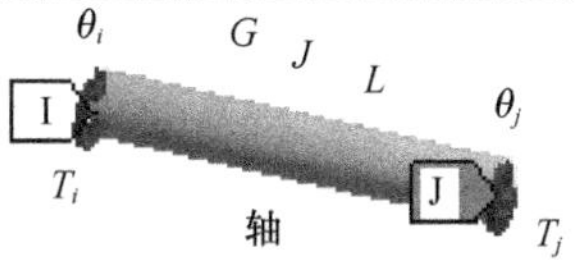
</td><td>$T_i = \frac{GJ}{L}(\theta_i - \theta_j)$
$T_j = \frac{GJ}{L}(\theta_j - \theta_i)$</td><td>节点转角：$\theta_i$，$\theta_j$</td><td>扭矩平衡：
$T_i + T_j = 0$</td></tr>
<tr><td colspan="4">热传导单元：热传导系数 k，截面积 A，长度 L</td></tr>
<tr><td>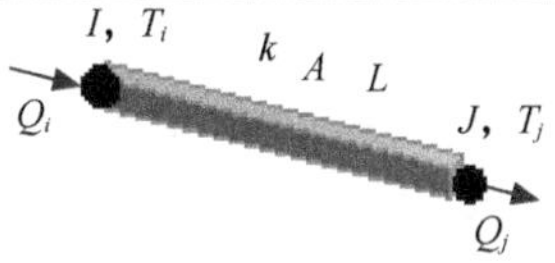
</td><td>$Q_i = \frac{kA}{L}(T_i - T_j)$
$Q_j = \frac{kA}{L}(T_j - T_i)$</td><td>节点温度：$T_i$，$T_j$</td><td>能量平衡：$Q_i + Q_j = 0$</td></tr>
<tr><td colspan="4">层流管单元：流体动力黏度 μ，管径 D，长度 L</td></tr>
<tr><td>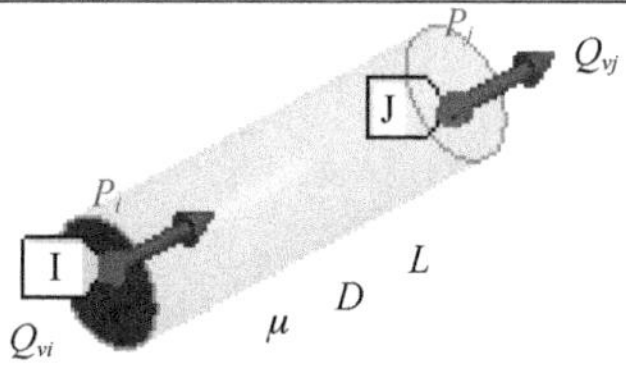
</td><td>$Q_{vi} = \frac{\pi D^4}{128\mu L}(P_i - P_j)$
$Q_{vj} = \frac{\pi D^4}{128\mu L}(P_j - P_i)$</td><td>节点压力：$P_i$，$P_j$</td><td>体积流量平衡：
$Q_{vi} + Q_{vj} = 0$</td></tr>
<tr><td colspan="4">电流传导单元：电导率 σ（或电阻率 ρ），截面积 A，长度 L</td></tr>
<tr><td>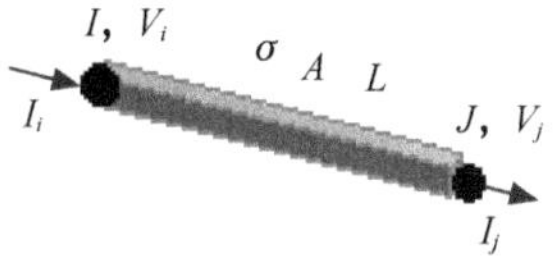
</td><td>$I_i = \frac{\sigma A}{L}(V_i - V_j)$
$I_j = \frac{\sigma A}{L}(V_j - V_i)$</td><td>节点电势：$V_i$，$V_j$</td><td>电流平衡：$I_i + I_j = 0$</td></tr>
</table>

1.10 习题

（1）工程问题可以转化为与之等价的数学物理方程，简述常见的数学物理方程。

（2）控制微分方程常见的数值算法有哪些?

（3）简述有限元分析的基本原理及步骤。

（4）如何描述单元精度与单元节点数之间的关系?

（5）试述结构有限元分析中，3D 梁、3D 壳、3D 实体低阶单元的节点数、单元自由度数目，并用示意图画出来。

（6）请写出两种以上验证有限元分析结果正确的方法。

（7）如图所示直杆一端固定，另一端受外力 P=100kN，弯矩 M=1kNm，直杆长度 L=1m，横截面积 A=50mm × 50mm，假设材料为钢，弹性模量 E=200GPa，屈服应力为 250MPa，使用 ANSYS 18.2 Workbench

软件计算直杆轴向的最大变形及最大拉应力。

（答案：轴向的最大变形 0.2mm，最大拉应力 88MPa）

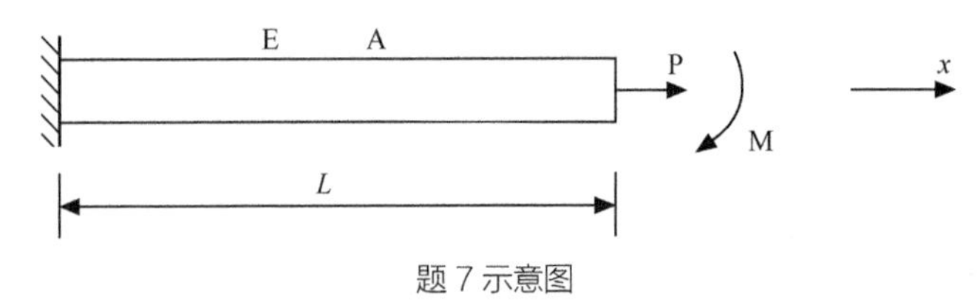

题 7 示意图

（8）单轴直杆模型如图所示，一端温度 $T(0)$=200℃，另一端温度 $T(L)$=20℃，直杆长度 L=500mm、横截面积 A=10mm × 10mm，假设材料为铝合金，导热系数 k=150 W/m℃，使用 ANSYS 18.2 Workbench 软件计算直杆轴向温度分布，给出 200mm、400mm 处的温度值，并计算流入、流出的热流率各是多少？

（答案：200mm 温度值 128℃，400mm 温度值 56℃，热流率 5.4W）

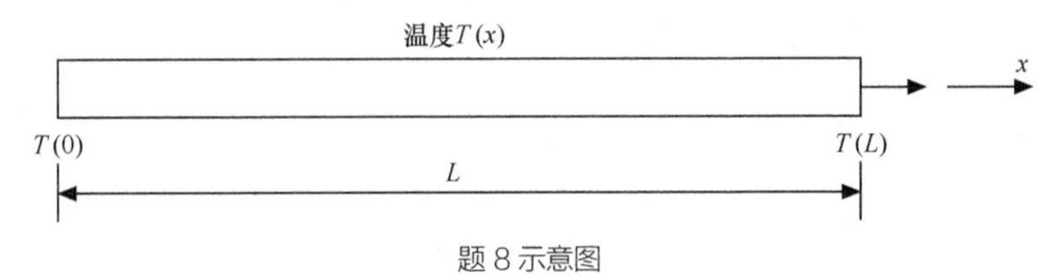

题 8 示意图

（9）单轴直杆模型如图所示，电流 I=1000A 从电位 $V(L)$的一端流出，直杆长度 L=400mm、横截面积 A=20mm × 20mm，假设材料为铜合金，电阻率ρ=1.7e-8 Ωm，使用 ANSYS 18.2 Workbench 软件计算直杆轴向电势分布，并给出最大值。

（答案：电势最大值 0.17V）

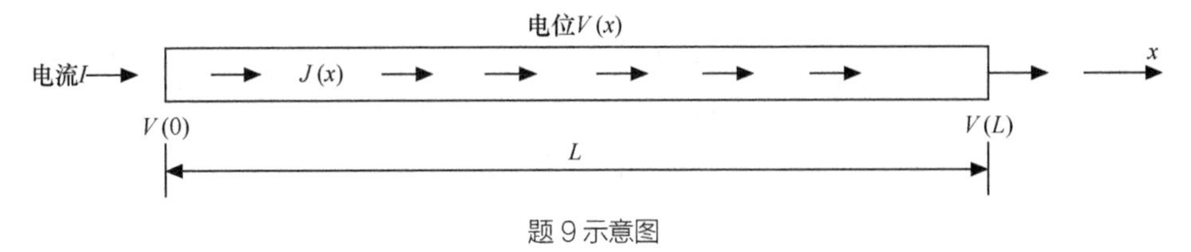

题 9 示意图

第2章 ANSYS Workbench 平台

ANSYS Workbench 集成平台采用项目图解视图，通过简洁的拖曳操作即可完成简单分析甚至复杂的多场耦合分析。本章介绍其基本的使用原则，并通过多场耦合案例给出详细数值模拟过程，帮助读者理解及掌握 ANSYS Workbench 平台的使用方法。

2.1 ANSYS Workbench 概述

ANSYS Workbench 平台是基于业内广泛使用的高级工程仿真技术生成的集成框架。使用创新的项目图解视图，将完整地模拟过程连接在一起，整个模拟过程中，通过简洁的拖放操作就可以完成简单分析及复杂的多场耦合分析。

ANSYS Workbench 平台提供了出色的"模拟驱动产品研发"的能力，具有 CAD 双向连通性、强大的高度自动化的网格划分和项目级别的更新机制，参数化管理和集成优化工具遍及各个模块。

ANSYS 18.2 Workbench 拥有大量的涵盖多学科领域的工程应用模块，具体如下。

- Mechanical：结构及热分析。
- Fluid Flow：掌控流体动力分析技术前沿领域的 CFD 求解器，包括 CFX、FLUENT、Polyflow 等。
- Geomtry (Design Modeler 或 SpaceClaim)：创建/修改 CAD 几何模型，用于数值模拟分析。
- ANSYS ICEM CFD：应用于 CFD 的网格划分工具，具有通用前处理和后处理特征。
- AUTODYN：显式动力求解器，用于求解涉及大变形、大应变、非线性材料行为、非线性屈曲、复杂的接触行为、断裂和冲击波传播的瞬态非线性问题。
- ANSYS LS-DYNA：强效结合了 LSTC 公司的 LS-DYNA 显式动力求解技术和 ANSYS 软件的前后处理器，可模拟碰撞试验、金属锻造、冲压和突变失效等。
- Maxwell：耦合多物理场分析（结构、热、电）时模拟电磁场。

2.2 ANSYS 18.2 Workbench 数值模拟的一般过程

ANSYS 18.2 Workbench 数值模拟的一般过程如下。

（1）启动 ANSYS 18.2 Workbench 应用程序。

（2）设计分析流程，选择需要的分析系统或组件系统，将其加入项目流程图。

（3）使用分析系统或组件系统。

（4）利用 DesignModeler 或 SpaceClaim 建立几何模型或导入 CAD 模型。

（5）输入提供的工程材料属性或自定义材料属性。

（6）施加载荷和边界条件。

（7）设置需要求解得到的结果。

（8）计算求解。

（9）查看结果。

（10）如果分析流程涉及多个分析系统或组件系统，继续进行关联系统的分析设置及求解。

（11）如果分析系统或组件系统中设置了输入输出参数，可查看参数和设计点，继续优化分析。

（12）生成数值模拟分析报告。

提示

通常，上述过程可以完成一般的有限元数值模拟，然而值得注意的是，若利用 Workbench 平台模拟不同分析类型的工程问题，如静力分析、动力分析，热分析等，这些分析类型中可能包含不同的材料非线性、瞬态载荷、刚体运动等特征，就需要增加相应的属性定义以帮助完成分析。

2.3　ANSYS 18.2 Workbench 的启动

启动 ANSYS Workbench 有两种方式：从系统环境中启动或从 CAD 系统中启动。

一般，从系统环境中启动的方式为：单击 Windows 的【开始】→【所有程序】→【ANSYS 18.2】→【Workbench 18.2】，进入 Workbench 工作界面，如图 2.3-1 所示。

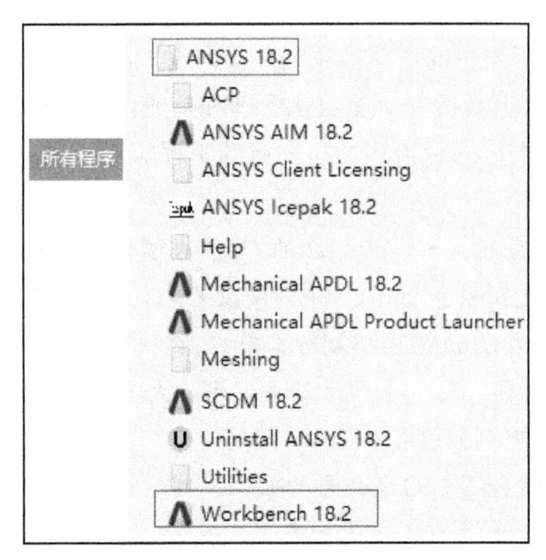

图 2.3-1　启动 ANSYS 18.2 Workbench

2.4　ANSYS 18.2 Workbench 的工作环境

Workbench（以下简称 WB）以“项目流程图”【Project Schematic】的方式管理复杂的多物理场分析问题，通过系统间的相互关联实现，因此 WB 工作界面也以项目流程图为主，相关区域如图 2.4-1 所示。

2.4.1　主菜单

主菜单包括基本的菜单系统，如“文件操作”【File】、“窗口显示”【View】、“工具选项”【Tools】、“单位系统”【Units】、“扩展选项”【Extensions】、“帮助信息”【Help】，如图 2.4-2 所示。

其中，“扩展选项”用于为 WB 的定制工具包（ACT）指定扩展处理的相关设置。

菜单的功能和使用说明见表 2.4-1~表 2.4-6，具体操作见后续相关案例。

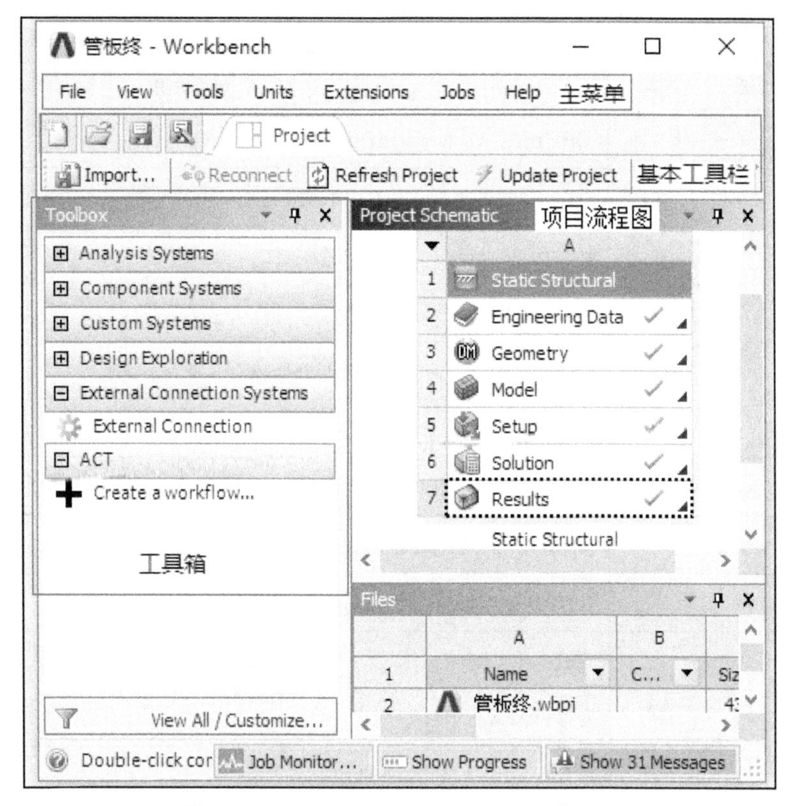

图 2.4-1　ANSYS 18.2 Workbench 工作环境

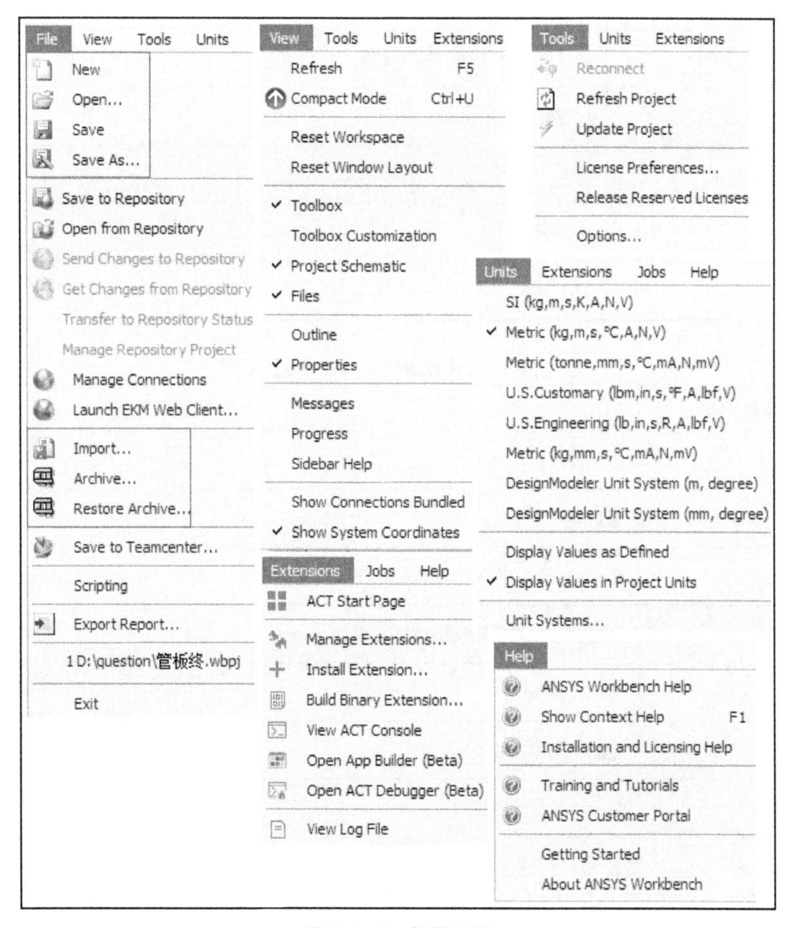

图 2.4-2　菜单功能

表 2.4-1　Workbench【File】菜单

【File】菜单功能	使用说明
New	关闭当前的 Workbench 项目文件，打开一个新项目文件
Open	打开一个已有的 Workbench 项目文件
Save	保存当前的 Workbench 项目文件
Save as	另存一个 Workbench 项目文件
Save to Repository	项目文件存入知识库，用工程知识管理程序（EKM）管理
Open from Repository	从知识库中打开项目文件
Send Changes to Repository	将项目文件的更改内容放入知识库
Get Changes to Repository	从知识库中得到项目文件的更改内容
Transfer to Repository Status	转移到知识库状态
Manage Repository Project	管理知识库的项目文件
Launch EKM Web Client	发布 EKM Web 客户端
Import	导入 Workbench 支持的外部文件
Archive	所有相关文件生成一个独立压缩文件（wbpz 或.zip 格式）
Restore Archive	解压并打开压缩的项目文件
Save to Teamcenter	保存到 Teamcenter
Scripting	脚本，用于记录和执行日志文件
Export Report	输出报告
Exit	退出 WB

表 2.4-2　Workbench【View】菜单

【View】菜单功能	使用说明
Refresh	刷新窗口显示
Compact Mode	窗口显示为紧凑模式
Reset Workspace	将当前工作区恢复为默认的工作区设置
Reset Window Layout	重置窗口布局为默认的窗口布局
Toolbox	显示工具箱
Toolbox Customization	定制工具箱内的显示内容
Project Schematic	显示项目流程图窗口
Files	显示项目分析生成的相关文件
Outline	显示项目当前使用功能的大纲窗口

续表

【View】菜单功能	使用说明
Properties	显示项目当前使用功能的属性窗口
Messages	显示信息窗口
Progress	显示进程窗口
Sidebar Help	显示补充的帮助窗口
Show Connections Bundled	显示系统间单向连接关系，如 2：4 代表第 2 单元格到第 4 单元格的数据共享
Show System Coordinates	显示系统坐标系

表 2.4-3 Workbench【Tools】菜单

【Tools】菜单功能	使用说明
Reconnect	重新连接
Refresh Project	刷新项目文件
Update Project	更新项目文件
License Preferences	设置使用软件许可证的优先权
Release Reserved Licenses	人工发布保留的许可证（更新设计点，作为恢复机制使用）
Options	整体设置选项设置，包括项目管理、外观、图形交互设置等

表 2.4-4 Workbench【Units】菜单

【Units】菜单功能	使用说明
SI (kg,m,s,K,A,N,V)	选择国际单位（kg,m,s,K,A,N,V）为系统的默认单位
Metric (kg,m,s,℃,A,N,V)	选择公制单位（kg,m,s, ℃,A,N,V）为系统的默认单位
Metric (tonne,mm,s,℃,mA,N,mV)	选择公制单位（tonne,mm,s, ℃,mA,N,mV）为系统的默认单位
U.S.Customary(lbm,in,s, °F,A,lbf,V)	选择美国常用单位（lbm,in,s, °F,A,lbf,V）为系统的默认单位
U.S.Engineering(lb,in,s,R,A,lbf,V)	选择美国工程单位（lb,in,s,R,A,lbf,V）为系统的默认单位
Metric(kg,mm,s, ℃,mA,N,mV)	选择公制单位（kg,mm,s, ℃,mA,N,mV）为系统的默认单位
DesignModeler Unit System(m,degree)	选择 DM 单位（m,degree）为系统默认单位
DesignModeler Unit System(mm,degree)	选择 DM 单位（mm,degree）为系统默认单位
Display Values as Defined	根据 Workbench 或原始应用程序定义的单位显示值，不显示转换信息
Display Values in Project Units	根据项目单位显示值，即显示值是转换到所选项目单位后的值
Unit Systems	修改单位系统

表2.4-5 Workbench【Extensions】菜单

【Extensions】菜单功能	使用说明
ACT Start Page	ACT 启动页面
Manage Extensions	管理扩展工具
Install Extension	安装扩展工具
Build Binary Extension	建立二进制可扩展工具
View ACT Console	查看 ACT 控制台
Open App Builder(Beta)	打开应用程序构建器（为测试功能）
Open ACT Debugger(Beta)	打开应用程序调试器（为测试功能）
View Log File	查看日志文件

表2.4-6 Workbench【Help】菜单

【Help】菜单功能	使用说明
ANSYS Workbench Help	查看 ANSYS Workbench 帮助信息
Show Context Help	显示上下文的帮助信息
Installation and Licensing Help	安装与授权许可帮助信息
Training and Tutorials	培训及教程
ANSYS Customer Portal	ANSYS 客户端口
Getting Started	开启欢迎窗口
About ANSYS Workbench	关于 ANSYS Workbench

2.4.2 基本工具栏

基本工具栏包括常用命令按钮，如“新建文件”【New】、“打开文件”【Open】、“保存文件”【Save】、“另存为文件”【Save As】、“导入外部文件”【Import】、“重新连接”【Reconnect】(用于当项目关闭时，重新连接到更新处于挂起状态的单元格)、“刷新项目”【Refresh Project】、“更新项目”【Update Project】等，如图2.4-1所示。

2.4.3 工具箱

WB界面左侧是工具箱，工具箱窗口中包含了工程数值模拟所需的各类模块。

各类模块具体如下。

- “分析系统”【Analysis Systems】模块：提供各种预定义的分析功能，见表2.4-7。
- “组件系统”【Component Systems】模块：允许独立使用各种分析功能，见表2.4-8。
- “自定义系统”【Custom Systems】模块：用于定制分析系统，见表2.4-9。
- “设计优化”【Design Exploration】模块：提供参数化管理和设计优化工具，见表2.4-9。
- “外部连接系统”【External Connection Systems】模块：用于连接外部数据，见表2.4-9。

表 2.4-7 【分析系统】模块

Analysis Systems
Design Assessment
Eigenvalue Buckling
Electric
Explicit Dynamics
Fluid Flow - Blow Molding (Polyflow)
Fluid Flow- Extrusion (Polyflow)
Fluid Flow (CFX)
Fluid Flow (Fluent)
Fluid Flow (Polyflow)
Harmonic Acoustics
Harmonic Response
Hydrodynamic Diffraction
Hydrodynamic Response
IC Engine (Fluent)
IC Engine (Forte)
Magnetostatic
Modal
Modal Acoustics
Random Vibration
Response Spectrum
Rigid Dynamics
Shape Optimization (Beta)
Static Structural
Steady-State Thermal
Thermal-Electric
Throughflow
Throughflow (BladeGen)
Topology Optimization
Transient Structural
Transient Thermal
Turbomachinery Fluid Flow

分析系统	说明
Design Assessment	设计评估
Eigenvalue Buckling	特征值失稳分析
Electric	电场分析
Explicit Dynamics	显式动力学分析
Fluid Flow-Blow Molding（Polyflow）	吹塑成形
Fluid Flow-Extrusion（Polyflow）	挤压成形
Fluid Flow (CFX)	CFX 流体分析
Fluid Flow (Fluent)	Fluent 流体分析
Fluid Flow (Polyflow)	Polyflow 流体分析
Harmonic Acoustics	谐振声学
Harmonic Response	谐响应分析
Hydrodynamic Diffraction	水动力衍射分析
Hydrodynamic Response	水动力时程响应
IC Engine(Fluent)、IC Engine(Forte)	内燃机流体分析
Magnetostatic	静磁分析
Modal	模态分析
Modal Acoustics	模态声学
Random Vibration	随机振动分析
Response Spectrum	响应谱分析
Rigid Dynamics	刚体动力分析
Shape Optimization(Beta)	形状优化（测试功能）
Static Structural	结构静力分析
Steady-State Thermal	稳态热分析
Thermal-Electric	热电耦合分析
Throughflow	通流分析
Throughflow(BladeGen)	BladeGen 通流分析
Topology Optimization	拓扑优化
Transient Structural	结构瞬态分析
Transient Thermal	瞬态热分析
Turbomachinery Fluid Flow	涡轮机械流体流动分析

表 2.4-8　【组件系统】模块

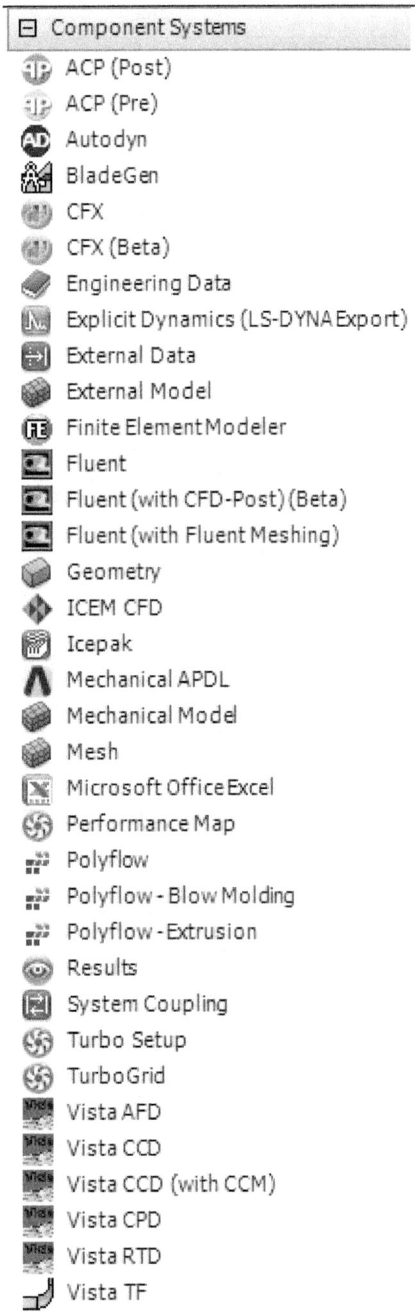

Component Systems
- ACP (Post)
- ACP (Pre)
- Autodyn
- BladeGen
- CFX
- CFX (Beta)
- Engineering Data
- Explicit Dynamics (LS-DYNA Export)
- External Data
- External Model
- Finite Element Modeler
- Fluent
- Fluent (with CFD-Post) (Beta)
- Fluent (with Fluent Meshing)
- Geometry
- ICEM CFD
- Icepak
- Mechanical APDL
- Mechanical Model
- Mesh
- Microsoft Office Excel
- Performance Map
- Polyflow
- Polyflow - Blow Molding
- Polyflow - Extrusion
- Results
- System Coupling
- Turbo Setup
- TurboGrid
- Vista AFD
- Vista CCD
- Vista CCD (with CCM)
- Vista CPD
- Vista RTD
- Vista TF

组件系统	说明
ACP(Post)，ACP(Pre)	复合材料前后处理器
Autodyn	Autodyn 显式动力分析
BladeGen	涡轮机械叶栅的几何生成工具
CFX	CFX 高端流体分析
Engineering Data	工程数据
Explicit Dynamics(LS-DYNA Export)	显式动力（LS-DYNA 输出）
External Data	外部数据
External Model	外部模型
Finite Element Modeler	FEM 有限元模型
Fluent	Fluent 流体分析
Fluent (with CFD-Post)(Beta)	具有 CFD 后处理的 Fluent 流体分析（测试功能）
Fluent (with Fluent Meshing)	Fluent 流体（带 Fluent 网格划分）
Geometry	几何建模
ICEM CFD	ICEM 流体网格划分工具
Icepak	电子设计传热及流体分析
Mechanical APDL	传统的 APDL 结构分析
Mechanical Model	结构分析模型
Mesh	网格划分
Microsoft Office Excel	微软电子表格软件
Performance Map	性能图
Polyflow	Polyflow 流体分析
Polyflow-Blow Molding	Polyflow 吹塑成形
Polyflow-Extrusion	Polyflow 挤压成形
Results	结果后处理
System Coupling	系统耦合
Turbo Setup，TurboGrid	涡轮叶栅通道设置及网格生成
Vista AFD	轴流风扇设计
Vista CCD，Vista CCD（with CCM）	离心压缩机初级设计（及用 CCM）
Vista CPD	泵的 1D 方式初步设计
Vista RTD	向心涡轮机的初级设计
Vista TF	旋转机械通流分析工具

表 2.4-9 【自定义系统】模块、【设计优化】模块及【外部连接系统】模块

Custom Systems
FSI: Fluid Flow (CFX) -> Static Structural
FSI: Fluid Flow (FLUENT) -> Static Structura
Pre-Stress Modal
Random Vibration
Response Spectrum
Thermal-Stress
Design Exploration
Direct Optimization
Parameters Correlation
Response Surface
Response Surface Optimization
Six Sigma Analysis
External Connection Systems
External Connection
ACT
Create a workflow...

自定义分析系统	
FSI：Fluid Flow(CFX)→Static Structur al	CFX 流固双向耦合
FSI：Fluid Flow (FLUENT)→Static Structur al	Fluent 流固双向耦合
Pre-Stress Modal	预应力模态分析
Random Vibration	随机振动分析
Response Spectrum	响应谱分析
Thermal-Stress	热应力分析
设计优化	
Direct Optimization	直接优化分析
Parameters Correlation	参数相关性分析
Response Surface	响应面分析
Response Surface Optimization	响应面优化分析
Six Sigma Analysis	六西格玛分析
连接外部系统	
External Connection	外部连接

2.4.4 项目流程图

在 ANSYS 18.2 Workbench 中，“项目流程图”【Project Schematic】窗口是管理工程项目的一个区域，如图 2.4-3 右侧所示，依靠引入的分析对象描述工作流程，分析系统和各个组件都可以加入项目流程图，相互建立关联，并使用 ANSYS 18.2 Workbench 中的各项功能。

图 2.4-3 给出了一个预应力模态分析的连接方式，具体如下。

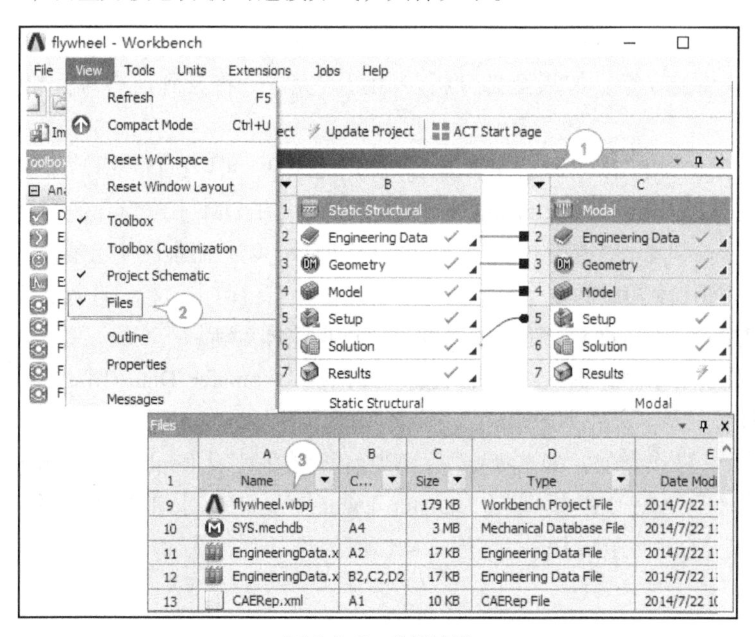

图 2.4-3 分析流程

（1）先用鼠标在【工具箱】的【分析系统】内选中“结构静力分析系统”【Static Structural】，将其拖入工程流程图，然后再将“模态分析”【Modal】拖到【Static Structural】中的【Solution】单元格上，放开鼠标。

（2）单击工具栏的【Save】按钮保存结果。单击鼠标左键，选择 WB 的“视图”【View】菜单中的【Files】，显示分析过程中涉及的文件列表。

（3）图 2.4-3 中显示生成的主文件 flywheel.wbpj 及工程数据文件 EngineeringData.xml。实际的文件列表将根据使用应用程序的不同而发生变化，表 2.4-10 给出 WB 常用应用程序数据库文件。

表 2.4-10 Workbench 应用程序的数据库文件

ANSYS Workbench 项目数据库文件 = .wbpj	Meshing = .cmdb
Mechanical APDL = .db	Engineering Data = .eddb
FLUENT = .cas, .dat, .msh	FE Modeler = .fedb
CFX = .cfx, .def, .res, .mdef 及 .mres	Mesh Morpher = .rsx
DesignModeler = .agdb	ANSYS AUTODYN = .ad
CFX-Mesh = .cmdb	Design Exploration = .dxdb
Mechanical = .mechdb	BladeGen = .bgd

提示

从图 2.4-3 可以看出，关联系统的共享数据以不同的线连接，方点指示的关联数据，即模态分析的【Engineering Data】、【Geometry】、【Model】单元格为灰色，表明这些数据和原始的结构静力分析系统数据共享，不能编辑，只能在原始数据中修改并更新；而圆点指示的关联数据（Solution→Setup）为白色，表示求解结果将从前一个分析系统传递到后一个分析系统，此处编辑/删除均可。

分析系统中的单元格显示为绿色对勾✓，表示已经完成的分析步骤；黄色闪电⚡表示待定求解；问号?则表示需要输入缺少的参数。如果全部分析步骤正常完成，将看到所有单元格后面全部为绿色对勾✓标记。

（4）在每个单元格处右键单击鼠标，弹出该单元格的快捷菜单，可以执行相应的命令。例如从【Geometry】单元格的快捷菜单中，选择【Edit Geometry in DesignModeler】可在 DM 中编辑几何模型，选择【Edit Geometry in SpaceClaim】可在 SpaceClaim 中编辑几何模型。改变模型后，项目流程图中会看到下游单元格命令随着上游单元格命令的变化立即产生相应的改变。可在每个单元格处右键单击鼠标，选择【Update】更新该项内容，或者单击工具栏中【Update Project】按钮以批处理方式进行整体更新。

（5）某些命令的级联菜单会显示后续操作命令，如选择【Transfer Data To New】将 DM 模型导出到 ANSYS 程序支持的分析对象。

（6）其他命令与上述操作类似，如选择：“替换当前几何模型”【Replace Geometry】、“复制分析系统”【Duplicate】、“从其他程序导入 DM 模型”【Transfer Data From New】、“重命名”【Rename】、“定义属性”【Properties】及“帮助”【Quick Help】等，如图 2.4-4 所示。

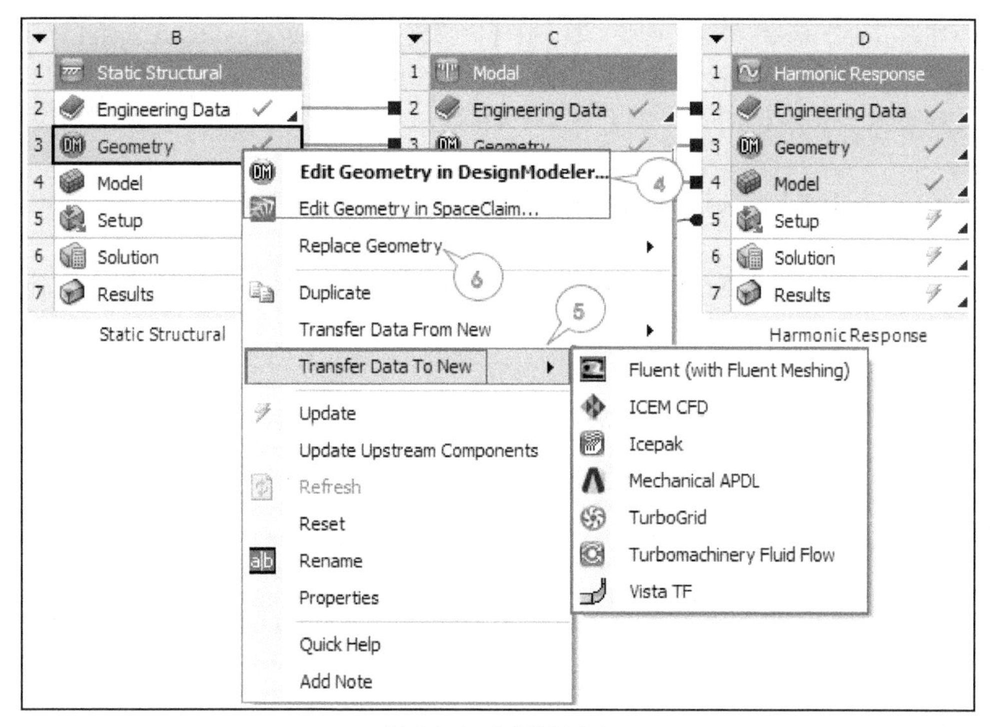

图 2.4-4 执行相关命令

2.4.5 参数设置

参数化设置可以进行假设分析，从而更好地比较设计方案优劣（见图 2.4-5 和图 2.4-6）。

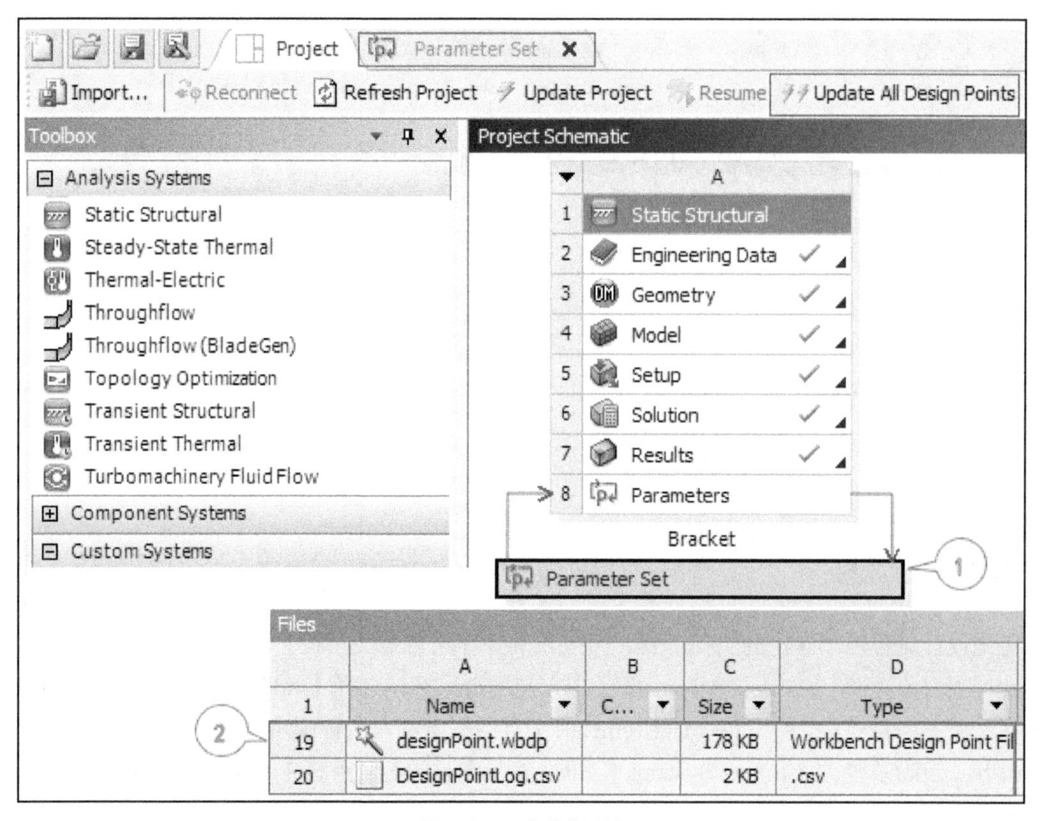

图 2.4-5 参数化设计

（1）可以在激活的分析系统中定义可变参数，在【项目流程图】中可看到参数设置栏【Parameter Set】。

（2）显示文件则看到增加的设计点文件，如 designPoint.wbdp、DesignPointLog.csv，如图 2.4-5 所示。

（3）在【Parameter Set】双击鼠标，打开参数设置窗口，【Outline of All Parameters】中显示当前所有的输入输出参数。

（4）载入的设计点表格【Table of Design Points】中每一行代表一个参数设计方案，可增加任意行数，如增加一个设计点 DP1。

（5）选择工具栏“更新所有设计点”【Update All Design Points】按钮可以更新所有的设计方案，如图 2.4-6 所示。

（6）选择【Project】标签则切换到项目流程图窗口。

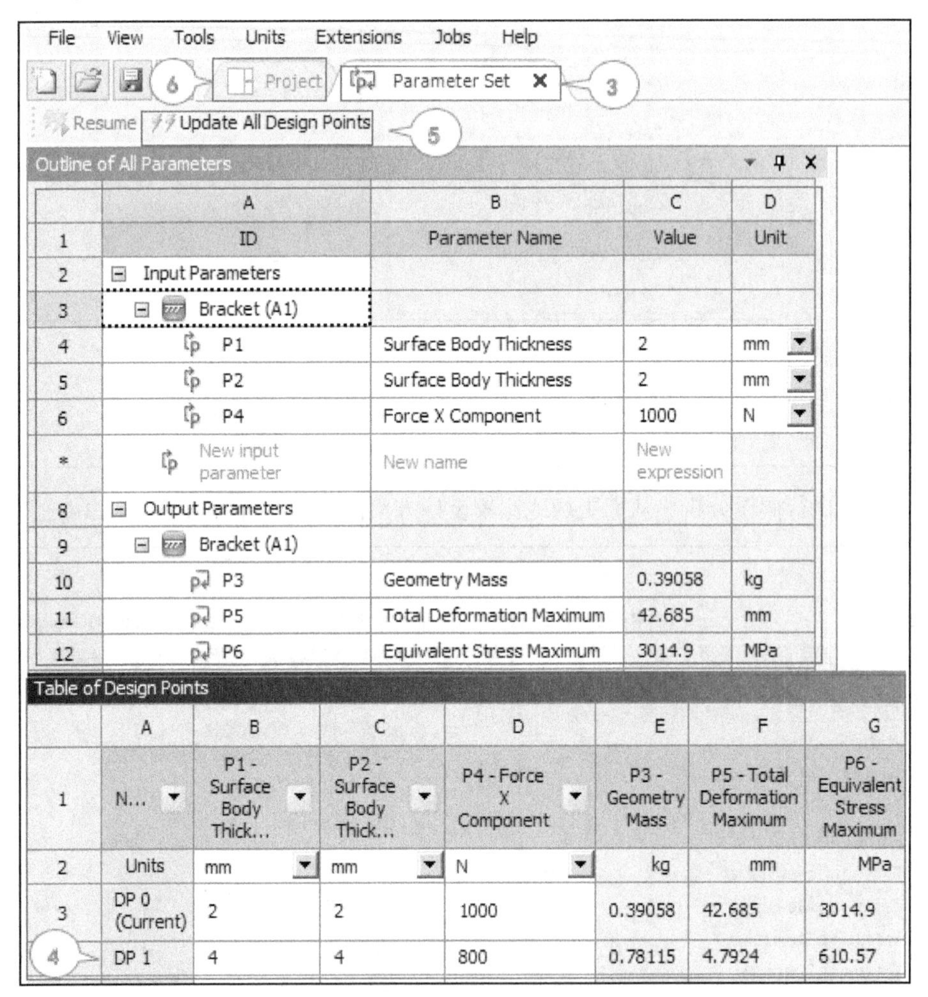

图 2.4-6　设计方案图表

2.4.6　定制分析流程

如果想把设计流程用于其他的工程项目，可以将其保存为自定义模板，供以后调用。

（1）在“项目流程图”【Project Schematic】中右键单击鼠标，选择【Add to Custom】。

（2）在“添加项目模板”【Add Project Template】对话框中输入名称即可。

（3）打开“定制系统”【Custom Systems】，可以看到生成的定制模板【aa】，如图 2.4-7 所示；在【aa】上双击鼠标，则可生成定制的分析系统。

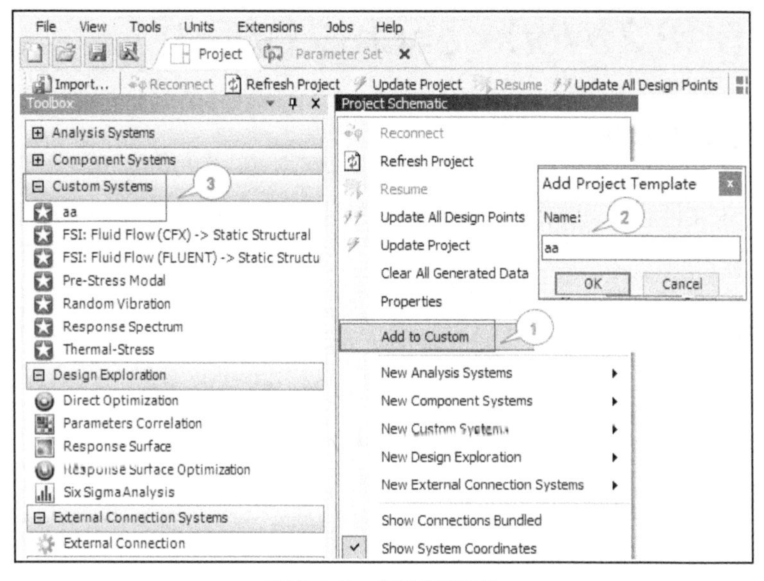

图 2.4-7 定制分析流程

单击【ViewAll/Customize】按钮即可简化或定制工具箱内的显示内容，勾选需要的分析系统，则工具箱的分析系统中只出现勾选的分析系统，屏蔽掉未勾选的分析系统，选择【Back】按钮返回，如图 2.4-8 所示。

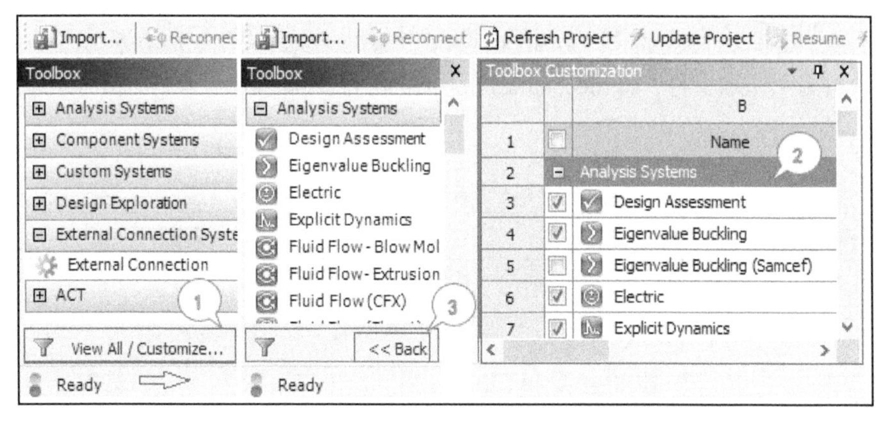

图 2.4-8 定制工具箱内的显示内容

2.5 ANSYS 18.2 Workbench 窗口管理功能

ANSYS 18.2 Workbench 使用多窗口管理，以静力分析为例，调入几何模型时，DM 窗口打开；编辑模型单元时，Mechanical 程序窗口打开；Windows 任务栏中 WB 主程序以黄色Λ按钮表示，应用程序以红色 M 按钮表示。这里打开的应用程序有 DM 和 Mechanical，通过这些按钮的切换，可以进行不同程序的操作，如改变几何模型和更新分析过程等，如图 2.5-1 所示。

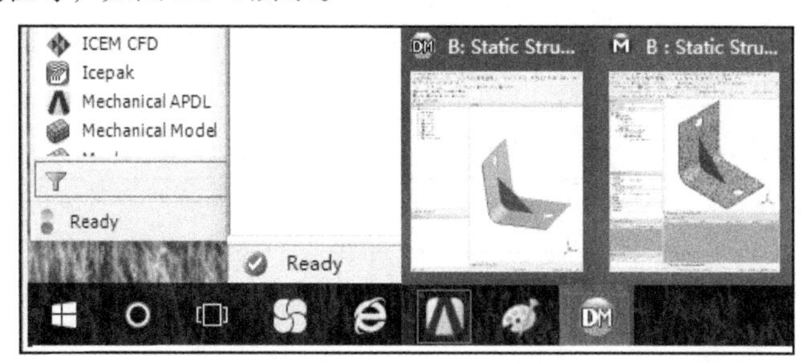

图 2.5-1 WB 多窗口管理

2.6　ANSYS 18.2 Workbench 文件管理

2.6.1　Workbench 文件系统

ANSYS Workbench 文件管理系统在一个项目中储存不同的文件，以目录树的形式管理每个系统及系统中的应用程序对应的文件。

当创建项目文件（文件名.wbpj）时，WB 同时也生成一个同名文件夹，所有和项目有关的文件都保存在该文件夹中，该文件夹下主要的子文件夹为 dp0 和 user_files。

1．dp0 子文件夹

WB 指定当前项目为零设计点，生成子文件夹 dp0，设计点文件夹包含每个分析系统的系统文件夹，而系统文件夹又包含各应用系统，如 Mechanial、Fluent 等，这些文件夹包含特定应用的文件和文件夹，如输入文件、模型路径、工程数据、源数据等。

提示

Mechanical 应用程序和 Mesh 系统文件夹的标识都是 SYS，由于两者都由 Mechanical 应用程序生成，所以都写入 MECH 子文件夹。

除了系统文件夹，dp0 文件夹也包括 global 文件夹，其下的子文件夹用于所有系统，可由多个系统共享，包含所有数据库文件及其关联文件，如 Mechanical 应用程序的图片和接触工具等。部分系统的系统文件夹见表 2.6-1。

表 2.6-1　系统文件夹列表

系统类型	文件夹名称
Autodyn	ATD
BladeGen	BG
Design Exploration	DX
Engineering Data	ENGD
FE Modeler	FEM
Fluid Flow (FLUENT)	FFF (分析系统)、FLU (组件系统)
Fluid Flow (CFX)	CFX
Geometry	Geom
Mesh	SYS (顶层) / MECH (子文件夹)
Mechanical	SYS (顶层) / MECH (子文件夹)
Mechanical APDL	APDL
TurboGrid	TS
Vista TF	VTF
Icepak	IPK

2．user_files 子文件夹

user_files 子文件夹包含任意文件如输入文件、参考文件等，这些文件是由 Workbench 生成的图片、图表、动画等。表 2.6-2 给出前面分析案例的文件结构及相关说明。

表 2.6-2　文件结构示例说明

文件结构	说明
shaft.wbpj	Shaft.wbpj 为项目文件名称（包含 2 个分析系统 SYS 和 SYS-2）
shaft_files	Shaft_files 为项目文件夹
dp0	dp0 对应零设计点的文件夹
global	global 全局文件夹（包括共享结构数据库和接触工具）
MECH SYS SYS-2	MECH 结构共享数据库子文件夹(含网格数据库文件,接触工具子文件夹),这里下面包含系统 SYS 与系统 SYS-2
SYS	SYS 第 1 个结构分析文件夹
DM	DM 为第 1 个结构分析下的几何模型文件夹
ENGD	ENGD 为第 1 个结构分析下的工程数据文件夹
MECH	MECH 为第 1 个结构分析下的结构分析子文件夹
SYS-2	SYS-2 为第 2 个结构分析文件夹
DM	DM 为第 2 个结构分析下的几何模型文件夹
ENGD	ENGD 为第 2 个结构分析下的工程数据文件夹
MECH	MECH 为第 2 个结构分析下的结构分析子文件夹
user_files	User_files 为用户自定义文件夹

2.6.2　显示文件

选择【View】→【Files】可以显示文件名称、大小、类型、创建时间及其位置，如图 2.6-1 所示。

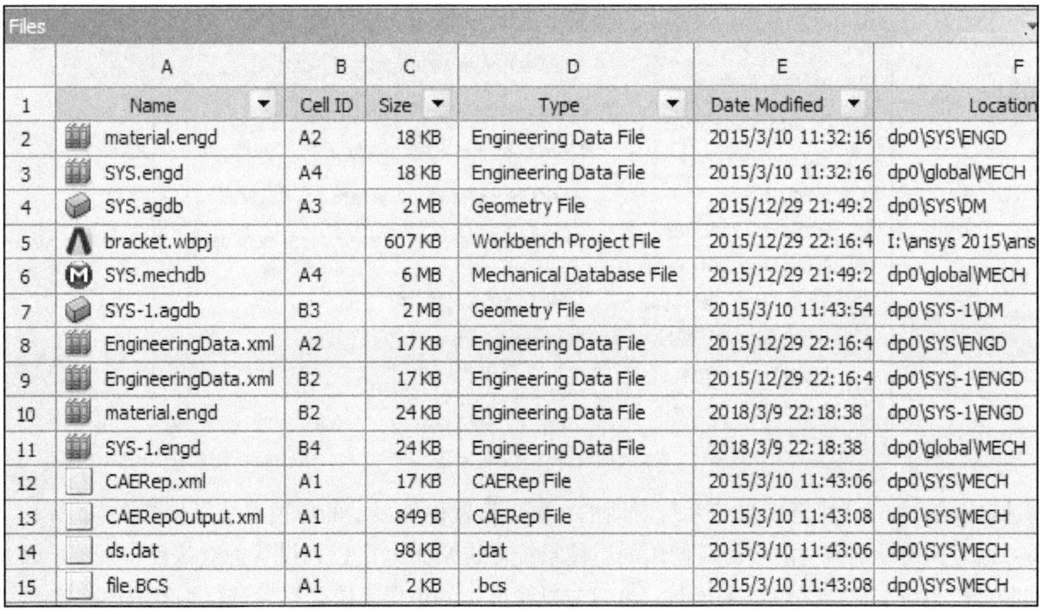

Files

	A	B	C	D	E	F
1	Name	Cell ID	Size	Type	Date Modified	Location
2	material.engd	A2	18 KB	Engineering Data File	2015/3/10 11:32:16	dp0\SYS\ENGD
3	SYS.engd	A4	18 KB	Engineering Data File	2015/3/10 11:32:16	dp0\global\MECH
4	SYS.agdb	A3	2 MB	Geometry File	2015/12/29 21:49:2	dp0\SYS\DM
5	bracket.wbpj		607 KB	Workbench Project File	2015/12/29 22:16:4	I:\ansys 2015\ans
6	SYS.mechdb	A4	6 MB	Mechanical Database File	2015/12/29 21:49:2	dp0\global\MECH
7	SYS-1.agdb	B3	2 MB	Geometry File	2015/3/10 11:43:54	dp0\SYS-1\DM
8	EngineeringData.xml	A2	17 KB	Engineering Data File	2015/12/29 22:16:4	dp0\SYS\ENGD
9	EngineeringData.xml	B2	17 KB	Engineering Data File	2015/12/29 22:16:4	dp0\SYS-1\ENGD
10	material.engd	B2	24 KB	Engineering Data File	2018/3/9 22:18:38	dp0\SYS-1\ENGD
11	SYS-1.engd	B4	24 KB	Engineering Data File	2018/3/9 22:18:38	dp0\global\MECH
12	CAERep.xml	A1	17 KB	CAERep File	2015/3/10 11:43:06	dp0\SYS\MECH
13	CAERepOutput.xml	A1	849 B	CAERep File	2015/3/10 11:43:08	dp0\SYS\MECH
14	ds.dat	A1	98 KB	.dat	2015/3/10 11:43:06	dp0\SYS\MECH
15	file.BCS	A1	2 KB	.bcs	2015/3/10 11:43:08	dp0\SYS\MECH

图 2.6-1　显示文件

2.6.3　文件归档及复原

“快速生成压缩文件”【Archive】命令可将所有相关文件采用 zip 压缩格式（.wbpz）压缩，可使用“恢复归档文件”【Restore Archive】命令打开，归档文件时也提供一些有用的选项，如压缩文件 bracket.wbpz，如图 2.6-2 所示。

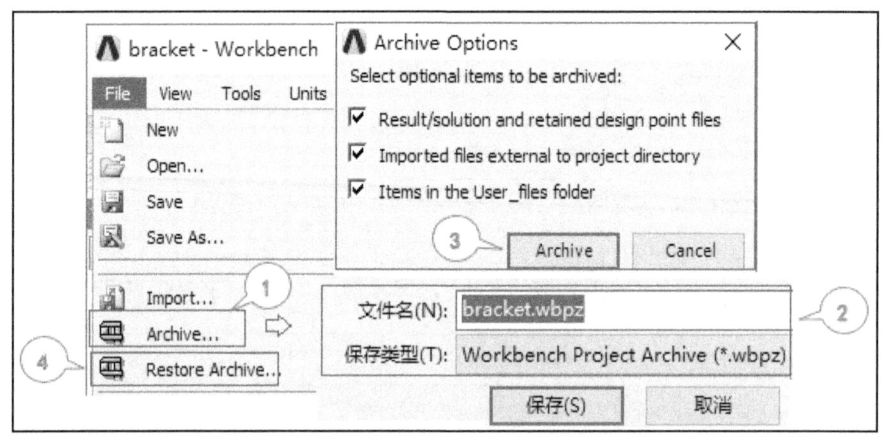

图 2.6-2　压缩文件与恢复压缩文件

2.7　ANSYS 18.2 Workbench 单位系统

WB 中的“单位”【Units】菜单中，可以选择预定义的单位系统（如 Metric），也可以创建自定义的单位系统【Unit Systems】，在工程数据、参数及图表中控制需要显示的单位，如图 2.7-1 所示。

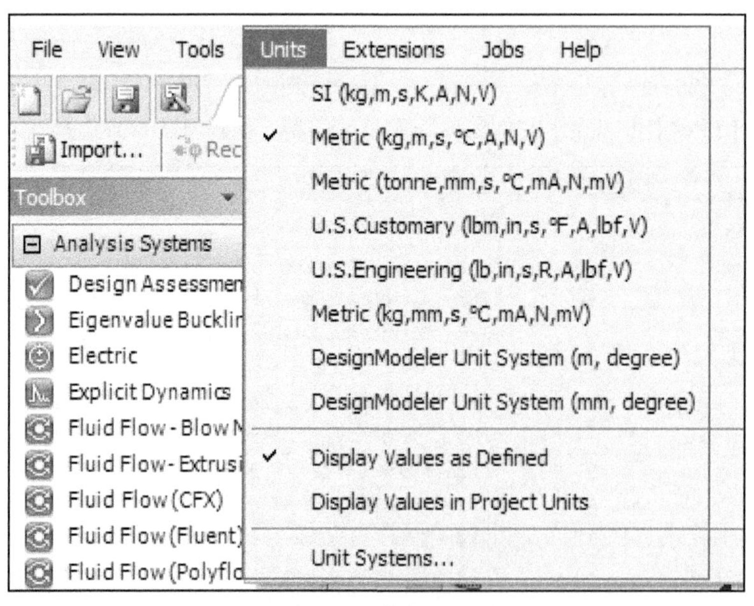

图 2.7-1　单位系统

选择【Unit Systems】则激活单位系统对话框，可以设置优先显示的单位系统，如图 2.7-2 所示，其中 A 列为单位系统，B 列设置为当前项目所使用的单位系统（如 Metric），C 列设置为默认单位系统（如 Metric），D 列为抑制单位系统。自定义单位系统时，可以先复制已有的单位系统，然后进行编辑修改，定制好的系统可以直接导入或导出。

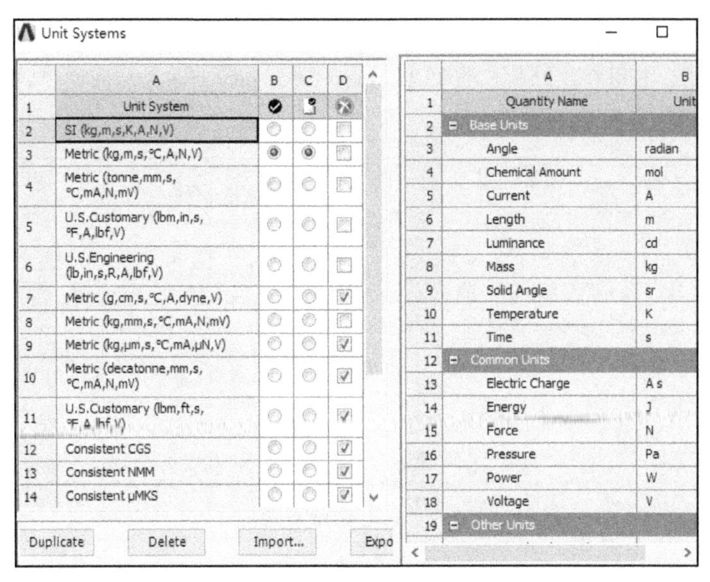

图 2.7-2　查看及自定义单位系统

2.8　ANSYS 18.2 Workbench 应用程序使用基础

由于 Workbench 平台将应用程序进行统一管理，所以应用程序中的许多功能都相似，许多常见的操作也是相同的，如视图操作、选择操作等，下面以"结构分析"【Mechanical】应用程序为例，给出 Workbench 应用程序的常用操作。

2.8.1　应用程序的工作界面

结构分析采用的求解器类型为【Mechanical APDL】，WB 中勾选视图菜单中的自定义工具箱【View】→【Toolbox Customization】，可以看到分析系统中的许多分析系统模块都与结构分析应用程序有关，如结构静力分析、结构动力分析、线性失稳分析、稳态热分析、瞬态热分析、稳态电流分析、静磁分析等（见图 2.8-1）。

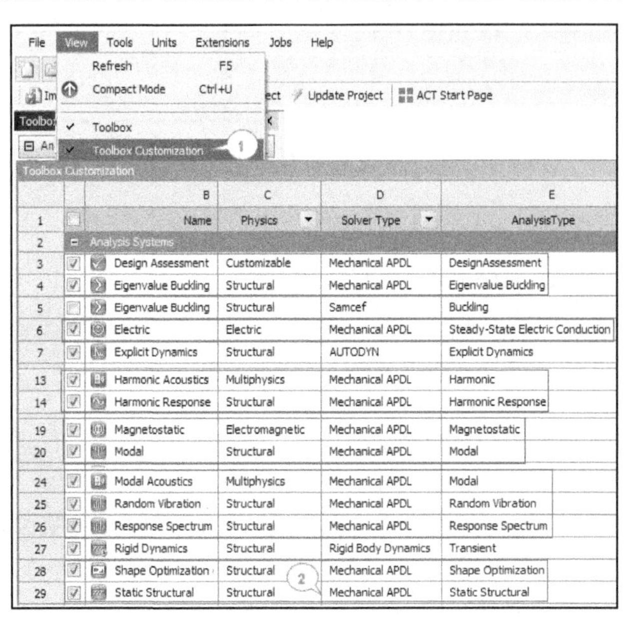

图 2.8-1　结构分析程序相关的分析系统模块

将"结构静力分析系统"【Static Structural】调入"项目流程图"【Project Schematic】，然后在分析系统中选择【Geometry】单元格，右键单击鼠标，选择【Import Geometry】导入几何模型，在分析系统的【Model】单元格双击鼠标，进入结构分析程序如图 2.8-2 所示。

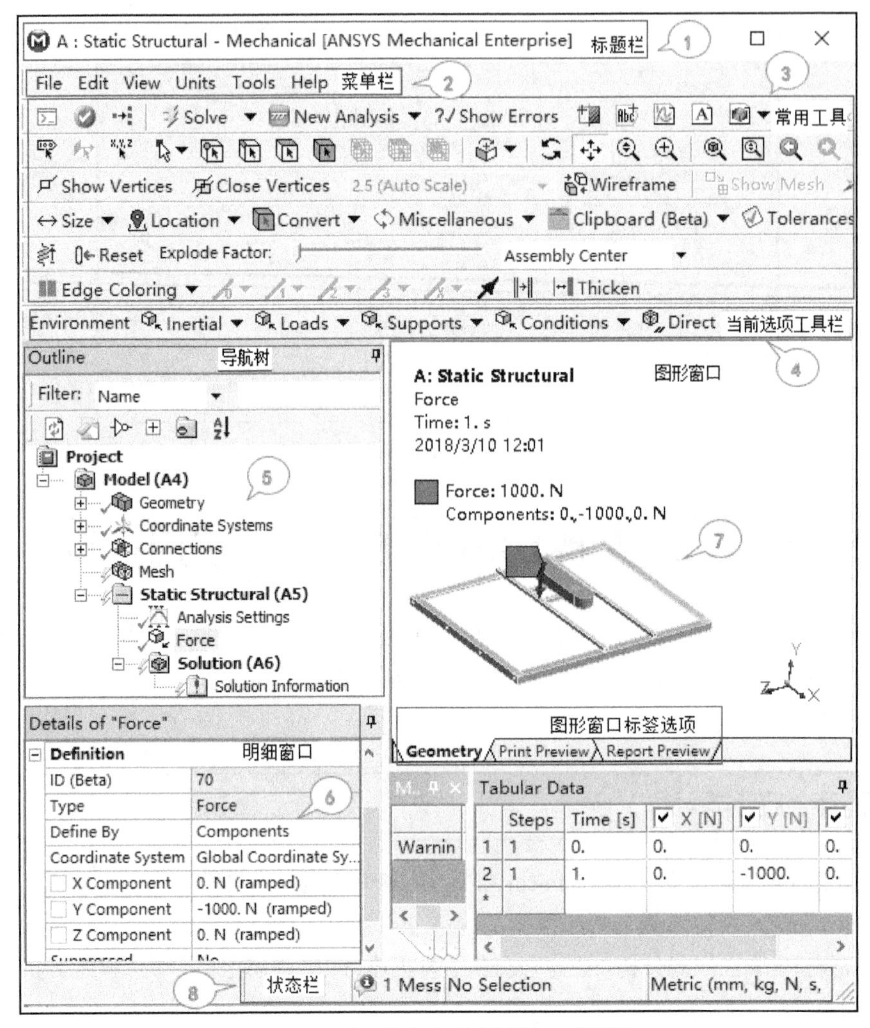

图 2.8-2　应用程序（结构分析）工作界面

提示

WB 及应用程序中的窗口可以自定义，如果返回默认窗口设置，设置如下。

Mechanical: "View > Windows > Reset Layout"。

Workbench: "View > Reset Window Layout"。

结构分析程序如下。

- 标题栏：显示分析类型、产品及激活的 ANSYS 授权许可。
- 菜单栏：以菜单形式提供应用程序的命令。
- 常用工具栏：提供常用工具，如选择、视图命令按钮等。
- 当前选项工具栏：当选择导航树中的某一选项时，激活的相关命令出现在当前选项工具栏，如在导航树中选择【Static Structural（A5）】，则当前选项工具栏显示了结构静力分析的加载环境，可以施加载荷与约束条件，对应属性的明细窗口位于导航树窗口的下方。
- 导航树：分析问题的所有操作过程都记录在导航树中，展开导航树，可知道该应用程序分析的具体内容。

- 明细窗口：给出具体命令的详细选项，设置与该命令有关的参数。
- 图形窗口：显示操作对象的图形。

提示

在进行结构分析时，图形窗口显示几何模型及分析结果，切换标签选项也可以得到“打印预览”【Print Preview】和“报告预览”【Report Preview】视图。

- 状态栏：显示当前工作状态。

2.8.2 应用程序的菜单功能

通过应用程序的菜单栏，可以获得文件、编辑、视图、单位设置、工具、帮助等操作命令，下面介绍结构分析的视图功能及单位设置功能。

1．视图菜单

（1）控制基本图形，如阴影、线框模式等。

（2）控制梁、壳的显示模式。

（3）控制显示功能，如图例、坐标轴、标尺等。

（4）选择需要显示的工具栏及窗口。

2．单位系统

单位系统菜单主要用于定义应用程序中的单位系统，另外还可以指定角度单位、转速单位及热分析的参考单位，如图 2.8-3 所示。

提示

结构分析中无需考虑在 WB 中定义单位系统，可以采用任何单位系统，在需要的时候可以自动转换单位。

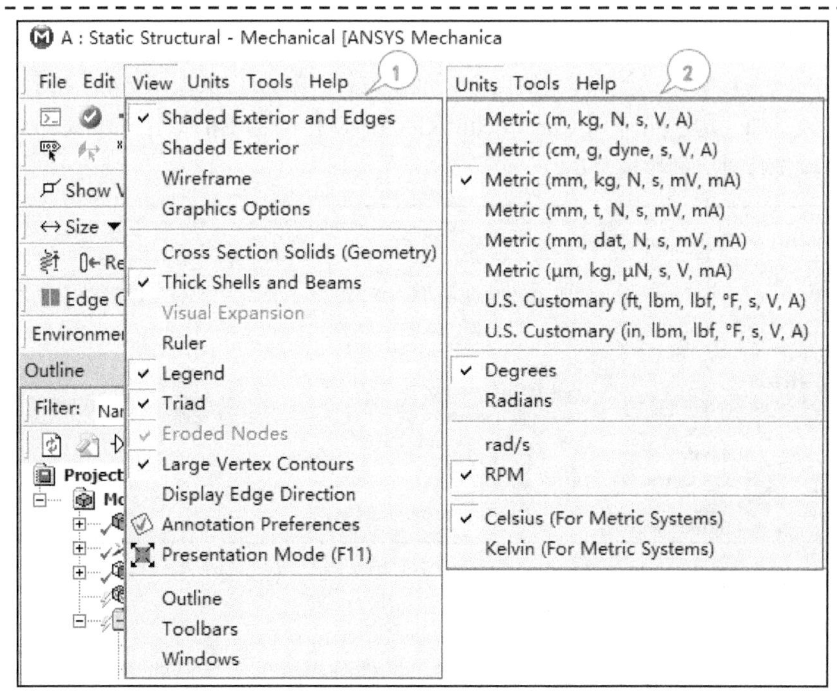

图 2.8-3 应用程序（结构分析）视图功能与单位系统

2.8.3　应用程序的工具栏

应用程序的工具栏一般提供标准工具栏、上下文工具栏（快捷菜单）、图形工具栏等，以下为结构分析的常用工具栏示例。

1．标准工具栏（见图 2.8-4）

（1）激活结构分析向导。

（2）求解。

（3）创建切片平面、标注、图表。

（4）添加注释及图形到导航树中。

（5）激活可选项的工作表视图：工作表视图对导航树中的许多对象都有效，如几何模型、连接关系等，激活工作表可以显示数据列表。

（6）激活选择信息窗口。

（7）此处可添加新的分析类型，等同于在 WB 中连接新的分析系统。

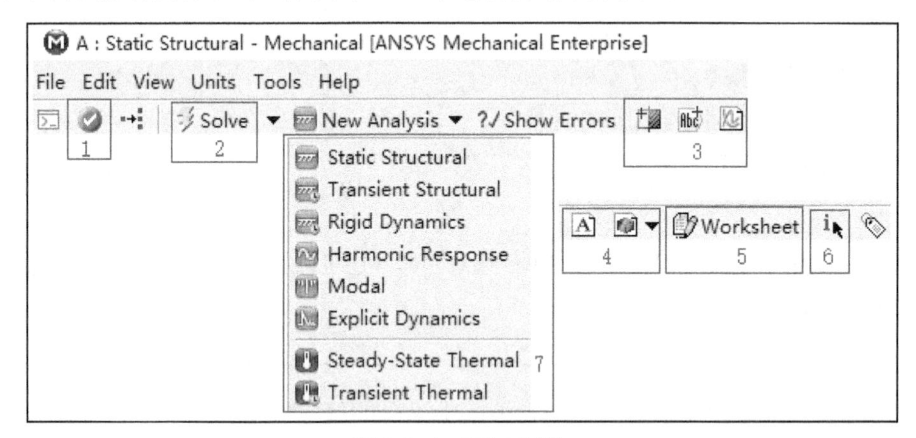

图 2.8-4　标准工具栏

2．上下文工具栏（见图 2.8-5）

选择导航树中的应用对象时，会显示对应的上下文工具栏，如选【Model（A4, B4）】则对应显示与模型操作相关的命令对象，如“构造几何”【Construction Geometry】、“虚拟拓扑”【Virtual Topology】等，通常，右键单击鼠标也可以选择对应的快捷菜单。

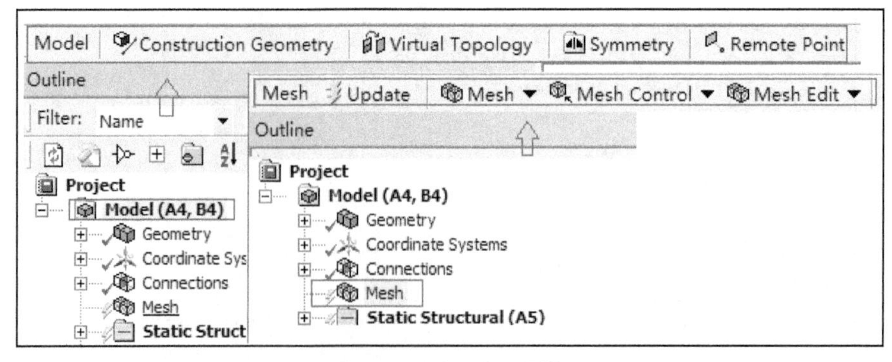

图 2.8-5　上下文工具栏

3．图形工具栏（见图 2.8-6）

应用程序的图形工具栏用于选择几何模型及网格，结构分析图形工具栏如图 2.8-6 所示。

（1）选择几何模型及单元的过滤工具：提供【点选】按钮、【边选】按钮、【面选】按钮、【体选】按钮、

【节点】按钮、【单元面】按钮和【单元选择】的按钮。

（2）选择模式：包括单选框、框选、框选体、拉索和拉索体。

（3）“显示网格”【Show Mesh】可在几何状态显示网格。

（4）图形窗口下方的选择平面方式：可以方便选取受叠层覆盖的实体，最初选择的点作为通过模型的路径的起点，路径沿视图的垂直方向穿越模型，路径穿过的每个实体都通过选择平面显示出来。

（5）图形窗口显示选择的对象，如图中的面（绿色）。

（6）图形工具栏的图形操作命令：依次包括旋转、平移、缩放、窗口缩放、聚焦、放大镜、前进、后退（图形缩放时，通过程序的记忆功能，可以向前或向后恢复操作）、轴测视图等。

（7）图形窗口坐标轴也可以调整视图方向。

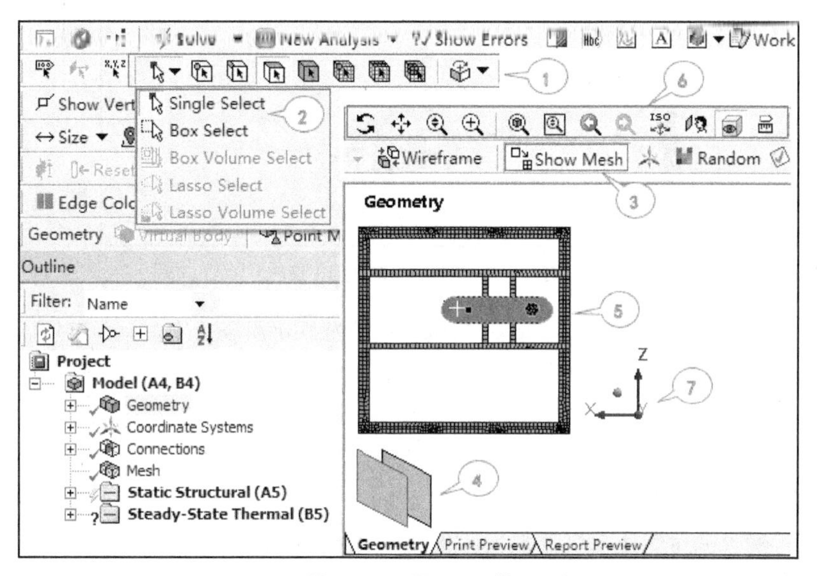

图 2.8-6　图形工具栏

2.8.4　应用程序的图形显示控制及选择

应用程序的图形显示控制及选择可通过鼠标和相应的控制命令完成，下面给出结构分析中的示例。图形显示控制及选择的快捷方式如下（见图 2.8-7）。

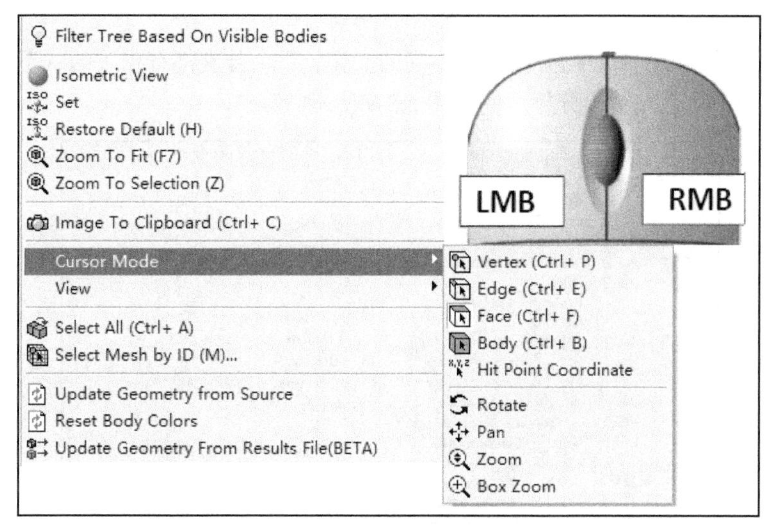

图 2.8-7　图形显示控制及选择

- 鼠标中键（滚轮）可以自由旋转、+CTRL=平移、+Shift=缩放。
- 滚动鼠标中键可进行图形缩放，按住鼠标右键进行拖曳可以完成窗口缩放操作。
- 右键单击鼠标可弹出快捷菜单，从中可选择轴测视图、聚焦以及标准视图。
- 单击坐标轴可以重新定向视图，单击蓝色的小球为等视轴图。

图形显示工具栏，提供选项如下 (见图 2.8-8)。

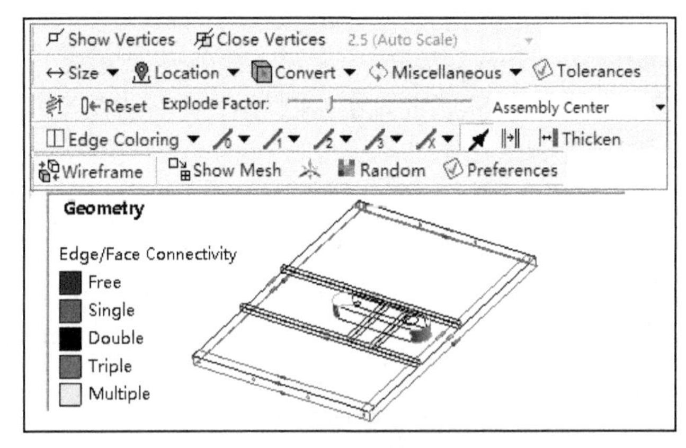

图 2.8-8　图形显示选项工具栏

- 【Show Vertics】：突出显示顶点；【Close Vertics】：触发显示闭合顶点。
- 【Size】与【Location】：按尺寸大小及位置显示对象。
- 【Convert】：选择的对象进行转换，如转换为面、边显示等。
- 【Miscellaneous】：其他选择，如反选、选圆柱面等。
- 【Tolerances】：设置查找对象的容差。
- 【Wireframe】：触发显示实体或线框模式；【Show Mesh】：触发显示网格。
- 【Preferences】：注释参数的预设值。
- 【Edge Coloring】：基于边的连接关系（与边相连的面的个数）控制边的颜色及显示选项；【Show Edge Direction】：显示边的方向。
- 其他选项：如显示位于网格连接处的边，对设置边界条件的线增厚显示 Thicken Annotations 等。

2.8.5 应用程序的导航结构及其明细

在应用程序导航树窗口中，下面的分支代表不同的操作，每个分支都有相关的状态符号，熟悉状态符号有助于快速解决所要分析问题。结构分析示例如图 2.8-9 所示。

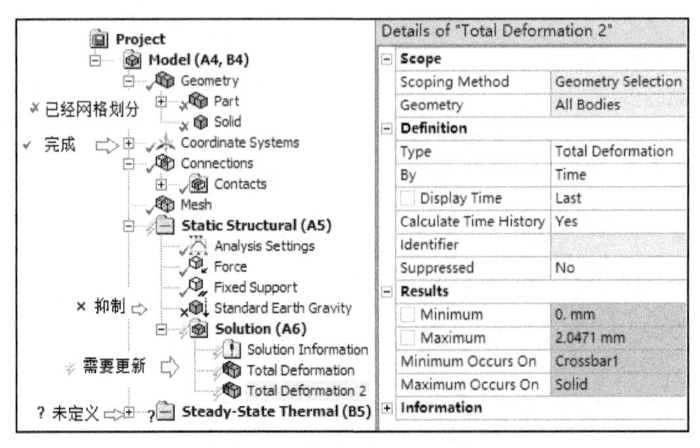

图 2.8-9　导航结构及其分支

求解分支的图标含义如下。

- 黄色闪电：代表还未更新或求解项；绿色闪电：代表正在求解。
- 绿色检查标记：代表求解成功。
- 红色闪电：表示求解失败，叠加的暂停图标暗示求解可以用重启动点进行恢复。
- 绿色朝下箭头：表示后台求解已成功可以被下载。
- 红色向下箭头：代表后台求解无效无法被下载。
- 明细窗口包含输入输出区，具体内容根据选择的分支而有所不同：
- 白色区的输入数据可以进行编辑；黄色区表示未完成的输入数据。
- 灰色区仅提供信息，无法修改数据；红色区表示结果不再更新，必须重新求解。

2.8.6 应用程序中加载边界条件

1. 载荷及约束的施加方式

应用程序中载荷及约束的施加有如下两种方式。

（1）指定范围然后应用：在图形窗口中选择几何对象，然后定义载荷及约束，如果需要则指定大小及方向。

（2）先应用然后指定范围：选择载荷及约束，然后定义作用区域，在明细窗口单击【Apply】按钮确认，指定大小及方向（如果需要）。

结构分析中，预选择方法（方法 1）最方便，如果希望改变边界条件的位置，只需单击几何区域，在【Apply/Cancel】状态下重新选择即可。

2. 指定方向

指定方向可以采用“矢量”【Vector】和“分量”【Components】方式。

图 2.8-10 给出结构分析中的加载示例。

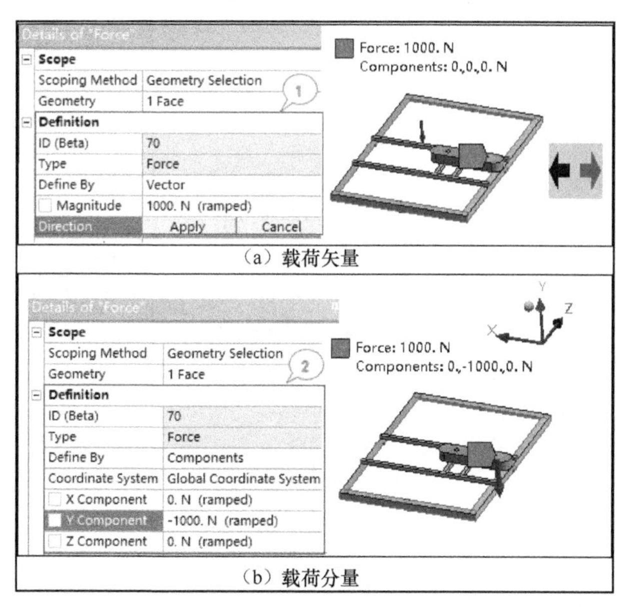

图 2.8-10 结构分析中加载示例

（1）如在矢量方式下输入载荷大小，单击【Direction】按钮，选择控制几何（顶点、边、面），单击【Apply】按钮确认，修改方向时可以选择图形窗口的箭头按钮，结构分析中也允许将边界条件直接施加到有限元节点上。

（2）为分量加载时，分量方式选择为整体/局部坐标系，输入 x、y、z 方向的值。

2.8.7　应用工程数据

1. 激活工程数据（见图 2.8-11）

材料参数通过“工程数据”【Engineering Data】输入。工程数据可以单独应用或从分析系统中激活。

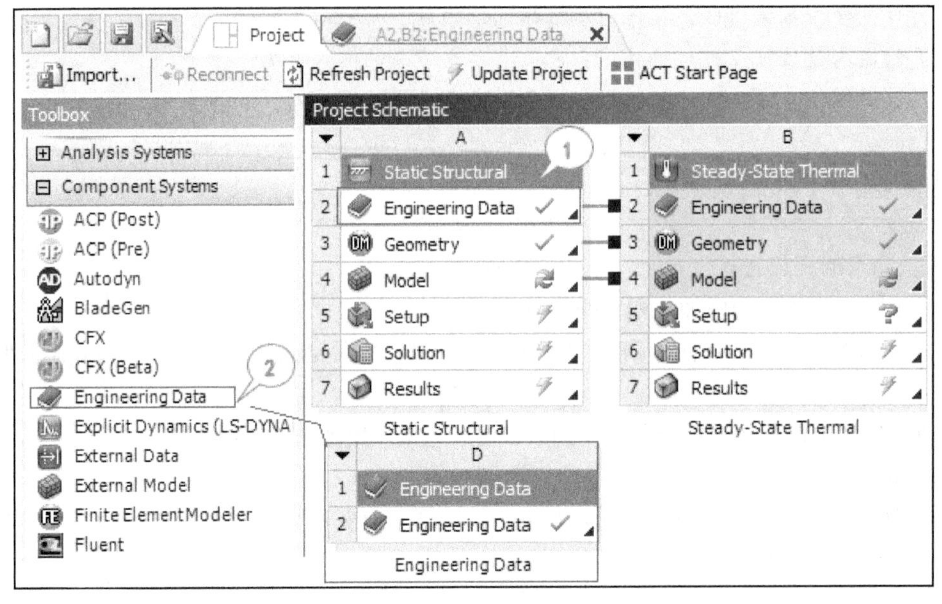

图 2.8-11　应用工程数据

2. 工程数据窗口（见图 2.8-12）

在【Engineering Data】单元格双击鼠标，打开工程数据窗口后，有两个控制选项显示工程数据：

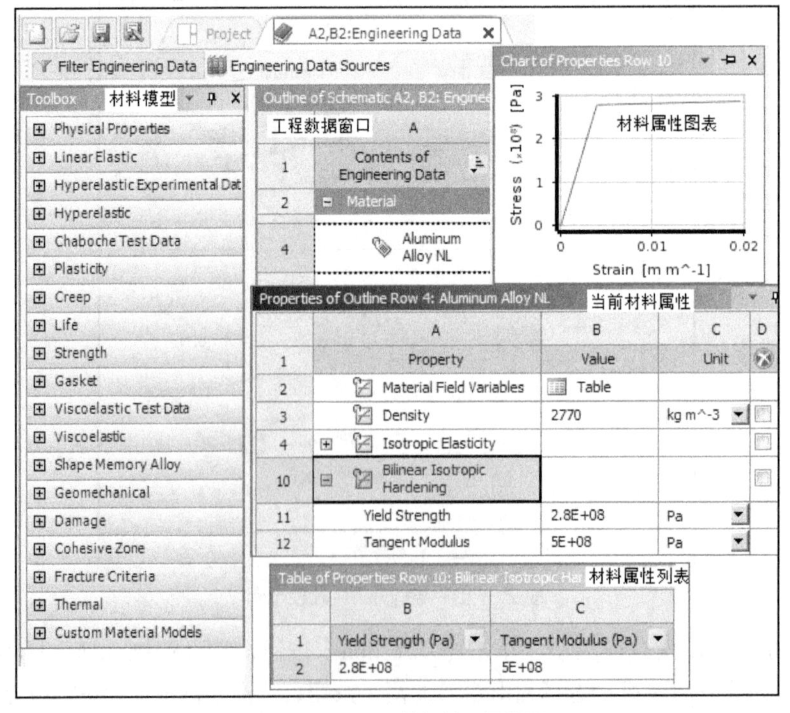

图 2.8-12　工程数据的项目视图

（1）一个是“工程数据源”【Engineering Data Sources】按钮，提供工程数据源与当前的工程数据的视图切换。

（2）另一个是“物理环境过滤触发器”【Filter Engineering Data】按钮，用于显示所有材料和属性或者只与当前分析有关的材料。

3．工程数据源（见图 2.8-13）

工程数据中一个关键的概念是：只有当前工程数据中显示的材料在分析中有效，材料库中的材料模型需要先提取出来，进入当前工程数据后才能供分析使用。所以，可以在工程数据中输入材料或者从工程数据源视图的材料库中选择材料，工程数据源视图如图 2.8-13 所示。

（1）多个数据源的材料数据可添加到【Favorites】区域，使之成为有效的自定义数据库。

（2）图 2.8-13 中，A3～A11 为有效的数据库列表，可以由 ANSYS 提供或自定义。

（3）检查框允许解锁材料库进行编辑，修改材料之前必须解锁材料库。

（4）浏览已存在的材料库或选择新材料库的位置。

（5）添加自定义材料库。

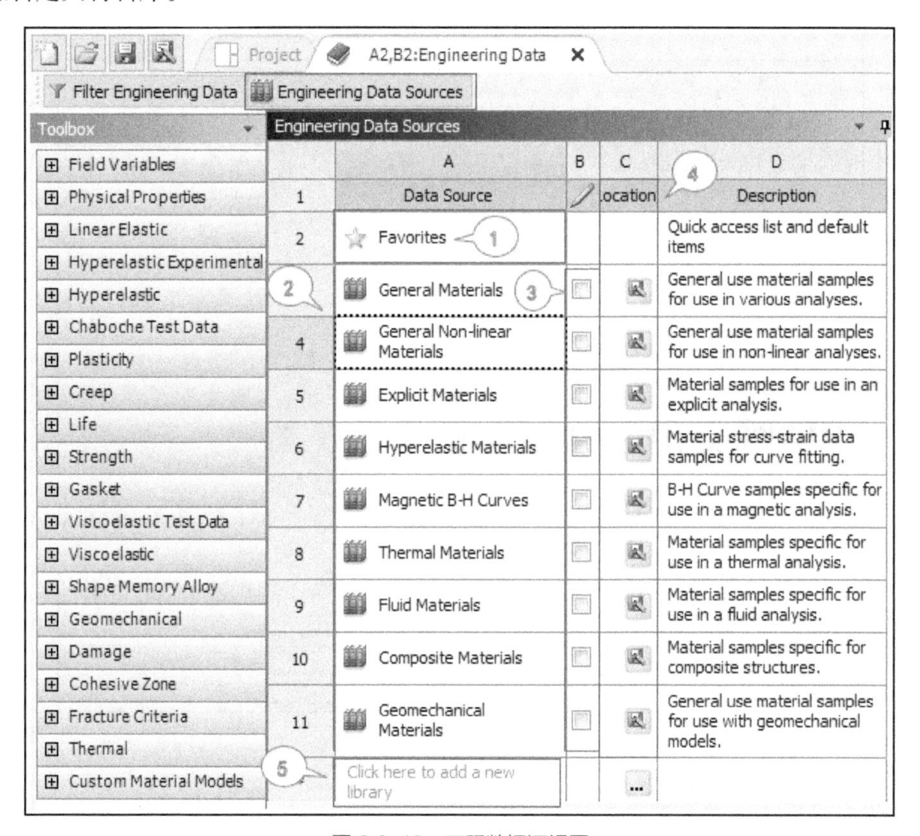

图 2.8-13　工程数据源视图

4．添加新材料

从材料库中提取材料如图 2.8-14 所示。

（1）切换到“工程数据源”【Engineering Data Sources】。

（2）选择材料库，如“通用材料库”【General Materials】等。

（3）在需要的材料旁边单击按钮，后面会出现按钮，表示材料已加入工程数据中，可单击“工程数据源”按钮切换到工程数据窗口查看。右键单击鼠标，选择【Add to Favorites】也可以将材料添加到喜欢的库中。

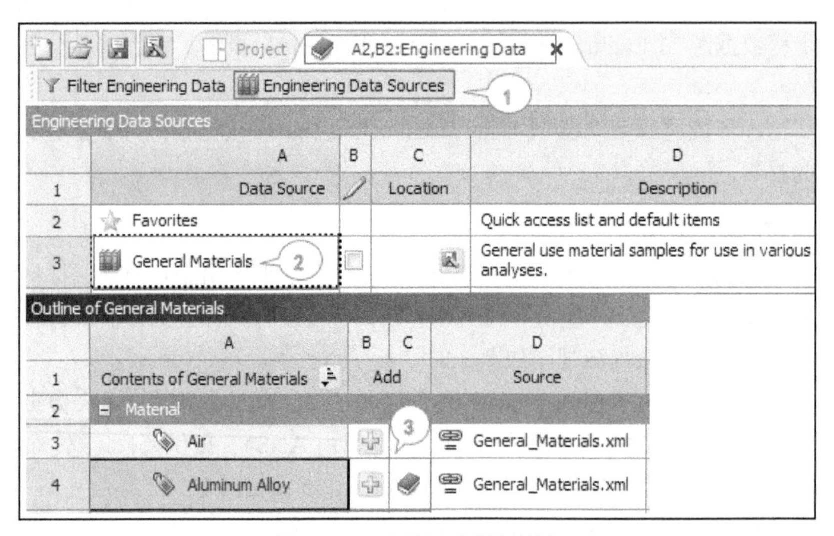

图 2.8-14　材料库中提取材料

自定义材料需要输入材料名称、指定相关材料模型及输入材料参数，如图 2.8-15 所示。

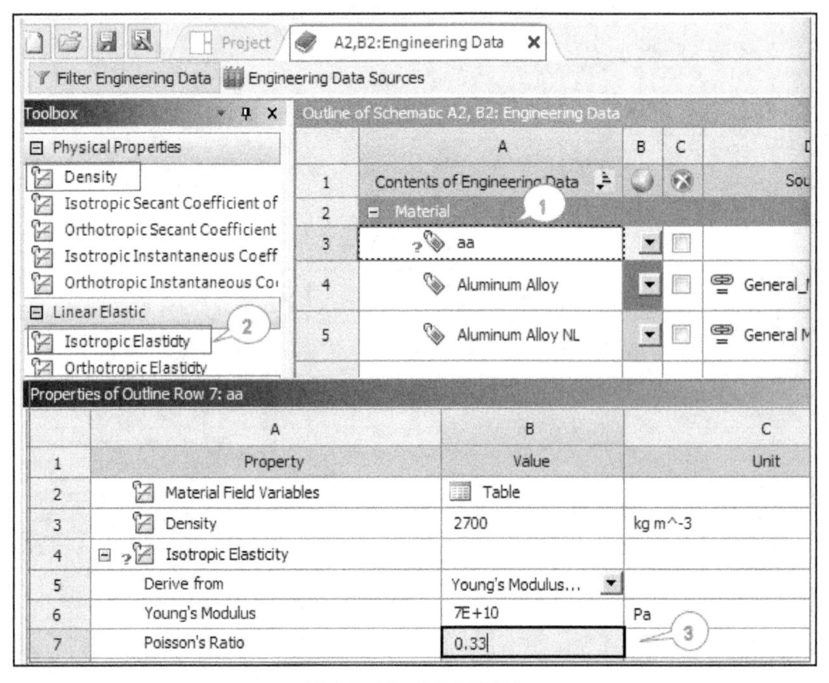

图 2.8-15　添加新材料

5．新材料添加到库中（见图 2.8-16）

将新材料添加到库中必须先将该材料导出为 xml 文件，示例如下。

（1）选“工程数据”【Engineering Data】标签。

（2）选择名为 aa 的材料。

（3）选择【File】→【Export Engineering Data】，导出材料文件 aa.xml。

（4）然后，切换到“工程数据源”【Engineering Data Sources】标签。

（5）打开数据源显示，勾选【Generanl Materials】的编辑框，解锁通用材料库使之为编辑状态。

（6）再选择【File】→【Import Engineering Data】，导入生成的 aa.xml 材料文件。

（7）则库中出现新增的材料名 aa，如图 2.8-16 所示。

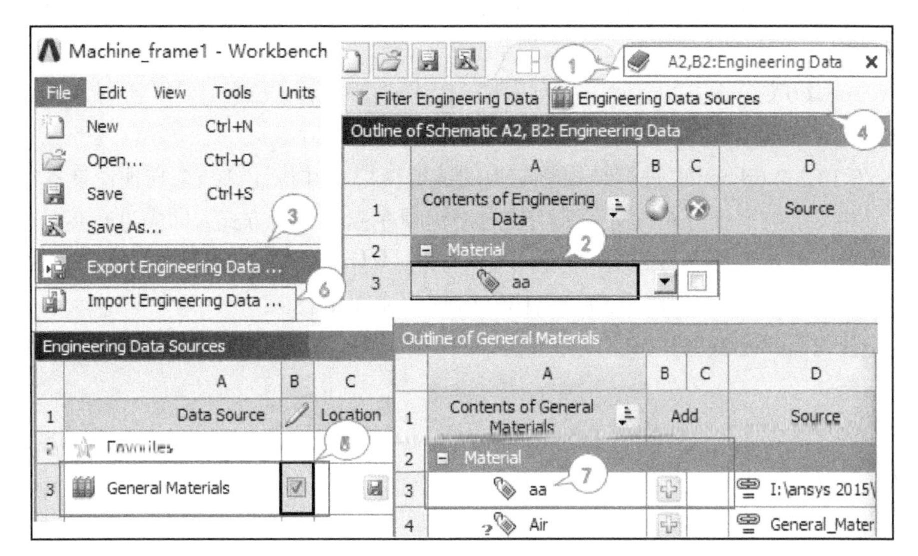

图 2.8-16　将新材料添加到库中

2.9　ANSYS Workbench 热结构案例——多工况冷却棒热应力

本案例是为了帮助读者熟悉 ANSYS 18.2 Workbench 进行多物理场分析的使用方法和不同的分析模块。冷却棒热应力分析中进行了两个工况及其组合分析，涉及热分析系统、结构静力分析系统和设计评估分析系统。

2.9.1　问题描述及分析

假设冷却棒模型为长 L=1000mm，直径 D=100mm，材料为钢，弹性模量 E=2e11Pa，泊松比 ν=0，热膨胀系数 α=1.2e-5 /℃，热传导系数 λ=100 W/m℃。冷却棒模型如图 2.9-1 所示。

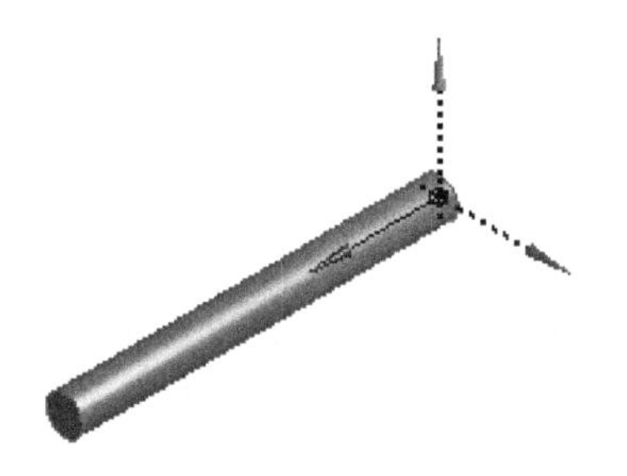

图 2.9-1　冷却棒模型

工况 1：环境温度变化从室温 T_{ref}=22℃，降低到 T=−40℃，分析自由收缩变形后的应力分布。

工况 2：冷却棒两端限制轴向位移，环境温度变化从室温 22℃降低到−160℃，分析限位收缩变形后的应力。

根据分析条件，对于工况 1，冷却棒将因温度下降而收缩，但由于收缩不受任何限制，温度变化只能使其产生收缩变形，而不产生应力，所以应力为零。

而对于工况 2，由于两端有限位约束，因此冷却棒会因温度下降不能自由收缩而产生的热应力。根据变形协调关系，有弹性应变 ε^{el} 与热应变 ε^{th} 之和为零，即：

$$\varepsilon^{\text{el}}+\varepsilon^{\text{th}}=0 \tag{2.9.1}$$

线弹性应力-应变关系：

$$\sigma=E\varepsilon^{\text{el}} \tag{2.9.2}$$

热应变：

$$\varepsilon^{th}=\alpha(T-T_{ref}) \tag{2.9.3}$$

将 T_{ref}=22℃，T=−160℃，α=1.2e−5 /℃，E=2e11Pa 代入式(2.9.1)~式(2.9.3)，得到应力σ=436.8MPa，弹性应变 ε^{el}=0.002184 mm/mm。

下面用 ANSYS 18.2 Workbench 进行结构热应力的数值模拟，并将计算结果与理论计算结果进行对比。

由于结构变形并不影响温度分布，所以采用热与结构顺序耦合分析方式，即先进行热分析，然后将热分析的温度结果作为结构载荷条件导入到结构分析中进行热应力计算。稳态热分析采用三维 20 节点热实体单元 SOLID90，结构静力分析采用三维 20 节点结构实体单元 SOLID186。

由于分析模型及载荷具有对称性，所以分析模型取一半，用 3D 实体单元建模，多工况的计算采用程序提供的多载荷步功能。

数值模拟的主要步骤如下。

（1）根据分析模型的需求，工作流程包含稳态热分析、结构静力分析、分析评估系统、分析模型共享材料及几何模型数据。

（2）在 DM 中创建 3D 对称几何模型。

（3）对几何模型分配材料，并进行网格划分，建立有限元分析模型。

（4）施加温度边界条件及结构边界条件，设置多载荷步分析。

（5）求解及检查温度分布、应力分布、分析评估结果。

2.9.2　数值模拟过程

1．运行程序→【ANSYS 18.2】→【Workbench 18.2】

进入 Workbench 数值模拟平台，重新建立一个新文件。

2．WB 中设置分析流程

（1）由于热应力分析已经放在自定义系统中，所以在 WB 左侧“工具箱”【Toolbox】下方的“自定义系统”【Custom Systems】双击鼠标，则“项目流程图”【Project Schematic】中将出现稳态热分析 A 及结构静力分析 B，如图 2.9-2 所示。

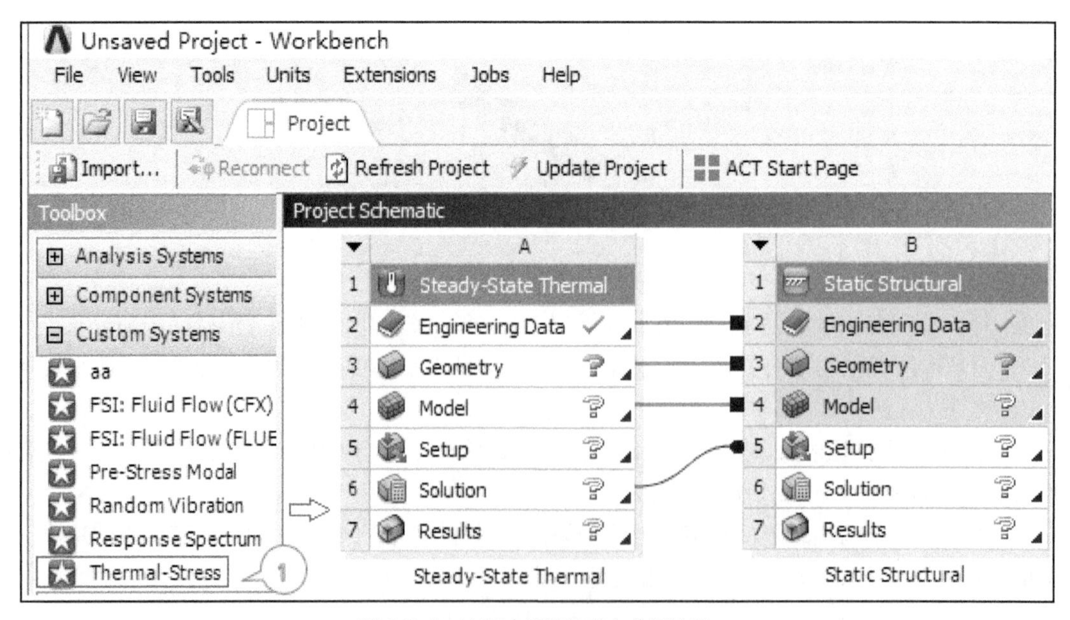

图 2.9-2　WB 中设置热应力分析流程

（2）选择 WB 左侧“工具箱”【Toolbox】下方的“分析系统”【Analysis Systems】中的“设计评估”【Design Assessment】，将其拖入到系统 B 的“求解”【Solution】单元格上，同时会框选到系统 B 的单元格 2~单元格 4 及单元格 6，且有红色提示框，如图 2.9-3 所示，松开鼠标，项目流程图中会增加系统 C。

（3）在工具栏中单击【保存】按钮，保存文件名为 Cooling Cell.wbpj，名称会显示在标题栏中，如图 2.9-3 所示。

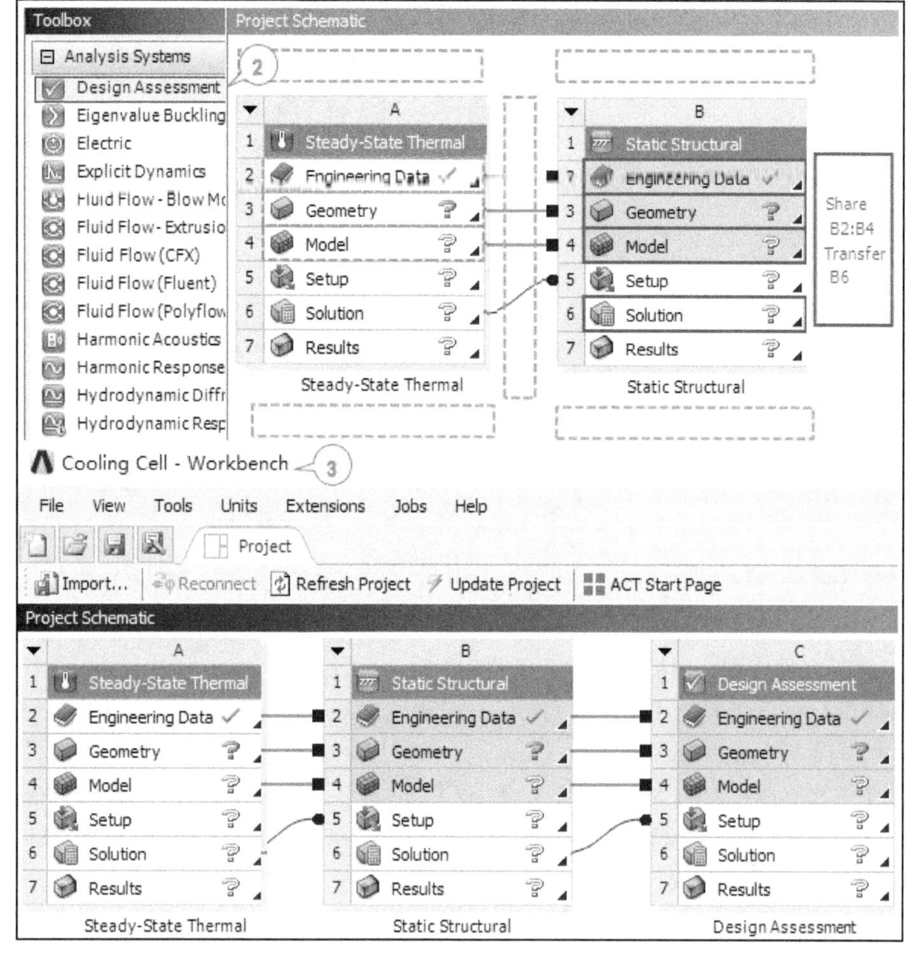

图 2.9-3 WB 中添加设计评估

3. 输入材料属性（见图 2.9-4）

（1）在分析系统 A 中的“工程材料”【Engineering Data】单元格双击鼠标，进入“工程数据”窗口【A2,B2,C2：Engineering Data】。

（2）在已有的工程材料【Outline of Schematic A2,B2,C2：Engineering Data】窗口中输入新材料名称 Cooling Cell。

（3）左侧的“工具箱”【Toolbox】下方选择“各项同性热膨胀系数”：【Physical Properties】→【Isotropic Secant Coefficient of Thermal Expansion】。在材料属性窗口下输入“热膨胀系数”【Coefficient of Thermal Expansion】=1.2e-5 C^-1。

（4）在左侧的“工具箱”【Toolbox】下方选择“各项同性线弹性模型”：【Linear Elastic】→【Isotropic Elasticity】。在材料属性窗口下输入“弹性模量”：【Isotropic Elasticity】→【Young’s Modulus】=2e11 Pa，“泊松比”【Poisson’s Ratio】=0。

（5）在左侧的“工具箱”【Toolbox】下方选择“各项同性热传导系数”：【Thermal】→【Isotropic Thermal Conductivity】。在材料属性窗口下输入热传导系数：【Isotropic Thermal Conductivity】=100 Wm^-1 C^-1。

（6）在工具栏中单击【Project】按钮，返回工程流程图的 WB 界面。

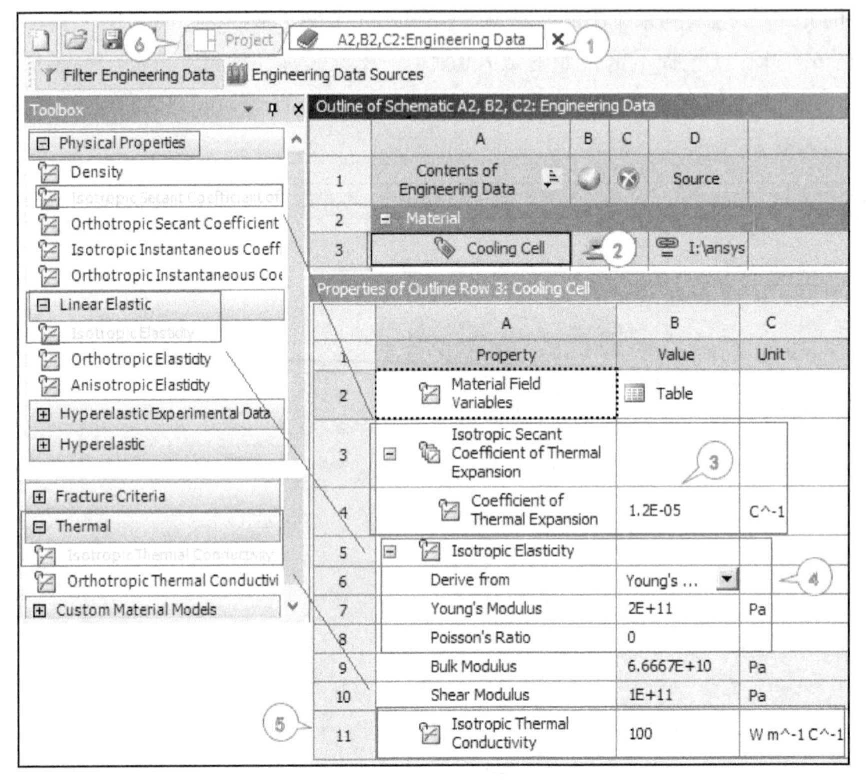

图 2.9-4　输入材料属性

4．建立 3D 直杆几何模型：创建圆柱体（见图 2.9-5）

（1）在 WB 中的分析系统 A 的“几何”【Geometry】单元格双击鼠标，进入 DM 程序，修改单位为 mm：选择菜单栏中【Units】→【Millimeter】。

（2）在 DM 中选择菜单栏中的“创建圆柱”命令：【Create】→【Primitives】→【Cylinder】。

（3）在明细窗口中输入轴向长度及半径的值：【Axis Definition】=Components，【FD8, Axis Z Component】=1000mm，【FD10, Radius】=50mm。

（4）在工具栏中单击“生成”【Generate】按钮，则导航树中创建圆柱体特征【Cylinder1】前面已有绿色对勾标记，图形窗口中显示生成的圆柱体。

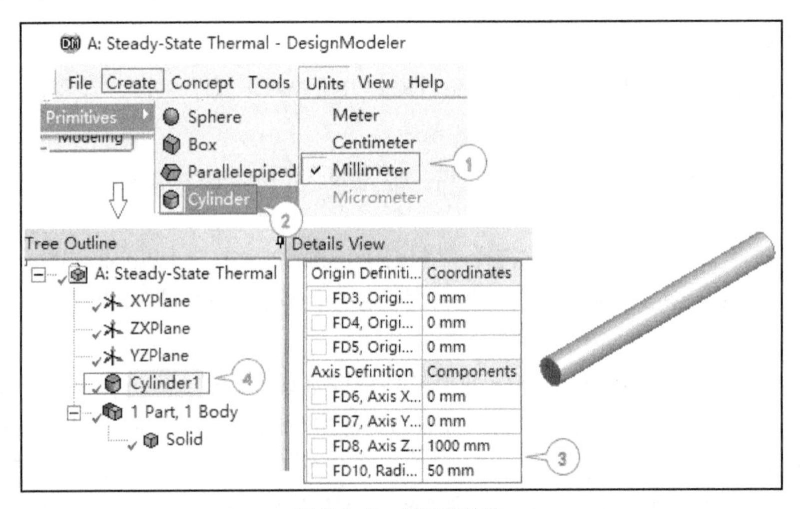

图 2.9-5　创建圆柱体

5．建立 3D 直杆几何模型：创建工作平面（见图 2.9-6）

（1）在 WB 中，单击工具栏中的【新平面】按钮。

（2）在明细窗口中设置变换方式为基于【XYPlane】的 *z* 方向偏移 500mm：【Details of Plane4】→【Transform 1（RMB）】=offset Z，【FD1, Value 1】=500mm。

（3）在工具栏中单击“生成”【Generate】按钮。

（4）导航树中创建新平面【Plane4】前面已有绿色对勾标记，图形窗口中显示新平面位置。

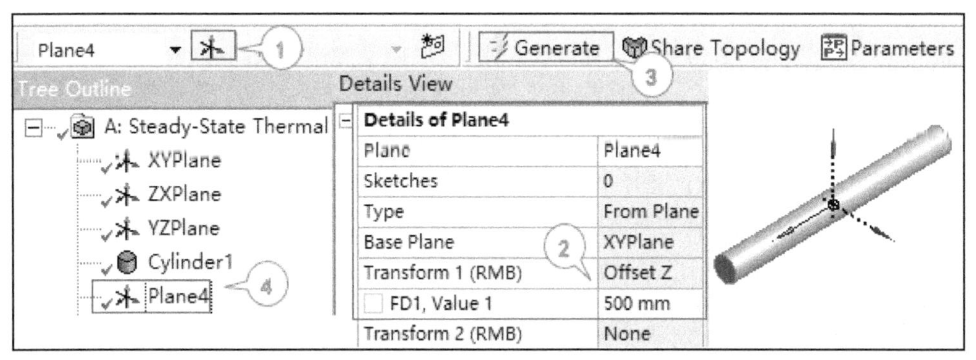

图 2.9-6　创建工作平面

6．建立 3D 直杆几何模型：创建对称模型（见图 2.9-7）

（1）在 DM 中选择菜单栏中的“对称”工具：【Tools】→【Symmetry】，导航树中加入未完成的对称命令，默认名称为【Symmetry1】。

（2）在明细窗口中确认对称面的位置：在导航树中选择已经生成的平面【Plane4】，在【Symmetry Plane 1】处单击【Apply】按钮确认。

（3）在工具栏中单击“生成”【Generate】按钮。

（4）导航树中【Symmetry1】前面会有绿色对勾标记，明细窗口中显示【Symmetry Plane 1】=Plane4，图形窗口显示几何模型为原来的一半，对称面就是工作平面 Plane4。

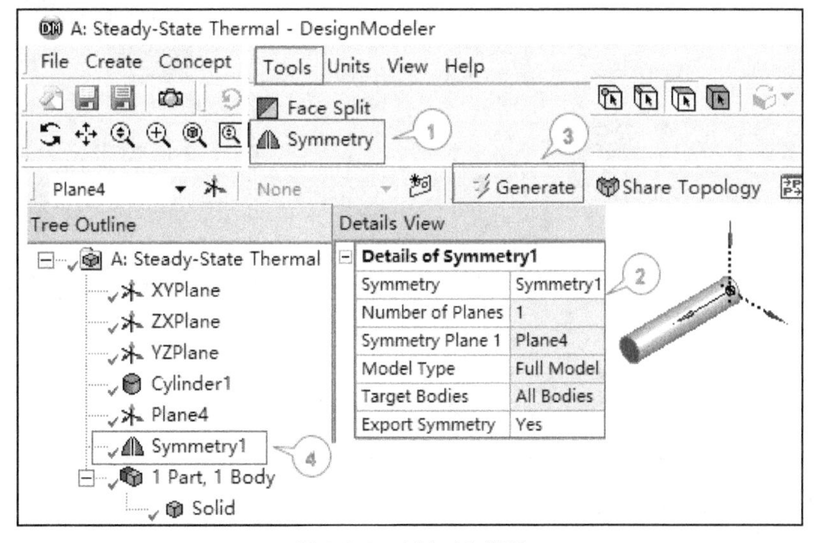

图 2.9-7　创建对称模型

提示

DM 中使用对称命令【Symmetry】的好处就是：除了模型减半外，DM 中的对称平面将自动传递到结构分析中成为对称面，同时也一并施加了对称约束，这样对称面上就不需要人工添加约束条件。

7. 网格划分（见图 2.9-8）

（1）分配材料：在 WB 界面的系统 A “模型”【Model】单元格双击鼠标，进入【Mechanical】分析程序。在导航树中选择【Geometry】→【Solid】。

（2）在明细窗口中分配材料属性：设置【Material】→【Assignment】=Cooling Cell。

（3）在导航树中选择“网格划分”【Mesh】。

（4）其明细窗口中提供了网格划分的整体设置选项，设置【Defaults】→【Physics Preference】=Mechanical，【Relevance】=100。

（5）当前活动工具栏为网格划分的相关命令，单击【Updat】按钮更新网格。

（6）在图形窗口中可看到生成的 3D 实体单元，为了清楚地显示单元，可放大关心的区域，在工具栏中单击【框选放大】按钮，在图形窗口框选需要放大的区域。查看网格统计结果：在明细窗口中展开【Quality】可看到网格质量的平均值为 0.88598；展开【Statistics】，显示 3D 实体单元有 5892 个节点，1184 个单元，图形窗口下方显示网格划分后单元质量的直方图，横坐标为单元质量，纵坐标为单元数，可看到大部分单元是偏向右侧，单元质量趋向 1，表明网格划分质量是不错的。

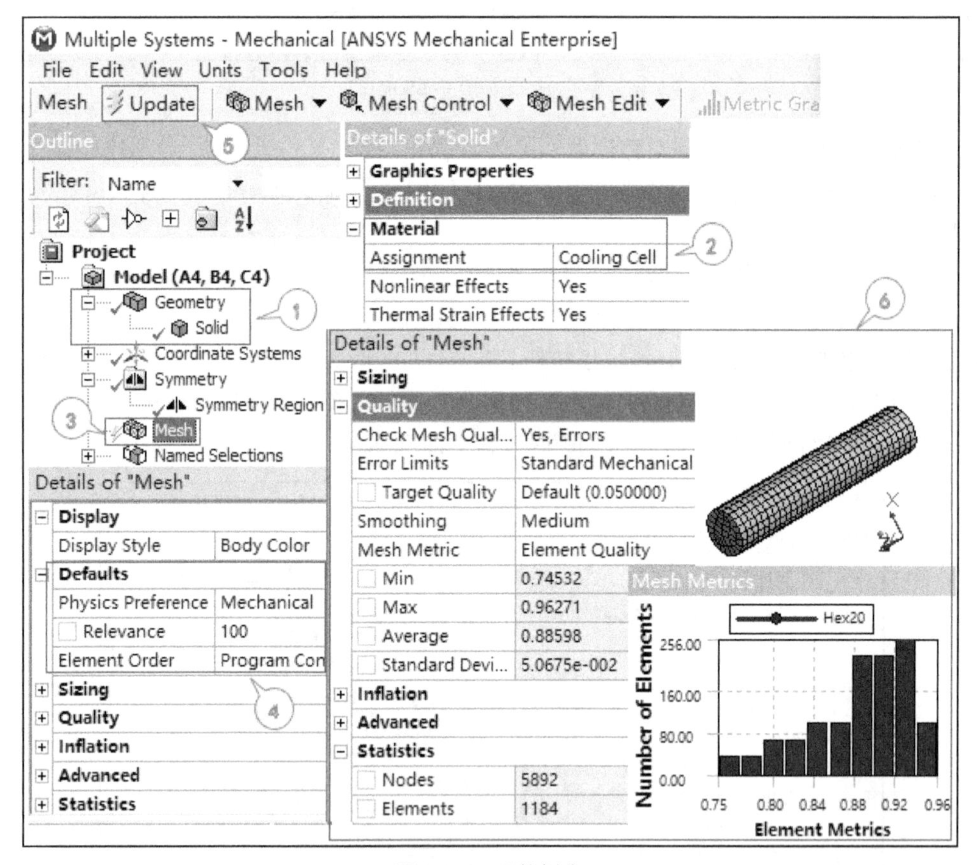

图 2.9-8 网格划分

提示

对于规则的几何模型，WB 通常生成的六面体单元网格质量较高，对于一半模型，则会减少计算成本。

8. 稳态热分析：分析设置及施加温度载荷（见图 2.9-9）

（1）在导航树中单击【Steady-State Thermal（A5）】，当前工具栏中显示“稳态热分析”环境的相关命令选项。

（2）在导航树中选择“分析设置”【Analysis Settings】。

（3）在明细窗口中设置两个载荷步：【Step Controls】→【Number Of Steps】=2，这对应前面提到的两组工况。

（4）在工具栏中单击【体选】按钮，在图形窗口选择圆柱体，施加环境温度：热分析环境工具栏中单击“温度”【Temperature】按钮，将其添加到导航树中。

（5）在明细窗口【Details of " Temperature " 】中确认实体及表格输入方式：【Scope】→【Scoping Method】=Geometry Selection，【Geometry】=1 Body，【Apply to】=Entire Body；【Definition】→【Type】=Temperature，【Magnitude】=Tabular Data。

（6）在表格中输入两个温度载荷：【Time】=1s，【Temperature】=-40℃；【Time】=2s，【Temperature】=-160℃。在图形窗口显示当前载荷步的温度-40℃。

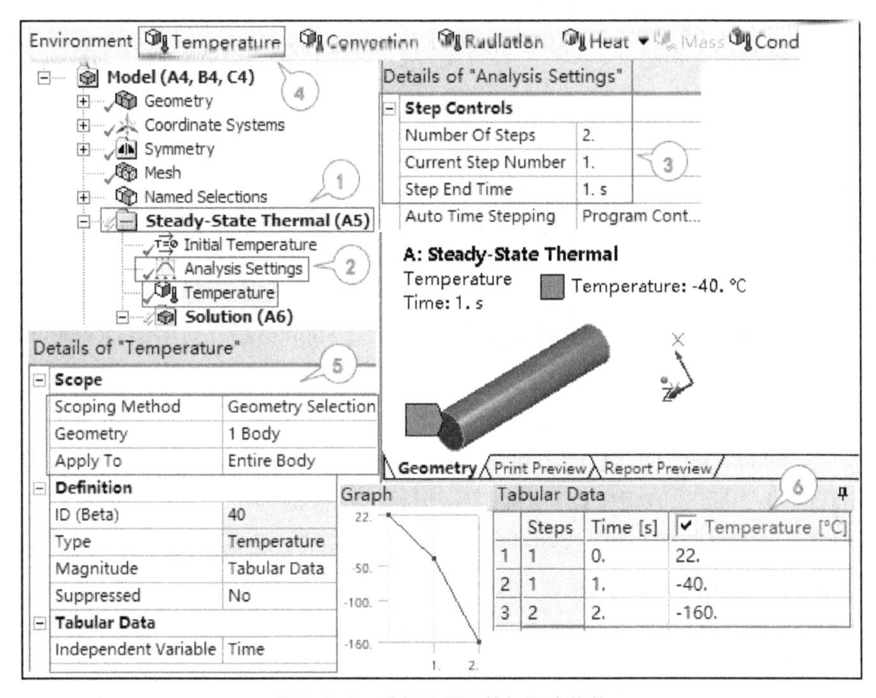

图 2.9-9 分析设置及施加温度载荷

9. 稳态热分析：求解及查看温度结果（见图 2.9-10）

（1）在导航树中选择“求解”【Solution(A6)】，在求解环境工具栏中选择【Thermal】→【Temperature】，或者右键单击鼠标使用快捷菜单插入温度结果：【Insert】→【Thermal】→【Temperature】，重复两次，对应两个温度，在工具栏中单击“求解”【Solve】按钮。

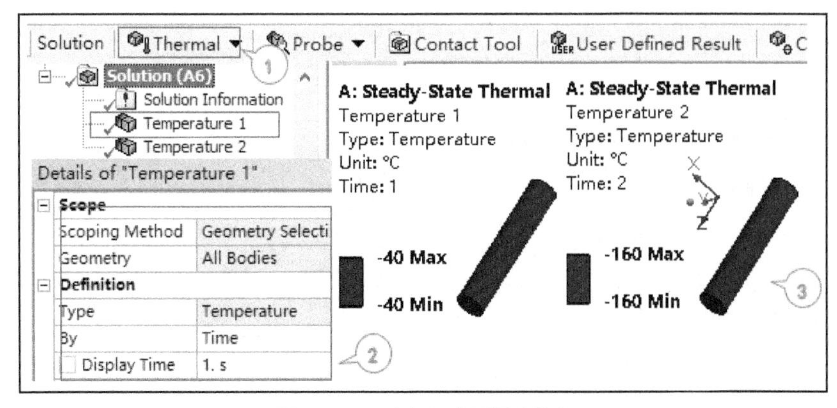

图 2.9-10 求解及查看温度结果

（2）两个温度结果分别对应两组工况，对应显示时间分别为 1s 和 2s：如图 2.9-10 中要得到【Temperature 1】的结果，可在明细窗口【Details of " Temperature 1 " 】中设置【Display Time】=1s，更新结果后，在图形窗口可看到温度分布为-40℃。

（3）同样，要得到【Temperature 2】的结果，可在明细窗口【Details of " Temperature 2 " 】中设置【Display Time】=2s，更新结果后，在图形窗口可看到温度分布为-160℃。

10．结构静力分析：分析设置及施加位移约束（见图 2.9-11）

（1）在导航树中单击【Static Structural（B5）】，当前工具栏中显示“结构静力分析”环境的相关命令选项。

（2）在导航树中选择“分析设置”【Analysis Settings】。

（3）在明细窗口中设置两个载荷步：【Step Controls】→【Number of Steps】=2，对应前面提到的两组工况。

> **提示**
>
> 这里【Current Step Number】=2，【Step End Time】=2s，表示当前图形窗口显示为第 2 个载荷步表示的条件，对应的时间为 2s，由于稳态分析中时间仅表示载荷步，所以并不代表真实的物理时间。

（4）在工具栏中单击【面选】按钮，在图形窗口选择圆柱体端面。

（5）施加位移约束：结构分析环境工具栏中单击“位移”【Supports】→【Displacement】，将其添加到导航树中。

（6）在位移明细窗口【Details of " Displacement " 】中设置位移分量：【Definition】→【Define By】=Components，【X Component】=Free，【Y Component】=Free，【Z Component】=0。

（7）在表格中修改第 2 行 z 方向位移：右键单击鼠标，从快捷菜单中选择【Activate/Deactivate at this step!】，这样第 1 个载荷步（对应工况 1）该约束条件无效，即工况 1 没有任何约束条件；而在第 2 个载荷步（对应工况 2）该约束条件有效。

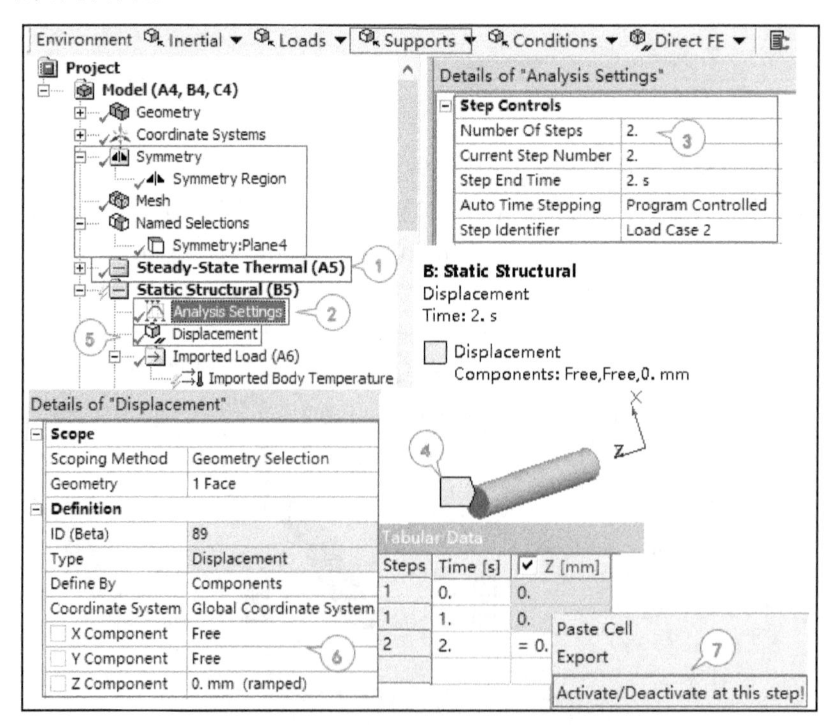

图 2.9-11 分析设置及施加位移约束

 提示

由于本案例涉及 3 个模块，所以结构分析中会出现 3 个求解环境，分别对应于稳态热分析(A5)、结构静力分析（B5）、设计评估（C5）。几何模型使用了对称工具，所以结构分析中会看到传递过来的对称边界【Symmetry】及命名选择【Named Selections】（见图 2.9-11）。

11. 结构静力分析：导入温度载荷（见图 2.9-12）

（1）对结构分析而言，温度载荷来自于前面的稳态热分析结果，所以这里只要导入温度即可。在导航树中选择“导入体温度”【Imported Load（A6）】→【Imported Body Temperature】，右键单击鼠标，从快捷菜单中单击“导入载荷”【Import Load】，在图形窗口可以看到当前导入的温度结果。

（2）设置不同载荷步的温度显示：在明细窗口中【Details of "Imported Body Temperature"】中设置【Graphics Controls】→【By】=Active Row，【Active Row】=2，在图形窗口中可看到温度分布为-160℃。

（3）由于程序默认分析时间为 1s，对应于源数据的结束时间，所以需要在“数据视图”【Data View】窗口设置分析时间与导入时间的关系：对【Source Time】=1s 设置【Analysis Time】=1s，对【Source Time】=2s 设置【Analysis Time】=2s。

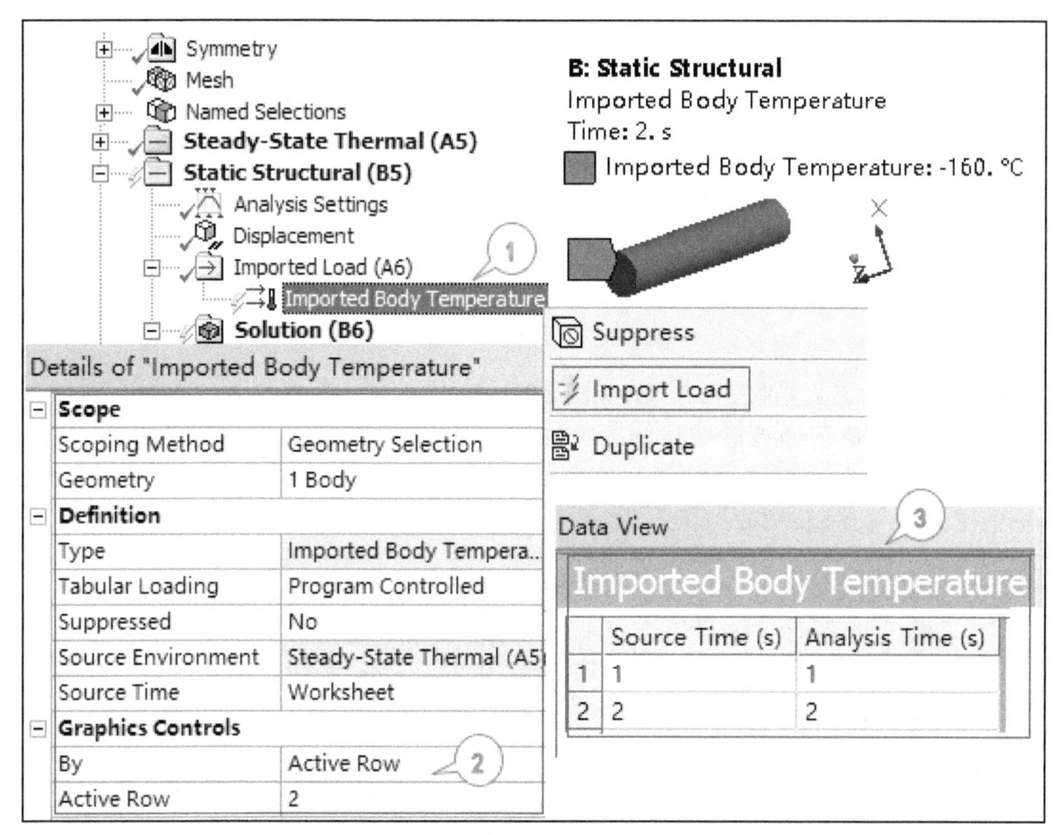

图 2.9-12　导入温度载荷

12. 结构静力分析：设置及求解结果（见图 2.9-13）

（1）在导航树中选择“求解”【Solution（B6）】分支。在求解工具栏中选择“变形分量”【Deformation】→【Directional】。

（2）设置轴向变形：在明细窗口中设置【Definition】→【Orientation】=Z Axis。

（3）在求解工具栏中选择“等效应变”【Strain】→【Equivalent（von-Mises）】。

（4）在求解工具栏中选择“等效应力”【Stress】→【Equivalent（von-Mises）】

（5）在求解工具栏中选择“热应变”【Strain】→【Thermal】。

（6）导航树【Solution（B6）】下面会出现【Directional Deformation】、【Equivalent Elastic Strain】、【Equivalent Stress】、【Thermal Strain】。右键单击【Directional Deformation】对象，从快捷菜单中选【Rename Based on Definition】，重命名为【Z Axis-Directional Deformation】。然后，在工具栏中单击【Solve】按钮求解，会出现求解状态窗口，求解过程中，结果对象前面会有绿色闪电标记。

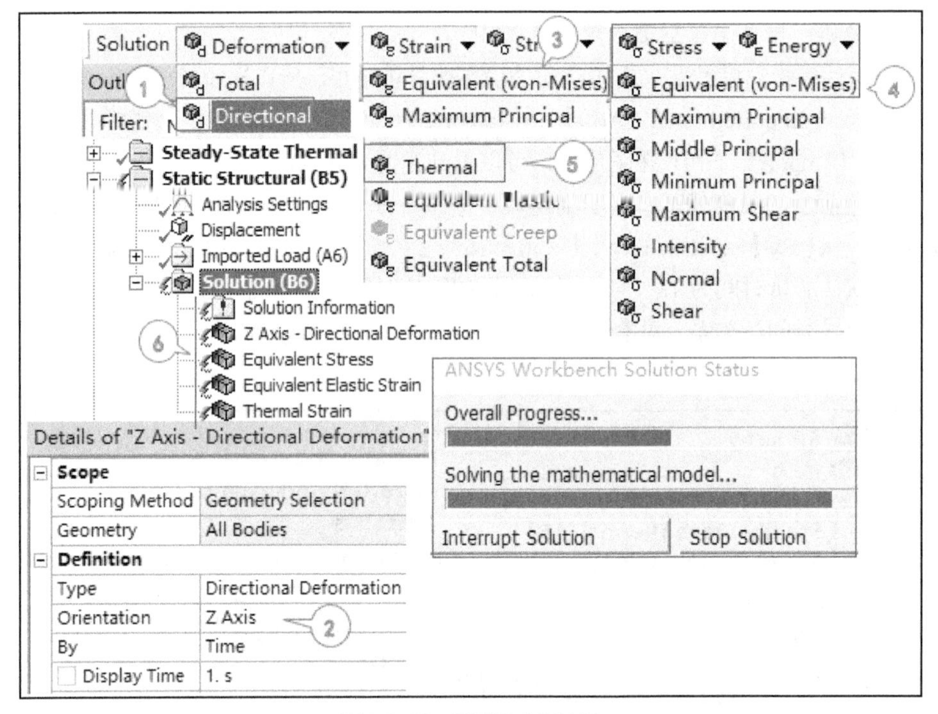

图 2.9-13 设置及求解结果

13．结构静力分析：查看轴向变形结果（见图 2.9-14）

（1）在导航树中选择“轴向变形”【Solution（B6）】→【Z Axis-Directional Deformation】分支。

（2）在明细窗口确定工况 1 *z* 轴方向的变形：【Definition】→【Type】= Directional Deformation，【Orientation】=Z Axis，【Display Time】=1s。

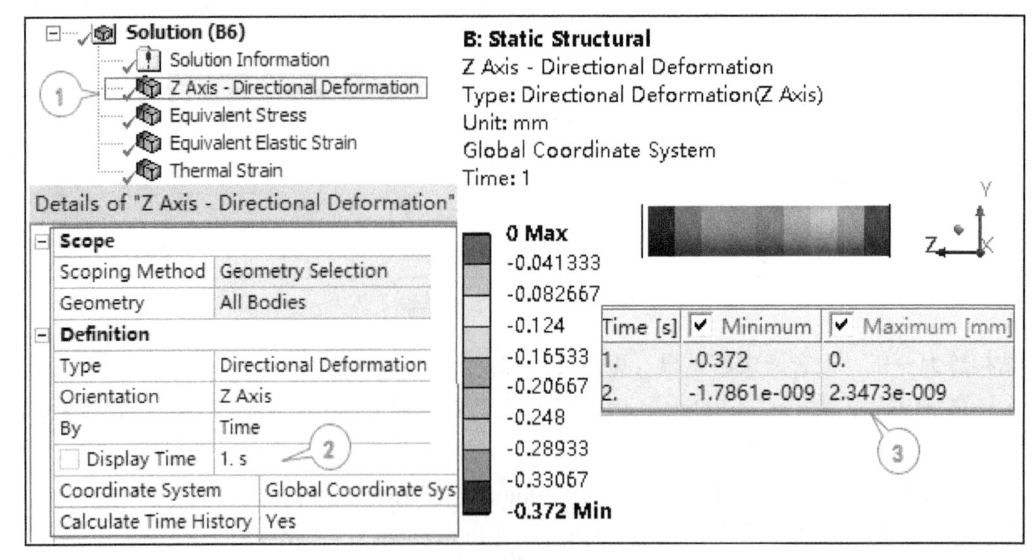

图 2.9-14 查看轴向变形结果

（3）图形窗口显示工况 1 的轴向收缩变形为-0.372mm（这是一半模型的变形，整个模型应该为-0.744mm），表格数据给出两个载荷步的轴向变形结果，可以看到由于工况 2 有轴向限位，所以载荷步 2 的轴向变形为零（程序计算给出极小值，量级为 10^{-9}mm）。

14．结构静力分析：查看应力及应变结果（见图 2.9-15）

（1）选择导航树【Solution（B6）】下面的【Equivalent Stress】，图形窗口显示工况 2 的等效应力为 436.8MPa，表格数据给出两个载荷步的等效应力结果，可以看到由于工况 2 有轴向限位，所以载荷步 2 的等效应力很大，而载荷步 1 的等效应力为 0（程序计算给出极小值）。

（2）选择导航树【Solution（B6）】下面的【Equivalent Elastic Strain】，图形窗口显示工况 2 的等效弹性应变为 0.002184mm/mm，同样，表格数据给出两个载荷步的等效弹性应变结果，可以看到由于工况 2 有轴向限位，所以载荷步 2 产生等效弹性应变，而载荷步 1 为零（程序计算给出极小值，量级为 10^{-10} ~ 10^{-11} mm/mm），即：无自由变形，无弹性应变。

（3）同样查看热应变：选择导航树【Solution（B6）】下面的【Thermal Strain】，图形窗口显示工况 2 的热应变为-0.002184mm/mm，同样，表格数据给出两个载荷步的热应变结果，载荷步 2 热应变数值大小与等效弹性应变相同，载荷步 1 热应变为 7.44e-4 mm/mm。

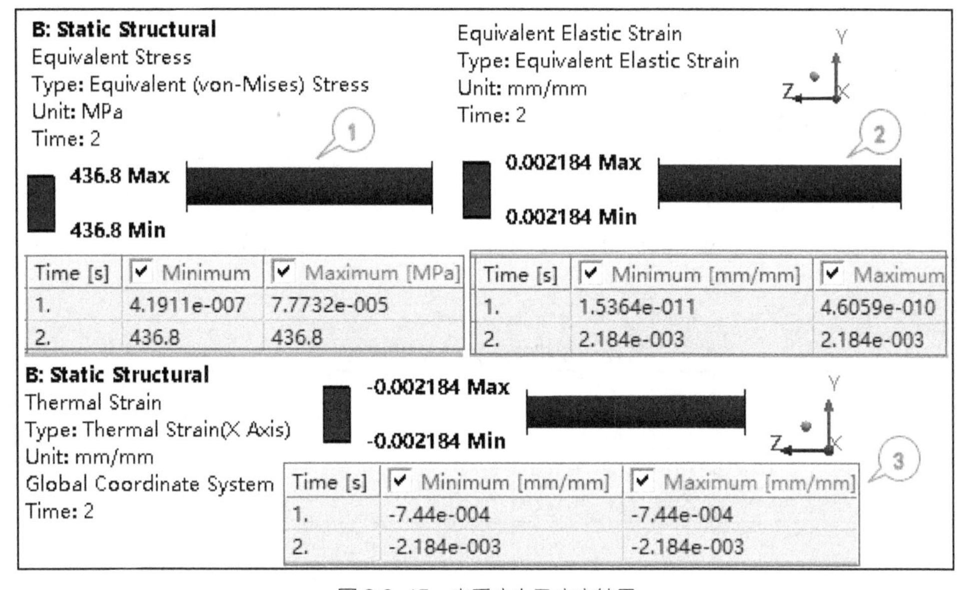

图 2.9-15　查看应力及应变结果

提示

等效应力总是正值，这里轴向拉应力的结果与等效应力相同，轴向拉应力可用“正应力”【Normal Stress】查看，并设置【Orientation】=Z Axis。

15．设计评估（见图 2.9-16）

（1）设计评估可以设置不同的载荷进行组合，调整载荷系数得到需要的结果，选择导航树中“设计评估”【Design Assessment】下面的“求解选择”【Solution Selection】。

（2）求解选中组合载荷工况：在【Worksheet】窗口的空白行中，右键单击鼠标，选择【Add】，加入相应的载荷工况，如设置第 1 行“系数”【Coefficient】=2，【Start Time】=0s，【End Time】=2s，表示对应于所有载荷步的系数为 2。

（3）添加关心的结果：如【Solution（C6）】中添加等效应力【Equivalent Stress】、轴向变形【Z Axis-Directional Deformation】和热应变【Thermal Strain】等，在工具栏单击【Solve】按钮求解。

（4）求解后，得到组合载荷的分析结果，图 2.19-16 中显示工况 2 的热应变为-0.004368mm/mm，数据表显示热应变为两组工况的原值的 2 倍。

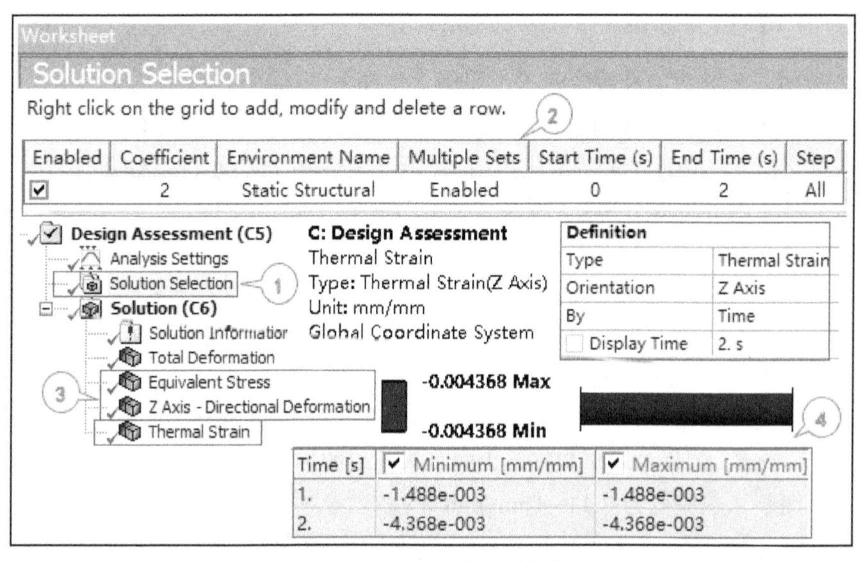

图 2.9-16　设计评估组合载荷

2.9.3　验证结果及理解问题

冷却棒计算结果的对比见下表，在只考虑轴向变形时，可以看到数值结果与解析解完全一致；热应力的分析计算使用 ANSYS 18.2 Workbench 温度场计算的结果作为结构静力分析的输入条件，求得应力与变形结果。

表　冷却棒计算结果的对比

计算方法	工况 2		工况 1
	应力/ MPa	弹性应变 /（mm/mm）	轴向变形/mm
解析解	436.8	0.002184	-0.372
ANSYS 18.2 Workbench	436.8	0.002184	-0.372
误差/%	0	0	0

2.10　ANSYS Workbench 热电耦合案例——通电导线传热

本案例是为了使读者熟悉 ANSYS 18.2 Workbench 进行热电顺序耦合场分析的使用方法，涉及稳态电流分析系统、结构稳态热分析系统。

2.10.1　问题描述及分析

一根裸露钢线，电阻为 R，通过电流 I，需要确定电线中心温度和表面温度，表面与空气对流系数为 h，空气温度为 Ta，相关参数见表 2.10-1。

表 2.10-1 导线参数

模型	材料参数	几何参数	载荷
	热传导率	截面半径	对流换热系数
	λ=60.5W/m℃	r_0=0.005m	h=5W/m^2℃
	电阻率	导线长度	环境温度
	ρ=1.7e-7Ωm	L=0.1m	Ta=20℃
			电流 I=20A

为方便起见，选择导线自由长度 0.1m，电阻可以计算得到：

$$R = \rho L / \left(\pi r_0^2\right) \tag{2.10.1}$$

电压：

$$U=IR \tag{2.10.2}$$

单位体积的热生成率：

$$q_J=I^2R/(L\pi r_0^2) \tag{2.10.3}$$

导线表面温度：

$$T= I^2R /(2h\ L\pi r_0)+Ta \tag{2.10.4}$$

代入数值，得到电阻 $R = 0.21645\text{m}\Omega$，电势 U=4.329 mV，体积热生成率 q_J=11024 W/m^3， 导线表面温度 T=25.512℃。

2.10.2 数值模拟过程

本案例的热源来自于通电电阻产生的焦耳热，使导线产生温度变化。分析流程可以使用热电直接耦合模式，即采用【Thermal-Electric】分析系统，或热电顺序耦合模式，即【Steady-State Thermal】+【Electric】分析系统，这里为了熟悉 ANSYS Workbench 多物理场操作，选第 2 种方式。

数值模拟主要步骤如下。

（1）根据分析模型的需求，工作流程包括稳态电流分析、稳态热分析、分析模型共享材料及几何模型数据。

（2）在 DM 中创建 3D 几何模型。

（3）多物理场分析中对几何模型分配材料，并进行网格划分，建立有限元分析模型。

（4）电场分析中施加电流源，热场分析中施加对流边界条件，求解及检查电势、温度分布等。

1．运行程序→【ANSYS 18.2】→【Workbench 18.2】

进入 Workbench 数值模拟平台，重新建立一个新文件。

2．WB 中设置分析流程（见图 2.10-1）

（1）选择 WB 左侧“工具箱”【Toolbox】下方的“分析系统”【Analysis Systems】中的“稳态电流分析系统”【Electric】，将其拖入工程流程图内。

（2）选择 WB 左侧“工具箱”【Toolbox】下方的“分析系统”【Analysis Systems】中的“稳态热分析”【Steady-State Thermal】，将其拖入到系统 A 的“求解”【Solution】单元格上，同时会框选到系统 A 的单元格 2～单元格 4 及单元格 6，且有红色提示框，松开鼠标，项目流程图中会增加系统 B。

（3）在工具栏中单击【保存】按钮，保存文件名为 wire.wbp，名称会显示在标题栏中。

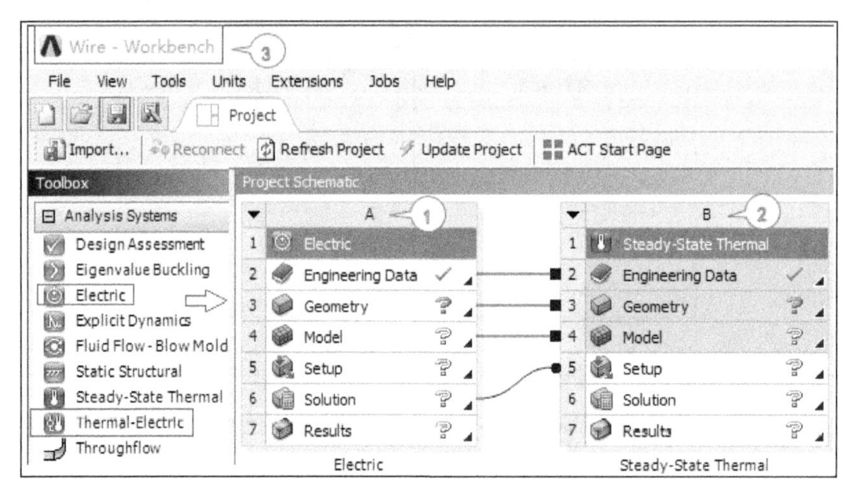

图 2.10-1　WB 中设置分析流程

3．输入材料属性（见图 2.10-2）

（1）在分析系统 A 的“工程材料”【Engineering Data】单元格双击鼠标，进入“工程数据”窗口【A2,B2:Engineering Data】。

（2）在已有的工程材料【Outline of Schematic A2,B2:Engineering Data】窗口中输入新材料名称 wire。

（3）在左侧的“工具箱”【Toolbox】下方选择“各项同性热传导系数”:【Thermal】→【Isotropic Thermal Conductivity】。

（4）在材料属性窗口下输入“热传导系数”:【Isotropic Thermal Conductivity】=60.5Wm^-1 C^-1。

（5）同样在左侧的“工具箱”【Toolbox】下方选择“各项同性电阻率”:【Electric】→【Isotropic Resistivity】;在材料属性窗口下输入“电阻率”:【Isotropic Resistivity】=1.7e-7ohmm。

（6）在工具栏中单击【Project】按钮，返回工程流程图的 WB 界面。

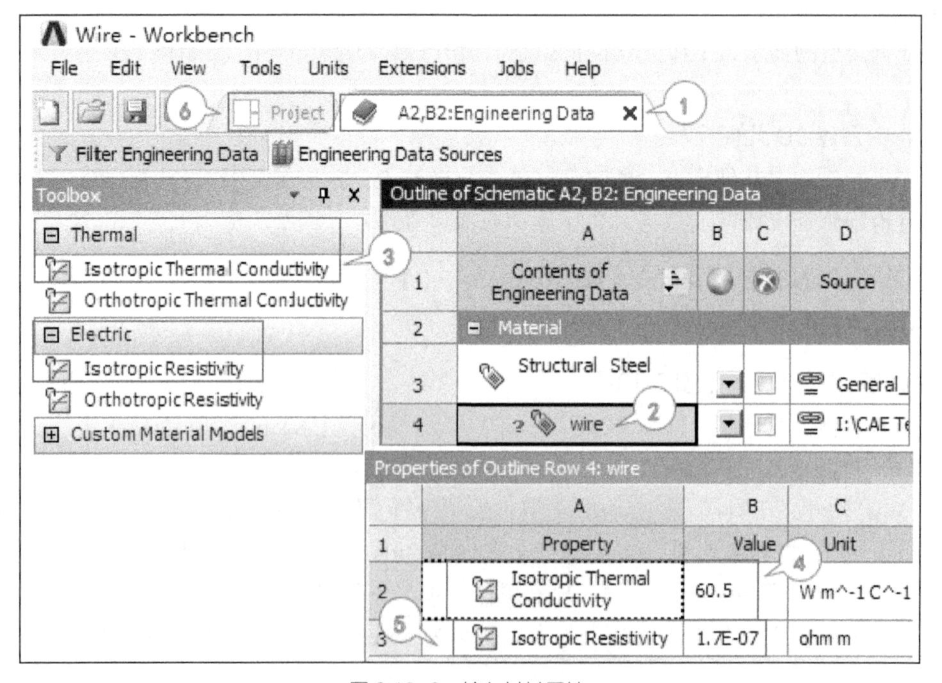

图 2.10-2　输入材料属性

4．设置 DM 为几何编辑器（见图 2.10-3）

（1）在 WB 中单击菜单栏中的工具选项:【Tools】→【Options】。

（2）在【选项】窗口中，选择输入几何模型的设置【Geometry Import】。

（3）选择几何编辑器为 DM：【Geometry Import】→【Genernal Options】→【Preferred Geometry Editor】=DesignModeler。

（4）单击【OK】按钮确认。

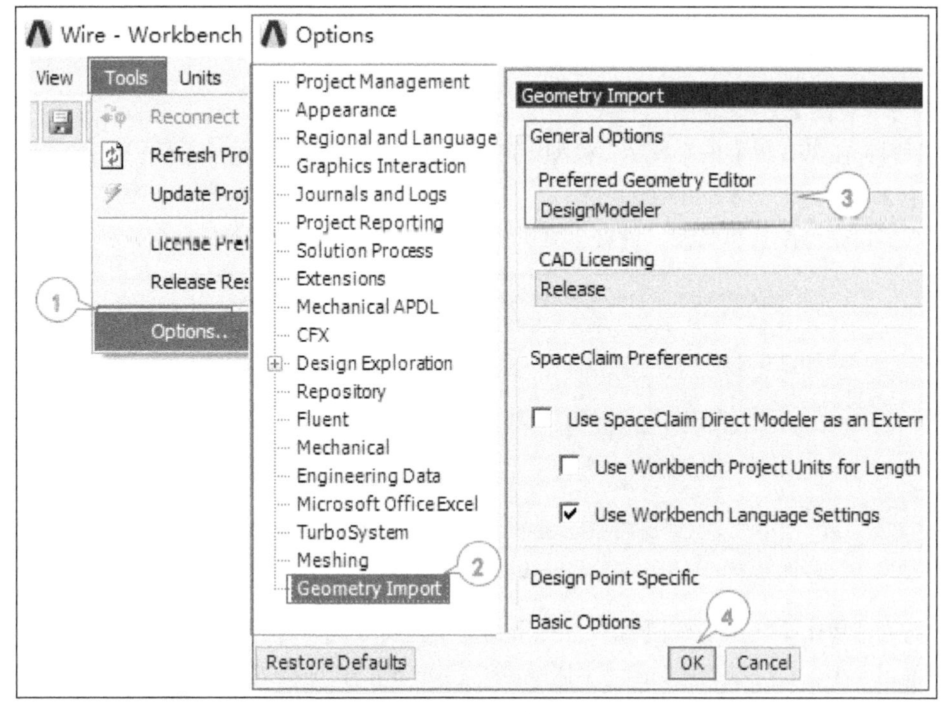

图 2.10-3 设置 DM 为几何编辑器

5. 建立 3D 直杆几何模型：创建圆柱体（见图 2.10-4）

（1）在 WB 的分析系统 A 的“几何”单元格【Geometry】双击鼠标，进入 DM 程序，修改单位为 mm：选择菜单栏中【Units】→【Millimeter】。

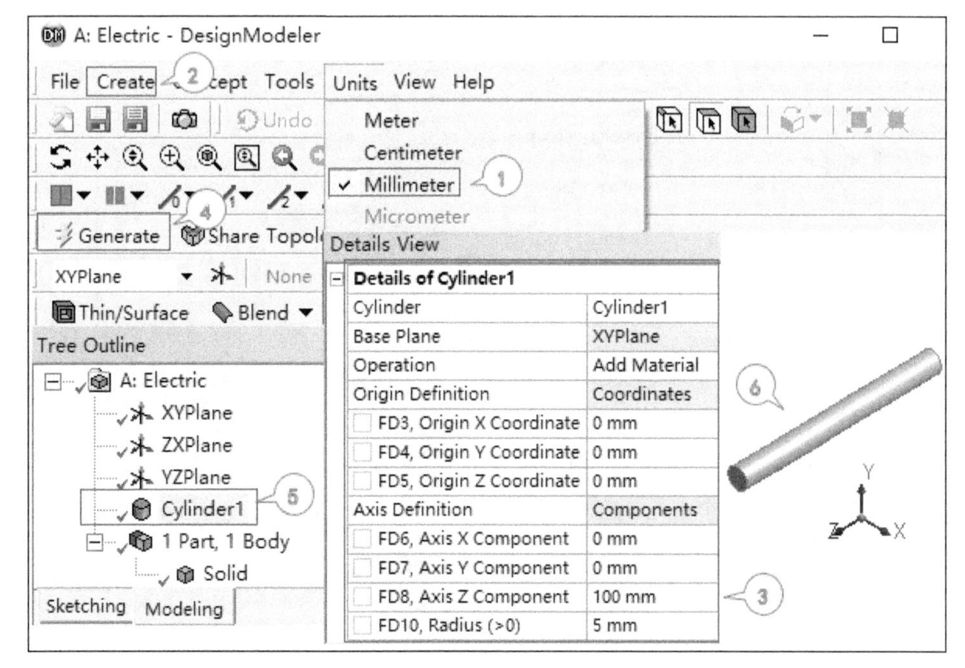

图 2.10-4 创建圆柱体

（2）在 DM 中选择菜单栏中的“创建圆柱”命令：【Create】→【Primitives】→【Cylinder】。

（3）在明细窗口中输入轴向长度和半径的值：【Axis Definition】=Components，【FD8, Axis Z Component】=100mm，【FD10, Radius】=5mm。

（4）在工具栏中单击“生成”【Generate】按钮。

（5）导航树中所创建的圆柱体特征【Cylinder1】前面已有绿色对勾的标记。

（6）图形窗口中显示生成的圆柱体。

6．网格划分（见图 2.10-5 和图 2.10-6）

（1）分配材料：在 WB 界面的系统 A“模型”【Model】单元格双击鼠标，进入【Mechanical】分析程序，在导航树中选【Geometry】→【Solid】。

（2）在明细窗口中分配材料属性：设置【Material】→【Assignment】=wire。

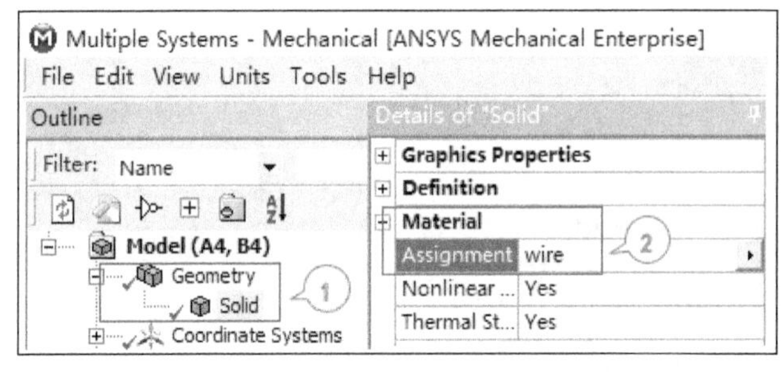

图 2.10-5　分配材料

（3）在工具栏中单击【线选】按钮，在图形窗口中选择导线一端的圆边。

（4）控制单元大小：在导航树中选择“网格划分”【Mesh】，在网格划分工具栏中选择【Mesh Control】→【Sizing】。

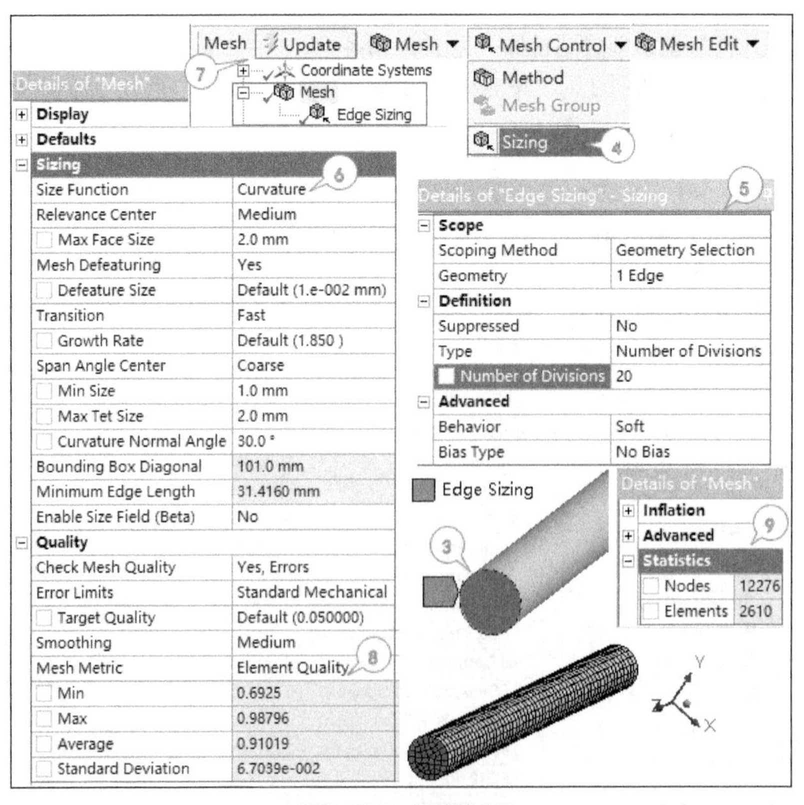

图 2.10-6　网格划分

（5）在明细窗口中确定选择的边【Scope】→【Geometry】=1 Edge，设置单元大小的分割数量为 20 份：【Definition】→【Type】=Number of Divisions，【Number of Divisions】=20，在导航树中显示网格设置选项【Mesh】→【Edge Sizing】。

（6）在导航树中选择【Mesh】，设置单元“尺寸函数”【Size Function】为“曲率”，“相关度等级”【Relevance Center】为中等【Medium】，“面单元大小”【Max Face Size】为 2mm，“最小单元”【MinSize】为 1mm，“最大体单元”【Max Tet Size】为 2mm，“曲率法向角”【Curvature Normal Angle】为 30°。

（7）在工具栏中单击【Update】按钮生成网格，在图形窗口可看到生成的 3D 实体单元。

（8）在【Mesh】明细窗口中展开【Quality】，设置【Mesh Metric】=Element Quality，显示 3D 实体单元网格质量的平均值【Average】=0.91。

（9）查看网格统计结果：在【Details of "Mesh"】窗口中展开【Statistics】，显示 3D 实体单元有 12276 个节点、2610 个单元。

7．稳态电流分析：施加电压及电流（见图 2.10-7）

（1）在工具栏中单击【面选】按钮。

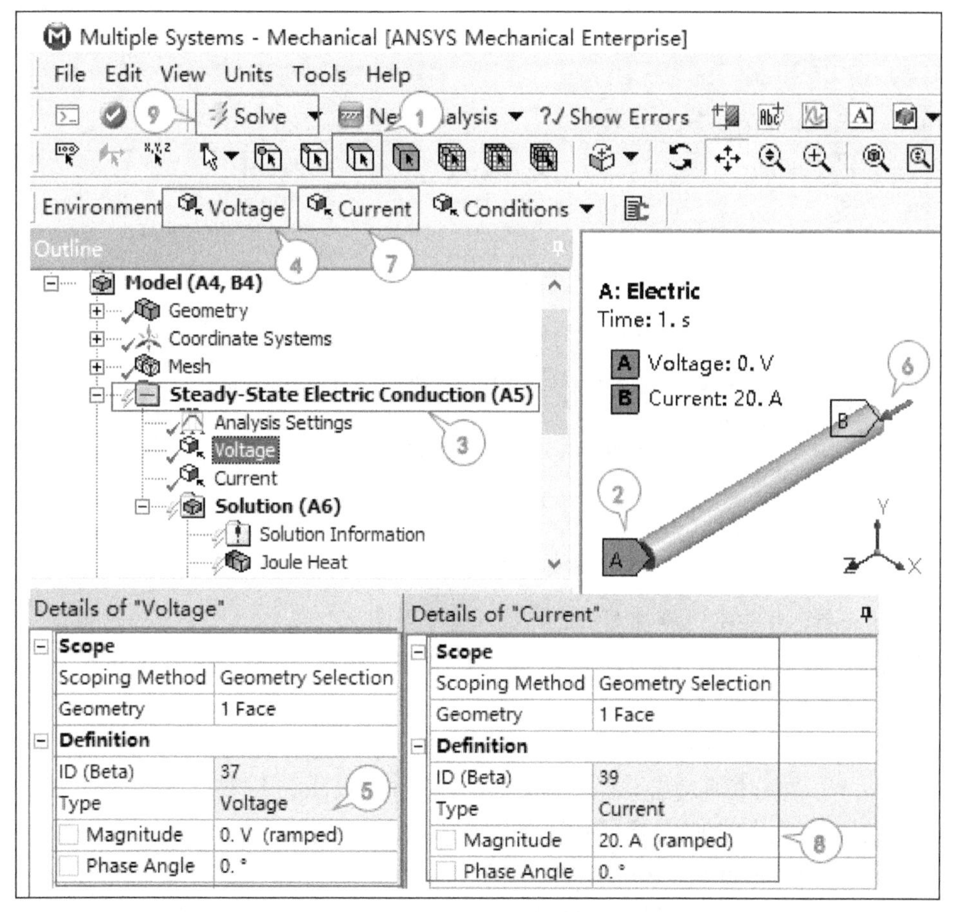

图 2.10-7　稳态电流分析中施加电压及电流

（2）在图形窗口中选择导线端面。

（3）在导航树中单击【Steady-State Electric Conduction（A5）】，当前工具栏中显示“稳态电流分析”环境的相关命令选项。

（4）施加电压：在电流分析环境工具栏中单击“电势”【Voltage】将其添加到导航树中。

（5）在明细窗口【Details of "Voltage"】中输入 0 电势：【Definition】→【Type】= Voltage，【Magnitude】

=0 V。

（6）同样，在工具栏中鼠标单击【面选】按钮，在图形窗口选择导线另一端面。

（7）在电流分析环境工具栏中单击“电流”【Current】将其添加到导航树中。

（8）施加 20A 电流：在明细窗口【Details of " Current "】中设置【Definition】→【Type】= Current，【Magnitude】=20A。

（9）在工具栏单击【Solve】按钮求解。

8. 稳态电流分析：查看电势分布及焦耳热（见图 2.10-8）

（1）导航树中选择“求解”【Solution(A6)】。

（2）在求解环境工具栏中选择【Electric】→【Electric Voltage】和【Joule Heat】。

（3）导航树中出现加入的结果，在工具栏中单击【Solve】按钮求解。

（4）求解完成后，导航树中的【Electric Voltage】和【Joule Heat】前面都有绿色对勾。

（5）选择导航树中的【Joule Heat】，图形窗口中显示热生成为 11024W/m^3 。

（6）选择导航树中的【Electric Voltage】，图形窗口中显示电势分布，最大电势为 0.0043291V。

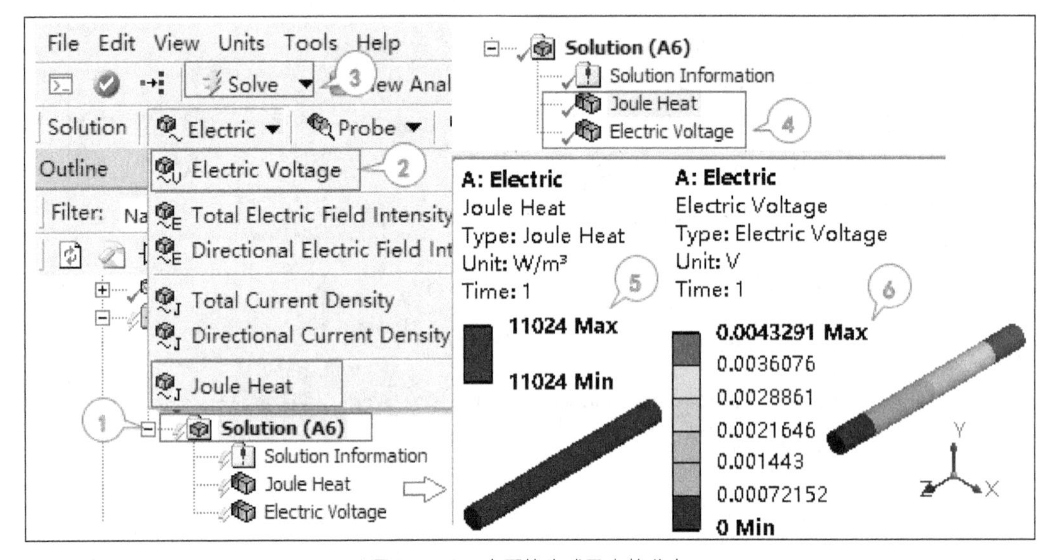

图 2.10-8 查看热生成及电势分布

9. 稳态热分析：导入热生成，施加对流边界及求解（见图 2.10-9）

（1）在导航树中单击【Steady-State Thermal（B5）】，当前工具栏中显示“稳态热分析”环境的相关命令选项。

（2）在工具栏中单击【面选】按钮，在图形窗口中选择圆柱体外表面。

（3）施加对流边界：热分析环境工具栏中单击“对流”【Convection】按钮，将其添加到导航树中。

（4）对流边界条件设置：在明细窗口【Details of " Convection "】中设置【Definition】→【Film Coefficient】=5W/ m^2℃，【Ambient Temperature】=20℃。

（5）再选择【Imported Load（A6）】→【Imported Heat Generation】，右键单击鼠标，选择【Import Load】导入前面生成的焦耳热；在导航树中选择【Imported Heat Generation】，在图形窗口可查看导入的焦耳热。

（6）在导航树中选择“求解”【Solution(B6)】。

（7）在求解环境工具栏中选择【Thermal】→【Temperature】，添加温度结果。同样，增加总热通量【Total Heat Flux】。

（8）在工具栏中单击【Solve】按钮求解。

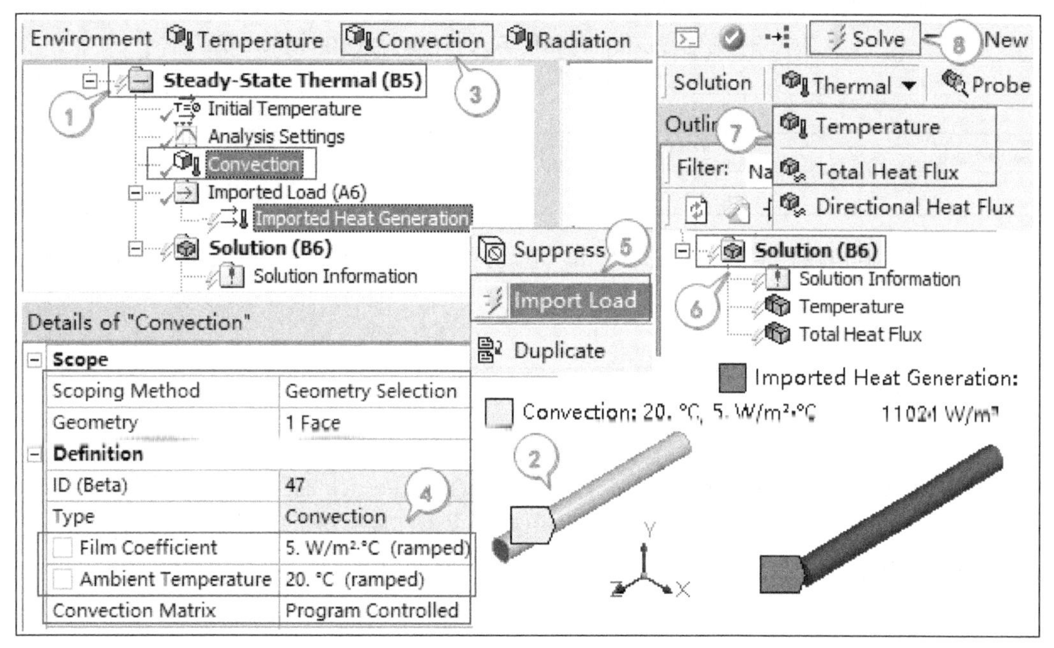

图 2.10-9　导入热生成、施加对流边界及求解

10．稳态热分析：查看结果（见图 2.10-10）

（1）求解后，导航树中“温度”【Temperature】和“热通量”【Total Heat Flux】前面均有绿色对勾。

（2）在导航树中选择温度【Temperature】，在图形窗口显示温度分布中心为 25.513℃，表面为 25.512℃。

（3）同样，查看热通量【Total Heat Flux】，从图形窗口中可看出热通量从内向外沿径向增加，外表面热通量最大值为 27.804W/m^2。

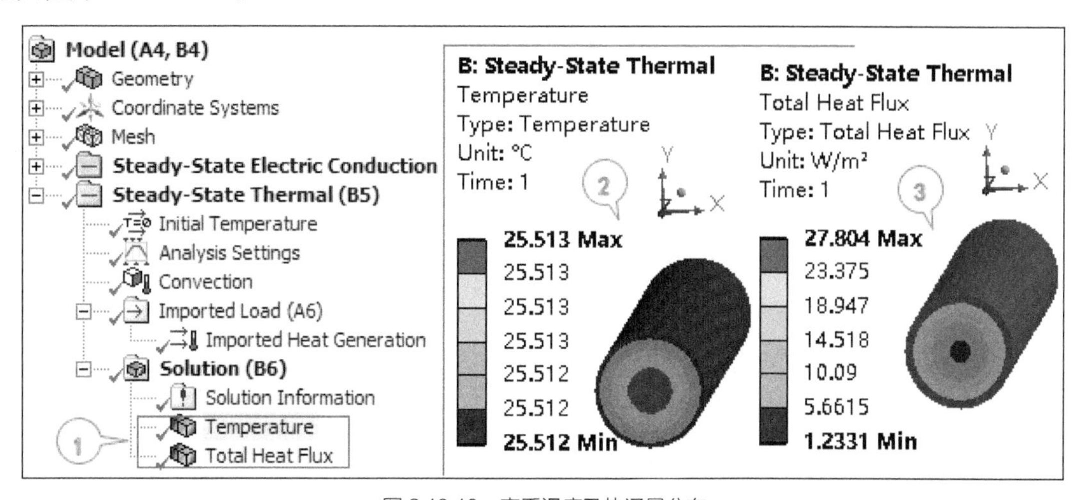

图 2.10-10　查看温度及热通量分布

2.10.3　验证结果及理解问题

计算结果的对比见表 2.10-2，可看到通电导线传热进行热电顺序耦合场分析的数值结果与解析解完全一致。热源来自于通电电阻产生的焦耳热，使导线产生温度变化很小。

表 2.10-2 通电导线传热解析解与 ANSYS 数值模拟结果比较

计算方法	表面温度/℃	电势/mV	焦耳热 /（W/m³）
解析解	25.512	4.329	11024
ANSYS 18.2 Workbench	25.512	4.329	11024
误差/%	0	0	0

另外，还可以查看到电场强度为 0.043291V/m，电流密度为 2.5465A/m^2，热流量为 0.086582W，输入电流为 20A。

2.11 本章小结

本章介绍了 ANSYS 18.2 Workbench 平台的使用，讲解了 Workbench 的启动、工作环境、窗口管理功能、文件管理、单位系统、应用程序的基本使用方法，并给出两个多物理场分析案例，以帮助读者熟悉 ANSYS 18.2 Workbench 平台的常用操作。

第 3 章

ANSYS Workbench 结构分析基础

实际工程中，结构受到静载荷和动载荷的影响，而最基本的是静载荷作用下的结构响应，因此本章作为 ANSYS Workbench 结构分析的基础，仅关注结构静力分析问题，详述了静力分析的相关概念及强度评估方法，并针对一个机车轮轴工程案例，基于整体和局部不同的设计评估关注点，给出不同的分析处理方式。

3.1 结构静力分析概述

任何结构受到力的作用都会产生变化（见图 3.1-1），结构分析主要研究结构的变化，如位移、速度、加速度、应力、应变等与力的关系。

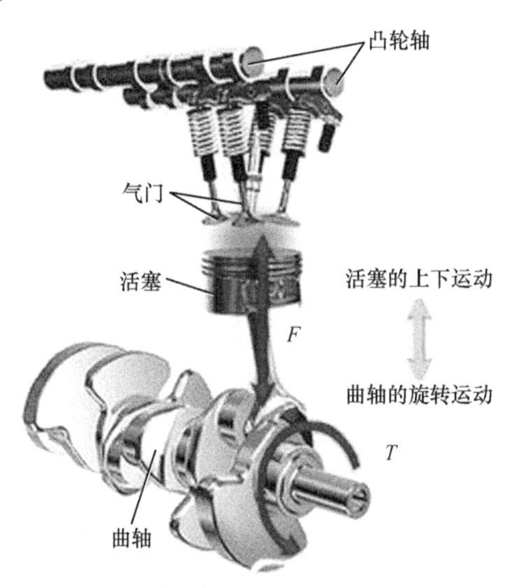

图 3.1-1　汽车发动机的受力与运动

实际工程中，结构除了承受永久性载荷外，还会受到动载荷的影响，当载荷变化缓慢，变化周期远大于结构的自振周期时，其动力响应很小，可以作为静载荷处理。反之则作为动载荷处理。

3.1.1 结构静力分析

结构静力分析中不考虑随时间变化的载荷，忽略惯性力和阻尼，常用于低速结构，对结构运动过程中的各个位置采用静力平衡方程分析结构的承载能力。

3.1.1.1　线性与非线性静力问题

结构静力分析的有限元方程可写为：

$$[\boldsymbol{K}]\{\boldsymbol{u}\}=\{\boldsymbol{F}\} \tag{3.1.1}$$

式中，$[\boldsymbol{K}]$为刚度矩阵；$\{\boldsymbol{u}\}$为位移矢量；$\{\boldsymbol{F}\}$为静力载荷。

如果假设材料为线弹性，结构小变形，则$[\boldsymbol{K}]$为常量，求解的是线性静力问题；如果$[\boldsymbol{K}]$为变量，则求解的是非线性静力问题。

图 3.1-2 为弹簧受拉问题，在小变形范围内，将简单的力 F 和位移 u 之间处理为线弹性关系，由胡克定律可描述为 $F=Ku$，其中 K 为弹簧刚度，就是最常见的线性静力分析问题。

但很多结构的力和位移之间并无明确的线性关系，对于这类问题，称之为非线性结构问题，此时，刚度 K 不再是常量，而成为函数变量 K^{T}，如图 3.1-3 所示。

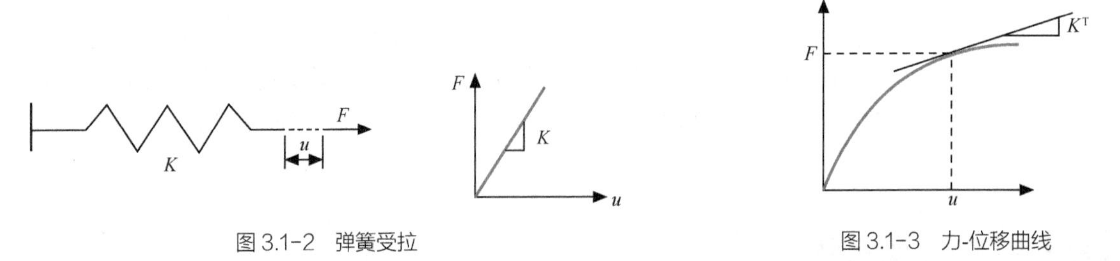

图 3.1-2　弹簧受拉

图 3.1-3　力-位移曲线

如果载荷引起明显的刚度变化，就需要考虑结构非线性，典型的情况包括：应变超过弹性范围的塑性问题；大变形问题；状态变化问题，如两个实体之间的接触等。

3.1.1.2　非线性问题分类及 ANSYS Workbench 的处理方法

1．非线性问题分类

（1）几何非线性：结构产生大变形导致几何结构的明显变化所引起的非线性行为，如载荷变化引起钓鱼竿的几何非线性，如图 3.1-4 所示。

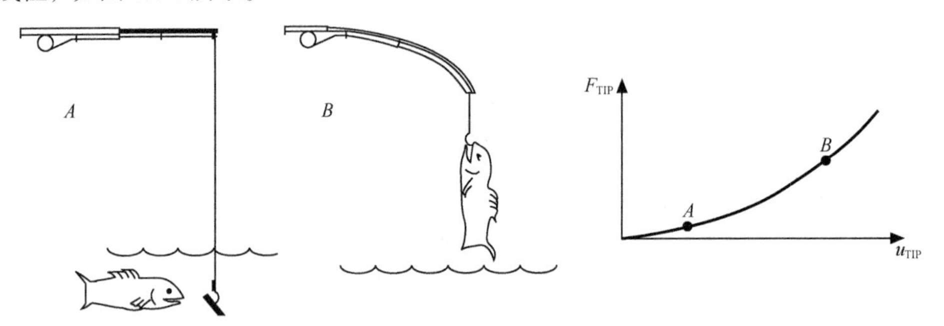

图 3.1-4　钓鱼竿的几何非线性

（2）材料非线性：具有非线性的应力-应变关系，如塑性问题，如图 3.1-5 所示。

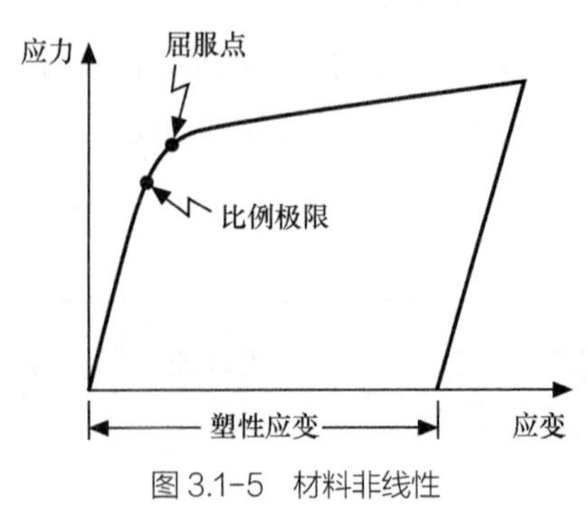

图 3.1-5　材料非线性

（3）状态改变的非线性行为：如接触问题，当实体相互接触或分离时产生的刚度突变，如图 3.1-6 所示。

通常，这 3 种类型的非线性会同时发生，如图 3.1-7 中橡胶条密封的混合非线性问题，包括大应变和大变形引起的几何非线性、橡胶材料具有的材料非线性和状态改变的接触非线性。

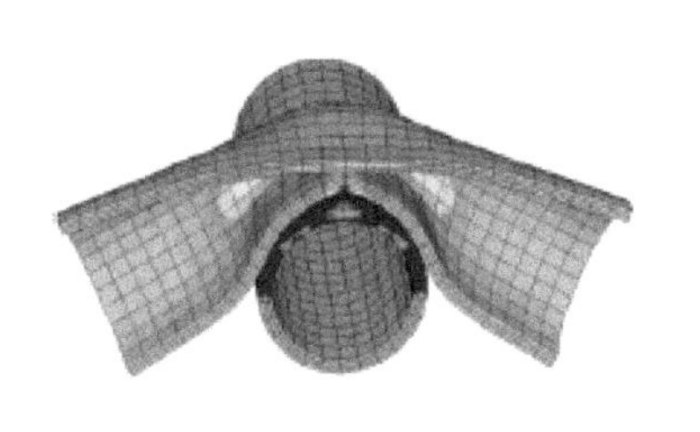

图 3.1-6　接触非线性

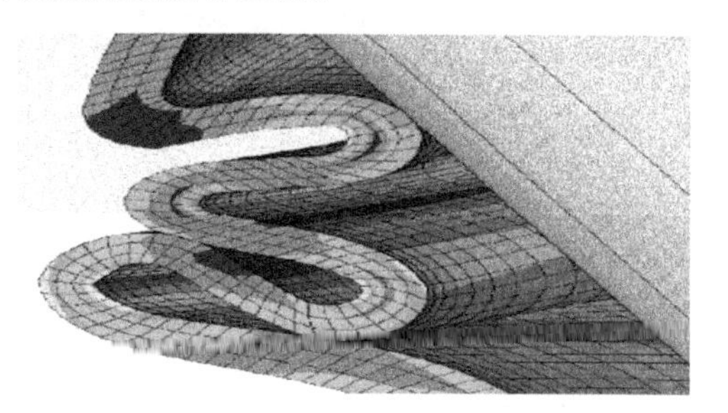

图 3.1-7　混合非线性

2．使用线性求解器求解非线性问题

在非线性分析中，无法使用一组线性方程预测非线性响应，因此应使用具有修正功能的线性近似迭代算法分析非线性问题。

ANSYS 采用牛顿-拉普逊迭代法，每个迭代称为平衡迭代。图 3.1-8 显示了一个完整的牛顿-拉普逊迭代法处理一个载荷增量的过程，经过 4 次迭代达到收敛。实际的载荷和位移的关系为图 3.1-8 中的蓝线（软件中显示），事先并不知道，采用线性近似迭代如图 3.1-8 中红线（软件中显示）所示。第 1 次迭代中，施加总载荷 F_a，对应的结果为 x_1，根据位移 x_1，计算力 F_1，如果 F_1 与 F_a 不相等，则系统不平衡，因此根据当前的条件修正刚度矩阵（即红线的斜率）、F_a-F_1 的偏差（即外力与内力的偏差，称为残差力），残差力需要足够小以获得收敛解，该过程不断重复，直到 F_a=F_i。本实例中 4 次迭代后，结果达到收敛。

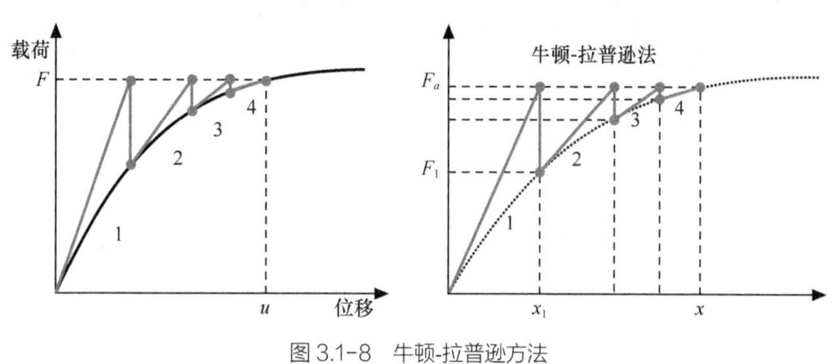

图 3.1-8　牛顿-拉普逊方法

牛顿-拉普逊方法不能保证在所有情况下都收敛，只有起始构形在收敛半径内部，结果才会收敛，如图 3.1-9 所示。

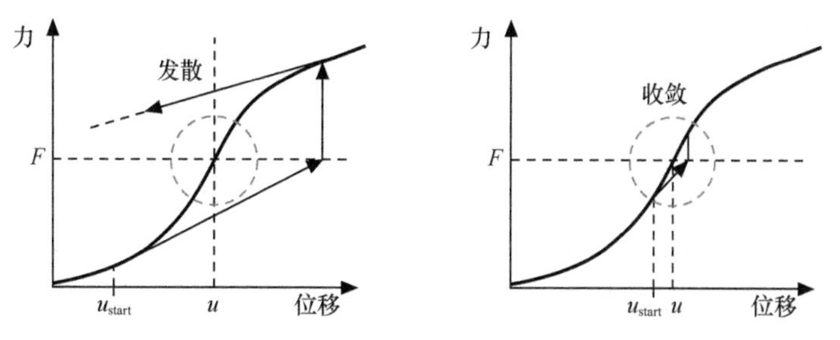

图 3.1-9　牛顿-拉普逊方法收敛条件

因此，为了获得收敛解，可以逐步增加载荷使目标接近于起始处，或者使用收敛增强工具扩大收敛半径（见图 3.1-10）。Workbench 则综合了上述两种方法以获得收敛结果。

一般而言，系统的突然改变会使收敛困难，因此如何施加载荷步和载荷子步十分重要。

载荷步用于整体加载中区分载荷变化。图 3.1-11 中，F_a 与 F_b 为两个载荷步，子步以增量形式施加载荷，对于复杂的响应，必须应用增量载荷。如 F_{a1} 应用 50%的载荷，在 F_{a1} 收敛后，才施加 F_a 载荷，图 3.1-11 表明 F_a 有两个子步而 F_b 有 3 个子步。平衡迭代是为了获得子步收敛时的修正结果，图 3.1-11 中每个子步都包含了平衡迭代。

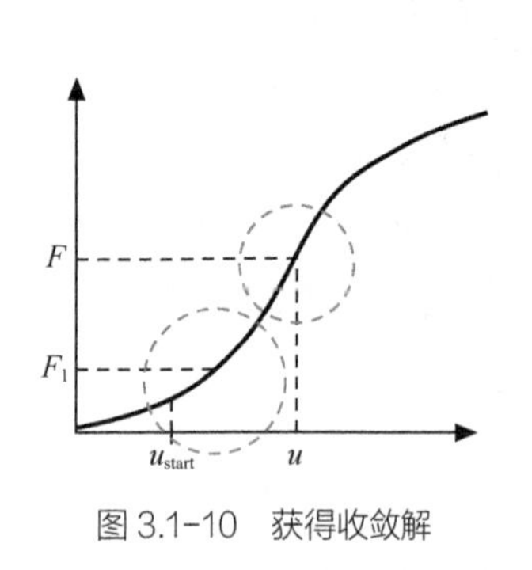

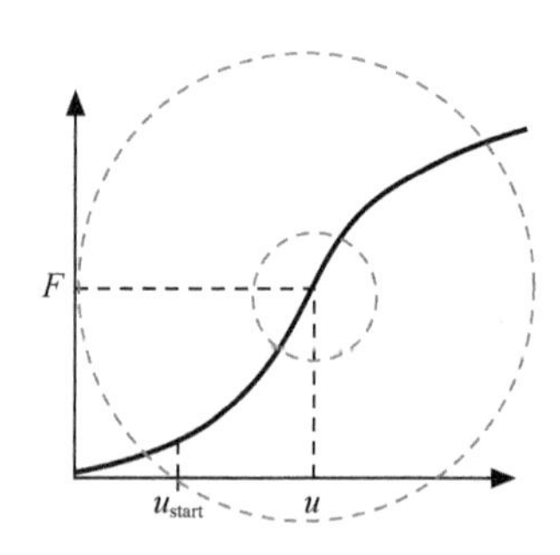

图 3.1-10　获得收敛解

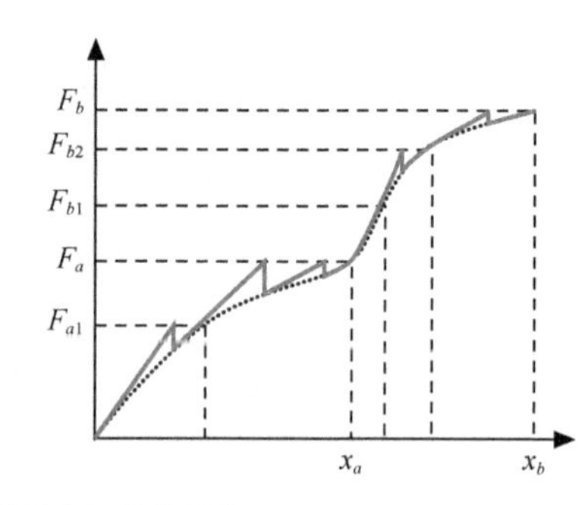

图 3.1-11　载荷步与载荷子步

3．处理结构静力非线性有限元分析问题

在处理结构静力非线性有限元分析时，主要有 3 个问题：获得收敛、平衡费用与准确性、验证问题。

（1）获得收敛。

收敛问题是最大的挑战，求解必须在收敛半径内开始，而收敛半径是未知的，如果求解收敛，则说明起点在收敛半径内，如果不收敛，说明起点在收敛半径外，有时需要反复试错，经验和训练有助于减少试错次数。复杂的问题往往需要许多载荷增量步，每个增量步中需要多次迭代才能获得收敛解，因此是极为耗时的。

（2）平衡费用与准确性。

所有有限元分析都涉及费用（消耗的时间、磁盘空间和内存需求等）与准确性的平衡问题，越精细的网格可以得到更准确的解，但也更耗时。此外，载荷增量步数增加会提高准确性，但同时会消耗更多资源，其他的非线性参数也是如此，如接触刚度等。

（3）验证问题。

非线性分析中必须验证结果，由于非线性行为具有复杂性，故非线性结果通常很难验证。在图 3.1-12 所示的敏感度研究中，若增加网格密度、增加载荷增量步、验证其他模型参数等，通常会使费用更加昂贵。

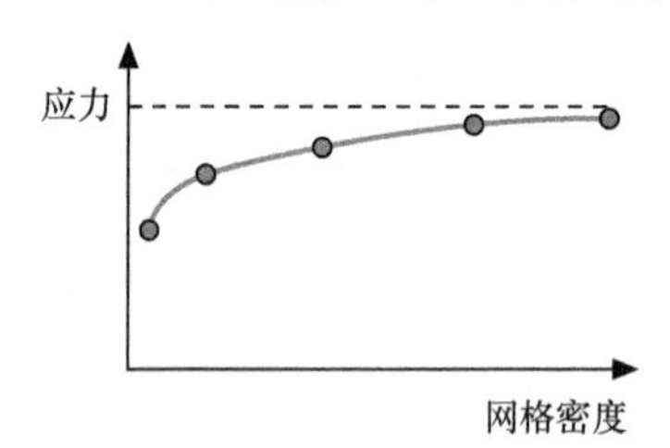

图 3.1-12　典型的敏感度研究

3.1.2　结构动态静力分析

随着结构速度的提高，惯性力不能被忽略，假设结构遵循理想运动规律，根据达朗贝尔原理，将惯性力计入静力平衡方程，这种方法称为动态静力分析。由于该方法中需要计入惯性力，因此在动态静力分析之前需要进行运动分析，以获得结构的加速度。

考虑质量$[\boldsymbol{M}]$具有常值加速度$\{\ddot{\boldsymbol{u}}\}$引入的惯性力，忽略阻尼，则结构动态静力分析的有限元方程可写为：

$$[\boldsymbol{K}]\{\boldsymbol{u}\}=\{\boldsymbol{F}\}-[\boldsymbol{M}]\{\ddot{\boldsymbol{u}}\} \tag{3.1.2}$$

3.1.3 ANSYS Workbench 中的结构静力分析方法

ANSYS Workbench 中的“结构静力分析”【Static Structural】系统提供了结构线性/非线性的静力分析和动态静力分析的功能。

使用 ANSYS Workbench 中的【Static Structural】进行结构静力分析的方法如下。

1. 理解问题，提供静力分析需要的参数

定义刚度矩阵[***K***]中需要的材料属性、几何模型的相关尺寸、边界条件需要的约束（对应于静力平衡方程的位移矢量{***u***}）和载荷（对应于静力平衡方程的载荷矢量{***F***}）。

2. 将工程问题的实际模型简化为分析的物理模型

建立分析模型时，经验是非常有助于决定哪些部件应该考虑因而必须建立在模型中，哪些部件不应该考虑因而不需建立到模型中，这就是所谓的模型简化。

如广泛使用在建筑和桥梁中的细长杆件、汽车和火车的车轴、以及用于飞机的机翼和书店书架的杆件，都可以简化为线单元建模。厚度很薄的薄板根据受力情况可以简化为 3D 壳模型或 2D 平面应力模型；而即便是 3D 模型，详细建模也不是必须的，如螺栓连接中详细的螺纹特征在多数条件下（如装配体中）是不用建模的。

图 3.1-13 为将火力发电厂样煤取样机系统的安装平台简化为梁壳结构的分析模型。

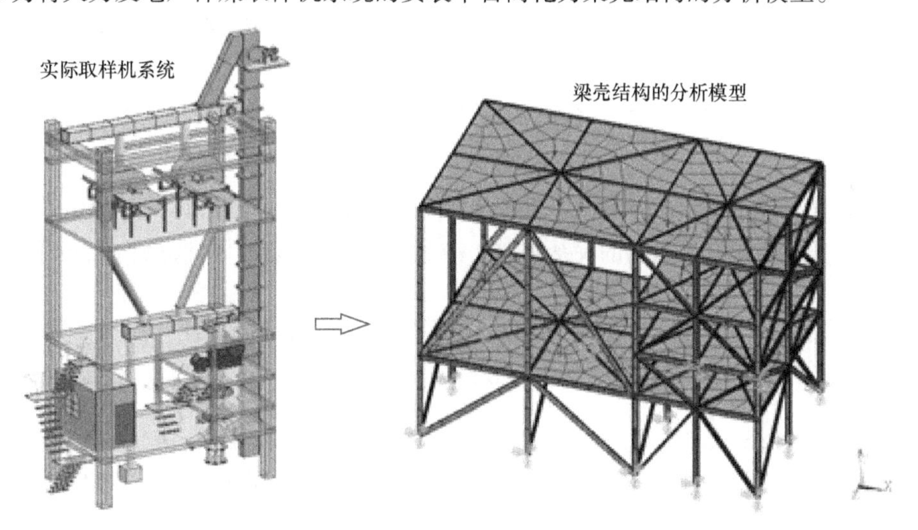

图 3.1-13 模型简化

3. 创建分析系统

将“结构静力分析”【Static Structural】调入“工程流程图”【Porject Schematic】。

4. 定义材料属性

在工程数据【Engineering Data】中定义刚度矩阵[***K***]中需要的材料属性。

5. 创建或导入刚度矩阵[*K*]中需要的几何模型

提示

几何模型为理想化的物理模型，因此采用何种模型，如是零件还是装配体、模型是否可以简化、能否使用对称性都是需要事先考虑的问题。

6．定义刚体/柔体的零件行为

7．定义连接关系

接触关系、关节、弹簧、梁连接等在静力分析中都有效。

8．对模型进行网格划分

提示

这里将结构离散为有限元模型，构造节点位移矩阵$\{\boldsymbol{u}\}$、刚度矩阵$[\boldsymbol{K}]$，而采用的单元类型和网格划分的质量如何对计算结果的准确性影响很大。

9．创建分析设置

对于简单线性行为无需设置，而对于复杂分析则需要设置一些控制选项。

10．施加载荷及约束并给出方程需要的边界条件（对应于载荷矢量$\{F\}$与位移矢量$\{u\}$）

11．设置求解选项并求解

提示

在有限元模型中，对整体平衡方程求解节点位移，每个单元使用插值函数（形函数$[N]$）计算位移场。如果形函数为线性函数，则该单元为线性单元或低阶单元；如果形函数为二次多项式，则该单元为二阶单元或高阶单元。根据应变-位移的几何关系计算应变场，根据应力-应变关系（线弹性材料模型为Hooke定律）计算应力场。

12．结果后处理

结果后处理包括结果云图显示和动画，对非线性分析，使用“探测器”【Probes】显示随载荷的增加而产生变化的结果。如果关心输出结果之间的关系（如位移-载荷），可以使用“图表”【Charts】。

3.2 应力分析及相关术语

为了能正确使用ANSYS软件，下面对结构分析相关的物理概念进行解释和说明。这些概念在一般的材料力学、工程力学、弹性力学等力学书籍中也都可以找到，这里给出来也是方便与ANSYS软件中出现的命令对应起来。

3.2.1 结构失效及计算准则

结构失效一般是指机械零件或组件丧失正常工作能力或达不到设计性能的要求，其中工作能力是指具有足够抵抗失效的能力。

工程实践中，对机械结构基本性能的要求可归纳为：保证在规定的使用寿命期限内，机械零件或组件不发生各种形式的失效，常见的失效形式有变形、断裂、腐蚀、磨损、老化、打滑或松动，也有复合形式的失效，示例如图3.2-1所示。

计算准则是以防止失效为目的来确定机械结构工作能力计算依据的基本原则。由于失效类型不同，所有机械结构的计算标准也不同，常用的计算准则有：强度准则、刚度准则、稳定性准则、耐热性准则、可靠性准则等。

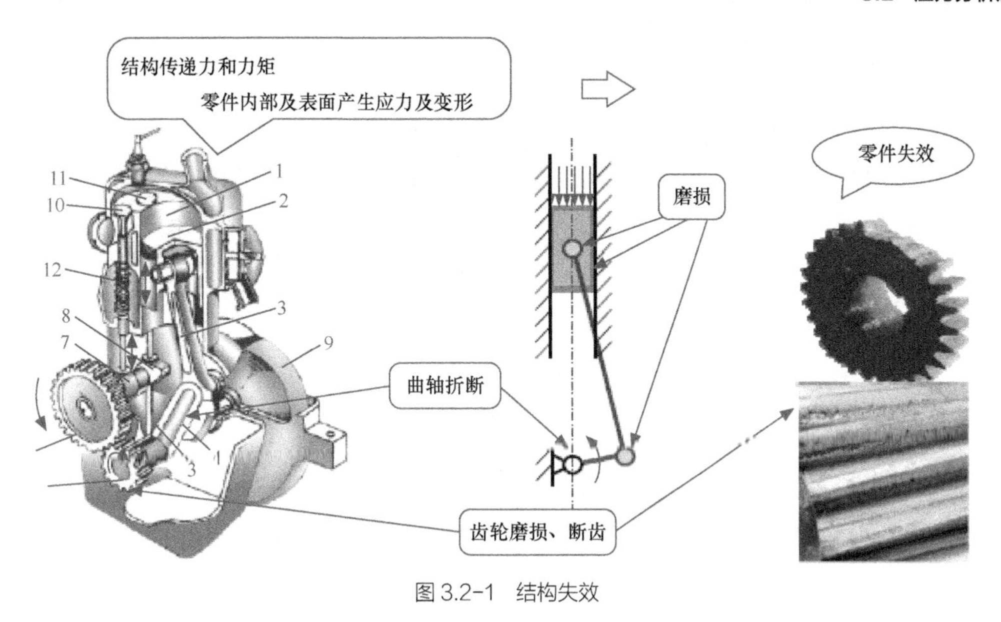

图 3.2-1 结构失效

3.2.2 应力分析

应力分析是指通过分析和求解机械零件和组件等物体内各点的应力及应力分布，来确定与机械零件和组件失效有关的危险点的应力集中、应变集中部位的峰值应力和应变。ANSYS 中的应力求解结果可以预测结构分析中指定模型的安全因子、应力、应变和位移。

3.2.3 应力及其分类

1. 应力

材料发生形变时内部产生了大小相等但方向相反的反作用力以抵抗外力，把分布内力在一点的集度称为应力【Stress】，应力定义为“单位面积上所承受的附加内力”，如图 3.2-2 所示。

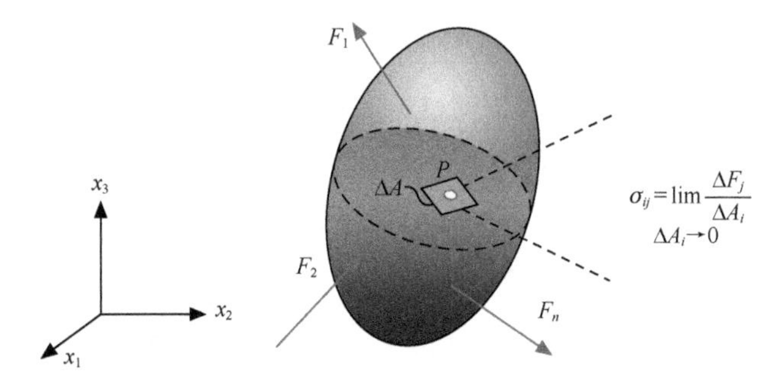

图 3.2-2 一个可变形连续物质内部的各种可能应力（i，j=1，2，3，表示 x，y，z 方向）

2. 应力分量

应力与方向有关，假设在三维空间(x,y,z)中，在物质内部某点 P 的邻域内作一个小六面体元，它的 6 个表面分别与坐标面平行，同截面垂直的应力称为正应力或法向应力（见图 3.2-3 中的 σ_x、σ_y、σ_z），同截面相切的应力称为剪应力或切应力（见图 3.2-3 中的 τ_{xy}、τ_{yz}、τ_{zx}）。

ANSYS Workbench 的“静力分析”【Static Structural】中【Normal】命令、【Shear】命令分别对应于正应力和剪应力。三向应力状态由整体坐标系下的 3 个正应力分量 Normal (X, Y, Z)和 3 个剪应力分量 Shear (XY, YZ, XZ)确定。

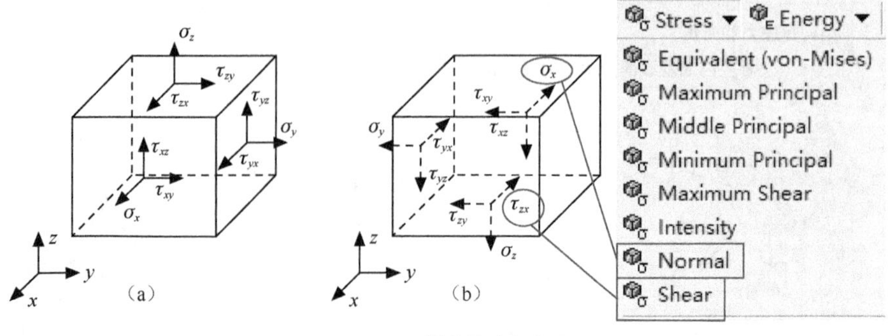

图 3.2-3　某点的应力分量

由于剪应力互等，即 $\tau_{xy}=\tau_{yx}$，$\tau_{yz}=\tau_{zy}$，$\tau_{zx}=\tau_{xz}$，则应力也可表示为：

$$\{\boldsymbol{\sigma}\}=\begin{Bmatrix}\sigma_x & \tau_{xy} & \tau_{xz}\\ \tau_{yx} & \sigma_y & \tau_{yz}\\ \tau_{zx} & \tau_{zy} & \sigma_z\end{Bmatrix}=\{\sigma_x \quad \sigma_y \quad \sigma_z \quad \tau_{xy} \quad \tau_{yz} \quad \tau_{zx}\} \tag{3.2.1}$$

3．主应力

根据弹性理论的观点，任意点处的一个无限小体积可以自由旋转到仅有正应力而剪切应力为零的状态，这 3 个正应力就称为主应力。

图 3.2-4 中，σ_1 为“第一主应力”【Maximum Principal】，σ_2 为“第二主应力”【Middle Principal】，σ_3 为“第三主应力”【Minimum Principal】，其关系为 $\sigma_1>\sigma_2>\sigma_3$。

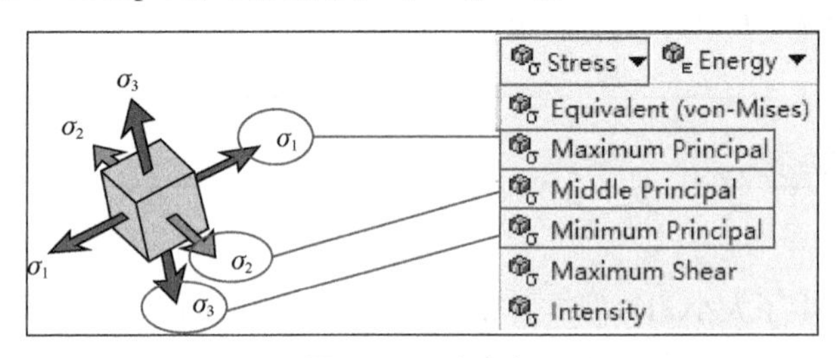

图 3.2-4　主应力

4．最大剪应力

“最大剪应力”τ_{max}【Maximum Shear】可以通过画主应力的莫尔圆得到，如图 3.2-5 所示。

或根据计算式：

$$\tau_{\max}=\frac{\sigma_1-\sigma_3}{2} \tag{3.2.2}$$

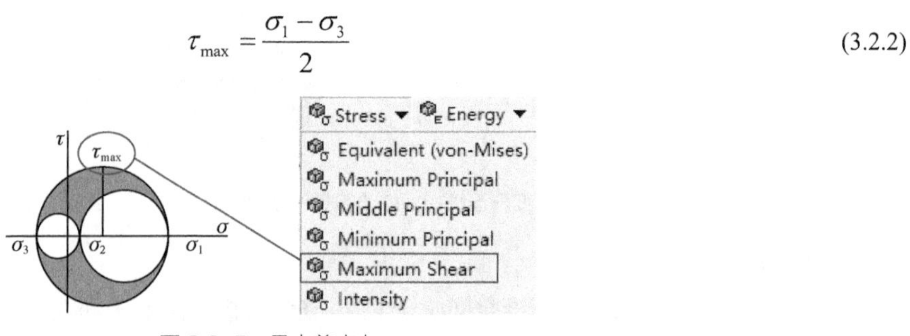

图 3.2-5　最大剪应力

5．应力强度

“应力强度”【Intensity】定义为：

$$\sigma_I=\max\left(|\sigma_1-\sigma_2|,|\sigma_2-\sigma_3|,|\sigma_3-\sigma_1|\right) \tag{3.2.3}$$

应力强度与最大剪应力的关系为:

$$\sigma_I = 2\tau_{\max} \tag{3.2.4}$$

6．等效应力

“等效应力”【Equivalent (von-Mises)】和主应力的关系为：

$$\sigma_e = \sqrt{\frac{1}{2}\left[\left(\sigma_1-\sigma_2\right)^2+\left(\sigma_2-\sigma_3\right)^2+\left(\sigma_3-\sigma_1\right)^2\right]} \tag{3.2.5}$$

等效应力也称为 Von Mises 应力，可将任意三向应力状态表示为一个等效的正值应力，在形状改变比能准则中用于预测塑性材料的屈服行为。

提示

通常，主应力（$\sigma_1>\sigma_2>\sigma_3$）和最大剪应力$\tau_{\max}$称为应力不变量，该值与整体坐标系无关，可作为单独的结果导出。同样，主应变（$\varepsilon_1>\varepsilon_2>\varepsilon_3$）和最大剪切应变 $Y_{\max}$ 也是如此，主应变的排序和主应力一样，常用的应力关系也适用于应变，但是最大剪应力和应力强度的关系并不适用于最大剪应变和应变强度的关系。

3.2.4 应力集中

在孔、槽、螺纹根部、不同直径轴的过渡处及零件形状急剧变化的地方，应力分布是不均匀的，会产生应力集中。

应力集中区的最大局部弹性应力 $\sigma_{\max}$ 和名义应力 σ_0 的比值称为理论应力集中系数 K_T:

$$K_T = \frac{\sigma_{\max}}{\sigma_0} \tag{3.2.6}$$

名义应力可根据材料力学公式计算，最大应力可由弹性分析方法计算或试验测定。结构形状变化越大，应力集中系数越大，常见结构中 $K_T < 4$。

3.2.5 接触应力

结构分析中，当一个零件与另一个零件以较小的接触面积传递力的时候，如齿轮轮齿间的接触区、球轴承与滚柱轴承接触区、透平机械叶片与轮子卡紧的连接部位等，会产生很大的局部应力，这些应力称为接触应力，为保证接触强度，零件一般需要进行提高硬度的表面强化处理。

3.2.6 温度应力

结构受热膨胀会产生热应变 ε_{th}：

$$\varepsilon_{th} = \alpha\Delta T \tag{3.2.7}$$

式中，α 为材料热膨胀系数；ΔT 为温差，如果受热结构被固定，则将产生压缩温度应力，其等于弹性模量 E 与热应变 ε_{th} 的乘积，即：

$$\sigma = E\alpha\Delta T \tag{3.2.8}$$

结构冷却时，温度应力为拉应力，如果结构上各点温度不同，或受热组件由不同热膨胀系数的材料组成时，也会产生温度应力，其中，热膨胀系数大的零件承受压应力。

其他条件相同时，材料导热性能越好，结构受热就越均匀，因而温度应力也就越低。

3.2.7 应力状态

应力状态可分为以下 3 种。

1．线应力状态（单向应力状态）

对于线应力状态，3 个主应力中只有一个不为 0，如结构受拉伸、压缩、纯弯曲时的应力状态就是单向应力状态。

2．平面应力状态（两向应力状态）

对于平面应力状态，3 个主应力中有两个不为 0，如受内压的薄壁容器、旋转轮盘、处于纯扭转和横向弯曲情况下的杆件就处于两向应力状态。任意轮廓的结构表面没有受到载荷作用的部分也总是处于两向应力状态。

3．空间应力状态（三向应力状态）

对于空间应力状态，3 个主应力均不为 0，如受内压的厚壁容器、不同物体的接触区、大型零件的芯部等。

3.2.8　位移

设在三维空间(x,y,z)中弹性体占有空间区域Ω，它在外界因素影响下产生了变形，域内的点 $P(x,y,z)$ 变成了点 $P'(x',y',z')$，其间的位置差异是“位移矢量” $\boldsymbol{u}$【Displacement】，即有：

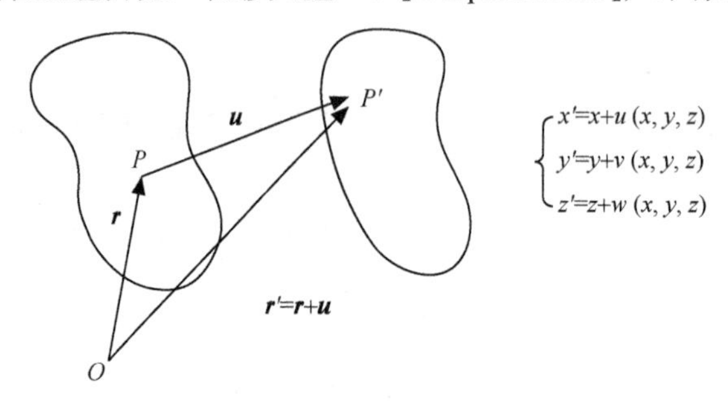

图 3.2-6　位移矢量

如图 3.2-6 所示，$\boldsymbol{r}=(x,y,z),\boldsymbol{r}'=(x',y',z'),\boldsymbol{u}=(u,v,w)$。这里假定 $\boldsymbol{u}$ 是单值函数，并有所需的各阶连续偏导数。

3.2.9　应变

当材料在外力作用下而又不产生惯性移动时，它的几何形状和尺寸将发生变化，这种形变就称为“应变”【Strain】。

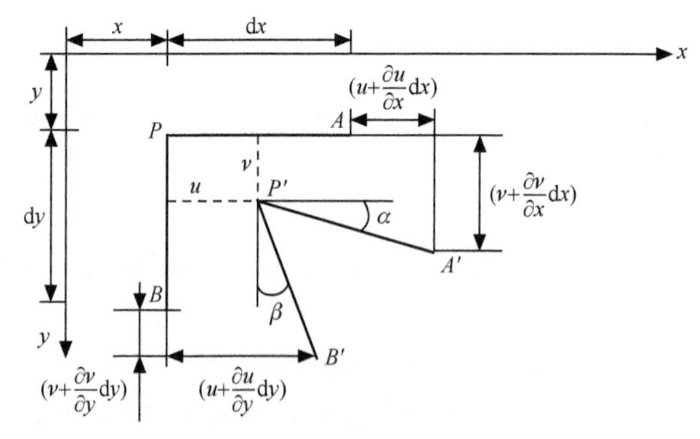

图 3.2-7　平面内的应变

图 3.2-7 中，平面直角在变形前为 APB，变形后为 $A'P'B'$：

定义 x 方向的相对伸长量为线应变 ε_x，即

$$\varepsilon_x=\frac{P'A'-PA}{PA}=\frac{\left(u+\dfrac{\partial u}{\partial x}\mathrm{d}x\right)-u}{\mathrm{d}x}=\frac{\partial u}{\partial x} \tag{3.2.9}$$

定义 y 方向的相对伸长量为线应变 ε_y，即

$$\varepsilon_y = \frac{P_t'B_t' - PB}{PB} = \frac{\left(v + \dfrac{\partial v}{\partial y}\mathrm{d}y\right) - v}{\mathrm{d}y} = \frac{\partial v}{\partial y} \tag{3.2.10}$$

定义夹角的变化为角应变 γ_{xy}，即

$$\gamma_{xy} = \alpha + \beta = \frac{\left(v + \dfrac{\partial v}{\partial x}\mathrm{d}x\right) - v}{\mathrm{d}x} + \frac{\left(u + \dfrac{\partial u}{\partial y}\mathrm{d}y\right) - u}{\mathrm{d}y} = \frac{\partial v}{\partial x} + \frac{\partial u}{\partial y} \tag{3.2.11}$$

同样扩展到三维问题，则有：

$$\varepsilon_z = \frac{\partial w}{\partial z}, \gamma_{yz} = \frac{\partial w}{\partial y} + \frac{\partial v}{\partial z}, \gamma_{zx} = \frac{\partial w}{\partial x} + \frac{\partial u}{\partial z} \tag{3.2.12}$$

由于角应变互等，即 $\gamma_{xy} = \gamma_{yx}$， $\gamma_{yz} = \gamma_{zy}$， $\gamma_{zx} = \gamma_{xz}$，则应变也可表示为：

$$\{\varepsilon\} = \begin{Bmatrix} \varepsilon_x & \gamma_{xy} & \gamma_{xz} \\ \gamma_{yx} & \varepsilon_y & \gamma_{yz} \\ \gamma_{zx} & \gamma_{zy} & \varepsilon_z \end{Bmatrix} = \{\varepsilon_x \quad \varepsilon_y \quad \varepsilon_z \quad \gamma_{xy} \quad \gamma_{yz} \quad \gamma_{zx}\} \tag{3.2.13}$$

3.2.10 线性应力-应变关系

在结构分析中，材料模型是指材料的应力-应变关系，对于各项同性线弹性材料，应力-应变关系服从 Hooke 定律，如式（3.2.14），需要的基本材料参数有弹性模量 E 和泊松比 v。

$$\begin{cases} \varepsilon_x = \dfrac{\sigma_x}{E} - v\dfrac{\sigma_y}{E} - v\dfrac{\sigma_z}{E} \\ \varepsilon_y = \dfrac{\sigma_y}{E} - v\dfrac{\sigma_z}{E} - v\dfrac{\sigma_x}{E} \\ \varepsilon_z = \dfrac{\sigma_z}{E} - v\dfrac{\sigma_x}{E} - v\dfrac{\sigma_y}{E} \\ \gamma_{xy} = \dfrac{\tau_{xy}}{G}, \gamma_{yz} = \dfrac{\tau_{yz}}{G}, \gamma_{zx} = \dfrac{\tau_{zx}}{G} \end{cases} \tag{3.2.14}$$

式中，G 为剪切模量，G 可由弹性模量和泊松比导出：

$$G = \frac{E}{2(1+v)} \tag{3.2.15}$$

如果考虑整体环境的温度变化产生的热膨胀，则需要给出热膨胀系数α，则应力-应变关系中需要增加热应变 $\varepsilon_{th} = \alpha\Delta T$ ，如式(3.2.13)，如果考虑常值惯性力则需要输入质量密度。

$$\begin{cases} \varepsilon_x = \alpha\Delta T + \dfrac{\sigma_x}{E} - v\dfrac{\sigma_y}{E} - v\dfrac{\sigma_z}{E} \\ \varepsilon_y = \alpha\Delta T + \dfrac{\sigma_y}{E} - v\dfrac{\sigma_z}{E} - v\dfrac{\sigma_x}{E} \\ \varepsilon_z = \alpha\Delta T + \dfrac{\sigma_z}{E} - v\dfrac{\sigma_x}{E} - v\dfrac{\sigma_y}{E} \\ \gamma_{xy} = \dfrac{\tau_{xy}}{G}, \gamma_{yz} = \dfrac{\tau_{yz}}{G}, \gamma_{zx} = \dfrac{\tau_{zx}}{G} \end{cases} \tag{3.2.16}$$

3.2.11 结构材料的机械性能

3.2.11.1 材料的主要机械性能

结构材料的主要机械性能（或称为力学性能）有：弹性、塑性、强度、刚度、硬度、疲劳强度、冲击韧性、断裂韧性、时效敏感性等。

- 弹性：指材料或结构加载或卸载后恢复到初始尺寸与形状的能力。
- 塑性：指材料或结构卸载后产生永久变形而不致引起破坏的能力，和塑性相反的材料性能为脆性。
- 强度：指材料或结构承受载荷而不破坏的能力。
- 刚度：指材料或结构在受力时抵抗变形的能力，是材料或结构变形难易程度的表征。
- 硬度：局部接触作用下，材料表面层内抵抗塑性变形或者脆性破坏的能力。
- 疲劳强度：材料抵抗疲劳破坏的能力，也就是材料在多次重复载荷作用下抵抗裂纹发生和发展的能力。可以根据疲劳强度判断材料在交变应力下的工作能力。
- 冲击韧性：材料抵抗冲击载荷作用下断裂的能力。
- 断裂韧性：用来反映材料抵抗裂纹失稳扩张能力的性能指标。
- 时效敏感性：因时效作用导致材料性能改变的程度。

同一种材料，在不同条件、不同加载速度和不同温度下，会具有不同的机械性能。

机械性能的定量描述是通过标准试样承载试验确定的。如确定静应力下的材料性能，由材料拉伸试验确定抗拉强度、屈服强度、延伸率、断面收缩率；由压缩试验确定材料的压缩强度；由硬度试验确定材料硬度；由在冲击试验机上对标准形状的缺口试件进行的冲击破坏试验来确定材料的冲击韧性等。

应力会随着外力的增加而增长，对于某一种材料，应力的增长是有限度的，超过这一限度，材料就要被破坏。对于某种材料来说，应力可能达到的这个限度称为该种材料的极限应力。极限应力值要通过材料的力学试验来测定。图 3.2-8 给出了典型的脆性材料（如氧化铝陶瓷）、塑性材料（如低碳钢）和超弹材料（如橡胶）进行拉伸力学试验得到的名义应力-名义应变曲线。

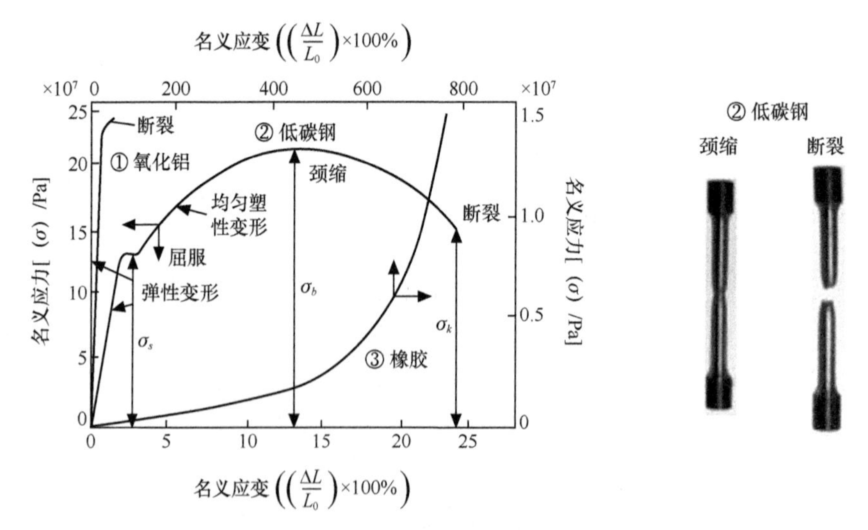

图 3.2-8 氧化铝陶瓷、低碳钢、橡胶拉伸试验的名义应力-名义应变曲线

由图 3.2-8 可以看到，脆性断裂在弹性变形后就直接发生了（图中曲线①），而塑性断裂则经历弹性阶段和塑性阶段（图中曲线②）,超弹材料则经历很大的非线性弹性变形（图中曲线③），因此强度分析中对不同的失效形式采用不同的失效判据，设计条件中再将测定的极限应力（如σ_b或σ_s）适当降低，规定出材料能安全工作的应力最大值，这就是许用应力[σ]。

3.2.11.2 高温与低温情况下的材料性能

大多数结构材料在常温下的静强度与载荷作用时间无关，但随着温度升高会发生变化，如强度极限、屈服极限、弹性模量会降低，而塑性一般会增加。高温下的材料性能包括：蠕变极限、持久强度极限、残余应力和应力松弛及其影响因素。

1. 持久强度

高温下，材料的静强度与载荷作用时间有关，因此把材料长期工作中的强度称为持久强度。试样在一定温度和规定的持续时间下，引起断裂的应力称为持久强度极限。温度 T 不变，持久强度极限和时间的关系为持久强度曲线，双对数坐标上，这种关系在一定范围内为直线。

持久强度极限可用符号 σ（T，t）表示。其中，σ 为应力，单位为 MPa；T 为温度，单位为℃；t 为时间，单位为 h。

例如，σ（700，1000）=200MPa，表示材料在 700℃时，持续时间为 1000h 的持久强度极限为 200MPa。

金属材料的持久极限根据高温持久试验来测定。飞机发动机和机组的设计寿命一般是数百至数千小时，材料的持久极限可以直接用相同时间的试验确定。在锅炉、燃气轮机和其他透平机械制造中，机组的设计寿命一般为数万小时以上，它们的持久极限可用短时间的试验数据直线外推以得到数万小时以上的持久极限。经验表明，蠕变速度小的零件，达到持久极限的时间较长。锅炉管道对蠕变要求不严，但必须保证使用时不被破坏，需要用持久强度作为设计的主要依据。

持久强度设计的判据是：工作应力小于或等于其许用应力，而许用应力等于持久极限除以相应的安全系数。

2. 蠕变

高温下受恒定载荷作用时，零件的尺寸随时间流逝不断变化，这种现象称为蠕变。在应力和温度恒定情况下，残余变形和时间的关系曲线为蠕变曲线，如图 3.2-9（a）所示。

蠕变曲线的起始阶段，残余变形增长得很快，（阶段 I：不稳定蠕变）；随后，在阶段 II，蠕变速度基本上为常数（阶段 II：稳定蠕变）；最后，材料破坏之前，蠕变速度迅速增加（阶段 III）。应力和温度越高，蠕变发展越快。规定时间内，蠕变变形不超过规定值时的最大应力称为蠕变极限。

3. 应力松弛

当零件总变形量不变（如螺纹连接的拉紧量不变），塑性变形随时间增长而增大，导致弹性变形减少和应力降低（这时，导致螺纹连接减弱），称为应力松弛，如图 3.2-9（b）所示。

低温很低时，材料机械性能一般：强度增高，塑性降低。如-200℃时，钢材的强度极限和屈服极限平均增高 20%～30%，而延伸率和断面收缩率明显下降，也就是材料变脆，这时，材料对应力集中的敏感性增强。

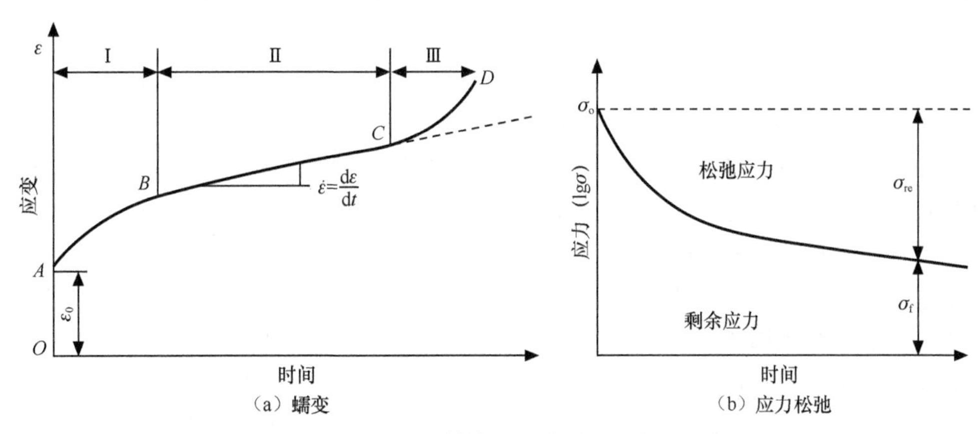

图 3.2-9 材料的蠕变与应力松弛

3.2.11.3 交变应力下的材料性能

交变应力下，零件在低于静应力的载荷下被破坏，通常，疲劳破坏先从应力集中高的部位表面处开始，沿裂纹最大正应力作用线的垂直方向发展。疲劳断裂与静载下的断裂不同，无论是脆性材料还是韧性材料，疲劳破坏时，断裂是突然发生的，不产生明显的塑性变形。

根据应力大小、应力循环频率高低，疲劳可分为高周疲劳和低周疲劳。

1．高周疲劳

高周疲劳是指应力较低、应力循环频率较高时产生的疲劳，也就是通常所说的疲劳。在疲劳载荷的描述中经常使用应力幅 σ_a 和应力范围 $\Delta\sigma$（也称为应力振幅、应力幅度）的概念，定义如下。

$$\sigma_a = \frac{\sigma_{\max} - \sigma_{\min}}{2} \tag{3.2.17}$$

$$\Delta\sigma = \sigma_{\max} - \sigma_{\min} = 2\sigma_a \tag{3.2.18}$$

应力幅 σ_a 反映了交变应力在一个应力循环中变化大小的程度，它是使金属构件发生疲劳破坏的根本原因。

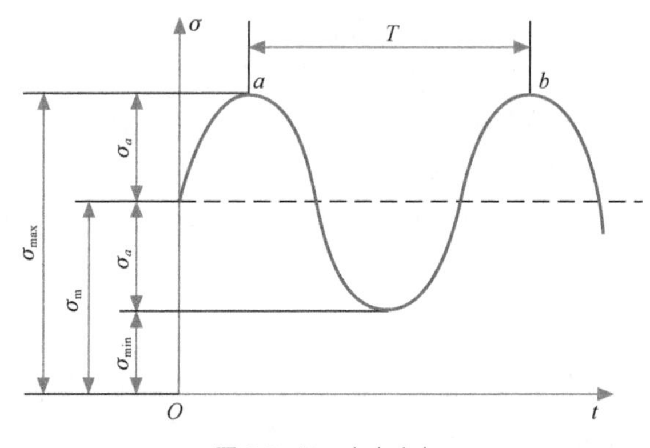

图 3.2-10　交变应力

当研究的部位除承受动载荷外，还承受静载分量荷时，在动静载荷的共同作用下的应力-时间变化曲线如图 3.2-10 所示，相当于对称循环应力曲线向上平移一个了静应力分量。这种的循环载荷称为不对称循环载荷，并用最小应力与最大应力的比值 R 来描述循环应力的不对称程度，R 称为应力比，有时又称为不对称系数，即：

$$R = \frac{\sigma_{\min}}{\sigma_{\max}} \tag{3.2.19}$$

当 R=−1 时，循环应力即为对称循环应力；当 $R\neq0$ 时，循环应力为不对称循环应力。其中，R=0 时为拉伸脉动应力，R=−∞时为压缩脉动循环，R=1 为静载。循环应力中的静载分量通常称为平均应力，用 σ_m 表示，可由式（3.2.20）求出。

$$\sigma_m = \frac{\sigma_{\max} + \sigma_{\min}}{2} \tag{3.2.20}$$

静载分量或平均应力对构件的疲劳强度有一定影响。压缩平均应力往往会提高构件的疲劳强度，而拉伸平均应力往往会降低构件的疲劳强度。因此，在疲劳强度和疲劳寿命的研究中，给定一个循环应力水平时，需要同时给出应力幅 σ_a 和应力比 R，或者同时给出最大应力 $\sigma_{\max}$ 和平均应力 σ_m，也有时直接给出最大应力 $\sigma_{\max}$ 和最小应力 $\sigma_{\min}$ 来表示循环应力水平。

一般情况下，材料所承受的循环载荷的应力幅越小，到发生疲劳破坏时所经历的应力循环次数越长。S-N 曲线就是材料所承受的应力幅水平与该应力幅下发生疲劳破坏时所经历的应力循环次数的关系曲线。

S-N 曲线一般是使用标准试样进行疲劳试验获得的。如图 3.2-11 所示，纵坐标表示试样承受的应力幅，有时也表示为最大应力，但二者一般都用 σ 表示；横坐标表示应力循环次数，常用 N_f 表示。为使用方便，在双对数坐标系下 S-N 曲线被近似简化成两条直线。但也有很多情况只对横坐标取对数，此时也把 S-N 曲线近似简化成两条直线。疲劳曲线用于描述材料破坏时的循环次数 N 和最大应力或应力幅之间的关系。

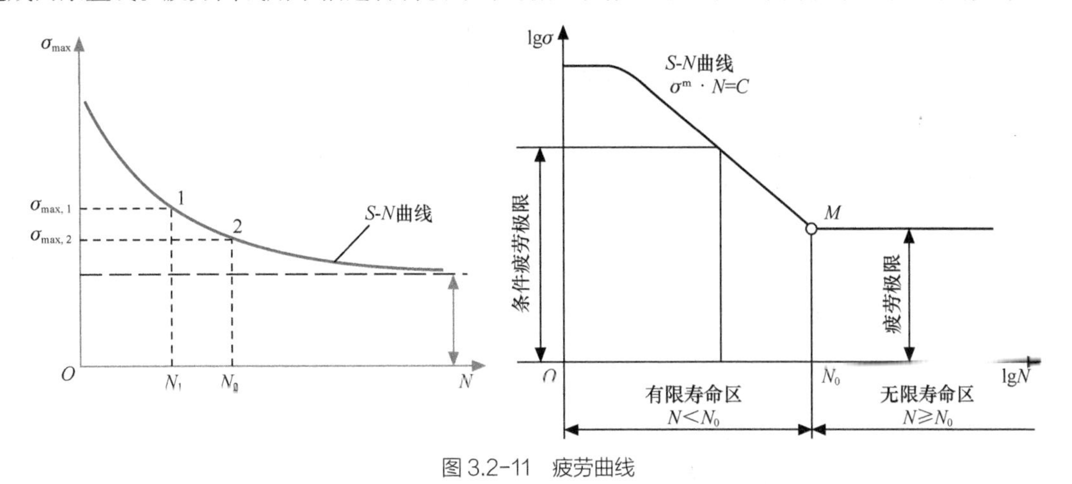

图 3.2-11　疲劳曲线

S-N 曲线中的水平直线部分对应的应力水平就是材料的疲劳极限，其原指材料经受无数次应力循环都不发生破坏的应力极限。对于钢铁材料，此“无限”的定义一般为 10^7 次应力循环。但现代高速疲劳试验机的研究成果表明，即使应力循环次数超过 10^7，材料仍然有可能发生疲劳断裂。不过，10^7 次的应力循环次数已经完全能够满足实际工程中的疲劳强度设计需要。疲劳极限对于无缺口的光滑试样多用 σ_{w0} 表示，而应力比 R=−1 时的疲劳极限常用 σ_{-1} 来表示。某些不锈钢和有色金属的 S-N 中没有水平直线部分，此时的疲劳极限都一般定义为 10^8 次应力循环下对应的应力幅水平。总之，疲劳极限是材料抗疲劳能力的重要性能指标，也是进行疲劳强度的无限寿命设计的主要依据。

S-N 曲线中的斜线部分给出了试样承受的应力幅水平与发生疲劳破坏时所经历的应力循环次数之间的关系，多用幂函数的形式表示。

$$\sigma^m N = C \qquad (3.2.21)$$

式中，σ 为应力幅或最大应力；N 为达到疲劳破断时的应力循环次数；m、C 为材料常数。

如果给定一个应力循环次数，便可由式（3.2.21）求出或由斜线量出材料在该条件下所能承受的最大应力幅水平。反之，也可以由一定的工作应力幅求出对应的疲劳寿命。因为此时试样或材料所能承受的应力幅水平与给定的应力循环次数相关联，所以称之为条件疲劳极限，或称为疲劳强度。斜线部分是零部件疲劳强度的有限寿命设计或疲劳寿命计算的主要依据。

材料或构件发生疲劳破坏时所经历的应力循环次数称为材料或构件的疲劳寿命，通常它是疲劳裂纹的萌生寿命与扩展寿命之和。疲劳裂纹萌生寿命是指构件从开始使用到局部区域产生疲劳损伤累积、萌生裂纹时的寿命；裂纹扩展寿命是指构件在裂纹萌生后继续使用而导致裂纹扩展达到疲劳破坏时的寿命。在疲劳强度设计中，疲劳破坏可能被定义为疲劳破断或规定的报废限度。

以下几个参数对材料疲劳极限的影响很大，分别为零件的绝对尺寸、应力集中、表面状态、周围介质对表面状态的影响和交变应力的频率。

2. 低周疲劳和热疲劳

低周疲劳是指应力较高，即工作应力接近于或高于材料的屈服应力，应力循环频率低，断裂时应力循环次数少的情况下产生的疲劳，也称应变疲劳。

低周疲劳的构件在较小循环次数 1000 ~ 10000 下破坏，抵抗这种破坏的能力称为低周强度。低周强度的规律性介于静强度与疲劳强度“中间”位置。N>10000，疲劳破坏（应力集中，表面质量的影响）规律性明显；N<1000，低周循环，静破坏特性较典型。

循环次数小时，应力幅度可能大于比例极限，因此重复加载时，应力-应变的关系是循环的弹塑性变形滞后曲线，回线宽度为塑性变形幅 $\Delta\varepsilon_p$。为了保证材料有很高的低周强度，材料应有一定的强度性能与塑性性能，并且在零件结构上避免形成高应力集中区。

按照应力幅σ_a或应变幅 ε_a 与破坏循环次数 N 的关系估计材料的低周强度，总应变幅 $\Delta\varepsilon_a=2\varepsilon_a$。

零件受反复冷热的温度应力而破坏，材料抵抗这种形式的破坏能力称为热强度，为提高热强度，应满足与低周强度相同的要求。

3.2.12　强度理论与强度设计准则

强度理论表述了对材料破坏现象的各种分析假设。材料的破坏可以分为脆断破坏和屈服破坏两种形式。材料在断裂前没有明显的塑性变形称为脆断破坏；材料在断裂前有明显的塑性变形称为屈服破坏。但是材料危险点的应力状态可能是单向、双向、或三向的，材料产生何种形式的破坏，与应力状态有关，一种材料在不同的应力状态下，会发生不同类型的破坏。如塑性材料处于三向拉伸应力时往往发生脆性破坏，而脆性材料在三向受压的应力状态，也会出现明显的塑性变形。

材料试验确定了材料破坏的极限应力，如强度极限、疲劳极限等，为了使结构正常工作，最大许用应力要小于规定的极限值，极限应力与许用应力二者的比值称为安全系数 n。

对于静强度分析来说，材料的破坏表现为脆性断裂与塑性屈服。确定静应力下的安全系数时，极限应力可取为强度极限σ_u或屈服机械σ_s。而对于高温工作下的结构，可取一定工作时间下的持久静强度或按寿命确定安全系数。对于承受对称循环交变应力，可取考虑结构应力集中系数、表面状态系数和尺寸影响系数的疲劳极限（σ_{-1}）$_a$作为极限应力，将其与作用的交变应力幅σ_a的比值作为安全系数。

适用的强度设计准则一般有以下 3 种。

- 断裂准则：无裂纹体的断裂准则（最大拉应力准则）、带裂纹体的断裂准则（线性断裂力学准则）。
- 屈服准则：最大剪应力准则、形状改变比能准则。
- 莫尔准则：适用于拉压强度不相等的材料。

1．最大拉应力准则

最大拉应力准则指是无论材料处于什么应力状态，只要最大拉应力达到极限值，材料就发生脆性断裂。该准则适用于脆性材料的拉、扭，一般材料的三向拉伸，铸铁的二向拉拉或拉压。

失效判据：$\sigma_1=\sigma_b$　　　设计要求：$\sigma_1\leqslant\dfrac{\sigma_b}{n_b}=[\sigma]$　　　(3.2.22)

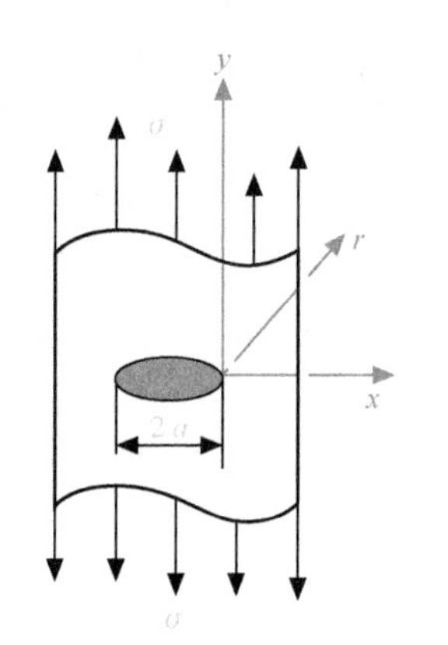

图 3.2-12　裂纹尖端的应力

2．线性断裂力学准则

线性断裂力学准则用于韧性材料脆性断裂，由于在裂纹尖端存在应力集中，若应力集中区域处于三向拉伸的应力状态，就可能发生脆性断裂。

如图 3.2-12 所示，在裂纹尖端不仅有 y 向的应力，还有 x 向的应力和切应力，它们都与一个因数 K_I 有关，σ 是不考虑应力集中所得到的名义应力。当离裂纹尖端的距离 r 越近 $(r\to 0)$，应力值就越大，在裂纹尖端处达到无穷大 $(\sigma_x,\sigma_y,\tau_{xy}\to\infty)$。

$$\begin{cases}\sigma_x=\dfrac{K_I}{\sqrt{2\pi r}}\cos\dfrac{\theta}{2}\left(1-\sin\dfrac{\theta}{2}\sin\dfrac{3\theta}{2}\right)\\ \sigma_y=\dfrac{K_I}{\sqrt{2\pi r}}\cos\dfrac{\theta}{2}\left(1+\sin\dfrac{\theta}{2}\sin\dfrac{3\theta}{2}\right)\\ \tau_{xy}=\dfrac{K_I}{\sqrt{2\pi r}}\sin\dfrac{\theta}{2}\left(\cos\dfrac{\theta}{2}\cos\dfrac{3\theta}{2}\right)\\ K_I=\sigma\sqrt{\pi a}\end{cases}\tag{3.2.23}$$

由于裂纹尖端的应力集中，采用线性断裂力学准则，其判据为应力强度因子 K_I 低于材料的断裂韧性 K_{IC}（由实验确定），即：

$$K_I \leqslant K_{IC} \tag{3.2.24}$$

3．最大剪应力准则

最大剪应力准则是指无论材料处于什么应力状态，只要最大剪应力达到极限值，材料就发生屈服破坏。该准则适用于塑性材料屈服破坏及一般材料三向受压。

$$\text{失效判据：}\quad \sigma_1 - \sigma_3 = \sigma_I = \sigma_s \qquad \text{设计准则：}\quad \sigma_1 - \sigma_3 = \sigma_I \leqslant \frac{\sigma_s}{n_s} = [\sigma] \tag{3.2.25}$$

式中，σ_1-σ_3 为应力强度 SINT。

该准则的缺点是没有考虑中间主应力 σ_2 对材料屈服的影响。

4．形状改变比能准则

形状改变比能准则是指无论材料处于什么应力状态，只要形状改变比能达到极限值，材料就发生屈服破坏。该准则适用于塑性材料屈服破坏和一般材料三向受压。

$$\text{失效判据：}\sigma_e = \sigma_s \qquad \text{设计准则：}\ \sigma_e \leqslant \frac{\sigma_s}{n_s} = [\sigma] \tag{3.2.26}$$

形状改变比能是引起材料屈服破坏的因素，归为剪切型的强度理论，用 SEQV 表示。比较两者，SINT 比 SEQV 略为保守。

5．莫尔强度准则

莫尔强度准则是以各种状态下的材料的破坏试验结果为依据建立起来的有一定经验性的准则。该准则考虑材料拉压强度不等的情况，可用于铸铁等脆性材料，也可用于塑性材料，当材料拉压强度相同时，等效于最大剪应力准则。

不同行业有不同评定标准，如压力容器规则设计标准中，圆筒体设计采用最大拉应力准则，强度校核通常采用最大剪应力准则，当量应力为应力强度 SINT；分析设计方法中，强度校核采用最大剪应力准则或形状改变比能准则，当量应力为应力强度 SINT 或等效应力 SEQV。

ANSYS 中的“应力工具”【Stress Tool】可给出采用不同的强度准则时有限元分析结果具有的安全裕度。为便于工程应用，下面给出各种强度准则的适用范围。

（1）三轴拉伸时，脆性或塑性材料都会发生脆性断裂，应采用最大拉应力准则，应力工具为【Max Tensile Stress】。

（2）对于脆性材料，在二轴应力状态下应采用最大拉应力准则，如果抗拉压强度不同，应采用莫尔强度准则，应力工具为【Mohr-Coulomb Stress】。

（3）对于塑性材料，应采用形状改变比能准则，应力工具为【Max Equivalent Stress】或最大剪应力准则，应力工具为【Max Shear Stress】。

（4）在三轴压缩应力状态下，塑性材料和脆性材料一般采用形状改变比能准则。

以下 4 个案例基于一个工程模型，主要围绕上述结构应力分析涉及的相关概念，采用不同的有限元建模方式，进行机车轮轴结构静强度计算，并对应力集中处的局部应力的疲劳寿命进行评估。

3.3 工程案例——应用梁单元进行机车轮轴的静强度分析

3.3.1 问题描述及分析

图 3.3-1(a)为机车轮轴的简图，试校核该轴的静强度。已知直径 d_1=180mm，d_2=150mm，a=300mm，

b=200mm，L=1000mm，F=300kN，材料 45#钢，弹性模量 E=2.1e11Pa（2.1e11 表示 2.1×10^{11}），泊松比 ν=0.3，屈服应力 σ_s=355MPa。

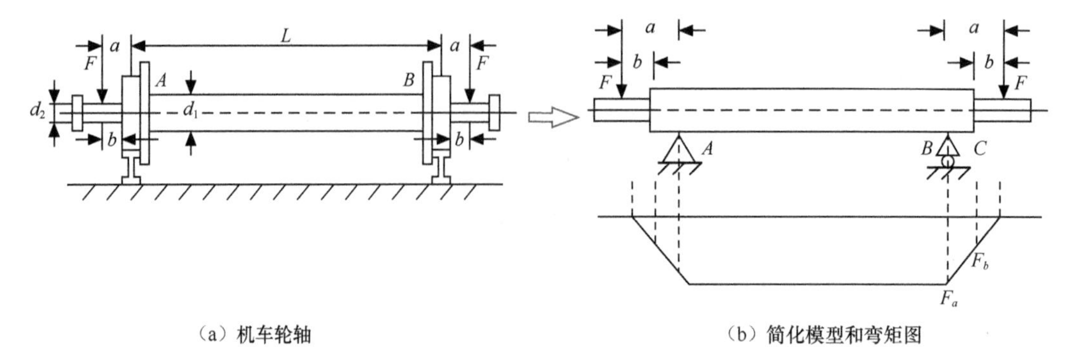

（a）机车轮轴　　　　（b）简化模型和弯矩图

图 3.3-1　机车轮轴及某简化模型和弯矩图

该工程问题忽略自重后可以简化为简支梁外端受载问题，其简化模型和弯矩图如图 3.3-1(b)所示。梁段 AB 上，只有弯矩 $M_{AB}=F_a$，没有剪力，是纯弯曲状态，梁外伸到轮轴加载段，既有弯矩又有剪力，属于横力弯曲。根据材料力学，最大弯曲应力产生在 C 截面，C 截面强度为：

$$\sigma_{\max}=\sigma_C=\frac{M_c}{W_c}=\frac{32F_b}{\pi d_2^3}=\frac{32\times300000\times200}{\pi\times150^3}=181.083(\text{MPa}) \tag{3.3.1}$$

$$\sigma_{AB}=\frac{M_{AB}}{W_{AB}}=\frac{32F_a}{\pi d_1^3}=\frac{32\times300000\times300}{\pi\times180^3}=157.19(\text{MPa}) \tag{3.3.2}$$

下面用 ANSYS 18.2 Workbench 的结构静力分析进行数值模拟，并与理论计算的结果对比，由于施力 F 点的外侧不承载，所以数值模拟中的几何模型长度为 $L+2a$，采用三维有限应变梁单元 BEAM188。

3.3.2　应用梁单元计算轮轴应力的数值模拟过程

1. 运行【程序】→【ANSYS 18.2】→【Workbench 18.2】

进入 Workbench 数值模拟平台。

2. 设置静力分析系统（见图 3.3-2）

（1）在工具箱中将“静力分析系统”【Static Structural】拖入到【Project Schematic】。

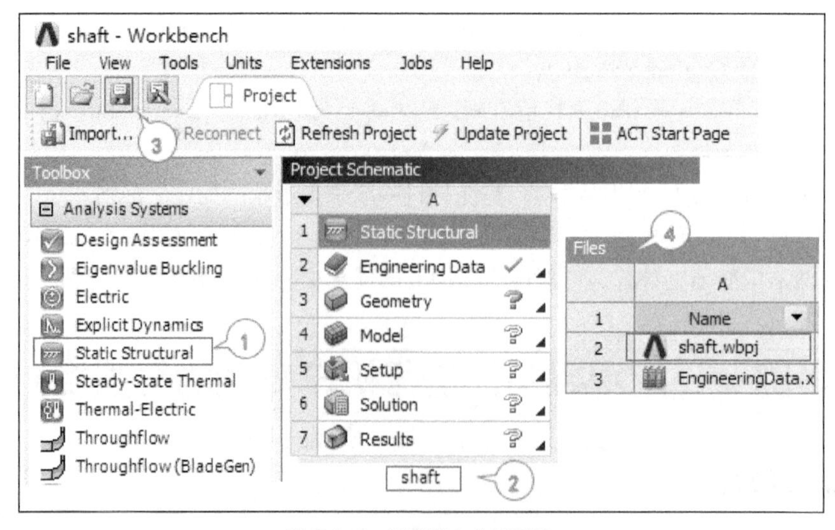

图 3.3-2　设置静力分析系统

（2）输入分析系统 A 的标题名称为 shaft。

（3）单击【Save】按钮，保存项目文件名称为 shaft.wbpj。

（4）在菜单栏中选择【View】→【Files】也可查看文件列表。

3．输入材料属性（见图 3.3-3）

（1）在分析系统 A 中在“工程材料”【Engineering Data】单元格双击鼠标，进入工程数据窗口。

（2）在已有的工程材料【Outline of Schematic A2: Engineering Data】→【Structural Steel】下方输入新材料名称为 shaft。

（3）在左侧的“工具箱”【Toolbox】下方选择各项同性线弹性材料模型：【Linear Elastic】→【Isotropic Elasticity】，选择后该选项为灰色。

（4）在材料属性窗口下输入弹性模量 2.1e11Pa 和泊松比 0.3：【Properties of Outline Row 3: shaft】→【Isotropic Elasticity】→【Young's Modulus】=2.1e11Pa，【Poisson's Ratio】=0.3。

（5）在工具栏单击【Project】按钮，返回工程流程图的 Workbench 界面。

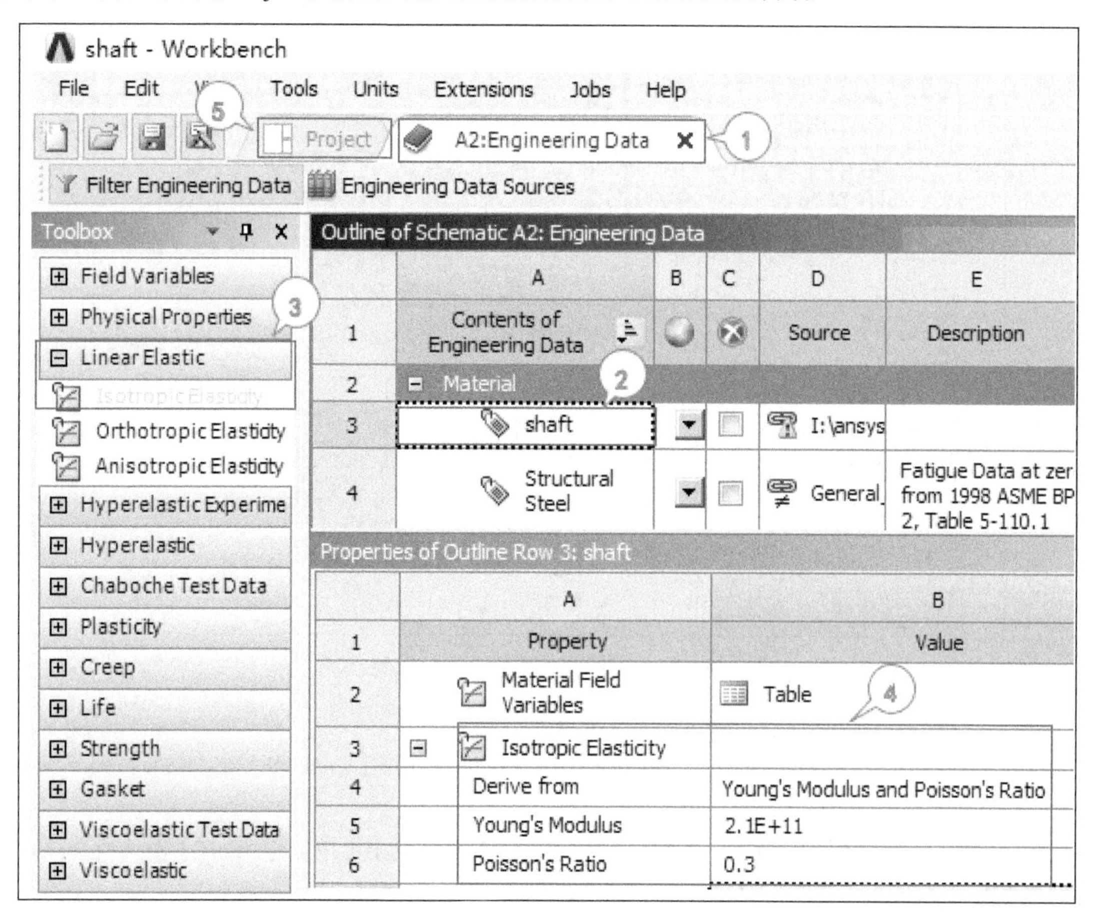

图 3.3-3　输入材料属性

4．创建几何模型：创建草图构造点及尺寸标注（见图 3.3-4）

（1）在 WB 分析系统 A 中的“几何”【Geometry】单元格双击鼠标。进入 DM 窗口，在导航树中选择【XYPlane】工作平面，在工具栏单击【新草图】按钮创建新草图【Sketch1】。

（2）选择【Sketching】标签选项。

（3）选择【Draw】下面的“构造点”【Construction Point】命令。

（4）在工具栏中单击【正视图】按钮，将视图调整到正对 *xy* 平面。

（5）在图形窗口单击鼠标左键，设置图 3.3-4 所示的 6 个点。

（6）选择“尺寸标注”【Dimensions】命令。

（7）在图形窗口分别单击相邻的两点拖放鼠标显示水平尺寸，显示为 L1，同样标注另外 5 个尺寸。

（8）修改尺寸的显示单位为 mm，在菜单栏中选择【Units】→【Millimeter】。

（9）在明细窗口中设置尺寸：【Details View】→【Dimensions】→【L1】=200mm，【L2】=100mm，【L3】=1000mm，【L4】=100mm，【L5】=200mm。如果在【Dimensions】→【Display】中勾选【Value】，则图形窗口中显示尺寸大小。

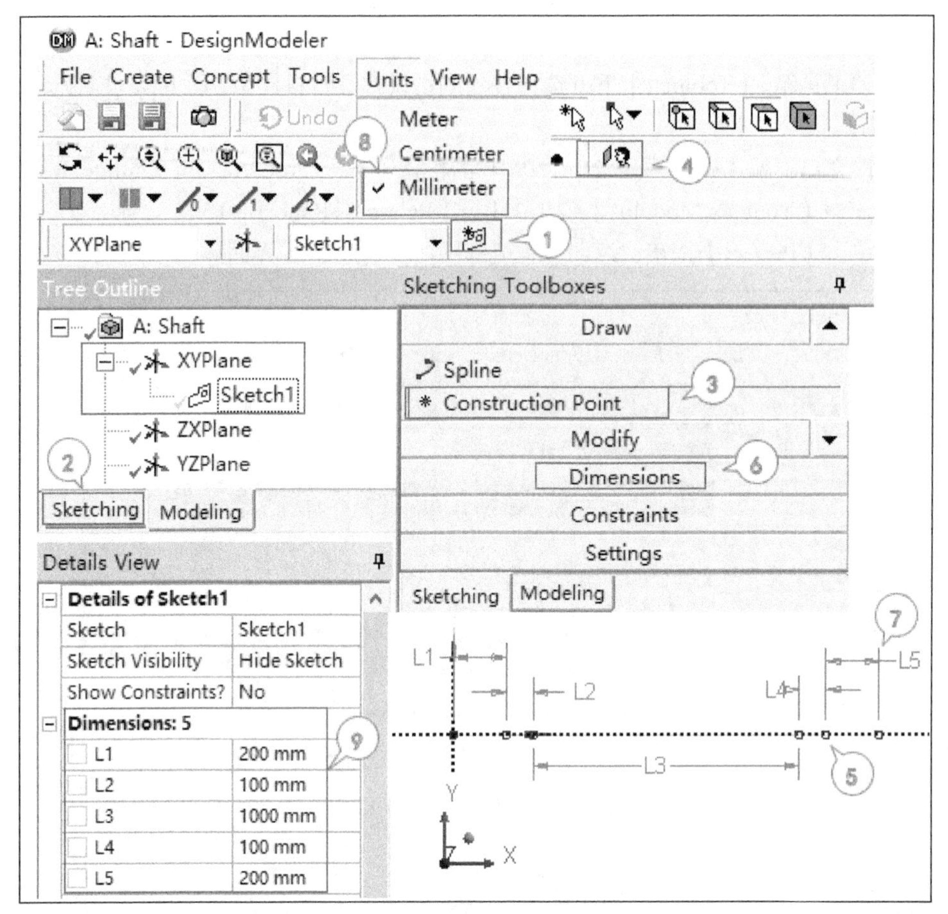

图 3.3-4　创建草图构造点及标注尺寸

5. 创建几何模型：【Modeling】模式中创建线体（见图 3.3-5）

（1）选择【Modeling】标签，根据点创建线体：在菜单栏中选择【Concept】→【Lines From Points】。

（2）在图形窗口中选取前 2 个点，如图 3.3-5 所示。

（3）在明细窗口中选择【Details of Line1】→【Point Segments】处单击【Apply】确认所选点，产生 1 个线段，则【Point Segments】=1，【Operation】=Add Frozen 表示将线体冰冻。

（4）在工具栏中单击【Generate】按钮。

（5）导航树中显示生成线体 Line1，以同样方式生成线体 Line2～Line5，图形窗口中显示生成的线体。

（6）将线体组合成零件，在导航树中选择【5 Parts，5 Bodies】下面的 5 个线体【Line Body】，单击鼠标右键，选择【Form New Part】。

（7）或在菜单栏中选择【Tools】→【Form New Part】。导航树中显示 5 个线体已组成一个零件，即【1 Part，5 Bodies】下出现组合的【Part 1】，参见图中符号 6 的右侧。

（8）给线体赋予圆形截面，在菜单栏中选择【Concept】→【Cross Section】→【Circular】。

（9）导航树中会出现【Cross Sections】→【Circular1】。

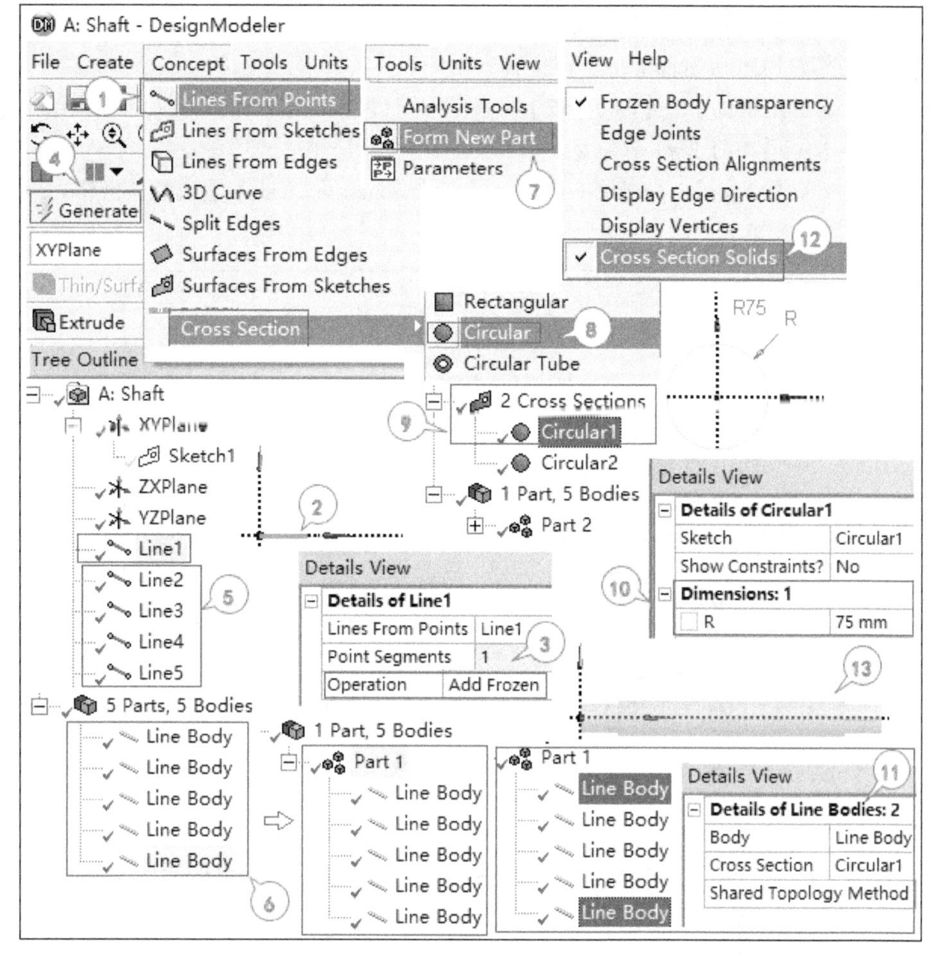

图 3.3-5 创建线体及多体零件

（10）输入 Circular1 圆截面半径尺寸，选择【Details View】→【Dimensions】→【R】=75mm，圆截面显示在图形窗口中。以同样方法生成 Circular2，在明细窗口设置圆截面半径【R】=90mm。

（11）分别对线体赋予圆截面，选择导航树【5 Parts，5 Bodies】分支下两端的两个线体，在明细窗口设置【Cross Section】=Circular1。

（12）在菜单栏中勾选【View】→【Cross Section Solids】；在图形窗口两端的两个线体以横截面的实体方式显示。同样，选择中间的 3 个线体，在明细窗口中设置【Cross Section】=Circular2。

（13）在图形窗口中的 5 个线体以横截面的实体方式显示。

提示

将 DM 中的几何元素转为线体模型用于数值模拟分析，线体模型需要赋予横截面，并形成多体零件分析。【冰冻线体】可将线体分离，否则线体会合并为一个线体，而无法设置不同的截面；而将线体组合为一个零件后，可将线体之间的节点合并为一个节点传递力，否则，后续的分析模型会因离散出现错误结果。

6. 切换回 Workbench 项目流程窗口

在【Setup】单元格双击鼠标，进入【Mechanical】环境。

7. 静力分析中分配材料及网格划分（见图 3.3-6）

（1）分配材料：在导航树中选择【Model（A4）】→【Geometry】→【Part 1】。

（2）在明细窗口中指定前面定义过的材料：【Assignment】=shaft。

（3）在导航树中选择【Cross Scections】可查看界面信息。

（4）如选择【Cross Scections】→【Circular2】可在图形窗口显示中部线段，在明细窗口给出【R】=90mm 及面积【A】、惯性矩【Iyy】和【Izz】等信息。

（5）在导航树中选择【Mesh】，右键单击鼠标，选择【Generate Mesh】生成默认网格。

（6）图形窗口中显示梁单元网格。

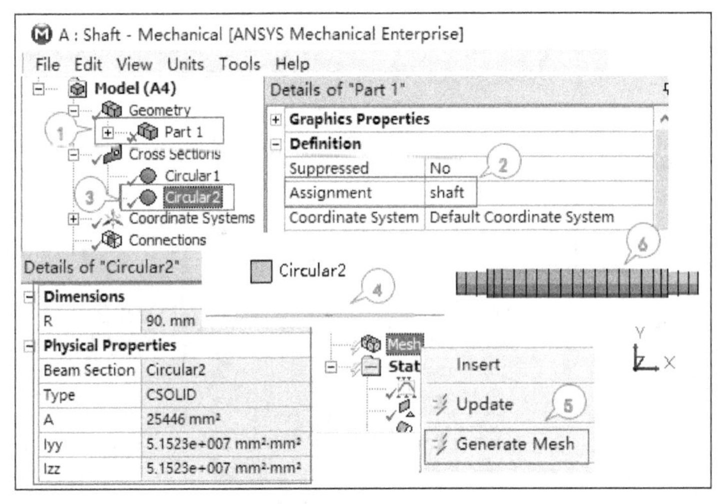

图 3.3-6 分配材料及网格划分

8. 施加约束（见图 3.3-7）

（1）在菜单栏中勾选【View】→【Cross Section Solids（Geometry）】，显示实体模型以方便选择对象。

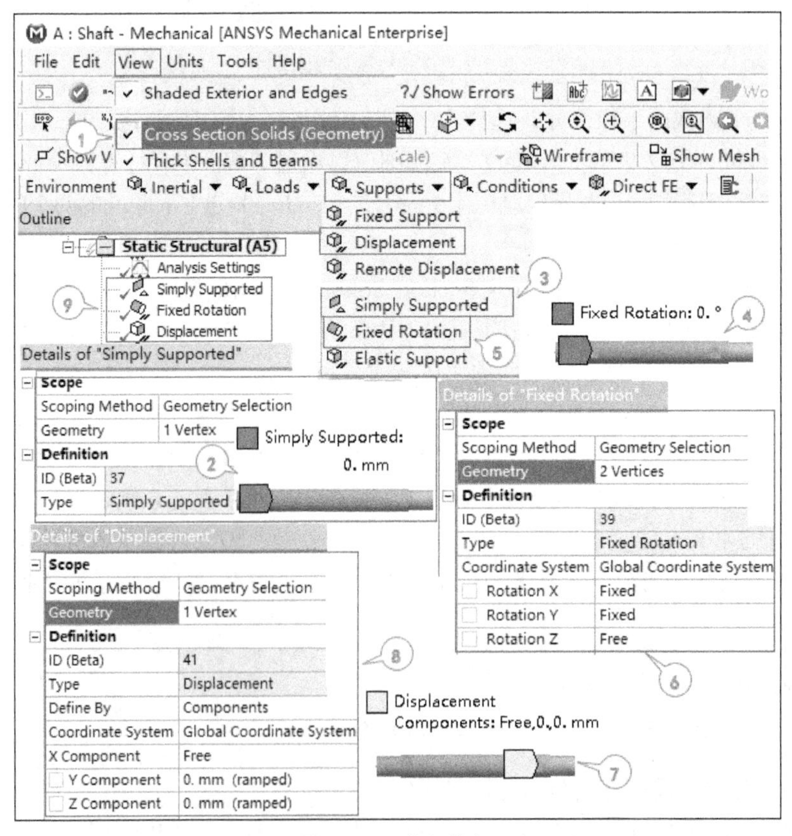

图 3.3-7 施加约束

（2）在工具栏中单击【点选】按钮，在图形窗口中选择左侧第 3 个点。

（3）插入简支约束：在导航树中选择【Static Structural（A5）】，在工具栏中选择【Supports】→【Simply Supported】，从而限制 x、y、z 方向的移动。

（4）在图形窗口选择左侧第 3 个点和右侧第 3 个点。

（5）插入固定转动：【Supports】→【Fixed Rotation】。

（6）在明细窗口中设置【Definition】→【Rotation X】= Fixed，【Rotation Y】= Fixed，【Rotation Z】=Free。

（7）在图形窗口中选择右侧第 3 个点，插入位移【Supports】→【Displacement】。

（8）编辑【Displacement】属性，约束 y、z 方向位移，在明细窗口设置【Definition】→【X Component】=Free，【Y Component】=0，【Z Component】=0。

（9）导航树中显示施加的 3 个约束条件。

提示

施加约束的方法并不唯一，但简支不同于完全固定，由于本案例中的梁单元有 3 个平动和 3 个转动自由度，因此一端限制 3 个方向的位移，而另一端是允许轴向移动，整个轴允许弯曲，所以放松绕 z 轴转动，简支约束也可用全约束位移【Displacement】进行等效。

9．施加载荷（见图 3.3-8）

（1）在工具栏中单击【点选】按钮，在图形窗口中选择一侧第 1 个点。

（2）施加集中力：在导航树中选择【Static Structural（A5）】，在工具栏中选择【Loads】→【Force】。

（3）编辑【Force】属性，施加负 y 轴方向力 300kN，在明细窗口中设置【Definition】→【Define by】=Components，【Y Component】=−300000N。

（4）以同样方法将施加 300kN 的力到另一侧第 1 个点。

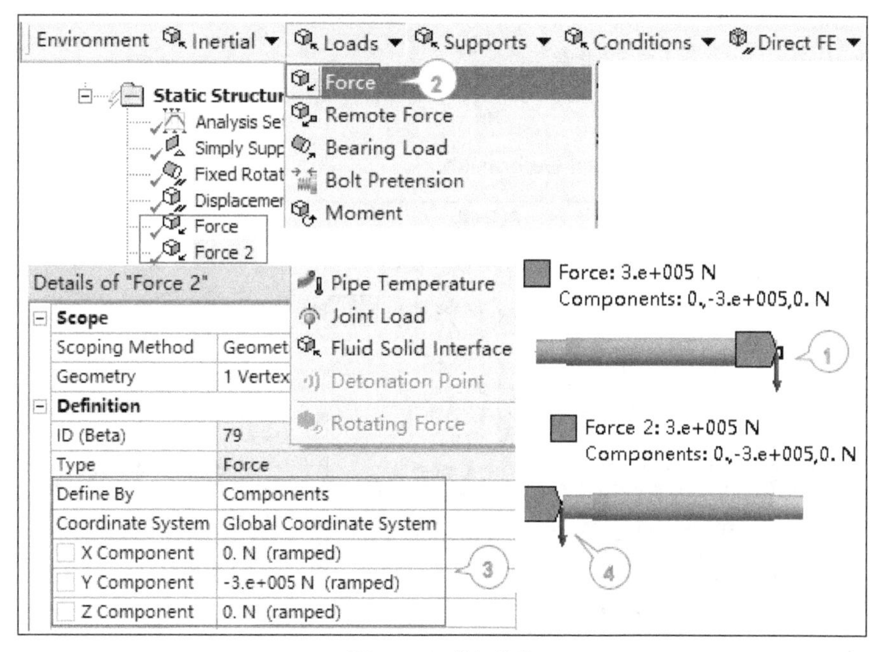

图 3.3-8　施加载荷

10．添加求解选项并求解（见图 3.3-9）

（1）在工具栏中单击【线选】按钮，右键单击鼠标，在快捷菜单中单击“选择所有”【Select All】。

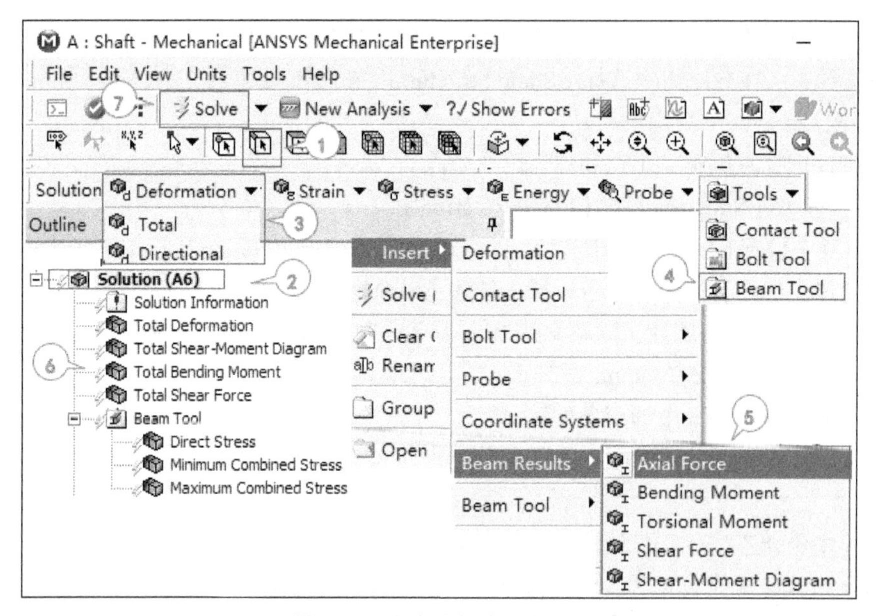

图 3.3-9　添加求解选项并求解

（2）在导航树中选择【Solution（A6）】。

（3）在求解工具栏中添加总变形结果，选择【Deformation】→【Total】。

（4）在求解工具栏中添加梁工具，选择【Tools】→【Beam Tool】。

（5）在求解工具栏中插入梁分析结果：【Beam Results】→【Shear-Moment Diagram】、【Bending Moment】、【Shear Force】。

（6）导航树显示“总变形”【Total Deformation】、“梁单元总剪力-弯矩图”【Total Shear-Moment Diagram】、“梁单元总弯矩”【Total Bending Moment】、“梁单元总剪力”【Total Shear Force】及梁工具【Beam Tool】等前面有黄色闪电标识。

（7）在工具栏中单击【Solve】按钮求解。

11. 查看结果（见图 3.3-10）

（1）在导航树中选择“总变形”【Total Deformation】。

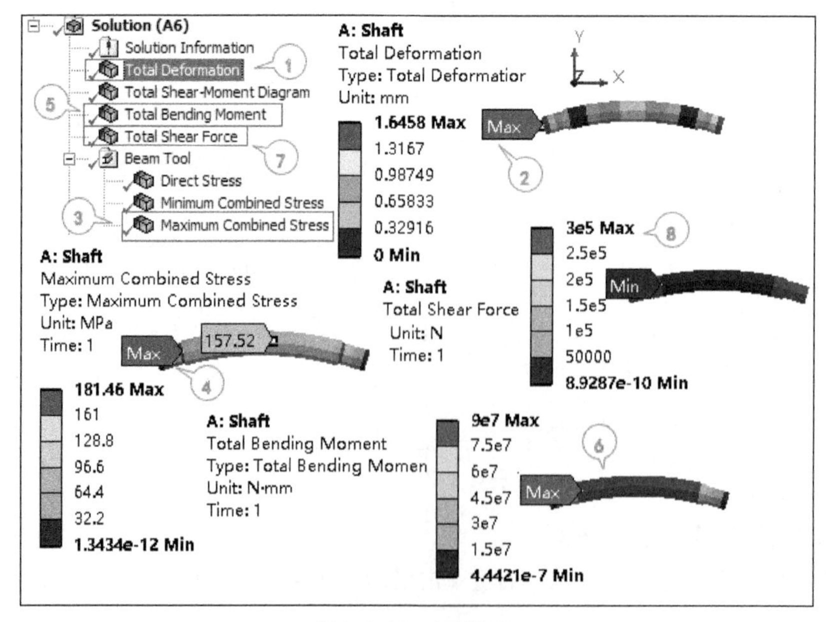

图 3.3-10　查看结果

（2）最大变形在轴两端，为 1.6458mm。

（3）在导航树中展开【Beam Tool】，选择【Maximum Combined Stress】。

（4）图形窗口中显示最大组合应力，由于没有轴向应力，组合拉应力也就是最大弯曲应力，图中看到最大拉应力值为 181.46MPa，在轴截面突变处。

（5）在导航树中选择“总弯矩”【Total Bending Moment】。

（6）图形窗口中显示梁单元上的总弯矩最大处位于中间段，为 9e7N · mm。

（7）在导航树中选择“总剪力”【Total Shear Force】。

（8）梁单元上的总剪力最大处位于小轴上，两端到约束处为 3e5N。

12．查看总剪力-弯矩图【Total Shear-Moment Diagram】（见图 3.3-11 和图 3.3-12）

在导航树中单击总剪力-弯矩图【Total Shear-Moment Diagram】，剪力-弯矩图显示在【Worksheet】中，分别沿长度方向给出梁单元（I，J）节点上的总位移、弯矩和剪力的变化值，并标注最大值、最小值及其所对应的位置。

在图形窗口下方将总剪力、总弯矩、总位移 3 个结果合并在一个图内，列表长度、总剪力、总弯矩、总位移的具体值，每个长度有两个数据，分别代表梁单元节点的 I 与 J。

13．显示总弯矩沿路径变化

单击【Geometry】标签，图形窗口可显示未平均的总位移、总弯矩、剪力随长度的变化。这里设置【Graphics Display】=Total Bending Moment，则图形窗口显示为总弯矩沿路径的变化（见图 3.3-12）。

提示

剪力-弯矩图是映射到路径的结果，可以直接选择 5 条边插入剪力-弯矩图，也可以事先将 5 条边设置为路径，再加入命令，此处不做介绍。

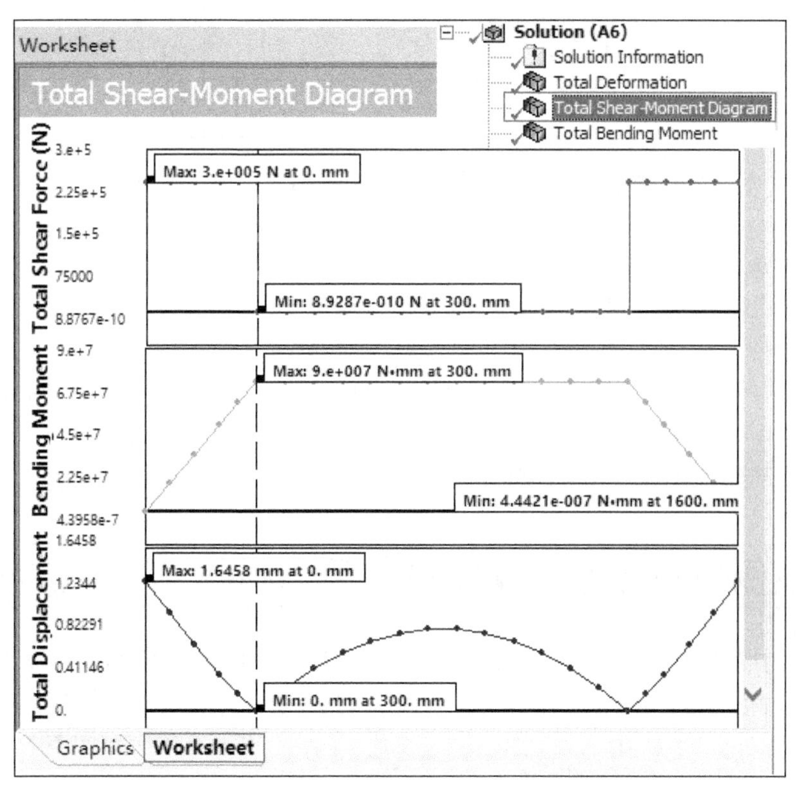

图 3.3-11　总剪力-弯矩图

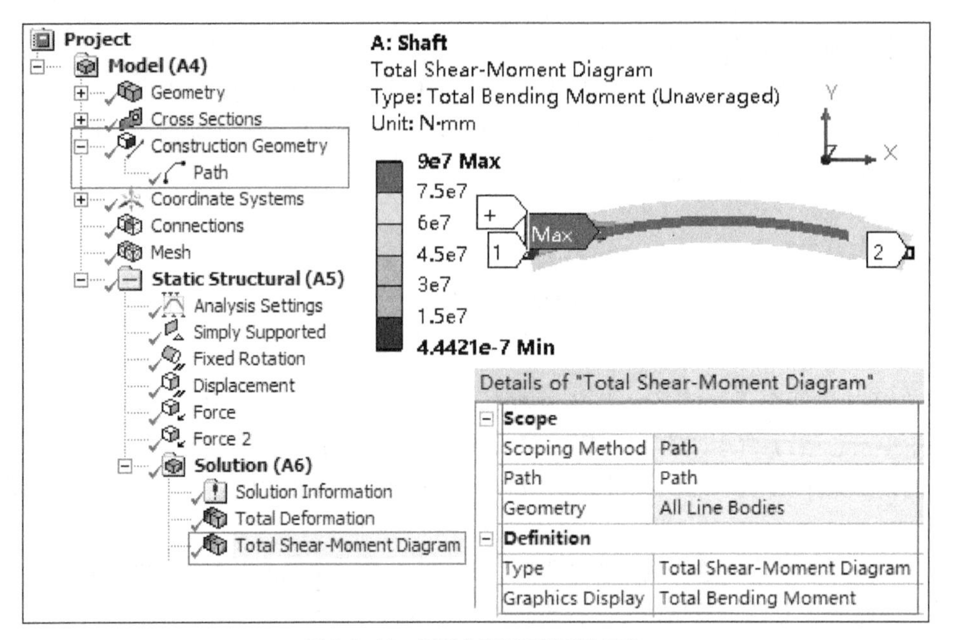

图 3.3-12　显示总弯矩沿路径的变化

3.3.3　结果分析与静强度评估

计算结果和理论解对比见下表，可以看出数值模拟的结果和理论解误差很小。

表　机车轮轴计算结果对比

	最大应力/MPa	中间段应力/MPa
理论解	181.083	157.190
数值模拟结果	181.460	157.520
偏差	0.1%	0.2%

参考机械设计手册，轴的静强度校核的目的在于评定轴对塑性变性的抵抗能力，对于屈服应力 σ_s =355MPa，安全系数 n=1.5，则许用应力[σ]=σ_s/n=237MPa，计算结果显示 181.46MPa <237MPa，即小于许用应力，所以机车轮轴是满足静强度要求的。

本案例中将轮轴受载的工程问题转化为梁弯曲的有限元模型，这样就将一个真实的 3D 结构简化为一个等效的线单元分析模型。

实际上，进行有限元分析时，应事先根据已有的力学知识做一个预先的计算或者判断。如借助于材料力学方法求解，再用有限元分析软件验算；ANSYS 的帮助中也提供了很多验证例子，这些例子都是有解析解的，不妨将二者进行对比，这都是非常重要的经验。

3.4　工程案例——应用 3D 实体单元进行机车轮轴的静强度分析

大多数情况下，几何模型的 3 个方向的尺寸相差不大，但需要考虑局部特征时，需要采用 3D 实体单元进行分析，下面给出 3D 实体单元的应力分析案例的数值模拟过程，仍然采用 3.3.1 节的模型，这样可以与梁单元的计算结果进行对比，并对 3D 模型的相关建模策略、网格划分及分析结果加以讨论。

3.4.1 应用 3D 实体单元计算机车轮轴应力的数值模拟过程

1.【Workbench】添加静力分析系统（见图 3.4-1）

（1）在“工具箱”【Toolbox】中选择“静力分析系统”【Static Structural】，并拖入到【Project Schematic】中分析系统 A 的“工程数据”【Engineering Data】单元格上，放开鼠标，创建分析系统 B，A 与 B 的第 2 个单元格有共享数据连线，这样分析系统 A 中定义的材料参数自动传递到分析系统 B 中，不需要再重新输入材料参数。

（2）为了与分析系统 A 加以区分，键入分析系统 B 的标题名称 3D Shaft。在工具栏中单击【Save】按钮，保存项目文件。

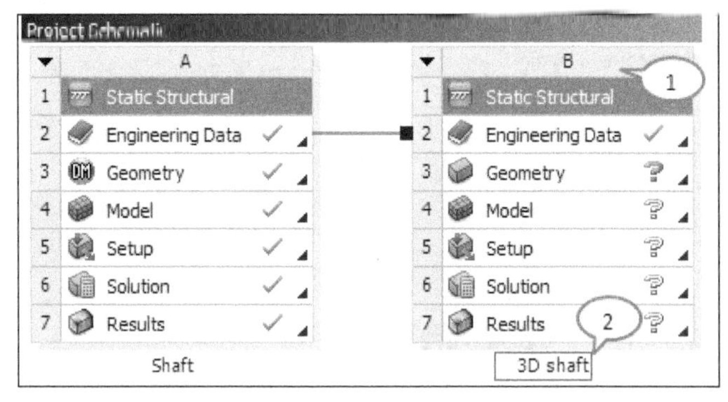

图 3.4-1 添加静力分析系统

2．材料属性（已从分析系统 A 导入）

3．创建 3D 几何模型（见图 3.4-2）

（1）在 WB 的“几何”【Geometry】单元格双击鼠标，进入 DM 程序，建模单位为 mm，在菜单栏中选择【Units】→【Millimeter】，创建圆柱体：从菜单栏中选择【Create】→【Primitives】→【Cylinder】。

（2）在明细窗口中单击【Details of Cylinder1】→【Operation】=Add Frozen，【FD8, Axis Z Component】=200mm，【FD10, Radius】=75mm。

（3）在工具栏中单击“生成”按钮【Generate】，导航树中显示生成圆柱体 Cylinder1。

（4）创建新平面：在工具栏中单击【面选】按钮，在图形窗口选择圆柱顶面。

（5）在工具栏单击【新平面】按钮。

（6）在工具栏中单击【生成】按钮【Generate】，导航树中显示生成新平面【Plane4】。

（7）创建圆柱体 Cylinder2：在菜单栏中选择【Create】→【Primitives】→【Cylinder】。

（8）在明细窗口中单击【Details of Cylinder2】→【Base Plane】=Plane4，【Operation】=Add Frozen，【FD8, Axis Z Component】=100mm，【FD10, Radius（>0）】=90mm。

（9）以同样方法创建另外 3 个圆柱体 Cylinder3 ~ Cylinder5，及新平面 Plane5 ~ Plane7，Cylinder3 的轴向长度为 1000mm、半径为 90mm，Cylinder4 的轴向长度为 100mm、半径为 90mm。

（10）Cylinder5 的轴向长度为 200mm、半径为 75mm。

（11）然后再将 5 个实体组合成零件，在导航树中选择【5 Parts，5 Bodies】下面的 5 个实体【Solid】，单击鼠标右键，选择【Form New Part】，合并为一个 Part。

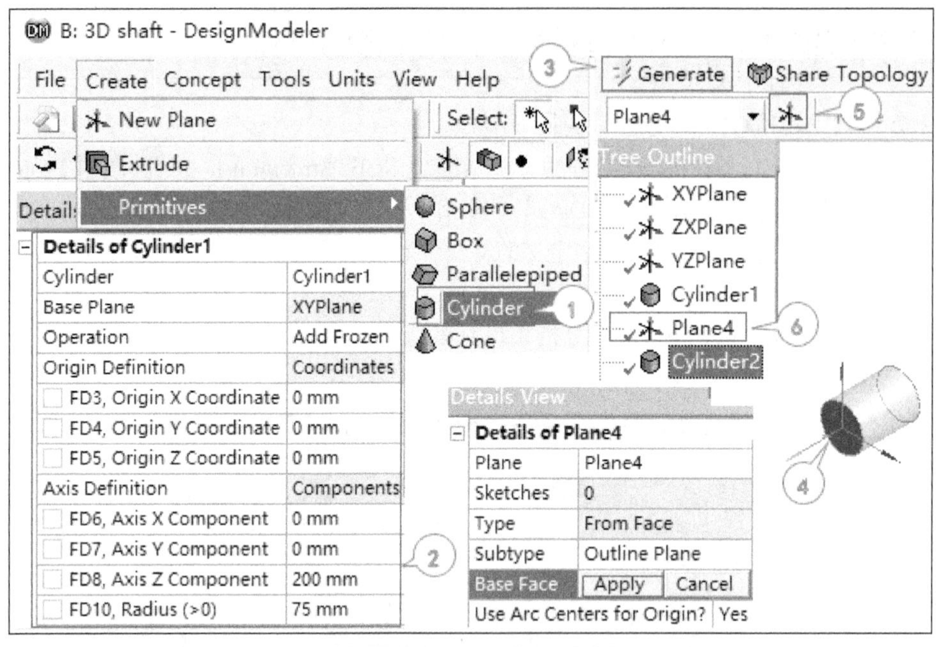

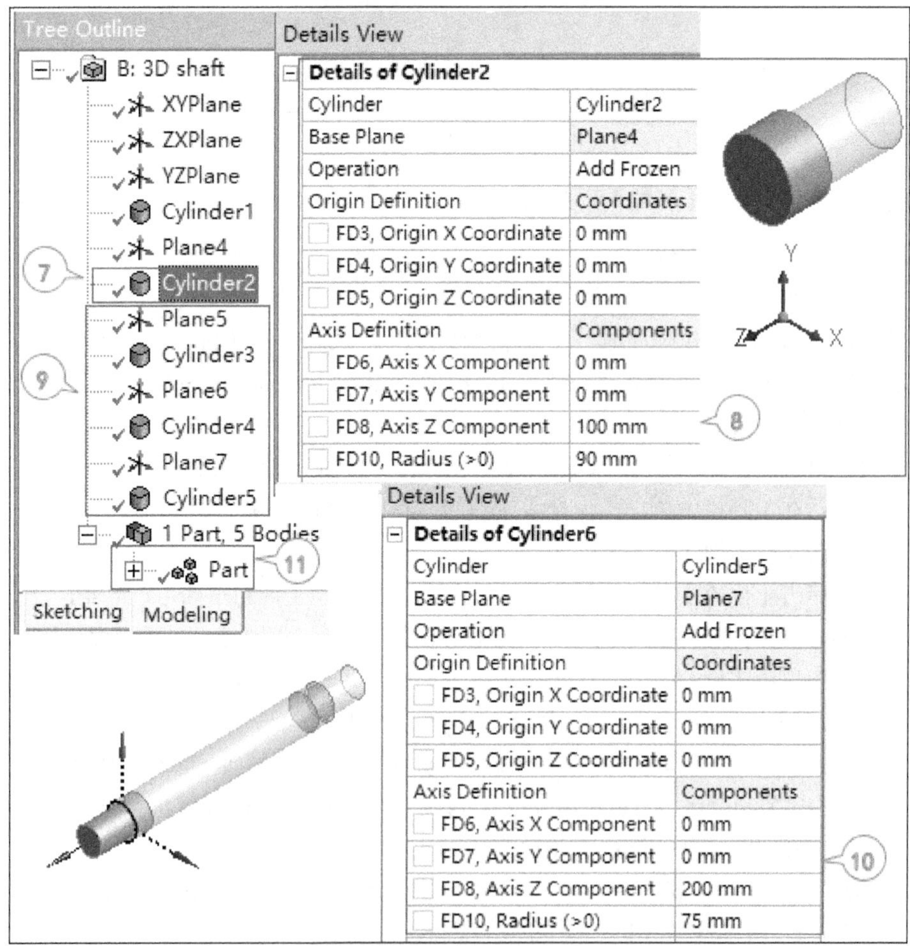

图 3.4-2　创建整个轮轴

4．进入【Mechanical】程序

切换回 WB 项目流程窗口，在分析系统 B【Setup】单元格双击鼠标，进入【Mechanical】程序。

5．在静力分析 B 中分配材料及网格划分（见图 3.4-3 和图 3.4-4）

（1）分配材料：在导航树中选择【Model（B4）】→【Geometry】→【Part】。

（2）在明细窗口中指定分析系统 A 中传递过来的材料：【Assignment】=shaft。

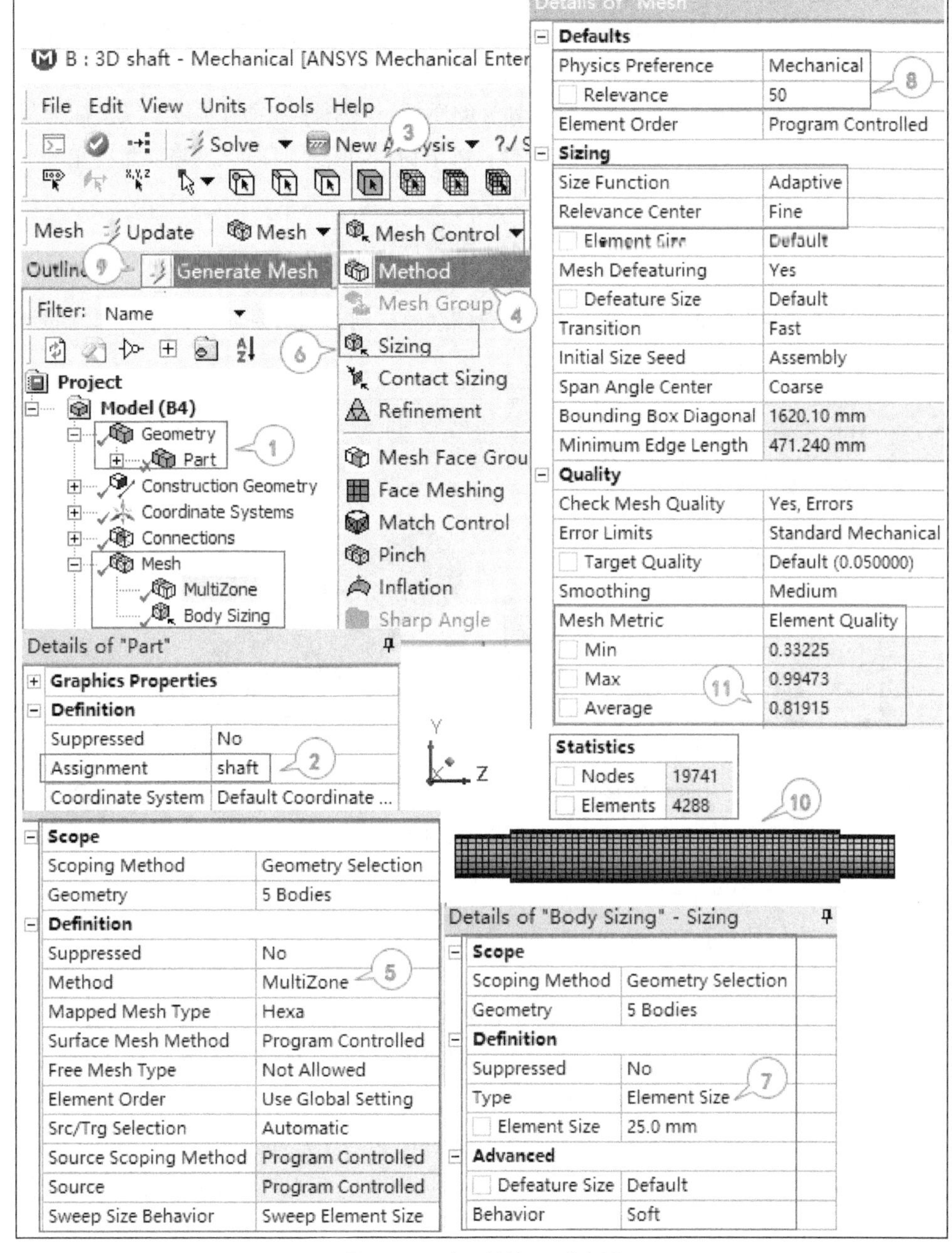

图 3.4-3 分配材料及网格划分

（3）在工具栏中单击【体选】按钮，采用“框选方式”【Box Select】，即在图形窗口按住鼠标左键，拖动鼠标，框选所有 5 个实体（模型大小可用鼠标中键进行缩放，或单击工具栏中的【缩放】按钮）。

（4）多区网格划分：在导航树中选择【Mesh】，在网格工具栏中插入网格划分方法：【Mesh Control】→【Method】。

（5）在明细窗口设置多重区域网格划分：【Definition】→【Method】=MultiZone。

（6）设置单元大小：在网格工具栏中插入尺寸命令【Mesh Control】→【Sizing】。

（7）在明细窗口设置单元尺寸：【Definition】→【Type】=Element Size，【Element Size】=25mm。

（8）在导航树中选择【Mesh】，在明细窗口可设置【Relevance】=50，【Relevance Center】=Fine。

（9）右键单击鼠标，从快捷菜单中选择【Generate Mesh】或在网格划分工具栏中选择【Mesh】→【Generate Mesh】，生成网格。

（10）在导航树中选择【Mesh】，图形窗口显示生成的网格。

（11）在导航树中选择【Mesh】，在明细窗口中展开【Quality】，设置【Mesh Metric】=Element Quality，显示网格质量，【平均值】约为 0.82，展开【Statistics】查看节点数为 19741、单元数为 4288。

（12）在图形窗口下方以直方图形式显示网格划分的质量，横坐标为网格质量，纵坐标为单元数目，如图中 0.99 单元质量的个数有 1600 个。单击每个列柱，图形窗口可显示具有该网格质量的单元。

（13）剖面显示：在工具栏中单击【剖面】按钮。

（14）在图形窗口的在模型中拖动鼠标划一直线，如图 3.3-4 所示。

（15）在剖面窗口中单击【显示整个单元】按钮。

（16）在图形窗口显示某个剖面的网格，如果不看该剖面，则在剖面窗口中将已经创建的剖面【Section Plane1】前面的对钩☑去掉或删除。

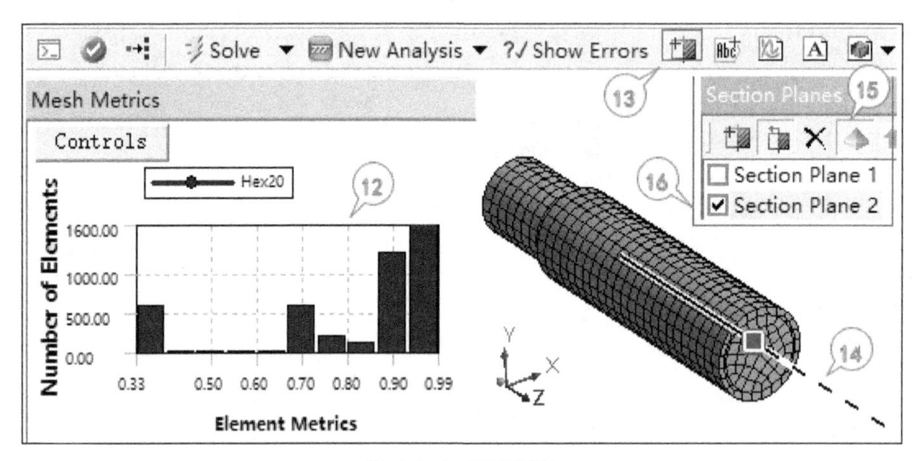

图 3.4-4　显示网格

6．施加载荷及约束（见图 3.4-5）

（1）在工具栏中选择【面选】按钮。

（2）在图形窗口选择一侧端面。

（3）施加集中力：在导航树中选择【Static Structural（B5）】，在工具栏中选择【Loads】→【Force】。

（4）施加 $-y$ 轴方向力 300kN，在明细窗口中设置【Definition】→【Define by】=Components，【Y Component】=-300000N，同样在另一侧端面施加 300kN 力。

（5）在工具栏中选择【线选】按钮，在图形窗口选择一侧第 3 条环线。

（6）远端位移约束：在导航树中选择【Static Structural（B5）】，在工具栏中选择【Supports】→【Remote Displacement】。

（7）在明细窗口中设置【Definition】→【X Component】=0，【Y Component】=0，【Z Component】=0，【Rotation X】= Free，【Rotation Y】= 0，【Rotation Z】=0。

（8）以同样方法在图形窗口选择另一侧第 3 条环线，插入【Supports】→【Remote Displacement】，在明细窗口设置【Definition】→【X Component】=0，【Y Component】=0，【Z Component】=free，【Rotation X】= Free，【Rotation Y】= 0，【Rotation Z】=0；导航树显示施加的两个集中力载荷 Force、Force2 及两个远端位移约束 Remote Displacement、Remote Displacement2。

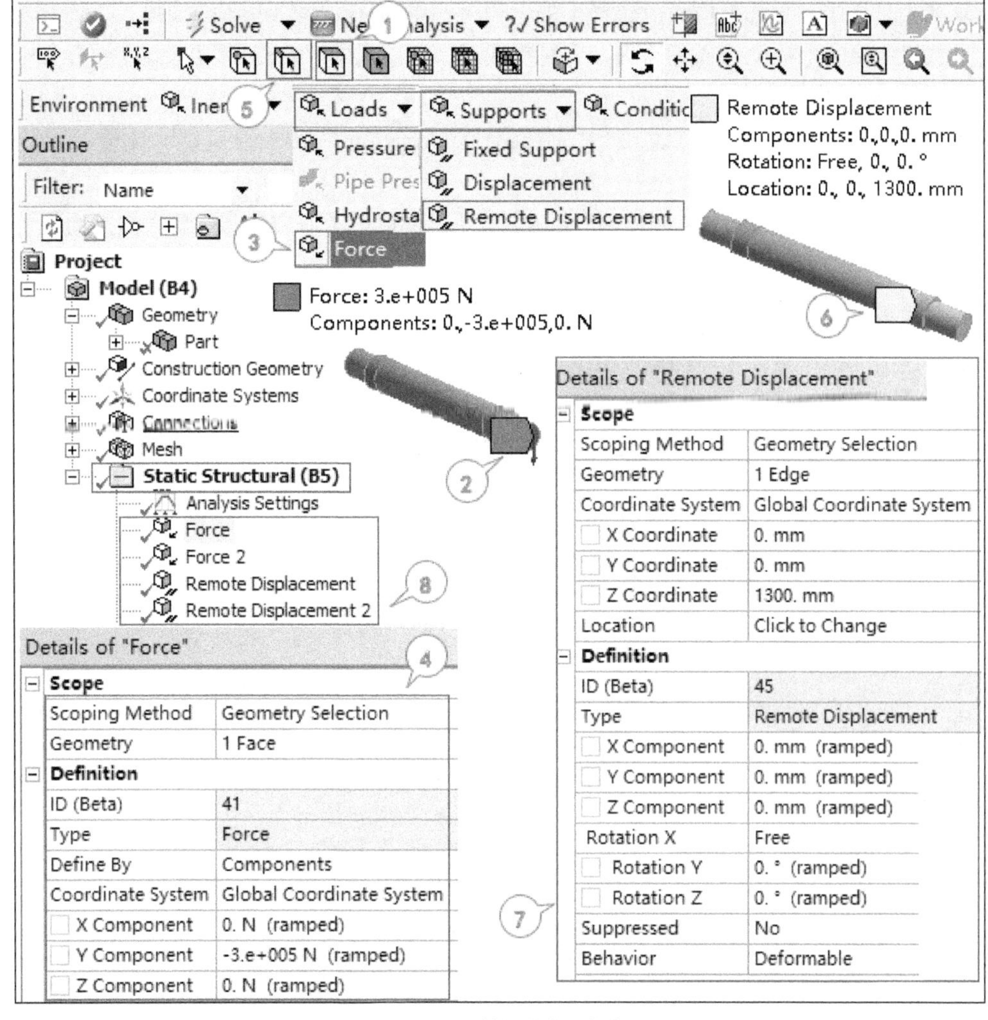

图 3.4-5　施加载荷及约束

7．添加求解选项并求解及查看结果（见图 3.4-6）

（1）在导航树中选择【Solution（B6）】，在求解工具栏中添加总变形结果，选择【Deformation】→【Total】。

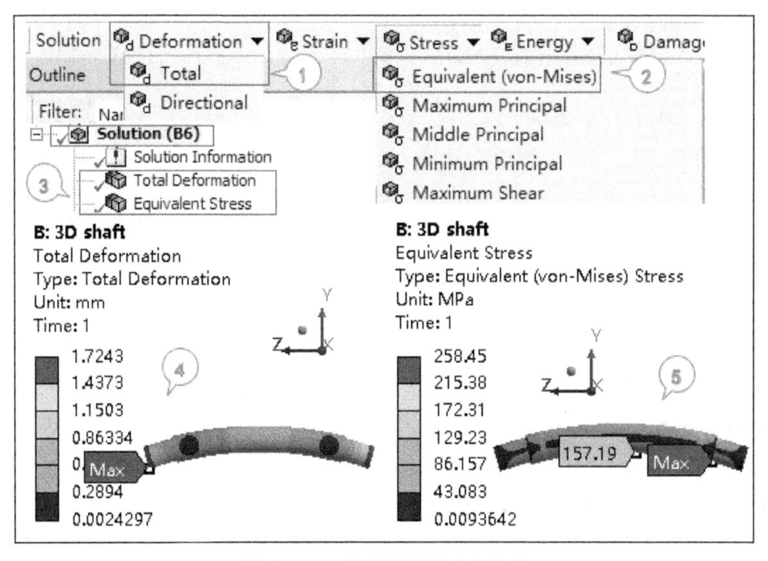

图 3.4-6　查看变形及应力分布

（2）在求解工具栏中添加等效应力，选择【Stress】→【Equivalent（von-Mises）】。

（3）在工具栏中单击【Solve】按钮求解。计算完成后，导航树中“总变形”【Total Deformation】、“等效应力”【Equivalent Stress】前面显示绿色对勾。

（4）分别查看：在导航树中选择“总变形”【Total Deformation】，图形窗口显示最大变形在轴两端，约为 1.72mm。

（5）在导航树中选择等效应力【Equivalent Stress】，图形窗口显示应力分布，最大应力约为 258MPa，在中间轴处单击，查看到该处应力为 157MPa 左右。

8．显示车轴端面绕度（见图 3.4-7）

（1）在工具栏中选择【面选】按钮。

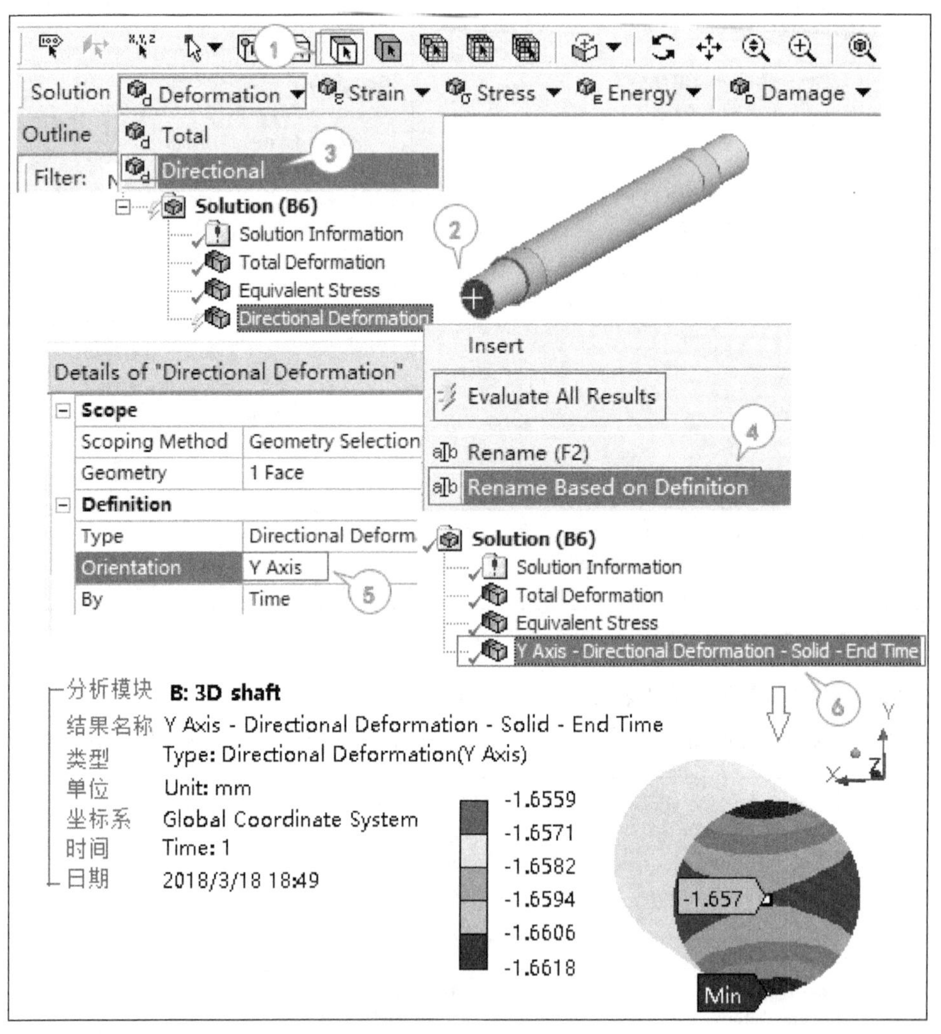

图 3.4-7　车轴端面 y 方向变形分布

（2）在图形窗口选择车轴左侧端面（z=0mm 位置的端面）。

（3）添加方向变形：在导航树中选择【Solution（B6）】，在求解工具栏中添加方向变形结果，选择【Deformation】→【Directional】。

（4）在导航树中选择【Solution（B6）】→【Directional Deformation】，右键单击鼠标，选择【Rename Based on Definition】，从而基于指定内容对结果选项重新命名。

（5）在明细窗口中设置 y 方向变形分量：【Definition】→【Type】= Directional Deformation，【Orientation】=Y Axis。在工具栏中单击【Solve】按钮更新求解结果。

（6）计算完成后，在导航树中选择重新命名的 y 方向变形分量的结果【Y Axis-Directional Deformation–Solid-End Time】，图形窗口中显示端面 y 方向变形分布为-1.656mm～-1.66²mm，中间约为-1.657mm，图例还给出相关信息显示，如图 3.4-7 所示。

9．定义路径（见图 3.4-8）

（1）在导航树中单击【Model（B4）】，工具栏中出现与模型有关的命令按钮。

（2）在工具栏中单击“路径”按钮【Path】，则将新建一条路径。

（3）设置路径：选择导航树中加入的【Construction Geometry】→【Path】。

（4）在明细窗口中选取两个点连接为一条直线路径，这里在【Start】→【Location】旁边的【Click to Change】单元格处单击，然后在图形窗口选取粗轴的圆弧线作为起点，同样在【End】→【Location】旁边的【Click to Change】处定义终点，然后修改 y 轴的坐标为 90mm，即【Start Y Coordinate】=90mm，【End Y Coordinate】=90mm；另外一种方法是：直接输入起点坐标值（0，90mm，1400mm）和终点坐标值（0，90mm，200mm）。

（5）图形窗口显示路径沿轴向粗轴的边缘处，数字 1 为起点，2 为终点。

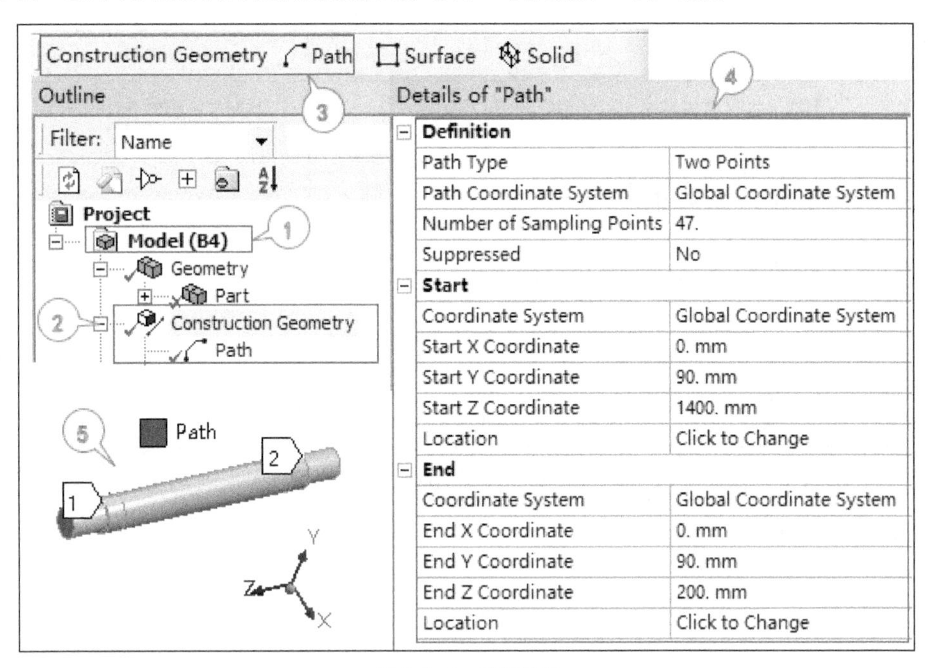

图 3.4-8 定义路径

10．根据路径显示拉应力并与梁单元结果对比（见图 3.4-9）

（1）添加拉应力：在导航树中选择【Solution（B6）】，在求解工具栏中添加“法向应力”，选择【Stress】→【Normal】。

（2）在明细窗口中设置按路径显示：【Scoping Method】=Path，【Path】=Path，【Type】=Normal Stress，【Orientation】=Z Axis，其余为默认设置。

（3）【Normal Stress】处右键单击鼠标，选择【Evaluate All Results】导出求解结果。

（4）计算完成后，在导航树中选择【Normal Stress】，图形窗口显示沿路径变化的轴向应力结果。

（5）图形窗口下方给出轴向应力沿路径长度的变化曲线及数据列表。

（6）数据列表显示 300mm～900mm 的等效应力相同，为 158.07MPa。

（7）为了与梁单元的分析结果对比，可将窗口切换到 WB 中，双击分析系统 A 下方的【Results】，进入分析系统 A 的结构分析程序（分析系统 B 不用关闭），插入“梁工具”【Beam Tool】更新分析系统 A 的求解结果，得到【Beam Tool 2】→【Maximum Combined Stress】；在分析系统 A 导航树中选择【Beam Tool 2】→【Maximum Combined Stress】，结果表明粗轴的最大组合应力是相同的，为 157.52MPa。

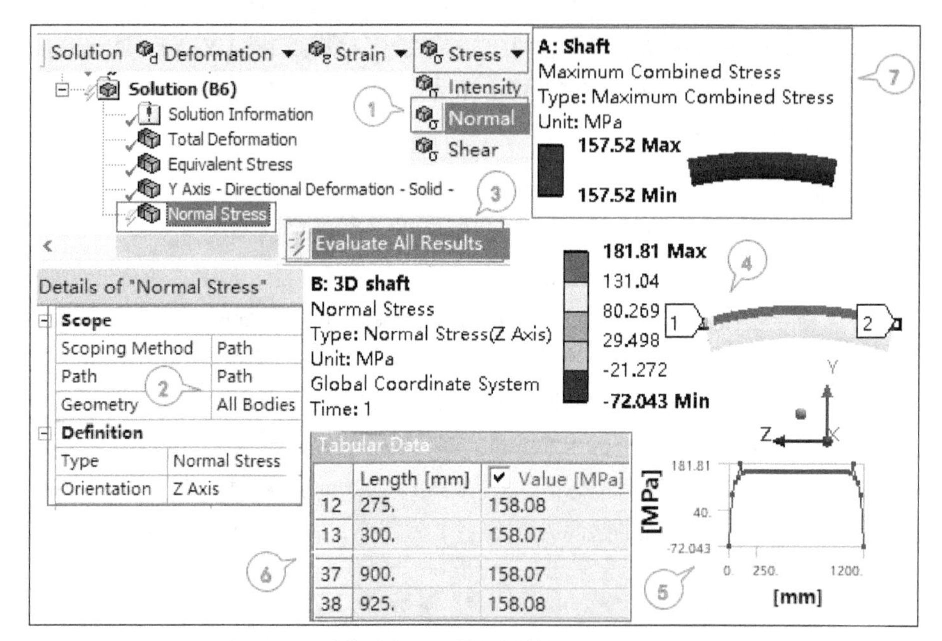

图 3.4-9　分析系统 B 根据路径显示拉应力并与分析系统 A 梁单元的结果对比

3.4.2　结果分析与应力评定解读

1．梁模型与实体模型 AB 段拉应力结果对比

表　机车轮轴计算结果对比

	理论解	梁模型	梁模型偏差	3D 实体模型	实体模型偏差
AB 段拉应力(MPa)	157.19	157.52	0.34%	158.07	0.56%

计算结果（见图 3.4-9）和理论解[式（3.3.2）]的对比见上表，可以看出梁模型与 3D 实体模型对于轴的 AB 段拉应力的计算结果和理论解误差很小。

提示

梁模型计算中，梁工具得到的是长度方向拉/压应力、最大/最小弯曲应力或拉弯组合的最大/最小应力，所以为方便对比，导出结果为轴向正应力。

3D 模型中，可以完整描述模型的三向应力状态，因此查看各个方向的应力分量和不同强度准则对应的当量应力是很方便的。对于本案例，为防止结构钢的塑性屈服，强度准则可采用最大剪应力准则或形状改变比能准则，当量应力分别对应于“应力强度”【Stress Intensity】和“等效应力”【Equivalent (von-Mises) Stress】，应力强度为“最大主应力”【Maximum Principal Stress】与“最小主应力”【Minimum Principal Stress】之差，为方便理解，给出以下结果。

2．构造表面（见图 3.4-10）

（1）在导航树中单击【Coordinate Systems】，工具栏中出现与坐标系模型有关的命令按钮，单击【创建坐标系】按钮，导航树中出现新的坐标系，默认名称为【Coordinate Systems】。

（2）选择导航树中新的【Coordinate Systems】。

（3）在图形窗口中选择中间的圆柱面，在明细窗口中【Geometry】=Click to Change 处单击【Apply】按钮确认，则新坐标建立在图示模型中间。

（4）在导航树中选择“构造几何”命令【Construction Geometry】，在相应的工具栏中选择“创建表面”【Surface】。

（5）设置表面：选择导航树中加入的【Construction Geometry】→【Surface】，在明细窗口设置【Coordinate System】=Coordinate System，这样创建的表面位于前面设置的新坐标系处的 *xy* 平面。

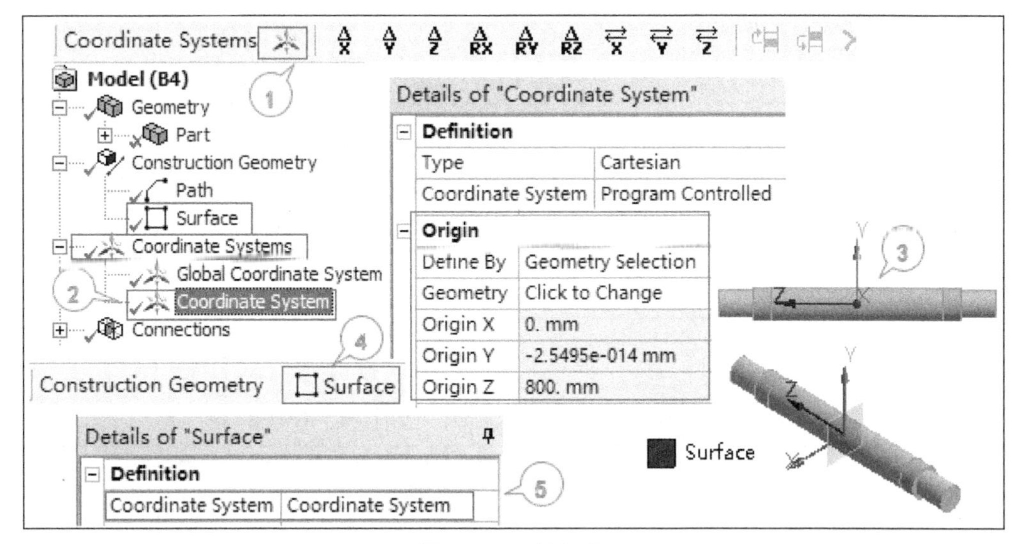

图 3.4-10　创建平面

3．获得中截面处不同的应力结果（见图 3.4-11 和图 3.4-12）

（1）添加等效应力：在导航树中选择【Solution（B6）】，在求解工具栏中添加“等效应力”选择【Stress】→【Equivalent （von-Mises）】，“最大主应力”【Maximum Principal】、“最小主应力”【Minimum Principal】和“应力强度”【Intensity】结果。

（2）在导航树中选中前面添加的 4 个结果，在明细窗口中设置按表面显示：【Scoping Method】=Surface，【Surface】=Surface。

（3）右键单击鼠标，选择【Rename Based on Definition】，则导航树中更改显示名称为【Equivalent（von-Mises）Stress - Surface】等，在工具栏中单击【Solve】按钮更新求解结果。

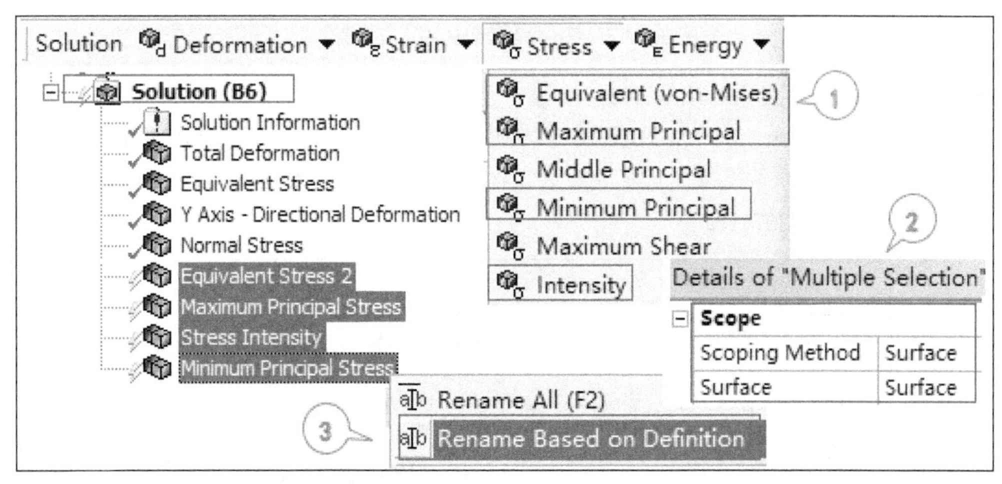

图 3.4-11　提取应力结果

（4）计算完成后，在导航树中选择【Equivalent（von-Mises） Stress - Surface】，图形窗口显示中截面处的等效应力，最大值 158MPa 位于中截面 *y* 方向的上下处，中间为 0。

（5）在导航树中选择【Maximum Principal Stress - Surface】，图形窗口显示中截面处的最大主应力，最大拉应力 158MPa 位于中截面 y 方向的上面，下面为 0。

（6）在导航树中选择【Minimum Principal Stress - Surface】，图形窗口显示中截面处的最小主应力，最大压应力 158MPa 位于中截面 y 方向的下面，上面为 0。

（7）在导航树中选择【Stress Intensity - Surface】，图形窗口显示中截面处的应力强度，最大值 158MPa 位于中截面 y 方向的上下处，中间为 0。

提示

梁模型中，一个截面仅显示一个最大/最小的拉/压应力结果，而 3D 模型中可得到每个节点的应力数据，截面上的应力为渐变分布。由于中间轴为纯弯曲变形，所以可看到最大主应力值与图 3.4-9 中的轴向拉应力值是一样的，根据中截面 y 方向上面主应力值：σ_1=158MPa，σ_2=0，σ_3=0，则可计算等效应力 σ_e 与应力强度 σ_I：

$$\sigma_e=\sqrt{\frac{1}{2}\left[\left(\sigma_1-\sigma_2\right)^2+\left(\sigma_2-\sigma_3\right)^2+\left(\sigma_3-\sigma_1\right)^2\right]}=158(\text{MPa}) \tag{3.4.1}$$

$$\sigma_I=\max\left(\left|\sigma_1-\sigma_2\right|,\left|\sigma_2-\sigma_3\right|,\left|\sigma_3-\sigma_1\right|\right)=158(\text{MPa}) \tag{3.4.2}$$

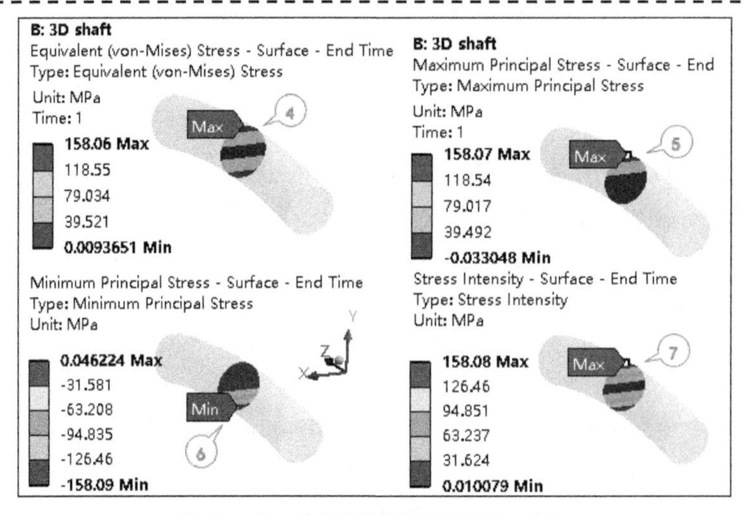

图 3.4-12　获得中截面处的不同应力结果

4．查看最大主应力（见图 3.4-13）

在导航树中选择【Solution（B6）】，在求解工具栏中选择“最大主应力”【Maximum Principal】，在工具栏中单击【Solve】按钮更新求解结果。计算完成后，在导航树中选择【Maximum Principal Stress】，图形窗口显示 C 截面处最大拉应力 267MPa。

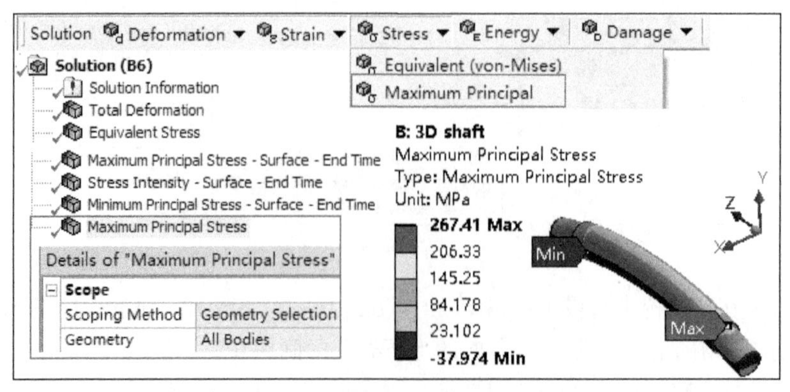

图 3.4-13　分析系统 B 轴最大主应力分布

3D 模型中，C 截面局部轴向拉应力与梁模型的计算结果 181.46MPa（见图 3.3-10）相差很远，这对于强度评定而言是个很棘手的问题，因为如果用 267MPa 与许用应力 237MPa 相比的话，结构是不满足强度要求的，这与 3.3.3 节的分析结论恰好相反。

5．细化网格再查看 C 截面拉应力（见图 3.4-14）

（1）为方便对比，可复制一个分析系统细化网格，在导航树中选择【Mesh】→【Body Sizing】。

（2）在明细窗口中设置单元大小为 10mm：【Type】=Element Size，【Element Size】=10mm。

（3）更新网格后查看网格平均质量由以前的 0.82 提升到 0.94。

（4）在工具栏中单击【Solve】按钮更新求解结果，计算完成后，在导航树中选择【Maximum Principal Stress】，图形窗口显示 C 截面处最大拉应力为 412MPa。

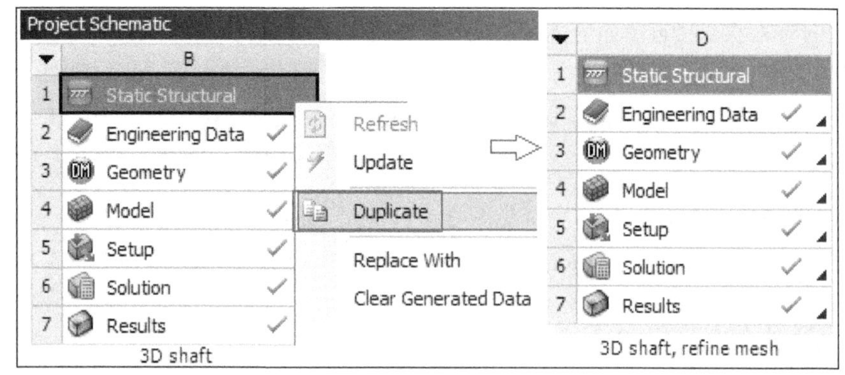

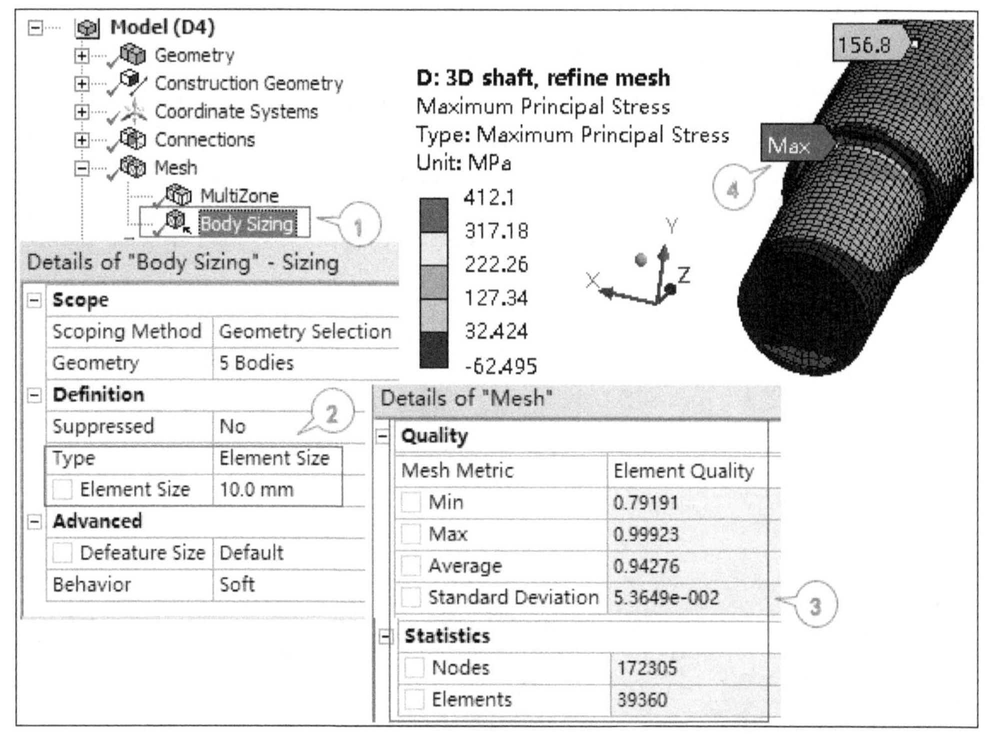

图 3.4-14　细化网格后轴向最大主应力分布

可以看到，细化后 C 截面处阶梯轴连接处的轴向应力并没有得到所期待的一个收敛解，而是变得很大，412MPa 是 267MPa 的 1.5 倍，说明此处应力奇异。

3.4.3 处理应力奇异问题

前面的计算结果表明：由于模型阶梯轴 C 截面并没有给出应有的圆角过渡，不同于线单元简化模型的结果，3D 模型中得到的是一个应力奇异结果。这里“应力奇异”是指受力体由于几何关系，在求解应力函数的时候出现的应力趋向无穷大。

因此有限元在 3D 模型分析中，当连接过渡处因几何模型不连续时，会出现应力的计算值发散而不收敛的结果，可以判断为应力奇异，如果用该计算值进行强度评定是无效的。

那么静强度校核中，对于 3D 模型中出现应力奇异的结果，又该如何处理呢？如果是关键区域，通常是希望得到该处的收敛结果，一种方法是根据真实模型进行详细建模，即模型中包含应有的过渡圆角，将不连续的几何模型修正为连续的几何模型，同时对关心的局部区域进行网格细化，获取收敛结果，然后再进行强度评估，但这种方式计算成本较高。

如果分析模型的应力状态接近单向应力或双向应力状态，且计算中不考虑疲劳失效，可以采用另一方法，该方法在 3D 模型中获取等同简化模型的分析计算结果进行应力强度评估，采用 ANSYS 提供的应力结果线性化工具（用于将应力分解为膜应力、弯曲应力和峰值应力），可过滤掉应力奇异引起的峰值应力，而保留名义应力，具体过程如下。

1．查看细轴 C 截面处线性化轴向应力（见图 3.4-15 和图 3.4-16）

（1）选择导航树中加入的【Construction Geometry】，显示相应的几何构造命令，在工具栏中单击“路径”按钮【Path】，将新建一条路径。

（2）工具栏中激活“网格显示”【Show Mesh】。

（3）单击【选取网格节点】按钮。

（4）设置路径：选择导航树中加入的【Construction Geometry】→【Path 2】，在明细窗口中【Start】与【End】的【Location】处分别选取图 3.4-15 中两个网格节点，连接为一条直线路径，这里也可输入【Start】坐标值：【Start X Coordinate】=0mm，【Start Y Coordinate】=75mm，【Start Z Coordinate】=200mm；【End】坐标值：【End X Coordinate】=0mm，【End Y Coordinate】=-75mm，【End Z Coordinate】=200mm，从而创建路径。

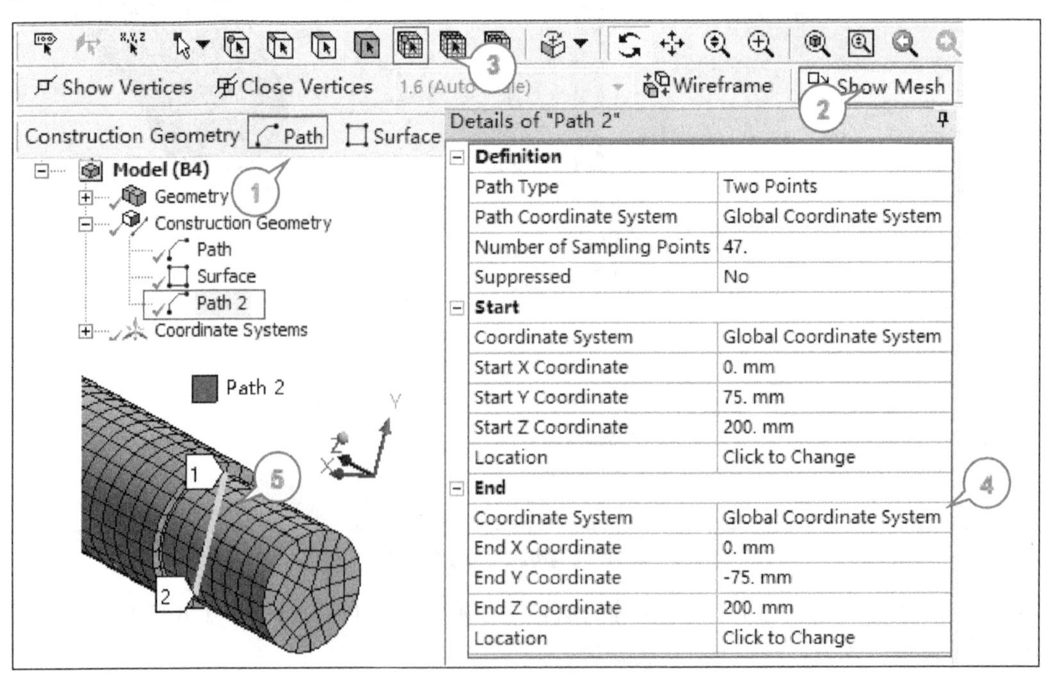

图 3.4-15 设置 C 截面处路径

（5）图形窗口中显示路径在小轴横截面中间。

提示

如果输入坐标值的路径未经过网格节点，选择【Construction Geometry】→【Path 2】，右键单击鼠标，从快捷菜单中选择【Snap to Mesh Nodes】，将路径端点设置到网格节点上，这时坐标值会发生一些变化。

（6）添加最大主应力线性化结果：在导航树中选择【Solution（B6）】，在工具栏中单击【Linearized Stress】→【Maximum Principal】，导航树中会出现【Linearized Maximum Principal Stress】。

（7）在明细窗口中进行设置：【Path】=Path2，在图形窗口中选择侧面的细轴，在【Geometry】处单击【Apply】按钮，完成后显示【Geometry】=1 Body，【Type】= Maximum Principal Stress。

（8）在导航树中选择【Linearized Maximum Principal Stress】，在工具栏中单击【Solve】按钮更新求解结果

（9）计算完成后，图形窗口显示细轴 C 截面处沿路径 Path 2 的最大主应力线性化结果。

（10）在明细窗口中显示出应力线性化的具体数值，C 截面处薄膜应力+弯曲应力最大值在 1 点处为 173.4MPa，峰值应力为 104.1MPa，同时图形窗口下方也显示出相应图表及沿路径长度分布的数据表。

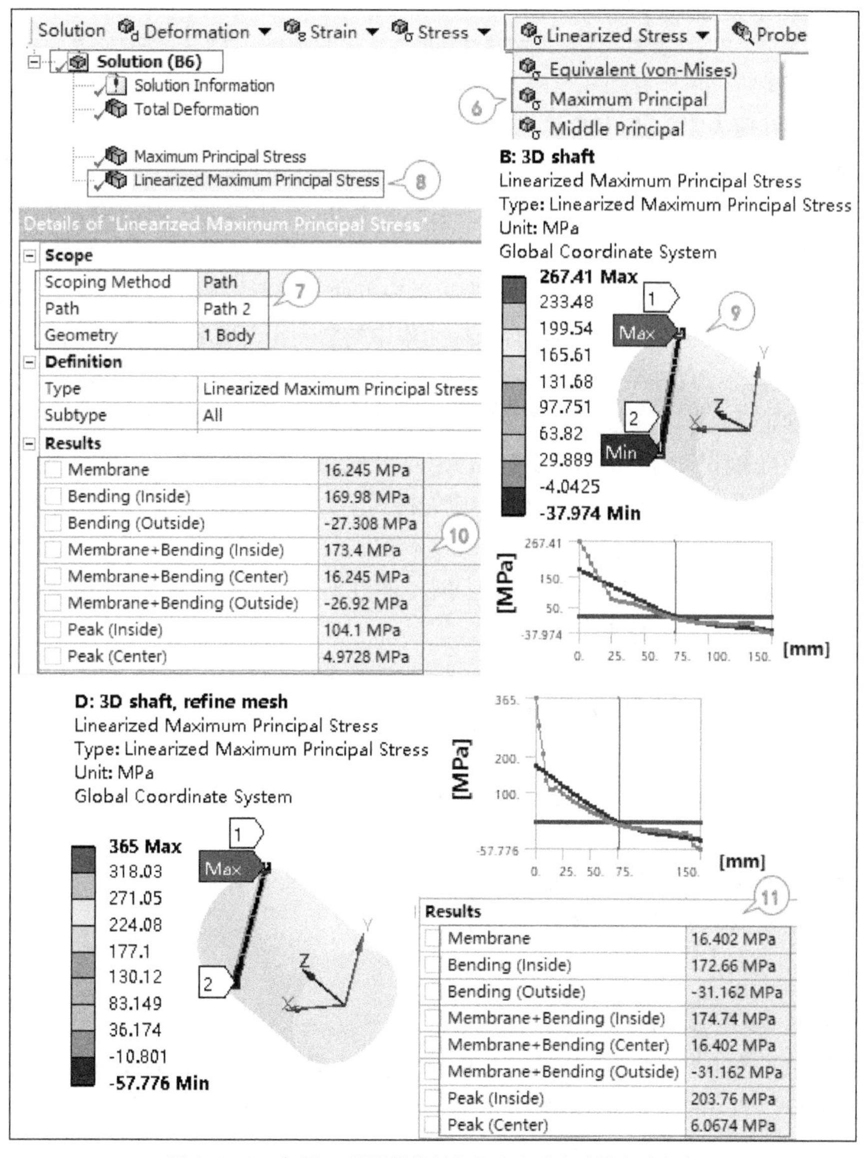

图 3.4-16　细轴 C 截面处线性化最大主应力（轴向应力）

（11）为了对比，对细化网格模型建立相同的路径，提取线性化最大主应力，可看到 C 截面处薄膜应力+弯曲应力最大值在 1 点处为 174.74MPa，峰值应力为 203.76MPa。

说明

对比粗细网格模型相同路径处的最大主应力线性化结果，可以看到由于应力奇异导致不同的网格划分，峰值应力相差很大，所以总轴向应力（薄膜应力+弯曲应力+峰值应力）相差也很大。粗网格模型最大拉应力 267.41MPa 去除峰值应力 104.1MPa 后的最大拉应力为 173.4MPa；细化网格模型最大拉应力 365MPa 去除峰值应力 203.76MPa 后的最大拉应力为 174.74MPa，二者相差不大，且二者与理论解 181MPa 的误差小于 5%。

3.5 工程案例——应用子模型计算机车轮轴过渡处的局部应力

3.5.1 理解应力集中处的应力

通过前面的计算与分析，可以看到在非应力集中区，采用梁单元的计算模型中的结果与 3D 实体模型的计算结果是一致的，但在应力集中处，3D 模型得到的最大应力是个奇异解，无法用于强度评定。

对于轴的静强度分析，由于静载作用下，尽管塑性材料的应力集中处会发生局部屈服，但远离大小轴交界面的几何不连续处为低应力区，材料并未屈服，弹塑性材料在静力加载中，其应力集中部位达到屈服极限后，其应力-应变曲线变为非线性（见图 3.2-8），以阻止该处应力进一步显著增大。随着载荷增加，更多材料产生屈服，直至横截面上应力都达到屈服点，材料应力-应变曲线继续增加，进而达到强度极限导致结构失效，因此结构塑性失效的静强度分析中可以不计入应力集中的影响，而取名义应力进行强度校核就可以了。

简而言之，就是机车车轴 3D 模型静载分析中采用线性化应力提取的方法和采用梁单元模型的分析方法，与使用材料力学公式理论计算的名义应力三者是等效的，仿真分析结果可直接用于静强度校核。

仅在静强度校核中可忽略 3D 模型的应力奇异，但对于动载荷（如疲劳或冲击）作用下导致塑性材料表现为脆性失效的模式，需要考虑应力集中的影响，应先得到应力集中处的应力，再进行相应的强度评估。

从车轴分析模型中可以看到，由于应力奇异，无法获取收敛的应力结果，因此为了获得真实模型的应力集中结果，需要在大小轴交界面的轴肩处添加过渡圆角，将几何不连续模型变为几何连续模型，才能得到应力收敛结果，并将该结果用于后续的疲劳寿命计算。

3.5.2 应用子模型求解机车轮轴局部应力的数值模拟过程

下面应用 ANSYS 子模型技术，计算机车轮轴轴肩处的应力。

分析过程主要如下：

- 在机车轮轴轴肩处分割出有过渡圆角的局部细化模型。
- 细化模型的边界条件来自于前面整体模型的计算结果。
- 细分网格后重新求解。

1．复制分析系统（见图 3.5-1）

WB 项目流程图中，选择 3D 轴静力分析系统 B，右键单击鼠标，单击【Duplicate】，则复制一个新的分析系统 C，重新命名标题为 submodel of 3D shaft，然后在 C3 单元格【Geometry】双击鼠标，进入 DM。

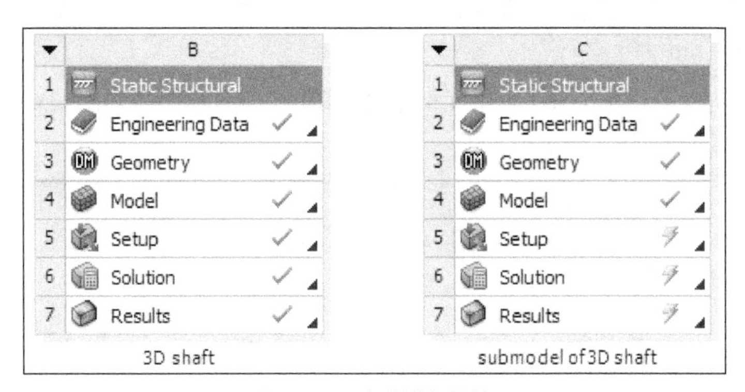

图 3.5-1 复制分析模块

2．DM 中建立子模型（见图 3.5-2）

（1）DM 中建模单位为 mm，在菜单栏中选择【Units】→【Millimeter】；在工具栏单击【面选】按钮，在图形窗口选择阶梯轴交界面。

（2）在工具栏单击【新平面】按钮，创建新平面【Plane8】。

（3）新平面沿轴向偏移 100mm：在明细窗口设置【Transform 1】=Offset Z，【FD1，Value 1】=100mm，图形窗口的局部坐标显示为新平面的位置。

（4）在工具栏中单击【生成】按钮【Generate】，导航树中显示生成的新平面【Plane8】。

（5）在菜单栏中选择【Creat】→【Slice】或在工具栏中单击【Slice】按钮创建【Slice1】。

（6）用新平面分割轴模型：在明细窗口设置【Slice Type】=Slice by Plane，【Base Plane】=Plane8。

（7）在菜单栏中选择【Creat】→【Boolean】创建【Boolean 1】，合并分割出来的 2 段轴，在明细窗口设置【Operation】=Unite，【Tool Bodies】=2 Bodies。

（8）在工具栏中选择【Blend】→【Fixed Radius】创建轴肩处的倒圆角。

（9）设置 30mm 倒圆角：在明细窗口设置【Fixed-Radius Blend】=FBlend2，【FD1，Radius(>0)】=30mm。

（10）保留子模型：在导航树中【Part】下方选择不需要的实体模型，右键单击鼠标，选择【Suppress】。

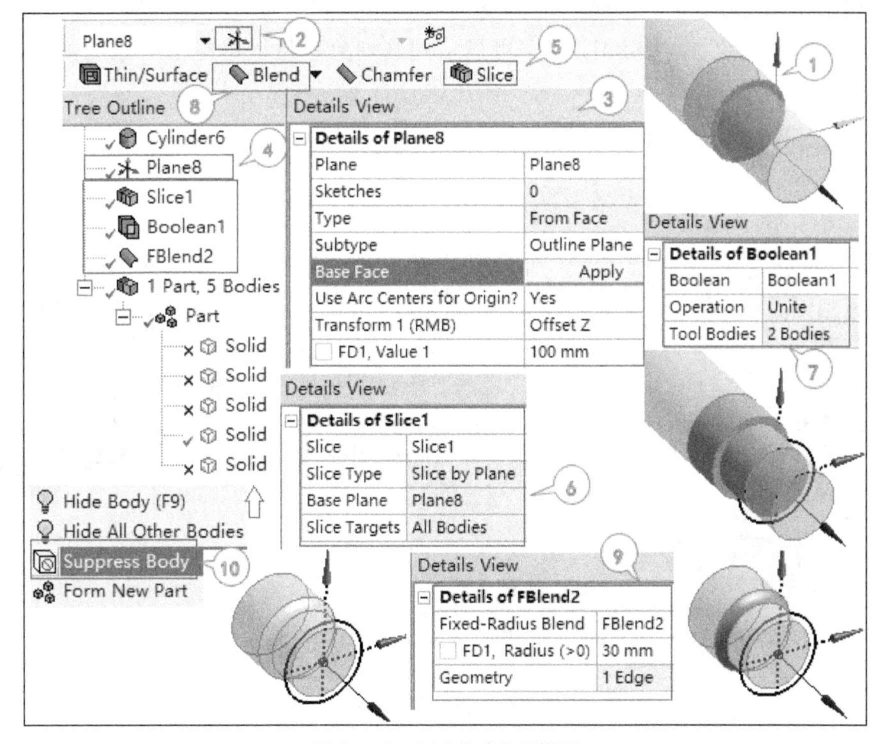

图 3.5-2 DM 中建立子模型

3. 更新分析系统 C（见图 3.5-3）

切换到 WB 项目流程图窗口中，在 C4 单元格【Model】双击鼠标，在弹出的对话框中单击【是（Y）】按钮，进入结构静力分析系统 C。

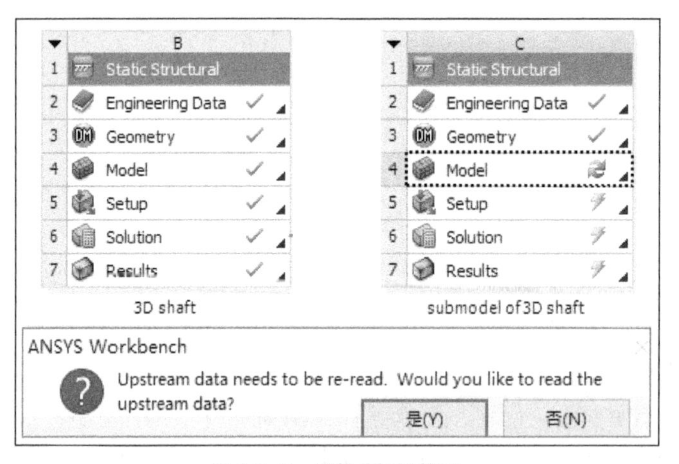

图 3.5-3　更新分析系统 C

4. 系统 C 中细分网格并删除边界条件（见图 3.5-4）

（1）有问号标识的对象需要去除，以免影响求解，在导航树中选择【Coordinate Systems】→【Coordinate System】，右键单击鼠标，选择【Suppress】抑制此坐标系。

（2）在导航树中选择两组【Force】和两组【Remote Displacement】，右键单击鼠标，选择【Delete】删除边界条件。

（3）在导航树中选择【Mesh】→【Body Sizing】。

（4）在明细窗口设置【Element Size】=8mm，在网格工具栏中单击【Update】按钮，图形窗口中显示更新后的细分网格。

（5）在导航树中单击【Mesh】，在明细窗口查看网格质量和数量：【Mesh Metric】=Element Quality，网格平均质量约为 0.95，“统计”【Statistics】可显示网格划分数量，这里节点数约为 4.1 万、单元数为 9315。

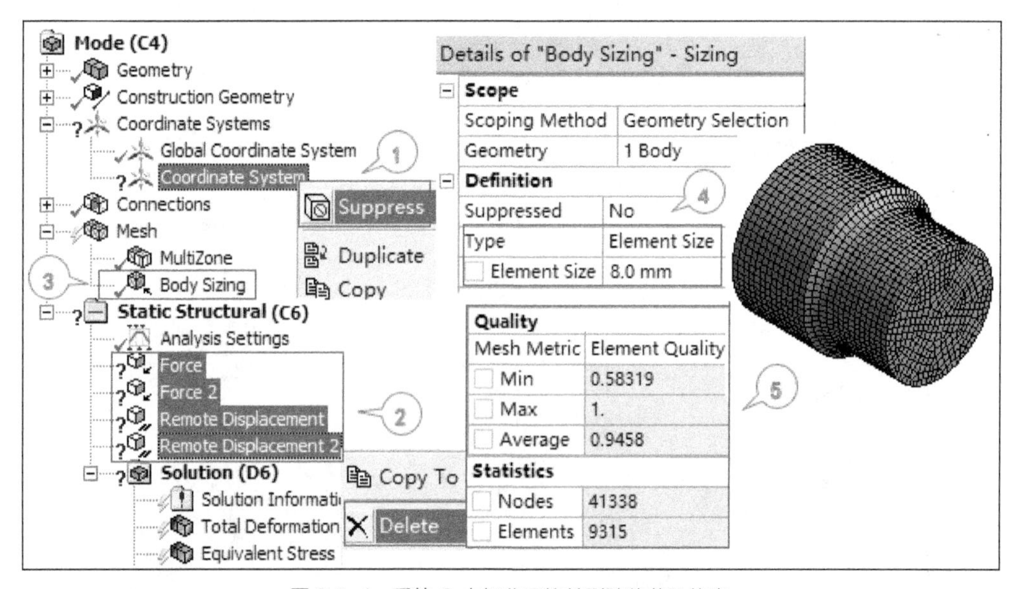

图 3.5-4　系统 C 中细分网格并删除载荷及约束

5．从整体模型中得到子模型边界条件（见图 3.5-5 和图 3.5-6）

（1）返回 WB 项目流程图，将系统 B6 单元格【Solution】拖入到 C5 单元格【Setup】上，并在该单元格双击鼠标，在弹出的更新窗口中单击【是（Y）】按钮。

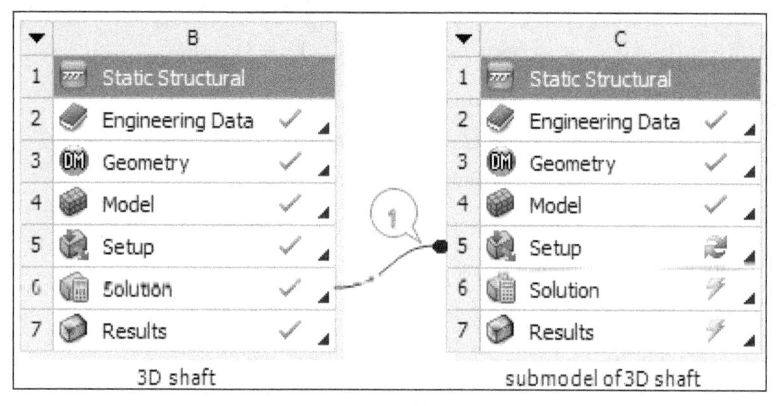

图 3.5-5 连接子模型

（2）系统 C 分析环境中出现子模型命令，在导航树中选择【Submodeling（B6）】，右键单击鼠标，选择【Insert】→【Cut Boundary Constraint】，插入边界约束来自整体模型。

（3）展开【Submodeling（B6）】→【Imported Cut Boundary Constraint】，在明细窗口选择模型前后两个端面。

（4）在【Imported Cut Boundary Constraint】右键单击鼠标，选择【Import Load】，导入边界条件。

（5）在图形窗口中，在分割的边界面上显示导入的位移边界。

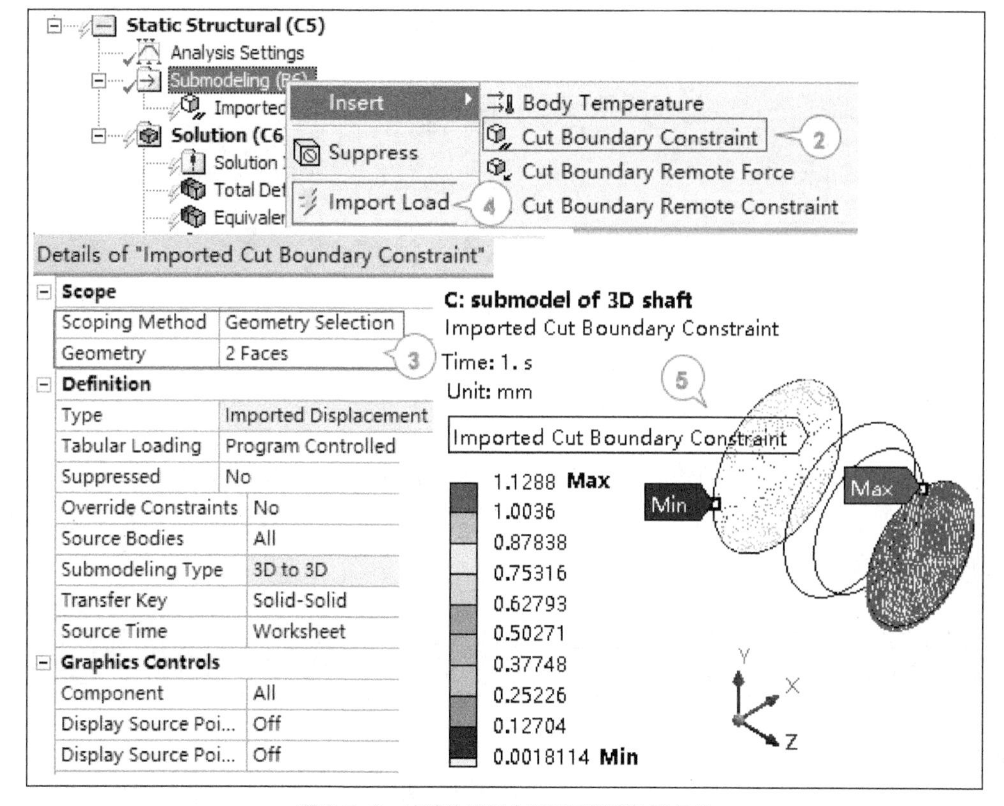

图 3.5-6 从整体模型中得到子模型边界条件

6．求解并查看轴肩处轴向应力及应力收敛性判定（见图 3.5-7）

（1）在图形窗口选择图 3.5-7 中轴肩处两个外表面，在求解工具栏中添加最大主应力，选择【Stress】→【Maximum Principal】，在工具栏单击【Solve】按钮求解。

（2）在导航树中选择【Maximum Principal Stress】，查看轴肩处最大拉应力，图 3.5-7 中显示为 265.62MPa。

（3）按前文所述方法细化网格，在导航树中选择【Mesh】→【Body Sizing】。

（4）在明细窗口设置【Element Size】=4mm，重新单击【Solve】按钮求解。

（5）对比结果，图 3.5-7 中显示最大拉应力为 258.53MPa，二者误差约为 3%，求解收敛。

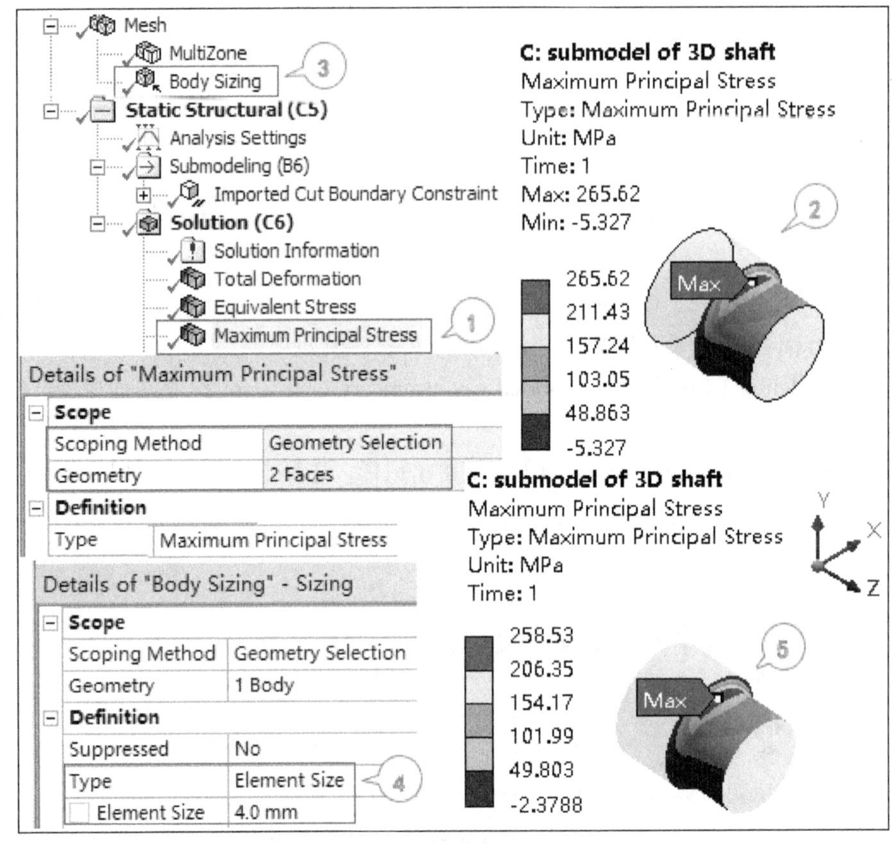

图 3.5-7　查看轴肩处轴向最大拉应力

3.5.3　应力收敛性判定及结果分析

从图 3.5-7 可以看到，轴肩处的轴向最大拉应力从 265.62MPa 减少为 258.53MPa，相对误差约为 3%（<5%），说明计算结果是收敛的，所以 258.53MPa 可以用于后续的疲劳强度分析。3.6 节将使用 ANSYS 的疲劳工具进行高周疲劳寿命的计算。

3.6　工程案例——应用疲劳工具计算机车轮轴过渡处的疲劳寿命

1．输入材料的疲劳寿命曲线（见图 3.6-1）

（1）在 WB 项目流程图的系统 C 的【Engineering】单元格双击鼠标，进入工程数据窗口【Engineering Data】中，选择需要的材料 shaft。

（2）选择“工具箱”【Toolbox】中的“寿命”【Alternating Stress Mean Stress】，选中该项后该命令呈灰色。

（3）在属性窗口中修改插值数据显示为半对数：【Alternating Stress Mean Stress】→【Interpolation】=Semi-Log。

（4）在属性表中输入应力-寿命曲线的数据：由于为对称循环，则 A 列中平均应力为 0，B 列为循环次数，C 列为交变应力幅值，如图 3.6-1 所示（该数据取自《机械工程材料数据手册》，存活率 99.9%，圆柱试样疲劳寿命，应力集中系数为 2）。

（5）属性图表中显示半对数疲劳寿命曲线（*S-N* 曲线）。

（6）单击标签选项【Project】，返回 WB 项目流程图。

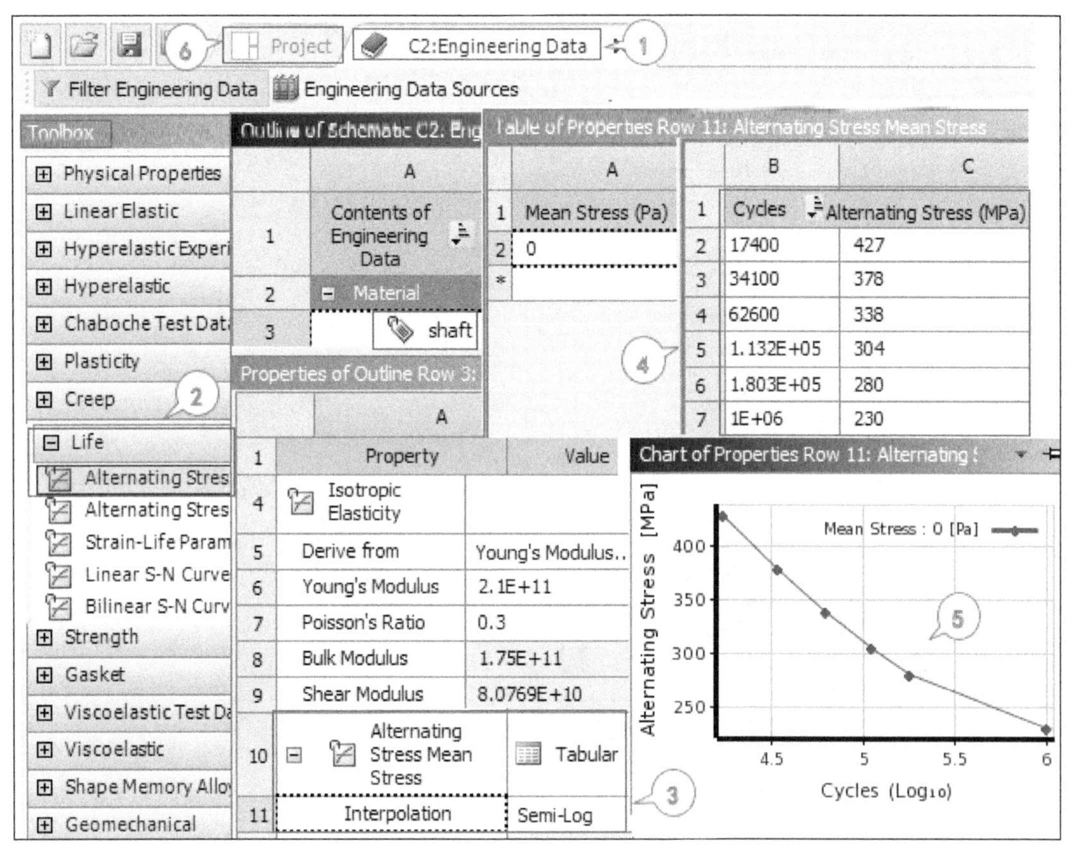

图 3.6-1　输入材料的疲劳寿命曲线

2．使用疲劳工具计算子模型轴肩过渡处的疲劳寿命（见图 3.6-2）

（1）在分析系统 C 的【Model】双击鼠标，重新进入分析环境，这里更新了材料，在导航树单击【Solution】，在求解工具栏中单击疲劳工具：【Tools】→【Fatigue Tool】

（2）在导航树中会显示插入的“疲劳工具”【Fatigue Tool】，在明细窗口设置“疲劳强度因子”【Fatigue Strength Factor（Kf）】=0.9 以考虑实际零件与试件的材料差异，设置对称循环：【Type】 =Fully Reversed、计算“应力疲劳寿命”：【Analysis Type】=Stress Life，不设置“平均应力理论”【Mean Stress Theory】=None，应力分量：【Stress Component】=Max Principal。此时工作表窗口的上方会显示应力幅值为常数的对称循环的交变应力图，下方为选用的平均应力修正理论。

（3）在导航树单击【Fatigue Tool】，右键单击鼠标，插入寿命、损伤：选择【Insert】→【Life】,【Damage】。

（4）设置疲劳寿命，在导航树中选择【Fatigue Tool】→【Life】，选择需要查看的轴肩处的两个面，在明细窗口中确认后【Geometry】=2 Faces。

（5）在工具栏单击【Solve】按钮更新求解，在图形窗口查看疲劳寿命，最小为 1.5663e5 次应力循环。出现在轴肩轴向拉应力最大的位置。

（6）设置疲劳损伤，在导航树中选择【Fatigue Tool】→【Damage】，选择同样的两个面，并输入零件“设计寿命”【Design Life】=1e5，重新求解，结果处显示最大损伤约为 0.638。

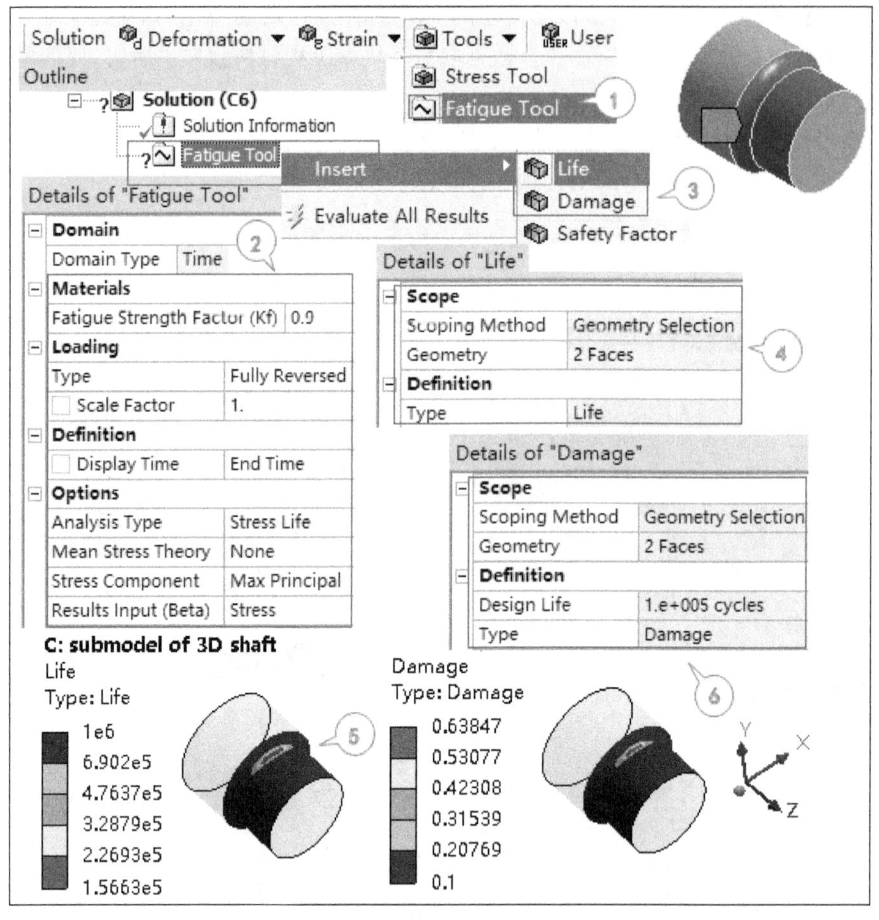

图 3.6-2　添加疲劳工具及设置查看高周疲劳分析结果

说明

疲劳损伤小于 1，则表示疲劳寿命能满足设计寿命的要求，计算完毕后保存文件。

3.7　本章小结

本章为 ANSYS Workbench 结构分析的基础内容，讲述了结构静力分析问题的有限元方程及 ANSYS Workbench 中求解的基本方法。为了能正确使用 ANSYS 软件，对结构应力分析及相关术语给出解释及说明，以便与 ANSYS 软件中出现的命令对应起来，并基于一个工程模型给出 4 个不同的有限元分析模型的案例，分别进行了结构静强度计算，并对应力集中处局部应力进行应力评估及疲劳寿命计算。

3.8　习题

（1）简述结构静力分析应满足的条件，并给出实例加以说明。

（2）根据结构静力分析的有限元方程，解释线性静力问题与非线性静力问题的异同。

（3）影响有限元分析结果准确性的因素都有哪些？请举例说明。

（4）简述应力集中与应力奇异的区别。

（5）结构的强度失效或破坏，与材料的应力状态有关，基于各种分析假设，用不同的强度准则来表述，静强度分析中适用的强度设计准则一般有哪些？

（6）使用 ANSYS 15.0 Workbench 分析载荷均布梁的最大变形和最大应力，梁截面为 20mm × 20mm 方形截面，长度 L=2500mm，分布载荷 q=500N/m，材料为结构钢，弹性模量 200GPa，泊松比为 0.3，将计算结果和材料力学结果对比。

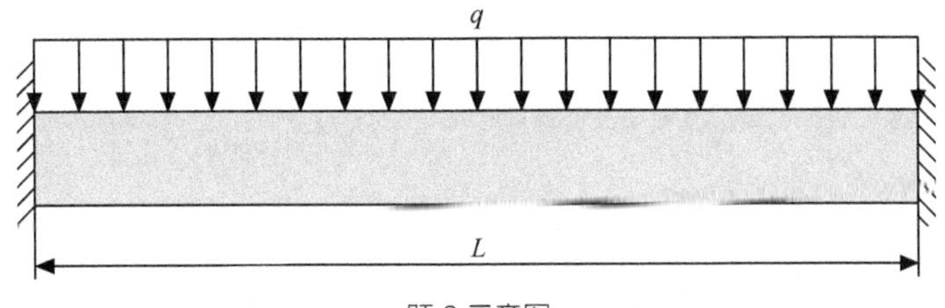

题 6 示意图

（7）矩形板（15m × 5m × 1m）中心开孔半径为 0.5m，一个端面固定，另一个端面承受拉伸载荷，压力为-50MPa，考虑孔中心处应力集中，对中心孔圆柱面局部细化网格，假设收敛性标准为 10%，计算中心孔圆柱面上拉伸方向的最大正应力，并假设材料为钢弹性模量 200GPa，泊松比 0.3。

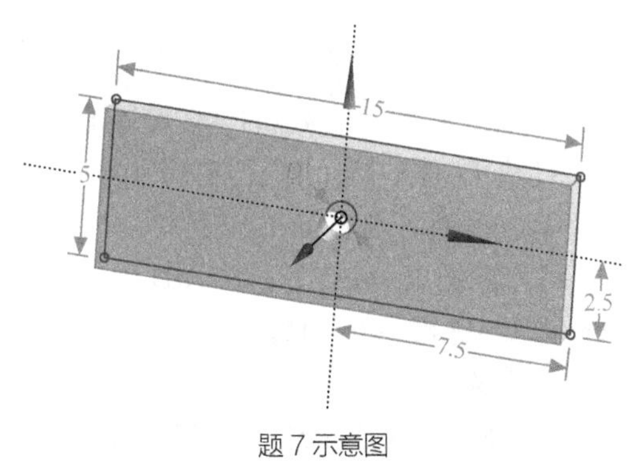

题 7 示意图

第4章 ANSYS Workbench 结构网格划分

网格是有限元数值模拟过程中不可分割的一部分，网格直接影响到求解精度、求解收敛性和求解速度。本章主要描述 ANSYS 18.2 Workbench 结构整体和局部网格划分的方法，以及网格质量评估，并通过两个案例给出详细操作过程。

4.1 网格划分概述

在有限元分析计算中，网格划分的重要性是毋庸置疑的，在设计 CAE 解决方案时建立网格模型往往会占用很长时间，因此，采用一个好的自动化网格工具，往往能得到更好的解决方案。

ANSYS 的网格技术通过 ANSYS Workbench 的【Mesh】组件实现，作为网格划分平台，ANSYS 的网格技术集成了 ANSYS 强大的前处理功能，集成 ICEM CFD、TGRID、CFX-MESH、GAMBIT 网格划分功能，支持参数化模型和网格参数设置及基于 CAD 模型的网格划分流程和高度自动化的流程，支持生成多物理场求解器所需网格，且可获得稳定的网格质量。

【Mesh】中可以根据不同的物理场和求解器生成网格，物理场有流场、结构场和电磁场，流场求解可采用【Fluent】、【CFX】、【POLYFLOW】，结构场求解可以采用显示动力算法和隐式算法。不同的物理场对网格的要求不一样，通常流场的网格比结构场要细密得多，因此，选择不同的物理场，也会有不同的网格划分。【Mesh】组件在项目流程图中直接与其他 Workbench 分析系统集成。

网格的节点和单元参与有限元求解，ANSYS 在求解开始时便会自动生成默认的网格。可以通过预览网格，检查有限元模型是否满足要求，细化网格可以使结果更精确，但是会增加 CPU 计算时间，且需要更大的存储空间，因此需要权衡计算成本和细化网格之间的矛盾。在理想情况下，所需要的网格密度会使结果随着随网格细化而收敛。但要注意：细化网格不能弥补不准确的假设和错误的输入条件。

4.2 网格划分工作界面

ANSYS 网格划分不能单独启动，只能在 Workbench 中调用分析系统或【Mesh】组件启动，进入网格划分环境，工作界面如图 4.2-1 所示，详细描述如下。

（1）顶端标题栏显示当前分析系统。

（2）左侧导航树默认包括“几何”【Geometry】、“坐标系统”【Coordinate Systems】、“连接关系”【Connections】及“网格划分”【Mesh】，插入的网格划分操作依顺序显示在【Mesh】下面。

（3）【Mesh】的明细窗口位于导航树下方，显示默认的物理场及整体网格划分控制。

（4）选择【Mesh】时，导航树上方会出现相应的网格划分工具栏。

（5）图形窗口的网格显示为相关物理场的默认网格划分结果。

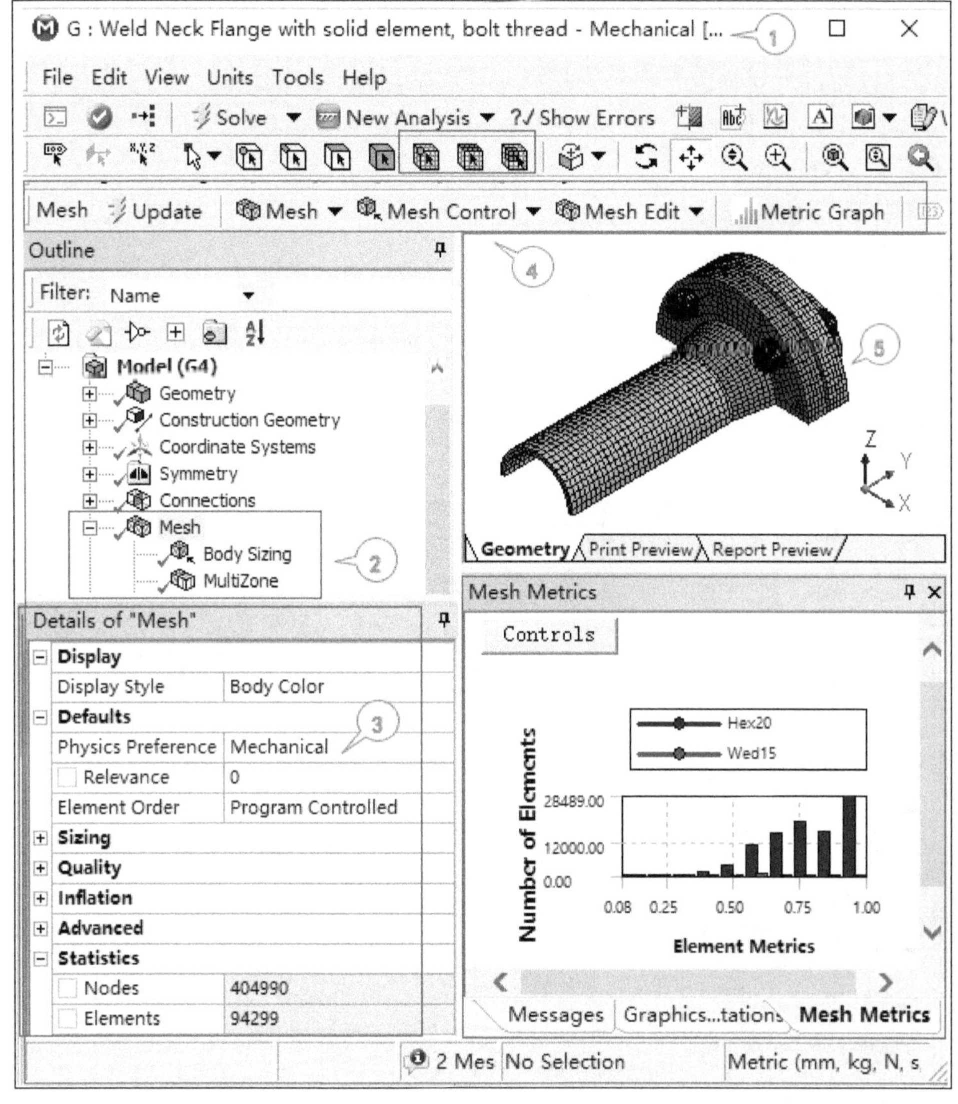

图 4.2-1　网格划分工作界面

4.3　网格划分过程

ANSYS Workbench 中网格划分过程如下。

（1）设置物理场和网格划分方法，物理场包括结构场、流场和电磁场。

（2）定义整体网格设置，包括定义单元大小、边界层及收缩设置等。

（3）插入局部网格设置，包括定义单元大小、细化网格及收缩控制等。

（4）预览或生成网格，包括预览表面网格、预览边界层网格。

（5）检查网格质量，包括用不同的网格质量度量标准来评定网格和显示网格质量的图表。

4.4　整体网格控制

整体网格控制根据不同的分析类型调整整体网格划分策略。

结构分析中整体网格划分【Mesh】下的明细窗口如图 4.4-1 所示，具体设置包括：

（1）“显示”【Display】选项，可设置“显示类型”【Display Style】为实体颜色或其他与网格质量相关的选项。

（2）“默认”【Defaults】选项。

（3）“尺寸控制”【Sizing】。

（4）“质量控制”【Quality】。

（5）“边界层控制”【Inflation】。

（6）“高级选项控制”【Advanced】。

（7）“网格统计”【Statistics】。

整体网格控制对于分辨极小尺寸输入模型的重要特征非常有用，可以根据最小几何体自动计算整体单元大小，根据不同的物理场自动设置默认参数，如过渡比、过渡平滑等，可以进行整体调整以满足网格细化的要求，尺寸函数用于分辨具有表面弯曲和表面相邻区域，可以进行对于尺寸函数和特征简化容差进行局部控制。

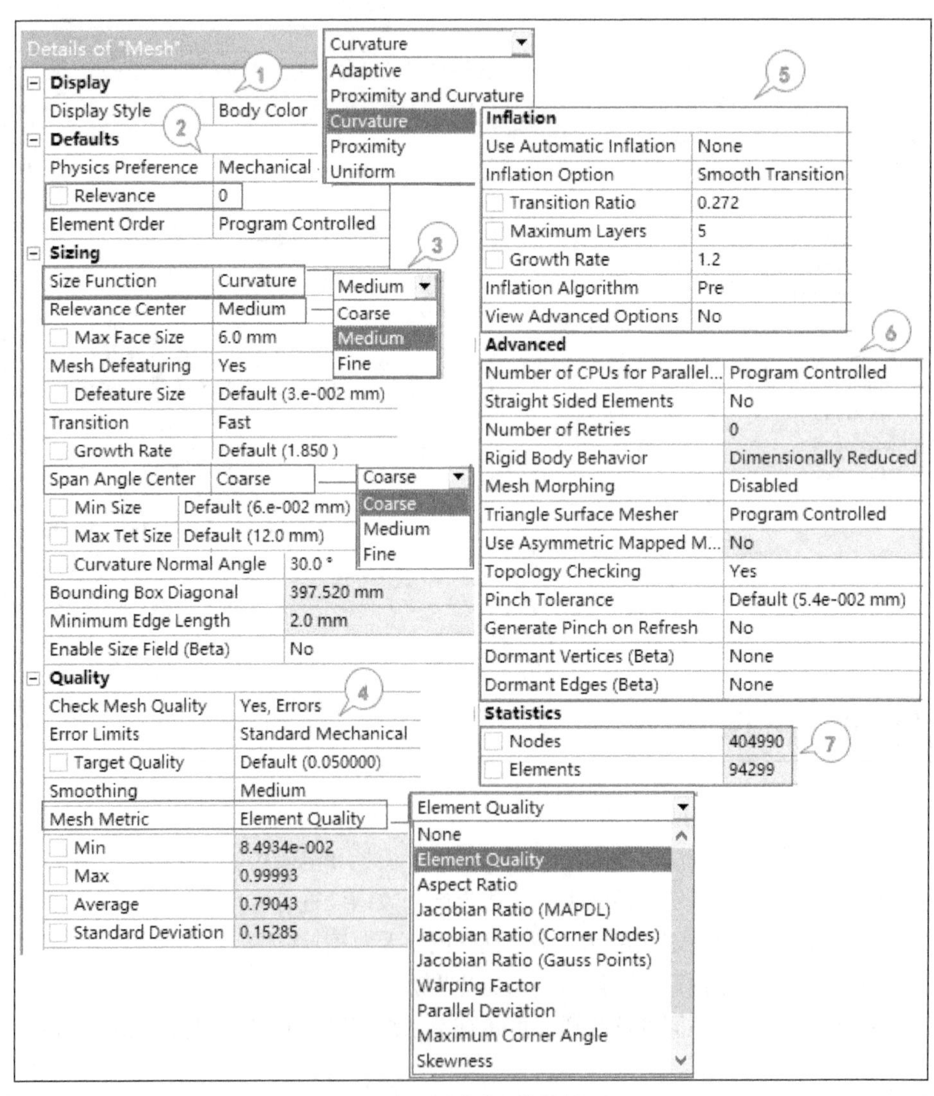

图 4.4-1 整体网格控制

4.4.1 默认选项

如图 4.4-2 所示，“默认选项【Defaults】”提供选项如下。

（1）默认选项中可设置参考的“物理环境”【Physics Preference】，包括：“结构”【Mechanical】、“结构非线性”【Nonlinear Mechanical】、“电磁”【Electromagnetics】、“流体动力分析”【CFD】、“显式动力分析”【Explicit】等，本文中仅讨论结构分析。

（2）“相关度”【Relevance】是最基本的整体尺寸控制方法，可设置网格相关度（–100 ~ +100）由疏到密。

（3）“单元阶数”【Element Order】可定义“低阶单元”【Linear】与“高阶单元”【Quadratic】。

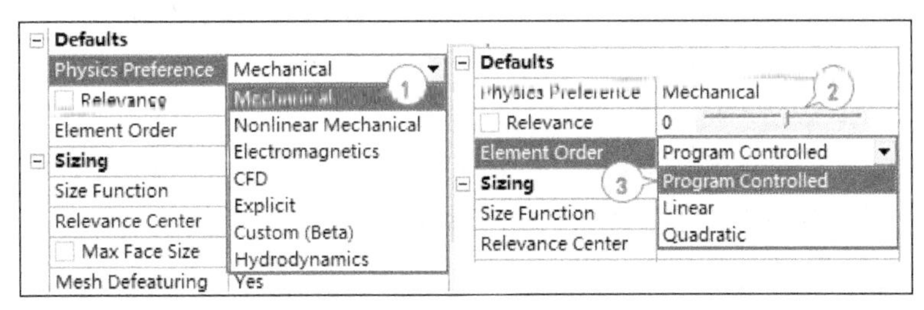

图 4.4-2 整体网格默认选项

4.4.2 尺寸控制

“尺寸控制【Sizing】”的相关选项如下。

1. 尺寸函数【Size Function】（见图 4.4-3）

尺寸函数对整体网格尺寸控制提供相关的控制选项，尺寸函数控制重要的极度弯曲和表面相邻区域的网

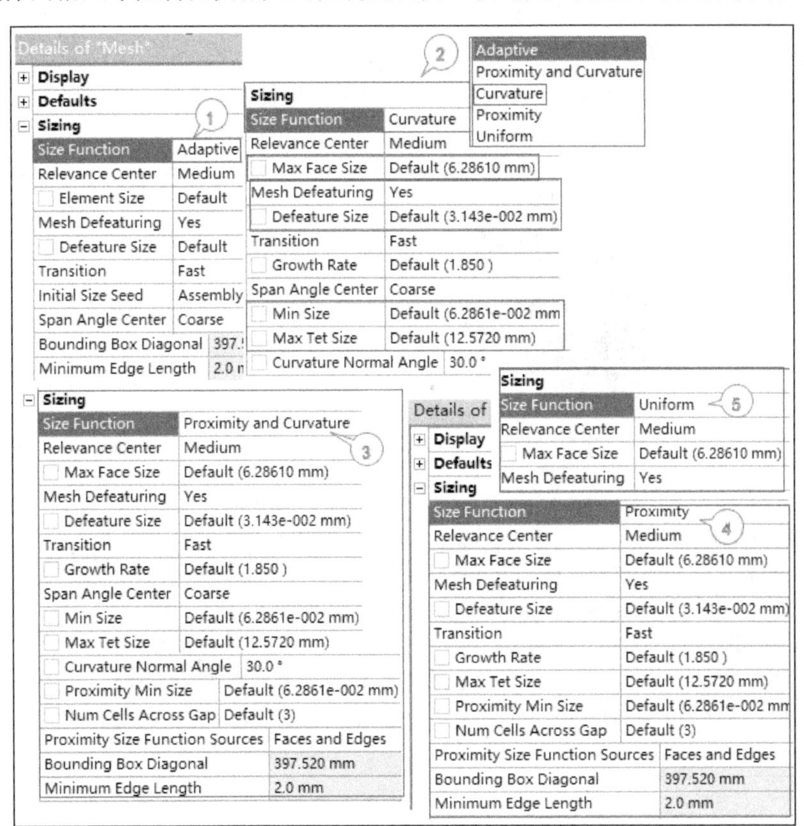

图 4.4-3 整体网格中尺寸函数及相应选项

格增长及分布，提供 5 个选项，分别为："自适应"【Adaptive】、"曲率"【Curvature】、"相邻及曲率"【Proximity and Curvature】、"相邻"【Proximity】、"一致"【Uniform】，其中特征简化尺寸对体和面的尺寸控制均有效，不同特征的尺寸函数具有不同的选择项。

（1）"自适应"【Adaptive】：采用网格剖分器计算的整体单元大小来划分边，然后根据曲率和 2D 相邻细化边，最后生成相关面网格和体网格；自适应尺寸函数和其他尺寸函数不能同时应用。

（2）"曲率"【Curvature】：根据"曲率法向角度"【Curvature Normal Angle】确定边和面的单元大小。曲率法向角是一个单元边长跨度所允许的最大角度，可输入 0 ~ 180°，或采用程序默认值，默认值根据相关性和跨度角中心选项计算。

（3）"相邻及曲率"【Proximity and Curvature】：组合相邻及曲率网格划分功能。

（4）"相邻"【Proximity】：控制相邻区的网格分辨率，在狭缝中放入指定的单元数，横向间隙生成更细化的表面网格，但应注意：对边的尺寸控制不能使用相邻尺寸函数。

（5）"一致"【Uniform】：采用固定的单元大小划分网格，无曲率或相邻细化，根据指定的最大面单元的尺寸生成表面网格，根据指定的最大单元尺寸生成体网格。

 提示

【一致】尺寸函数控制最大与最小的单元尺寸，【曲率】控制更适合于弯曲的几何模型，对许多弯曲特征的模型往往采用这种方法而不用局部控制。当模型的几何特征很接近时采用【相邻】控制，对于包含很多小特征的模型，这时不用局部控制进行快速细化网格的方法。

2．单元大小（见图 4.4-4）

自适应尺寸函数控制使用"单元大小"【Element Size】控制整体模型，划分所有的边、面及体。默认值根据相关性和初始单元尺寸基准计算，可以输入指定值。

假设自适应网格，"相关度中心"【Relevance Center】=Medium，"单元大小"【Element Size】定义整体模型的最大单元大小；对大多数结构静力分析而言，整体控制的默认值是足够的。

图 4.4-4 所示程序自动划分为四面体 Tet10 和六面体 Hex20 的组合网格，且网格平均质量为 0.76，可满足初步计算的需要。

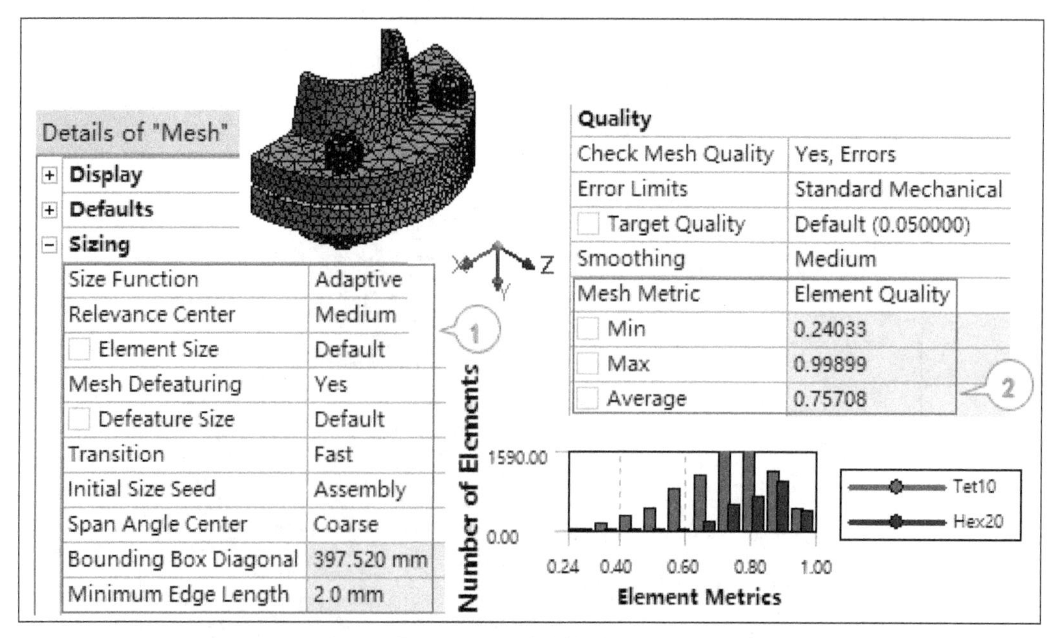

图 4.4-4　尺寸控制一般设置

3．最小与最大单元控制（见图 4.4-5）

（3）“最小单元”【Min Size】：由尺寸函数生成，某些单元大小可能小于该尺寸，这由几何边的长度决定。

（4）“最大面单元”【Max Face Size】：由尺寸函数生成。

（5）“最大单元”【Max Tet Size】：最大单元尺寸可在体网格内部生长。

4．网格过渡【Transition】

控制单元增长率，可设置为“慢速过渡”【Slow】和“快速过渡”【Fast】。【慢速过渡】为流体、显式动力分析的默认选项，可产生平滑过渡网格；【快速过渡】为结构、电磁分析的默认选项。

5．初始单元大小基准【Initial Size Seed】（见图 4.4-5）

该选项控制如何分配初始的单元大小，提供两个选项。

（6）“装配体”【Assembly】：基于所有装配体包围框的对角线长度分配初始单元大小，无论零件抑制与否，单元大小不变。

（7）“零件”【Part】：打开尺寸函数时，该选项无效，基于每个独立零件包围框对角线的长度分配初始单元大小，抑制零件并不改变单元大小，通常用于生成更精细的网格。

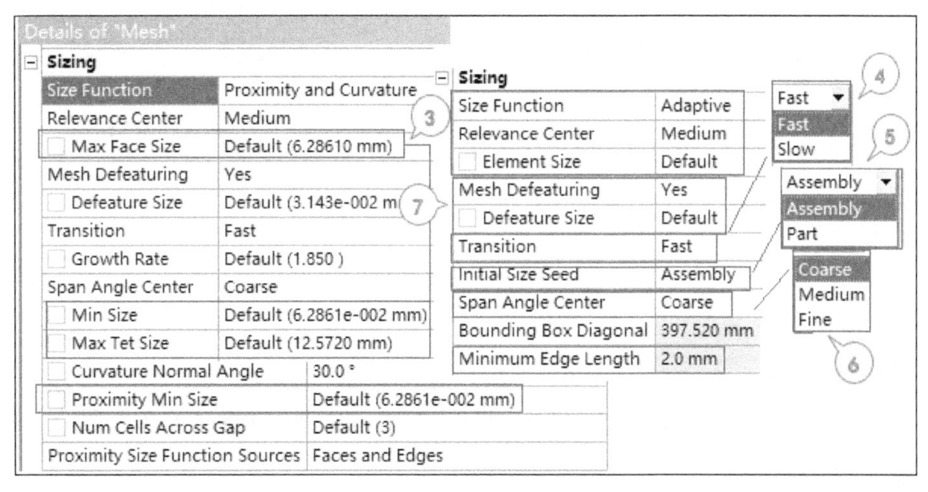

图 4.4-5　尺寸控制其他设置

6．跨度角中心【Span Angle Center】

基于边细化控制曲率，提供 3 个选项，相应的跨度角范围如下：“粗糙”【Coarse】的跨度角为 60°~91°，“中等”【Medium】的跨度角为 24°~75°，“精细”【Fine】的跨度角为 12°~36°。

7．特征简化【Mesh Defeaturing】

该工具用于对需要特征简化的实体局部进行尺寸控制，如使用较大的特征简化尺寸来简化表面，同时配合使用均一尺寸函数可以移除不必要的特征以降低网格数量，程序默认激活该选项，并可以输入“简化尺寸的大小”【Defeature Size】。

4.4.3　质量控制

4.4.3.1　网格质量控制工作流程

通常，网格质量控制工作流程用于配置网格质量的步骤如下。

（1）设置“物理环境参数”【Physics Preference】，如果是“结构分析”【Mechanical】，应设置“误差限制”【Error Limits】。

（2）设置检查网格质量，这取决于当单元达到错误或警告限制时所期待的网格划分结果。

（3）根据分析类型设定合适的网格质量目标，如“目标质量”【Target Quality】、“目标倾斜度”【Target Skewness】、“目标雅可比矩阵比率”【Target Jacobian Ratio】。

（4）生成网格，检查警告或错误消息。

（5）根据需要，使用显示单元查看网格评估指标，或执行故障排除。

4.4.3.2　网格质量控制

网格质量控制如图 4.4-6 所示，选项包括：①“检查网格质量”【Check Mesh Quality】；②“错误和警告限制”【Error and Warning Limits】；③“目标质量”【Target Quality】、“目标倾斜度”【Target Skewness】、“目标雅可比矩阵比率”(角节点)【Target Jacobian Ratio】；④“平滑”【Smoothing】；⑤“网格评估法则”【Mesh Metric】。

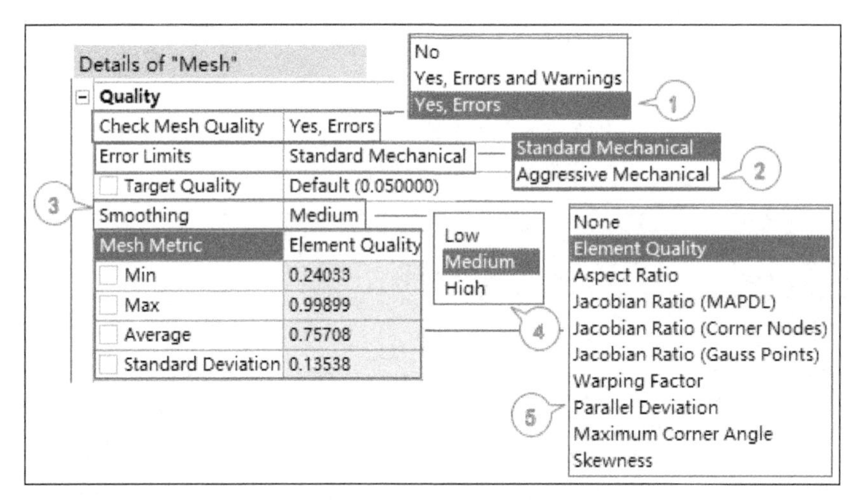

图 4.4-6　网格质量控制设置选项

4.4.3.3　检查网格质量

“检查网格质量”【Check Mesh Quality】决定软件在错误和警告限制方面的行为，提供 3 个选项。

1.【Yes, Errors】（默认选项）

如果网格算法不能生成一个通过所有错误限制的网格，则显示出错误消息，网格划分失败。

2.【Yes, Errors and Warnings】

如果网格算法不能生成一个通过所有错误限制的网格，显示错误消息，网格划分败。此外，如果网格算法不能生成一个通过所有警告（目标）限制的网格，则显示一条警告消息。

3.【No】

在网格划分过程的各个阶段都不进行网格质量检查，如在体网格划分前进行表面网格划分的过程中。该设置会关闭大多数质量检查，但是仍然会进行一些最小的检查。此外，即使有此设置，目标质量指标仍然用于改进网格。该设置用于故障排除，并且应该谨慎使用，因为它可能导致求解故障或给出错误的求解结果。

注意

在网格划分后，改变检查网格质量设置会影响网格状态，具体如下。

- 如果在网格划分后，将检查网格质量设置从【No】更改为另一个设置，或者将设置从【Yes, Errors】更改为【Yes, Errors and Warnings】，网格需要更新；
- 如果在网格划分后，将检查网格质量设置从【Yes, Errors and Warnings】更改为另一个设置，或者将设置从【Yes, Errors】更改为【No】，网格可用，但一些旧信息会不能用。

4.4.3.4　错误和警告限制

"错误和警告限制"【Error and Warning Limits】用于在网格生成过程中，计算单元的质量（有时称为单元形状）。网格算法使用误差限制来获得有效的网格，它执行额外的网格处理，以确保满足错误限制，这样一个有效的网格就满足了必要的最小条件，并且可以由求解器处理。应先设置网格算法后尝试提高基于警告限制的质量。

1．错误和警告限制

错误和警告限制可以进一步定义如下：一个错误限制是指一个单元的质量不适合用于求解，默认情况下，网格划分会失效。好的网格划分是确保没有单元处于错误限制之下。误差限制由物理环境决定（见表4.4-1），而错误限制则不能更改，然而，如果使用【结构分析】，可以从【Standard Mechanical】或【Aggressive Mechanical】这两组误差限制中进行选择，可以把误差限制看作是网格划分的最小质量标准。

2．警告限制的目的

（1）用作警告限制。

如果网格中的单元使用求解器时产生问题，那么可以通过警告限制对这些单元进行标记。要配置此警告行为，需将【检查网格质量】设置为【Yes，Errors and Warnings】。

（2）用作目标限制。

网格方法首先尝试改进网格，以确保没有不通过错误限制的单元，如果成功，网格方法将进一步改进以达到目标限制。可以将目标限制看作是网格的质量目标。如果不能达到目标，则可以发出警告。要配置此警告行为，将【检查网格质量】设置为【Yes，Errors and Warnings】。

注意

如果将【检查网格质量】设置为【Yes，Errors and Warnings】，所有网格方法都将使用警告（目标）限制，然而，并非所有网格方法都使用目标限制来改进网格，目前，只有【Patch Conforming Tetra】才使用目标限制来改进网格。

3．误差限制

根据"错误限制"【Error Limits】选项，【Mechanical】使用以下两组误差限制。

（1）"标准结构分析"【Standard Mechanical】误差限制对线性、模态、应力和热分析问题有效，这是【物理环境参数】设置为【Mechanical】时的默认选项。

（2）"严格结构分析"【Aggressive Mechanical】误差限制比"标准结构分析"误差限制更严格，可能产生更多的单元而导致经常失败，且会花费更长时间进行网格划分。

（3）另一种替代选择是可以将【Physics Preference】设置为"结构非线性分析"【Nonlinear Mechanical】但是，这样做会改变其他的默认值，并且可能会显著改变网格的大小和/或网格所捕获的特性，从而可能对网格质量产生很大影响。

"结构非线性分析"【Nonlinear Mechanical】使用误差限制，产生一个高质量的网格，满足四面体单元的形状检查要求，用于非线性分析。如果单元质量不能满足误差限制，那么非线性分析是不可取的。当【Physics Preference】设置为"结构非线性分析"【Nonlinear Mechanical】时，会使用这些误差限制，且不能改变。

注意

使用【Nonlinear Mechanical】选项时通常会产生更多的单元且需要更长的网格划分时间，如果单元大小太粗糙，网格的健壮性可能会有问题，因为有时很难得到一个质量好的网格，即不仅满足粗糙的单元大小，而且能捕获模型的特征。在这种情况下，应该减少单元大小，简化模型，或者设置检查网格质量，以避免错误检查。

4. 不同物理环境下的误差和警告限制

表 4.4-1 给出了不同物理环境【Physics Preference】的误差和警告(目标)限制。

表 4.4-1 不同物理环境的误差和警告（目标）限制

物理环境	结构分析			结构非线性分析	
准则	标准结构误差限制	更严格的结构误差限制	警告 (目标) 限制	误差限制	警告 (目标) 限制
单元质量	$< 5\times10^{-6}$（3D）	$< 5\times 10^{-4}$（3D）	< 0.05 (默认)	$< 5\times10^{4}$（3D）	无
	< 0.01 （2D）	< 0.02 （2D）		< 0.02（2D）	
	< 0.75 （1D）	< 0.85 （1D）		< 0.85（1D）	
雅可比率 (高斯积分点)	< 0.025	无	无	< 0.025	无
雅可比率 (角节点)	无	< 0.025	无	< 0.001	< 0.04 (默认)
倾斜度	无	无	无	无	> 0.9 (默认)
正交质量	无	无	无	无	无
单元体积	< 0	< 0	无	< 0	无

注：3D，2D，1D 分别指应用于三维模型、二维模型及一维模型

4.4.3.5 目标质量

“目标质量”【Target Quality】全局选项允许设置目标单元质量。

目标质量值驱动对四面体单元的改进，如果设定目标质量和网格包含四面体单元，则网格划分过程将尝试改进四面体单元以达到指定的目标质量。如果目标质量无法满足，则仍然可以生成有效的网格。

此外，如果【检查网格质量为】【Yes, Errors and Warnings】将显示一条警告消息，以帮助解决网格无法满足目标质量的问题。可以右键单击该消息字段，并从快捷菜单中选择【Show Elements】选项，以创建不符合目标单元的命名选择。

如果运行一个对网格质量敏感的模拟，则应该设置目标质量。但是，由于设置目标质量会增加内存使用量和生成网格所需的时间，所以不必设置过高的质量，目标质量值为 0（低质量）和 1（高质量）之间，缺省值是 0.05。

注意

目标质量仅支持【Patch Conforming Tetra】网格划分。自适应的尺寸函数可以导致粗糙的网格尺寸，拉伸单元不能提高目标质量值。因此，如果使用的是自适应函数，则应该使目标质量值< 0.1，或者可以使用不同的尺寸函数（如曲率）。

4.4.3.6 平滑

“平滑”【Smoothing】是通过移动节点对周围节点和单元的位置来改善单元质量。平滑迭代提供 3 级控制，分别为“高级”【High】、“中级”【Medium】和“初级”【Low】，各级控制都可设置平滑迭代的数量和阈值度量。其中，【高级】平滑为显式动力分析的默认选项，【中级】平滑为结构、电磁、流体分析的默认选项。

注意

当平滑被设置为【高级】时，产生附加的边界层网格，这可能会减缓棱柱形状网格的生成过程。

4.4.3.7 网格度量

“网格度量”【Mesh Metric】选项可以查看网格度量信息，从而评估网格质量。

一旦生成了一个网格，可以选择查看以下任何一个网格指标的信息：单元质量、三角形或四边形的纵横比、雅可比矩阵比（MAPDL、角节点或高斯点）、翘曲因子、平行偏差、最大转角、偏斜度、正交质量和特征长度。选择【None】则关闭网格度量。

当选择一个网格度量时，它的最小值、最大值、平均值和标准偏差值在细节视图中报告，并且在几何窗口下显示一个条形图。该图表用彩色编码的条形标记在模型的网格中表示的每个单元形状，并且可以操作以查看特定的网格统计。

注意

如果模型包含多个零件或实体，则可以查看单个零件或实体的网格度量信息。返回到导航树，在“几何对象”【Geometry】下单击感兴趣的特定零件或实体即可。在详细的视图中，会对所选的指标和零件或实体的节点、单元、最小、最大值、平均值和标准偏差值进行响应。

ANSYS 中提供的网格质量度量标准如下。

1. 单元质量【Element Quality】

除了线单元和点单元以外，基于给定单元的体积与边长的比值计算模型中的单元质量因子，该选项提供一个综合的质量度量标准，范围为 0 ~ 1，1 代表完美的正方体或正方形，0 代表单元体积为零或负值。

2. 纵横比【Aspect Ratio】

纵横比是指单元的三角形或四边形顶点的长宽比，理想单元的纵横比为 1，对于小边界、弯曲形体、细薄特性和尖角等，生成的网格中会有一些边远远长于另外一些边，结构分析中纵横比应小于 20，如图 4.4-7 所示。

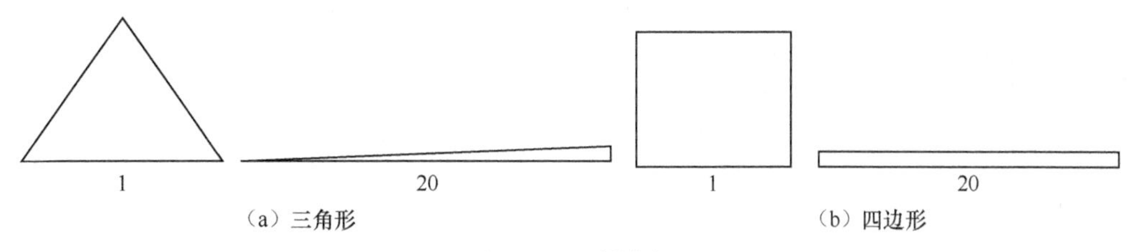

图 4.4-7 纵横比

参见图 4.4-8，三角形的纵横比计算方式如下：

先构造两条线，一条线从三角形单元的一个顶点到另一条边的中点，另一条线通过三角形另外两条边的中点。一般来说，这两条线并不互相垂直，也不垂直于任何一个单元的边。然后构造的矩形中心为这两条线的交叉点，矩形边则通过三角形单元边的中点和三角形顶点，重复重复使用三角形的其他顶点，构造其他矩形，三角形的纵横比是取伸展最大矩形长边与短边之比，再除以 $\sqrt{3}$ 。

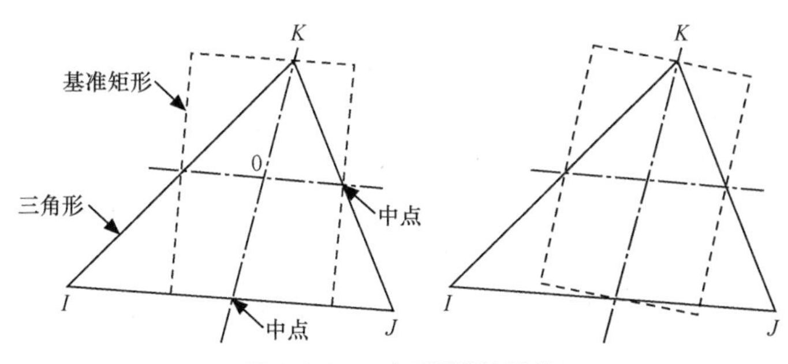

图 4.4-8 三角形纵横比计算

参见图 4.4-9，四边形的纵横比计算方式如下：

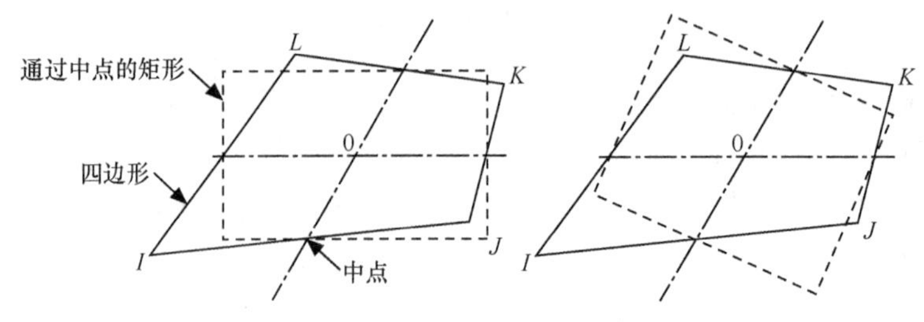

图 4.4-9 四边形纵横比计算

如果单元翘曲，则节点会投影到一个平面上，该平面通过顶点的平均值，并垂直于角法线的平均值，然后取投影边位置上的中点构造两条线，两条线相交于单元边，并在单元中心相交，一般来说，2 条线并不互相垂直，也不垂直于任何一个单元边。四边形的纵横比是最大伸展矩形的长边与短边的比值。最好的四边形纵横比是 1，比如正方形。

3. 雅可比率【Jacobian Ratio】

（1）雅可比率是一个给定单元形状相对一个理想的单元形状的测量。其变化范围为-1~1，1 代表理想单元形状，单元的理想形状取决于单元类型。

（2）雅可比率的计算方法。

计算雅可比率有两种方法：一种是基于角节点(单元节点)，另一种是基于高斯点(积分点)，二者对比见表 4.4-2。

表 4.4-2 计算雅可比率的两种方法

计算依据	描述
基于单元角节点采样计算	计算更加严格。要查看基于此计算的网格度量信息，必须将网格度量设置为以下内容之一 ● “雅可比率(角节点)”【Jacobian Ratio (Corner Nodes)】，在网格度量条图上以-1(最差)和 1 (最好)为界。应该避免使用雅可比率≤0 的单元 ● 【Jacobian Ratio (MAPDL)】由 MAPDL 求解器使用，是雅可比率(角节点)的逆。雅可比率(MAPDL)范围为-∞~+∞的负值单元都收集并任意地分配到值-100，用于网格度量条图。应该避免使用雅可比率≤0 的单元。其值接近 1 的雅可比率最好 注意：当【Physics Preference】=Mechanical 时，默认情况下，形状检查的误差限制选项设置为【Standard Mechanical】，用于检查高斯点的雅可比率计算，不检查角节点。这可能会导致一种情况，其中有一个单元 Jacobian Ratio (Gauss Points) > 0 和 Jacobian Ratio (Corner Nodes) ≤ 0
基于单元高斯点采样计算	计算不那么严格。为了查看基于此计算的网格度量信息，必须将网格度量值设置为【Jacobian Ratio (Gauss Points)】，网格度量条图上以-1(最差)和 1 (最好)为界。应该避免使用雅可比率≤0 的单元

（3）一个单元的雅可比率是由以下步骤计算的，使用的是单元的所有节点。

① 采样位置基于所选的网格度量选项【Jacobian Ratio (MAPDL)】、【Jacobian Ratio (Corner Nodes)】、【Jacobian Ratio (Gauss Points)】，在下表 4.4-3 中列出的每个采样位置，计算出雅可比矩阵的行列式，并称为 R_J，在给定的点上 R_J 表示单元局部坐标与真实空间之间的映射函数的大小。在一个理想形状的单元中，R_J 相对于单元来说是相对恒定的，并且不会改变符号。

② 对于【Jacobian Ratio (MAPDL)】，单元的雅可比率为 R_J 样本的最大值与最小值的比值，而对于雅可比率(角节点)和雅可比率(高斯点)，则是最小值与最大值的比值。对于【Jacobian Ratio (MAPDL)】，如果最大值和最小值都有相反的符号，那么雅可比率任意指定为-100 (单元显然是不可接受的)。

③ 如果该单元是一个有中间节点四面体，则会计算一个附加的 R_J，用于连接到四个角节点的虚构的直边四面体。对于【Jacobian Ratio (MAPDL)】，如果 R_J 与任何节点的 R_J（非常罕见的事件）的符号不同，雅可比率任意指定为-100。对【Jacobian Ratio (Corner Nodes)】雅可比率（角节点）和【Jacobian Ratio (Gauss Points)】雅可比率（高斯点），雅可比率值为-1。

表 4.4-3　计算单元雅可比率

单元形状	R_J 样本定位用于【Jacobian Ratio (MAPDL)】和【Jacobian Ratio (Corner Nodes)】	R_J 样本定位用于【Jacobian Ratio (Gauss Points)】
10 节点四面体	单元角节点	4 个高斯积分点
5 节点或 13 节点金字塔形五面体	基本角节点和相近顶点（顶点 R_J 因式分解，使金字塔单元所有边具有相同长度，将产生一个雅可比率为 1）	5 节点金字塔单元使用 1 高斯积分点。13 节点金字塔使用 8 高斯积分点
8 节点四边形	角节点和重心	4 个高斯积分点
20 节点六面体	所有角节点和重心	8 个高斯积分点
所有其他单元	角节点	选择高斯积分点的最优个数

④ 如果单元是有中节点的线单元，那么雅可比矩阵就不是方阵（因为映射是从一个自然坐标到二维或三维空间），且无法确定。对于这种情况，使用向量计算来计算一个类似雅可比率的数字。

（4）各种单元形状的雅可比率可能会进一步恶化的情况如下:

① 如果每个中间节点（如果有的话）位于对应的角节点位置的平均值，无论这个单元是如何扭曲的，一个三角形或四面体的雅可比率为 1，因此，这些单元不计算雅可比率。将中间的节点从边中点位置移开将使雅可比率变差。如果节点显著移动，雅可比率将变为负值，且该单元无效。

② 对于没有中节点或有中节点的直边矩形单元或平行六面体单元，其雅可比率为 1。将中节点移动会使雅可比率变得更糟。如果节点显著移动，雅可比率将变为负值，且该单元无效。

③ 对于一个四边形或实体单元，如果其相对面都是平行的，且每一个中节点(如果有的话)在对应的角节点位置的平均位置，则雅可比率为 1，当一个角点在中心附近移动时，雅可比率就会恶化。如果节点显著移动，雅可比率将变为负值，且该单元无效。

图 4.4-10 和图 4.4-11 用颜色表示网格质量，用于雅可比率（MAPDL）和雅可比率（角节点）。

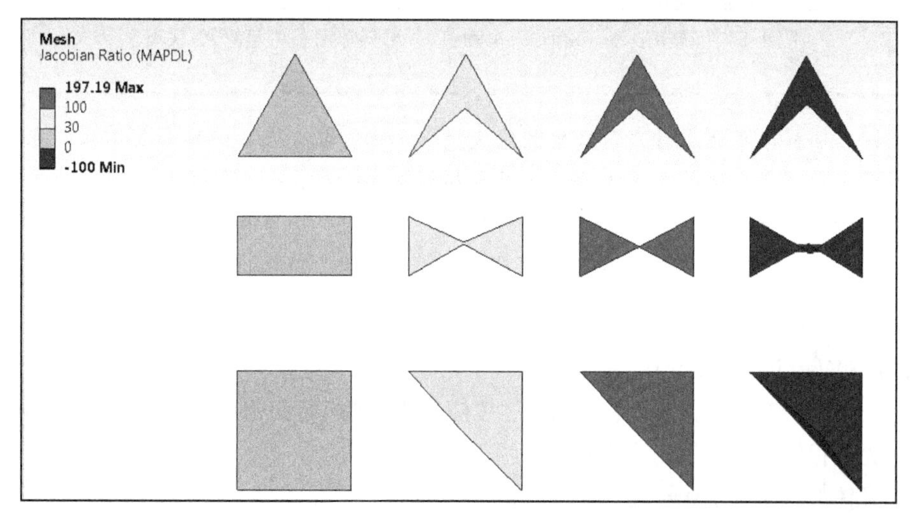

图 4.4-10　雅可比率 (MAPDL)（最好值为 1，图中绿色）

雅可比率（高斯点）是衡量高阶四面体单元质量的一个很好的指标。然而，对于壳单元并不很有帮助。对于壳体网格，单元质量是一个较好的网格质量指标。例如，在前面的数字中代表不好的 2D 单元并非是雅可比率（高斯点）度量的坏单元，如图 4.4-12 所示:

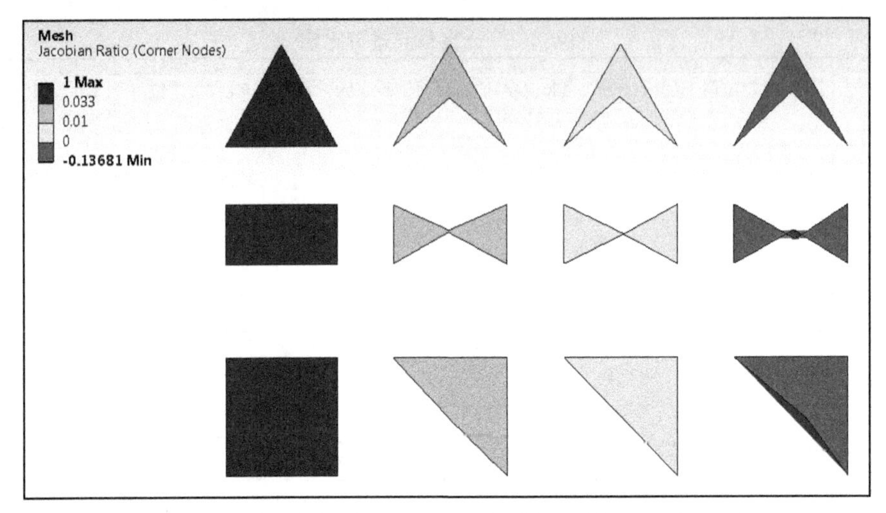

图 4.4-11　雅可比率（Corner Nodes）（最好值为 1，图中蓝色）

图 4.4-12　雅可比率（Gauss Points）（最好值为 1 图中蓝色 2D 失真）

提示

雅可比率检查同样单元大小时，二次单元比线性单元更能精确地匹配弯曲几何体。在弯曲边界，将中节点放在真实几何体上则会导致产生边缘相互叠加的扭曲单元，一个极端扭曲单元的雅可比行列式是负的，而具有负雅可比行列式的单元会导致分析程序终止。所有中节点均精确位于直边中点的正四面体的雅可比率为 1.0，随着边缘曲率的增加，雅可比率也随之增大，单元内一点的雅可比率是单元在该点处的扭曲程度的度量。

4．翘曲因子【Warping Factor】

翘曲因子是指对某些四边形壳单元及六面体、棱柱、楔形体进行四边形面计算，如图 4.4-13 所示，高翘曲因子暗示程序无法很好地处理单元算法或提示网格质量有缺陷。

（1）四边形壳体的翘曲因子计算。

注意

当计算四边形壳体的翘曲因子时，网格应用程序的壳层厚度为 0。与此相反，当 FE Modeler 应用程序计算出翘曲因子时，包含了定义的外壳厚度。由于计算上的差异，网格度量控制在网格应用中所报告的扭曲因子值和 FE Modeler 网格度量工具所报告的扭曲因子值会有所不同。

一个四边形单元的翘曲因子由其角节点位置和其他可用数据通过以下步骤计算。

① 一个壳单元的平均法向矢量通过计算两个对角线的向量（叉乘）（见图 4.4-13（a））。

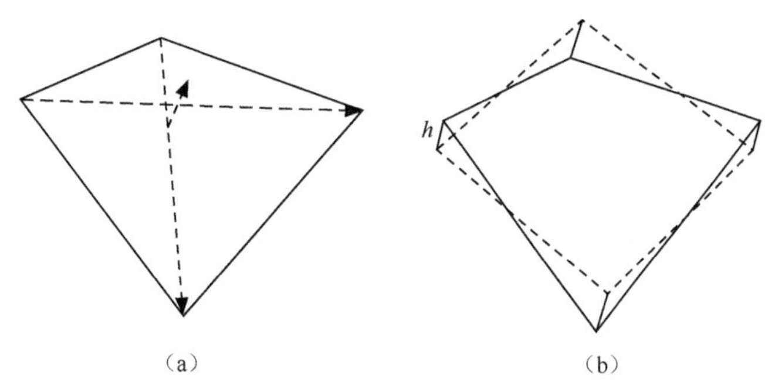

图 4.4-13 壳单元的平均法向矢量与投影到平面上的壳单元

② 单元的投影面积是在通过计算壳单元平均法向矢量的平面上的面积得到的（图 4.4-13（b）中的虚线轮廓为在该平面上投影的壳单元）。

③ 一个单元边缘的端点高度差值是计算出来的，高度与平均法向线平行，图 4.4-13（b）中的这个距离是 $2h$，因为采用平均法的构造方式，h 在所有四个角都是一样的。对于一个平面四边形，距离是零。

④ 该单元的“面积翘曲因子”(Fa^W)【Area Warping Factor】为边高度差除以投影面积的平方根。

⑤ 对于除“膜刚度”【Membrane Stiffness Only】组外的所有壳体，如果厚度可用，则“厚度翘曲因子”【Thickness Warping Factor】为边高度差除以平均单元厚度。这可能大大高于步骤④中计算的面积翘曲因子。

⑥ 对警告和错误限制（并在警告和错误消息中报告）测试的翘曲因子是面积因子与厚度因子中的较大者。

⑦ 对于平坦的四边形，最好的四边形翘曲因子是零。

图 4.4-14 中，有翘曲因子的四边形壳体显示一个“扭曲”的单元，只有单元右节点移动。该单元是一个正方形，其厚度为 0.1。当上单元翘曲因子为 0.01 时，与平单元并无明显区别，而当翘曲因子为 0.04 时，就开始与平单元有明显的不同。

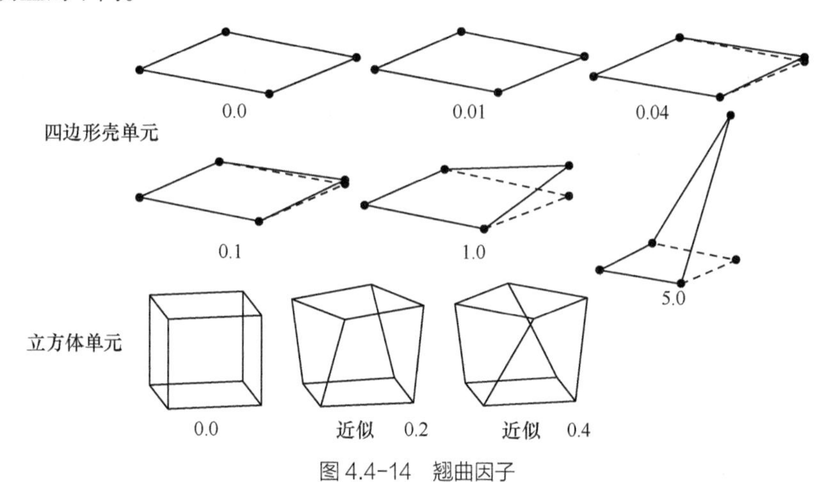

图 4.4-14 翘曲因子

相对于平面，0.1 的翘曲看起来微不足道，然而，它远远超出了膜壳的误差限值。翘曲 1.0 在视觉上没有吸引力，但是对于大多数壳单元错误限值，超过 1.0 的翘曲显然是不可接受的，然而，SHELL181 甚至允许这样的失真，此外，翘曲因子计算在 7.0 左右达到峰值。将节点从原来的平面上移走，即使比这里显示的距离要大得多，也不会进一步增加这个几何图形的翘曲因子。手动增加翘曲超过 5.0 的错误限值，这对于这些单元来说可能意味着对单元失真没有真正的限制。

（2）3D 固体元素的翘曲因子计算。

三维实体单元面的翘曲因子计算方法：4 个节点组成了一个四边形壳单元，由于没有真正的恒定厚度可用，故用步骤④描述的平面投影面积的平方根计算。

3D 单元的翘曲因子是计算一个实体 6 个四边形面、一个楔形的 3 个四边形面或一个金字塔的四边形表面的最大的翘曲因子，所有平面的实体单元翘曲因子为零。一个单位正方体的面产生 22.5° 及 45° 的相对扭曲，相当于产生的翘曲因子分别为 0.2 及 0.4，如图 4.4-14 所示。

5. 平行偏差【Parallel Deviation】

平行偏差采用以下步骤计算。

（1）忽略中节点，在每个单元边的三维空间中构造单元向量，调整为一致的方向，如图 4.4-15（a）所示的 4 个平行偏差单位向量。

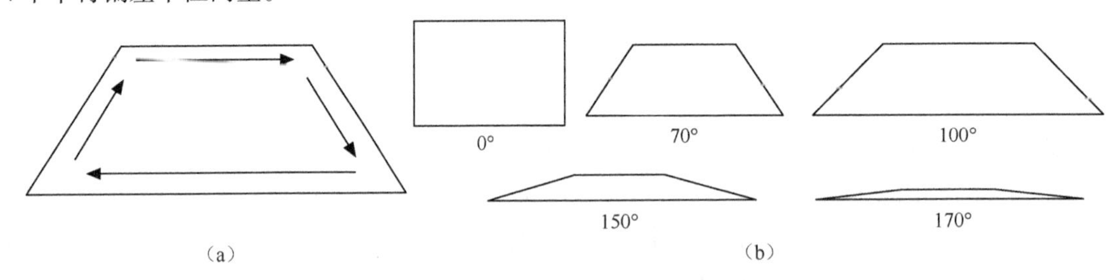

图 4.4-15 平行偏差

（2）对于每一对相对边，计算单位向量的点积，然后计算其余弦为点积的角度（°），平行偏差是这两个角中较大的一个。图 4.4-15（a）中，两个水平单位向量的点积为 1，而 arccos(1) = 0。两个垂直向量的点积是 0.342，而 arccos(0.342) = 70，因此，该单元平行偏差是 70°。

（3）最好的平行偏差为一个平面矩形，即平行偏差是 0°，图 4.4-15（b）显示四边形的平行偏差分别为 0°、70°、100°、150°、170°。

6. 最大顶角【Maximum Corner Angle】

除了 Emag 或 FLOTRAN 元素外，其他所有单元都应计算最大顶角，大角度（接近 180°）会降低单元的性能，而小角度则不会。

最大顶角计算方法为：在三维空间中利用角节点位置计算相邻边的最大夹角（如果有中间节点，则忽略），对于等边三角形来说，最好的三角形最大顶角是 60°，最好的四边形最大顶角为一个平面矩形的 90°。图 4.4-16 展示了最大顶角为 60°、165° 的三角形和最大顶角为 90°、140°、180° 的四边形。

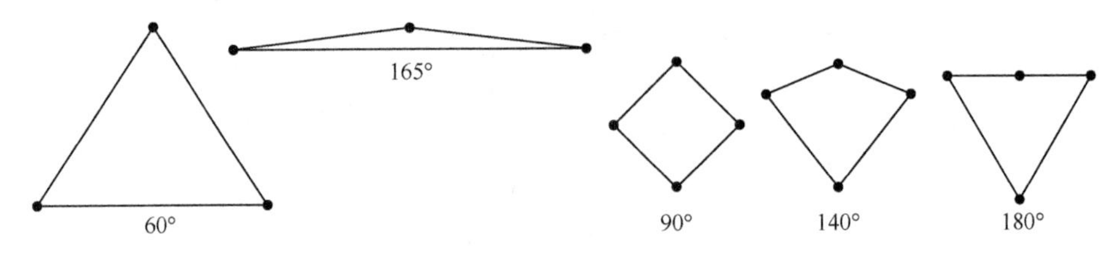

图 4.4-16 最大顶角

7. 倾斜度【Skewness】

倾斜度是基本的单元质量检测标准之一，倾斜度确定如何接近理想形状（等边或等角），其最优值为 0，最差值为 1，如图 4.4-17 所示。表 4.4-4 给出倾斜度的单元质量评估范围。

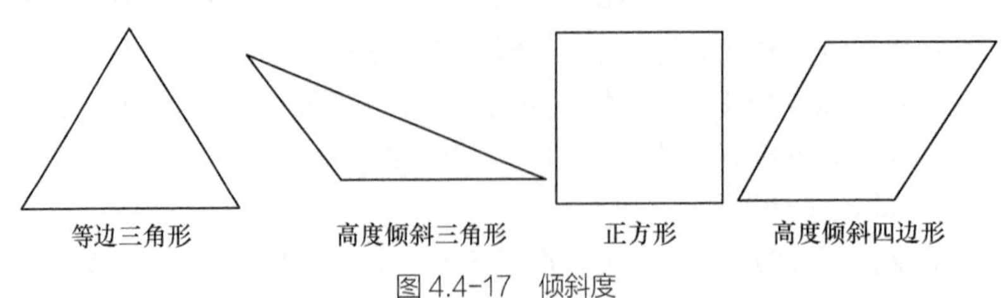

图 4.4-17 倾斜度

表 4.4-4 倾斜度质量评估

单元质量	等边	优秀	好	中等可接受	次等	坏（狭条）	退化
倾斜度	0	>0～0.25	0.25～0.5	0.5～0.75	0.75～0.9	0.9～1	1

测量倾斜度的两种方法是：

① 基于等体积（只适用于三角形和四面体）;

② 基于归一化等角度的偏差，这种方法适用于所有的单元和面型，如金字塔和菱形单元。

（1）等体积法计算倾斜度。

倾斜度=（最优单元大小-单元大小）/最优单元大小

式中，最优单元大小为具有相同外径的等边单元的大小。

2D 模型倾斜度约为 0.1，3D 模型倾斜度为 0.4。2D 模型中，所有单元都应该是好的或更好的，否则表明边界节点的位置很差，应该尽量改进边界网格，因为整体网格的质量不可能比边界网格的质量好。3D 模型中，大多数单元应该是好的或更好的，但是允许一小部分单元差一些。

（2）归一化等角度计算倾斜度。

在归一化角度倾斜度方法中，倾斜度定义为：

$$\max\left[\frac{\theta_{\max}-\theta_e}{180-\theta_e},\frac{\theta_e-\theta_{\min}}{\theta_e}\right]$$

式中，$\theta_{\max}$ 为面或单元的最大角；$\theta_{\min}$ 为面或单元的最小角；θ_e 为一个等角面/单元的角度 （如三角形的 60° ，正方形的 90° ）

对于一个金字塔单元，单元倾斜度是计算任何面的最大倾斜度。一个理想的金字塔（Skewness = 0）的 4 个三角形的面是等边的（和等角的），且四边形的底面是一个正方形。表 4.4-4 中的准则也适用于归一化的等角倾斜度。

提示

等体积法计算倾斜度指标适用于任何包含三角形面的网格。对于三角形和四面体单元，所有的面都是严格的三角形，等体积倾斜度度量可直接应用。对于楔形或锥体单元，包括了三角形和四边形面的组合，程序计算等体积法的倾斜度（用于三角形面）和归一化的等角度倾斜度（用于四边形面和三维单元本身），并显示最大计算度量作为单元倾斜度。因此，对于包含楔形和/或锥体单元的网格，基于体积法的倾斜度可能包括由于归一化等角度倾斜度计算所贡献的倾斜度。

8. 正交质量【Orthogonal Quality】

对单元采用面法向矢量、从单元中心指向每个相邻单元中心的矢量，以及从单元中心指向每个面的矢量计算正交质量；对面采用边的法向矢量，以及从面中心到每个边中心的矢量计算正交质量。变化范围为 0~1，最优值为 1，最差值为 0，如图 4.4-18 所示。

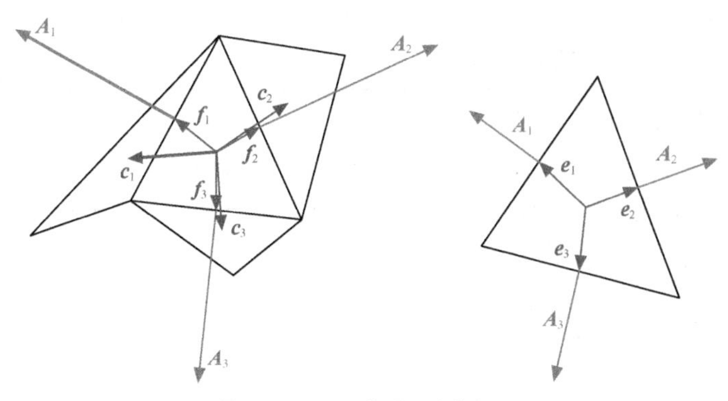

图 4.4-18 正交质量计算矢量

4.4.4 高级网格控制选项

网格的高级选项这里并不涉及过多，下面介绍对线性结构静力分析有潜在影响的控制选项，如图 4.4-19 所示。

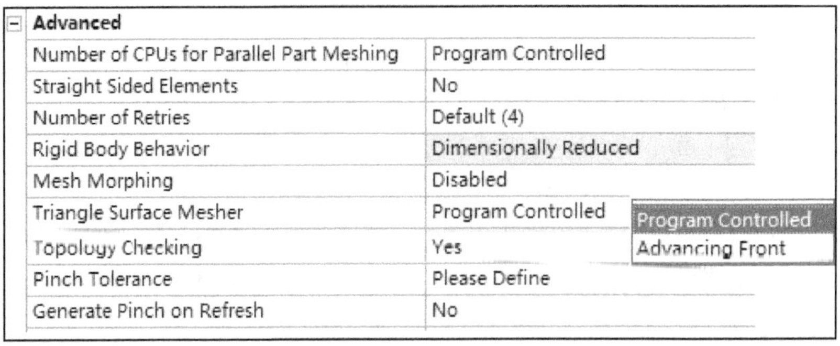

Advanced	
Number of CPUs for Parallel Part Meshing	Program Controlled
Straight Sided Elements	No
Number of Retries	Default (4)
Rigid Body Behavior	Dimensionally Reduced
Mesh Morphing	Disabled
Triangle Surface Mesher	Program Controlled
Topology Checking	Yes
Pinch Tolerance	Please Define
Generate Pinch on Refresh	No

Program Controlled
Advancing Front

图 4.4-19 高级网格控制选项

1. 并行部分网格的 CPU 数量【Number of CPUs for Parallel Part Meshing】

该选项用于设置采用并行网格的处理器数。使用默认值来指定多个处理器将增强网格划分性能。默认设置为“程序控制”【Program Controlled】或 0。该选项指示使用有效的 CPU 内核，默认设置是每个 CPU 核 2 GB 内存，可以在 0 ~ 256 之间指定，其中 0 为默认值。

2. 直边单元选项【Straight Sided Elements】

在设置为【Yes】时为指定采用直边单元网格，电磁模拟时必须将此选项设置为【Yes】。对于结构分析，如果单元为二次，则此选项可能影响中节点的位置，在没有直边单元的情况下生成网格，可使中节点捕获模型的曲率。如果一个单元边对应于弯曲的几何，那么单元边将是弯曲的，同样地，如果一个单元边对应于直线的几何，那么单元边则是直的。如果【Element Order】设置为【Linear】则【Straight Sided Elements】选项无效。

3. 重试次数【Number of Retries】

该选项用于网格剖分检测到很差的网格质量时重新用细化网格再做尝试以进行重新划分。网格可能包含比预期更多的单元，如果这是不能接受的，应该降低重试次数。

只有当为自适应尺寸函数:【Size Function】=Adaptive，重试选项的数量才可用，默认值为 4。如果更改默认的重试次数，则对物理首选项的后续更改将不会更改重试值的数量。

注意

对于 Shell 模型，如果【Size Function】=On，则在每次重试之后，将自动减少【Min Size】、【Max Face Size】、【Defeature Size】的默认值。网格方法对相同零件设置为【Patch Independent Tetrahedron】或【MultiZone】结合其他实体网格方法，则重试不会发生。

4. 刚体行为【Rigid Body Behavior】

该选项决定是否对刚体生成一个全网格，而不是一个表面接触网格。【刚体行为】适用于所有体类型。刚体行为的有效值包括“量纲化简”【Dimensionally Reduced】(只产生表面接触网格)和“全网格”【Full Mesh】(生成全网格)。除非是显式分析，否则默认值为【Dimensionally Reduced】(即降维)。

5. 网格变形【Mesh Morphing】

当【Mesh Morphing】特性被激活时，可以指定在几何变化后产生一个变形网格，而不是重新划分几何模型。

要使这个特性正常运行，当修改几何模型时，不能进行任何拓扑更改。换句话说，变形的几何模型与原始几何模型必须具有相同数量的零部件、实体、面、边和/或顶点，并且这些几何实体之间也有相同的连接。

网格的变形特征更新节点坐标的变化，但它并不用于适应严重变形的几何模型，如果拓扑结构发生了变化，或者当网格变形功能启用时发生了其他严重的变形，则会产生一个警告消息，表明由于修改，变形是不可能的。但是，在此实例中，将自动执行一个完整的重构网格。

如果几何模型由多个零件组成，除非所有零件都已经进行网格划分，否则无法运行网格变形，如果已经启用网格变形，无论何时去更改明细窗口中的网格属性，或者添加/删除/修改网格控件对象，都需要手动重新划分网格，否则这些变化不会反映在网格中。

6．三角曲面网格【Triangle Surface Mesher】

该选项决定了所采用的三角形曲面网格划分策略。一般来说，先进的【前沿推进】算法提供了更平滑的尺寸变化和更好的偏斜度、正交质量的结果。当选择一个装配网格算法时，这个控制是不可访问的。有以下选项可供选择：

（1）程序控制【Program Controlled】：这是默认选项，由程序基于各种因素，如表面类型、表面拓扑和失效边界，来决定是否使用“三角剖分”【Delaunay】或【前沿推进】。

（2）前沿推进【Advancing Front】：使用【前沿推进】作为它的主要算法，但如果出现问题，就会回到“三角剖分”【Delaunay】。

注意

如果回到【Delaunay】，【前沿推进】算法的边网格仍然可以使用，在一些罕见的情况下可能导致网格失败。切换到“程序控制”【Program Controlled】选项可以解决问题，因为启动边网格可以获得更好的结果。图 4.4-20 说明了【程序控制】和【前沿推进】选项之间的区别。

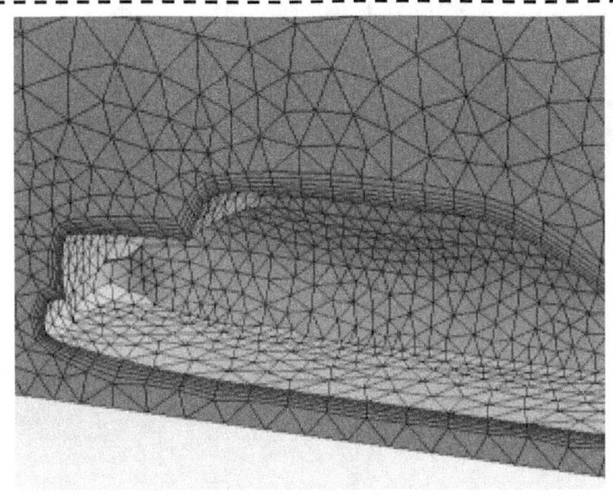

（a）【Program Controlled】

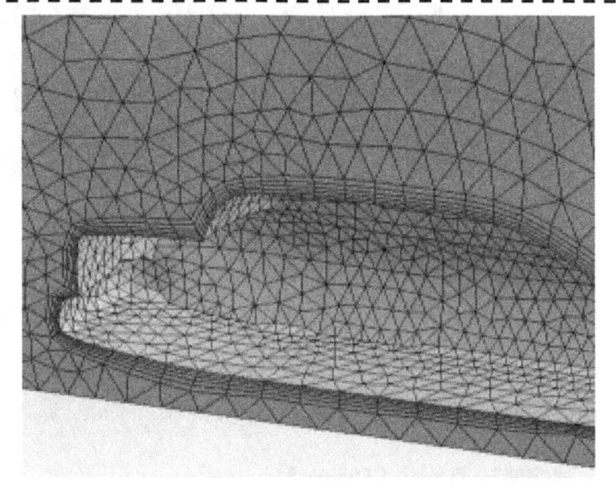

（b）【Advancing Front】

图 4.4-20 【三角曲面网格】控制

7．拓扑检查【Topology Checking】

该选项决定了在“片体独立网格剖分”【Patch Independent Meshingpatch】操作和后续的预处理过程中，程序是否执行拓扑检查，在这个过程中，额外的预处理可能包括对象的范围（如加载、边界条件、命名选择等）、几何（实体、面、边和顶点）等。当这些对象作用于几何时，会指示程序尊重这些几何特征，因此，这些情况下的几何特性称为“保护拓扑”。

在网格划分过程中，【片体独立网格剖分】试图捕获受保护的拓扑，但是如果网格大小（单元大小和/或简化大小）太粗而无法捕捉特性，或者程序不得不忽略由于映射或其他约束而导致的特性，则可能无法做到这一点。

（1）【拓扑检查】设置为【No】（默认）。

在网格划分结束时，【拓扑检查】可以确保网格与受保护拓扑之间的适当关联被忽略。网格划分后，如果将对象范围限定为几何，那么关联的网格也会包含在内，但是，程序不确保网格与拓扑结构相关联，因此，如果有顾虑，必须手动验证关联。

（2）【拓扑检查】设置为【Yes】。

在网格划分结束时，【拓扑检查】可以确保网格与受保护拓扑之间的适当关联。如果网格没有正确关联，则会发出错误消息。根据网格方法，【拓扑检查】行为略有不同，并且通常会更严格。

在网格划分后，如果将对象范围限定为几何，那么也会作用到关联的网格。在这种情况下，网格会过时失效，因为状态管理器必须重新验证所有作用域拓扑都与受保护的拓扑相关联。如果尝试重新划分网格，则运行【拓扑检查】并确保所有受保护的拓扑受到尊重。如果拓扑检查成功，网格将被验证，但不会重新划分。如果拓扑检查不成功，则软件重新网格划分几何模型，将新对象视为受保护的拓扑。

图 4.4-21 显示了【拓扑检查】启用设置为【Yes】和网格划分失败的情况，因为接触区域没有适当的关联网格。如果对该模型禁用【拓扑检查】（设置为【不】），则网格划分将不会失败，并且可以手动验证网格。

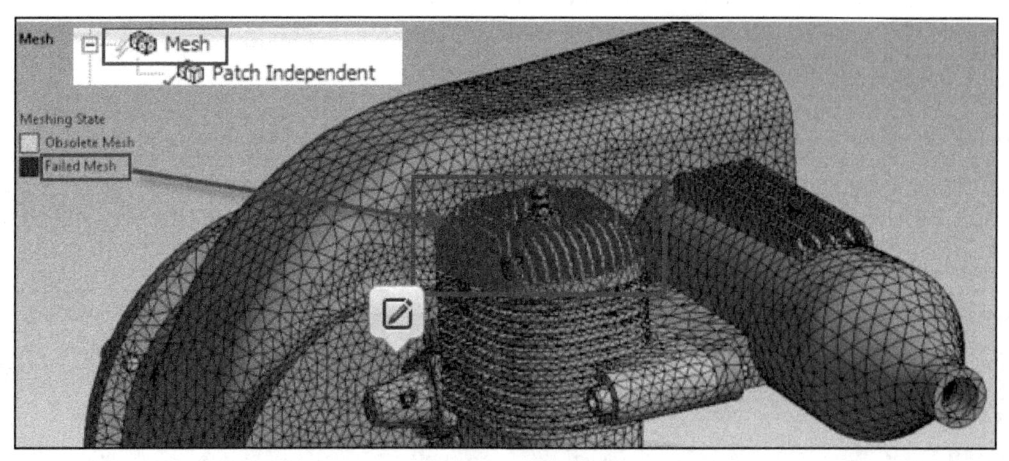

图 4.4-21 【拓扑检查】设置为【Yes】的结果

也可以通过减少网格大小来解决图 4.4-21 所示模型网格划分失败的问题，这样程序就可以捕捉到这些特性。但是，如果将任何新对象扩展到几何，那么受尊敬的拓扑将需要更新（网格不一定要重新生成）。但是，如果更新网格并禁用【拓扑检查】，那么即使添加新的范围，网格状态也不再发生变化。可以绘制附加到命名选择的单元，以验证网格是否正确关联。

8. 修剪控制功能【Pinch】

该选项允许在网格级别上删除小的特性（如短边和窄区域），以便在这些特性周围生成更好的质量单元。【Pinch】特性提供了虚拟拓扑的另一种选择，它在几何级别上工作。这两个特性结合在一起，可简化由于模型中的小特性而导致的网格约束，否则很难获得一个令人满意的网格。

当定义了【修剪控制】时，模型中去除在【修剪控制】标准内的小特性，从而消除网格中的小特性。可以指示网格应用程序根据指定的设置自动创建【修剪控制】，或者可以手动指定要压缩的实体。【修剪控制】可以应用于实体和壳模型，有无【修剪控制】的示例如图 4.4-22 所示。

可根据给定的“修剪容差”【Pinch Tolerance】移除小特征，提供整体修剪控制和局部修剪控制。刷新后生成“更新后自动生成的小特征列表”【Generate Pinch on Refresh】。

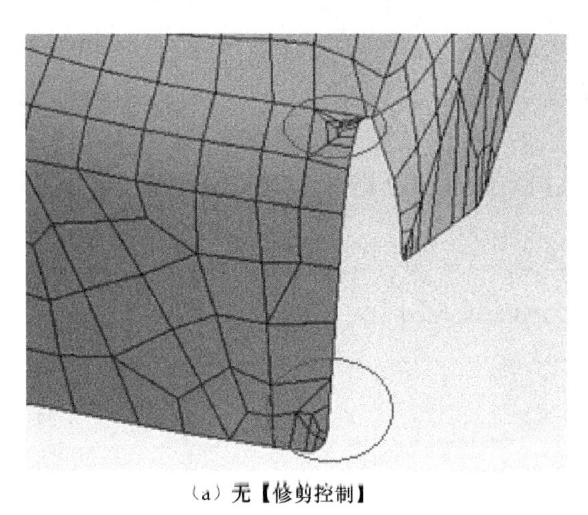

（a）无【修剪控制】

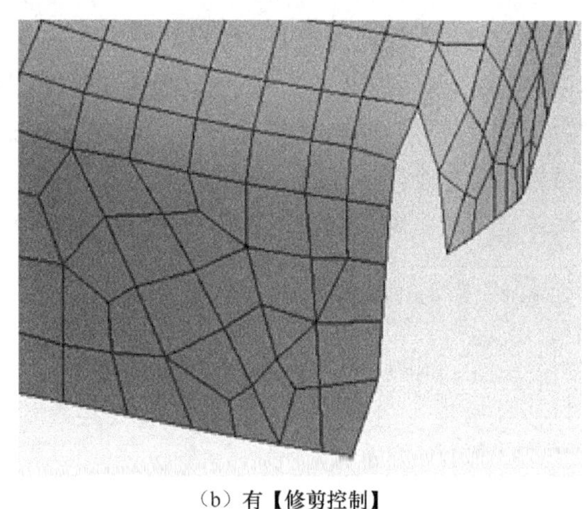

（b）有【修剪控制】

图 4.4-22　有无【修剪控制】的网格划分效果对比

4.4.5　统计【Statistics】

统计功能可查看网格划分的“节点”【Nodes】和“单元”【Elements】信息。

（1）【节点】选项提供了网格模型中节点数量的显示结果。如果模型包含多个零件或实体，则可以在导航树中的几何对象下突出显示单个零件或实体的节点数量。

（2）【单元】选项提供了网格模型中单元数量的显示结果。如果模型包含多个零件或实体，则可以在导航树中的几何对象下突出显示单个零件或实体的单元个数。

4.5　局部网格控制

“工具栏”【Toolbox】的网格控制【Mesh Control】提供多种局部网格控制方法，见表 4.5-1。根据采用的网格划分方法，可以组合各种方式对局部网格进行控制。

表 4.5-1　网格控制方法

Mesh Control ▼ Mesh Edit ▼	网格控制【Mesh Control】
Method	设置网格划分方法
Mesh Group	网格组
Sizing	可对点、边、面和体指定单元大小
Contact Sizing	可对接触边、接触面设置接触单元大小
Refinement	可对点、边、面设置网格细化
Face Meshing	可对面设置映射面网格划分
Match Control	可对边、面进行匹配控制
Pinch	可对点、边设置修剪控制
Inflation	可对边、面设置边界层控制
Sharp Angle	尖角控制

4.5.1　方法控制

“方法控制”【Mesh Control】只对一个主体有效，默认值【Automatic】选项可提供一个成功的自动网格的网格划分方法。在默认情况下，程序尝试使用“自动扫掠”【Sweep】进行实体网格划分，且用四边形单元生成面体模型，如果模型无法扫掠，则转换为“四面体”【Tetrahedrons】下的“片体协调法”【Patch Conforming】。

要设置方法控制，单击导航树中的“网格”【Mesh】，右键单击鼠标，然后选择【Insert】→【Method】或在工具栏中单击【网格控制】按钮，并选择方法，即【Mesh Control】→【Method】，如图 4.5-1 所示。注意该方法不支持装配网格算法。

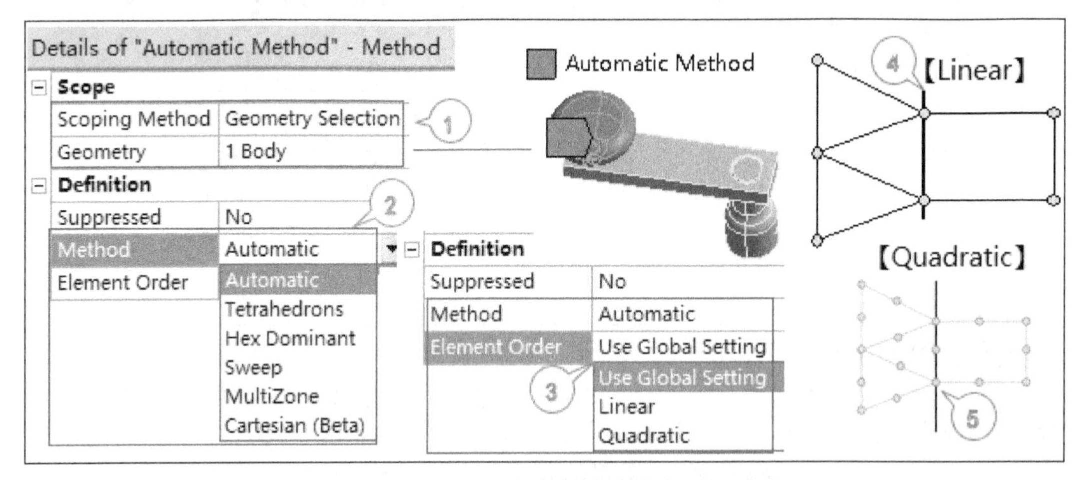

图 4.5-1　设置局部对象的网格划分方法及单元阶数

4.5.1.1　方法控制及单元阶数

1. 单元阶数【Element Order】

当对实体设置【Mesh Control】时，可以通过明细窗口的单元阶数定义网格划分的单元是否包含中间节点。【Element Order】提供 3 个选项，包括“使用全局设置”【Use Global Setting】、“线性”【Linear】和“二次”【Quadratic】如图 4.5-1 所示。

如果选择“使用全局设置”【Use Global Setting】，那么单元阶数按照全局单元阶数选项处理。【线性】和【二次】单元阶数与在整体单元阶数选项下的对应项具有相同的描述，只是对局部对象设置一次或二次的单元阶数将覆盖整体单元阶数选项的设置。

如果将【Element Order】设置为“二次”【Quadratic】，且将“直边单元”【Straight Sided Elements】设置为【No】，则将在几何模型放置中间节点，以便网格单元正确地捕获几何形状。如果中间节点的位置可能会影响网格质量，则可以放宽中间节点以改善单元形状，因此，一些中间节点可能不会精确地跟随几何形状。

2. 混合单元阶数网格划分

在不同的体对象中，混合阶数网格划分可采用以下方法：

（1）实体网格划分可采用的方式为：“片体协调四面体”【Patch Conforming Tetrahedron】、“片体独立四面体”【Patch Independent Tetrahedron】、“多区”【MultiZone】、“扫掠”【General Sweep】、“薄层扫掠”【General Sweep】和“六面体域”【Hex Dominant】。

（2）表面网格划分可采用的方式为：“四边形为主导”【Quad Dominant】、“全部三角形”【All Triangles】和“多区四变形/三角形”【MultiZone Quad/Tri】。

这意味着在多体零件中，某个对象可设置为【二次】的高阶单元，而其他对象可设置为【一次】的低阶单元。

支持混合顺序网格划分，无论是有选择性的网格划分还是同时划分所有对象，都支持混合阶网格。这种网络划分以及所得到的网格，取决于网格划分顺序。

对于同时网格划分，二次实体一般在界面上具有优先级。在这种情况下，一个较低阶的物体与一个高阶物体相邻的所有单元都是高阶单元，从而在界面形成一层二次单元，这些单元在界面是更高阶的，但在网格中去除了与线性单元相邻的中间节点。

当一个实体和一个面体共享一个交界面时，会出现异常。在这种情况下，实体具有优先级，并且将首先使用它所定义的单元阶划分网格。然后，片体划分为有中间节点的网格（描述为“选择性网格”【Selective Meshing】)。

对于“选择性网格”【Selective Meshing】，网格划分顺序决定了优先级。如果先划分线体，然后再划分相邻二次实体，那么线体就有优先权了。与线性体相邻的二次体中的单元是低阶单元，中间节点将从界面的二次单元中删除。

如果先划分一个二次实体，再划分相邻的线体，那么二次体就具有优先级。与二次体相邻的线体中的单元将是高阶单元，中间节点将添加到界面的线性单元。

图 4.5-2 为混合阶网格示例子。为了得到图 4.5-2 中的多体零件的混合阶网格，整体单元阶数设置为【二次】，从而得到最顶层的二次单元网格，将【扫掠】方法应用于其余对象，设置【线性单元】选项，这会使扫掠体为主要的线性六面体/楔形单元网格，其中的六面体/楔形单元附加到交界面为混合阶。混合阶六面体/楔形单元在界面上附加到二次金字塔单元上。在【Mesh Metrics】直方图中，混合阶单元显示为二次单元类型。

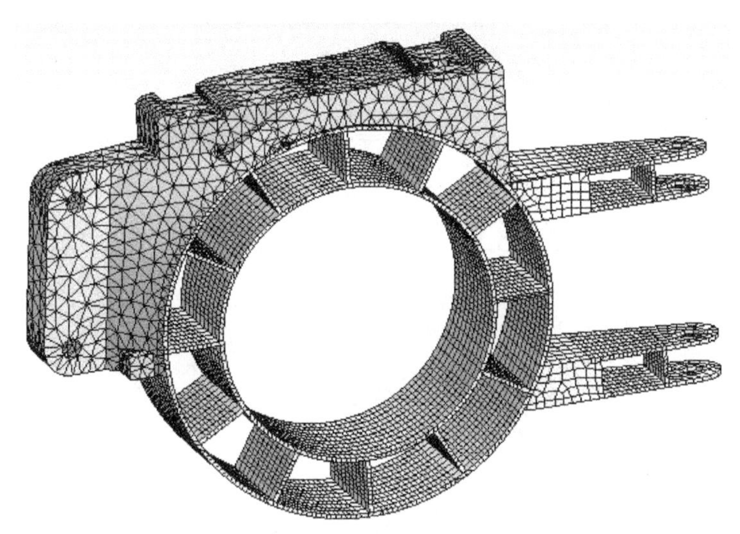

图 4.5-2 多体零件的混合阶网格

4.5.1.2 实体方法控制

“方法控制”【Mesh Control】提供网格划分的方法，在工具栏中选择【Mesh Control】→【Method】，可对选中的实体施加网格划分，如图 4.5-1 所示，其控制选项如下。

1. 自动网格划分【Automatic】

程序基于几何的复杂性，自动检测实体，对可以扫掠的实体采用“扫掠”【Sweep】方法划分六面体网格，对不能扫掠划分的实体采用【协调分片算法】划分四面体网格。

如果希望将【扫掠】默认选项修改为“多区”【Multizone】可在“工具”【Tools】选项下设置：【Tools】→【Options】→【Meshing】→【Meshing】:【Use MultiZone for Sweepable Bodies】=On，如图 4.5-3 所示。

3D 实体自动网格划分如图 4.5-4 所示。

（1）在导航树选择【Mesh】并右键单击鼠标，选择【Show】→【Sweepable Bodies】查看，可以扫掠的实体为绿色。

（2）插入方法：在工具栏选择【Mesh Control】→【Method】。

（3）设置自动网格划分：【Method】=Automatic。

（4）更新网格：在【Mesh】工具栏中单击【Update】按钮。

（5）图形窗口显示扫掠实体为六面体，而其他为四面体，直方图显示四面体单元 Tet10，六面体单元 Hex20 的数量与质量。

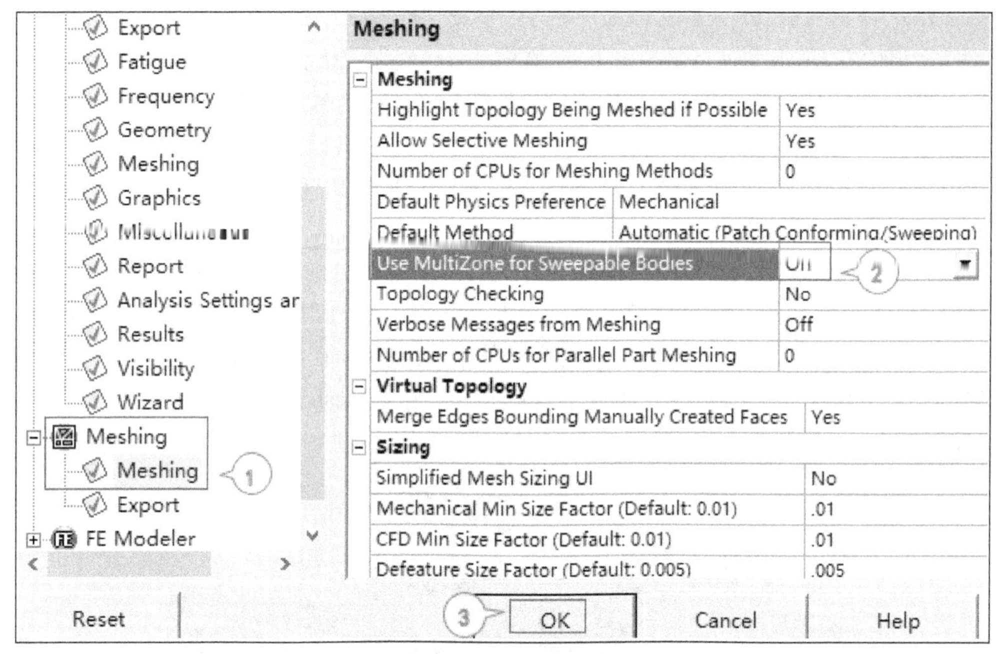

图 4.5-3　【扫掠】设置为【多区】网格划分

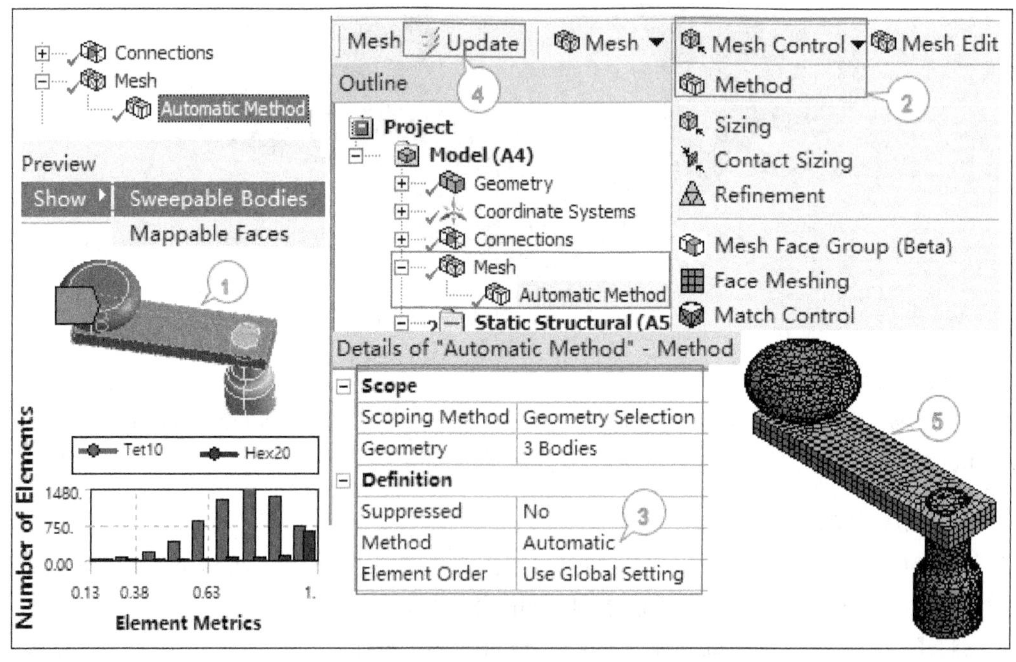

图 4.5-4　3D 实体自动网格划分

2. 四面体网格【Tetrahedrons】（见图 4.5-5 和图 4.5-6）

生成四面体单元可采用基于 TGrid 的“协调分片算法”【Patch Conforming】和基于 ICEM CFD 的“独立分片算法”【Patch Independent】。

（1）协调分片算法【Patch Conforming】。

这是一种 Delaunay 四面体网格划分方法，采用先进的前点插入技术，用于网格细分。采用自下而上的方法：网格划分先从边面划分，再到体，考虑所有的面及其边界，该算法适用于质量好的 CAD 几何模型。

该算法支持 3D 边界层；内嵌的金字塔层用于共形的四边形-四面体过渡；内置增长和平滑控制，程序尝试根据指定的生长因子创造一个平滑的尺寸变化。

提示

对于有问题的几何模型或自交叉区域，可以通过在自交叉区域中添加一个非常大的面尺寸控制来解决这个问题，然而，最佳实践是在 DM 或 CAD 系统中移除问题几何。当流体网格划分时，该算法由于缺少可用内存而失败时，将会发出一条错误消息，但是，这个错误消息不会将内存不足作为原因，因为在达到内存限制之前，网格划分停止，所以可能不会注意到任何异常行为。

（2）独立分片算法【Patch Independent】。

采用自上而下的方法：先生成体网格，再映射到面和边生成面网格。除非指定命名选择、加载、边界条件和其他作用，否则不必考虑指定公差范围内的面及其边界，该算法适用于需要清除小特征的质量差的几何模型。

该算法是基于如下的空间细分算法，保证了网格的细化，但在可能的情况下允许保持较大的单元，计算更快。

一旦“基准”四面体（包含整个几何图形）初始化，将基准四面体细分到所有单元大小需求（即指定的局部网格大小）得到满足。在每个细分步骤中，四面体的边长度（=size）除以 2，这意味着，尺寸大小各不相同，都是 2 的整数幂。基准四面体的大小设置为最小的给定大小乘以 2n。所有其他指定的大小都是通过基准四面体细分来近似的。

两种四面体算法都可用于零件、体及多体零件，【协调分片算法】的分片面及边界考虑零件实体间的相互影响，且采用小公差，常用于考虑几何体的小特征。可以用【虚拟拓扑】工具把一些面或边组成组，构成虚拟单元，从而减少单元数目，简化小特征和载荷提取，因此如果采用【虚拟拓扑】工具可以放宽分片限制。

选择【Mesh】并右键单击鼠标，在快捷菜单中选择【Insert】→【Method】，选择要应用的实体，设置【Method】=Tetrahedrons，【Algorithm】=Patch Conforming，如图 4.5-5 所示，不同的零件和体可用不同方法，注意图中考虑几何模型小特征处的网格划分结果。

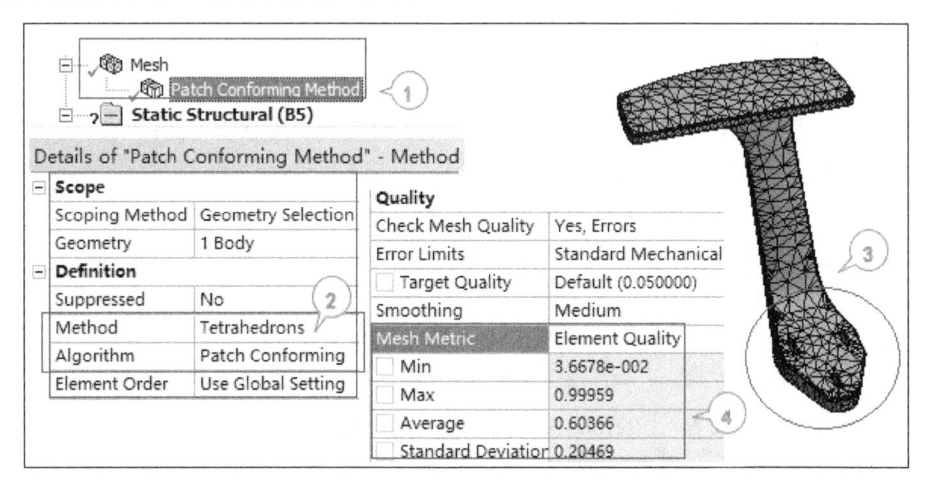

图 4.5-5　设置【协调分片】四面体网格划分方法

【独立分片算法】的分片不是太严格，通常用于统一尺寸的网格。【协调分片算法】划分适用于结构分析，【协调分片算法】划分或【独立分片算法】划分适用于电磁分析和流体分析，【独立分片算法】划分或有虚拟拓扑的【协调分片算法】划分适用于显式动力分析。

选择【Mesh】并右键单击鼠标，在快捷菜单中选择【Insert】→【Method】，选择要应用的实体，设置

【Method】=Tetrahedrons，【Algorithm】=Patch Independent，【Min Size Limit】=10mm，划分网格如图 4.5-6 所示，注意图中忽略小特征，划分一致网格。

图 4.5-6 所示的明细窗口中还提供如下选项。

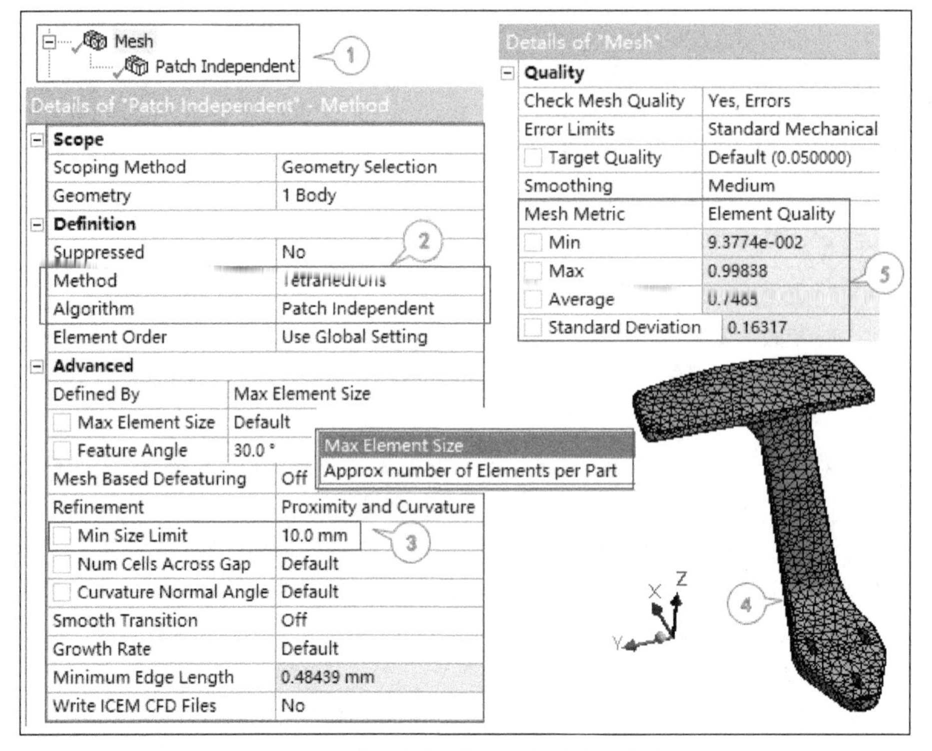

图 4.5-6　设置【独立分片】四面体网格划分方法

- 【Defined By】提供两个选项【Max Element Size】与【Approx Number of Elements per Part】。

“最大单元尺寸”【Max Element Size】提供初始单元细分的大小，默认值取决于“尺寸函数”【Size Function】是否激活；每个零件“大约的单元数量”【Approx Number of Elements per Part】为网格规定了大约数目的单元，默认是 5e5，仅应用于单个零件时指定数量才可用。

- 特征角【Feature Angle】指定几何特征捕获的最小角度。

如果两个面之间的夹角小于指定的特征角，则将忽略面之间的边，且节点将不受该边的影响。如果两个面之间的夹角大于特征角，则应保留边并对齐网格，并与之相关联（注意边可能由于失败而忽略等）。可以指定从 0°（捕获大多数边）~ 90°（忽略大部分边）的值，或者接受 30° 的默认值。

- 基于简化网格特征设置【Mesh Based Defeaturing】。

忽略基于大小的边，默认情况下为“关闭”【Off】；如果【Mesh Based Defeaturing】=On，则会出现一个【Defeature Size】，在其中输入大于 0.0 的数值；默认情况下，局部的【Defeature Size】值与整体值大小相同。如果在这里指定一个不同的值，它将覆盖整体值。指定值为 0.0，则返回其默认值。如果定义不同的容差值，则采用最小的容差值。

- 基于曲率和相邻的细化设置：【Refinement】=Proximity and Curvature，可以对不同体设置不同的曲率和相邻。
- “平滑过渡”【Smooth Transition】选项可以控制增长率和局部特征角。
- 写出 ICEM CFD 文件【Write ICEM CFD Files】，该方法考虑指定命名选择的面和边。

具有边界层的四面体网格划分可以称为棱柱层，常用于解决 CFD 分析中的高梯度流量变化和近壁面复杂的物理特性；解决电磁分析的薄层气隙和结构分析的高应力集中区。

边界层可以源自三角形和四边形面网格生成，可按照【协调分片】和【独立分片】四面体这两种网格划分方法增长，可使用整体网格和局部网格设置边界层。

3. 六面体网格

六面体网格可以减少单元数量，加快求解收敛；单元和流体流动方向对齐，可提高分析精度，减少数值错误。可采用的方法有【Hex Dominant】、【Sweep】及【MultiZone】，对质量好的几何模型应首选六面体网格划分，各种六面体网格划分方法可协同工作。

（1）六面体域网格【Hex Dominant】（见图 4.5-7）。

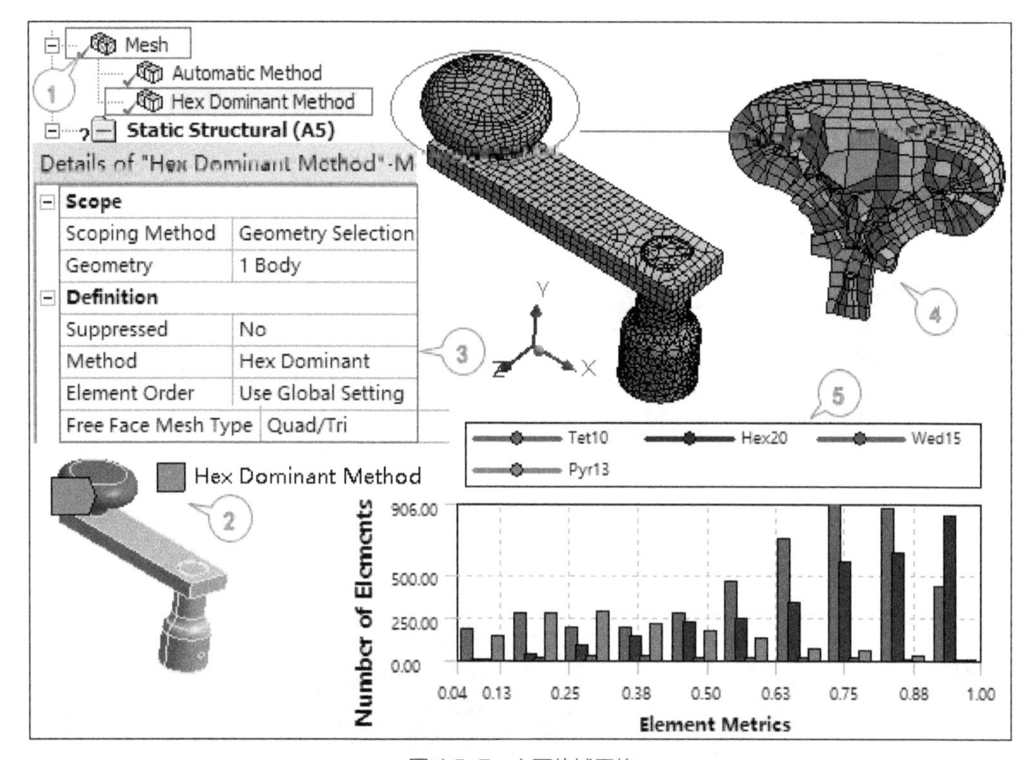

图 4.5-7　六面体域网格

生成非结构化的六面体域网格，主要采用六面体单元，但是包含少量棱锥单元和四面体单元，用于那些不能扫掠的体，常用于结构分析。也用于不需要边界层及偏斜率和正交质量在可接受范围内的 CFD 网格划分。使用方法示例如下。

① 在导航树中选择【Mesh】，右键单击鼠标，从快捷菜单中选择【Insert】→【Method】。

② 在图形窗口选择要划分的实体确认。

③ 在明细窗口中设置【Method】=Hex Dominant。

④ 生成网格如图 4.5-7 所示。

⑤ 直方图中显示混合单元类型有 Tet10、Hex20、Wed15、Pyr13 这 4 种。

提示

该方法推荐用于无法扫掠的几何模型，且具有很大的内部体积的模型，对薄层结构或复杂形状的模型不推荐采用此方法。

（2）扫掠网格【Sweep】（见图 4.5-8）。

对可以扫掠的实体在指定方向扫掠面网格，生成六面体单元或棱柱单元，扫掠划分要求实体在某一方向上具有相同的拓扑结构，实体只允许一个目标面和一个源面，但薄壁模型可以有多个源面和目标面。在【Mesh】分支上右键单击鼠标，从快捷菜单中选择【Show Sweepable Bodies】，可以看到能够扫掠的体，此时该体被选中。

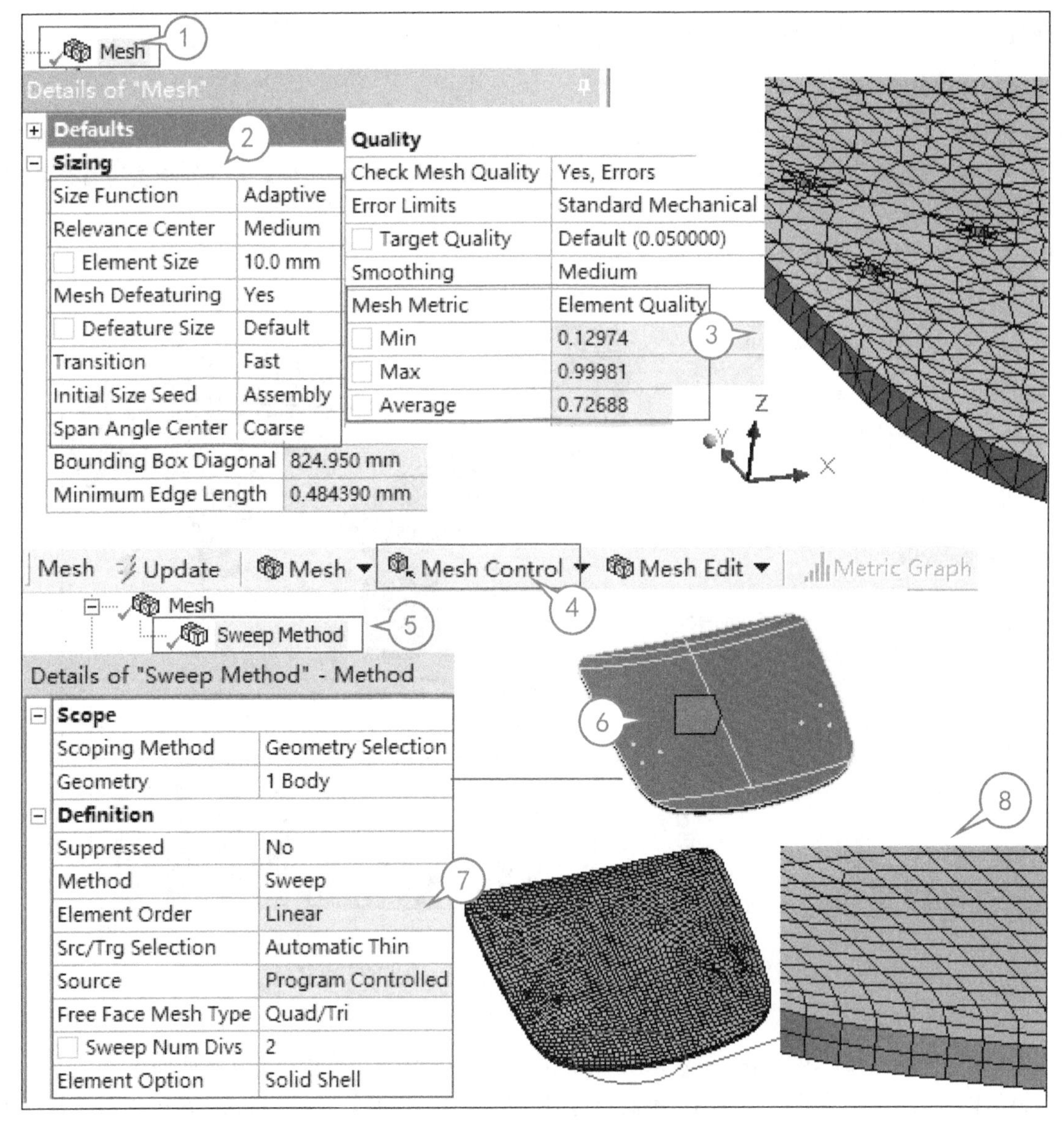

图 4.5-8　自动网格与薄层扫掠网格对比

选择【Mesh】并右键单击鼠标，选择【Insert】→【Method】，在图形窗口中确认要扫掠的实体，在明细窗口中设置【Method】=Sweep。对于薄壁模型，补充设置“薄层扫掠”【Src/Trg Selection】=Automatic Thin，“沿厚度的单元层数”【Sweep Num Divs】=2，可以得到薄层扫掠网格。

图 4.5-8 给出自动网格与薄层扫掠网格的对比，自动网格为四面体【图 4.5-8 中标号①~③】，而薄层扫掠网格获得六面体更高质量的网格【图 4.5-8 标号④~⑧】。

（3）多区网格【MultiZone】（见图 4.5-9）。

多区网格基于 ANSYS ICEM CFD 六面体分块方法，自动将几何体分解成映射区域和自由区域，可以自动判断区域并对映射区生成结构化网格，即生成六面体/棱柱单元，对自由区域采用非结构化网格，即“自由区域的网格类型”【Free Mesh Type】可由“四面体”【Tetra】、“六面体域”【Hexa Dominant】或“六面体核心”【Hexa Core】来划分网格。

【多区网格】具有多个源面和目标面。【多区网格】划分和【扫掠】划分相似，但更适合于用【扫掠】方法不能分解的几何体。

多区网格设置如图 4.5-9 所示。

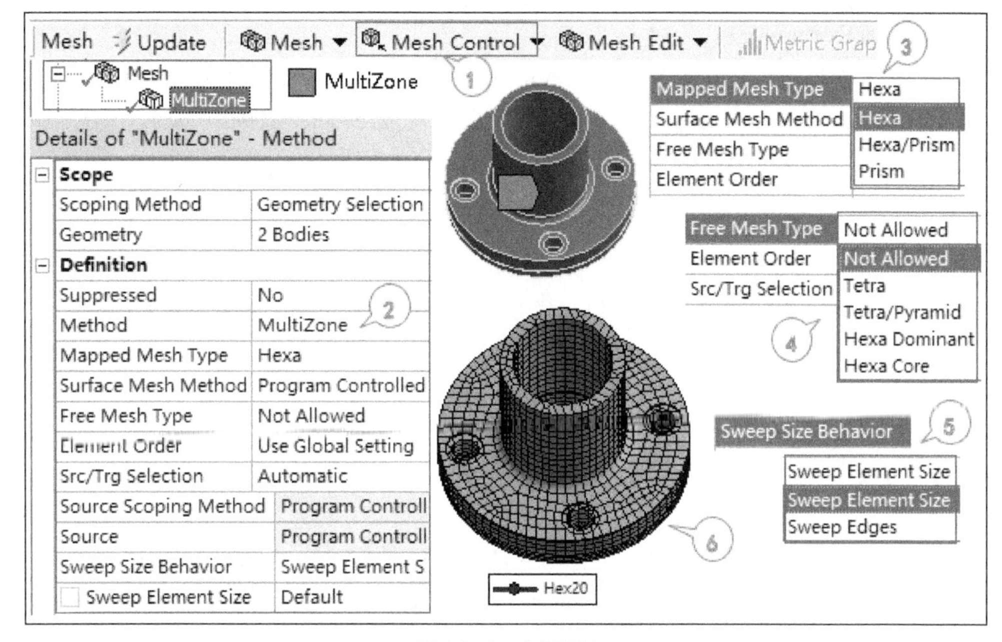

图 4.5-9　多区网格

① 在【Mesh】分支上右键单击鼠标，选择【Insert】→【Method】，在图形窗口中确认要划分的实体。

② 在明细窗口中设置【Method】=MultiZone。

③ 选择【Mapped Mesh Type】=Hexa/Hexa/Prism / Prism。

④ 选择“自由区域的网格类型”【Free Mesh Type】=Not Allowed / Tetra / Hexa Dominant / Hexa Core。

⑤ 设置“源面/目标面的选择方式”【Src/Trg Selection】=Automatic/Manual Source，如果【Src/Trg Selection】=Manual Source，则需手工选择源面，在【Source】中确认，设置【Sweep Size Behavior】=Sweep Element Size / Sweep Edges，输入相应的值。

⑥ 单击【Update】按钮更新网格，查看为六面体或棱柱网格。

4.5.1.3　面体方法控制

面体网格控制提供 3 个选项：【Quadrilateral Dominant】、【Triangles】、【MultiZone Quad/Tri】相关设置见图 4.5-10 及下述说明。

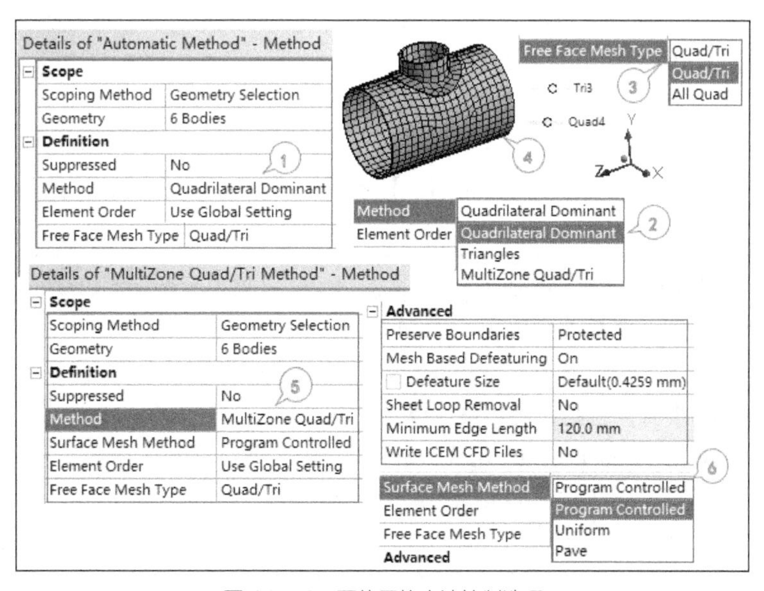

图 4.5-10　面体网格方法控制选项

1.【Quadrilateral Dominant】

如果选择“四边形网格法”【Quadrilateral Dominant】(默认)，可划分自由的四边形网格。【四边形网格法】包括“单元阶数”【Element Order】和“自由面网格类型”【Free Face Mesh Type】，可用于大多数分析，可以设置为【Quad/Tri】(默认)或【All Quad】。

注意

- 如果使用【Quadrilateral Dominant】，具有【Inflation】和“尺寸函数 ”【Size Function】，则最后一个边界层的网格单元大小将用于相应的【Quadrilateral Dominant】边界网格单元大小。
- 如果对实体在方法控制中设置【Method】为【Hex Dominant】或【Sweep】时，且应用局部尺寸【Sizing】控制；或者对薄层体的方法控制中设置【Method】=【Quadrilateral Dominant】，则对【Hex Dominant】方法中实体所有受影响面，对【Sweep】方法中的源面，及对采用【Quadrilatcral Dominant】方法中的所有受影响面，划分为基本一致的四面形网格。为了获得更多一致的四边形网格，可将尺寸控制的行为设置为【Hard】。
- 如果对包含线体和面体的混合的多体零件划分网格，所有面体，以及和所有面体共享边的线体，会用所选的面网格方法划分网格。剩余的线体（只有顶点与面体共享）总是用四边形主导法【Quadrilateral Dominant】划分网格。

2.【Triangles】

【Triangles】采用三角形单元进行网格划分。

3.【MultiZone Quad/Tri】

如果选择【MultiZone Quad/Tri】方法，则会根据下面所描述选项的输入值，在选中对象的整个部分创建一个四边形或三角形网格，【MultiZone Quad/Tri】是一种【片体独立】的方法。

(1)“表面网格法”【Surface Mesh Method】：该选项引导【MultiZone Quad/Tri】使用“程序控制”【Program Controlled】、“统一”【Uniform】或“铺设”【Pave】方法来创建网格。

①“程序控制”【Program Controlled】：自动使用“统一”和“铺设”方法的组合，取决于网格大小和表面属性，为默认方法。

②“统一”【Uniform】：使用递归循环分割方法，创建高度一致的网格。对于所有相同大小的边，且无高曲率的网格面，使用该选项好，这种方法网格划分的正交性一般都很好。

③“铺设”【Pave】：使用铺设的网格方法，在高曲率面上且邻近边有高纵横比时，能创造出良好质量的网格，这种方法也提供一个完全四边形网格。

注意

当【Surface Mesh Method】设置为【Uniform】时，【MultiZone Quad/Tri】方法会忽略尺寸函数。在这种情况下，单元大小为不变值。

(2)“自由面网格类型”【Free Face Mesh Type】：该选项决定网格单元的形状，可选“四边形”【All Quad】、“三角形”【All Tri】和四边形与三角形的组合【Quad/Tri】。

(3)“单元大小”【Element Size】：该选项允许指定所选几何模型的单元大小，但只适用于当【Surface Mesh Method】设置为【Uniform】时，否则，使用整体单元大小。

(4)“简化网格”【Mesh Based Defeaturing】：该选项基于大小和角度对网格进行过滤简化，在默认情况下，这种基于局部网格的简化设置与全局网格简化控制的设置是一样的。当基于网格简化时，在【Defeature Size】中输入大于 0.0 的数值。默认情况下，局部的【Defeature Size】与整体设置相同。如果指定不同的值，则覆盖整体值。推荐所设置的值至少是单元大小的一半，如指定值为 0.0，则返回默认值。

注意

当整体网格简化控制选项激活，但使用自适应尺寸函数的时候，对于【MultiZone Quad/Tri】，其默认网格简化准则包括基于双面角的简化及基于最小单元尺寸的边长简化。

（5）“面体孔清除”【Sheet Loop Removal】：该选项根据尺寸清除面体上的孔。如果设置为【Yes】，则需输入孔的删除容差值【Loop Removal Tolerance】，可在其中输入大于0.0的数值，默认情况下该值与整体设置相同。如果指定一个不同的值，则该值将覆盖整体值，但对于施加边界条件的孔则不会从网格中移除。

（6）“最小边长”【Minimum Edge Length】：该选项显示零件最小边长，为只读数据，不可编辑。

（7）“编写ICEM CFD文件”【Write ICEM CFD Files】：设置编写ANSYS ICEM CFD文件的选项。

【MultiZone Quad/Tri】控制选项的相关注意事项如下。

① 该控制选项对所有对象比较敏感，如果对一组面施加了载荷或约束，那么已有网格方法控制的零件需要重新划分网格。如果更改了载荷范围，则面或边没有被网格捕获的零件需要重新划分网格，建议在使用这种网格方法之前，先将载荷应用到模型中。

② 基础网格缓存不支持该选项，所以如果改变边界层网格，就需要重新划分网格。

③ 在多体零件中，该选项允许对非常小的体划分网格，如果载荷与此有关，会导致求解器错误，因此必须在求解模型之前先抑制小的体。

④ 对于指定可变厚度的面体，为了防止面及其边界完全网格化，可为每个厚度创建一个命名选择。

⑤【MultiZone Quad/Tri】网格方法支持网格连接。

⑥ 多体零件中，可以使用【MultiZone Quad/Tri】方法，并可结合其他表面网格方法，这些体具有共形网格。如果选择【MultiZone Quad/Tri】划分一个多体零件，其中包含线体和面体的混合，所有的面体及所有与面体共享边的线体都将用所选方法划分网格。其他剩余的线体（只有顶点与面体共享)将用四边形主导网格法划分网格。

⑦ 当划分面体与实体有共享面时的多体零件时，最好将共享的面用【MultiZone Quad/Tri】划分网格，如果共享面用实体网格方法控制，【MultiZone Quad/Tri】体往往会失败。

注意

不同载荷的多个分析环境可能会存在过度约束，这样可能导致网格问题，如果离散误差可以忽略，复制模型并更改环境，而不在同一个模型下添加多个分析环境，那么网格划分将不会受到太大的限制。

4.5.2 单元大小

【Sizing】允许设置局部单元大小，每次只对一种几何体类型控制尺寸，采用如下方法。

1.【Element Size】

在体、面或边上设置单元平均边长。

2.【Number of Divisions】

对边指定单元份数，如图4.5-11所示。

（1）可以指定“偏斜类型”【Bias Type】和“偏斜因子”【Bias Factor】。【偏斜类型】指定单元大小相对边的一端、两端或者边中心的渐变效果；【偏斜因子】定义最大单元边长与最小单元边长的比值。

（2）“行为”【Behavior】可以设置为【Soft】和【Hard】。【Soft】选项的单元大小将会受到整体划分单元大小的功能（如基于相邻、曲率的网格设置和局部网格控制）的影响；【Hard】选项可严格控制单元尺寸。

提示

硬边或任何偏斜边与相邻的边和面之间的网格过渡可能会急剧变化，硬边或偏斜边会覆盖指定的最大面单元尺寸和最大的单元尺寸。

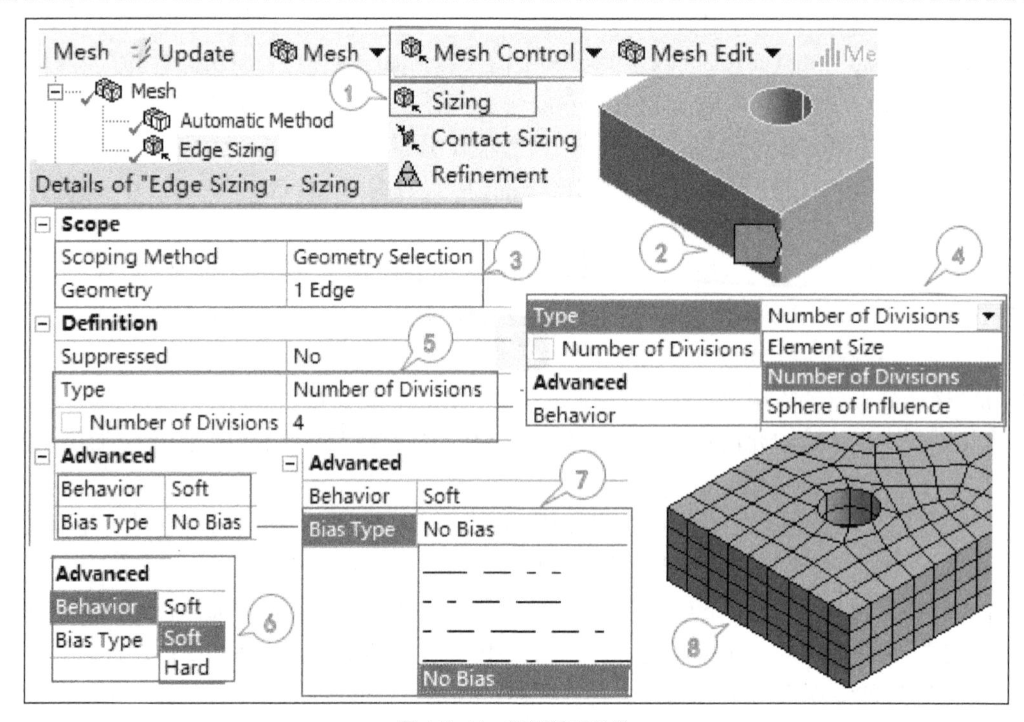

图 4.5-11　设置单元份数

3.【Sphere of Influence】

用球体设定控制单元平均大小的范围，所有包含在球域内的实体单元网格尺寸按给定尺寸划分，如图 4.5-12 所示。

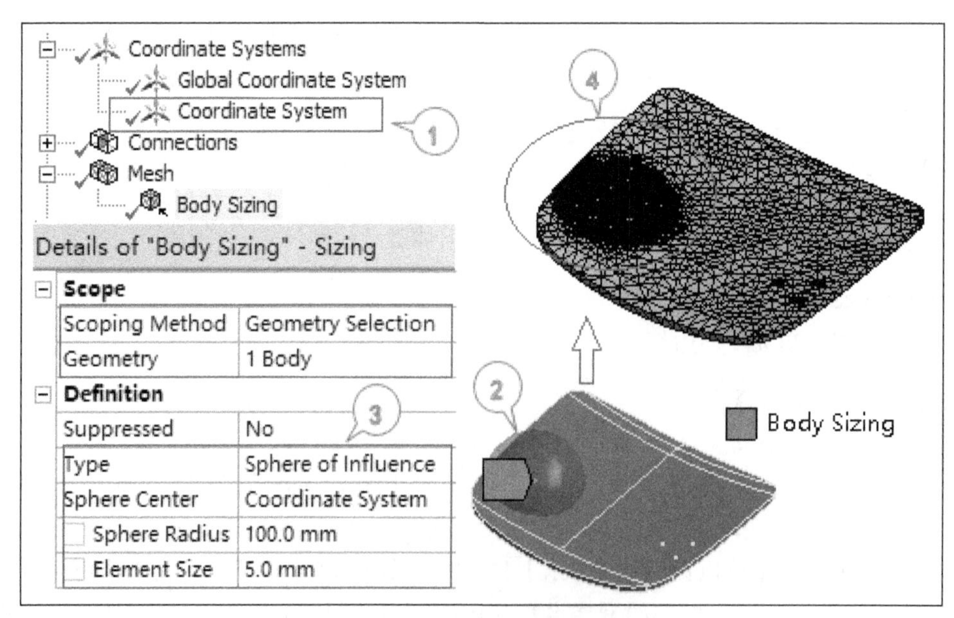

图 4.5-12　球体区域控制局部网格

提示

对顶点指定影响球，不论【尺寸函数】是否打开都可用，在所选顶点的周围设置平均单元大小，需要指定球体的“影响半径”【Sphere Radius】和“单元大小”【Element Size】，球体中心为模型上的点。

对边指定影响球，需关闭【尺寸函数】才有效，球体中心坐标采用局部坐标系，影响区域包括球体范围内的指定边及相邻实体。

对面指定影响球，需关闭【尺寸函数】才有效，球体中心坐标采用局部坐标系，影响区域包括球体范围内的指定面及相邻实体，如图 4.5-13 所示。

（1）选择【Mesh】。

（2）整体网格【尺寸函数】设置为“曲率”【Size Function】=Curvature。

（3）球体控制正常设置。

（4）球体控制区域无效，导航树中【Face Sizing】前出现“？”图标。

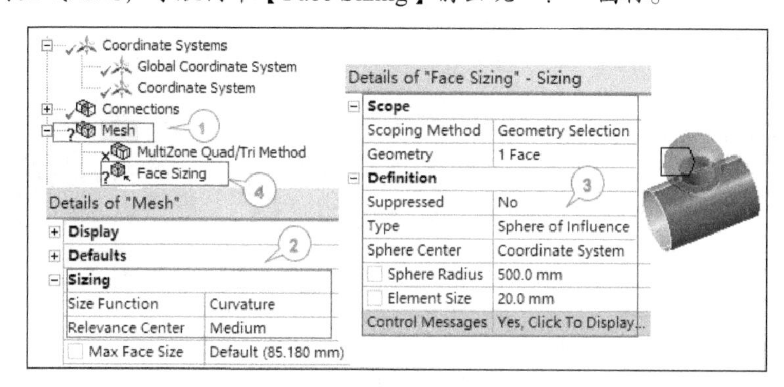

图 4.5-13　球体区域控制无效的面体局部网格

对体指定影响球，无论是否关闭【尺寸函数】都有效，球体中心坐标采用局部坐标系，影响区域为球体范围内的实体。

4.5.3 接触尺寸

“接触尺寸”【Contact Sizing】允许在接触面上产生大小一致的单元。

接触面定义了零件间的相互作用，在接触面上采用相同的网格密度对分析有利，在接触区域可以设定“单元大小”【Element Size】或“相关度”【Relevance】，如图 4.5-14 所示。

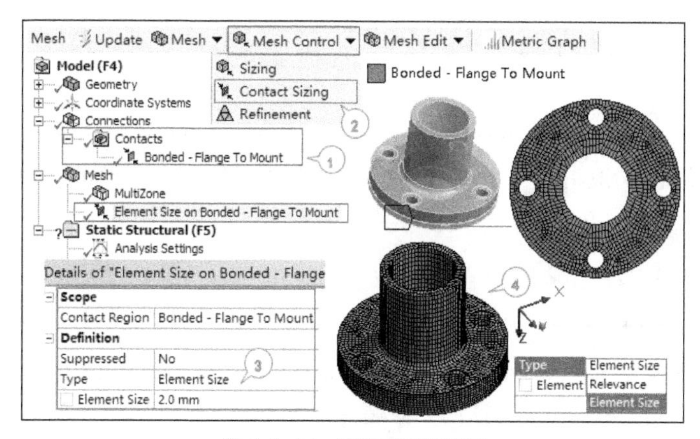

图 4.5-14　接触区网格控制

【相关度】根据指定的相关值，自动决定影响单元大小，进而决定接触面内部的单元大小。

4.5.4 单元细化

【Refinement】可以对已经划分的网格进行单元细化，一般而言，网格划分先进行整体和局部网格控制，然后对被选的点、边、面进行网格细化。该选项仅对面或边有效，对【MultiZone】、【Patch Independent Tetra】、【MultiZone Quad/Tri】这些网格划分方法无效。

细化应用于生成后的网格，细化等级可以从 1（最小）~ 3（最大），细化等级为“1”时会将单元边长一分为二，推荐使用“1”级别细化，这是在生成粗网格后，网格细化得到更密网格的简易方法，如图 4.5-15 所示。使用边界层时，程序可自动抑制细化控制。

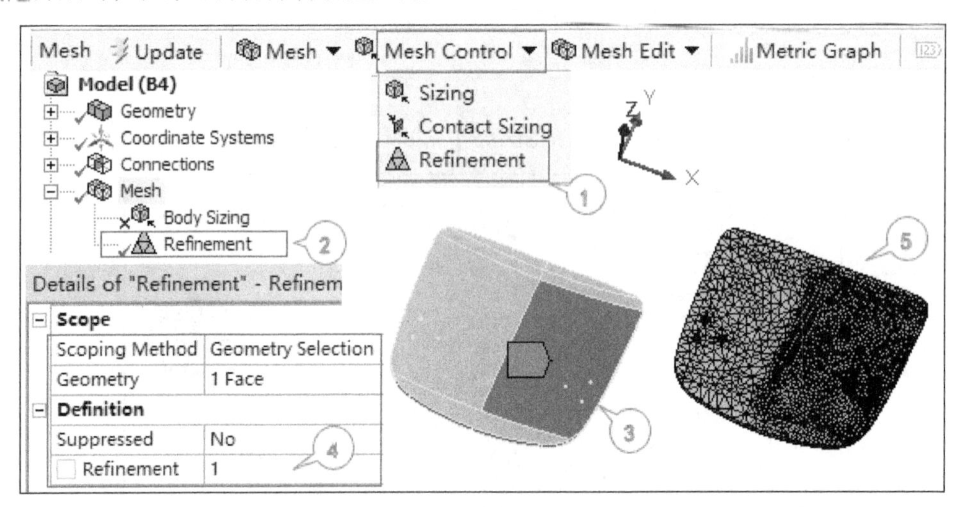

图 4.5-15 网格局部单元细化

提示

单元大小控制和细化控制的区别。

（1）单元大小控制在划分前先给出平均单元长度。通常来说，在定义的几何体上可以产生一致的网格，网格过渡平滑。

（2）细化是打破原来的网格划分。如果原来的网格不一致，细化后的网格也不一致。尽管单元过渡会进行平滑处理，但是细化仍导致不平滑的过渡。

（3）对同一个表面进行单元大小和细化定义时，在网格初始划分时，首先应进行单元大小控制，然后再进行第 2 步的细化。

4.5.5 映射面网格

“映射面网格划分”【Face Meshing】允许在面上生成结构网格，对圆柱面进行映射网格划分可以得到一致性好的网格，这样对计算求解有益。如果因为某些原因不能进行映射面网格划分，网格划分仍将继续，导航树上会出现相应的标志。

提示

【映射面网格】可指定“径向划分的份数”【Radial Number of Divisions】，如果一个面由两个环线组成，则【径向划分份数】选项被激活，可用于创建径向单元层数。

映射面网格划分示例如图 4.5-16 所示。

（1）选择【网格】工具栏中的【Mesh Control】→【Face Meshing】。

（2）导航树中出现【Mesh】→【Face Meshing】。

（3）在图形窗口选择相应的面。

（4）在明细窗口中在【Geometry】处单击【Apply】按钮确认。

（5）网格工具栏中单击【Update】按钮生成网格，在图形窗口查看到映射面网格极具规则性，将正方形一分为二，成直角三角形的面网格。

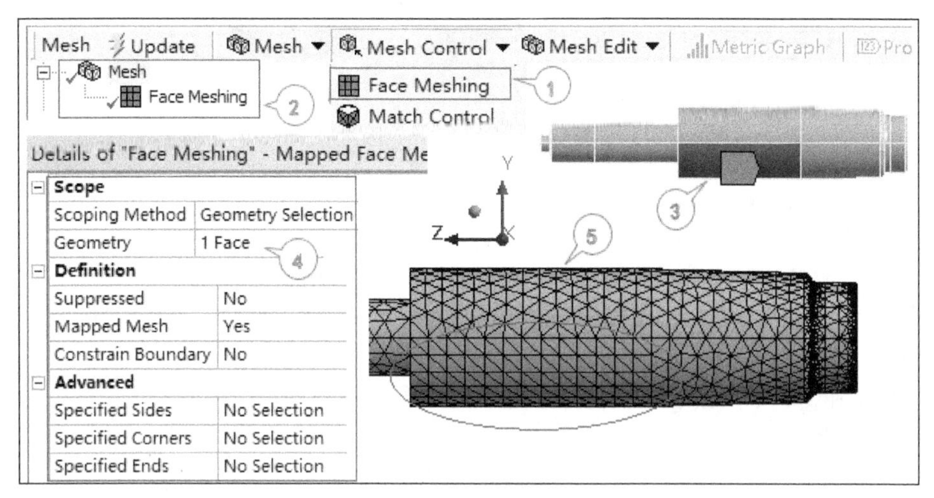

图 4.5-16 映射面网格划分

选择【Mesh】并右键单击鼠标，选择【Show】→【Mappable Faces】可显示所有能映射的面。

映射面网格提供基本和高级设置，支持体网格的【Sweep】、【Patch Conforming Tetrahedron】、【Hexa Dominant】、【MultiZone】，以及面网格的【Quad Dominant】和【Triangles】、【Multizone Quad/Tri】的网格划分方法。

【映射面网格】的顶点类型可以设置为【Specified Sides】、【Specified Corners】、【Specified Ends】3 种顶点类型，对映射方式进行定义，如图 4.5-17 所示。

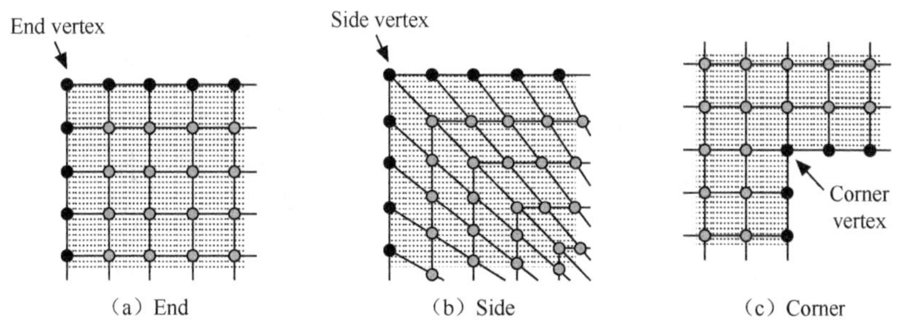

图 4.5-17 映射面顶点类型

【Specified Sides】指定夹角为 136°～224° 的相交边顶点为映射面顶点，和 1 条网格线相交；【Specified Corners】指定夹角为 225°～314° 的相交边顶点为映射面顶点，和 2 条网格线相交；【Specified Ends】指定夹角为 0°～135° 的相交边顶点为映射面顶点，与网格线不相交，示例如图 4.5-18 所示。

（1）插入【Face Meshing】。

（2）在图形窗口选择面，在明细窗口中确定指定面。

（3）在图形窗口选择绿色的两个边的顶点作为【Specified Sides】=2 Vertices，另外 4 个顶点作为【Specified Ends】=4 Vertices。

（4）生成的网格可在图形窗口查看。

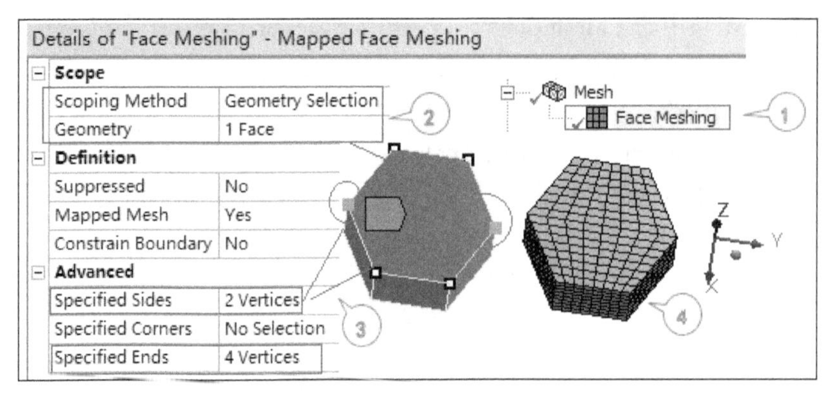

图 4.5-18　指定顶点映射面网格划分

4.5.6　匹配控制

网格“匹配控制”【Match Control】用于匹配模型中的两个或多个面或边的网格。网格应用程序提供了两种类型的匹配控制：“循环匹配”【Cyclic】和“任意匹配”【Abritrary】。

【匹配控制】适用于旋转机械的旋转对称分析，因为旋转对称所使用的约束方程其连接的截面上节点的位置除偏移外必须一致。

循环对称模型示例如图 4.5-19 所示。

（1）定义新坐标系【Coordinate System】。

（2）指定坐标系的位置，且为圆柱坐标：【Type】=Cylindrical。

（3）添加匹配控制：【Mesh Control】→【Match Control】。

（4）定义匹配的面【High Geometry Selection】=4 Faces（蓝色面），【Low Geometry Selection】=4 Faces（红色面），以及循环对称【Transformation】=Cyclic。

（5）单击【Update】按钮更新网格查看。

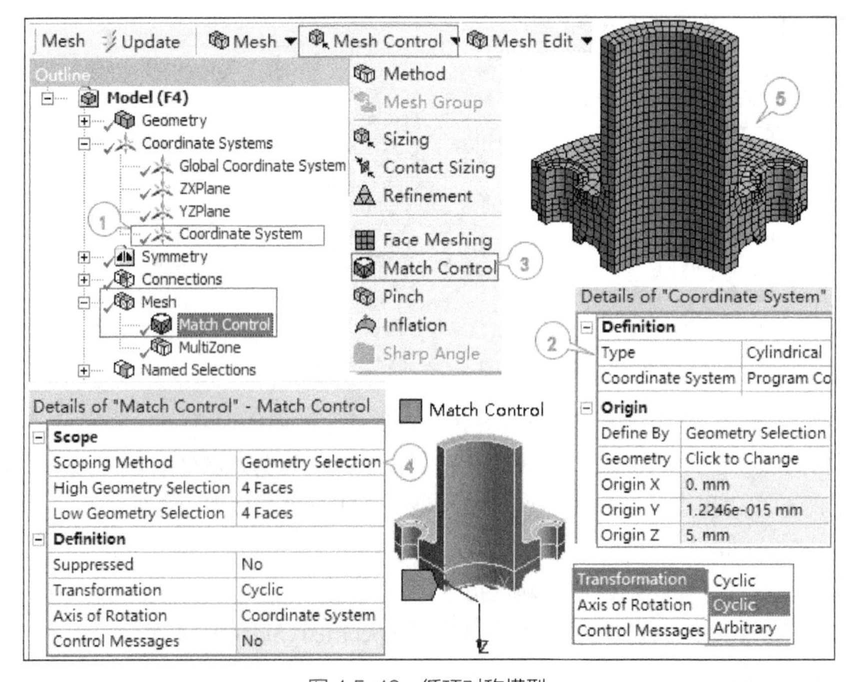

图 4.5-19　循环对称模型

1. 支持匹配控制的网格方法

（1）体网格：【Sweep】、【Patch Conforming】、【MultiZone】。

（2）面网格：【Quad Dominant】、【All Triangles】。

2. 匹配控制提示信息

用匹配控制功能时，提示以下信息：

（1）边网格与壳体模型、2D 模型和 3D 体模型相匹配，面网格需通过体匹配。

（2）单一的匹配控制具有一个高面和一个低面，不能用于多体零件。如果在高侧有多个面，低侧有多个面，则程序基于零件-零件进行最佳匹配。图 4.5-18 所示的示例中，匹配控制支持两个零件，每个零件的高侧有两个面，低侧有两个面，则配对总共有 4 个高侧面和 4 个低侧面。但是，对于更复杂的情况，必须要确保正确的匹配完成。

（3）如果高面和低面是在两个分离的体上（除了【Sweep】方法外）或体之间存在间隙，那么匹配就会失败。

（4）所选择的面或边必须在拓扑和几何上是相同的，这意味着它们的高低侧有相同数量的顶点、有相似的表面积或长度、高低侧有相似的变化。程序会将节点从几何模型中移开以适应变换。

（5）如果高低侧的几何不匹配，那么高侧划分网格，低侧使用匹配控制的变换划分网格。在这种情况下，低侧的几何形状和网格可能略有不同，因此会显示一个警告，提示检查这个偏差并决定它是否可以接受，或者是否应修改几何。

（6）多个匹配控件可以与单个实体关联，但是多个关联可能导致匹配控件之间的冲突。如果发生冲突，网格应用程序会发出错误消息，且匹配失败。例如，如果相邻的两个面有两个不同的匹配控件，则可能发生匹配控制冲突。如果两个匹配控件使用两个不同的坐标系，即使两个匹配控件之间的转换是相同的，也可能会产生一个错误。但是，对于这种情况，如果两个匹配控件引用相同的一组坐标系统，则不会出现任何冲突。

（7）一个匹配控制只能分配给一个唯一面对。不支持在多个匹配控制中分配高/低几何图形。如果多个匹配控制指定与高/低的几何实体相同的面，则会授予在树中显示最低的匹配控件。

（8）匹配控制不支持细化或自适应网格。

（9）当与【尺寸函数】配合使用时，在高或低侧尺寸的影响将从高侧移到低侧，反之亦然。这意味着，如果低侧有尺寸控制，而高侧没有，尺寸函数将使用低侧尺寸控制高侧。

（10）无论边界层网格是否设定为程序控制，还是通过全局或局部边界层定义，【Pre Inflation】都支持面匹配控制。相反，对边的匹配控制不支持【Pre Inflation】。匹配控制（包括面和边）不支持【Post Inflation】。对于不支持的情况，ANSYS Workbench 会自动抑制/禁用匹配控制特性。

（11）在“预览边界层”【Previewing Inflation】时，不强制执行匹配控制。

（12）不能将匹配控制应用于面-边修剪、网格连接或对称控制的拓扑。在这些情况下，当生成网格时将会发出错误。

（13）装配网格算法不支持匹配控制。对于多区域网格方法，不支持对边的匹配控制。当对面进行匹配控制时，只支持一个周期或循环变换，即【MultiZone】可以支持多个匹配控件，只要它们使用相同的坐标系统并具有相同的角度/距离。此外，多区域网格不支持自由网格区域的匹配。匹配控制可以使用薄层扫掠。

4.5.7 修剪控制

“修剪控制”【Pintch】可以在网格上移除小特征（边或狭长区域），从而在这些特性周围生成更好的质量单元。

当定义了【修剪控制】时，模型中满足建立标准的小特性将被“掐灭”，从而消除该特性。可以指示网格应用程序，根据指定的设置自动创建【修剪控制】，或者可以手动指定实体，进行局部【修剪控制】。

【修剪控制】示例如图 4.5-20 所示。

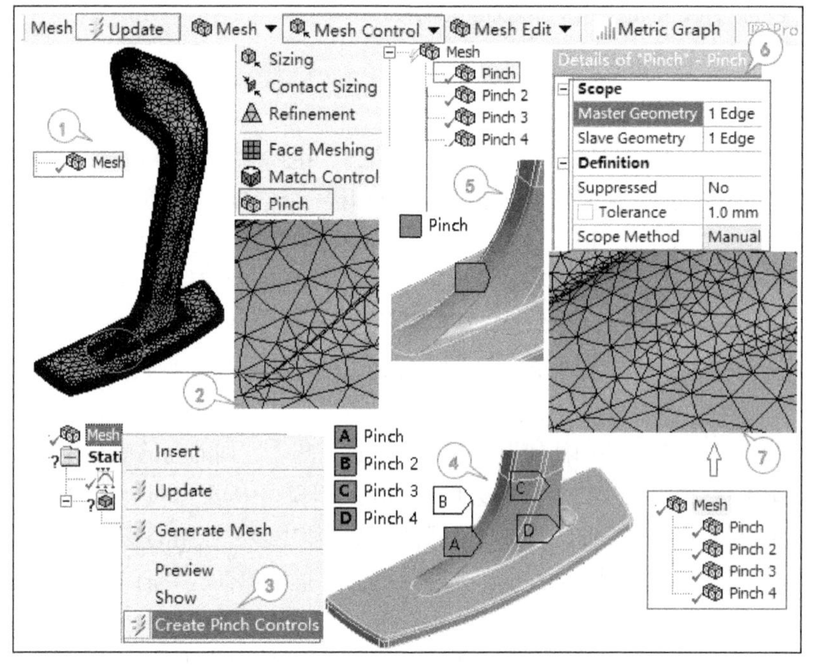

图 4.5-20　修剪控制

（1）选择【Mesh】生成默认网格。

（2）图形窗口中显示网格狭缝处单元很小。可局部添加修剪控制【Mesh Control】→【Pinch】或右键单击鼠标，选择【Create Pinch Controls】。

（3）在图形窗口显示自动创建的 4 组修剪对象。

（4）在导航树中选择其中一个【Pinch】。

（5）在明细窗口中，【Master Geometry】用于指定保留的几何对象，【Slave Geometry】用于指定朝【Master】移除的几何元素，调整容差，输入值【Tolerance】=1mm。

（6）重新生成网格，查看修剪后的网格。

提示

点对点修剪控制将在小于指定容差的边上创建，如果两条边距离在指定容差范围内，则边对边修剪控制会创建在任意一个的面上。

4.5.8　边界层控制

“边界层”【Inflation】沿指定边界增加单元层数，可以应用到面或体，使用相应的边或面作为边界，边界层多用于流体及电磁分析，结构分析中可用于捕获应力集中。

边界层控制示例如图 4.5-21 所示。

（1）局部添加边界层控制：【Mesh Control】→【Inflation】。

（2）导航树中出现【Inflation】。

（3）在明细窗口的【Geometry】指定几何对象为实体，在【Boundary】处指定图形区圆柱孔面。

（4）重新生成网格，查看程序默认 5 层边界层网格。

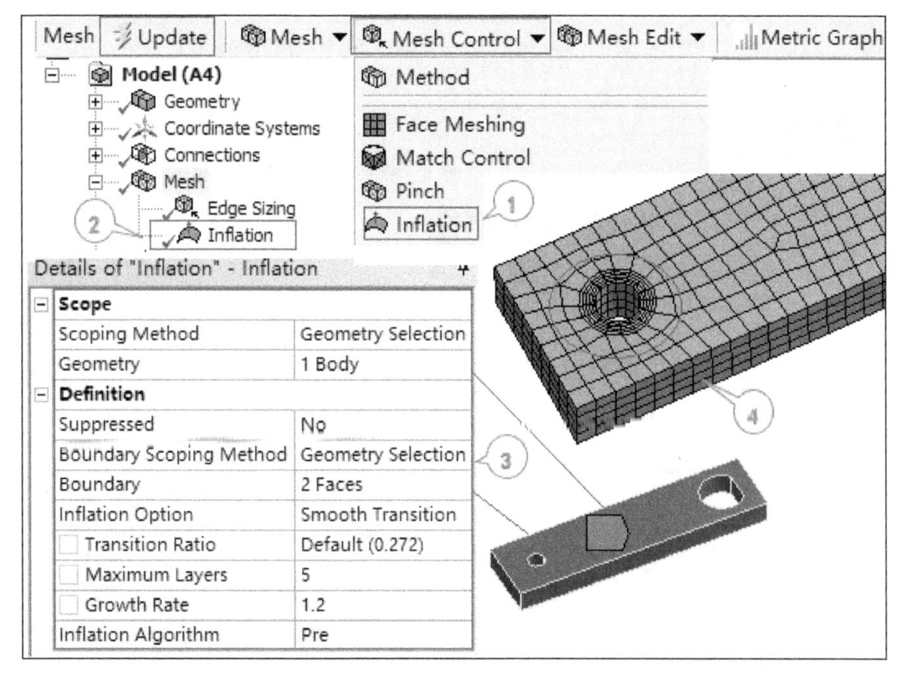

图 4.5-21　边界层控制

4.6　检查网格质量

一个好的网格非常重要，可以在求解过程中将误差降低到最小，避免引起数值发散和不正确/不精准的结果。好的网格应具有足够的网格分辨率、合适的网格分布及好的网格质量。前两项取决于整体网格划分（使用网格划分方法、尺寸函数、局部细化等）和针对特定的分析类型所采用的网格策略。

另外，ANSYS 可以使用不同的网格质量度量标准来量化网格质量，因此拥有高质量标准的网格并不意味着是好网格，尽管如此，将显示高质量标准的网格作为必要条件对生成网格是非常重要的。

网格统计与网格质量度量

“网格统计”【Statistics】显示网格划分的节点和单元信息，网格质量度量标准列表在【Mesh Metric】，选取需要的标准来获取网格质量详情，它将显示最小值、最大值、平均值和标准偏差。不同的物理场和求解器对网格质量的要求不同。

网格质量检查图表显示单元质量分布，不同的单元类型用不同的颜色来显示，可以通过单击菜单栏上的 Metric Graph 按钮访问，在图表中单击需要的直方柱可显示相关的单元，如单击图 4.6-1 中的粉色直方柱，图形窗口中将显示边界层处的六面体单元。

直方图分布由 Controls 按钮控制，y 轴上的单元可通过两种方法显示，分别为单元数量和体积/面积的百分比，图表中可以改变轴的范围，并选择需要的单元类型进行显示，如图 4.6-2 所示。

如果网格没有生成，则出现错误信息，双击信息区打开信息窗口可查看信息，双击每个信息可显示相应的错误。在信息窗口中右键单击鼠标，选择【Show Problematic Geometry】，将显示存在问题的几何，程序以线框图显示问题区域。

提示

在导航树中单击零件或体，可在零件或体上显示【网格统计】和【网格质量度量】。

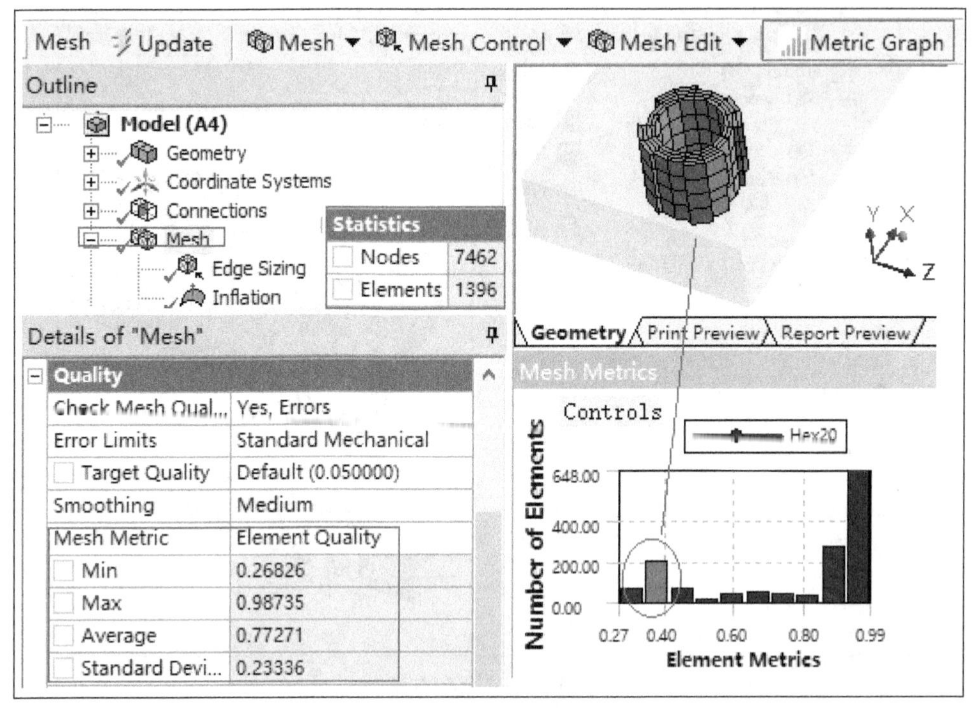

图 4.6-1　查看网格质量

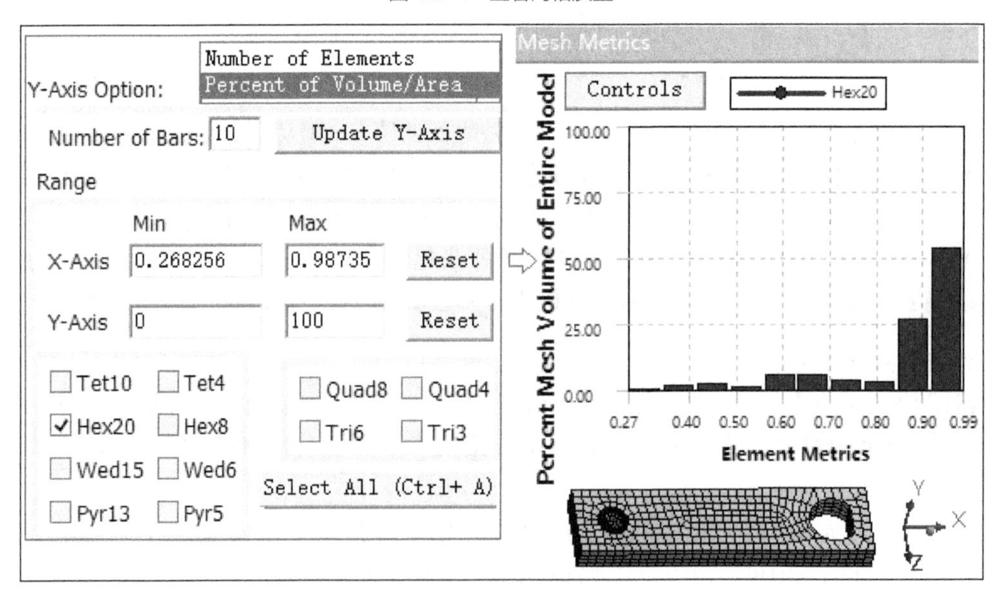

图 4.6-2　直方图分布控制

4.7　虚拟拓扑

“虚拟拓扑”【Virtual Topology】允许为了更好地进行网格划分而合并面，可以简化模型的细节特征、简化结构分析的载荷、创建切割边以获得更好的面网格。【虚拟拓扑】将表面与边连接在一起用于网格控制，【Virtual Topology】位于【Model】工具栏中。

“虚拟单元”【Virtual Cell】为一组相邻的表面但作为一个表面处理，网格划分时不再考虑原表面内的线，其可以自动生成或通过右键单击鼠标选择【Insert】→【Virtual Cell】创建。自动生成时，虚拟拓扑明细窗口中的【Behavior】控制【Merge Face Edges】的松紧程度。

"虚拟单元"【Virtual Cell】可修改几何拓扑，可以把小面缝合到一个大的面中，属于虚拟单元原始面上的内部线不再影响网格划分，所以划分这样的拓扑结构可能与原始几何体会有所不同，

【虚拟单元】常用于删除小特征，从而在特定的面上减小单元密度，或删除有问题几何体，如长缝或是小面，从而避免网格划分失败。但是，由于【虚拟单元】改变了原有的拓扑模型，因此内部的特征如果有加载、约束等将不再考虑。

手工创建虚拟拓扑如下。

- 在导航树中选择【Model】，右键单击鼠标，选择【Insert】→【Virtual Topology】。
- 在导航树中选择"虚拟拓扑"【Virtual Topology】。
- 在图形窗口选择面或边，右键单击鼠标，插入"虚拟单元"【Insert】→【Virtual Cell】。

【虚拟拓扑】生成方式如图 4.7-1 所示。

（1）插入【Model】工具栏中【Virtual Topology】。

（2）在导航树中出现【Virtual Topology】。

（3）在图形窗口选择需要合并的面，在【虚拟拓扑】工具栏中选择【Merge Cells】或右键单击鼠标选择【Generate Virtual Cells】。

（4）在图形窗口生成虚拟面。

（5）查看到重新生成网格中特征已删除。

（6）如不需要，则在虚拟面上可右键单击鼠标，选择删除【Delete Selected Virtual Entities】或【Delete All Virtual Entities】。

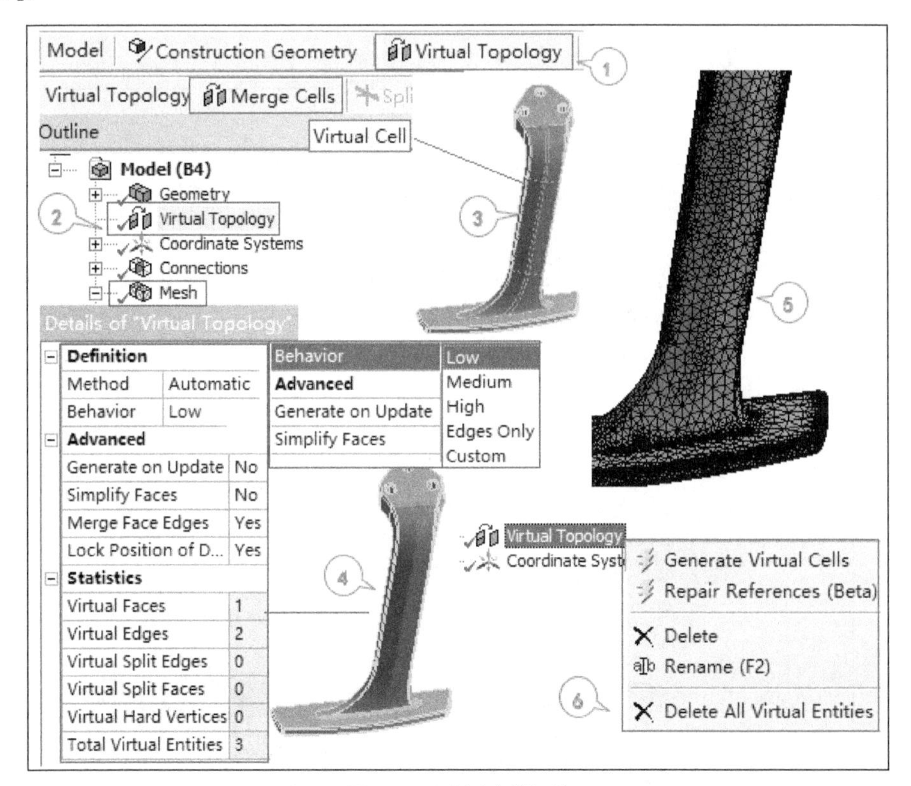

图 4.7-1 创建虚拟拓扑

对虚拟单元可以创建边分割与面分割，如选择"虚拟拓扑"【Virtual Topology】，在图形窗口选择边，在工具栏中选择【Split Edge at +】或【Split Edge】可分割选择的边，在明细窗口中可输入"分割比"【Split Ratio】如图 4.7-2 所示。

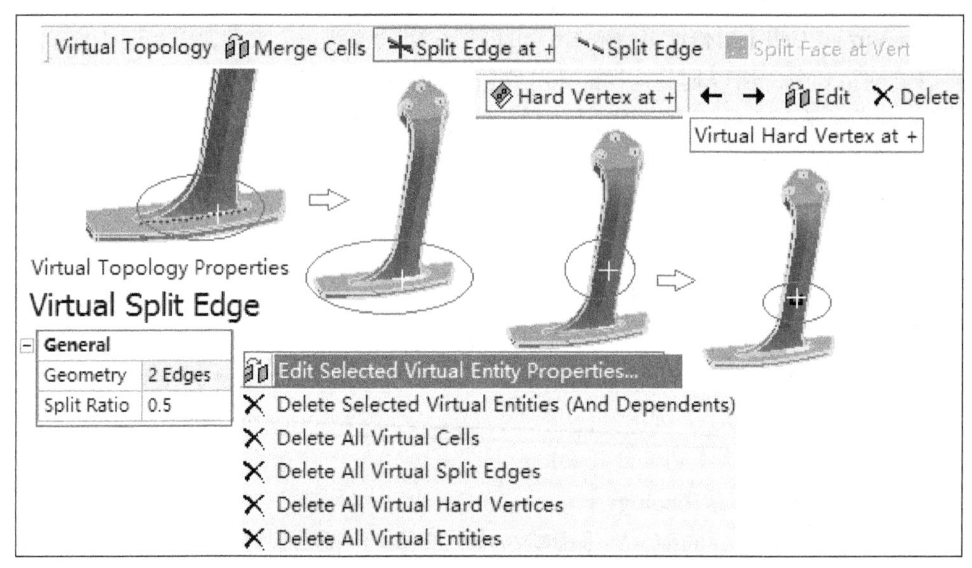

图 4.7-2　虚拟边分割网格

提示

使用边分割可以增加边约束以提升网格质量，边分割可以移动，在导航树中选择【虚拟边】，按住【F4】键，然后沿着边用鼠标移动红点。

4.8　预览和生成网格

1．生成及预览网格

在导航树中的【Mesh】右键单击鼠标，弹出现快捷菜单，在一个体上右键单击鼠标，则对所选择的体可直接进行网格划分。

【Generate Mesh】选项用于生成整体网格；“预览表面网格”【Preview】→【Surface Mesh】选项只可创建表面网格，当使用独立分片四面体网格、多区网格时不能预览表面网格，如图 4.8-1 所示。

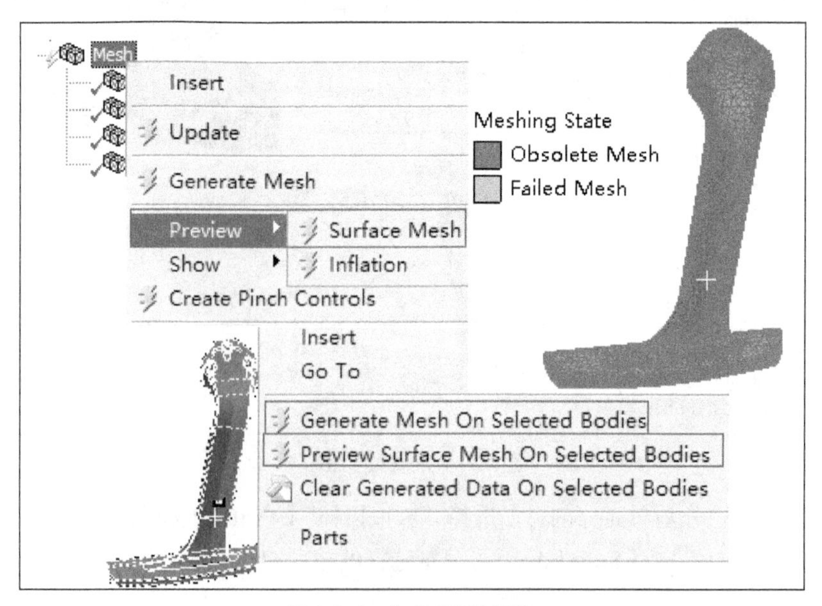

图 4.8-1　生成及预览网格

推荐在生成整体网格之前检查表面网格质量，这样可以节省大量网格划分的时间，预览表面网格后，可以导出表面网格到其他的模块，在其他模块中生成体网格。

2. 剖面

“剖面”【Section Planes】用于显示网格划分的内部单元，设置剖面后，可显示剖面任一侧的单元，关闭或删除剖面，则可显示整体单元。

ANSYS Workbench 支持多个剖面，对于大模型，最好切换到导航树下的几何模式创建剖面，然后返回到网格模型，如图 4.8-2 所示。

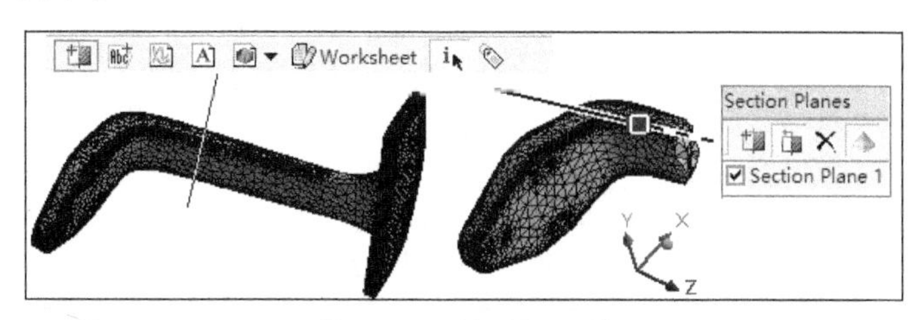

图 4.8-2 剖面显示网格

4.9 网格划分案例——卡箍连接模型

下面给出卡箍连接模型的六面体网格划分案例（见图 4.9-1）。

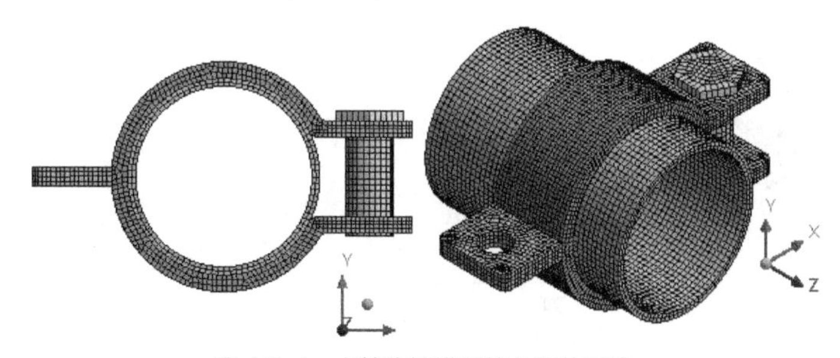

图 4.9-1 卡箍连接模型的六面体网格

学习综合使用前面提到的多种网格控制方法，如【薄层扫掠】、【多区网格】、【映射面】、【尺寸函数】等。分别采用以下 2 种方式：①直接对模型划分网格；②修改几何模型后划分网格。详细操作过程如下。

1. 导入几何模型（见图 4.9-2）

（1）WB 中将“结构分析系统”【Static Structural】调入项目流程图。

（2）修改标题为 Pipe Clamp（Hex Mesh）。

（3）在【Geometry】单元格上右键单击鼠标，选择【Import Geometry】导入几何文件 Pipe_Clamp.stp。

（4）单击【保存】按钮。

（5）保存文件为 Pipe Clamp.wbpj。

2. 生成默认网格（见图 4.9-3）

（1）在 WB 的 A4 单元格双击鼠标，进入 Mechanical 分析程序窗口，在导航树中选择【Mesh】。

（2）在网格工具栏单击【Update】按钮更新生成网格，或右键单击鼠标选择【Generate Mesh】生成网格。

（3）在明细窗口查看网格【Mesh Metric】=Element Quality，“平均质量”【Average】=0.67397。

（4）在明细窗口查看【Statistics】下统计节点为 5387，单元为 1562。

（5）在图形窗口及单元直方图显示管件为六面体单元，其他为四面体单元。

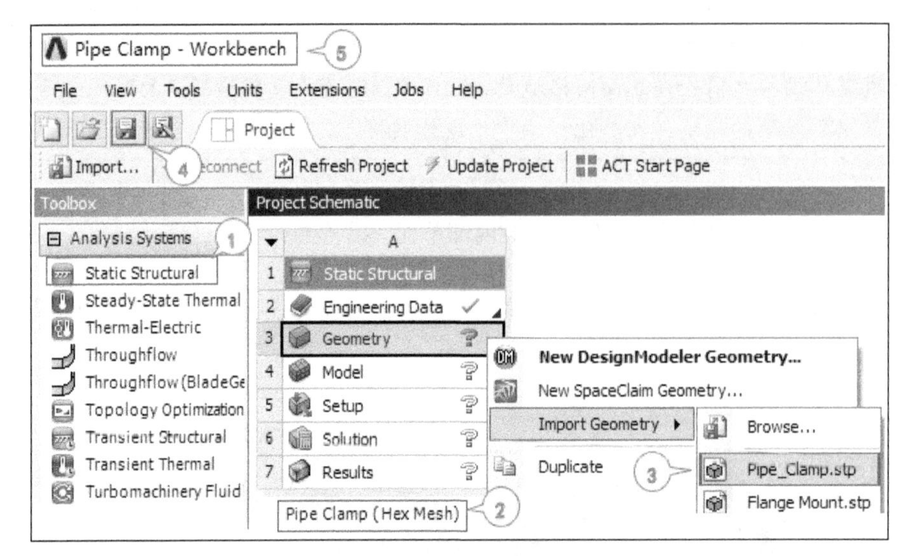

图 4.9-2　导入卡箍连接模型

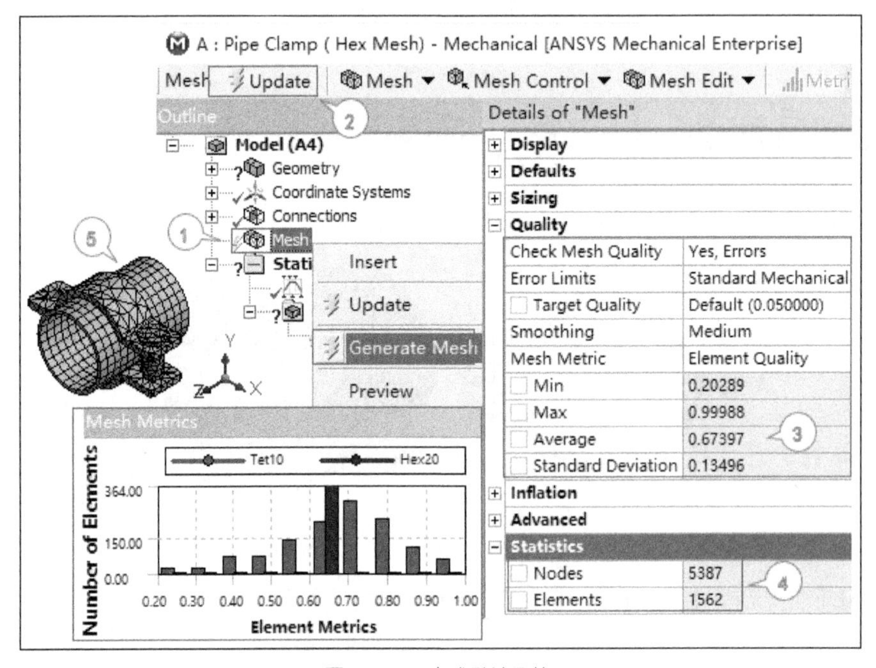

图 4.9-3　生成默认网格

3．网格划分方式 1（见图 4.9-4 和图 4.9-5）

（1）在导航树中选择【Mesh】，分别插入“多区控制”方法【Mesh Control】→【Method】。

（2）在图形窗口选择卡箍和螺栓，在明细窗口确认两个体，即【Geometry】=2 Bodies。

（3）在明细窗口设置【Method】=MultiZone。

（4）在导航树中的【Mesh】右键单击鼠标，选择【Generate Mesh】生成网格，或在工具栏单击【Update】按钮更新网格。

（5）在图形窗口及单元直方图显示全部为六面体单元，在明细窗口查看平均质量约为 0.67 无改善。

（6）在图形窗口选择管端面，添加映射面命令，【Mesh Control】→【Face Meshing】。

（7）根据最小边长 3 命名，【Mesh】采用相邻及曲率的整体网格控制包括：【Size Function】=Proximity and Curvature，【Relevance Center】=Medium，【Max Face Size】=2mm，【Min Size】=2mm，【Max Tet Size】=2mm，【Curvature Normal Angle】=30°，【Proximity Min Size】=2mm，【Num Cells Across Gap】=2，其余默认。

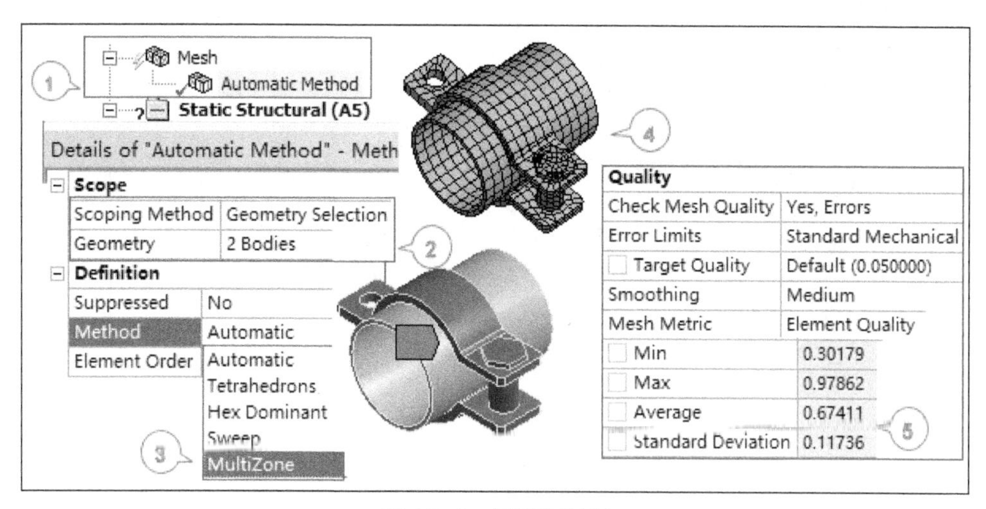

图 4.9-4 多区网格控制

（8）单击【Update】按钮更新网格。

（9）在导航树中【Mesh】下为添加的两个局部设置【MultiZone】与【Face Meshing】。

（10）在图形窗口显示更细化的六面体网格及单元直方图。

（11）查看网格质量有明显改善，平均质量提升到约为 0.87，同时节点数和单元数增加。

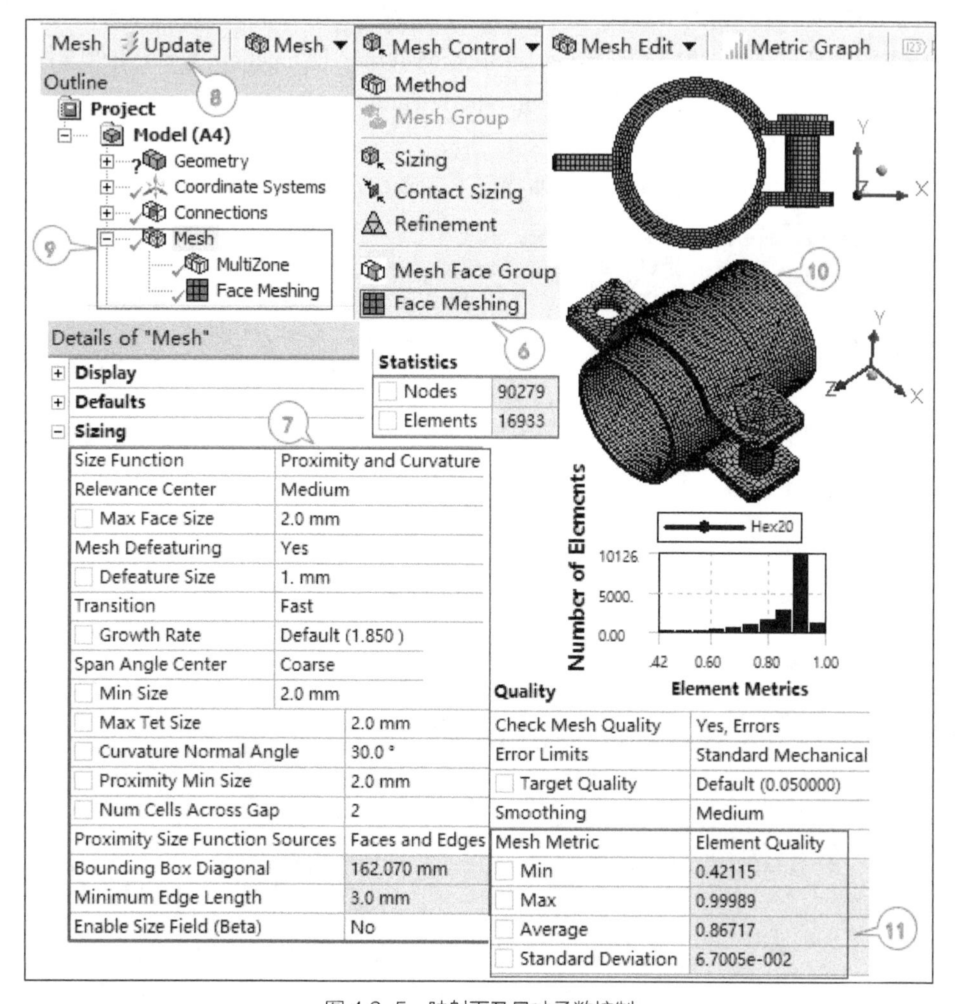

图 4.9-5 映射面及尺寸函数控制

4．网格划分方式 2

以下给出第 2 种修改几何模型的网格划分方式，为了对比，复制系统 A 到系统 B，如图 4.9-6 所示。

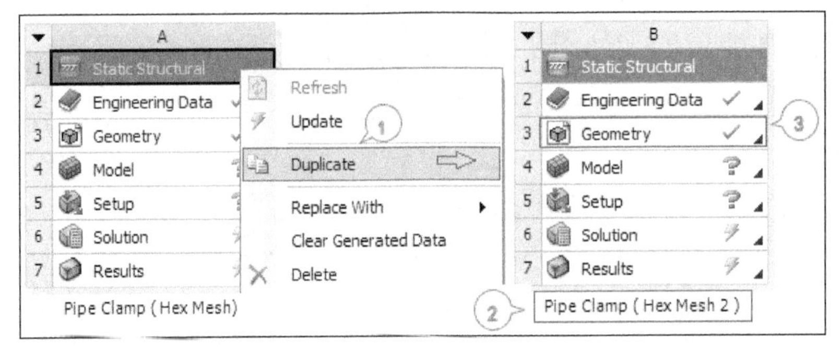

图 4.9-6　复制系统

5．修改几何模型（见图 4.9-7）

（1）在 WB 的系统 B 的【Geometry】单元格双击鼠标进入 DM，选择单位为 mm，单击【Generate】按钮生成模型，模型包含 3 个实体。处理模型，将模型分割为可以扫掠的实体，在工具栏中选择“拉伸”【Extrude】命令。

（2）在工具栏中单击【线选】按钮。

（3）在图形窗口选择螺栓旁边的卡箍线，高亮选中显示为绿色，在明细窗口中【Gemetry】处单击【Apply】按钮，然后指定方向分割材料，设置【Operation】=Slice Material；【Direction Vector】处选择方向线，见图中灰色线，方向向下，确认后为【3D Edge】；【Extent Type】=Through All；【As Thin/Surface】=Yes；【Thickness】=0mm。

（4）在工具栏单击【Generate】按钮生成拉伸特征【Extrude1】。

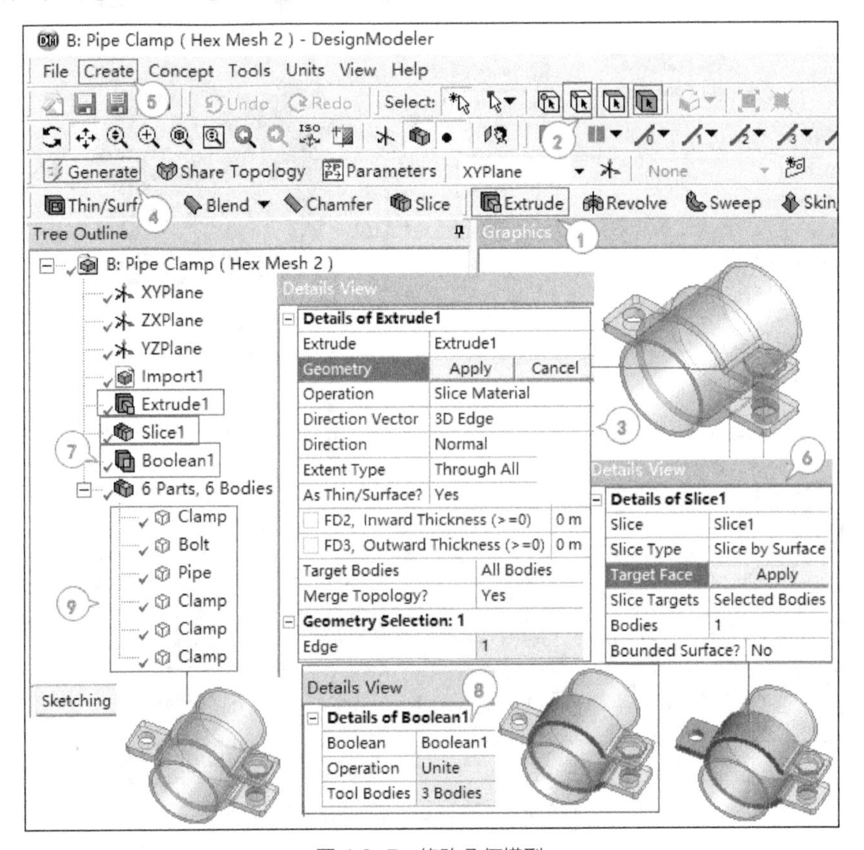

图 4.9-7　修改几何模型

（5）在菜单栏中选择【Create】→【Slice】创建切片特征【Slice1】。

（6）在明细窗口设置【Slice Type】=Slice by Surface，在图形窗口选择卡箍弧面为分割面，在明细窗口单击【Apply】按钮确认，【Slice Targets】=Selected Bodies；在图形区选项要分割的卡箍实体（青色），单击【Apply】按钮确定，则【Bodies】=1；在工具栏中单击【Generate】按钮，生成实体切片，原先的卡箍 Clamp 分割为 6 个实体。

（7）在菜单栏中选择【Create】→【Boolean】，创建布尔操作特征【Boolean1】。

（8）在明细窗口设置【Operation】=Unite，在图形窗口选择卡箍靠近螺栓的 3 个实体，在明细窗口单击【Apply】按钮确认，使【Tool Bodies】=3 Bodies，合并这 3 个实体 。

（9）在工具栏中单击【Generate】按钮，导航树及图形窗口显示最后生成的 6 实体零件。

6．装配体网格划分（见图 4.9-8）

（1）切换到 WB 项目流程图中，在系统 B 的【Mesh】单元格双击鼠标进入网格划分程序，保留整体网格划分，修改及添加其他网格设置，在导航树中选择【Mesh】→【MultiZone】。

（2）仅对螺栓设置多区网格，在图形窗口选择螺栓，在明细窗口中确认【Geometry】=1 Body，【Method】=MultiZone，【Mapped Mesh Type】=Hexa，【Free Mesh Type】=Not Allowed。

（3）在工具栏添加【Mesh Control】→【Sizing】。

图 4.9-8　装配体网格划分

（4）在图形窗口选择 4 个卡箍，在明细窗口中确认【Geometry】=4 Bodies，输入“单元大小”【Element Size】=1.5mm，【Size Function】= Curvature。

（5）在导航树中选择【Mesh】→【Face Meshing】，在明细窗口设置【Internal Number of Divisions】=2，这将管壁分两层。

（6）在工具栏选择【Update】按钮更新网格，在图形窗口显示为细化后六面体。

（7）在【Mesh】明细窗口中查看提升的网格质量，平均值约为 0.93，节点数约为 10.8 万，单元数约为 2 万。

7．切平面查看网格划分结果（见图 4.9-9）

（1）在工具栏单击【切平面】按钮。

（2）在图形窗口调整模型视图，划线切开装配模型。

（3）在切平面窗口给出已有的切平面及相关操作按钮，勾选则激活切平面，单击 按钮编辑切平面的位置。

（4）在图形窗口拖动控制点拖动到适当的位置。

（5）调整视图查看剖分后网格，显示内部网格也是六面体单元，单元直方图给出单元 Hex20 的质量分布，大部分单元趋近于 1，为高质量单元。

至此，网格划分完毕，本案例给出两种处理方式，都可以得到高质量的六面体网格，最后保存文件，可归档为 Pipe Clamp Mesh.wbpz 压缩文件。

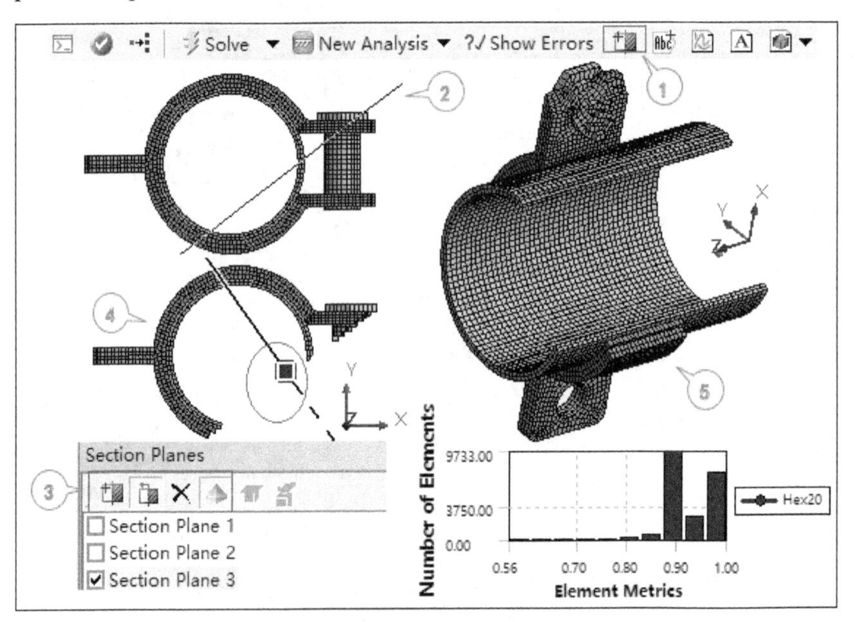

图 4.9-9　切平面查看网格划分结果

4.10　网格划分案例——螺线管模型

本案例使用结构网格控制功能增强模型的网格划分，先对螺线管采用默认网格划分并检查结果，然后采用不同的网格控制方法提高四面体网格质量，操作过程如下。

1．导入几何模型（见图 4.10-1）

（1）在 WB 中将“结构分析系统”【Static Structural】调入项目流程图。

（2）修改标题为 Solenoid-Tet。

（3）在【Geometry】单元格上右键单击鼠标，选择【Import Geometry】导入几何文件 Solenoid-Body.stp。
（4）在菜单栏选择【View】，勾选【Files】查看文件列表，在工具栏单击【保存】按钮。
（5）保存文件为 Solenoid-Mesh.wbpj。

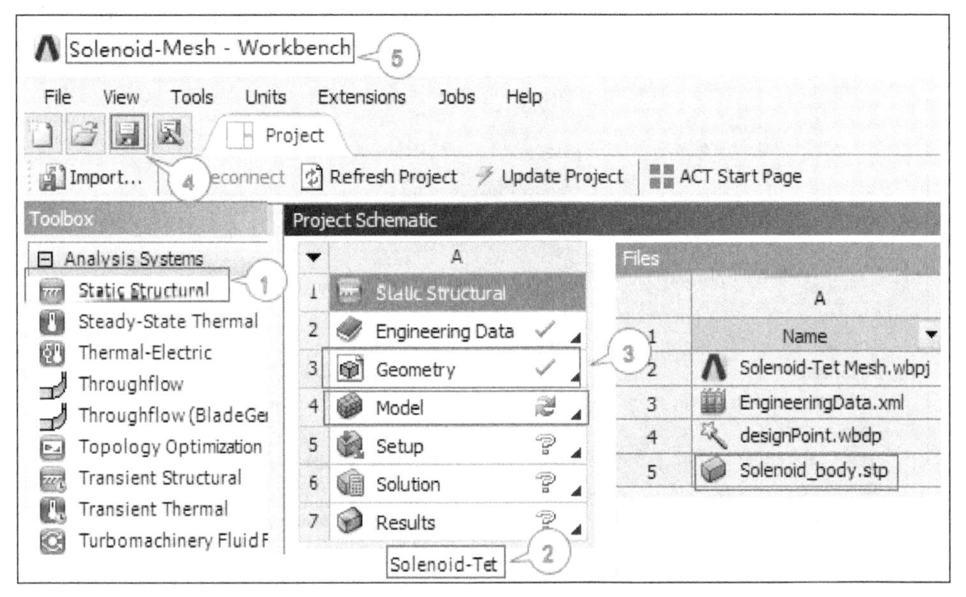

图 4.10-1 导入几何模型

2. 生成默认网格（见图 4.10-2）

（1）在 WB 的 A4 单元格双击鼠标，进入 Mechanical 分析程序窗口，在导航树中选择【Mesh】。
（2）在工具栏单击【Update】按钮，或右键单击鼠标选择【Generate Mesh】生成默认网格。
（3）在明细窗口查看网格平均质量约为 0.66：【Mesh Metric】=Element Quality，【Average】=0.66383；在图形窗口显示四面体单元。
（4）在工具栏选择【Metric Graph】查看直方图。
（5）在直方图中单击最差质量单元条，在图形窗口显示这些单元集中在局部倒圆角的过渡处。

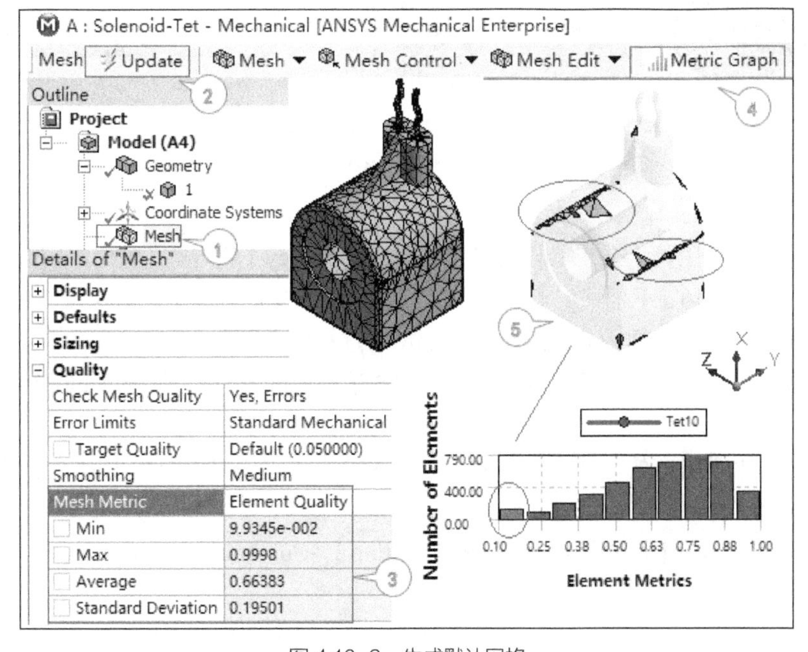

图 4.10-2 生成默认网格

3．虚拟拓扑（见图 4.10-3）

查看连接面处有狭缝，采用【虚拟拓扑】来清除，并设置整体网格控制。

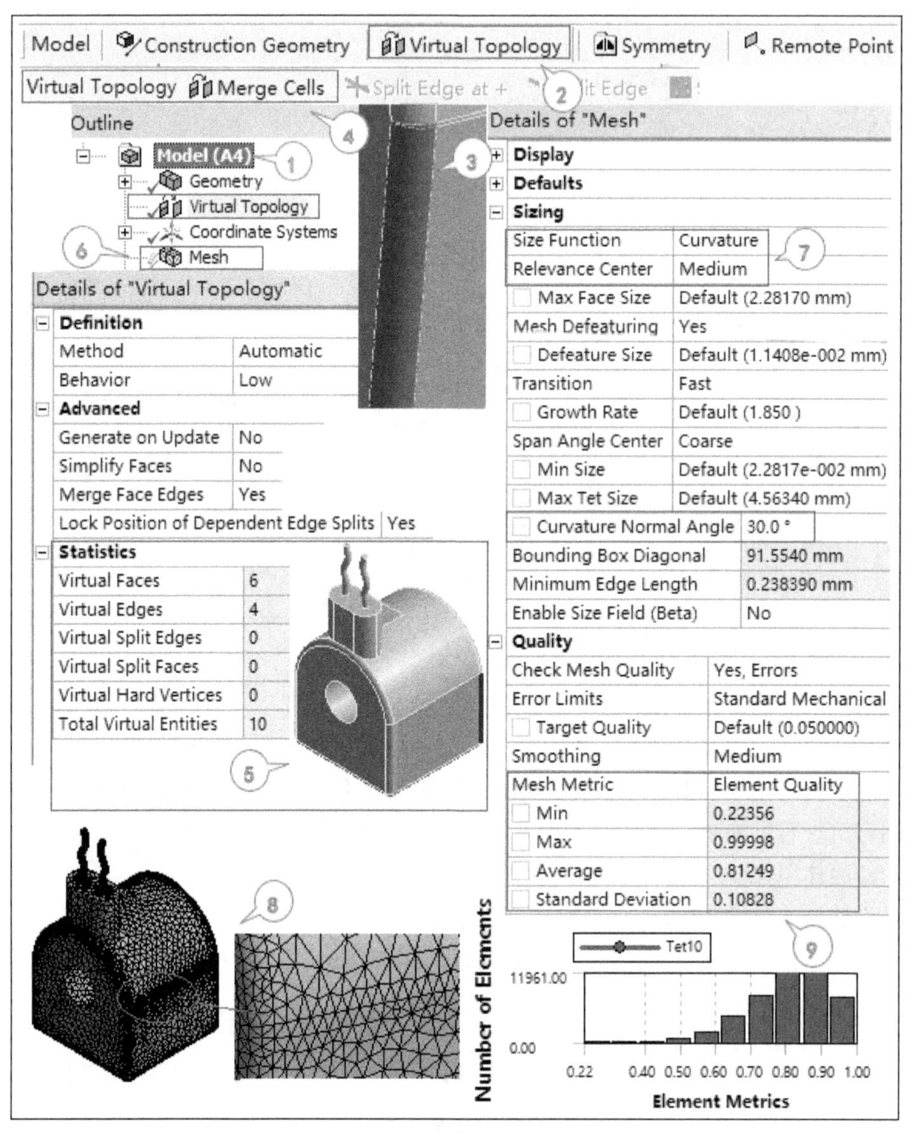

图 4.10-3　虚拟拓扑及尺寸函数控制

（1）选择“模型”【Model】。

（2）插入【虚拟拓扑】工具，在工具栏选择【Virtual Topology】则导航树中出现【Virtual Topology】。

（3）由于夹缝面与边相切，下面将其合并为虚拟单元，为了保留基本的拓扑关系，将表面合并为不同的虚拟单元，而不是将所有面合并到一起，这样在图形窗口选择两个面。

（4）将所选面合并为一个虚拟单元，右键单击鼠标并选择【Insert】→【Virtual Cell】或从工具栏中选择【Merge Cells】。

（5）以同样方法将上下对应的每两个面合并为一个虚拟面，共创建 6 个虚拟面，相交为 4 个虚拟边。

（6）在导航树中选择【Mesh】。

（7）整体设置考虑曲率的【尺寸函数】:【Size Function】=Curvature，【Relevance Center】=Medium，【Curvature Normal Angle】=30° 。

（8）在工具栏单击【Update】按钮重新生成四面体网格，直方图中 Tet10 偏 1 方向移动。

（9）在【Mesh Metric】下查看网格平均质量约提升到 0.81。

4．插入其他网格控制方式（见图 4.10-4）

（1）在导航树中选择【Mesh】，插入映射面网格，选择图示孔壁面，右键单击鼠标并选择【Insert】→【Face Meshing】。

（2）在明细窗口设置【Internal Number of Divisions】=20。

（3）然后单击【Update】按钮生成网格，孔壁面显示出更规则的局部网格。

（4）接着指定筋板表面单元的大小，选择筋板面。

（5）右键单击鼠标并选择【Insert】→【Sizing】，设置局部细化单元大小【Element Size】=1mm。

（6）选择筋板的 4 条边，右键单击鼠标并选择【Insert】→【Sizing】，设置【Type】= Number of Divisions，【Number of Divisions】=10。

（7）单击【Update】按钮重新生成网格，对比两次的网格划分结果可知，局部网格对整体有影响，网格质量波动不大。

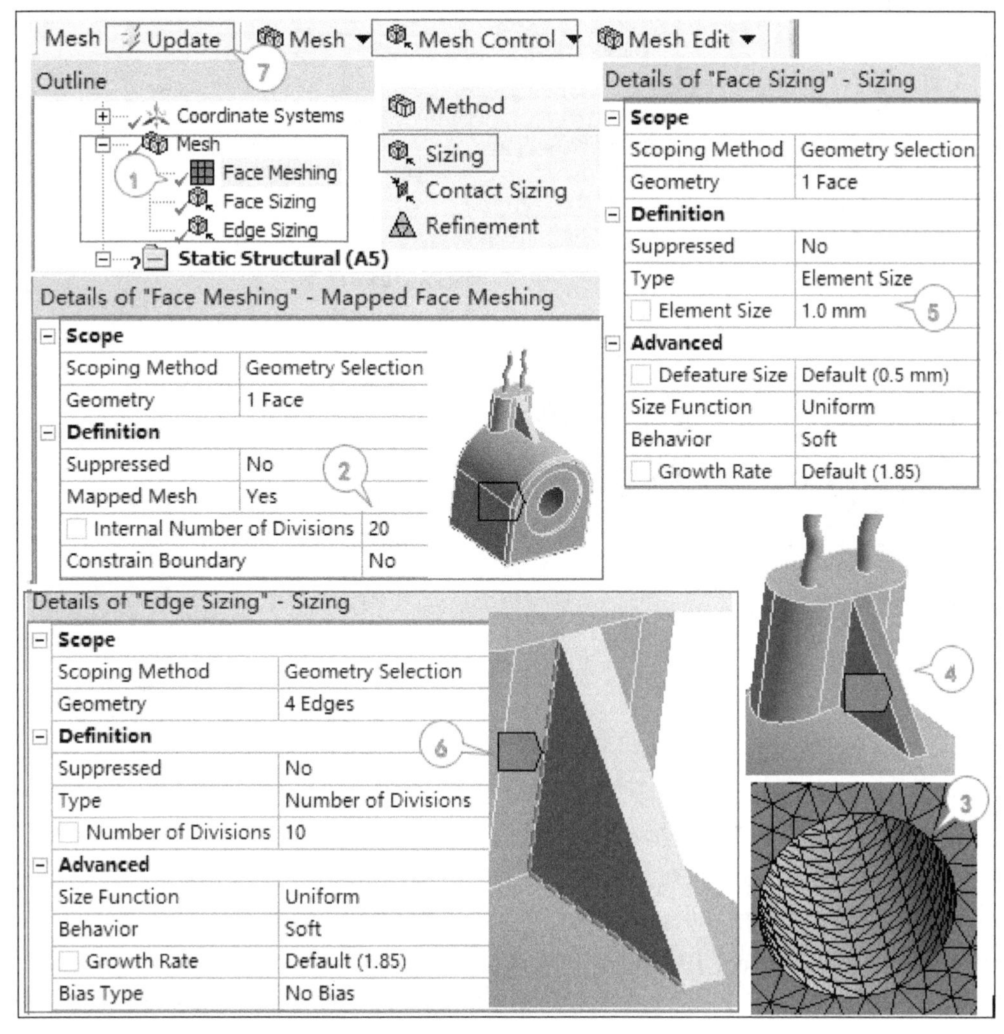

图 4.10-4　添加网格的局部控制

本案例也可使用六面体单元划分网格，网格质量会更好，复制系统 A 到系统 B，具体操作方式如下。

5．修改几何模型（见图 4.10-5）

（1）在 WB 的系统 B 的【Geometry】单元格双击鼠标进入 DM，选择单位为 mm，单击【Generate】按钮生成模型，模型为一个实体。处理模型，先删除狭缝，在菜单栏选择【Create】→【Delete】→【Face Delete】。

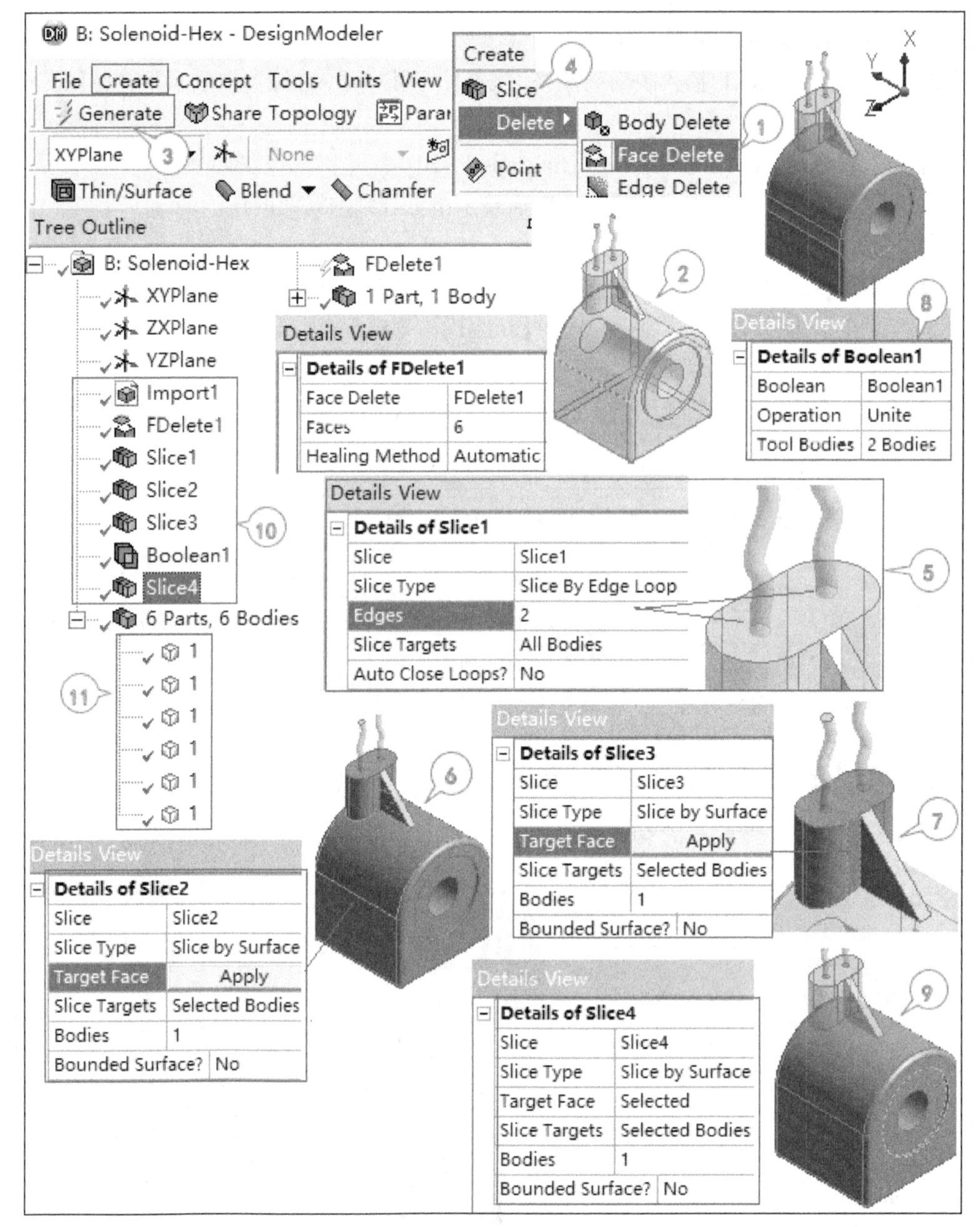

图 4.10-5　修改几何模型

（2）在图形窗口选择 6 个狭缝面，在明细窗口中确认【Faces】=6。

（3）在工具栏单击【Generate】按钮，创建的【FDelete1】特征出现在导航树中。

（4）将模型分割为可以扫掠的实体：在菜单栏选择【Create】→【Slice】。

（5）分割两个触角：在【Slice1】的明细窗口中设置【Slice Type】=Slice By Edge Loop，在图形窗口选择两个触角连接环，确认【Edges】=2，在工具栏单击【Generate】按钮创建切片特征【Slice1】，将模型切分为 3 个零件。

（6）同样，在菜单栏中选择【Create】→【Slice】，创建切片特征【Slice2】，在明细窗口设置【Slice Type】=Slice by Surface，在图形窗口中选择圆面为分割面，在明细窗口单击【Apply】按钮确认，【Slice Targets】=Selected Bodies，确认下面的带孔体【Bodies】=1，在工具栏中单击【Generate】按钮，将模型切分为 5 个零件。

（7）同样，在菜单栏中选择【Create】→【Slice】，创建切片特征【Slice3】，在明细窗口设置【Slice Type】

=Slice by Surface，在图形窗口选择侧面为分割面，在明细窗口单击【Apply】按钮确认，【Slice Targets】=Selected Bodies，确认中间带板体【Bodies】=1，在工具栏中单击【Generate】按钮，模型切分为6个零件。

（8）在菜单栏中选择【Create】→【Boolean】，创建布尔操作特征【Boolean1】，在明细窗口设置【Operation】=Unite，在图形窗口选择底部两个实体，在明细窗口单击【Apply】按钮确认，使【Tool Bodies】=2 Bodies，合并这两个实体，在工具栏中单击【Generate】按钮，模型分为5个零件。

（9）在菜单栏中选择【Create】→【Slice】，创建切片特征【Slice4】，在明细窗口设置【Slice Type】=Slice by Surface，在图形窗口选择沉孔侧壁面为分割面，在明细窗口单击【Apply】按钮确认，【Slice Targets】=Selected Bodies，确认带孔体【Bodies】=1，在工具栏中单击【Generate】按钮，模型切分为6个零件。

（10）导航树显示导入模型后创建的6个特征。

（11）在导航树中展开【6 Parts，6 Bodies】，并在图形窗口显示最后生成的6实体零件。返回WB。

6．网格划分（见图4.10-6和图4.10-7）

（1）切换到WB项目流程图中，在系统B的【Mesh】单元格双击鼠标，进入网格划分程序，删除原先的局部网格设置，在导航树选择【Model】工具栏插入的“虚拟拓扑”【Virtual Topology】会出现在导航树下面。

（2）在图形窗口选择需要合并的端面。

（3）在工具栏选择【Merge Cells】生成虚拟面。

（4）同样，另一端面也创建虚拟面，【Virtual Topology】明细窗口中给出统计结果有两个虚拟面、两个虚拟对象。

（5）修改整体网格设置：在导航树中选择【Mesh】，在明细窗口设置统一单元大小1.5mm，【Size Function】=Uniform，【Relevance Center】=Medium，【Max Face Size】=1.5mm。

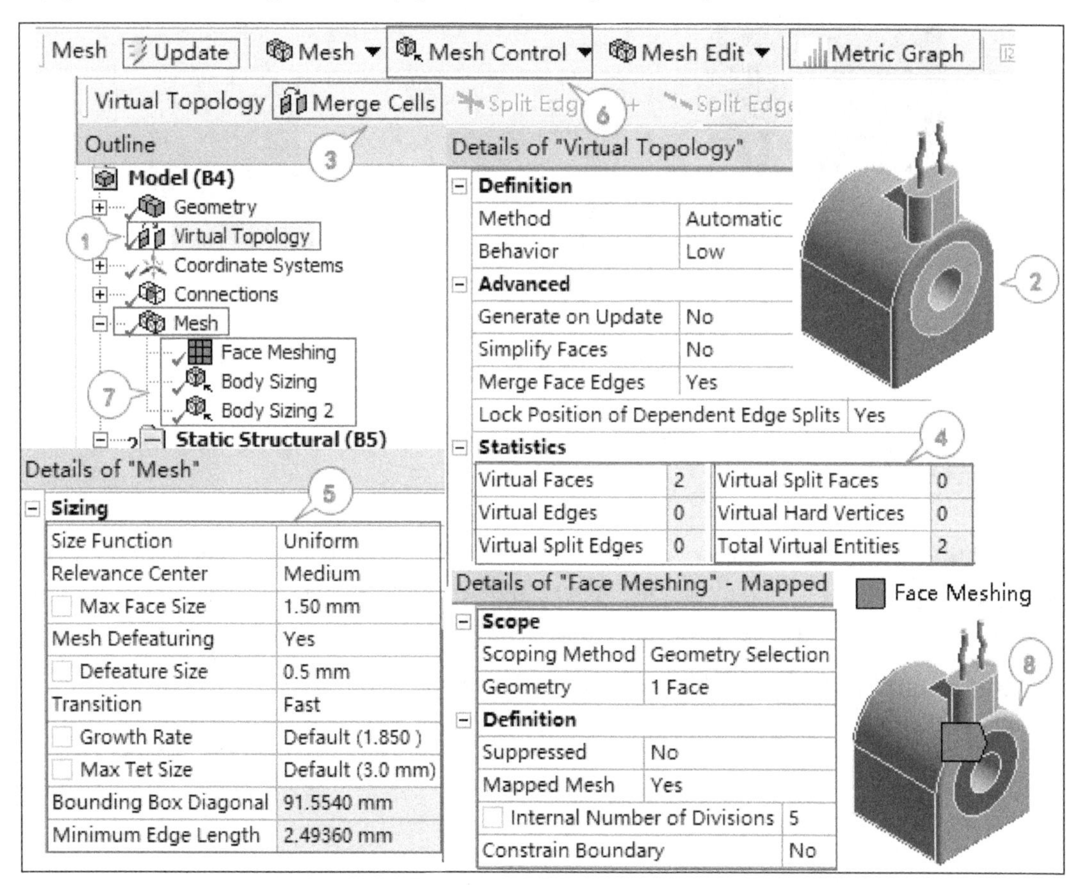

图4.10-6 螺线管模型的六面体网格划分

（6）在工具栏添加【Mesh Control】→【Face Meshing】及两个【Sizing】。

（7）添加的局部控制会显示在导航树【Mesh】下面，下面选中相应的局部控制进行编辑及确认。

（8）选圆柱端面，在【Face Meshing】明细窗口确认【Geometry】=1 Face，设置映射面沿径向分 5 层，即【Internal Number of Divisions】=5。

（9）在图形窗口选择两个触角，在【Body Sizing】明细窗口中确认【Geometry】=2 Bodies，输入单元大小【Element Size】=0.5mm，【Size Function】= Curvature。

（10）类似地，在图形窗口选择筋板，在【Body Sizing 2】明细窗口中确认【Geometry】=1 Body，输入单元大小【Element Size】=1mm。

（11）在工具栏单击【Update】按钮更新网格并显示在图形窗口。为细化后六面体，在【Mesh】明细窗口中查看网格质量的提升情况，平均值约为 0.92，节点数约为 9.7 万、单元数约为 2 万。

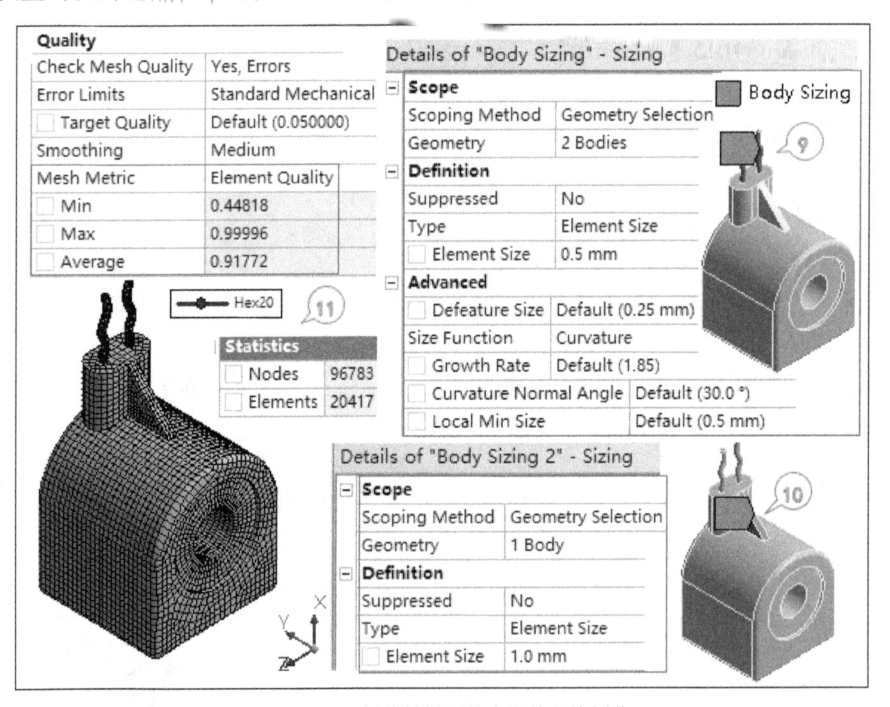

图 4.10-7　螺线管模型的六面体网格划分

对比四面体网格划分和六面体网格划分，可以看出六面体网格质量高于四面体网格，但对几何模型要求较高，相对操作要复杂一些。网格划分结束后，本例保存归档压缩文件为 Solenoid Mesh.wbpz。

4.11　本章小结

本章介绍常用的结构分析网格划分方法，涉及工作界面介绍，网格划分过程，整体网格划分和局部网格划分控制的相关选项，以及如何检查网格质量，利用【虚拟拓扑】工具辅助网格划分，提高网格质量，并给出两个具体网格划分的案例，描述详细的操作过程及不同网格之间的对比。

通过本章学习，希望读者可熟悉及掌握结构分析模型的网格划分技术。

第 5 章

ANSYS Workbench 建立合理有限元分析模型

对于分析设计而言，合理的有限元分析模型意味着可将工程问题转化为正确的数理模型。大多数产品及结构都具有复杂形状、承受复杂的外载，导致产生复杂的应力分布与变形，有限元分析方法虽然能进行分析并求解，但也面临着计算成本高的问题，所以根据设计需求，建立合适的分析模型是很重要的。基于此，本章的关注于 ANSYS Workbench 如何建立合理有限元分析模型，并给出分析案例。

5.1 建立合理的有限元分析模型概述

建立合理的分析模型往往需要经历一个复杂的过程：需要具备力学知识、结构知识、工程实践经验和洞察力，经过科学抽象、实验论证，根据实际受力、变形规律等主要因素，对结构进行合理简化。它不仅与结构的种类、功能有关，而且与作用在结构上的荷载、计算精度要求、结构构件的刚度比、安装顺序、实际运营状态及其他指标有关。计算模型的选择因计算状态（考虑强度或刚度、计算稳定或振动）而异，也依赖于所采用的计算理论和计算方法。

这时，基于常规设计的设计思想在有限元分析中依然是可行且必需的。例如，高层建筑、钢结构的抗震抗风设计中，将实际的 3D 实体模型建立为板梁或梁壳组合的有限元分析模型进行仿真计算是符合设计理念的，计算结果也是可信的。

由于 ANSYS 软件涉及的分析范围很广，这里以经常使用的结构分析为例，说明如何将分析对象建立为适当的有限元分析模型。

分析目的不同，对模型的处理方法也会不同。在 ANSYS 软件中，使用不同的单元来完成模型化的过程。通常，对整体宏观的把握，适合于建立概念模型，而对局部细观的分析，则适合于建立详细的 3D 实体模型。

以上海黄浦江边的杨树浦发电厂 XMJ300-10t/16m 卸船机抗风分析为例，按照分析目的考虑分析模型。

图 5.1-1 为卸船机实际模型。当从远方观测卸船机时，是看不到卸船机的焊缝、加强筋板等局部细微部分的，由于分析的是风载作用下结构的整体强度、刚度和抗倾覆侧翻能力，因此可采用杆单元（拉杆部分）与梁单元（主梁及支架部分）组成的整体框架模型，计算得到分布载荷（风压）、集中载荷（小车自重）、弯矩（附属物产生的）作用下的卸船机应力、变形及支反力等结果，如图 5.1-2 所示。

图 5.1-1 卸船机

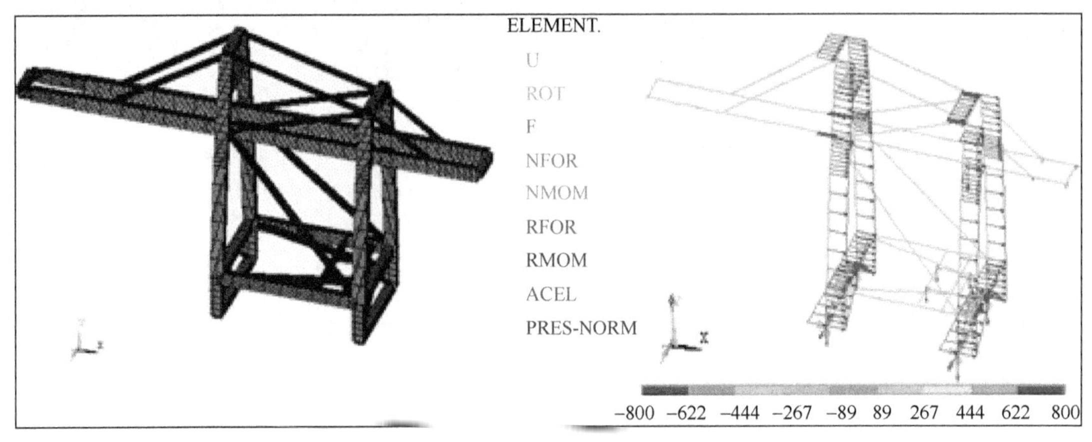

图 5.1-2　卸船机有限元分析模型

如果靠近观察卸船机，就可以把局部关心的部分作为分析对象，分析局部应力及变形，从而建立详细的局部分析模型。

因此，无论是整体分析还是局部分析，重要的是建立符合分析目的的模型。以下给出一些常用的结构分析建模求解策略。

5.2　结构分析建模求解策略

结构分析的主要任务是对结构的力学特性进行定性和定量评价。结构分析中，建立一个行之有效的力学模型至关重要，分析模型应包括分析内容的所有力学特性。

一般情况下，分析模型需要考虑的问题包括：确定载荷性质、结构的理想化、有限元单元类型及网格划分、边界条件及初始条件确定、载荷条件确定、计算精度及计算成本等。

5.2.1　结构的载荷分析

结构分析用于确定载荷作用下的结构响应，各种环境都可以看作结构的载荷源，分析之前需考虑周全并加以确定。

1．载荷种类

从载荷种类方面考虑，压力载荷、温度载荷、风载荷、地震载荷、重力载荷、附加载荷等。

2．设备使用

从设备使用方面考虑，有设计载荷、正常运行的操作载荷、事故条件的特殊载荷、设备起停的不稳定载荷等。

3．结构载荷性质

依据引起结构载荷的性质，常见的可分为稳态载荷、热载荷、动力激励源。

（1）稳态载荷（静载荷）用于分析作用时间远低于结构固有弹性周期的载荷，如低速风压、加速度产生的惯性力等，ANSYS Workbench 中调用“结构静力分析”【Static Structural】模块。

（2）动力激励源（动载荷）描述随时间变化的瞬态载荷，如噪声、振动、冲击载荷等。动载荷是最为复杂的，不同性质的激励源其表征的动力学激励函数也不同。

① 如发动机振动源自机械运动，可以表征为随机力函数或周期力函数。作为随机载荷处理时，ANSYS Workbench 中可调用“随机振动分析”【Random Vibration】模块；作为周期载荷处理时，ANSYS Workbench

中可调用“谐响应分析”【Harmonic Response】模块。

② 再如：对于地震载荷，国标中规定的结构抗震分析法有静力法、振型分解反应谱法和时程分析法。ANSYS Workbench 中分别对应“结构静力分析”【Static Structural】、“响应谱分析”【Response Spectrum】、“结构瞬态分析”【Transient Structural】。

（3）热载荷在结构中产生温度变化，引起材料机械性能的改变、产生结构变形及应力。

因此明确载荷性质是进行数值分析的前提条件，简单的载荷可用材料力学、结构力学等解析方法获得，复杂载荷也可通过数值方法分析结构内力得到。

5.2.2 结构理想化

为了对实际工程结构进行分析，必须对实际结构在受力和传力过程中的作用、几何形状、尺寸和材料特性做出假设，简化结构，这一过程就是结构理想化。即使是一个简单结构（如工字钢杆件），如果不做假设，进行有效分析也是比较困难的。

简化模型后，便得到分析模型，该分析模型可以与实际结构不完全相同，但需要保持原结构的主要力学特征，简化的合理性是分析准确与否的关键，也体现了分析水平的高低，这也是最困难的问题。

例如，对于梁形结构件，分析模型可以是一个按照材料力学假设处理的梁（见 3.3 节），也可以建立 3D 有限元分析模型求解（如 3.4 节、3.5 节），过多的假设虽然可以使问题简化，节省分析时间，但也可能给出偏离实际结果的答案。

结构简化的重点在于简化模型能提供必要信息（如载荷、应力、应变、位移、模态振型等）和足够的计算精度。

很多情况下，可用简单模型进行分析，如直观判别几何特征，将其抽象为线、面、体，进而简化为杆、梁、板壳与实体。

结构理想化是否合理，取决于分析人员对结构的认知程度（如结构特点、连接情况、边界条件、传力路径等）、力学知识水平、分析经验、所采用的结构特征参数和试验实测数据，以及分析软件的熟练程度等。

5.2.3 提取分析模型

结构设计一般先进行方案设计，然后再进行详细设计。详细设计中涉及具体结构尺寸和设计参数。由于分析结构和周围环境存在法向拉伸/压缩力、切向剪切力、弯矩和扭矩等载荷传递，以及存在刚性、弹性位移约束等，任何结构都不是孤立的，因此提取分析模型时必须考虑并表征分离界面上的这些关系。

其中，圣维南原理（Saint Venant's Principle）作为弹性力学的基础性原理，阐述了“分布于弹性体上一小块面积（或体积）内的荷载所引起的物体中的应力，在离荷载作用区稍远的地方，基本上只同荷载的合力和合力矩有关；荷载的具体分布只影响荷载作用区附近的应力分布”。这样提取分析模型时，边界条件可简化为等效形式，即提取模型的边界距离关心处的应力足够远，边界上的载荷等效即可。

5.2.3.1 考虑对称性

应考虑结构、载荷、材料特征及约束条件是否存在对称轴、对称面或周期对称性。利用对称性可以快速建模，减少计算量。

如图 5.2-1 所示，ANSYS 对称性支持：结构对称（见图 5.2-1(a)、结构反对称见图 5.2-1 (b)、结构线性周期对称见图 5.2-1 (c)、电磁对称见图 5.2-1 (d)、电磁反对称见图 5.2-1 (e)、显式动力对称等。

图 5.2-1(a)为结构几何模型和载荷均对称的 2D 平面模型，因此仅建立模型的 1/2 即可，如果 DM 中对整体模型使用“对称”【Symmetry】命令得到对称模型，则其边界条件将直接导入结构分析中，而无须施加对称边界条件。

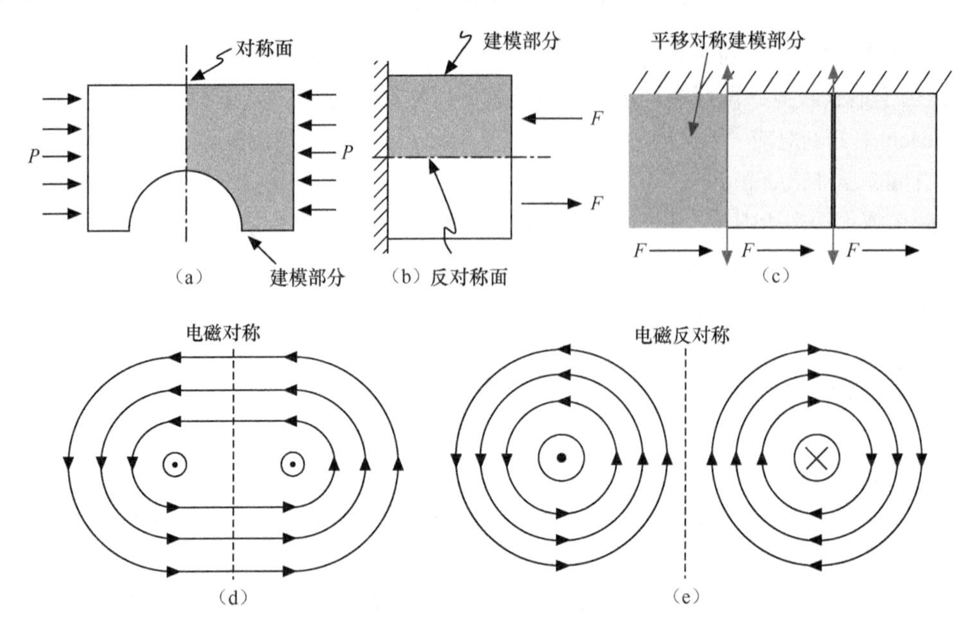

图 5.2-1　ANSYS 对称性分析模型

> **提示**
>
> 这里，结构对称边界是指不能发生对称面外的移动和对称面内的旋转，即在结构中施加对称条件为限制指向边界的位移和绕边界的转动。例如，对于载荷对称和几何对称的分析模型，在 *yz* 对称面上，约束条件为 *UX*=0，*ROTZ*=*ROTY*=0。

结构反对称边界条件是指不能发生对称面的移动和对称面外的旋转，即在结构中施加反对称条件为平行边界的位移和绕垂直边界的转动被约束。例如，对于载荷反对称和几何对称的分析模型，在 *yz* 对称面上，约束条件为 *UY*=*UZ*=0，*ROTX*=0。

再如：圆筒体上小开孔接管分析问题，如图 5.2-2 所示，根据对称性，可以取 1/4 模型分析，由于开孔与筒体直径相比很小，可以假设在开孔的对面也有相同的开孔，因此也可以取 1/8 模型，并强制约束切割面上的法向位移。

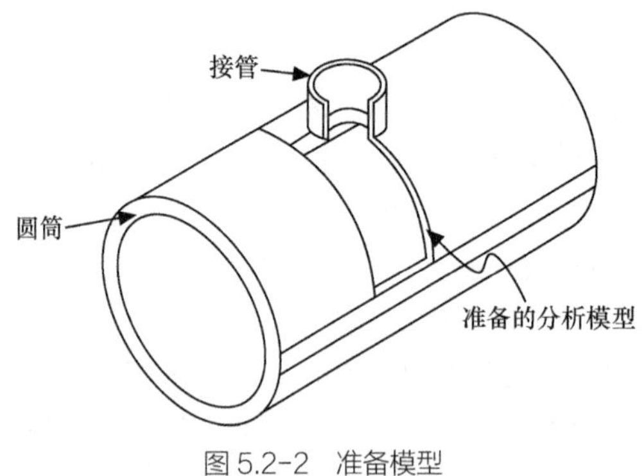

图 5.2-2　准备模型

5.2.3.2　处理重点关心的位置

重点关心的位置通常为最危险的或最感兴趣的部位，这样在建模时需给予特殊考虑，如对此区域进行网格细化等，而对于非重点处，则不用过多考虑，以使模型简化，降低分析成本。如开孔接管分析中，接管和筒体相贯部分的应力是要重点考虑的，而与之较远的连接部分可忽略。

5.2.3.3　细节结构的考虑

细节指出了结构主体尺寸以外的细节尺寸，依据设计意图，处理方式不尽相同。例如，对于薄壁模型，小的过渡圆角、焊接 高度等考虑如下。

1．分析类型

针对防止结构塑性坍塌的设计工况条件进行静力分析，可以仅考虑薄膜应力和弯曲应力，而不考虑峰值应力，因此造成峰值应力的局部小尖角等细节尺寸可以忽略。而进行疲劳分析时，需要考虑峰值应力，应详细考虑实际的细节尺寸。

2．细节结构位置

远离重点部分时，细节结构位置影响可以忽略。

5.2.4 单元选择

有限元分析是通过单元特征来实现的，单元模式需要考虑结构的形状特征和受力特征，单元的选择取决于模型维数和分析条件。

对于 2D 平面应力或平面应变分析模型，可选择面单元；对于 3D 分析模型，可选择体单元、壳单元、线单元及单元组合；对于线体分析模型（如桁架或钢结构），则可选择杆单元或梁单元。

一般来说，同类单元类型的相同单元形状有低阶单元（线性单元或一次单元）和高阶单元（二次单元）之分，在相同单元数量情况下，高阶单元的计算精度更高，但运算量和内存需求更大；相同的自由度数量条件下，线单元准确性更好。

对于三维问题，壳体单元更节省运算时间，但由于壳体单元只能反映结构的薄膜应力和弯曲应力，不能体现峰值应力，因此不能用疲劳分析。另外，在非均匀过度拐角结构或分岔部位（如 T 型接头等），壳体计算精度较差。

下面给出一个例子进行说明，如图 5.2-3 和图 5.2-4 所示。

（a）太阳电池模块正面示意图

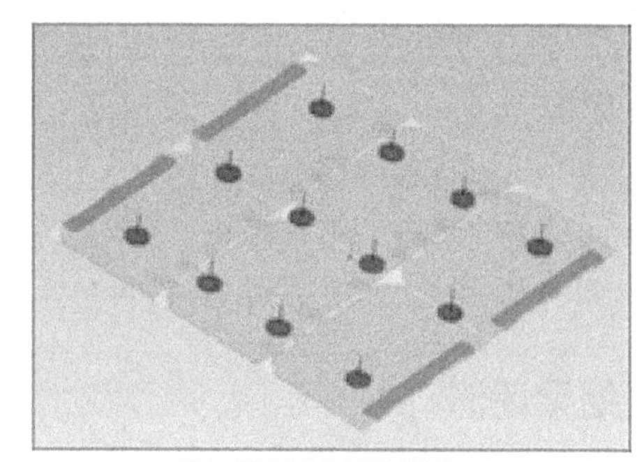

（b）背面固定钉示意图

图 5.2-3 太阳电池模块

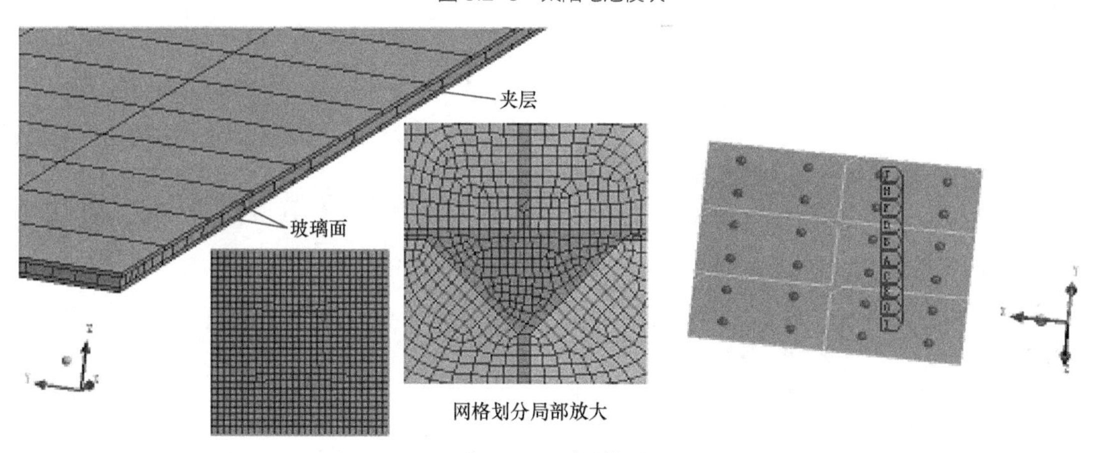

图 5.2-4 分析模型

太阳电池结构如图 5.2-3 所示，边界通过固定钉连接到半刚性基板上，此时，如果计算固定钉的受力，电池模块可以抽象为面，用壳单元建模，而固定钉处作为简支约束点处理，这样可以求出固定点的支反力，分析模型如图 5.2-4 所示。

如果计算固有频率，该方法也是可行的，因为太阳电池板的固有频率取决于抗弯刚度与边界条件，而以上简化已经考虑了这两个主要因素。但如果研究固定钉的破坏机理，以上简化就不合适了，则需要采用 3D 实体单元建立固定钉的细化模型对局部区域进行分析，反之如果计算固定钉受力及自振频率，则会使分析模型相当庞大，导致计算成本急剧上升。

5.2.5　网格划分

合理的网格密度、单元形状比和疏密过渡是得到准确结果的保证，因此网格划分应注意的问题如下。

（1）充分关心应力梯度，如应力梯度较大的区域是问题的考虑重点，在该区域应采用细致的网格划分。网格划分应能比较准确地反映结构真实形状。对于复杂的形状，粗糙的网格会造成分析结果失真。

（2）当“非承载”的零部件对结构刚度的贡献不可忽略时，分析模型中如果忽略“非承载”零部件，则可能导致较大的计算误差。

（3）由于结构有限元分析采用位移法，因此只有计算位移是准确的，应力结果作为位移导出量才是有理由可以接受的，但有时即便网格划分获取了好的位移结果，结果也不如想象中的准确，这种情况下也需要调整网格密度，以获取应力收敛解。

（4）为了得到好的位移解，单元纵横比应尽量小于 7；为了得到好的应力解，单元纵横比应尽量小于 3。

（5）不同分析类型，构造网格的规则不同，如屈曲分析一般采用规则和均匀对称网格。

5.2.6　施加载荷与约束条件

边界条件的处理，即常见的施加载荷与约束条件，需要注意的问题如下。

- 尽量避免集中载荷施加到某个节点上，产生应力奇异。
- 封闭系统外载荷需要满足平衡条件，否则会导致求解失真。
- 对于约束条件的施加，尽管 ANSYS 提供弱弹簧功能，但也应尽量防止模型的刚体运动。

5.2.7　试算结果评估

为了建立一个有效的结构分析模型，需对分析模型进行检验，以保证分析模型的正确性。

常用方法如下。

- 质量特性检查：检查模型质量、质量惯性矩及质心是必需的。
- 自由模态检验：一个未受约束的结构应有 6 个固有频率为 0 的刚体模态。检查时可不施加约束，进行模态分析，如果分析结果少于 6 个零模态，说明模型有多余约束，如果多于 6 个零模态，说明模型为机构，即结构之间缺少必要的连接。
- 结构变形检查：异常变形往往由载荷或约束不当引起。
- 应力等值线检查：如果网格足够细，应力等值线是连续光滑曲线，如不光滑或有尖角则网格太粗，这对重点区域很重要。
- 检查单元应力，如应力跳跃太大需细化网格。

5.2.8　应力集中现象的处理

模型中的尖角问题（如角接焊缝、错边或开孔接管等），如采用尖角模拟，实际结构采用弹性分析方法，往往得不到收敛结果，这就是应力集中导致的应力奇异现象。实际上，理论上的尖角是不存在的。因此，静强度校核可以直接分析，疲劳分析需考虑详细结构。

一般来说，对于尖角模型，随着网格加密，薄膜应力和弯曲应力逐渐收敛，峰值应力趋向发散，求解不收敛，而将尖角修改为圆角后，检查结构分析的当量应力及薄膜应力和弯曲应力、峰值应力均可获得收敛。

错边和不等厚是经常碰到的问题。在错边处，等效应力或应力强度和峰值应力不收敛，由于焊缝存在，实际结构不会如此，因此，应考虑实际焊接接头的具体情况。当直径小时，可采用三维分析，如开孔接管，角度大于 180°的外尖角总应力强度和峰值应力不收敛，角度小于 180°的内尖角总应力强度和峰值应力收敛。

尖角位置存在明显的应力集中，反复加载卸载会诱发疲劳裂纹，裂纹一旦产生，应力集中不再存在，推动裂纹扩展的动力是局部弯曲应力和薄膜应力。出现明显应力集中的尖角位置为热点，热点位置的薄膜应力和弯曲应力（即总应力中去除峰值应力后得到的应力）称为热点应力，利用热点应力可以获得分散程度最小的疲劳评定曲线（*S-N* 曲线）。

5.3 ANSYS Workbench 结构分析模型

ANSYS 18.2 Workbench 中建立合理分析模型涵盖 ANSYS 软件操作的前处理、求解设置和后处理这几个部分。这里以结构分析为例加以说明如下。

5.3.1 分析模型的体类型

“几何模型”【Geometry】接受来自于 CAD 系统或 DM 建立的装配体或多体零件，支持所有体类型，包括具有 3D 体积或 2D 面积的实体【Solid】、具有面积的面体【Surface Body】、线体【Line Body】，如图 5.3-1 所示。

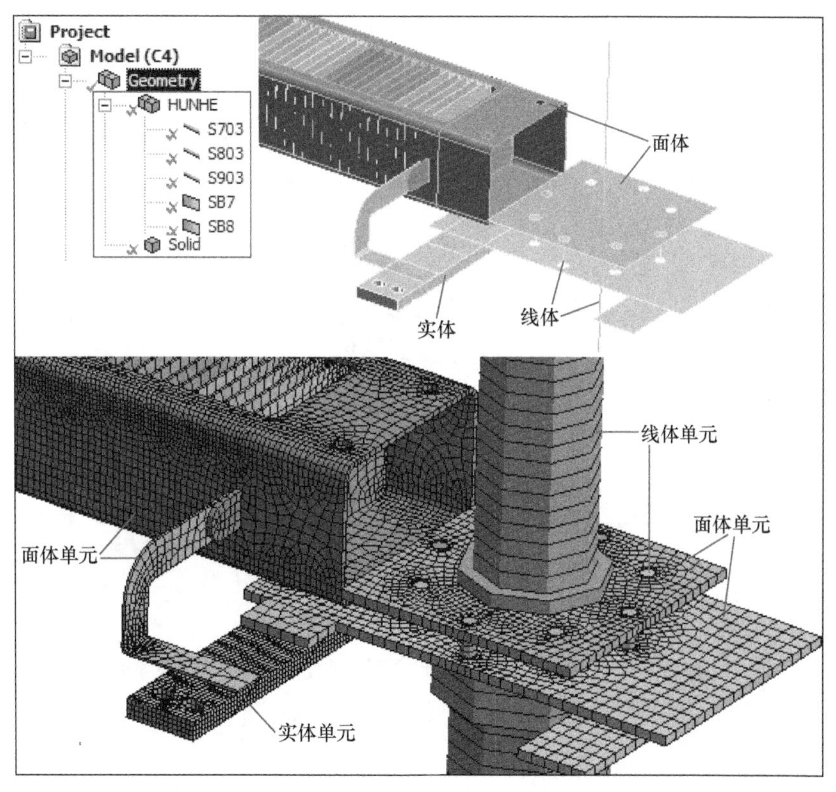

图 5.3-1 电阻箱支架的实体、面体及线体

实体可以具有几何上或空间上的 3D 或 2D 特征。3D 实体的默认网格采用具有二次形函数的高阶四面体或六面体单元，2D 实体的默认网格采用具有二次形函数的高阶三角形或四边形单元（2D 开关必须在导入几何模型之前打开），结构场中每个节点有 3 个平动自由度，温度场中每个节点有一个温度自由度。

面体几何上是 2D 但空间上为 3D，面体代表空间上的薄层结构，厚度方向无需建模，仅输入厚度值即可。面体采用线性壳单元进行网格划分，具有 6 个自由度（*UX, UY, UZ,ROTX, ROTY, ROTZ*）。

线体具有 1D 几何、3D 空间，线体代表空间上的两个方向很薄，横截面无需建模，映射在线体上，线体的横截面及方向在 DM 中指定，并自动导入到结构分析中。线体采用线性梁单元进行网格划分，具有 6 个自由度（*UX, UY, UZ,ROTX, ROTY, ROTZ*）。

5.3.2　多体零件

通常情况下，体与零件是相同的，但是在 DM 中，多个体可以组合为多体零件。多体零件共享边界，所以在交界面处的节点是共享的，此时无需接触。图 5.3-2 中命名为 RotorWall 的多体零件由两个实体组成，网格划分后交界面是共点的，而其与另外两个实体（Pad、Blade）各自独立，交界面之间不共节点。

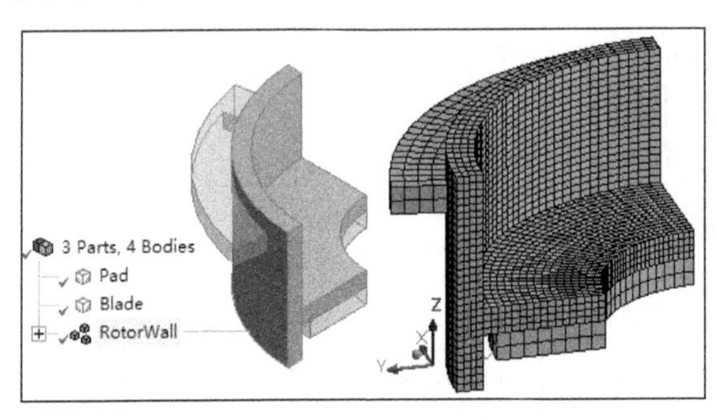

图 5.3-2　交界面共享节点

5.3.3　体属性

选中几何模型下面不同的体，可在明细窗口指定属性，如图 5.3-3 所示，对应描述如下。

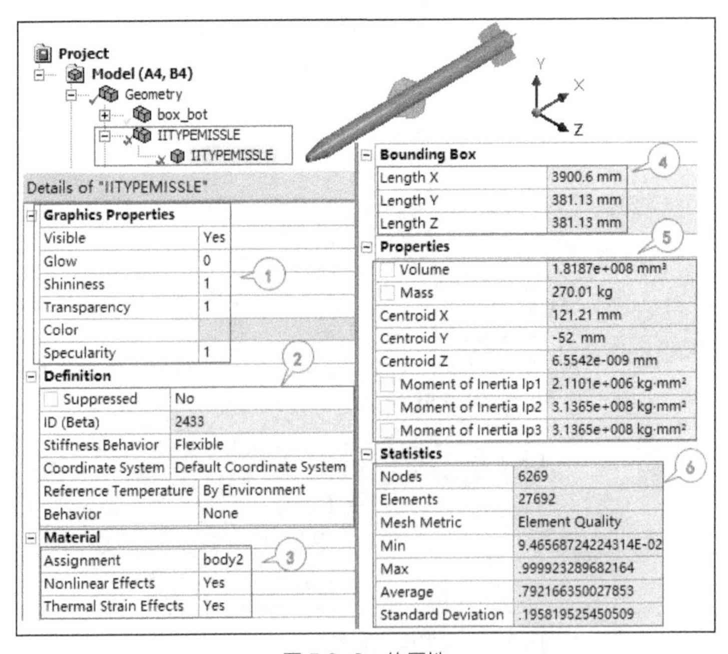

图 5.3-3　体属性

1．指定图形属性【Graphics Properties】

【Graphics Properties】包括“可视化”【Visible】、“透明度”【Transparency】和“显示颜色”【Color】等。

2．定义选项【Definition】

【Definition】包括“是否抑制体”【Suppressed】、“刚度行为”【Stiffness Behavior】、“坐标系”【Coordinate System】、“参考温度”【Reference Temperature】及其他相关选项。

（1）刚度行为可以为“刚性”【Rigid】或“柔性”【Flexible】。对于刚体零件，静力分析中仅考虑惯性载荷，可以通过关节载荷施加到刚体上，刚体输出结果为零件的运动和传递力。

（2）其他选项和不同的体类型有关，如面体，需要定义“厚度”【Thickness】和“偏移类型”【Offset Type】，面体偏移可以为“顶面”【Top】、“中面”【Middle】、“底面”【Bottom】或“自定义”【User Defined】。

3．材料【Material】

对不同的“体分配”【Assignment】在工程数据中定义的材料，指定是否包含“非线性效应”【Nonlinear Effects】和“热应变效应”【Thermal Strain Effects】

4．边界框【Bounding Box】

【Bounding Box】用于指定模型的空间范围，应给出 x、y、z 的长度。

5．属性【Properties】

统计几何属性包括体积、质量、质心、惯性矩等。

6．统计【Statistics】

显示该对象网格模型的统计结果，包括节点数、单元数和网格质量。

提示

刚体并不划分网格，采用一个质量单元，求解效率高。如果装配体中的一个零件仅考虑载荷的传递作用，就可以设置为刚体，以减少求解时间和模型规模。如果柔体零件包含非线性行为，如大变形或超弹等，计算时间将显著增加，因此，如果可能的话，采用简化模型（如将 3D 结构转变为 2D 平面应力、平面应变或轴对称模型等）进行分析。

5.3.4 几何工作表

几何工作表汇总所有的几何定义，包括分配的材料、网格统计等。选择【Geometry】→【Worksheet】图标可以查看，如图 5.3-4 所示。

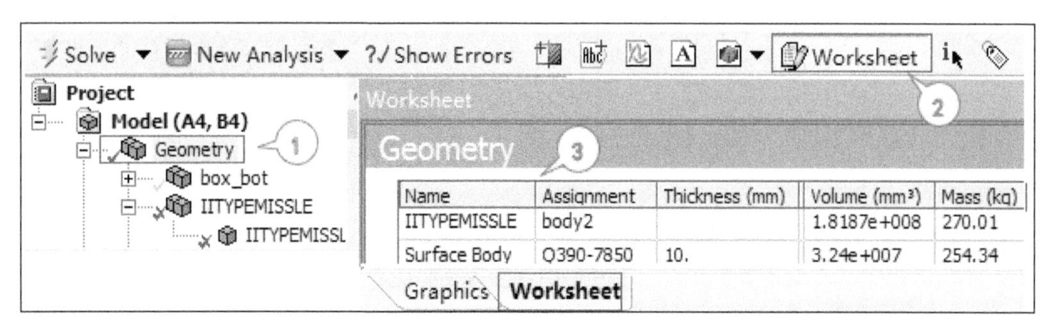

图 5.3-4　几何工作表

5.3.5　点质量

添加到几何模型中的点质量用于模拟结构的部分零件，但不用建立相关的模型，计入该结构的惯性效应，点质量的有效载荷只有惯性载荷，添加质量也会影响模态计算及谐响应计算结果。

点质量的作用域可以为选择的几何对象（面、边或顶点）、单元节点、命名选择或远端点；默认位置为指定对象的中心，也可以指定局部坐标，输入每个方向的惯性矩，程序默认的点质量与几何模型作用域的连接关系等同于远端边界条件。

指定点质量方式如下（见图 5.3-5）。

（1）在导航树中选择【Geometry】。

（2）在几何工具栏中选择【Point Mass】。

（3）选中导航树中出现的【Point Mass】。

（4）在明细窗口设置点质量位置及属性，【Geometry】表示点质量与实体模型的连接位置。在定义的坐标系中，设置（x, y, z）坐标值（如[2.5m，2.5m，-1m]）来定义点质量模型的质心位置，也可以在明细窗口中【Location】处选择点、边、面来定义点质量位置。

（5）在【Mass】中输入质量数值。

（6）在图形窗口点质量将会以圆球出现。

提示

在结构静力分析中，只有惯性力才会对点质量起作用，即点质量只受加速度、重力加速度及转速的作用，引入点质量只是为了考虑结构中没有建模的附加重量，同时必须有惯性力出现，点质量本身没有结果。

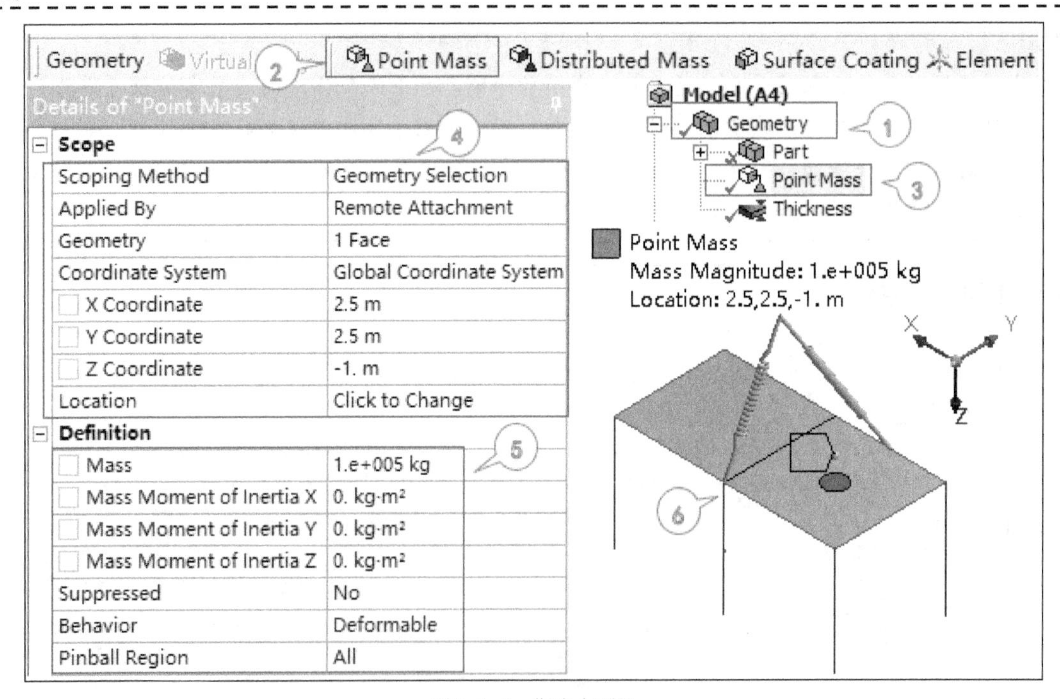

图 5.3-5　指定点质量

5.3.6　厚度

可以为面体中的面指定“可变厚度”【Thickness】，方式如图 5.3-6 所示。

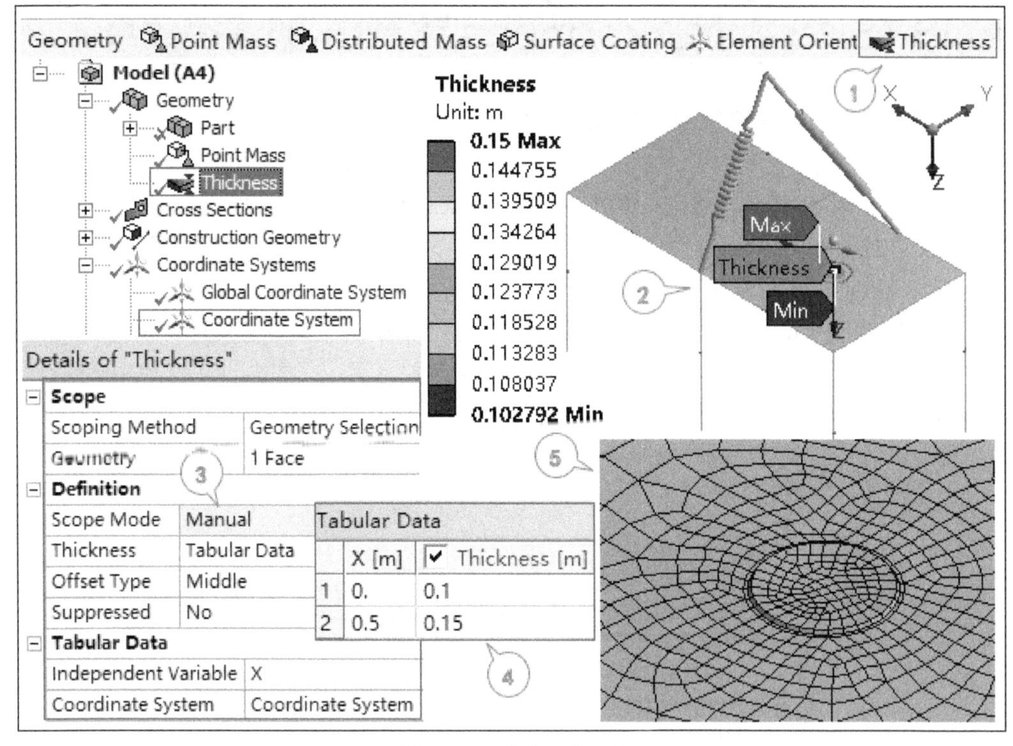

图 5.3-6　指定可变厚度

（1）在导航树中选择【Geometry】，在几何工具栏中选择Thickness插入【Thickness】对象，导航树中出现的厚度对象将覆盖任何以前指定的面体厚度。

（2）将厚度对象应用到面体被选中的面，可以指定面偏移。

（3）指定厚度为常量，变量表或函数表达式，图 5.3-6 所示为局部坐标系 x 方向的厚度变化。

（4）输入相应的变化值，图形窗口中显示厚度的渐变分布。

（5）单击导航树中的【Mesh】，则图形窗口中显示厚度赋值的壳单元。

提示

面体厚度必须大于 0，从 DM 中导入的面体，其厚度自动导入；指定的面厚度不支持刚体；可变厚度仅在网格划分及结果中显示，位置探测、指定路径和表面结果不显示可变厚度，也不考虑可变厚度，而只是假定为常值厚度；如果同一个面上定义多个厚度对象，只有最后一个厚度对象生效。

下列选项中并不使用面体指定的面厚度Thickness，而是使用原先定义的面体厚度。

（1）装配体属性：显示在明细窗口中，体积、质量、质心、惯性矩不随指定厚度的面而改变，但正确的属性为基于可变厚度的计算，可通过 APDL 计算的多种记录结果进行验证。

（2）自动根据面体厚度划分网格，自动收缩控制，面体厚度用于网格合并容差。

（3）求解中梁属性中探测焊点也使用面体厚度。

5.3.7　材料属性

结构静力分析需要输入的材料参数根据具体的工程分析问题而定：对于线弹性小变形问题，需要输入弹性模量和泊松比；如果考虑惯性载荷，需要输入密度；考虑温度加载，需要输入热膨胀系数，对于一致温度条件，热导率是不需要的；如果后处理中需要使用应力工具，则材料参数中还要输入应力限值；而采用疲劳工具，则要输入材料疲劳特性数据。

5.4　ANSYS 18.2 Workbench 结构分析的连接关系

分析整体装配模型时，结构之间的连接处理尤为重要，常见结构连接形式有胶接、铆接、螺栓连接、焊接。

通常，胶接、铆接、焊接属于理想化刚性连接，而螺栓连接应视具体情况而定，有时可简化为刚性连接，约束 6 个自由度，有时可简化为 5 个自由度，或铰接（3 个自由度），这些连接方式的处理可通过 ANSYS 的“连接关系”【Connections】进行设置。

可以通过“网格连接”【Mesh Connections】、“接触关系”【Contacts】、“关节连接”【Joints】、“弹簧”【Spring】、“终端释放”【End Release】、“梁”【Beam】实现，当加入接触关系后，程序会自动检测并添加接触关系，而其他连接关系则需通过手动加入。

整体连接属性包括自动检测功能和透明度显示功能，如图 5.4-1 所示，自动检测功能用于设置是否在刷新几何模型时生成自动连接关系。

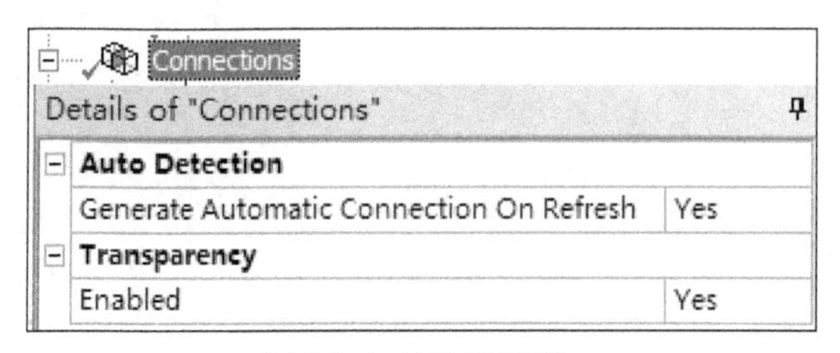

图 5.4-1　连接关系属性

5.4.1　接触连接

当表示多个零件时用接触单元定义零件之间的关系，这些关系表达零件之间是否绑定在一起、相互滑移、是否传热等，如果零件之间没有接触或点焊连接，则零件之间不产生相互作用。接触单元可以想象为覆盖在接触区域上的“皮肤”，如图 5.4-2 所示。

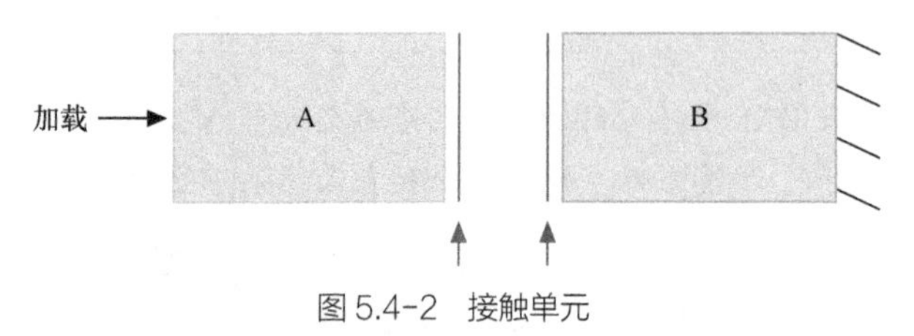

图 5.4-2　接触单元

接触包括面/面、面/边、边/边之间的“接触”【Contacts】和“点焊接触”【Spot Weld】。当装配体输入时，程序自动检测并创建接触，相邻表面用于检测接触，2D 几何的接触面为边。接触连接可以传递结构载荷和热流，根据接触类型，分析可以是线性或非线性的，非线性分析为获得收敛的结果将使运行时间显著增加。

提示

分析之前应该验证自动接触是否正确，结构分析中接触采用表面接触单元，接触对用不同的颜色标识，接触对的一面识别为接触面，而另一面则为目标面。

5.4.2　接触控制

默认设置为从 CAD 系统导入装配体，程序自动检测接触并通过面与面的关系分配接触区域。通常接触默认设置和自动检测功能可以处理大多数接触问题，但接触控制功能提供了更广泛的接触模拟，详细说明见表 5.4-1。

表 5.4-1 接触控制选项

Connections / Contacts Details of "Connection Group"		
Definition		定义
Connection Type	Contact	连接类型：接触
Scope		范围
Scoping Method	Geometry Selection	指定范围的方法：可以选择几何模型或命名选择
Geometry	All Bodies	
Auto Detection		自动检测
Tolerance Type	Slider	自动接触检测公差设置：移动滑块/输入值/使用板厚
Tolerance Slider	0.	滑移控制公差，+100 无间隙或穿透，-100 反之
Tolerance Value	3.0619e-002 m	接触检测公差值
Use Range	No	是否设置区间范围（默认最小值为公差的 10%）
Face/Face	Yes	接触检测类型，默认为面与面接触检测
Face Overlap Tolerance	Off	重叠面容差设置，默认关闭
Cylindrical Faces	Include	是否包含圆柱面，默认包含圆柱面
Face/Edge	No	面与边接触检测，定义为目标面与接触边
Edge/Edge	No	边与边接触检测
Priority	Include All	优先权①：包括所有、面优先、边优先
Group By	Bodies	成组检测②：实体、零件、无
Search Across	Bodies	搜索范围③：在实体间、不同零件实体间、任何自接触
Statistics		统计
Connections	4	生成的连接关系
Active Connections	4	目前激活的连接关系

其中重点关注如下。

1．优先权【Priority】

可以选择“包括所有”【Include All】、“面优先”【Face Overrides】、“边优先”【Edge Overrides】。面优先是指面与面接触优于面与边接触，不含边与边接触；边优先是指边与边接触优于面与边接触，不含面与面接触。

如壳接触包括边/面接触或边/边接触，默认接触并不自动识别壳接触，需手工设置，优先权【Priority】设置可以阻止过多接触区。

2．成组检测【Groupe By】

可以选择“实体”【Bodies】、“零件”【Parts】、“面”【Faces】和“无”【None】。按实体成组是指在一个上接触区允许有多个面或边；按零件成组允许多个零件包含在一个独立区域；按面成组允许多个面包含在一个区域；不成组则生成的任何接触区的目标对象或接触对象上仅一个面或边，如果一个单独区域包含大量的接触及目标面，不成组检测方法可以避免过多的接触搜索时间，另外，该选项也适用于不同的接触区域定义不同的接触行为。例如，螺栓和支座接触案例中可以在螺栓螺纹和支座之间定义绑定接触，而在螺栓头和支座之间定义无摩擦接触行为。

3．搜索范围【Search Across】

搜索范围自动检测可以选择在“实体间”【Bodies】、“不同零件的实体间”【Parts】和“包含任何自接触的地方”【Anywhere】。

5.4.3 接触设置

接触设置见表 5.4-2，包括指定“接触范围”【Scoping】、“定义接触”【Definition】、“高级控制”【Advanced】、“几何修正”【Geometry Modification】。

表 5.4-2 接触设置

Details of "Bonded - MENGPI_bot To MENGPI_		
Scope		接触范围控制
Scoping Method	Geometry Selection	定义范围的方法：选择几何模型/命名选择
Contact	1 Face	接触对象①：一个面
Target	9 Faces	目标对象①：9 个面
Contact Bodies	MENGPI_bot	接触体名称
Target Bodies	MENGPI_top	目标体名称
Definition		接触定义
Type	Bonded	类型②：绑定/不分离/无摩擦/粗糙/摩擦
Scope Mode	Manual	接触查找方式：自动查找（默认）
Behavior	Program Controlled	接触行为③：对称/非对称/自动非对称接触
Trim Contact	Program Controlled	接触去除部分：程序控制/打开/关闭
Suppressed	No	是否抑制（否）
Advanced		高级接触选项
Formulation	Program Controlled	接触算法④：程序控制
Small Sliding	Program Controlled	微小滑移：程序控制
Detection Method	Program Controlled	检测方法：程序控制
Penetration Tolerance	Program Controlled	穿透容差：程序控制
Elastic Slip Tolerance	Program Controlled	弹性滑移容差：程序控制
Normal Stiffness	Program Controlled	法向刚度：由程序控制（默认）/手动控制
Update Stiffness	Program Controlled	刚度更新：程序控制
Pinball Region	Radius	弹球区域：程序控制/自动检测/指定半径
Pinball Radius	5. mm	
Geometric Modification		修改几何模型
Contact Geometry Correction	None	修正接触的几何模型：无/螺栓螺纹
Target Geometry Correction	None	修正目标几何模型：无

表 5.4-2 中相关主要说明如下。

1. 接触面与目标面

在每个接触对中都要定义目标面和接触面。接触区域的其中一个对象构成接触面，此区域的另一个对象构成目标面。接触中利用目标面的穿透量，在给定公差范围内来限制接触面上的积分点。

2. 5 种接触类型可供选择

（1）“绑定”【Bonded】为默认设置，接触面或边无滑移、无分离，忽略间隙和穿透，线性求解。

（2）“不分离接触”【No Separation】类似于绑定接触，但是少量无摩擦滑移可以发生，绑定接触和不分离接触是最基础的线性行为，仅仅需要一次迭代。

（3）“无摩擦接触”【Frictionless】为标准的单边接触，也就是如果发生分离则法向压力为零，摩擦系数为零，允许自由滑移，装配体中会施加弱弹簧以帮助稳定求解。

（4）“粗糙接触”【Rough】类似于无摩擦接触，在无滑移处设置完全粗糙的摩擦接触，对应于无限大的摩擦系数。

（5）“摩擦接触”【Frictional】中剪应力发生变化直到发生相对滑移，该状态称为“黏结”【Sticking】，摩擦系数为非负值。

提示

无摩擦、摩擦以及粗糙接触是非线性行为，需要多次迭代。但是，需要提示的是，上述接触类型仍然利用了小变形理论的假设。如果考虑模型发生轻微的分离是很重要的，或者接触面的应力很重要，考虑使用非线性接触类型，可以模拟间隙和更准确的接触状态，当需要利用这些选项时，可以在相应的菜单下设定，其中允许调整模型的间隙到“刚刚接触”【Adjusted to Touch】的位置，设置“偏移量（无渐变）”【Add Offset，No Ramping】和设置“偏移量（含渐变）”【Add Offset，Ramped Effects】后，非线性接触需要更长的计算时间，可能发生收敛性问题，需要接触面设置好的网格。

3．接触行为

当一个面为目标面而另一个面为接触面时称为“不对称接触”【Asymmetric】。而当两面都为接触面或者目标面时则称为“对称接触”【Symmetric】，此时任何一边都可以穿透到另一边。程序默认为【对称接触】，可以根据需要将其改变成【非对称接触】。

4．接触算法

可以从“纯粹的罚函数法”【Pure Penalty】修改到“增强拉格朗日法”【Augmented Lagrange】、“多点约束方程法”【MPC】或“纯拉格朗日法”【Normal Lagrange】。其中，【增强拉格朗日法】一般应用于非线性接触模型中，【MPC】仅适用于绑定接触，在绑定接触中，【纯粹的罚函数法】可以想象为在接触面间施加了十分大的刚度系数来阻止相对滑动，这个结果是在接触面间的相对滑动可以忽略的情况下得到的。【MPC】对接触面间的相对运动定义了约束方程，因此没有相互滑动，这个方程经常作为罚函数法的最好替代。

5．弹球区域【Pinball Region】

【弹球区域】可以自定义，并在图形窗口显示。【弹球区域】定义了近距离开放式接触的位置，而超出该区域范围的为远距离开放式接触。【弹球区域】一般作为十分有效的接触探测器使用，但是它也用于其他方面，如绑定接触等。对于绑定或者不分离的接触，假如间隙或者穿透小于【弹球区域】，则间隙/穿透自动被删除，如对于以【MPC】为基础的绑定接触，可以将搜索器设定为【目标法向】或是【弹球区域】。假如存在间隙（在壳装配体中经常出现），【弹球区域】可以用来作为探测越过间隙的接触探测器。

6．接触定义及显示

接触定义及显示示例如图 5.4-3 所示。

（1）定义接触及显示接触对。

（2）接触体为半透明，接触面以不同颜色显示以便于识别。

（3）为了方便显示和选择，可以激活【Body Views】，分别用不同的窗口显示全模型、接触体和目标体，视图可以同步移动【Sync Views】。

（4）选择接触区可以在任何一个窗口中进行。

（5）【Go To】功能提供一种简单的方式来验证定义的接触，示例如图 5.4-3 所示，可以快速查找对应的实体【Corresponding Bodies in Tree】，以及其他对象，如“没有接触的体”【Bodies Without Contacts in Tree】、“没有接触的零件”【Parts Without Contacts in Tree】等。

其他常用命令包括：【Rename Based on Definition】可以快速对接触对命名，【Manual Contact Region】用于手工创建接触对。

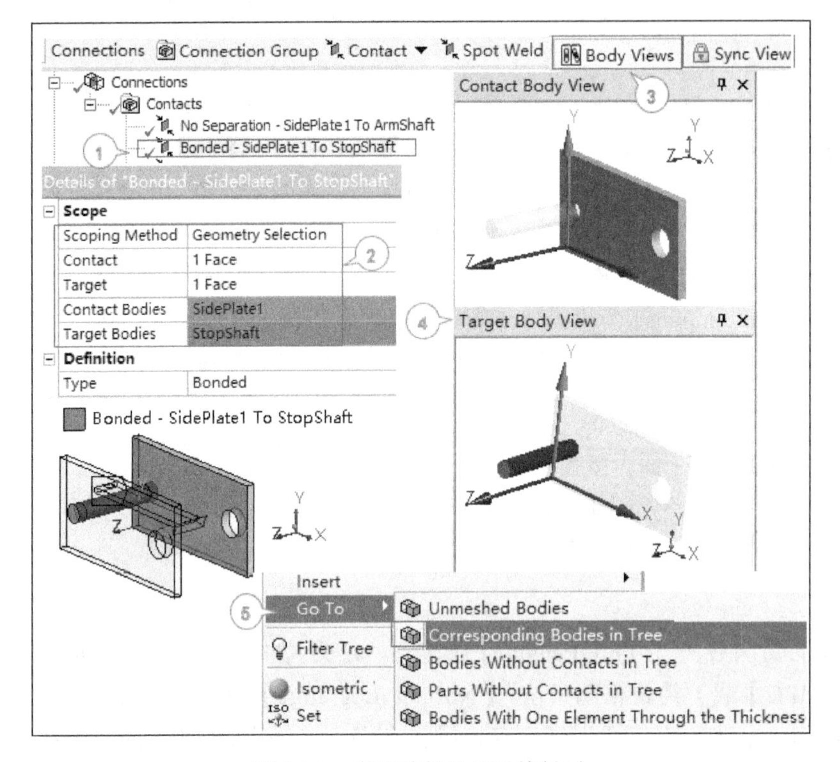

图 5.4-3　定义接触及显示接触对

5.4.4　点焊连接

正如接触连接于实体装配一样，“点焊”【Spot Weld】在离散点处连接独立面体装配模型。结构载荷通过点焊连接从一个面体传递到另一个面体。

焊点提供一种在不连续位置处刚性连接壳体装配的方式，可模拟焊接、铆接、螺栓连接等。

- 通常，点焊在 CAD 系统中（DM 与 NX）创建并自动传递到结构分析中。焊点在几何模型中成为硬点，硬点是网格划分中用梁单元连接在一起的几何中的点。
- 焊点也可以在结构分析中生成，但是只能在不连续的点处生成。创建的点焊对象位于导航树的【Connections】下（见图 5.4-4）。

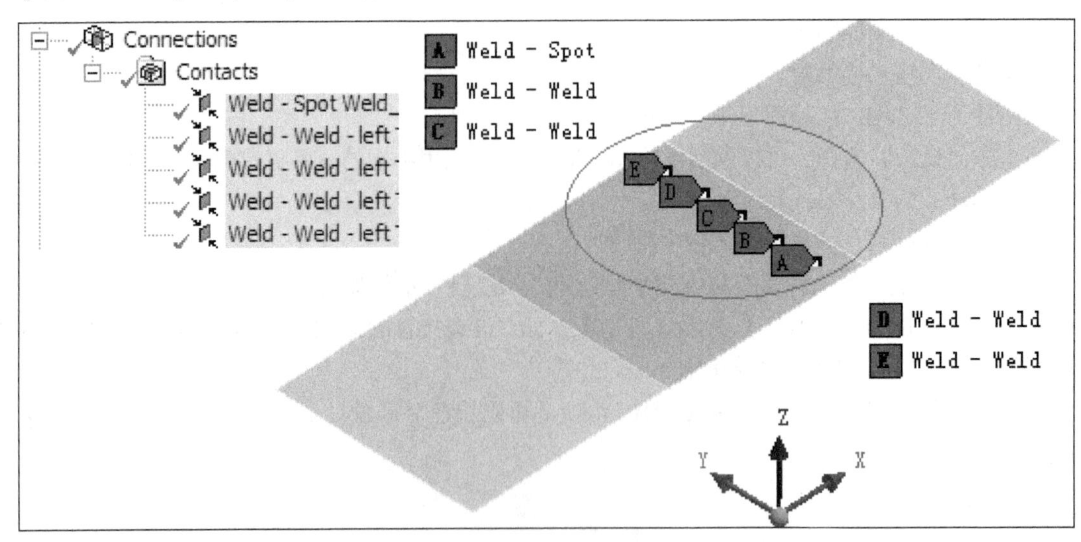

图 5.4-4　点焊接触

提示

点焊连接无法阻止发生在点焊处以外区域的面体穿透行为，它仅在实体、面体及线体零件之间传递结构载荷、热载荷及其结构效应，因此适用于位移、应力、弹性应变热及频率求解。

5.4.5 接触工作表

接触工作表汇总各种接触和点焊连接定义，如图 5.4-5 所示。

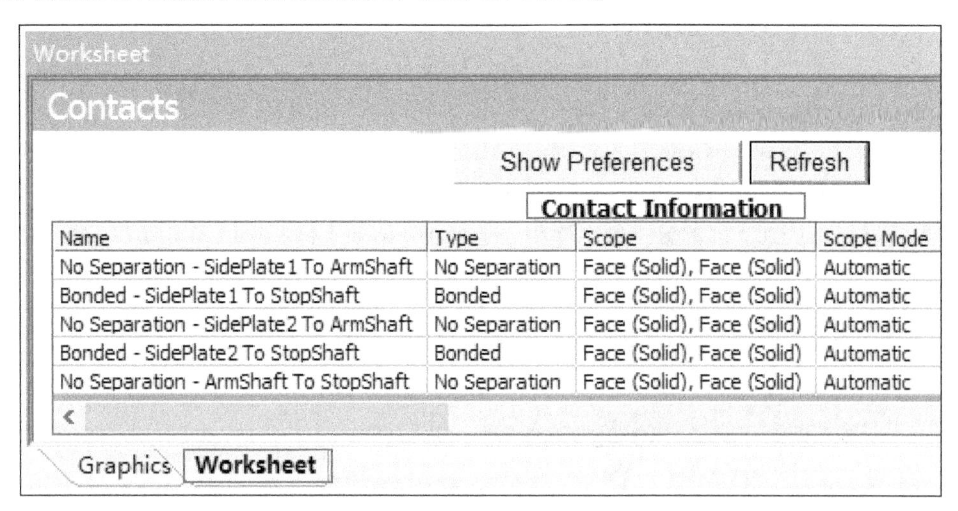

Name	Type	Scope	Scope Mode
No Separation - SidePlate1 To ArmShaft	No Separation	Face (Solid), Face (Solid)	Automatic
Bonded - SidePlate1 To StopShaft	Bonded	Face (Solid), Face (Solid)	Automatic
No Separation - SidePlate2 To ArmShaft	No Separation	Face (Solid), Face (Solid)	Automatic
Bonded - SidePlate2 To StopShaft	Bonded	Face (Solid), Face (Solid)	Automatic
No Separation - ArmShaft To StopShaft	No Separation	Face (Solid), Face (Solid)	Automatic

图 5.4-5 接触工作表

5.4.6 接触分析模型案例——点焊连接不锈钢板的非线性静力分析

以下建立薄板点焊连接模型并进行结构非线性静力分析，薄板为面体，采用壳单元进行网格划分，在 DM 中创建焊点，点焊连接为刚性梁单元 Beam188。

5.4.6.1 问题描述及分析

2 块薄板尺寸为 80mm × 40mm × 1mm，二者通过 5 个焊点连接，这里给定距离边缘 5mm 的 5 个焊点，薄板一端 x 向限位，另一薄板的另一端施加拉伸位移 1mm（见图 5.4-6）。

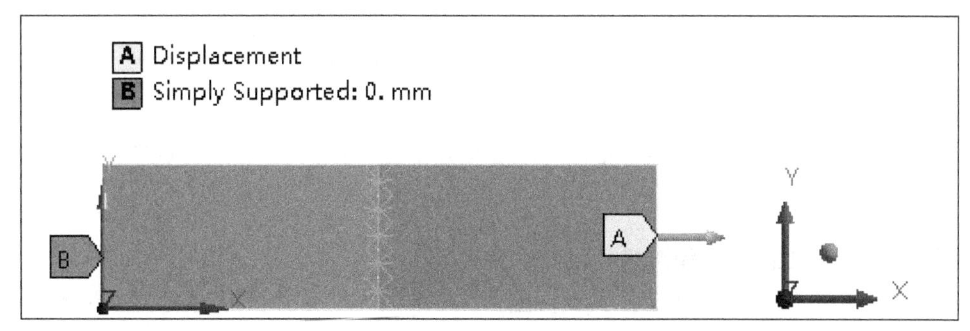

图 5.4-6 分析模型

薄板材料为不锈钢，弹塑性材料模型为双线性各项同性硬化模型，弹性模量为 193GPa，泊松比为 0.3，屈服强度为 210MPa，切线模量为 1.8GPa。

本案例目的：学习使用点焊连接建立装配体之间的连接关系，并进行结构非线性静力分析。

5.4.6.2 点焊连接模型的数值模拟过程

1. 进入 WB 数值模拟平台

运行程序→【ANSYS 18.2】→【Workbench 18.2】进入 Workbench 数值模拟平台。

2. 添加静力分析模块及选择材料（见图 5.4-7）

（1）在 WB 中单击【Save】按钮，保存项目文件名称为 Spot Weld.wbpj。

（2）在【Workbench】设置静力分析系统：从工具箱中将“静力分析系统”【Static Structural】拖入到【Project Schematic】，键入分析系统名称 Spot Weld。

（3）在【静力分析系统】A2 单元格【Engineering Data】双击鼠标，进入【工程数据管理】窗口，选择“工程数据源”【Engineering Data Sources】标签，这里是 ANSYS 自带的材料数据库。

（4）选择“非线性材料库”【General Non-linear Materials】。

（5）从【非线性材料库】中选择“非线性不锈钢材料”【Stainless Steel NL】，这里单击【+】按钮，会出现一本书，可将材料加入到当前的分析数据库中。选择【Project】标签返回 WB 窗口。

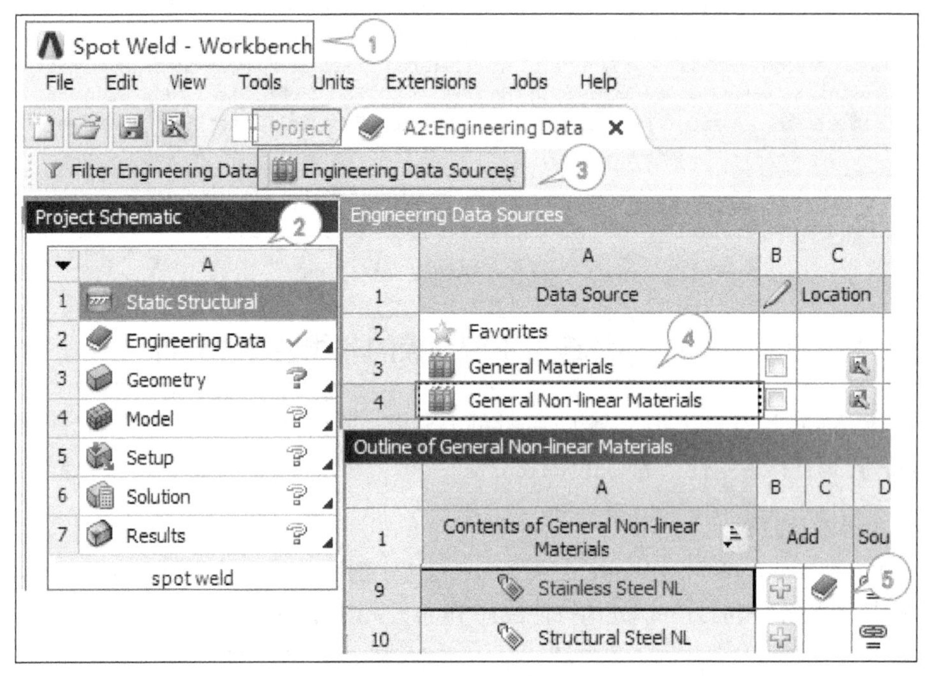

图 5.4-7 添加静力分析模块及选择材料

3. 设置单位

在 WB 分析系统 A 中的“几何”【Geometry】单元格双击鼠标，进入 DM，设置尺寸的显示单位为 mm，即从菜单中选择【Units】→【Millimeter】。

4. 创建几何模型（见图 5.4-8 和图 5.4-9）

（1）从导航树中选择【XYPlane】工作平面，在工具栏单击【新草图】按钮创建新草图【Sketch1】。

（2）选择【Sketching】标签。

（3）选择【Draw】下面的“矩形”【Rectangle】命令，在草图中拖曳鼠标画矩形。选择“尺寸标注”【Dimensions】，在图形窗口分别单击水平线并拖放鼠标显示水平尺寸，显示为 H1，同样单击垂直线并拖放鼠标显示垂直尺寸，显示为 V2，在明细窗口中设置尺寸：【Details View】→【Dimensions】→【H1】=80mm，【V2】=40mm。

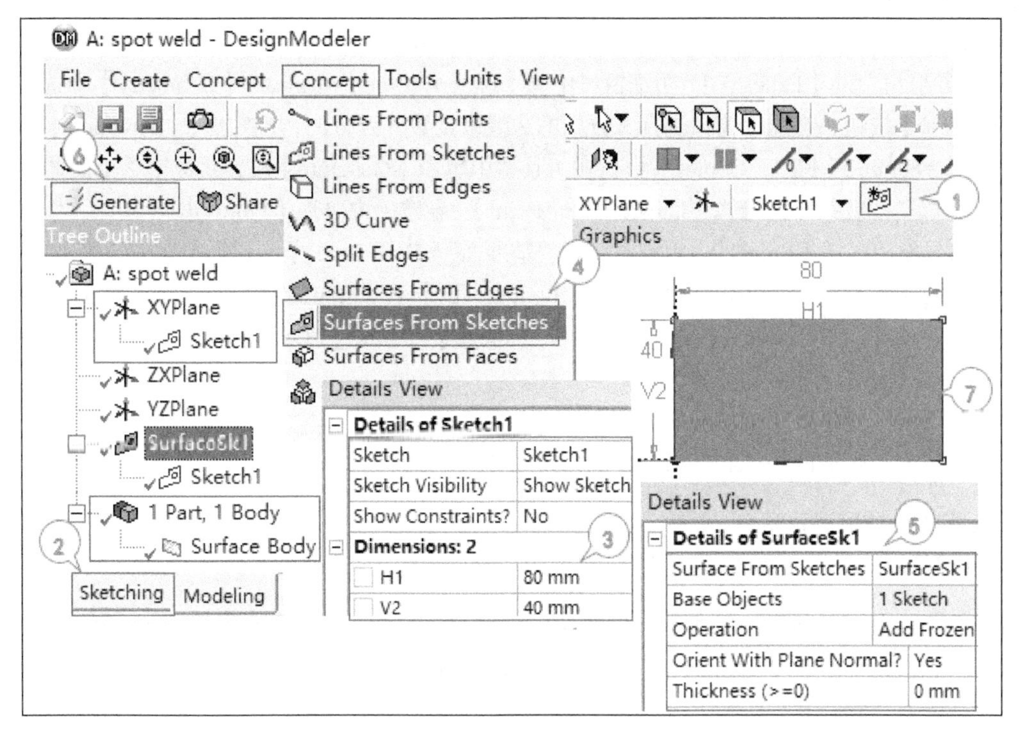

图 5.4-8　创建第 1 个面体

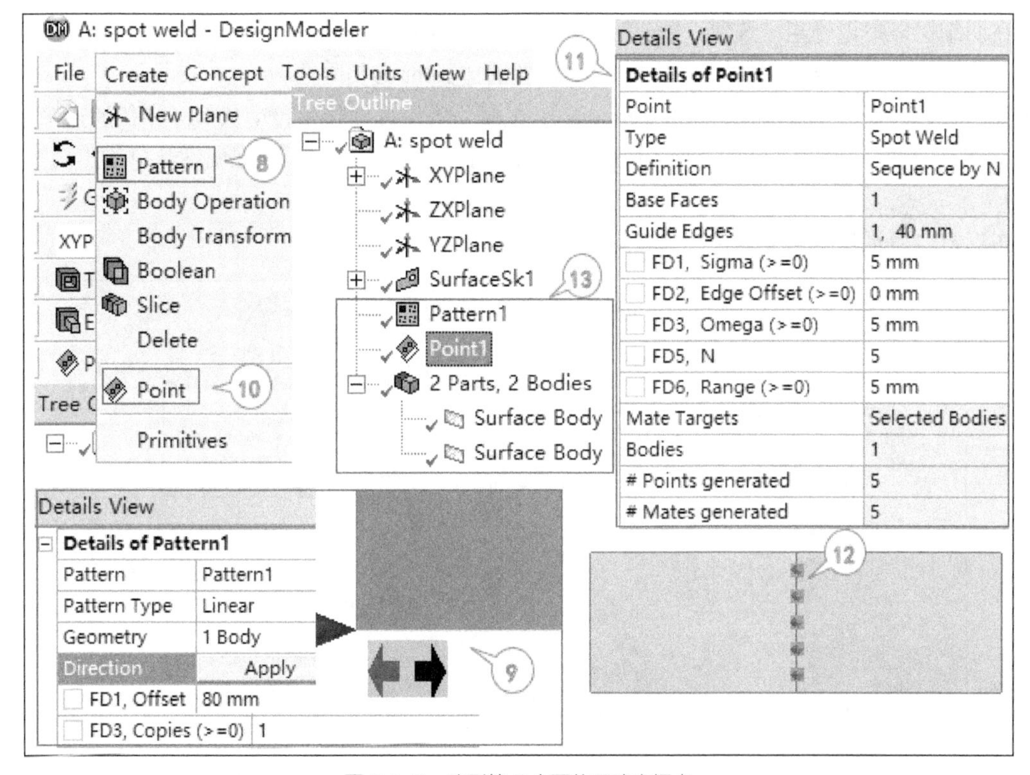

图 5.4-9　阵列第 2 个面体及建立焊点

（4）根据草图创建第 1 个面体：从菜单栏选择【Concept】→【Surfaces From Sketches】。

（5）编辑导航树中的【SurfaceSk1】，从明细窗口中的【Base Objects】中选择草图【1 Sketch】，并冰冻面体：【Operation】=Add Frozen。

（6）在工具栏中单击【Generate】按钮生成面体。

（7）在图形窗口显示创建的第 1 个面体。

（8）通过阵列操作得到第 2 个面体：从菜单栏选择【Create】→【Pattern】，导航树中出现【Pattern1】。

（9）编辑导航树中的【Pattern1】，明细窗口中的【Pattern Type】=Linear，【Geometry】中选择已有的面体，单击【Apply】按钮，在图形窗口选择 x 方向的边线来设置阵列方向，确定后，【Direction】=2D Edge，【FD1，Offset】=80mm，【FD3，Copies】=1，在工具栏中单击【Generate】按钮生成第 2 个面体。

（10）创建焊点：从菜单栏选择【Create】→【Point】，导航树中出现【Point1】。

（11）编辑导航树中的【Point1】，明细窗口的“基准面”【Base Faces】为图形窗口中的第 1 个面体，“引导边”【Guide Edges】为第 1 个面体的重叠边线，【Guide Edges】=1，40mm；设置 5mm 间隔的 5 个焊点：【FD1，Sigma】=5mm，【FD2，Edge Offset】=0mm，【FD3，Omega】=5mm，【FD5，N】=5，【FD6，Range】=5mm，在工具栏中单击【Generate】按钮生成 5 个焊点。

（12）图形窗口中显示两个面体和 5 个焊点。

（13）导航树显示生成的特征和各自独立的两个面体。

5．切换回 WB 项目流程窗口

在【Setup】单元格双击鼠标，进入【Mechanical】分析环境。

6．静力分析中分配材料及接触类型（见图 5.4-10）

（1）导航树展开“几何”【Geometry】及“接触”【Connections】，可以看到几何模型中面体没有厚度，有问号。

（2）面体分配材料及厚度：在导航树中选择面体重新命名为 left 与 right，选择 left。

（3）在明细窗口中设置相应选项：“壳单元厚度”【Thickness】=1mm；“不锈钢非线性材料”【Material】→【Assignment】=Stainless Steel NL；以同样方法设置面体 right 为相同选项。

（4）在导航树展开“连接关系”【Connections】，接触处的点焊连接是自动从 DM 中传递过来创建的。

（5）选择其中一个，如【Connections】→【Contacts】→【Spot Weld】，在明细窗口给出两个点的连接关系。

（6）图形窗口显示焊点对应的位置。

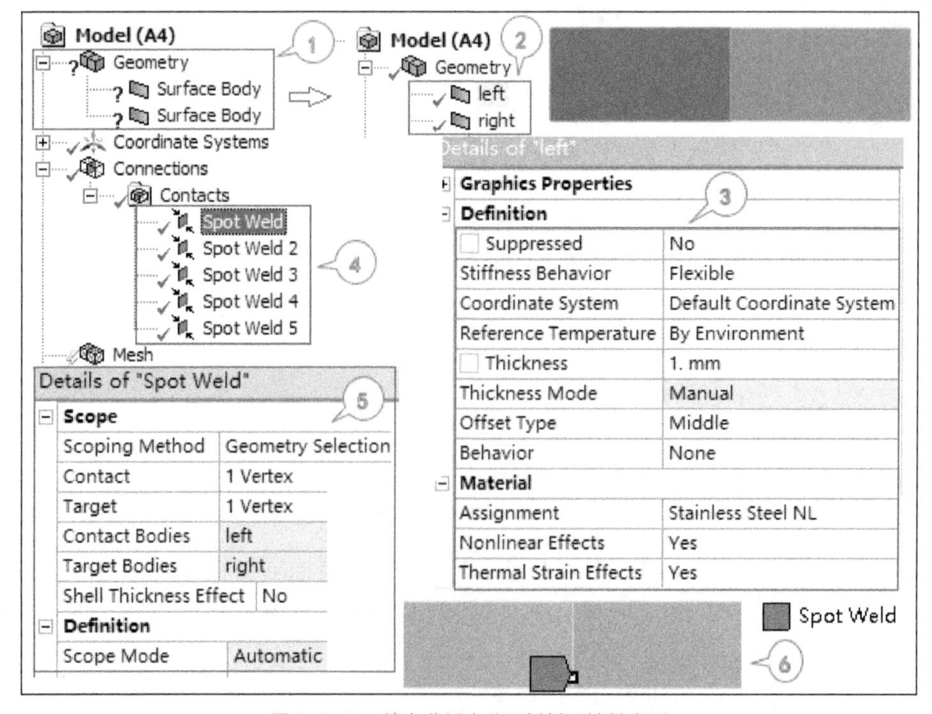

图 5.4-10 静力分析中分配材料及接触类型

7．网格划分（见图 5.4-11）

（1）在导航树选择【Mesh】，从工具栏中选【Mesh Control】→【Sizing】。

（2）在图形窗口选择两个面，在明细窗口中设置单元大小为 4mm，【Element Size】=4mm。

（3）右键单击鼠标，选择【Generate Mesh】生成网格，或从网格划分工具栏中单击【Update】按钮。

（4）在图形窗口显示单元网格。

（5）在导航树中选择【Mesh】，明细窗口中显示统计单元数量与质量，平均质量约为 0.99，单元数为 400。

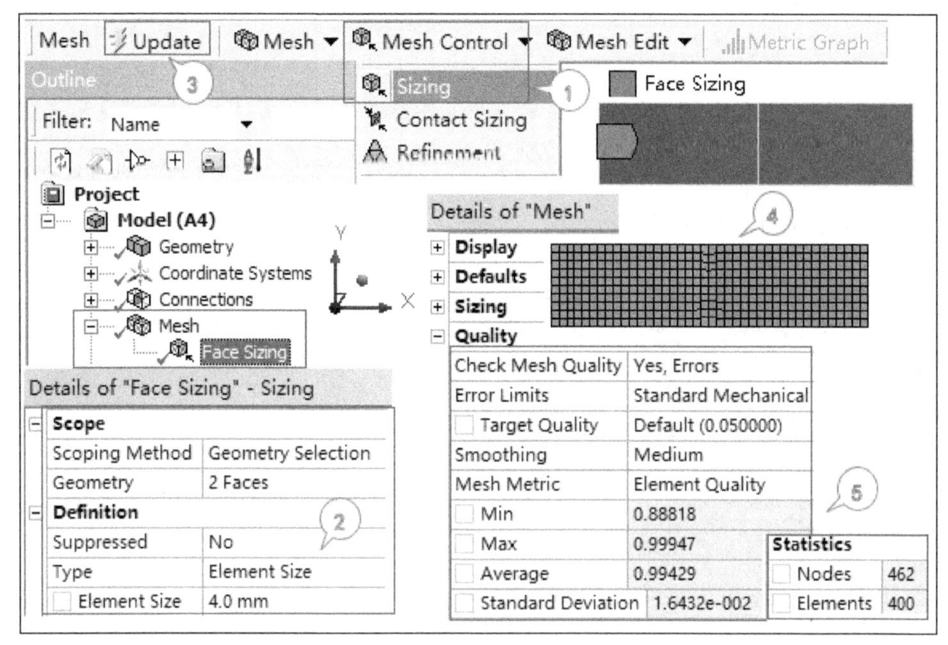

图 5.4-11　网格划分

8．分析设置（见图 5.4-12）

（1）在导航树中选择【Static Structural（A5）】→【Analysis Settings】。

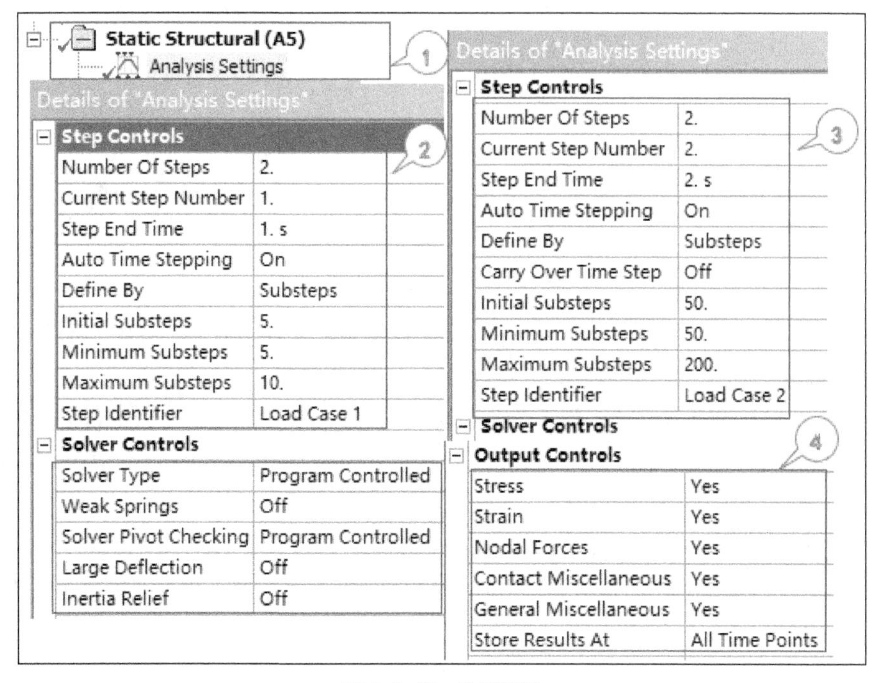

图 5.4-12　分析设置

（2）在明细窗口中设置两个载荷步及步长控制：【Number Of Steps】=2，【Current Step Number】=1，【Auto Time Stepping】=on，【Define By】=Substeps，【Initial Substeps】=5，【Minimum Substeps】=5，【Maximum Substeps】=100；求解控制：关闭“弱弹簧”【Weak Springs】=Off。

（3）设置第 2 个步长控制：【Current Step Number】=2，【Auto Time Stepping】=On，【Define By】=Substeps，【Initial Substeps】=50，【Minimum Substeps】=50，【Maximum Substeps】=200。

（4）为了得到更多的输出结果，输出控制可以打开所有开关：【Nodal Forces】=Yes，【Contact Miscellaneous】=Yes，【General Miscellaneous】=Yes。

说明

由于本案例涉及材料非线性，所以分析设置分为两个载荷步，且第 2 个载荷步时间步长很小，这有助于获取非线性计算收敛解。

9. 施加边界条件（见图 5.4-13）

（1）在导航树中选择【Static Structural（A5）】。

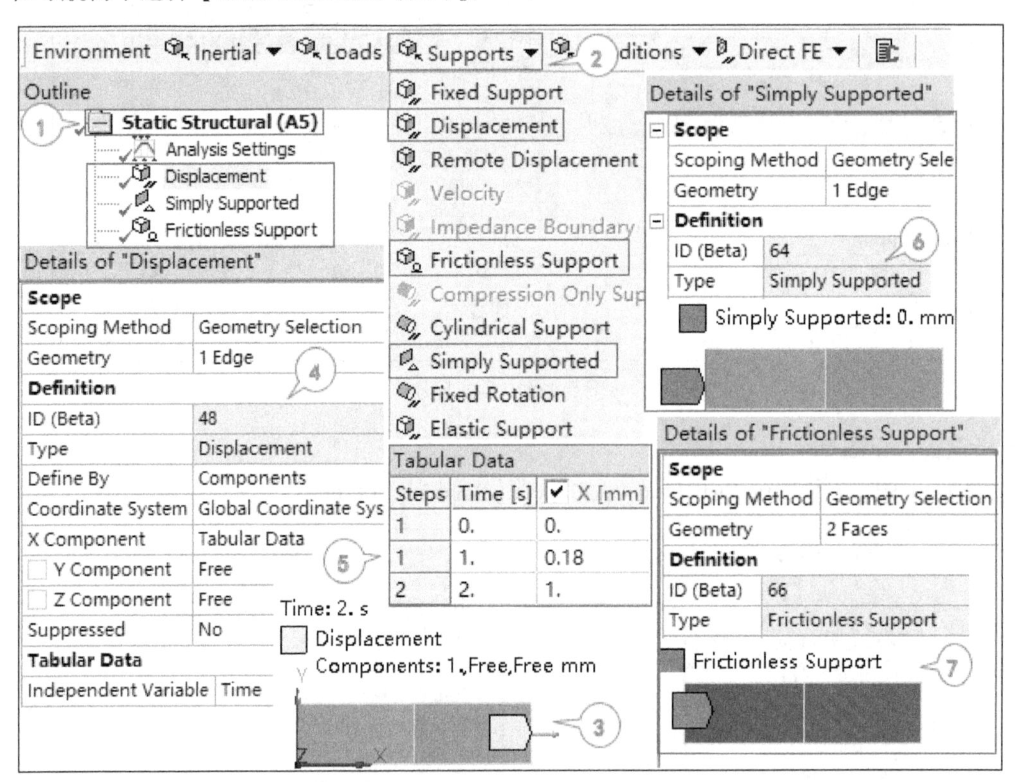

图 5.4-13　设置边界条件

（2）在工具栏中选择【Supports】→【Displacement】，从而给定 x 向位移，再分别添加【Simply Supported】和【Frictionless Support】。

（3）在图形窗口选择面体 x 侧右边，在明细窗口单击【Apply】按钮确认，【Geometry】=1 Edge。

（4）在明细窗口中设置相应选项：【Definition】→【X Component】= Tabular Data，【Y Component】= Free，【Z Component】= Free。

（5）数据表中，设置【Time】=1s，【X】=0.18mm，【Time】=2s，【X】=1mm。

（6）在导航树中选择【Simply Supported】，在图形窗口选择面体左侧，在明细窗口单击【Apply】按钮确认，从而限制左侧位移。

（7）在导航树中选【Frictionless Support】，在图形窗口选择两个面，在明细窗口单击【Apply】按钮确认，从而限制法向位移。

10．添加结果并求解（见图 5.4-14）

（1）在导航树中选择【Solution（A6）】。

（2）在求解工具栏中添加总变形结果，选择【Deformation】→【Total】，在求解工具栏中添加“等效应力”【Stress】→【Equivalent (von-Mises】。

（3）将位移及简支边界条件拖入到求解处，提取反作用力结果：在导航树中，单击选择 A5 下面的【Displacement】和【Simply Supported】，直接拖入到 A6 下面即可。

（4）在工具栏中单击【Solve】按钮，求解计算完成后 A6 下面出现绿色对勾标识。

（5）在导航树中选【Total Deformation】，查看变形结果，图形窗口中显示右侧最大变形约为 1mm。

（6）接下来提取焊点结果，在工具栏选择【Worksheet】。

（7）在工作表中选择图示结果，右键单击鼠标选择【Create User Defined Result】，从而插入自定义的焊点轴向力、扭矩、剪力及弯矩的结果。

（8）在导航树选中自定义的对象，在明细窗口设置相应选取：【Scoping Method】=Result File Item，其他选项默认，重新求解更新结果。

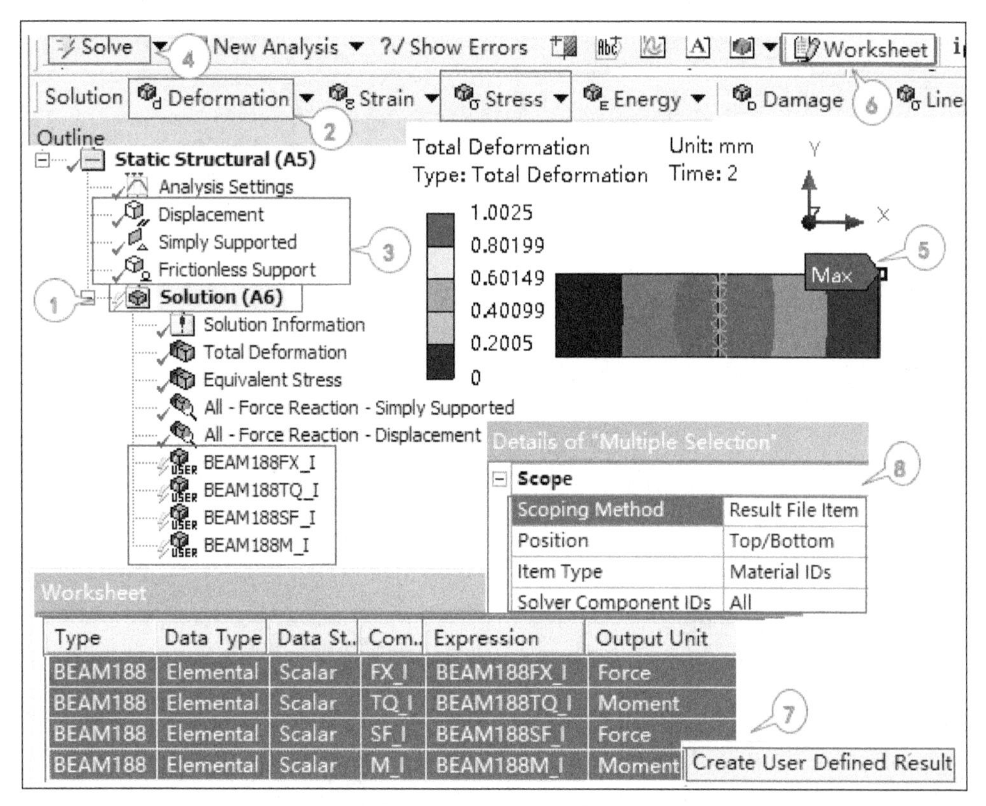

图 5.4-14 添加结果求解

11．查看等效应力及反力等结果（见图 5.4-15）

（1）在导航树分别提取对象，选择“等效应力”【Equivalent (von-Mises】等。

（2）图形窗口显示等效应力最大值为 226MPa，图形窗口下方的图表给出应力随加载变化的折线图，可看到随着载荷增加，2 块钢板整体超过为 210MPa，进入塑性变形。

（3）在导航树选择“约束端反力”【All-Force Reaction-Simply Supported】，主要为 x 方向力，非线性渐变到最大值-8858N。

（4）导航树选位移端作用力【All-Force Reaction-Displacement】，x 方向力非线性渐变到最大值 8858N，

满足力平衡条件。

（5）在导航树选择【BEAM188FX_I】查看焊点轴向力，为 1551N，同样可查看其他结果：扭矩最大值为 1631Nmm，剪力最大值为 1436N，弯矩最大值为 3253Nmm，保存文件。

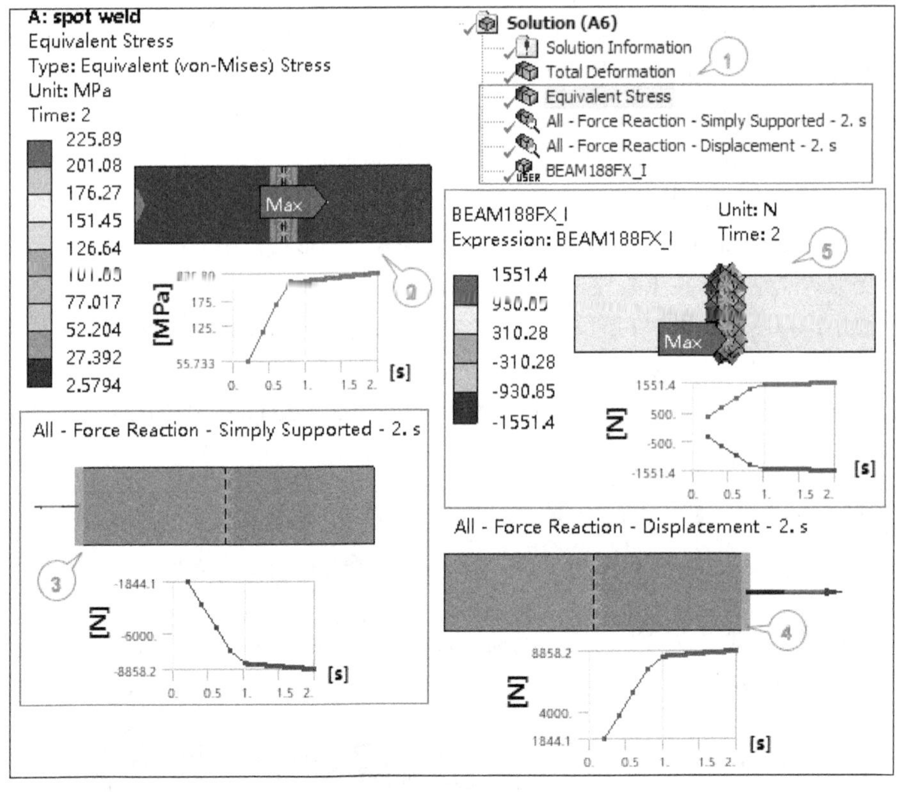

图 5.4-15 查看分析结果

5.4.6.3 结果分析及讨论

由前面的分析结果可以看到，约束反力与位移约束处力相等，代表模型处于力平衡状态。载荷是通过点焊连接进行传递的，而且钢板已经进入塑性区，所以不锈钢板中间部分的应力超过 210MPa 后上升缓慢。

查看等效塑性应变，示例如图 5.4-16 所示。

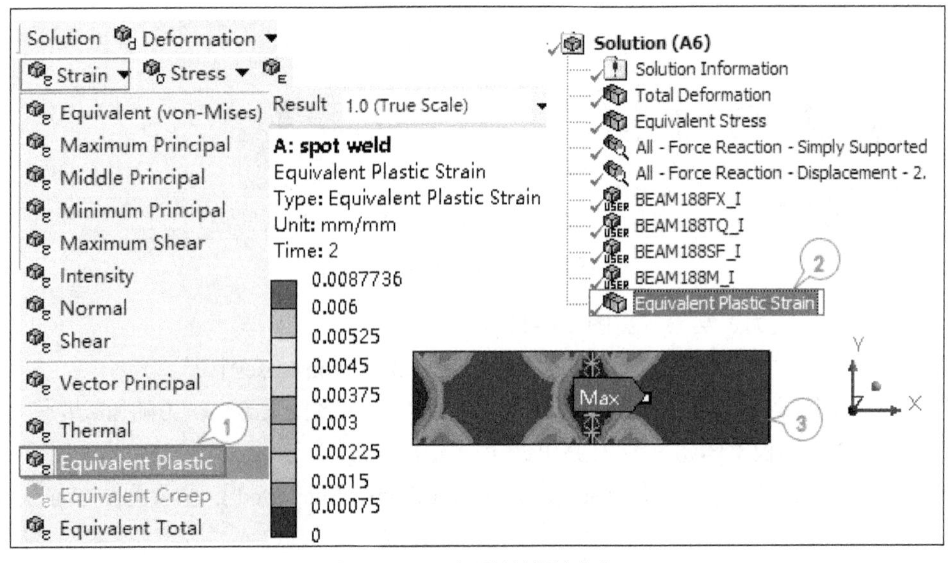

图 5.4-16 查看等效塑性应变

（1）在导航树中选择【Solution（A6）】，在工具栏中添加“等效塑性应变”【Strain】→【Equivalent Plastic】，右键单击鼠标，从快捷菜单中选择“评估所有结果”【Evaluate All Results】。

（2）导出结果后查看“等效塑性应变”【Equivalent Plastic Strain】。

（3）图形窗口显示最大值约为0.88%。

由于本案例为非线性计算，所以需要经过多次迭代获得收敛结果，计算成本相比线性分析高，可通过求解信息监测非线性收敛的计算过程，示例如图5.4-17所示。

（1）在导航树中选择【Solution（A6）】→【Solution Information】。

（2）在明细窗口中设置【Solution Output】→【Force Convergence】。

（3）工作表中显示力收敛的变化。

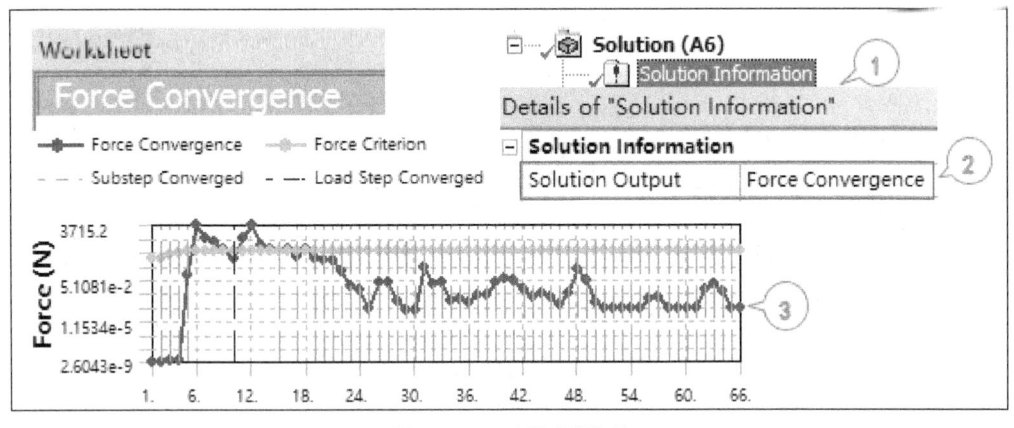

图5.4-17 查看求解收敛

可以看到紫色（软件中显示）的力残差线最后低于青色（软件中显示）的评估线，表明得到收敛解，这对非线性计算而言很重要，如果不收敛，则需要增加许多额外的调试工作，这些在后续的分析问题中会碰到。

5.4.7 远端边界条件

5.4.7.1 远端边界条件概述

远端边界条件表示作用点并不在载荷作用范围内，而是在远端位置。远端边界条件可以利用远程点的功能，用一个远程点定义的对象，视为远端边界条件，该远程点不直接应用到节点或模型的顶点。程序默认可以设置远端边界条件：远端力、远端位移、点质量、热点质量、关节连接、弹簧连接、轴承连接、梁连接及力矩。

当然也可以直接应用到单个节点或顶点的边界条件；这时不作为远端边界条件处理， 如点质量、弹簧和关节连接。其明细窗口中可以直接设置【Applied By】=Direct Attachment，此时不提供某些属性，如弹球区域或算法。程序默认为远端边界条件，即【Applied By】=Remote Attachment，与【Direct Attachment】可以进行切换。

远端边界使用MPC约束方程，将载荷/约束与作用位置连接起来，如远端力的约束方程如图5.4-18中①。【几何行为】可以设置为“刚性”【Rigid】或“可变形”【Deformable】，附加的高级选项可以控制“弹球区域”【Pinball Region】，但大量的远端约束条件会占用很长的求解时间。

通常检查一下反作用力，确保已经充分应用远端边界条件，特别是在几何模型被几个远端边界共享的条件下。一旦创建了远端边界条件，可通过【Promote Remote Point】命令“基于远端边界选择范围”直接生成远端点，如图5.4-18中②和③。

5.4.7.2　远端点及其行为控制

先用“远端点”【Remote Point】定义位置，然后将远端边界条件施加在远端点上。

也可以定义远端边界时自动创建远端点，局部坐标或整体坐标可用于确定远端边界作用的原点，也可以通过选择几何确定远端作用点；右键单击鼠标选择【Promote Remote Point】命令，可将与远端边界有关的点创建为一个独立的远端点，如图 5.4-18 中的②～④。

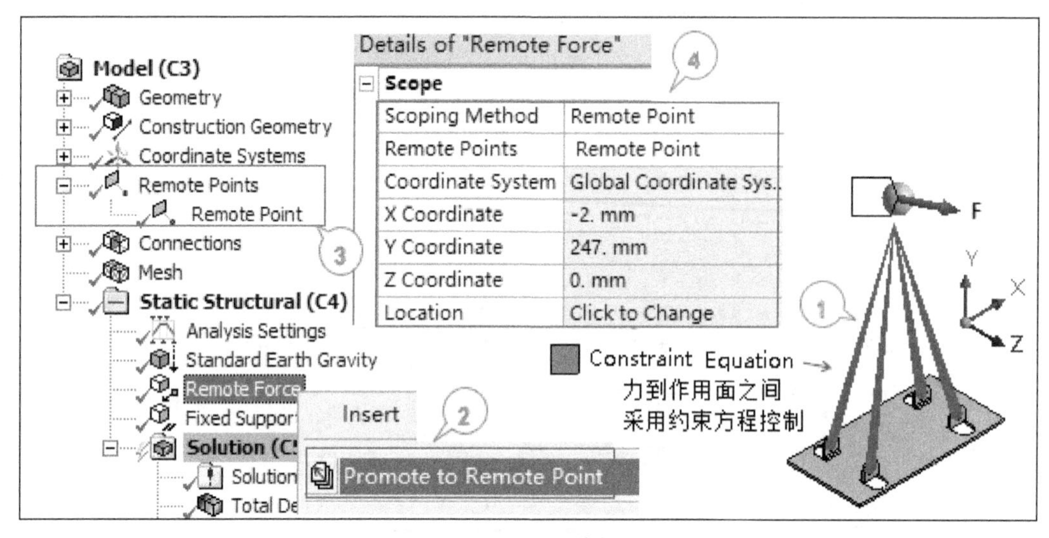

图 5.4-18　远端力

由于每个远端约束条件定义自己的远端点与约束方程，多个远端约束会影响求解时间，此时采用多个远端约束共享一个远端位置，一个远端点用于所有的约束条件，事先创建远端点，注意，明细窗口中每个远端点包含同样的设置。

下面的示例表示刚性/变形选项行为，远端位移定义在黄色（软件中显示）面上，约束平面外的 z 方向位移，释放其他自由度，注意可变形行为中圆截面会变为椭圆形，而刚性行为的截面仍然为圆形，如图 5.4-19 所示。

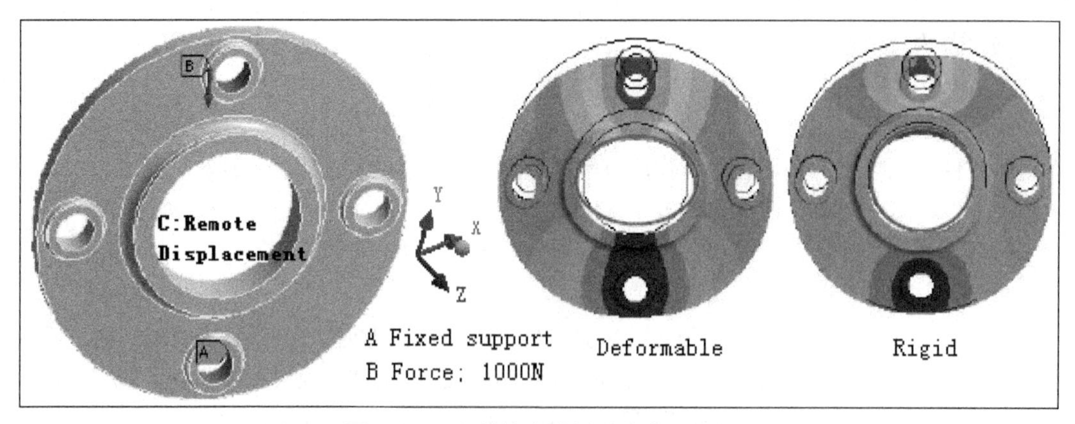

图 5.4-19　远端位移刚性行为与变形行为

5.4.7.3　弹球区域控制

前面提到，大量的约束方程会增加计算时间或导致过约束，设置“弹球区域”【Pinball Region】可以限制约束方程的数量并且控制约束方程的位置。

程序的默认设置为【Pinball Region】=All，表示无弹球区，如果输入定值，则显示一个小球，只有该作用域内的零件被弹球穿透并定义约束方程，示例如图 5.4-20 所示。

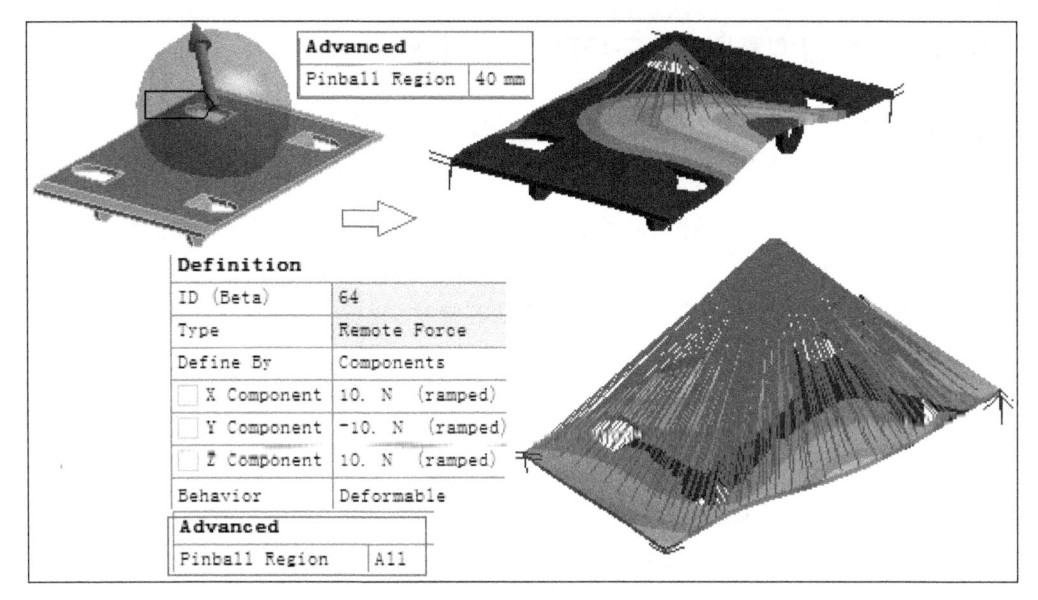

图 5.4-20 弹球区控制

5.4.7.4 显示 FE 连接选项

由远端边界条件创建的约束方程可以以图形方式显示，设置选项【FE Connection Visibility】=Yes， 并单击【Graphics】标签，如图 5.4-21 所示。

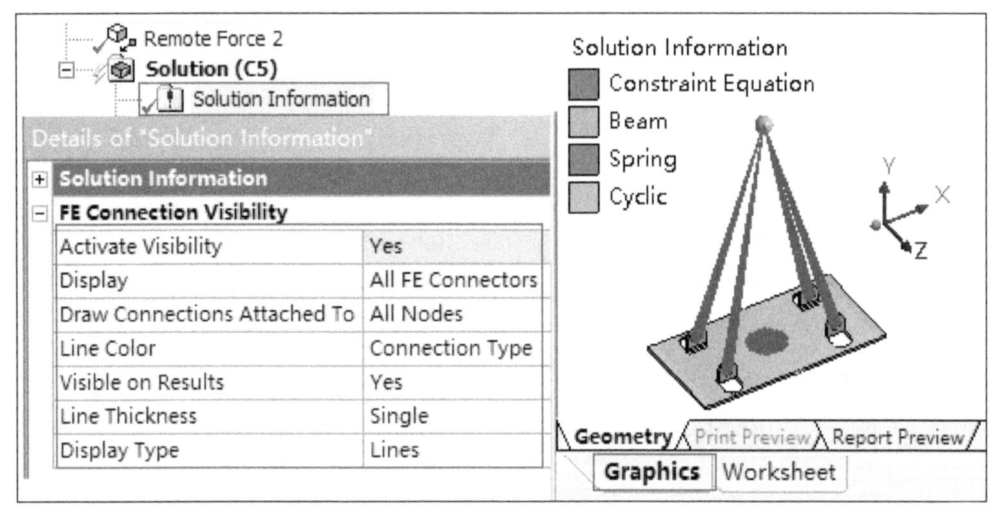

图 5.4-21 设置显示 FE 连接关系

显示选项如下。

（1）默认选项为可见：【Activate Visibility】=Yes，如果是大模型或不查看 FE 连接关系，可以设置为【No】。

（2）可以显示所有连接关系：【Display】=All FE Connectors，或通过类型进行过滤，显示选项中除了约束方程【CE Based】外，还有“基于梁的连接关系”【Beam Based】用于定义点焊，“弱弹簧”【Weak Springs】用于欠约束的模型。

（3）绘制连接到节点上：【Draw Connections Attached To】=All Nodes。

（4）将连接关系显示在结果图中：【Visible on Results】=Yes。

（5）控制外观选项：如“线厚度”【Line Thickness】、“显示类型”【Display Type】等。

求解信息中，右键单击鼠标，从快捷菜单中选择【Export FE Connections】即可将连接关系导出，当前的可视化设置控制导出的内容，生成的文本文件为 ANSYS MAPDL 命令语言格式，包含所有约束方程。

5.4.8 远端边界分析模型案例——千斤顶底座承载模拟

本案例通过千斤顶底座承载模拟，帮助读者学习使用远端边界条件的方法。

5.4.8.1 问题描述及分析

本案例分析千斤顶底座，材料为结构钢，假设不考虑千斤顶上的机械，不包括附加零件，仅考虑千斤顶底座。车身的重量用点质量模拟，千斤顶承受侧向载荷，使用远端力模拟侧向力。

由于不考虑整个装配体，需要知道千斤顶与车体接触的位置，假设该位置位于千斤顶顶部中心(-2，247，0)，如图 5.4-22 所示。

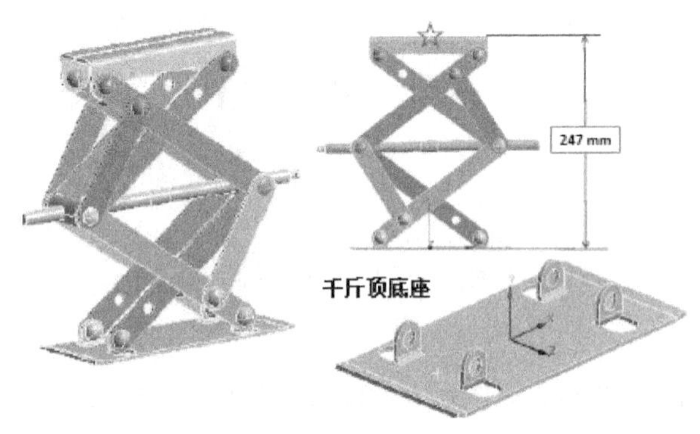

图 5.4-22 分析模型

5.4.8.2 千斤顶底座承载数值模拟过程

1. 打开 Workbench

在菜单栏中选择“单位”【Units】，设置单位为“Metric (kg, mm, s, C, mA, mV)”，激活“Display Values in Project Units”。

2. 添加【Static Structural】

从工具箱中将“结构静力分析系统”【Static Structural】拖入到工程流程图中，将结构静力分析命名为 Remote BC for Jack Base，并保存在 Remote BC for Jack Base.wbpj 文件中。

3. 建立模型（见图 5.4-23）

（1）在项目流程图中调入 FE Modeler：将组件【Finite Element Modeler】从【Component System】中拖入到【项目流程图】中。

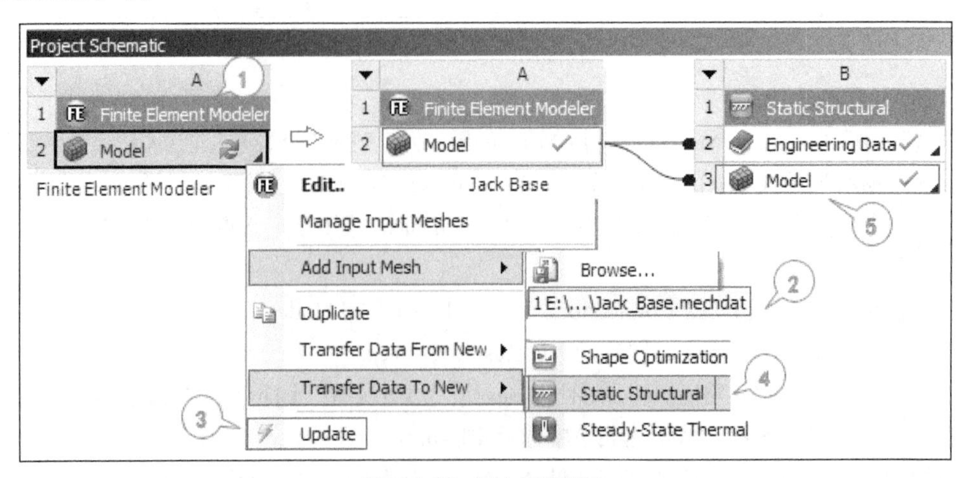

图 5.4-23 导入网格模型

（2）导入网格文件 Jack_Base.mechdat：在【Finite Element Modeler】模块上右键单击鼠标，选择添加网格文件：【Add Input Mesh】→【Browse】，查找文件 Jack_Base.mechdat 并导入。

（3）单击【Update】选项更新模型。

（4）在【Finite Element Modeler】模块上右键单击鼠标，从快捷菜单中选择【Transfer Data to New】= Static Structural 以连接到【结构静力分析】，并将 FE Modeler 中的【Model】拖入到【结构静力分析】中的【Model】单元格 B2。

（5）在系统 B 的 B2 单元格【Model】双击鼠标，进入【Mechanical】程序，可以看到导入的网格模型。

4．创建远端点

进入【Mechanical】程序，设置【单位】为“Metric (mm, kg, s, mV, mA)”，创建远端点，如图 5.4-24 所示。

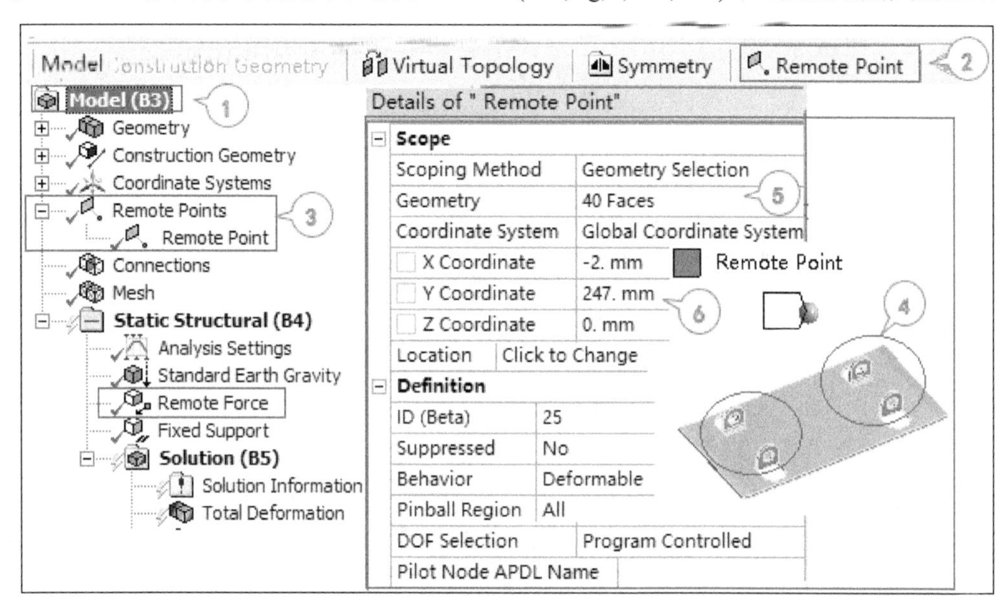

图 5.4-24　创建远端点

（1）在导航树中选择【Model（B3）】。

（2）在工具栏中选择“插入远端点”【Remote Point】命令。

（3）在导航树中出现远端点对象。

（4）在图形窗口选择铰接孔处的 40 个圆柱面。

（5）在远端点明细窗口中【Geometry】处单击【Apply】按钮，确认所选择的面。

（6）在明细窗口输入坐标位置（-2，247，0）（该位置为提升重物车体接触处）。

5．插入点质量与远端力（见图 5.4-25）

（1）插入点质量：在导航树中选择【Geometry】分支，右键单击鼠标，从快捷菜单中选择【Insert】→【Point Mass】。

（2）在明细窗口中设置【Scoping Method】= Remote Point，【Remote Points】= Remote Point，输入质量【Mass】= 350kg。

（3）插入远端力：在导航树中选择【Static Structural】分支，右键单击鼠标，从快捷菜单中选择【Loads】→【Remote Force】。

（4）在明细窗口中设置【Scoping Method】= Remote Point，【Remote Points】= Remote Point，输入力值【X Component】=2N，【Y Component】=0N，【Z Component】=4N。

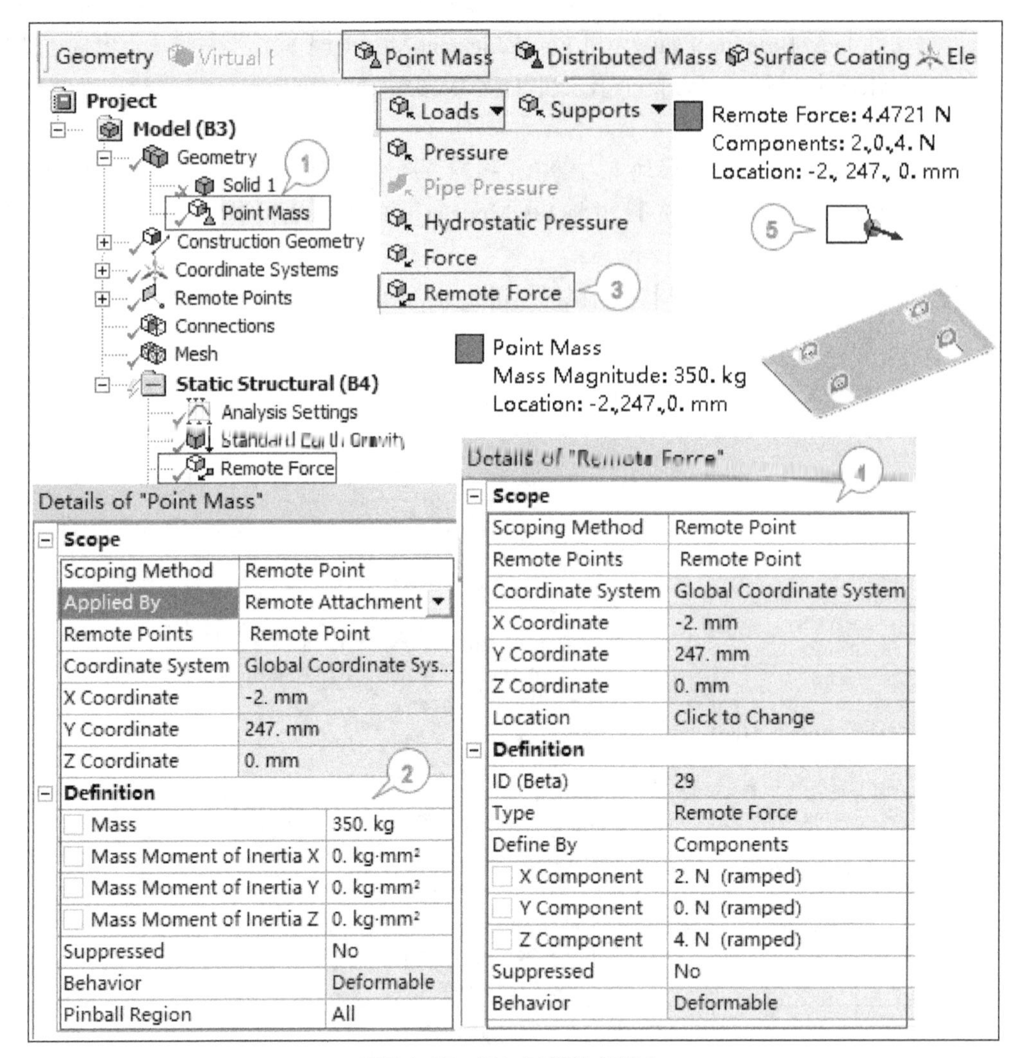

图 5.4-25　插入点质量与远端力

提示

【Mechanical】分析环境中，模型只有千斤顶的底座，由于采用的远端条件和点质量在相同的位置，可用的做法是以远端点作为参考点，这意味着相同位置有多个条件，如点质量、远端载荷等，所有的条件参考一个位置，就可以避免复制多个约束方程。

6．施加约束及载荷（见图 5.4-26）

（1）施加重力加速度：在导航树中选择【Static Structural（B4）】分支，右键单击鼠标，从快捷菜单中选择【Insert】→【Standard Earth Gravity】。

（2）在明细窗口中设置【Direction】=-Y Direction。

（3）底面固定：从导航树中选择【Static Structural（B4）】分支，右键单击鼠标，从快捷菜单中选择【Insert】→【Fixed Support】。

（4）在图形窗口选择底面，在明细窗口中【Geometry】处单击【Apply】按钮确认。

（5）在导航树中选择【Static Structural（B4）】分支，在图形窗口可看到所有设置。

（6）在导航树中选择【Solution】分支，在工具栏中选择需要的结果命令，这里添加“总变形”【Total Deformation】、“等效应力”【Equivalent Stress】及“约束反力”【Force Reaction】。

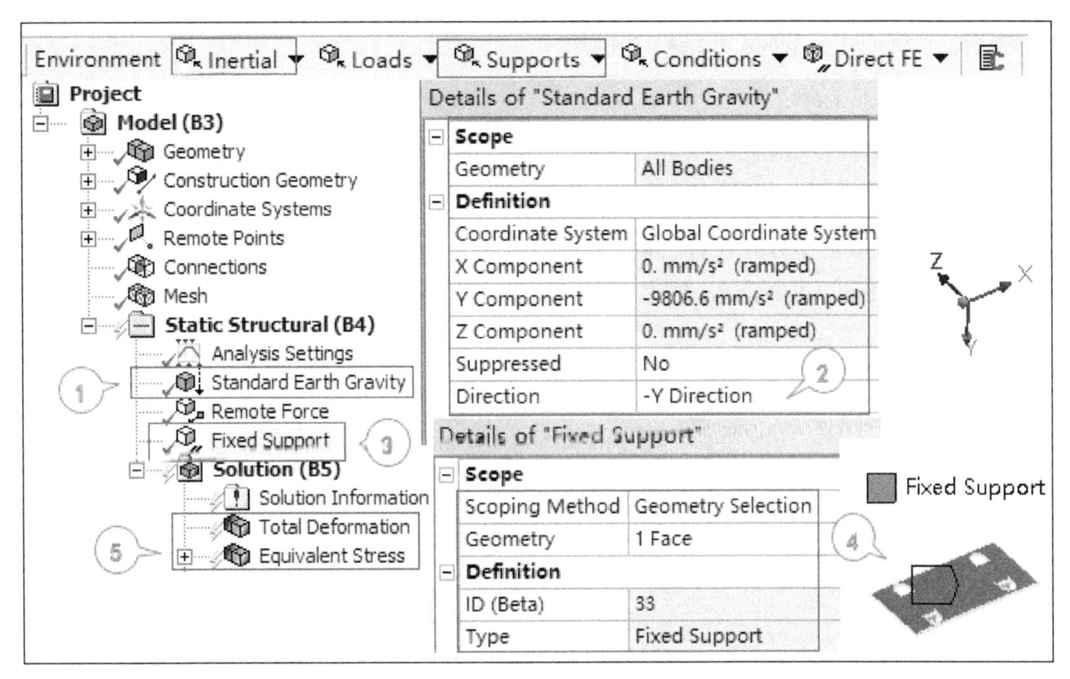

图 5.4-26 施加重力加速度及固定约束

提示

这里是用快捷菜单插入命令，也可以使用工具栏中对应的命令，此外选择对象方式时是先加入命令再选择对象确认，也可以先选对象再插入命令。

7. 显示结果：求解结束后，查看变形及等效应力结果（见图 5.4-27）

（1）这里默认网格的单元大小为 3mm，在工具栏单击“求解”【Solve】按钮，求解结束后，在导航树中选择“总变形”【Total Deformation】、“等效应力”【Equivalent Stress】查看结果。

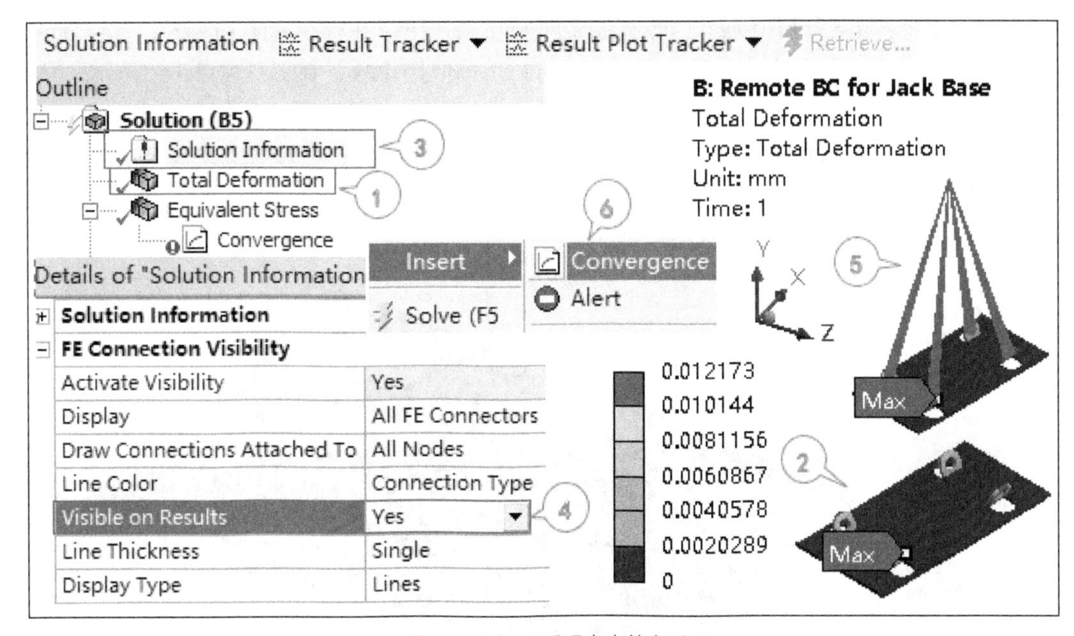

图 5.4-27 千斤顶底座总变形

（2）总变形最大值约为 0.012mm，出现在突耳边缘，等效应力最大值出现在突耳与底板连接处。

（3）由远端边界条件创建的约束方程可以以图形方式显示，选择【Solution Information】。

（4）设置【Visible on Results】=Yes。

（5）再查看变形则连接关系显示在结果图中。

5.4.8.3　结果分析及讨论

经过前面的分析，已经得到了初步结果，但能否直接用该结果给出结论呢？目前还不知道，需要知道计算结果是否收敛。

1．对等效应力添加收敛工具（见图 5.4-28）

选择“等效应力”【Equivalent Stress】，右键单击鼠标，选【Insert】→【Convergence】，如图 5.4-28 所示。

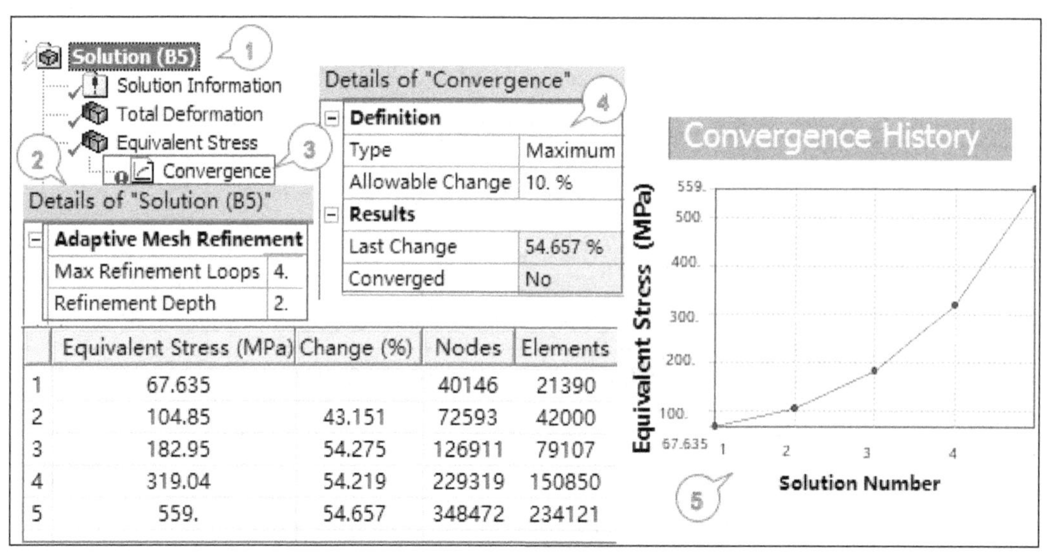

图 5.4-28　等效应力收敛性分析

（1）在导航树中选择【Solution（B5）】，需要设置网格自适应循环次数。

（2）设置自适应循环次数为 4，选择【Adaptive Mesh Refinement】→【Max Refinement Loops】=4。

（3）设置收敛标准：在导航树中选择【Equivalent-Stress】，右键单击鼠标，选择【Insert】→【Convergence】。

（4）设置最大值收敛判据的变化范围为【Allowable Change】=10%，在工具栏单击“求解”【Solve】按钮，重新求解。

（5）求解结束后，在导航树中选择“等效应力”【Equivalent Stress】，查看结果显示：等效应力随网格细化，应力值不断增大，误差范围一直高于设定的 10%，因此最大等效应力不收敛，网格细化单元数 23.4 万的等效应力最大值达到 559MPa，如图 5.4-29 所示。

图 5.4-29　网格细化等效应力分析

由于此处应力奇异，所以此处等效应力无效，但基于静力分析，依然可以采用第 3.4.3 节的处理办法，提取有效应力进行强度评估。

2. 利用网格节点定义路径（见图 5.4-30）

（1）在导航树中单击【Model】，在模型工具栏中选择“构造几何”【Construction Geometry】，选择完成后，该选项为灰色。再选择导航树中的【Construction Geometry】，在几何构造命令工具栏中单击“路径”【Path】按钮，将新建一条路径，在导航树中显示【Construction Geometry】→【Path】。

（2）设置路径：在工具栏中设置为【显示网格】Show Mesh，选择【网格节点模式】，从而可以直接选择网格节点。

（3）在明细窗口中选取两个点连接为一条直线路径，在【Start】→【Location】旁边的【Click to Change】单元格处单击鼠标，然后在图形窗口选取最大应力处的节点作为起点 1。

（4）同样，在【End】→【Location】旁边的【Click to Change】处定义终点 2，在图形窗口中显示路径穿过底板。

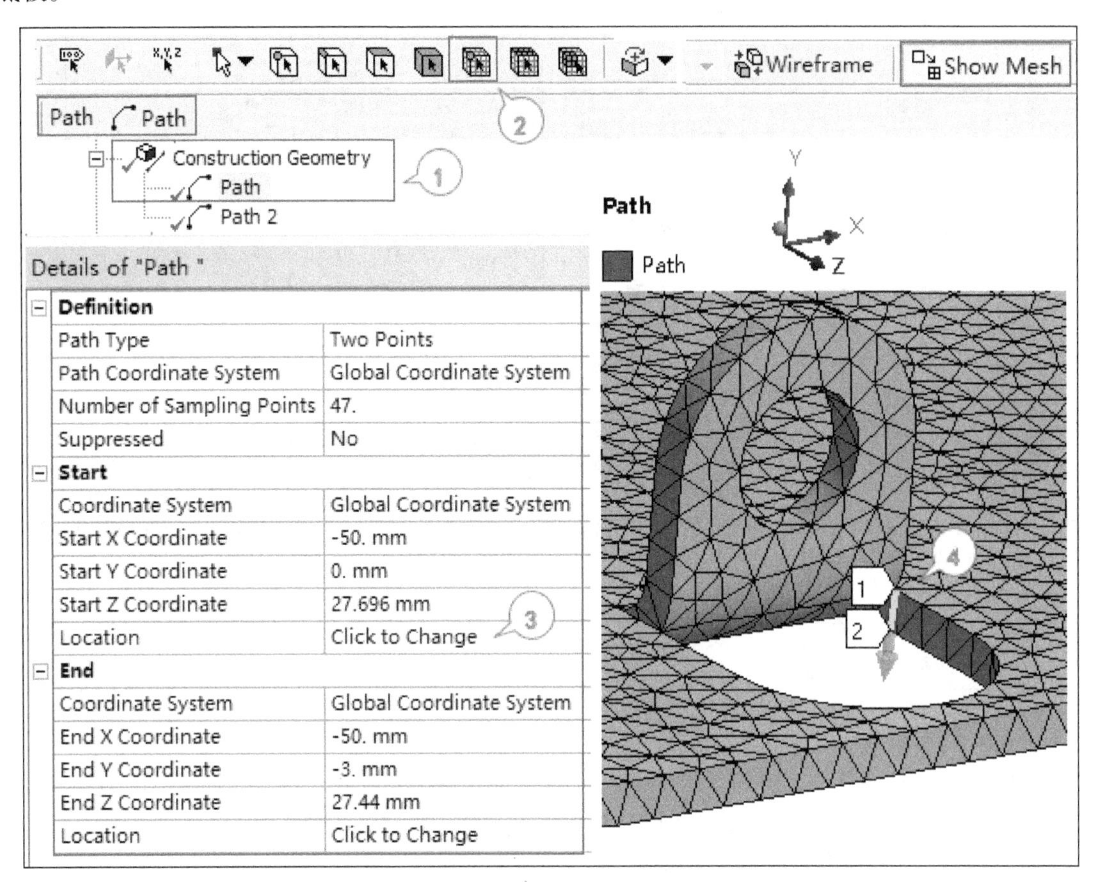

图 5.4-30 利用网格节点定义路径

3. 根据路径显示线性化等效应力（见图 5.4-31）

（1）在导航树中选择【Solution（B5）】。

（2）在求解工具栏中添加“线性化等效应力”，选择【Linearized Stress】→【Equivalent （von-Mises）】。

（3）在导航树中选择【Linearized Equivalent Stress】。

（4）在明细窗口中设置按路径显示：【Scoping Method】=Path，【Path】=Path，【Type】= Linearized Equivalent Stress，其余默认，右键单击鼠标选择【Rename Based on Definition】，则导航树中更改显示名称为【Linearized Equivalent Stress -Path】，在工具栏中单击【Solve】按钮更新求解结果。

（5）计算完成后，在导航树中选择【Linearized Equivalent Stress -Path】，图形窗口中显示沿路径变化的等效应力。图形窗口下方给出等效应力沿路径线性化的曲线及数据列表，明细窗口也显示线性化等效应力，包括薄膜应力约为 59.5MPa，薄膜+弯曲应力约为 164MPa。

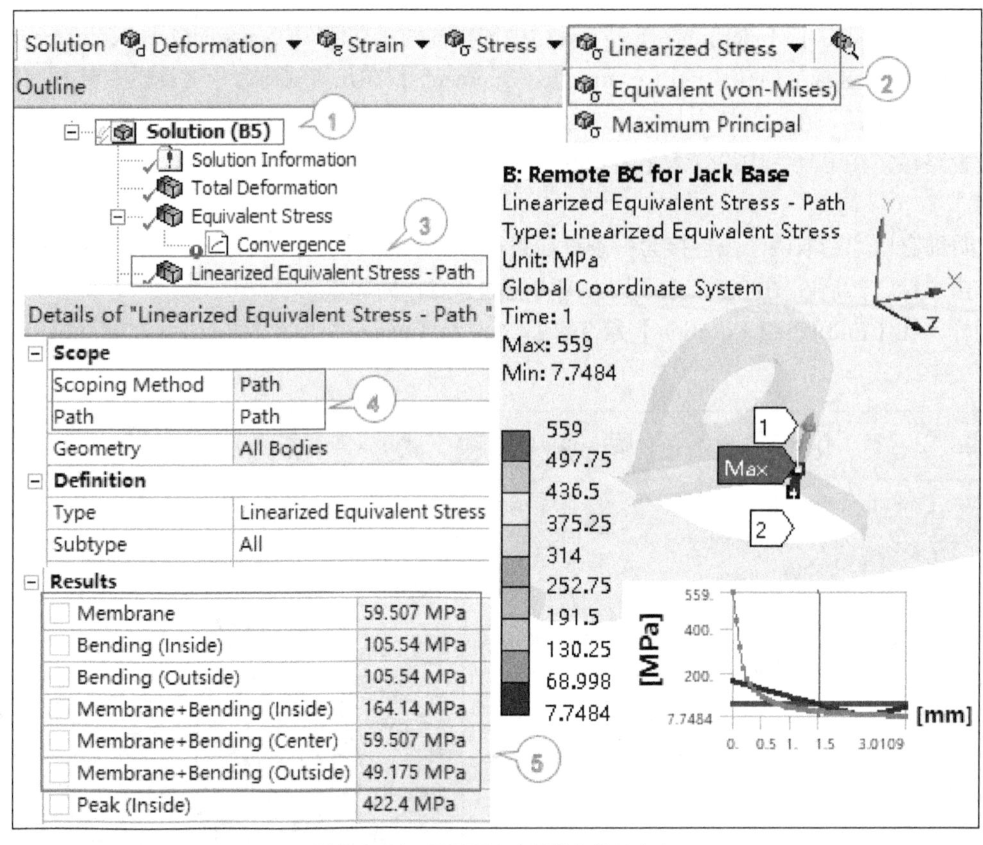

图 5.4-31 千斤顶底座线性化等效应力

至此，看到应力最大点处峰值应力很大，而有效数值 164MPa 是可以参与静强度应力评定的，最后保存文件。

5.4.9 关节连接

5.4.9.1 关节特征

“关节”【Joint】用于模拟几何体中两点之间的连接关系，每个点有 6 个自由度，两点间的相对运动由 6 个相对自由度描述，根据不同的应用场合，可在关节连接上施加合适的运动约束。

结构分析中，当处理模拟体之间的接触及体到地的约束关系时，可以采用关节特征代替接触关系，关节可以归类为远端边界条件，且刚体动力分析、静力分析、模态、谐响应、响应谱、随机振动及瞬态分析都支持关节连接。

- 刚体分析中，关节的使用很广，关节不受体类型的限制；关节也可用于柔体或混合刚/柔模型中。
- 根据自由度定义关节，自由度与定义的坐标系有关，如 x 方向的平动及绕 z 轴的转动用于定义坐标系上的自由度。
- 关节是通过指定零件表面的定义域附加到体上的，就像接触一样；接触对可以指定为“接触”【Contact】与“目标”【Target】，而关节使用“参考”【Reference】与“移动”【Mobile】来描述关节的每个边，体对地的关节连接则假设地为参考。

图 5.4-32 中添加的连杆转动关节及属性设置，*RZ* 是绕 z 轴的转动是自由的，其他灰色的自由度为约束，

参考坐标系设置为驱动盘的转轴，而移动对象为连杆。

5.4.9.2 定义关节

1. 关节类型

结构分析中有 14 种关节类型（见表 5.4-1），可以设置为体-体或体-地，注意【Reference】与【Mobile】的颜色不同。图例显示部分关节行为与参考坐标系有关，有颜色的自由度为自由，灰色自由度为固定。

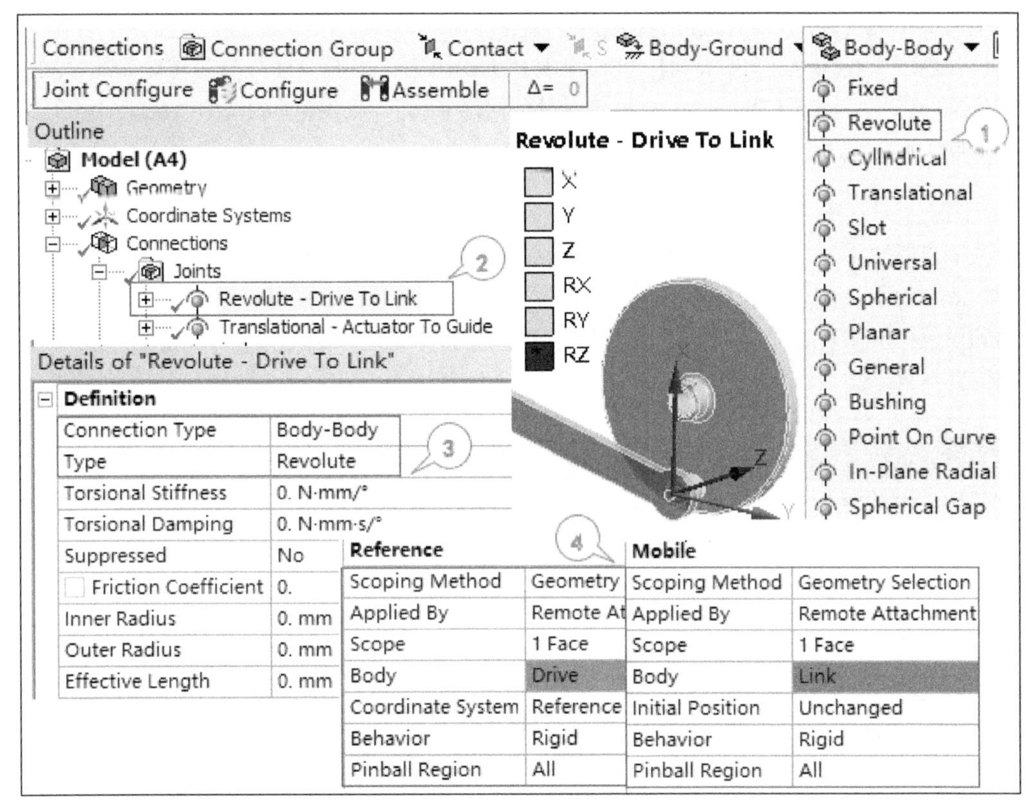

图 5.4-32 转动关节

表 5.4-1 关节类型

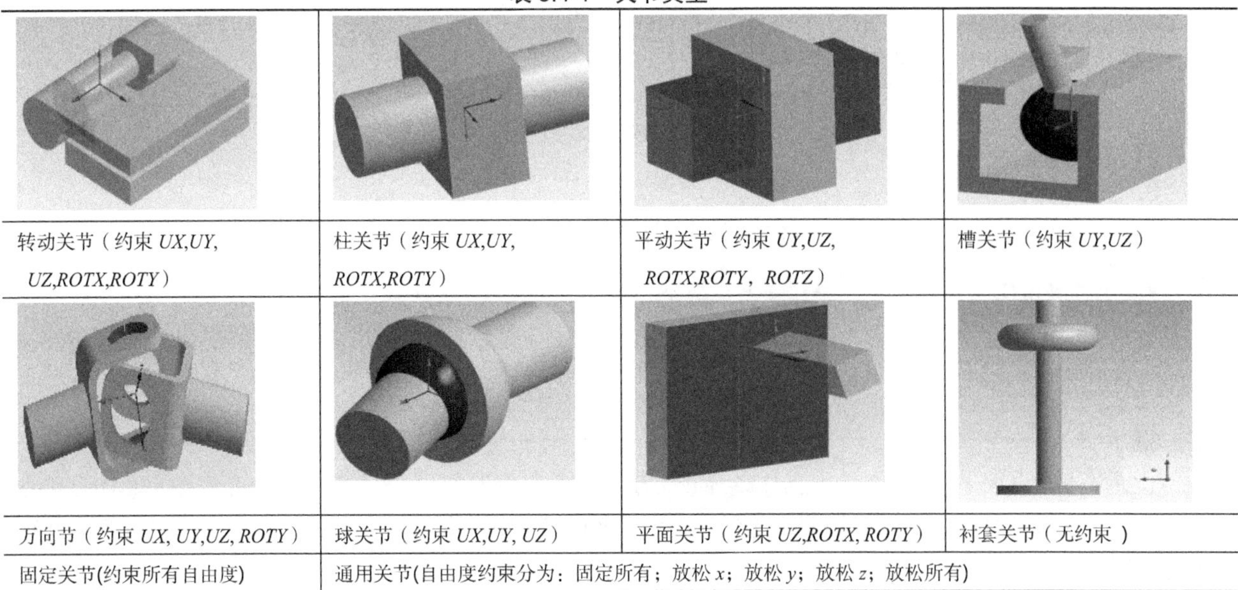

转动关节（约束 UX,UY,UZ,ROTX,ROTY）	柱关节（约束 UX,UY,ROTX,ROTY）	平动关节（约束 UY,UZ,ROTX,ROTY，ROTZ）	槽关节（约束 UY,UZ）
万向节（约束 UX, UY,UZ, ROTY）	球关节（约束 UX,UY, UZ）	平面关节（约束 UZ,ROTX, ROTY）	衬套关节（无约束）
固定关节(约束所有自由度)	通用关节(自由度约束分为：固定所有；放松 x；放松 y；放松 z；放松所有)		

关节类型根据放松/固定转动/平移自由度来定义。关节自由度特性根据选择求解器的不同而有所不同，对于 ANSYS 刚体动力求解器，关节自由度是零件之间的相对运动，默认初始速度为零，零件之间无相对速度。对于 ANSYS 结构求解器而言，自由度是实体质心的位置和方向，默认初始速度为零，但所有实体为静止状态。

例如，平面内的双钟摆，第 1 个接地连杆匀速转动，刚体动力求解环境中，第 2 个连杆有同样的转速，二者的相对转速为零，而结构分析环境中，第 2 个连杆初值则为静止。

对于转动关节与圆柱关节可以设置扭转刚度或阻尼。

（1）“抗扭刚度”【Torsional Stiffness】：测量轴对扭力的阻力，只能对柱关节和转动关节添加扭转刚度。

（2）“扭转阻尼”【Torsional Damping】：测量对轴或沿转轴体产生角振动的抗力，只能对柱关节和转动关节添加扭转阻尼。

2. 关节限位

大多数关节也能使用“停止”【Stop】和“锁定”【Lock】对关节运动进行限制，如图 5.4-33 所示。【Stop】和【Lock】是可选约束，用于限制相对自由度的自由运动，因此关节自由度可以定义运动的最大和最小范围，当关节运动到设置的极限位置时，关节【停止】会产生冲击，【锁定】与【停止】类似，不过【锁定】后将固定在极限位置不再运动。

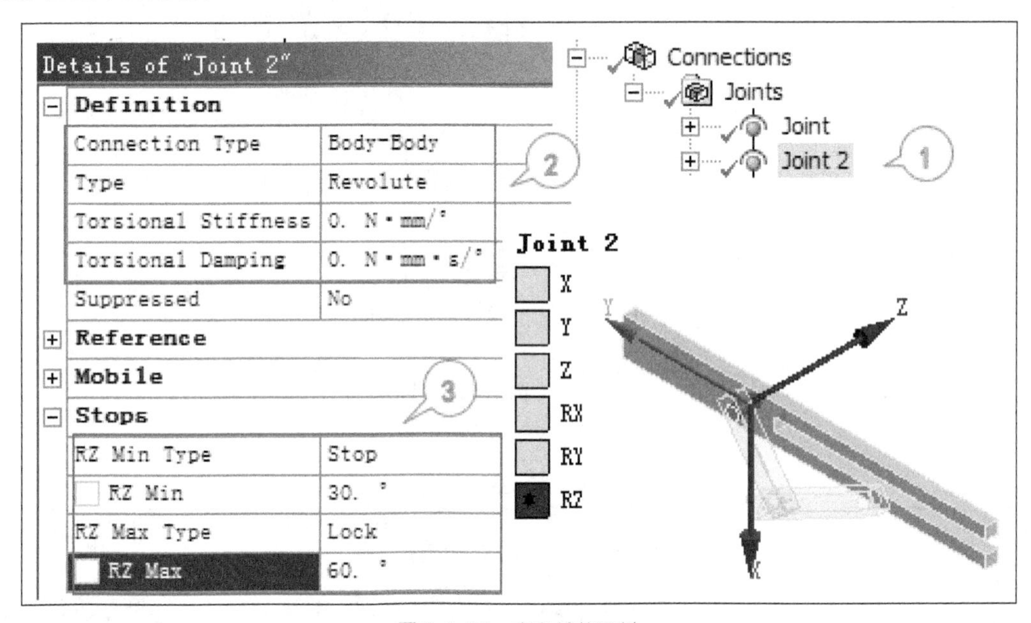

图 5.4-33 定义关节限制

3. 关节行为

“行为”【Behavior】属性可以指定几何体为刚性体或可变形体。

4. 关节弹球区

如果默认关节位置不合适，“弹球区域”【Pinball Region】可以指定关节所需附加面的区域，默认时，整个面连接到关节上。

提示

关节【弹球区域】和关节【行为】设置应用于所代表的柔性体。【弹球区域】适用于关节连接面重叠及其他位移约束导致过约束引起求解失效的情况，也适用于关节连接处有大量节点导致求解内存溢出的情况。

5.4.9.3 设置及修改关节坐标系

关节可以用参考坐标系和运动坐标系描述，双坐标系对于同时考虑结构装配和设置很重要。

1. 对于 ANSYS 刚体动力求解器

零值自由度对应于参考坐标系与运动坐标系一致时，如两个零件之间用双坐标系统定义一个平动关节，两个坐标原点之间的 x 轴距离为关节的初始自由度值，而假如用一个坐标系定义平动关节，则同样的装配结构下，关节自由度的初值为零。

2. 对于 ANSYS 结构 MAPDL 求解器

使用单坐标系或双坐标系对结果没有影响，初始构型都对应于零值自由度。

关节的连接类型可以应用到“体-体”【Body-Body】或“体-地”【Body Ground】。【体-体】需要参考坐标系和运动坐标系；【体-地】假设参考坐标系固定，仅用运动坐标系。默认的运动坐标系与参考坐标系一致，并不显示，如果设置为【Override】则也显示运动坐标系，如图 5.4-34 所示。

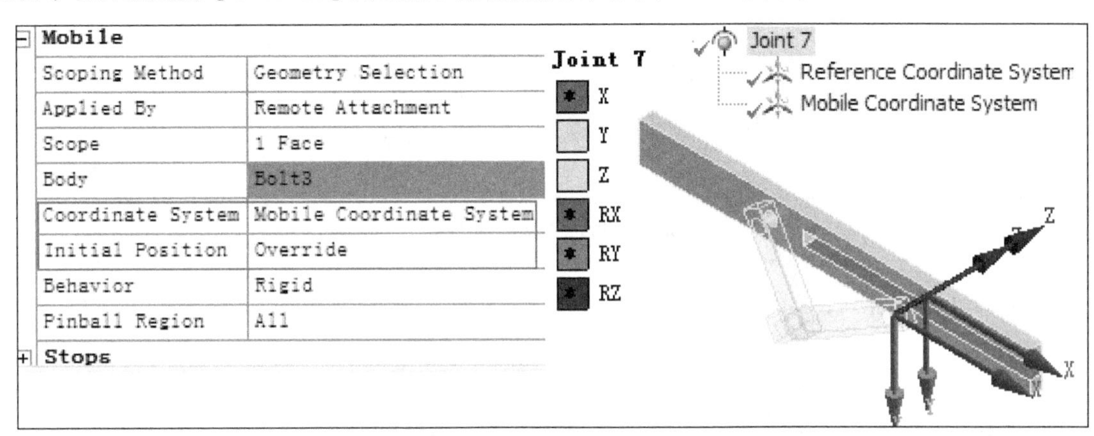

图 5.4-34 显示运动坐标系

关节随关节坐标系而运动，有时需要重新定位坐标系统来纠正关节行为，在明细窗口中选择【Coordinate Systems】，在编辑模式下可以修改关节坐标系，编辑模式下单击坐标轴可以选择另外的轴、边、面等建立新的坐标轴方向。

图 5.4-35 中，平动关节的 x 轴与运动方向不一致，编辑模式下，选择 x 轴，然后定义整体 y 方向作为新的 x 轴。除了手工修改关节坐标系以外，坐标变换方式也可以修改局部坐标系。

5.4.9.4 配置关节

配置关节可以改变运动坐标系与参考坐标系之间的初始装配关系，示例如图 5.4-36 所示。

（1）选择【Joint 7】。

（2）单击【Configure】按钮，配置转动关节。

（3）配置模式下的转动关节的位置可以通过拖曳自由度手柄来改变。关节配置仅用于检测关节运动的效果，关闭配置工具，关节将返回初始位置，需要时可再次启用。

（4）【Set】功能用于锁定修改的装配体。

（5）后续分析时，【Revert】命令用于恢复装配体到初始构型，此外手工配置关节输入相关参数也是可以的。

5.4.9.5 应用关节

使用【Create Automatic Joints】命令可以直接分析装配体并自动生成固定关节和转动关节。也可以手动添加关节，具体步骤如下。

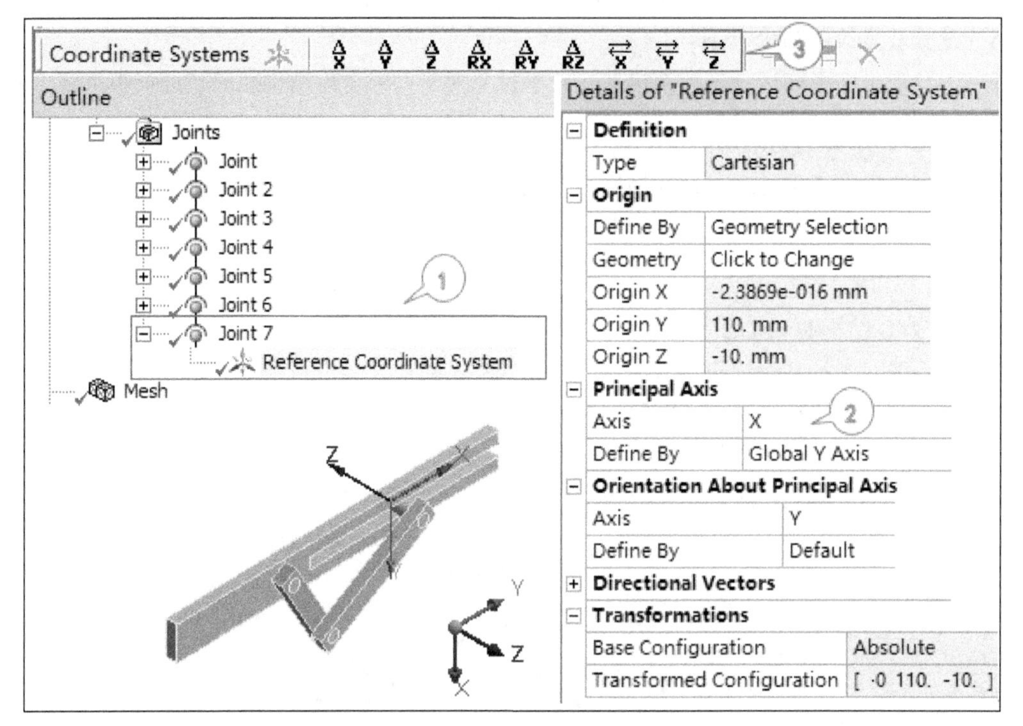

图 5.4-35 编辑关节坐标轴

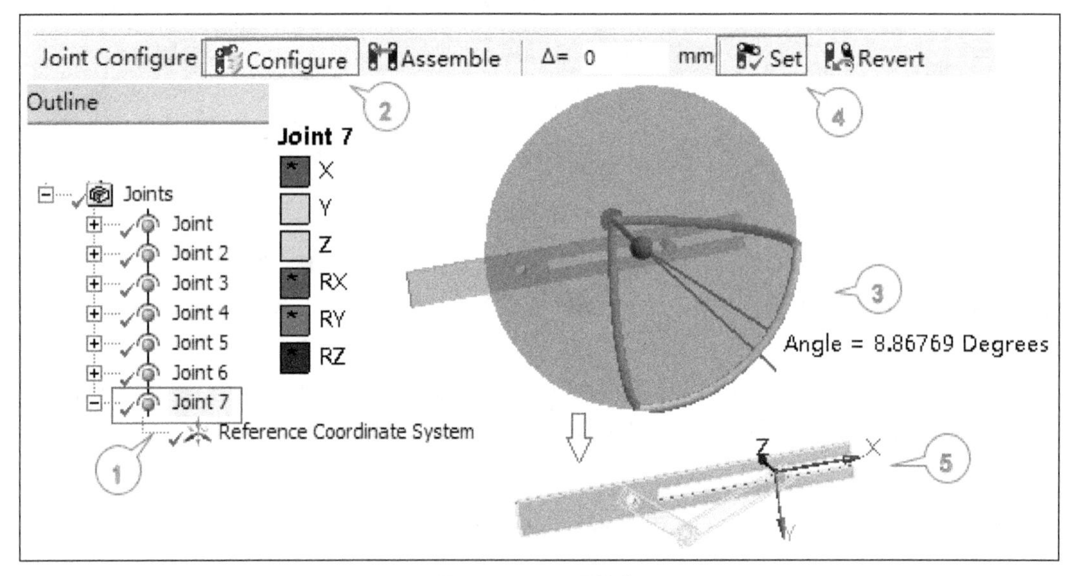

图 5.4-36 配置关节

（1）导入模型后，在导航树中选择【Model】，在工具栏中选择【Connections】，加入连接关系。

（2）在导航树选中【Connections】，在工具栏上选择【Body-Groud】或【Body-Body】下面的关节类型。

（3）在新的【Joint】对象中，设置关节要应用的面。

（4）重新定位坐标系原点与方向，在工具栏中单击【Body Views】按钮，可以在独立窗口中显示参考体和运动体。

（5）配置关节时，可使用工具栏中的“配置”【Configure】根据关节定义来定位运动体，可以直接在模型中进行关节的交互操作。

（6）考虑关节是否需要重新命名。

（7）显示“关节自由度检查”【Joint DOF Checker】（见图 5.4-37）。

当刚体中的很多关节连接在一起时会产生过约束现象，过约束会导致计算结果不收敛或产生错误结果，因此使用【关节自由度检查】有助于检查过约束的状况。

（1）在导航树中选择【Connections】→【Joints】。

（2）在工具栏中选择【Worksheet】，计算并显示自由度计算结果，计算自由度为负数或零，程序提示可能会有过约束。

（3）图 5.4-37 示例的自由度为 1，允许曲柄连杆机构沿一个方向自由运动。

（4）同时汇总关节信息列表。

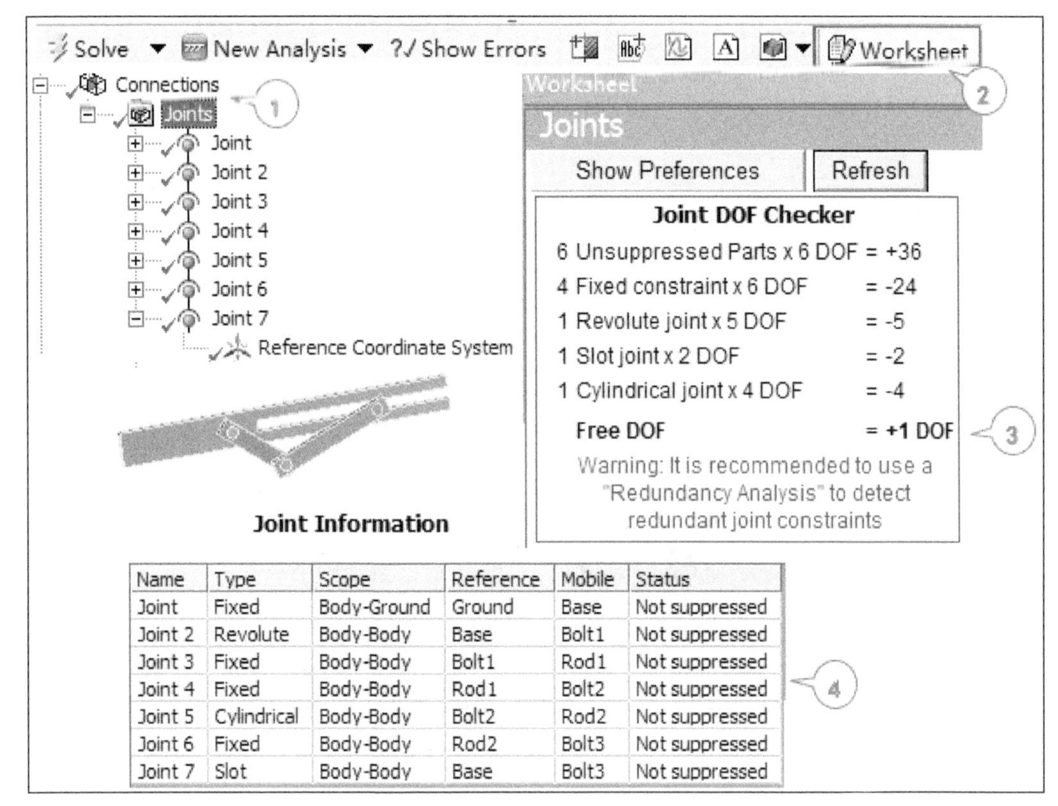

图 5.4-37 检查关节自由度

5.4.10 弹簧连接

“弹簧”【Spring】作为弹性单元用于储存机械能，当载荷去除后恢复原状，弹簧可分为纵簧或扭簧，具有弹簧刚度和阻尼，允许对弹簧施加预载荷。

弹簧类型包括【体-体】、【体-地】，弹簧的默认状态为自由，接地弹簧可创建一个局部坐标系来控制接地位置。

弹簧也是一种远端边界条件，许多设置同前面讨论的一样，根据参考位置及运动位置定义弹簧，变形行为为刚性或可变形，定义的弹球区域可限制约束方程。

加入弹簧可以在导航树中选择【Connections】，右键单击鼠标，选择【Insert】→【Spring】，弹簧明细见表 5.4-2。

表 5.4-2　弹簧明细设置

设置项	值	说明
Graphics Properties		图形属性：
Visible	Yes	是否可见：默认为可见
Definition		定义弹簧
Type	Longitudinal	弹簧类型：纵簧或扭簧
Spring Behavior	Both	弹簧行为：包含拉伸和压缩（线性）
Longitudinal Stiffness	100. N/mm	弹簧刚度
Longitudinal Damping	0. N·s/mm	阻尼
Preload	None	预载荷（无）
Suppressed	No	抑制（无）
Spring Length	1050. mm	弹簧长度
Scope		弹簧作用域
Scope	Body-Ground	作用域：体-地或体-体
Reference		参考坐标系（体-地），如（体-体）同运动坐标系
Coordinate System	Global Coordinate System	坐标系：整体坐标或局部坐标
Reference X Coordinate	4000. mm	*x* 坐标值
Reference Y Coordinate	-185. mm	*y* 坐标值
Reference Z Coordinate	0. mm	*z* 坐标值
Reference Location	Click to Change	改变参考坐标的位置
Mobile		运动坐标系
Scoping Method	Geometry Selection	定位方法：选择几何模型或命名选择
Applied By	Remote Attachment	应用方式：作为远端边界/直接应用
Scope	1 Face	指定作用域：点、线、面
Body	Actuator	作用对象（选择的体）
Coordinate System	Global Coordinate System	坐标系：整体坐标或局部坐标
Mobile X Coordinate	2950. mm	*x* 坐标值
Mobile Y Coordinate	-185. mm	*y* 坐标值
Mobile Z Coordinate	5.9854e-004 mm	*z* 坐标值
Mobile Location	Click to Change	改变参考坐标的位置
Behavior	Rigid	行为：连接体是刚体(默认)还是变形体
Pinball Region	All	弹球区域：控制弹簧连接点、边及面的范围

注意

对于柔体分析，弹簧行为为双向拉伸与压缩；对于刚体分析，允许弹簧“单向拉伸”【Tension Only】、“单向压缩”【Compression Only】或“双向拉压”【Both】，如图 5.4-38 所示。

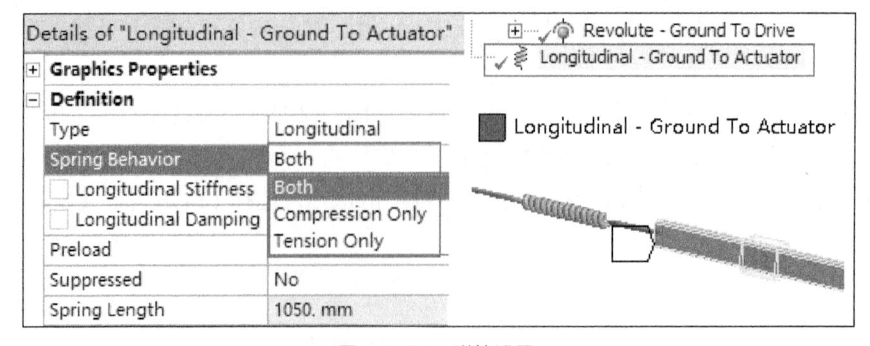

图 5.4-38　弹簧设置

5.4.11 梁连接

"梁"【Beam】是主要承受弯曲载荷的结构单元，梁连接也可分为【体-体】、【体-地】，常用于模拟各种紧固件（如螺栓），同弹簧一样，梁也是一种远端边界条件，许多设置同前面的一样，根据参考位置及运动位置定义梁，定义的弹球区域限制约束方程。

插入梁连接的方法如下（见图 5.4-39，几何文件 Half_Sphere_Shell_Beam.agdb）。

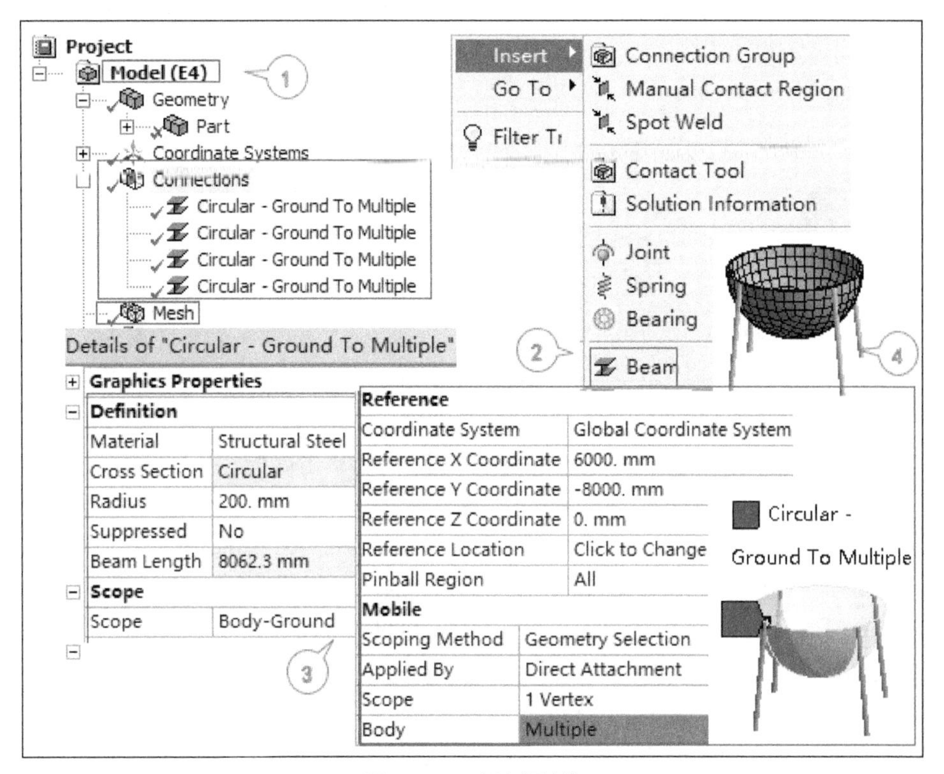

图 5.4-39 插入梁连接

（1）在导航树中选择【Model（E4）】→【Connections】。

（2）在【Connections】工具栏中，单击【Body-Ground】→【Beam】或【Body-Body】→【Beam】，或右键单击鼠标，选择【Insert】→【Beam】，从而在【Connections】中加入圆截面梁。

（3）在明细窗口设置梁的材料、梁截面半径、参考点及运动点的位置，梁连接的长度必须大于 0，即大于容差 1e-8mm。

（4）检查网格，看到梁连接上没有网格。

提示

使用梁连接，没有网格，分析结果中不能使用【Beam Tool】，可用"梁探测"【Beam Probe】得到梁中力和力矩的结果。

5.4.12 端点释放

"端点释放"【End Releases】功能允许线体之间的共享点释放自由度，在共享点上仅能应用一个端点释放。

添加端点释放的步骤具体如下（见图 5.4-40，几何文件 frame-beam.agdb）。

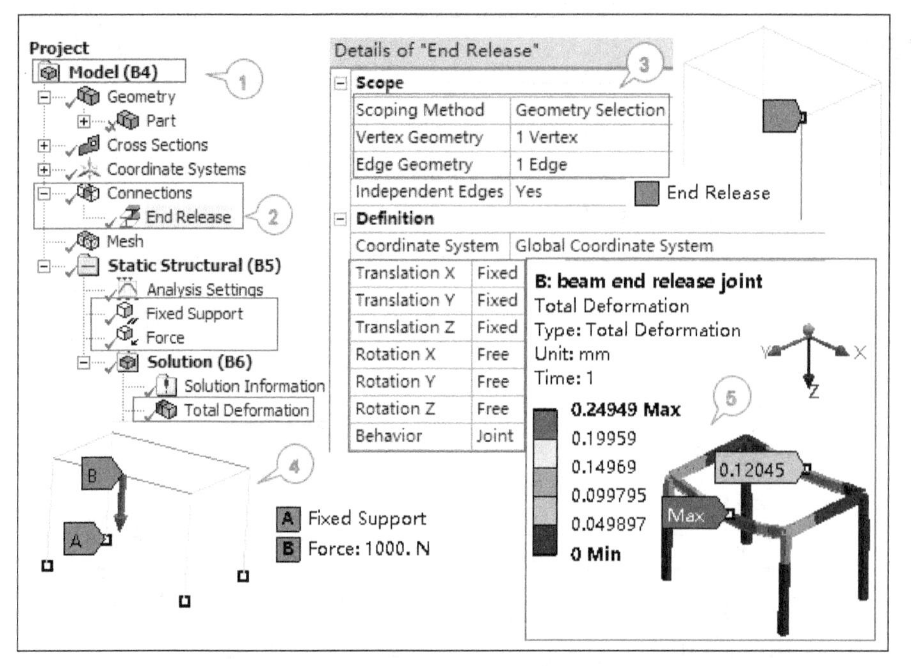

图 5.4-40　端点释放示例

（1）在导航树中加入连接关系：选择【Model（B4）】，右键单击鼠标，从快捷菜单中选择【Insert】→【Connections】。

（2）在导航树中选择【Connections】，右键单击鼠标，从快捷菜单中选择【Insert】→【End Release】。

（3）在明细窗口中设置相应选项：【Scoping Method】=Geometry Selection 或 Named Selection；分别点取“边”【Edge Geometry】和“点”【Vertex Geometry】，点为边的两个端点之一。“坐标系”【Coordinate System】为整体坐标或局部坐标，自由度为“固定”【Fixed】或“自由”【Free】，即释放自由度，连接行为为耦合或通用关节连接，即【Behavior】=Coupled 或 Joint。

（4）示例中给出垂直梁底部 4 个端点固定，顶部两个横梁施加力。

（5）由于端点自由度释放，分析结果显示两个横梁的变形不同，释放端点的横梁变形大。

 提示

端点释放仅用于 ANSYS 求解器的结构分析，使用其他求解器时可能会导致过约束。

5.4.13　轴承连接

轴承连接是用来阻挡旋转机械零件的相对运动和转动的二维弹性元件。轴承对转子动力学分析而言是至关重要的约束条件，为此，良好的轴承设计对于确保高速旋转的机械零件稳定性是极为重要的。

与弹簧类似，轴承有纵向刚度和阻尼的结构特点。除此之外，轴承增强了耦合刚度和阻尼，用于增加旋转平面内机械零件的运动阻力。

提示

阻尼特征并不用于静力、线性失稳、无阻尼模态和响应谱分析；所有被约束的分析系统都支持负刚度和阻尼，但要小心使用，需仔细检查结果。该边界条件不能用于“端点释放”【End Release】的作用顶点上。

1．应用范围

轴承连接仅限用于单面、单边、单顶点或外部远端点，与弹簧类似，包括“运动位置”【Mobile】和“参考位置”【Reference】，轴承连接可设置为体-地连接与体-体连接。

2．使用轴承连接

（1）在导航树中选择模型【Model】对象，在工具栏中添加“连接关系”【Connections】，或右键单击鼠标选择【Insert】→【Connections】。

（2）在导航树中选择【Connections】，在连接工具栏中添加【Bearing】轴承 对象，从【Body - Ground】/【 Body-Body】下拉框中选择【Bearing】，或在【Connections】处右键单击鼠标选择【Insert】→【Bearing】

（3）在明细窗口【Definition】定义“旋转平面”【Rotation Plane】属性，选项包括：None (default)、X-Y Plane、Y-Z Plane、X-Z Plane。

（4）根据需要，定义刚度系数（$K_{11}, K_{22}, K_{12}, K_{21}$）和阻尼系数（$C_{11}, C_{12}, C_{21}, C_{22}$）。这些可以作为常量值输入或使用表格数据项。

① 如果将刚度和阻尼系数定义为表格数据，则它们依赖于旋转速度（如表格数据窗口的第 1 列所提供的数值）。

② 此外，当与旋转速度相关的轴承用于模态和全谐波响应分析时，必须将科里奥利效应特性【Analysis Settings】→【Rotordynamics】设置为 On。

③ 应用程序在模态或全谐波响应分析中定义了每个旋转速度的内插轴承特性。当系统中没有定义旋转速度时，将使用轴承性能的第 1 个输入值。

（5）在体-体轴承和体-地轴承组的“参考”【Reference】和“移动”【Mobile】类别指定以下属性。

① 指定一个坐标系统，该属性提供可用坐标系统的下拉列表，默认为全局坐标系统。

② 定义“范围方法”【Scoping Method】为“几何选择”【Geometry Selection】（默认）或“命名选择”【Named Selection】。如果可用，也可以将范围方法指定到用户定义的“远程点”【Remote Point】。

③“连接行为”【Behavior】设置为“刚性”【Rigid】（默认）或“可变”【Deformable】或【Beam】，如果轴承连接定义到远端点，则轴承连接假定为远程点的行为，不支持【Coupled】轴承算法。

④ 根据需要，指定一个“弹球区域”【Pinball Region】，如果默认位置不对，【弹球区域】用于定义轴承连接到的位置或边缘。默认情况下，整个面/边缘与轴承单元相连。但有时不需要输入【弹球区域】的值。例如，拓扑结构可能有大量的节点导致求解过程失效，或者两个轴承之间有重叠面，另一个位移边界条件可导致过约束，随后求解失败。

注意

【弹球区域】和【行为】的设置适用于柔体，不适用于轴承连接定义到线体的顶点。轴承连接归类为一个远端边界条件。可参考远端边界条件章节所列出的所有远端边界条件及其特征。

下面的示例阐释了定义在体-地轴承连接的详细设置，如图 5.4-41 所示。

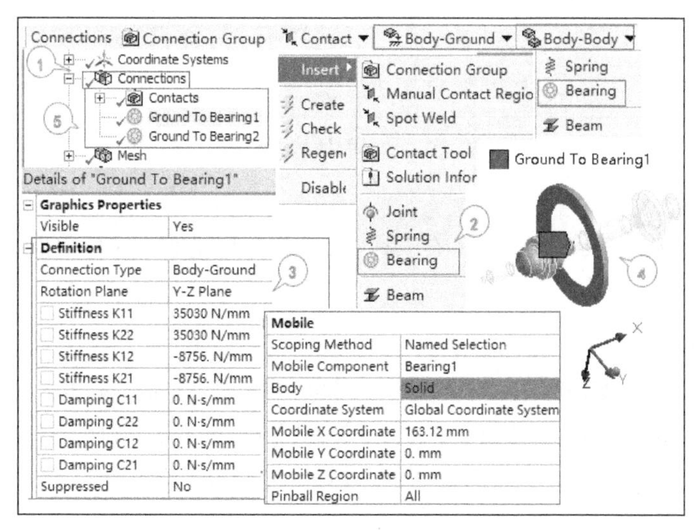

图 5.4-41 轴承连接

（1）在导航树中选择【Connections】。

（2）插入轴承连接，右键单击鼠标选择【Insert】→【Bearing】。

（3）在明细窗口设置相关参数及选项。

（4）在图形窗口显示轴承连接。

（5）设置完毕后，导航树下可看到创建的轴承连接。

图 5.4-41 中的刚度特性（K_{11}、K_{22}、K_{12} 和 K_{21}）和阻尼特性（C_{11}，C_{22}、C_{12} 和 C_{21} ）用于建模此示例中旋转轴平面中的 4 个弹簧-阻尼集。轴承是在垂直于 x 轴的轴端面上创建的。由于 x 轴为旋转轴，所以 y-z 平面为旋转平面。虽然在此示例中轴承是使用全局坐标系定义的，但也可采用自定义坐标系。

5.4.14　坐标系

结构分析中所有的几何对象默认为整体坐标系显示，整体坐标为固定的笛卡尔坐标系（x,y,z）。

在“坐标系”【Coordinate Systems】中指定局部坐标系，可用于弹簧、关节、各种不同的载荷、约束及结果探测。局部坐标系可指定为笛卡尔坐标，圆柱坐标可用于零件、位移及施加在面体上的力。

创建局部坐标系的方式具体如下（见图 5.4-42，几何文件 tank.agdb）。

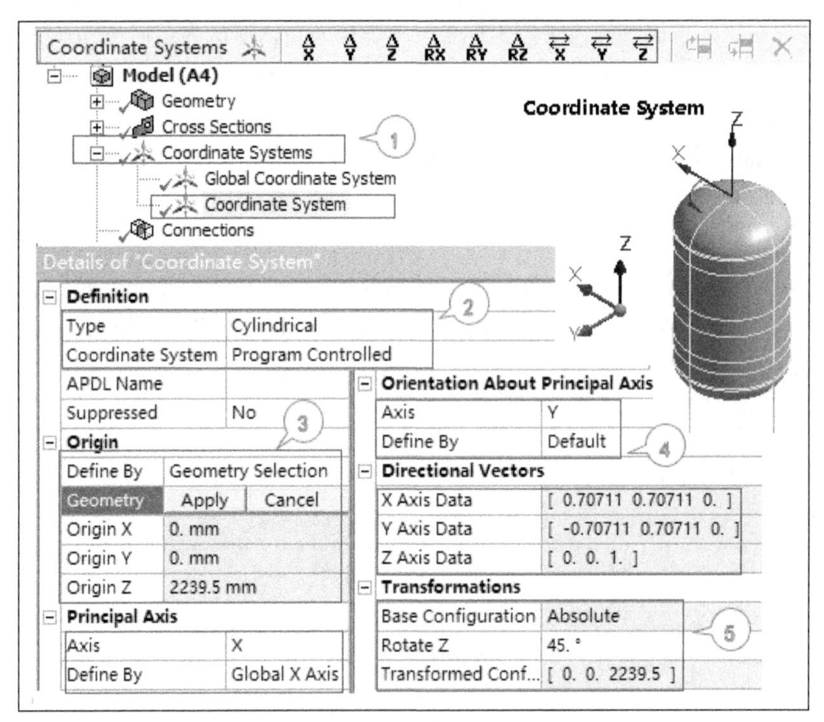

图 5.4-42　定义局部坐标系

1．生成初始坐标系

在导航树中选择【Coordinate Systems】，在工具栏中选择【创建坐标系】按钮，导航树坐标系下面出现要创建的【Coordinate System】。

2．定义初始坐标系

在明细窗口中定义如下选项：坐标系“类型”【Type】为“笛卡尔”【Cartesian】或“圆柱坐标”【Cylindrical】，坐标系由“程序控制”【Program Controlled】或“人工控制”【Mannual】，选择【程序控制】则由程序分配坐标系的参考号，若选择【人工控制】则可以指定坐标系的参考号大于或等于 12。

3．建立几何关联坐标系或非几何关联坐标系的原点

几何关联坐标系保持与面/边的关联，其定位点和方向随几何模型改变，非几何关联坐标系独立于任何几何模型。

（1）建立几何关联坐标系的原点：在明细窗口的原点设置【Define By】=Geometry Selection；对于关节上的参考坐标系，用【Orientation About Principal Axis】来关联坐标系；然后选择顶点、边、面等几何对象，在【Geometry】中选择【Click to Change】单击【Apply】按钮，图形窗口出现定义的局部坐标系。

> **提示**
>
> 选择一个点，坐标原点为顶点；选择多个点，原点为多点包围的面积或体积中心；选择一个面或一条边，原点为该面或该边的中心；选择圆柱，则原点为圆柱中心；选择圆或圆弧，则原点为圆心。

（2）建立非几何关联坐标系的原点：在明细窗口的原点设置【Define By】=Global Coordinates，在【Location】中选择【Click to Change】，在工具栏中选择【坐标系】按钮，在图形窗口移动鼠标，单击需要的位置，会出现十字叉标记，单击【Apply】按钮。图形窗口出现定义的局部坐标系，明细窗口中也显示坐标原点对应的坐标值，可以改变数值更改原点位置，或者直接输入坐标值定义坐标原点。

4．设置主轴和方向

坐标系要定义“主轴矢量”【Principal Axis】和“主轴方向矢量”【Orientation About Principal Axis】，这两个矢量形成的坐标系平面和主轴对齐，在明细窗口中定义主轴可以由“选定的几何”【Geometry Selection】、“固定矢量”【Fixed Vector】和“整体 X，Y，Z 坐标”【Global X，Y，Z Axis】确定，主轴方向由【程序默认】、【选定几何】、【固定矢量】及【整体 X，Y，Z 坐标】确定。

5．使用变换方式

坐标变换可以细调坐标系的位置，选项包括在 x，y，z 方向平移、旋转及坐标反向，可以使用坐标系工具栏中的相应图标。

5.4.15 命名选择

“命名选择”【Named Selection】可用于给一组几何或有限元实体命名，并用于后续的操作。

1．创建命名选择

创建【命名选择】可以单击该图标，或单击鼠标右键选择【Create Named Selection】，或由命名选择工作表获得，命名选择只能由相似的实体构成，如所有的表面或所有边，具体如下（见图 5.4-43）。

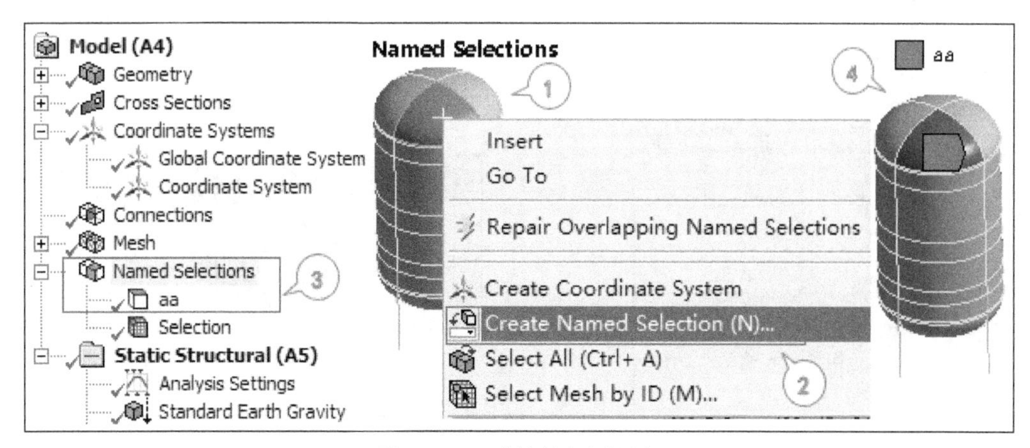

图 5.4-43 直接创建命名选择

（1）选中表面。

（2）右键单击鼠标创建命名选择 aa。

（3）在导航树中选择命名选择 aa。

（4）在图形窗口中查看。

可以直接选择对象，或通过工作表利用不同的标准选择对象，对于复杂选择可以设置添加、去除、过滤等进行组合选择，具体如下（见图 5.4-44）。

（1）在【命名选择】中插入新的命名【Insert】→【Named Selection】，默认名称为【Selection】。

（2）在明细窗口选择工作表【Worksheet】。

（3）在工作表区设置创建条件，图示为选择坐标值 Z>2m 的网格节点，设置好后单击【Generate】按钮生成 1385 个节点。

（4）在导航树中选择【Named Selection】→【Selection】，图形窗口中可看到粉色节点。

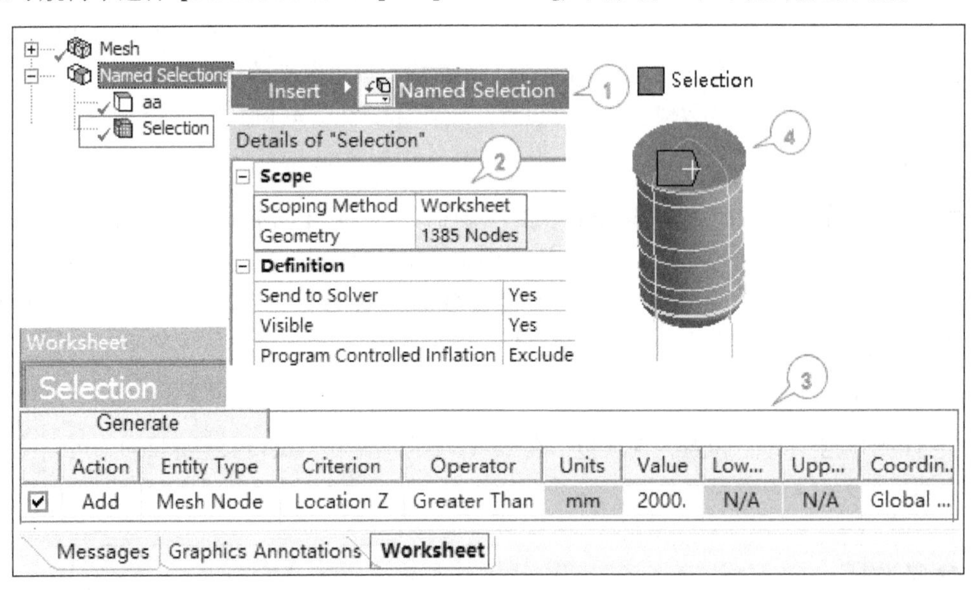

图 5.4-44　工作表创建命名选择

2. 使用命名选择

使用命名选择示例如图 5.4-45 所示。

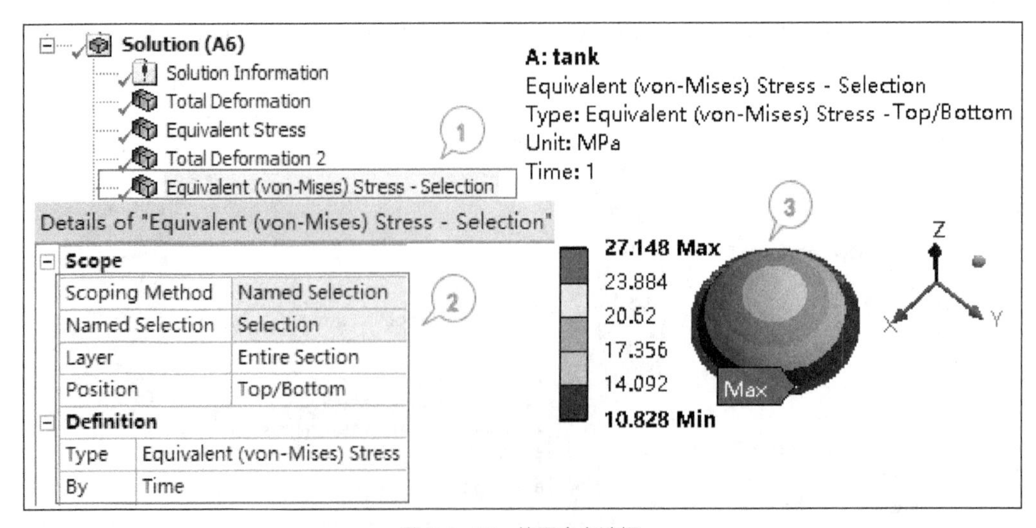

图 5.4-45　使用命名选择

（1）选择一个结果，这里为等效应力。

（2）在明细视图中将【Scoping Method】中的【Geometry Selection】改为【Named Selection】，下拉框中选择已经定义好的命名选择。

（3）更新结果，图形区显示命名对象的结果，这里为等效应力分布。

命名选择可用于其他的必须选择【几何】的场合，在明细窗口中选【Geometry】，进入点取模式【Apply/Cancel】，从下拉列表中选择【命名选择】，选择【Select Items in Group】，单击【Apply】按钮。

5.4.16 选择信息

当在图形窗口选择节点、顶点、面时，状态栏会显示基本信息如线长、表面面积等，使用选择信息窗口可以得到附加信息，有3种激活方式，示例如图5.4-46所示。

（1）单击信息图标 i。

（2）选择视图命令【View】→【Windows】→【Selection Information】。

（3）双击状态栏选择。

选择信息窗口汇总所有的选择，选择包括：顶点、边、面、体、节点、X/Y/Z坐标；选择坐标返回最近的节点信息到坐标，见图5.4-46中④，这里为体的相关属性，如体积、质量、质心坐标等。

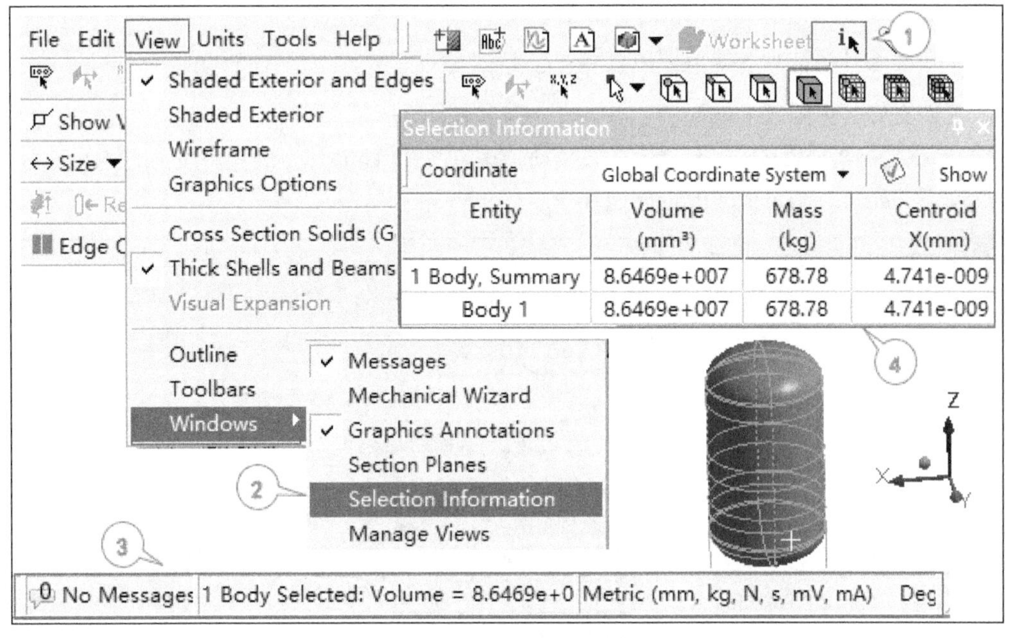

图5.4-46 激活选择信息

5.4.17 关节应用案例——活塞连杆组件承压模拟

5.4.17.1 问题描述及分析

活塞连杆组将活塞的往复运动变为曲轴的旋转运动，同时将作用于活塞上的力转变为曲轴对外输出转矩。本案例进行活塞连杆组件承压模拟，主要目的在于学习使用接触与关节连接。活塞连杆组件模型为Piston_Rod.stp，如图5.4-47所示。

活塞连杆组主要由活塞、活塞环、活塞销、连杆、连杆轴瓦、螺栓螺母等组成。活塞的主要作用是承受气缸的气体压力，并将此力通过活塞销传给连杆，以推动曲轴旋转。活塞销的作用是连接活塞与连杆小端，将活塞承受的气体的作用力传递给连杆。活塞销为中空的圆柱体。连杆的功用是连接活塞和曲轴，把活塞的往复运动转变为曲轴的旋转运动，并将活塞承受的力传给曲轴。

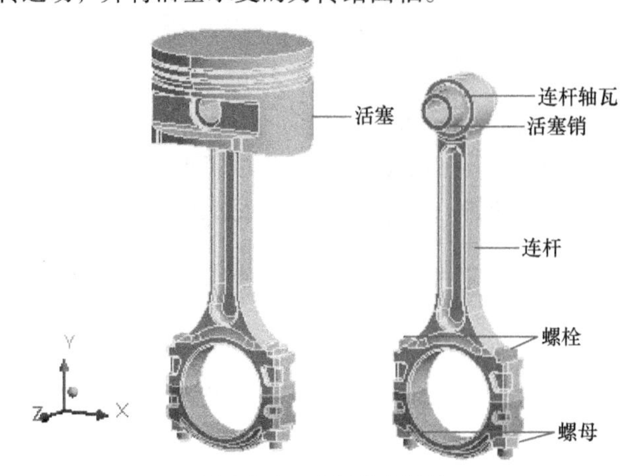

图 5.4-47　活塞连杆组件

连杆一般由小头、杆身和大头 3 个部分组成，连杆小端与活塞销相连，工作时与销之间有相对运动，小头孔中有轴瓦（衬套），在连杆的小端和衬套上钻有小孔（油道），用来润滑小端和活塞销。

由于活塞环主要起密封作用，本案例予以忽略，连杆轴瓦材料为铜合金，其他采用碳钢。关节可以作为接触连接的替代，本案例在组件装配模型中采用关节连接取代接触连接，并对二者进行对比分析。

5.4.17.2　活塞连杆组件承压数值模拟过程

1. 导入几何文件（见图 5.4-48）

（1）进入 ANSYS 18.2 Workbench，在菜单栏中选择“单位”【Units】，设置单位为“Metric (kg, mm, s, C, mA, mV)”，激活“Display Values in Project Units”。

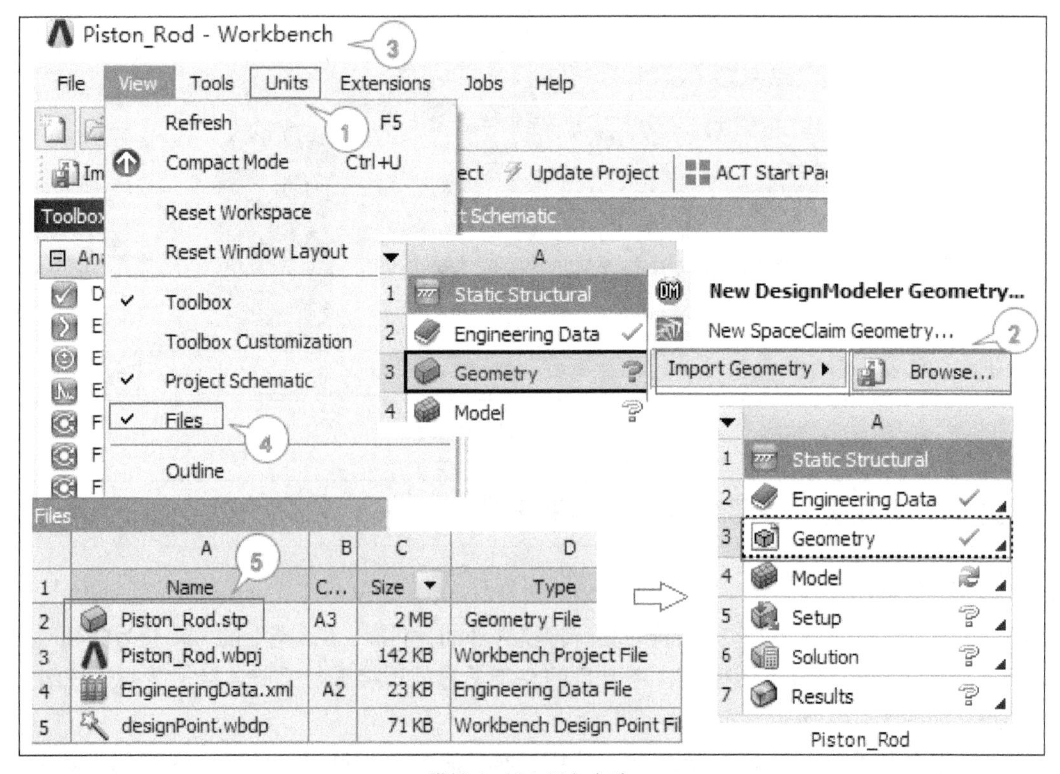

图 5.4-48　导入文件

（2）从工具箱中将“结构静力分析系统”【Static Structural】拖入到【工程流程图】中，选择【Geoemtry】，右键单击鼠标选择【Import Geometry】→【Browse】，导入文件 Piston_Rod.stp。

（3）将【结构静力分析】命名为 Piston_Rod with Contact，另存为【File】→【Save as】，工程名为 Piston_Rod.wbpj。

（4）查看文件：在菜单栏选择【View】→【Files】。

（5）文件列表窗口中显示已保存的文件列表。

2．添加材料（见图 5.4-49）

（1）在静力分析 A2 单元格【Engineering Data】双击鼠标，进入工程数据管理窗口。

（2）选择"工程数据源"【Engineering Data Sources】标签，这是 ANSYS 自带的材料数据库。

（3）选择"线性材料库"【General Materials】。

（4）从线性材料库中选择"铜合金材料"【Copper Alloy】，单击【+】按钮，会出现一本书的图标，将材料加入到当前的分析数据库中。

（5）选择【Project】标签返回 WB 窗口。

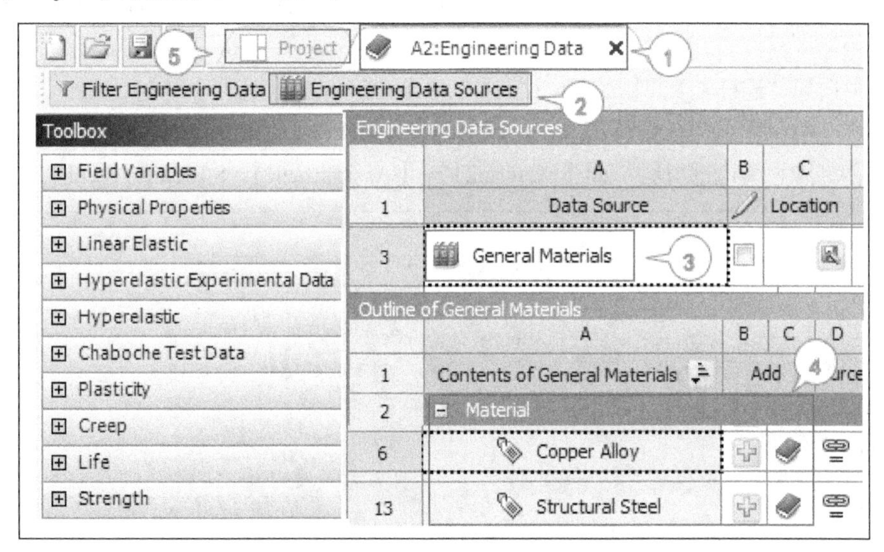

图 5.4-49　导入材料模型

3．生成并合并对象

在 WB 分析系统 A 中的"几何"【Geometry】单元格双击鼠标，进入 DM，如图 5.4-50 所示。

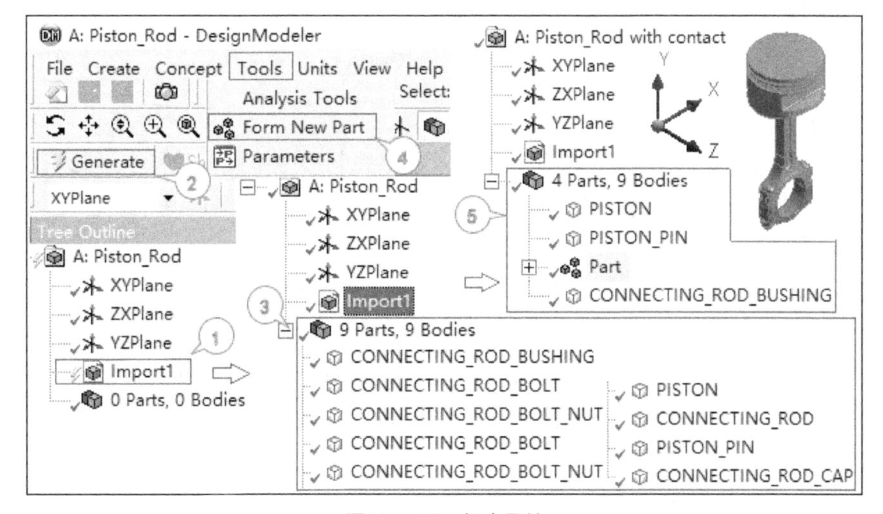

图 5.4-50　组合零件

（1）没有任何对象生成，所以看到导航树中【Import1】前面有黄色闪电图标。

（2）在工具栏中单击【Generate】按钮生成 3D 实体。

（3）在导航树中看到生成的模型有 9 个实体，9 个零件各自独立。

（4）为了后续减少不必要的接触对，将连杆和螺栓螺母合并为一个零件，在图形窗口或导航树对象处用鼠标点取这几个模型，在菜单栏中选择【Tools】→【Form New Parts】。

（5）合并后为 4 个零件【4 Parts，9 Bodies】。

4．设置单位

返回 WB，双击【Model】单元格，进入【Mechanical】分析程序，可以看到导入的 3D 实体模型，设置单位【Units】→【Metric (mm, kg, s, mV, mA)】。

5．静力分析中分配材料（见图 5.4-51）

（1）在导航树展开【几何】，可以看到【几何】模型前有问号图标。

（2）选中对象，如【PISTON】，明细窗口中材料分配处【Material】→【Assignment】显示为黄色，表示待定状态。

（3）导航树中选择“连杆轴瓦”【CONNECTING_ROD_BUSHING】。

（4）在明细窗口中设置铜合金材料：【Material】→【Assignment】=Copper Alloy。

（5）其他所有实体为结构钢材料，即【Material】→【Assignment】=Structural Steel。

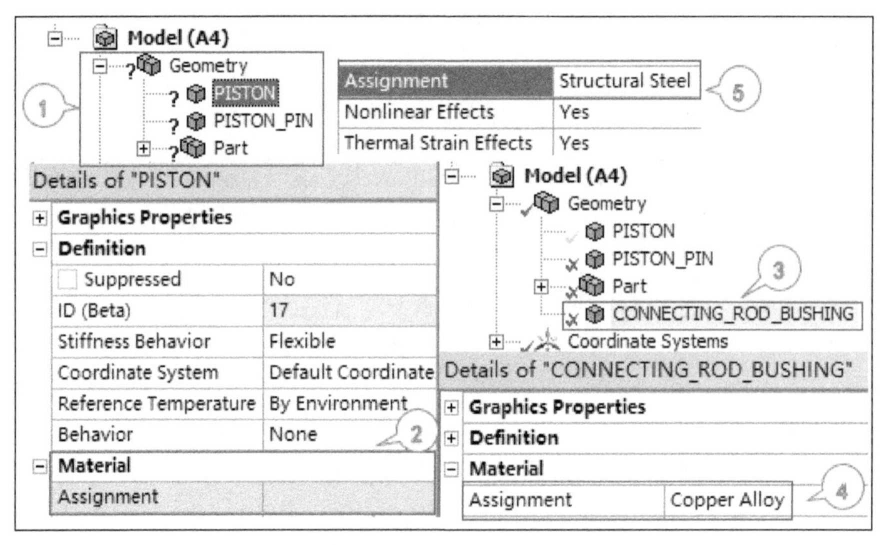

图 5.4-51　分配材料

6．设置连接关系

设置连接关系，接触对按零件分组，并设置弹球区域以控制接触范围（见图 5.4-52 和图 5.4-53）。

（1）在导航树展开【Connections】→【Contacts】，程序默认生成了 7 组接触，这里删除已有的接触关系，右键单击鼠标，选择【Delete】。

（2）在导航树中选择【Connections】→【Contacts】，在明细窗口设置按零件分组，设置【Group By】=Parts，【Search Across】=Parts。

（3）自动创建接触对：右键单击鼠标，选择【Create Automatic Connections】生成 3 组接触。

（4）选中生成的 3 组接触，右键单击鼠标，选择【Rename Based on Definition】，从而将按零件名称重命名接触对，以方便识别。

（5）选中轴瓦与活塞销的接触，图形窗口中显示该接触对为轴瓦两个面与活塞销的两个面接触。

（6）设置接触区范围，在明细窗口设置【Pinball Region】=Radius，【Pinball Radius】=2mm。

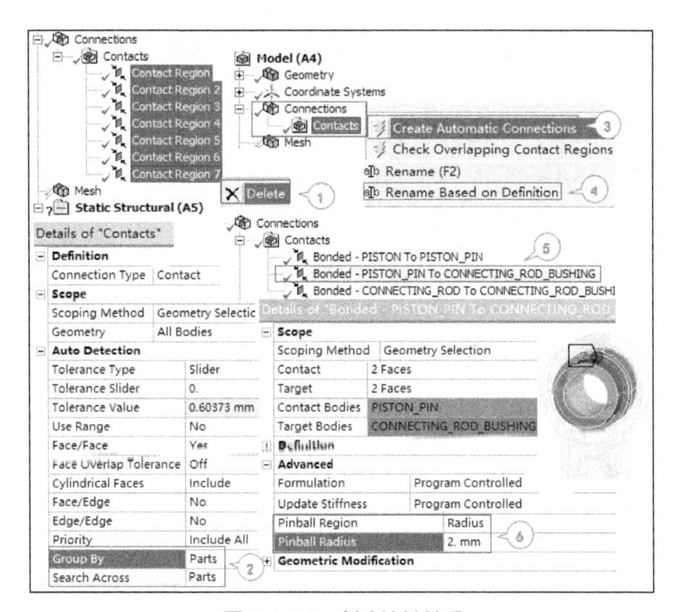

图 5.4-52　创建接触关系

提示

由于轴瓦与活塞销二者之间有间隙，需要扩大弹球区域的范围超过间隙值，才能获取有效接触关系，否则初始接触检查中会提示有警告或错误，查看初始接触信息如图 5.4-53 所示。

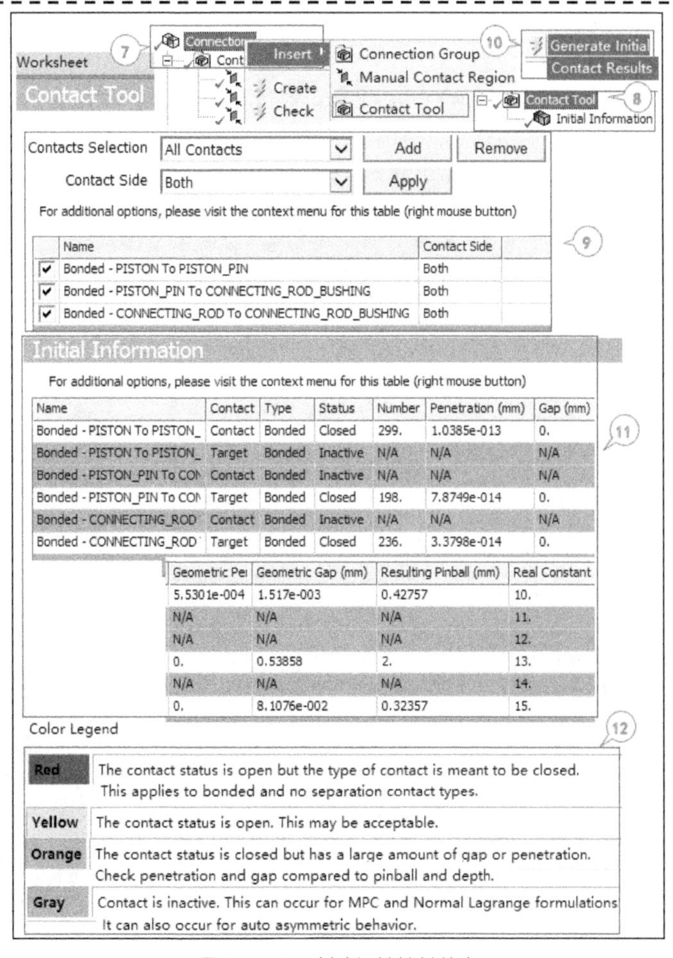

	Name	Contact Side
✓	Bonded - PISTON To PISTON_PIN	Both
✓	Bonded - PISTON_PIN To CONNECTING_ROD_BUSHING	Both
✓	Bonded - CONNECTING_ROD To CONNECTING_ROD_BUSHING	Both

Initial Information

For additional options, please visit the context menu for this table (right mouse button)

Name	Contact	Type	Status	Number	Penetration (mm)	Gap (mm)	Geometric Pe	Geometric Gap (mm)	Resulting Pinball (mm)	Real Constant
Bonded - PISTON To PISTON_	Contact	Bonded	Closed	299.	1.0385e-013	0.	5.5301e-004	1.517e-003	0.42757	10.
Bonded - PISTON To PISTON_	Target	Bonded	Inactive	N/A	N/A	N/A	N/A	N/A	N/A	11.
Bonded - PISTON_PIN To CON	Contact	Bonded	Inactive	N/A	N/A	N/A	N/A	N/A	N/A	12.
Bonded - PISTON_PIN To CON	Target	Bonded	Closed	198.	7.8749e-014	0.	0.	0.53858	2.	13.
Bonded - CONNECTING_ROD	Contact	Bonded	Inactive	N/A	N/A	N/A	N/A	N/A	N/A	14.
Bonded - CONNECTING_ROD	Target	Bonded	Closed	236.	3.3798e-014	0.	0.	8.1076e-002	0.32357	15.

Color Legend

Red	The contact status is open but the type of contact is meant to be closed. This applies to bonded and no separation contact types.
Yellow	The contact status is open. This may be acceptable.
Orange	The contact status is closed but has a large amount of gap or penetration. Check penetration and gap compared to pinball and depth.
Gray	Contact is inactive. This can occur for MPC and Normal Lagrange formulations. It can also occur for auto asymmetric behavior.

图 5.4-53　创建初始接触信息

（7）插入接触工具：在导航树中选择【Connections】，右键单击鼠标，选择【Insert】→【Contact Tool】。

（8）在导航树中选择【Connections】→【Contact Tool】。

（9）工作表中给出所有可以查看的接触对，这里全部勾选，或选择【Add】添加。

（10）生成初始接触结果，在【Contact Tool】右键单击鼠标，选择【Generate Initial Contact Results】。

（11）工作表中显示初始接触的结果，这里都是灰白的正常接触状态，可看到几何间隙小于弹球区域半径。

（12）下方的颜色图例有红、黄、橘黄和灰色，表示不同的接触状况。

提示

一般如果是红色和橘黄色则需要检查接触并给予修正，这里假设没设置前面的弹球区域，则此处会有红色色带出现。

7．网格划分（见图 5.4-54）

（1）在导航树中选择【Mesh】。

（2）在明细窗口中设置整体单元曲率及大小的控制：【Size Function】=Curvature，【Relevance Center】=Medium，【Max Face Size】=4mm，【Defeature Size】=0.4mm，【Min Size】=0.4mm，【Max Tex Size】=8mm。

（3）在工具栏中选择映射面【Mesh Control】→【Face Meshing】。

（4）在图形窗口中选择活塞销端面，在明细窗口中设置【Mapped Mesh】=Yes，【Internal Number of Divisions】=2，从而在端面创建两层映射面，进而使活塞销生成六面体网格。

（5）右键单击鼠标，选择【Generate Mesh】生成网格，或在网格划分工具栏中单击【Update】按钮，图形窗口中显示单元网格。

（6）在导航树中选择【Mesh】，在明细窗口统计单元数量与质量，平均质量约为 0.75，节点数约为 16.8 万，单元数约为 10.4 万。

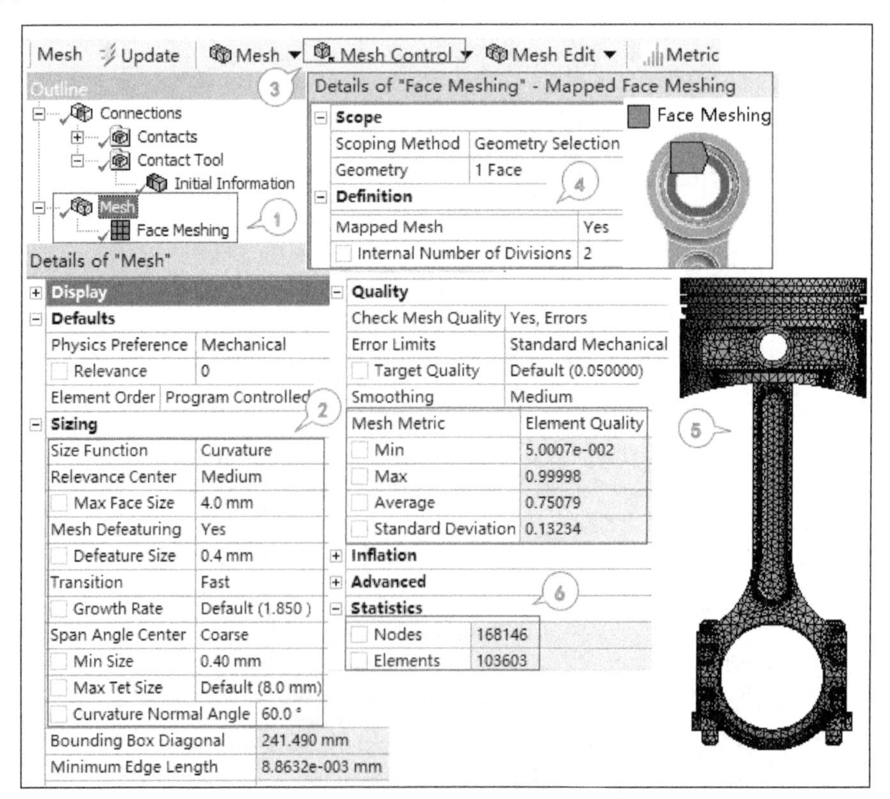

图 5.4-54　网格划分

8．添加边界条件及求解选项（见图 5.4-55）

（1）在导航树中单击【Static Structural（A5）】，当前工具栏中显示静力分析环境选项。

（2）施加活塞端面压力载荷，在工具栏中选择【Loads】→【Pressure】。

（3）在工具栏中单击【面选】按钮，在图形窗口中选择活塞端面，在明细窗口中定义值为 5MPa：【Definition】→【Magnitude】=5MPa，则图形窗口中 A 处显示添加的压力。

（4）在图形窗口中选择连杆大头圆柱面，在工具栏中选择【Supports】→【Fixed Support】，则图中 B 处添加固定约束。

（5）在导航树中单击【Static Structural（A5）】，图形窗口中显示所有添加的约束及载荷。

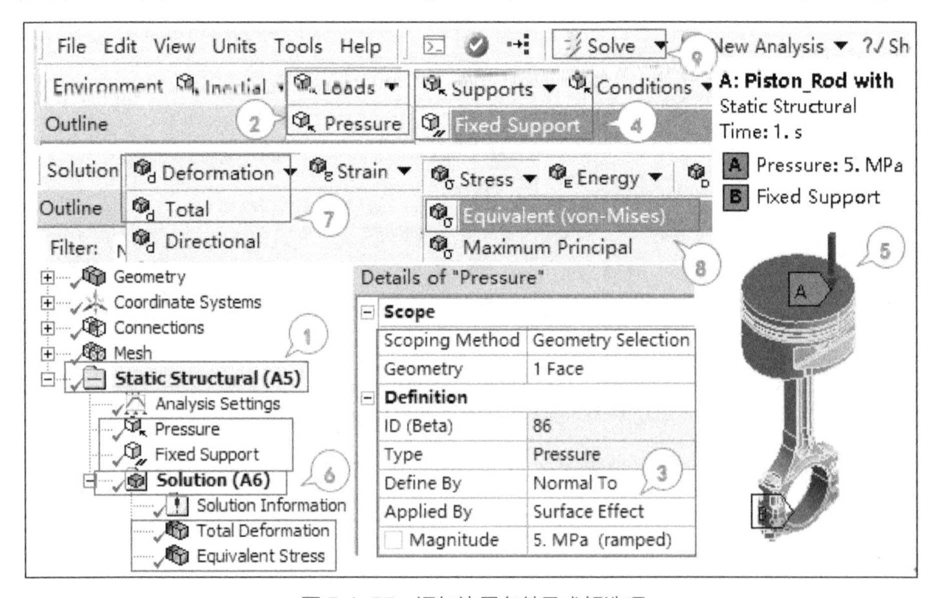

图 5.4-55　添加边界条件及求解选项

（6）在导航树中选择“求解”【Solution】分支，从而激活求解结果工具栏选项。

（7）在求解工具栏中选择“总变形”：【Deformation】→【Total】。

（8）在求解工具栏中添加“等效应力”：【Stress】→【Equivalent（von-Mises）】。

（9）在工具栏中单击【Solve】按钮求解。

9．查看结果（见图 5.4-56 和图 5.4-57）

（1）在导航树中选择“变形”：【Solution】→【Total Deformation】，图形窗口显示最大变形量在活塞端面为 0.136mm。

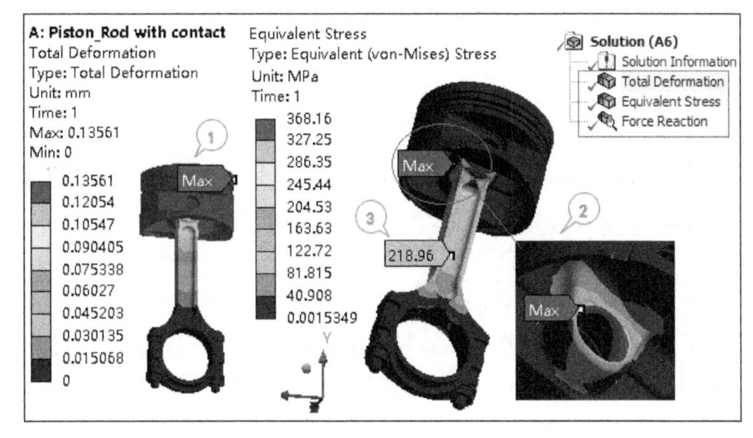

图 5.4-56　查看变形及等效应力

（2）在导航树中选择“等效应力”：【Solution】→【Equivalent Stress】，图形窗口显示最大等效应力约为368MPa，出现在活塞与活塞轴接触局部。

（3）单击工具栏的【Probe】，探测连杆中间部分，应力约为220MPa。

（4）最大等效应力处应力奇异，可插入收敛工具【Convergence】检查，如图5.4-57所示。

（5）再将【Fixed Support】拖入【Solution】下方，右键单击鼠标，选择【Evaluate All Results】，重新提取约束反力，查看其值为28373N。

为了方便对比，返回WB，复制系统A为静力分析B，将接触修改为关节连接。

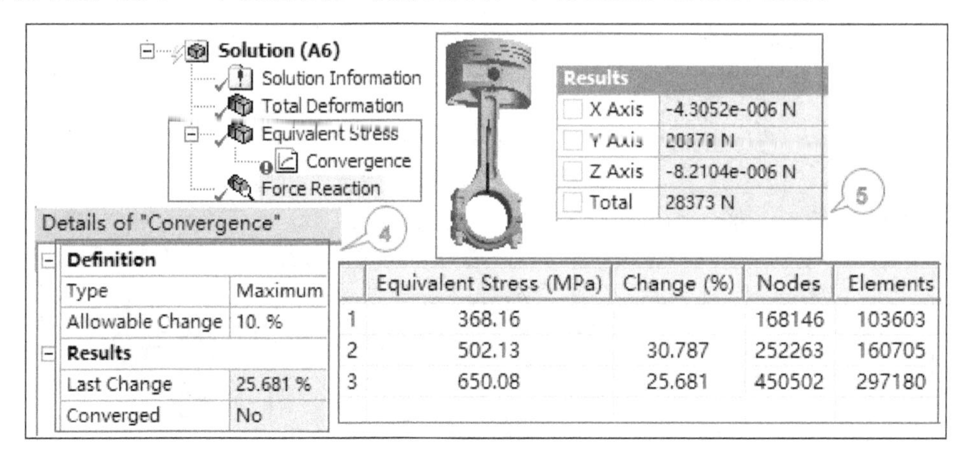

图5.4-57 查看约束反力和最大应力不收敛

10. 分析系统B中创建关节连接（见图5.4-58~图5.4-60）

（1）返回WB，在系统A处右键单击鼠标选择【Duplicate】复制新系统B，重命名为 Piston_Rod with Joint。

（2）在系统B中的A4单元格【Model】双击鼠标，进入分析环境。

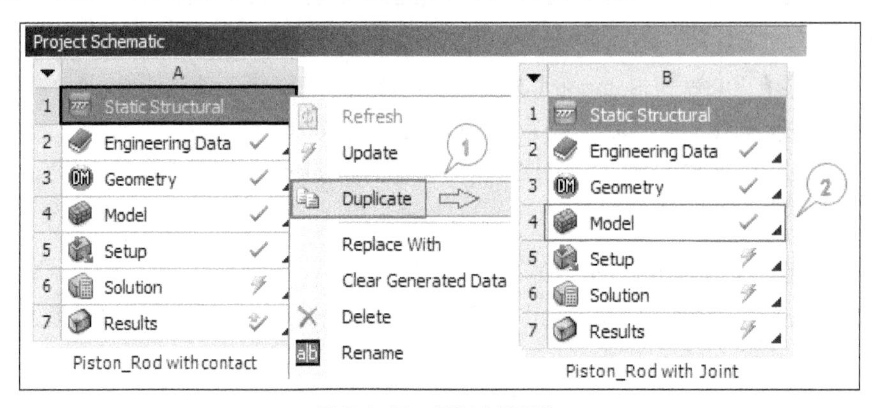

图5.4-58 复制分析系统

（3）在导航树中选择【Connections】，展开接触，选择前两组接触，右键单击鼠标，选择【Suppress】，从而去除活塞-活塞销和活塞销-轴瓦之间的接触对。

（4）在导航树中选择【Connections】，右键单击鼠标，选择【Insert】→【Joint】插入关节连接组。

（5）在导航树中选择【Joints】分支，设置体-地关节连接，如图5.4-59所示，右键单击鼠标，选择【Rename Based on Definition】程序，从而基于定义自动重命名。

（6）在明细窗口中，连接类型为【Body-Ground】。

（7）对象为原先固定的连杆大头的两个圆柱面，这里删除原先的“固定约束”【Fixed Support】。

（8）同样，在导航树中选择【Connections】，右键单击鼠标，选择【Insert】→【Joint】插入关节连接组【Joints 2】，添加两组体-体的转动关节。

（9）活塞-活塞销之间的体-体的转动关节设置，如图 5.4-60 所示，图形窗口显示定义的关节在装配体中的位置及关节坐标。

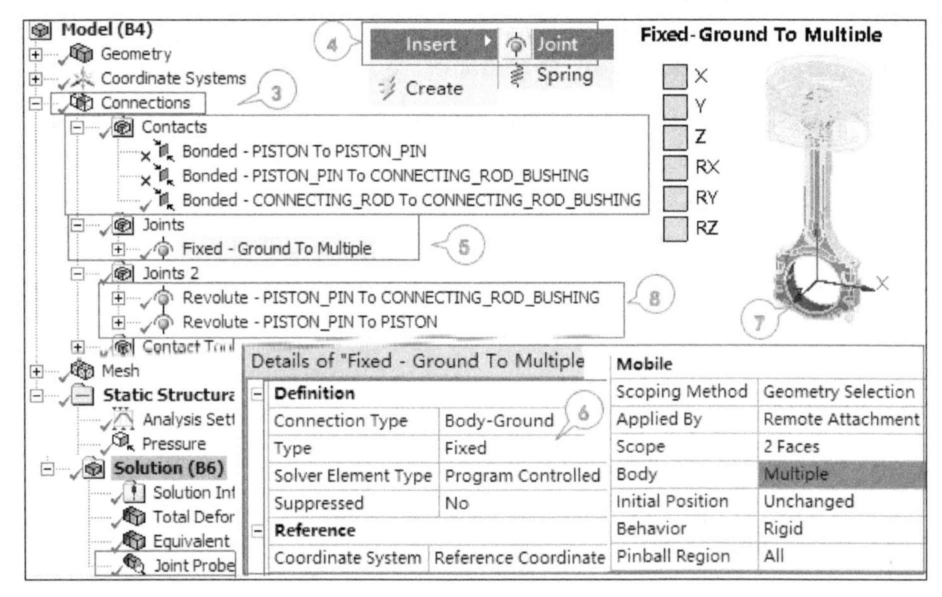

图 5.4-59　添加固定关节连接

（10）同样，进行活塞销-轴瓦之间的体-体的转动关节设置，如图 5.4-60 所示。

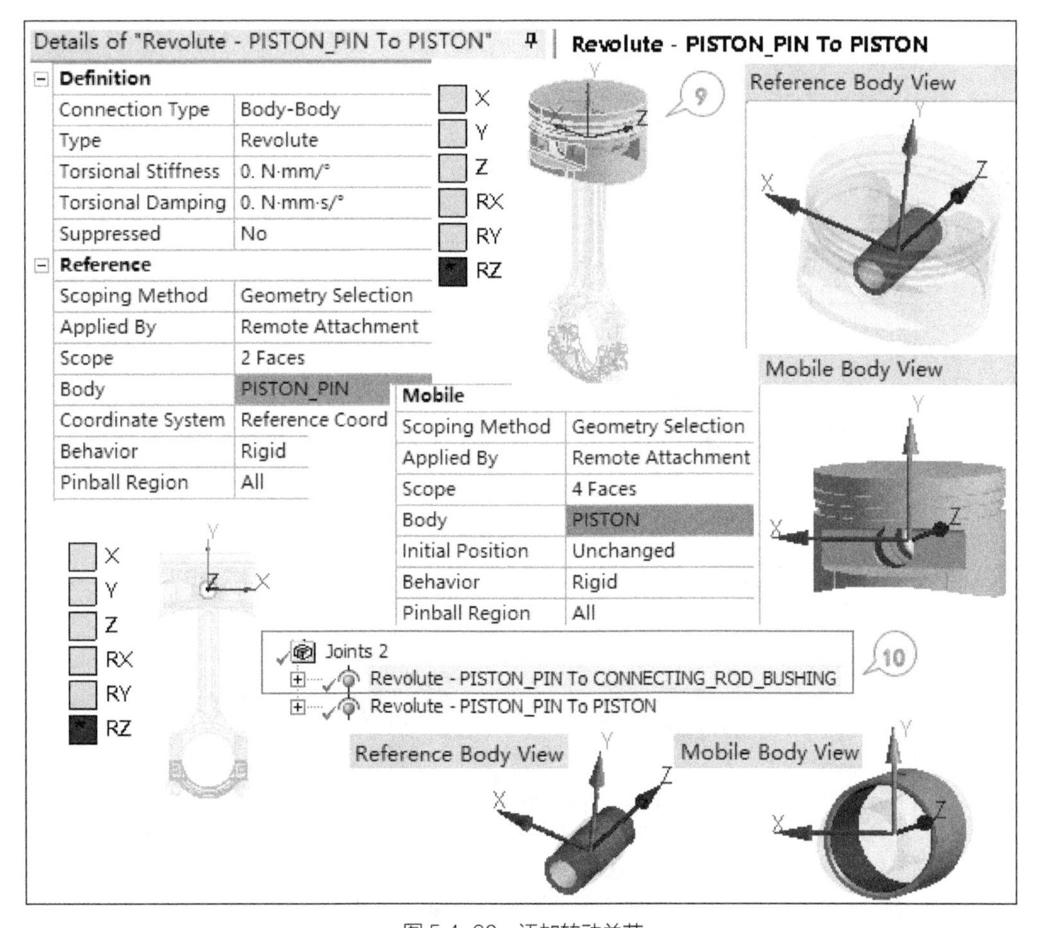

图 5.4-60　添加转动关节

11. 求解设置及查看结果（见图 5.4-61）

（1）在导航树中选择“分析设置”【Static Structural】→【Analysis Settings】。

（2）在明细窗口设置相应选项：【Large Deflection】=On，由于允许了关节转动而激活几何大变形。

（3）在工具栏中单击【Solve】按钮求解，求解中选择【Solution】→【Solution Information】。

（4）在明细窗口设置【Solution Output】=Force Convergence，图形窗口显示非线性收敛曲线。

（5）查看等效应力结果：在导航树选择【Equivalent Stress】和插入的收敛工具【Convergence】

（6）图形窗口显示收敛的等效应力最大值约为 331MPa，从收敛性工具中看到结果收敛，网格局部细化后（节点由 16.8 万增加到 29.8 万）应力波动范围约为 1.9%，小于设定的 10%。

（7）在导航树中选择【Total Deformation】，显示活塞销由于转动产生的最大变形约为 1.49mm。

（8）模型中隐藏活塞销，再重新查看其他零件的总变形，在导航树选择【Total Deformation】→【Multiple】，最大值 0.124mm 出现在活塞端面处。

（9）在导航树选择【Joint Probe】，查看固定关节处的反作用力，y 向和合力均 28374N。

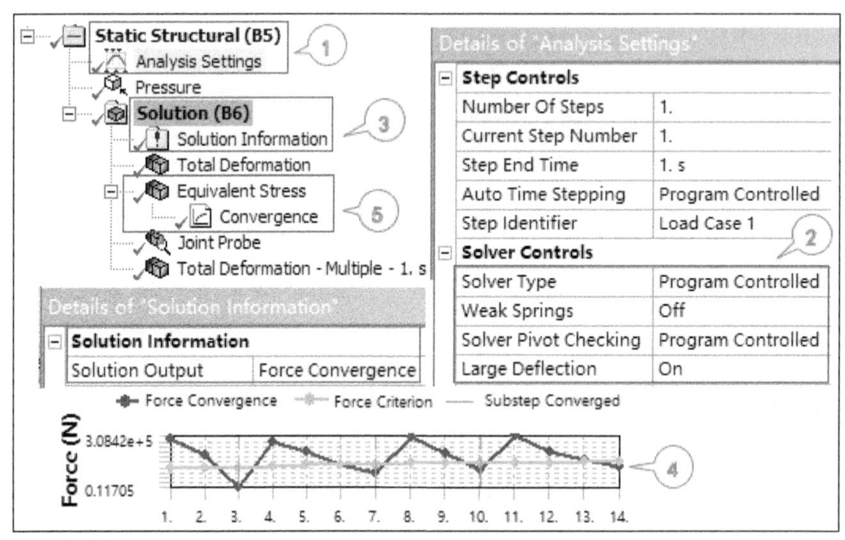

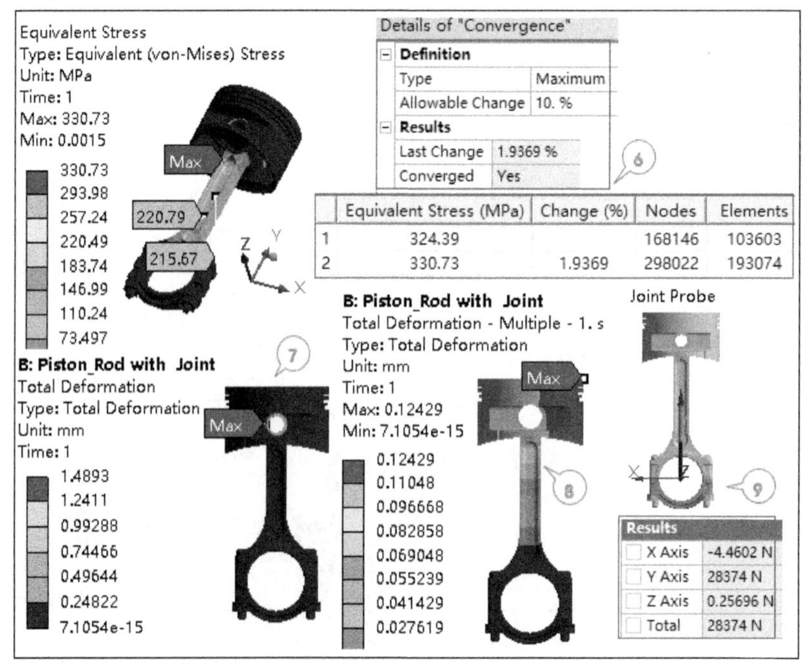

	Equivalent Stress (MPa)	Change (%)	Nodes	Elements
1	324.39		168146	103603
2	330.73	1.9369	298022	193074

图 5.4-61 求解设置及分析结果

5.4.17.3 结果分析及讨论

对比接触连接与关节连接的结果汇总，见表 5.4-3。

表 5.4-3 接触连接与关节连接的结果对比

	接触连接	关节连接	误差/%
活塞变形/mm	0.136	0.124	≈ 10
活塞销变形/mm	0.128	1.49	—
最大等效应力 /MPa	368~650	324~331	—
连杆中部等效应力/MPa	219	220	≈ 0.5
约束反力/N	28373	28374	≈ 0

根据表 5.4-3、图 5.4-57 和图 5.4-61，表明采用不同的连接方式，对连杆和约束反力的结果是一致的，此时二者可以互相替代；但同时也看到对于局部连接处的差异还是很大的，接触连接会导致局部接触处应力奇异，给结果评估带来困难，而关节连接增加了非线性分析的计算成本，且不同的连接关系也对附近零件的变形影响显著。

就本案例而言，由于活塞-活塞销、活塞销-连杆轴瓦之间具有间隙配合关系，故采用转动关节连接更符合实际。

5.5 螺栓连接模型的建模技术及案例

5.5.1 概述

螺栓连接是机械设计和工程中常见的紧固连接方式，通常，连接螺栓的强度设计与校核中，根据螺栓受到的外载计算螺栓预紧力，再根据不同工况下的计算公式进行强度计算，如静载荷与动载荷的分析计算，因此有限元分析方法通过分析螺栓连接的整体装配模型，获得螺栓外载，就可以通过手工计算进行螺栓设计。

然而螺栓连接的行为是相当复杂的。对于典型的螺栓连接，受制于各种因素的影响，无论是初始预紧还是最后的螺栓变化载荷，都必须考虑到各种参数组合，这相当令人困惑，尤其是还要考虑螺栓连接失效。因此，准确的构造螺栓连接特征就更为重要，如考虑螺栓连接装配体的密封设计问题。

基于上述不同的螺栓连接设计需求，有限元分析分析中对分析模型的处理方式也不同。

下面给出分析模型中螺栓连接建模的 4 种方式的数值模拟过程，并加以讨论。

- 螺栓不参与建模，零件之间的连接使用绑定接触，无螺栓预紧力。
- 螺栓连接采用梁单元建模，梁连接无螺栓预紧力，线体模型的梁单元包含螺栓预紧力及法兰连接面之间的摩擦接触。
- 螺栓连接使用实体单元，但不建模螺纹，包含螺栓预紧力及摩擦接触。
- 螺栓连接使用实体单元，包含螺纹接触，包含螺栓预紧力及摩擦接触。

其中，由于螺纹建模复杂，鉴于昂贵的计算成本，工程分析中一般做简化处理，ANSYS 18.2 提供了一种构造螺纹接触的处理方式。

5.5.2 案例描述及分析

如图 5.5-1（a）所示，螺栓连接的一对带颈对焊法兰承受内压 1MPa，远端外载 F_x=1000N 施加的作用点沿 y 方向为 y=200mm，对该法兰连接进行结构静力分析。

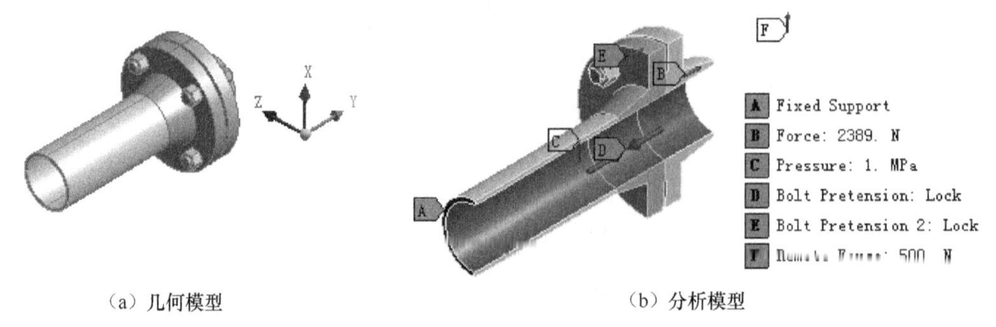

（a）几何模型　　（b）分析模型

图 5.5-1　法兰连接几何模型和分析模型

本案例的目的是使用不同的建模方式处理具有螺栓连接关系的分析模拟，因此暂不考虑法兰连接组件的强度校核和垫片密封性能。由于模型和载荷对称，因此分析模型取一半，螺栓连接分别采用 3D 实体模型及采用体-体梁连接模型，法兰一端接管延伸至足够长度（大于 $2.5\sqrt{Rt}$），假设支架固定在接管端，不同的处理方式中忽略螺栓预紧力或施加螺栓预紧力 25kN，学习设置接触连接、梁连接及分步加载，即先施加螺栓预紧力，然后施加内压和远端载荷，图 5.5-1（b）所示为第 3 种方式的分析模型。

5.5.3 无螺栓、绑定接触进行螺栓连接组件分析

无螺栓、绑定接触对于螺栓连接组件的建模而言是最简单的一种方法。其简化方式可以在连接组件的接触面定义绑定接触，该方法求解最快，但这种简化方式由于绑定整个组件连接面，会使结构过于刚性，且无法得到每个螺栓载荷。

如果需要得到螺栓反力，也可以采用更详细的分析，即分别对每个垫片直径作用范围内的接触面定义绑定接触，这样独立的接触面上可以得到螺栓反力，但不能直接得到力矩（需用 APDL 命令）。以下为数值模拟过程。

5.5.3.1 绑定法兰连接面的数值模拟过程

1. 设置单位

打开 Workbench，在菜单栏中选择“单位”【Units】，设置单位为“Metric (kg, mm, s, C, mA, mV)”，激活“Display Values in Project Units”。

2. 添加结构静力分析

从工具箱中将“结构静力分析”【Static Structural】拖入到工程流程图中，将【结构静力分析】命名为“No Bolts, Flange Bonded Contact”，并保存在 Flange Connection.wbpj 文件中。

3. 建立模型（见图 5.5-2 和图 5.5-3）

（1）在项目流程图中，选择【Geometry】单元格，右键单击鼠标，从快捷菜单中选择【Import Geometry】，导入几何文件 flange_asm.stp。

（2）在【Geometry】双击鼠标，进入 DM 程序，截取对称模型（见图 5.5-3）。

① 选择对称命令：【Tools】→【Symmetry】。

② 在导航树中选择【Symmetry1】，在明细窗口设置对称面为 XYPlane，【Symmetry Plane 1】=XYPlane。

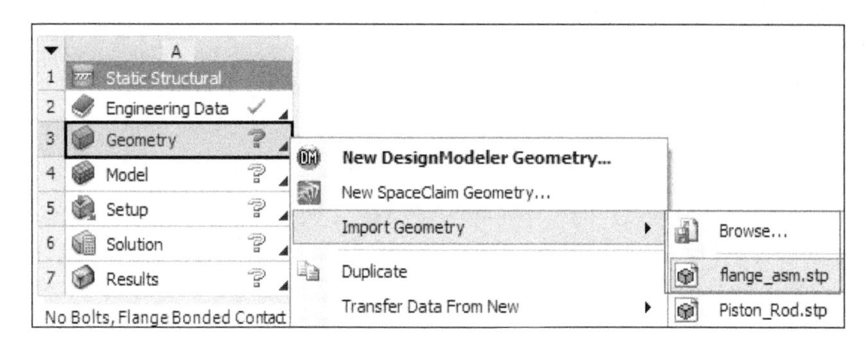

图 5.5-2　导入几何模型

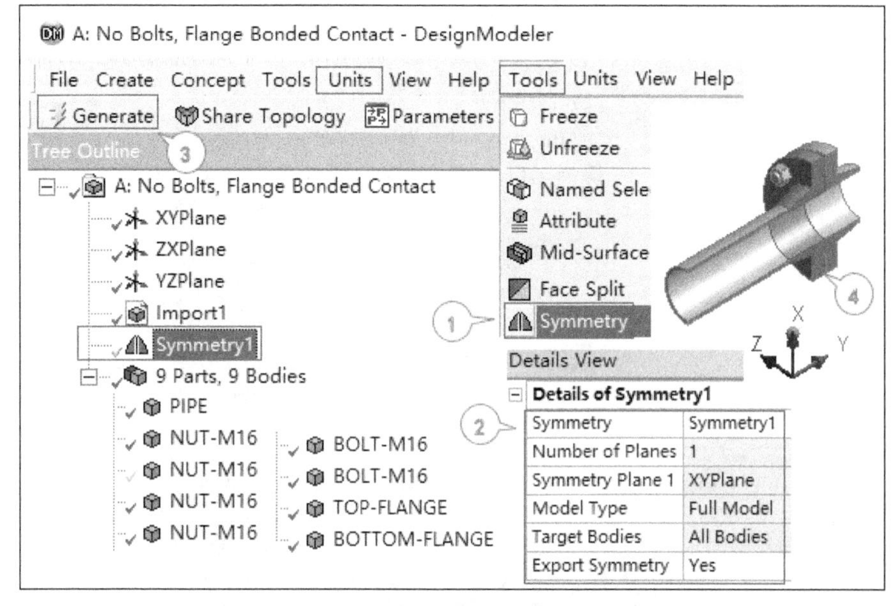

图 5.5-3　截取对称模型

③ 在工具栏单击“生成”【Generate】按钮。

④ 图形窗口显示对称模型，为绿色对称面。

4．抑制螺栓、螺母及网格划分（见图 5.5-4）

（1）返回 WB，在【Model】单元格双击鼠标，进入“结构分析”【Mechanical】程序，设置单位为“Metric (mm, N, kg, s, mV, mA)”。

（2）在导航树中展开【Geometry】，选中需要抑制的螺栓和螺母，从快捷菜单中选择【Suppress】，则图形窗口仅保留上下法兰与接管 3 个零件。

（3）在导航树中展开【Symmetry】，可看到从 DM 中传递过来的“对称区”【Symmetry Region】，选中，则图形窗口显示红色对称面。

（4）在导航树中展开【接触】设置，右键单击鼠标，选择“基于定义重命名”【Rename Based on Defintion】，保留接管与法兰、法兰与法兰的两对绑定接触，其余可删除。

（5）图形窗口显示两组接触对。

（6）网格划分采用多区方法划分为六面体单元，在图形窗口选择一个法兰，在导航树选择【Mesh】，在网格划分工具栏选择【Mesh Control】→【Method】。

（7）在明细窗口设置【Method】=MultiZone，【Src/Trg Selection】=Manual Source，人工选择法兰端面，【Source】=1 Face。同样，对第 2 个法兰设置多区网格。

（8）选接管边，在工具栏选择【Mesh Control】→【Sizing】，在明细窗口设置:【Type】= Number of Divisions，

【Number of Divisions】=2。

（9）【Mesh】下面有【MultiZone】、【MultiZone 2】和【Edge Sizing】3 个分支。

（10）在导航树中选择【Mesh】，在明细窗口设置："曲率划分"【Size Function】=Curvature，"单元大小"【Max Face Size】=6mm，曲率角为 30°：【Curvature Normal Angle】=30°。

（11）在网格工具栏选择【Mesh】→【Generate Mesh】或【Update】生成六面体单元。

（12）网格显示在图形窗口，在导航树中选择【Mesh】，查看明细窗口中的"网格统计"【Statistics】，显示节点数约为 3 万、单元数为 5467，网格平均质量为 0.76。

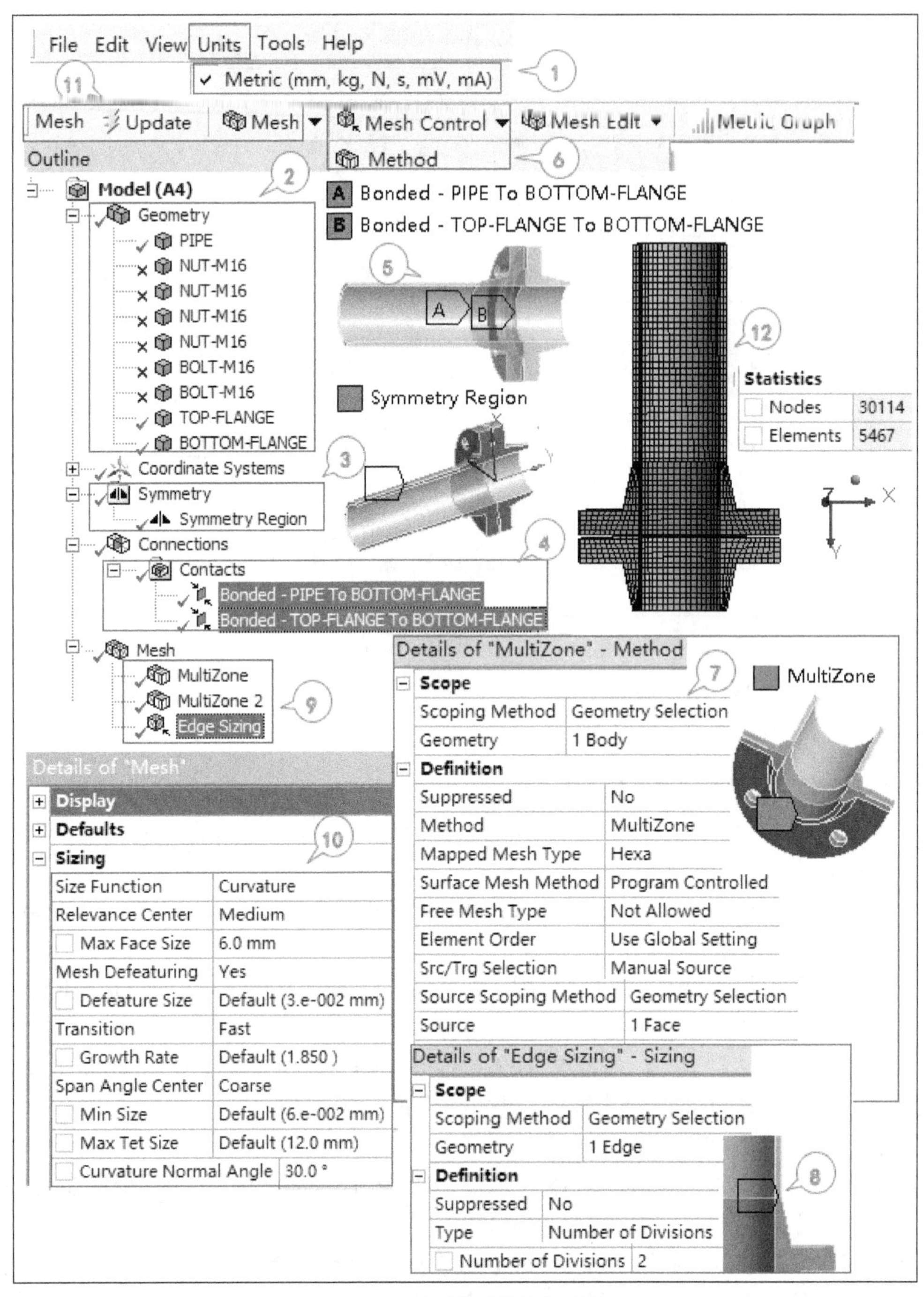

图 5.5-4　抑制零件及网格划分

5．分析设置（见图 5.5-5）

（1）在导航树中选择【Static Structural（A5）】→【Analysis Settings】。

（2）在明细窗口设置输出控制：选择【Output Controls】→【Contact Miscellaneous】=Yes。

（3）在图形窗口选择接管端面，在分析环境工具栏插入【Support】→【Fixed Support】，固定端面。

（4）在图形窗口选择对面的法兰端面，在分析环境工具栏插入【Loads】→【Force】，在明细窗口设置力的方向为 y，输入内压等效拉力值【Y Component】=2389N。

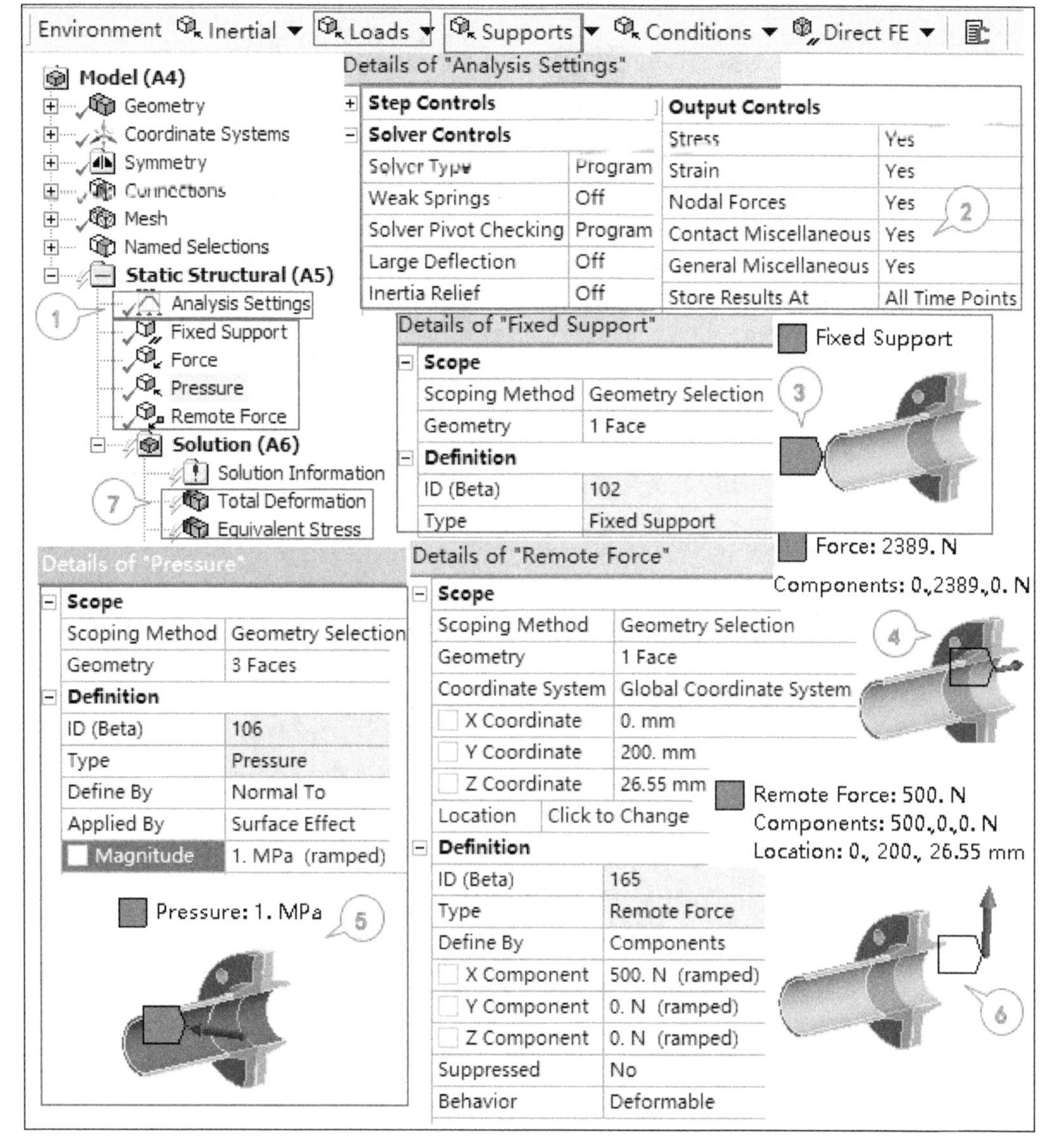

图 5.5-5　边界条件

（5）在图形窗口选择对面的法兰及接管内壁，在分析环境工具栏插入【Loads】→【Pressure】，在明细窗口设置压力值【Magnitude】=1MPa。

（6）在图形窗口选择对面的法兰端面，在分析环境工具栏插入【Loads】→【Remote Force】，在明细窗口设置远端力的作用点位置（0，200mm，26.55mm），输入 x 方向力值【X Component】=500N。

（7）添加总变形：在导航树中选择【Solution】，在求解工具栏中选择【Deformation】→【Total】；添加等效应力：在导航树中选择【Solution】，在求解工具栏中选择【Stress】→【Equivalent（von-Mises）】，在工具栏中单击【Solve】按钮求解结果。

6. 获得变形与应力结果（见图 5.5-6）

（1）在导航树中选择【Total Deformation】查看变形，法兰端部侧弯变形最大值约为 0.0817mm。

（2）在导航树中选择【Equivalent Stress】，查看等效应力，接管端部应力最大值约为 24MPa。

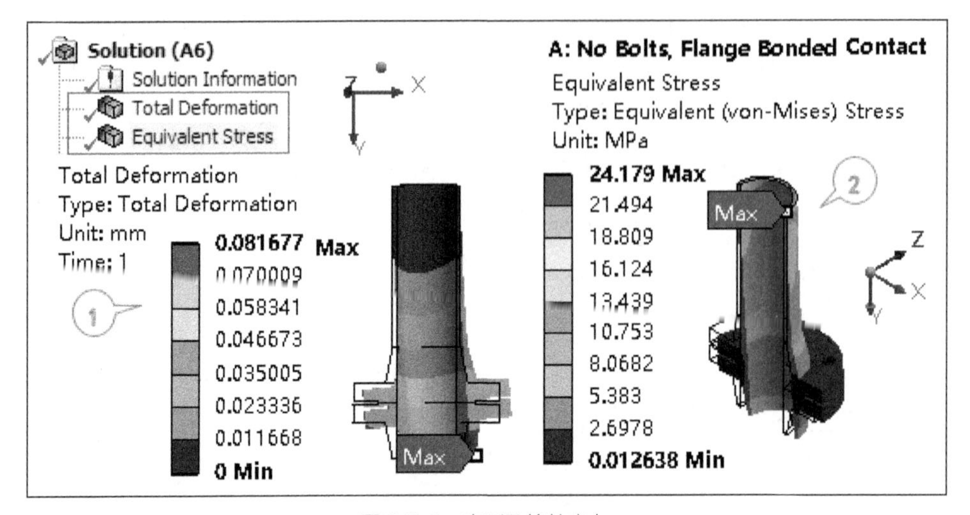

图 5.5-6　变形及等效应力

提示

应力最大值出现在约束端，由于此处远离法兰，所以并不影响法兰的分析，这是常用的一种处理方式，所以分析法兰时应增加接管部分，而不是将固定约束直接放到法兰与接管的焊接处。

7. 获得法兰接触压力（见图 5.5-7）

（1）在导航树中选择【Solution（A6）】，在求解工具栏中插入接触工具：【Tools】→【Contact Tool】。

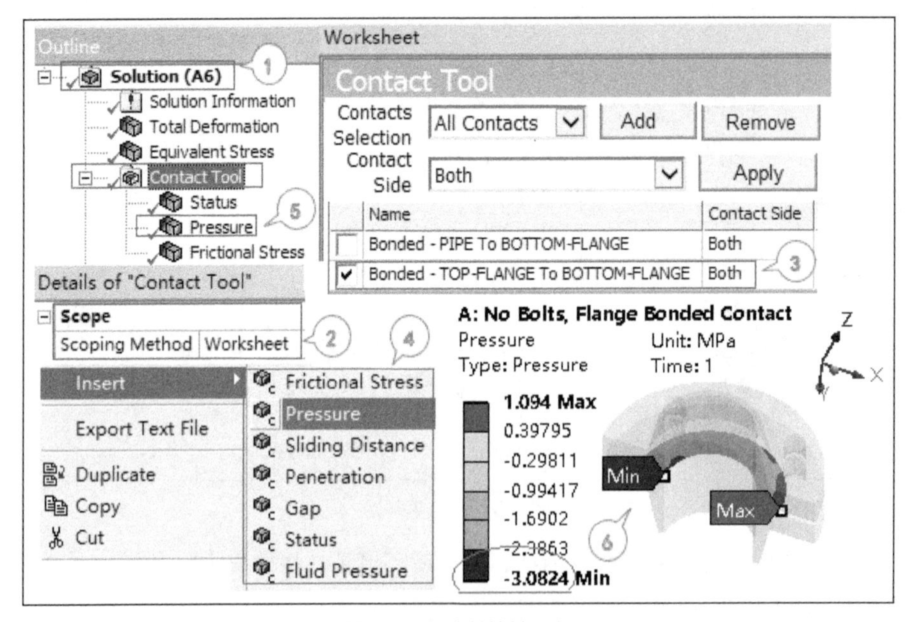

图 5.5-7　法兰接触压力

（2）在导航树中选择【Contact Tool】，在明细窗口设置【Scoping Method】=Worksheet。

（3）仅选择法兰接触对：在工作表窗口中勾选【Bonded-TOP-FLANGE To BOTTOM-FLANGE】。

（4）在导航树中选择【Contact Tool】，右键单击鼠标，插入需要查看的接触选项，如接触压力、接触摩擦应力、滑移距离、接触间隙等，这里选择【Insert】→【Pressure】。

（5）单击【Solve】按钮更新求解结果，选择【Contact Tool】→【Pressure】，图形窗口显示接触压力。

（6）显示弯曲一侧压紧正压力约为 1.1MPa，另一侧负压力约为-3.1MPa，表示此处接触面会分离。

8．获得法兰接触面处作用力（见图 5.5-8）

（1）在求解工具栏中选择【探测】工具：【Probe】→【Force Reaction】，或单击鼠标右键选择【Insert】→【Probe】→【Force Reaction】。

（2）选择接触对：在明细窗口设置【Location Method】=Contact Region，【Contact Region】=Bonded-TOP-FLANGE TO BOTTOM-FLANGE。

（3）更新结果，查看作用反力：在明细窗口中，【Results】显示 x 方向作用力为 500N，与输入切向力平衡；y 方向作用力为 2389N，与输入轴向力平衡；z 方向作用力为 18.4N；合力为 2441N。这里无法得到每个螺栓上的作用力，由于弯曲作用，两个螺栓上的作用力是不等的，因此后面将绑定接触放置在螺栓连接的接触面来获取每个螺栓上的作用力。

（4）同样查看反作用力矩：插入【Probe】→【Moment Reaction】，在明细窗口中，【Results】显示 x 方向力矩为 10.3N・m，y 方向力矩为 19.14N・m，z 方向力矩为 10N・m。

提示

由于绑定整个面会产生不真实的刚度行为，因此更详细的分析可以将绑定区域设置到垫片直径范围内或 30°压力角范围内；采用这个方法事先需要在模型中创建垫片大小的印记面，如果对每个螺栓单独设置接触，可得到螺栓处的作用力及力矩。

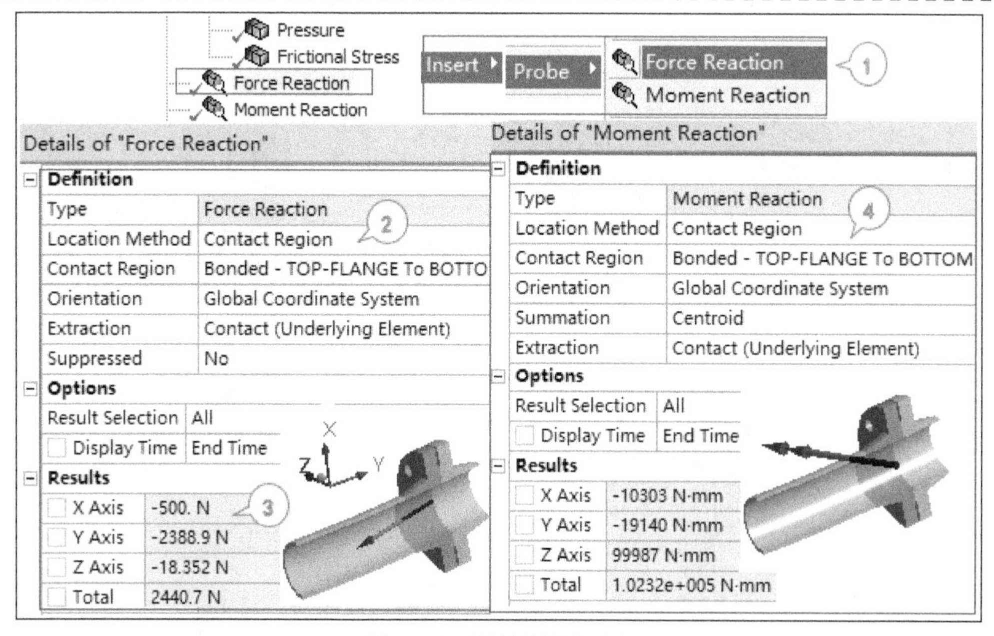

图 5.5-8　法兰接触面作用力

5.5.3.2　绑定螺栓垫片区的数值模拟过程

1．复制分析系统 A（见图 5.5-9）

分析模型来自前面 5.5.3.1 节的分析系统 A，可将其选中，右键单击鼠标，选择【Duplicate】复制为另一个分析系统，如图 5.5-9 中的分析系统 B，并修改标题名称“No Bolts，washer Bonded Contact”。在 B4 单元格【Madel】双击鼠标，进入新的结构分析窗口。

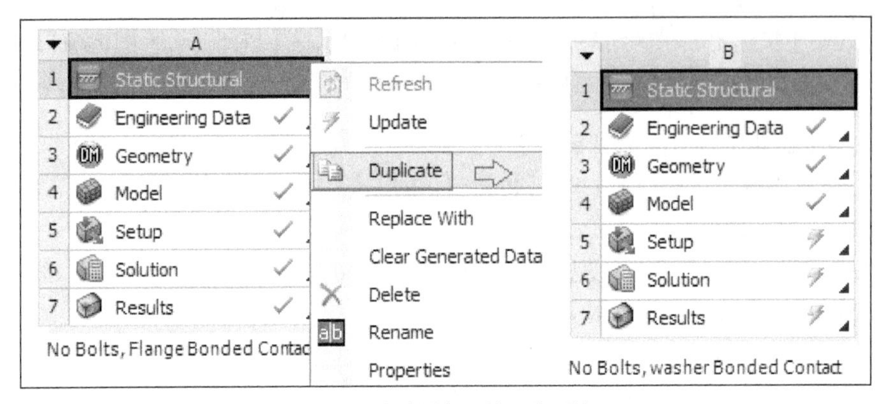

图 5.5-9　复制分析系统 A 为系统 B

2．修改模型

在分析系统 B 中的【Geometry】双击鼠标进入 DM，修改模型（见图 5.5-10）。

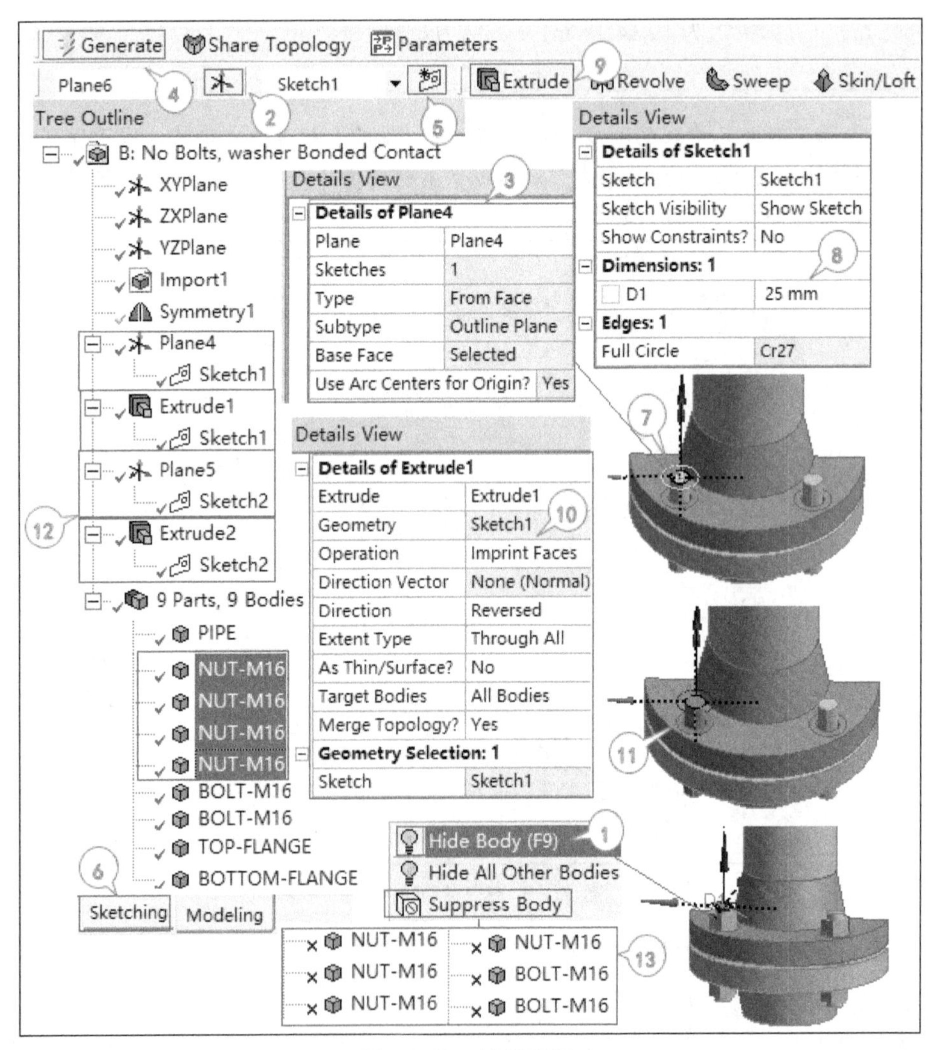

图 5.5-10　创建印记面

（1）在导航树中选择 4 个螺母，图形窗口以黄色显示选中的螺母，右键单击鼠标选择【Hide Body（F9）】隐藏螺母，以便于后续选取对象并显示。

（2）创建新平面：在工具栏单击【新平面】按钮✱，在导航树中看到【Plane4】。

（3）在图形窗口选择图示中的一个螺栓顶面作为定位面，在【Plane4】的明细窗口中确认，则【Base Face】

=Selected。

（4）在工具栏中单击【生成】、【Generate】按钮，在导航树中显示生成的新平面【Plane4】。

（5）在工作平面工具栏中，将鼠标指针移动到【新草图】按钮，会出现【New Sketch】提示框，单击【新草图】按钮。在导航树中【Plane4】下面可以看到新建草图【Sketch1】。

（6）选择导航树下方的“草图”【Sketching】标签，在草图视图中画圆：【Draw】→【Circle】。

（7）在草图中尺寸标注：选择【Dimensions】→【General】，将鼠标指针放置到圆，拖动尺寸标注D1。

（8）在明细窗口中输入直径：【D1】=25mm。

（9）选择【Modeling】标签，切换到模型视图，根据草图创建印记面：在工具栏中单击“拉伸”【Extrude】命令。

（10）在明细窗口设置【Operation】=Imprint Faces，根据需要调整方向【Direction】=Reversed，【Extent Type】=Through All，确认用草图 1 创建，即【Sketch】=Sketch1。

（11）在工具栏单击【生成】、【Generate】按钮，创建【Extrude1】，在图形窗口可看到法兰上创建的印记面用于表征垫片接触区的大小。

（12）同样，生成【Plane5】、【Sketch2】、【Extrude2】，创建另一个螺栓垫片处的印记面。

（13）在导航树选择螺栓和螺母，右键单击鼠标，选择【Suppress Body】抑制体前为 x，不参与后续计算，返回 WB。

3．修改接触对（见图 5.5-11）

（1）在 WB 中的分析系统 B 的【Model 单元格】双击鼠标，更新模型后进入分析环境，材料默认为结构钢，无需修改，在导航树中展开模型，只有 3 个实体。

（2）选择按钮对【Bonded-Top Flange-to Bottom Flange】修改为摩擦接触则显示为【Frictional-TOP-FLANGE To BOTTOM-FLANGE】，如下。

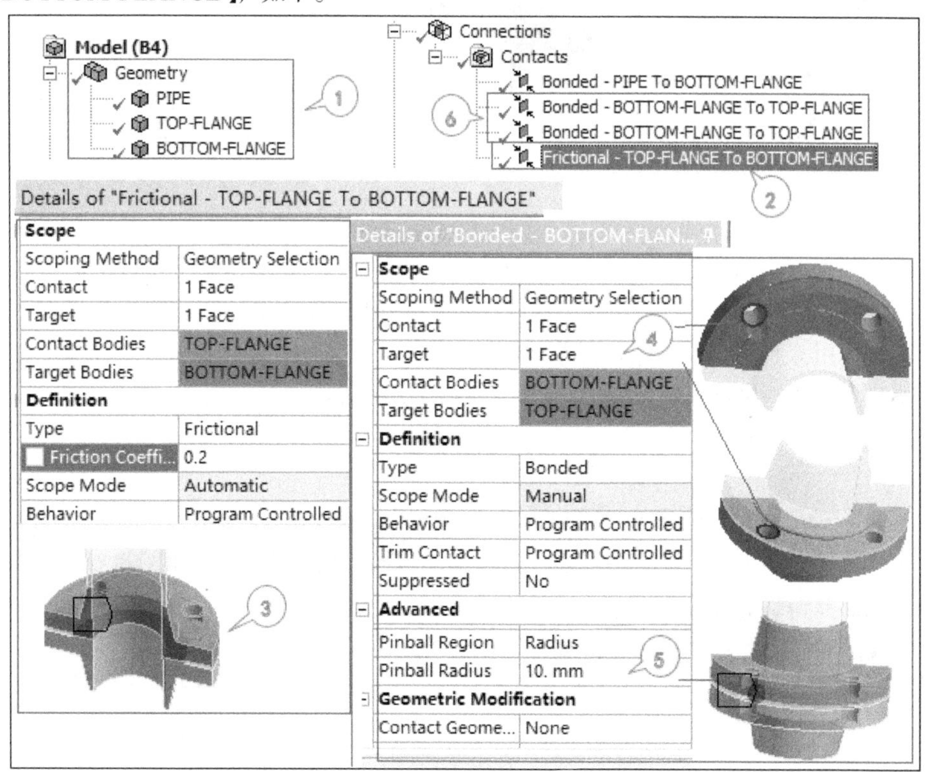

图 5.5-11 修改接触对

（3）将法兰面之间的绑定接触修改为摩擦接触，摩擦系数为 0.2，在明细窗口设置：【Type】=Frictional,【Friction Coefficient】=0.2。

（4）插入手工接触对：右键单击鼠标，从快捷菜单中选择【Insert】→【Manual Contact Region】，明细窗口中的接触范围为图形窗口中的法兰垫片直径区域，即【Contact】=1 Face 为下法兰中的绿色垫片接触面【Contact Bodies】=BOTTOM-FLANGE，而【Target】=1 Face 为上法兰中的对应垫片接触面【Target Bodies】=TOP-FLANGE。

（5）修改弹球区域半径大于该接触对的间距，这里【Pinball Region】=Radius,【Pinball Radius】=10mm，图形窗口会出现一个显示大小的蓝色小球。

（6）同样，添加另一对螺栓垫片的接触对【Contacts】→【Bonded- BOTTOM-FLANGE To TOP-FLANGE】。

4．更新网格及求解（见图 5.5-12）

（1）在导航树选择【Mesh】下的网格设置，右键单击鼠标选择【Suppress】，重新单击工具栏中【Update】按钮更新网格，图形窗口显示六面体与四面体组合网格，查看节点数约为 4.3 万，单元数约为 2.4 万。

（2）在导航树中选择【Solution】，右键单击鼠标选择【Solve】重新求解。

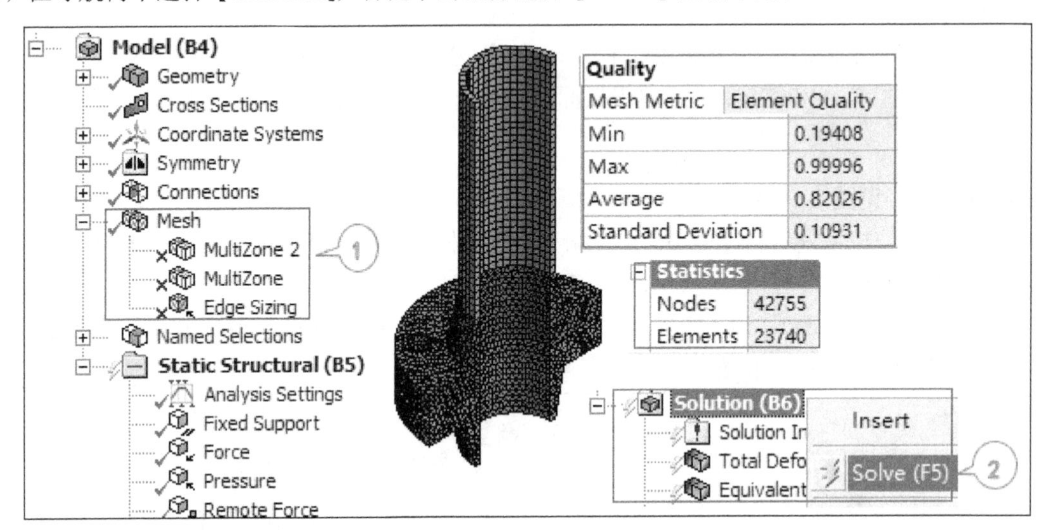

图 5.5-12　更新网格及求解

5．更新及查看结果（见图 5.5-13）

（1）在导航树中选择【Total Deformation】查看，法兰端部侧弯变形增加到 0.084mm。

（2）与前面一样，添加法兰接触作用力及螺栓垫片接触作用力，如图 5.5-13 所示。

（3）法兰接触作用力明显减少，合力仅为 91N。

（4）螺栓垫片左右两侧接触作用力并不一致，一侧合力为 384N。

（5）而另一侧合力为 2163N，y 向为主。

提示

接触作用力结果反映出由于外载导致法兰产生偏转，因此螺栓承载具有非对称性。如果基于保守的设计原则，假设法兰面没有接触，则所有外载都通过螺栓传递，应计算螺栓上的最大承载力，这时可将法兰面的摩擦接触对删除，可重新计算出最大螺栓承载力，这里略过。

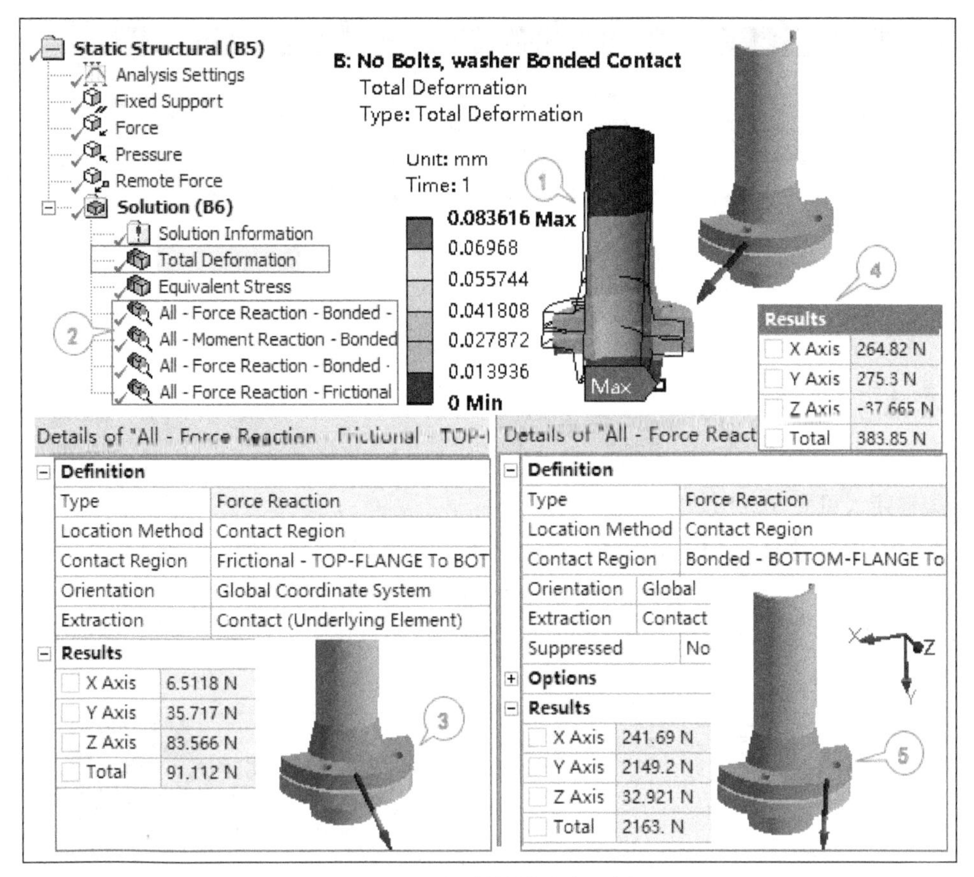

图 5.5-13 螺栓垫片作用力及力矩

5.5.4 螺栓为梁单元进行螺栓连接组件分析

该方法中，螺栓采用梁单元建模进行螺栓连接组件分析。

梁单元的构造方式有以下两种。

- 可以在结构分析中直接创建梁连接，梁连接中直接定义梁单元连接到零件边或面，网格划分用一个梁单元，横截面必须为圆截面，不能直接应用螺栓预紧力。
- 可以在 DM 中创建线体，定义梁的横截面参数，导入结构分析，线体通常用固定关节将梁单元连接到零件边或面，线体可划分为多个梁单元，任意横截面在 DM 中指定，可直接施加螺栓预紧力。

梁单元连接到对应于垫片直径的作用面更符合实际，梁单元传递的力分布在垫片表面，可以得到梁单元上的作用力和力矩用于后续手工计算螺栓范围。下面分别给出 2 种模型的数值模拟：①无预紧力的梁连接，且法兰之间摩擦接触分析计算模型；②线体梁单元，施加预紧力，且法兰之间摩擦接触分析计算模型的数值模拟过程。

5.5.4.1 梁连接模型的数值模拟过程

本模型中的梁连接是将法兰连接在一起的，这是航天航空工业中常用的方法，螺栓承载所有载荷，通常更保守，后续可人工计算来确定螺栓是否失效。

1. 复制分析系统 B（见图 5.5-14）

分析模型来自前面 5.5.2 节的分析系统 A 或分析系统 B，可将其选中，右键单击鼠标，选择【Duplicate】，将所选系统复制为另一个分析系统，如图 5.5-14 中的分析系统 C，并修改标题名称“Beam Connection…”。在 C4 单元格【Model】双击鼠标，进入结构分析系统 C。

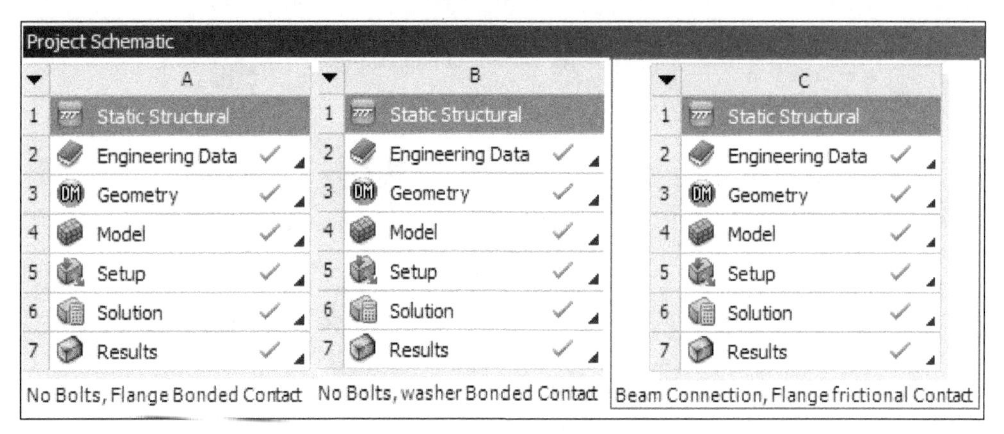

图 5.5-14　复制分析系统 B 为系统 C

2．添加梁连接（见图 5.5-15）

（1）WB 的系统 C 的【Model】双击鼠标，进入分析环境，在导航树中展开接触关系：【Connections】→【Contacts】，选择接触对，【Frictional-TOP-FLANGE To BOTTOM-FLANGE】及两组【Bonded - BOTTOM-FLANGE To TOP-FLANGE】，右键单击鼠标选择【Suppress】，抑制法兰面之间的摩擦接触及另外两组绑定接触对。

图 5.5-15　插入梁连接

（2）展开【Solution】看到因抑制接触产生有问号“？”的结果，这些结果已经无效，应予以删除，选中并右键单击鼠标，选择【Delete】。

（3）在导航树中选择【Connections】，在工具栏中插入梁连接：选择【Body-Body】→【Beam】，则【Connections】中加入圆截面梁。

（4）在梁连接明细窗口中设置半径为 8mm 的结构钢梁，即【Material】=Structural Steel，【Radius】=8mm，设置连接范围：【Scope】=Body-Body；参考位置为一个法兰外端面的印记面（红色），运动位置为另一个法兰外端面印记面（蓝色）。

（5）以同样方法添加并设置另一对刚性连接梁，完成后会出现在连接关系下方。

（6）导航树中选【Mesh】，工具栏选【Update】更新网格。由于是刚性梁连接，所以网格划分后，梁上无网格。

3．求解及查看结果（见图 5.5-16）

（1）在工具栏中单击【Solve】按钮重新求解，求解成功后导航树下方显示有绿色闪电标记。

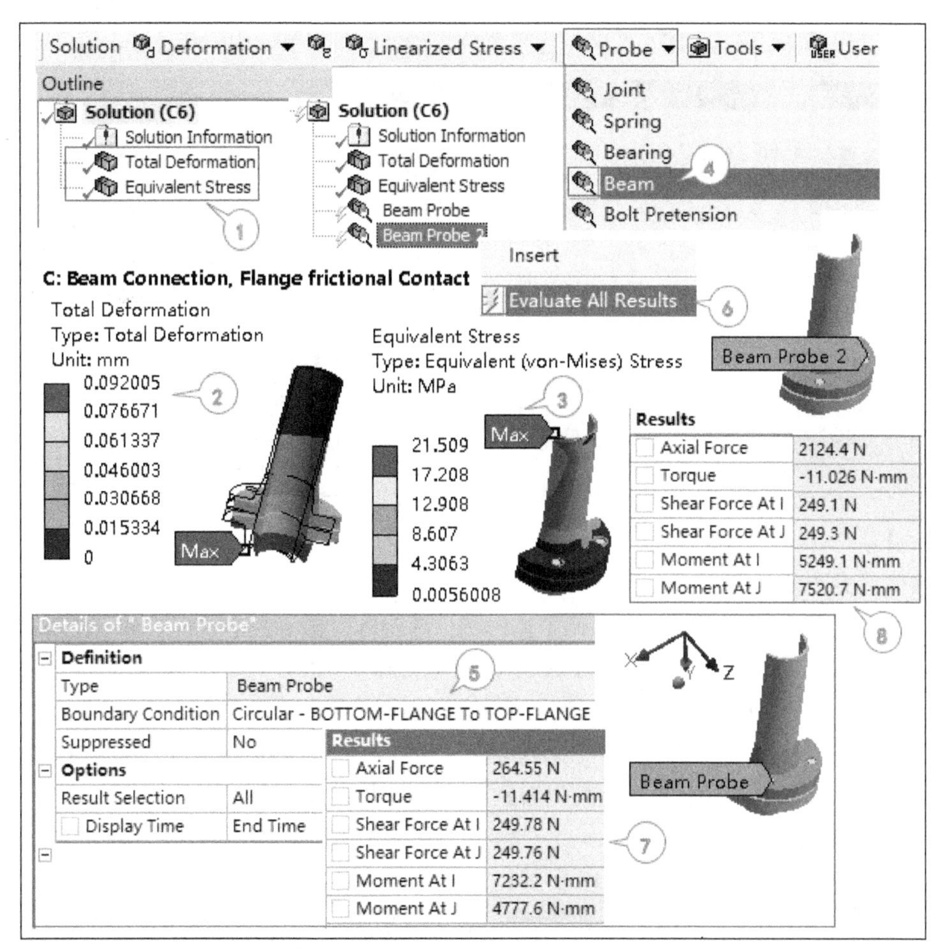

图 5.5-16　查看变形、应力及梁连接的力与力矩

（2）在导航树中选择【Total Deformation】查看，法兰端部侧弯变形增加到 0.092mm。

（3）在导航树中选择【Equivalent Stress】，查看等效应力，接管端部应力最大值 21.5MPa。

（4）在导航树中选择【Solution】，在求解工具栏中插入梁探测命令【Probe】→【Beam】，则出现【Beam Probe】。

（5）在明细窗口设置需要查看的梁连接，【Type】=Beam Probe，【Boundary Condition】=Circular - BOTTOM-FLANGE To TOP-FLANGE，以同样方法插入第 2 个梁连接。

（6）在导航树下选中插入的两个梁连接的结果，这时是黄色闪电图标表示待定状态，右键单击鼠标，选择【Evaluate All Results】重新导出结果。

（7）得到梁中轴向力265N、剪切力250N、扭矩11N、弯矩最大值7232N·mm的结果。

（8）同样，可得到另一个梁连接的结果，梁中轴向力2124N、剪切力249N、扭矩11N、弯矩最大值7521N·mm的，可看到两个螺栓剪力、扭矩一致，轴向力相差8倍（2124/265 ≈ 8）。

5.5.4.2 线体梁模型的数值模拟过程

本模型中在DM中创建线体梁，将法兰连接在一起，考虑螺栓预紧力，因此求解步骤分为螺栓预紧及预紧后的操作工况两个步骤。这是压力容器管道法兰校核中常用的方法，如果考虑垫片行为，则可进一步进行法兰密封性能的评估。

1．复制分析系统A（见图5.5-17）

分析模型来自前面5.5.2节的分析系统A或B，WB中可将其选中，右键单击鼠标选择【Duplicate】，复制为另一个分析系统，如图5.5-17中的分析系统D，并修改标题名称“DM Line body…”。在WB的D3单元格【Geometry】双击鼠标，进入DM程序，建模单位为mm，在菜单栏中选择【Units】→【Millimeter】。

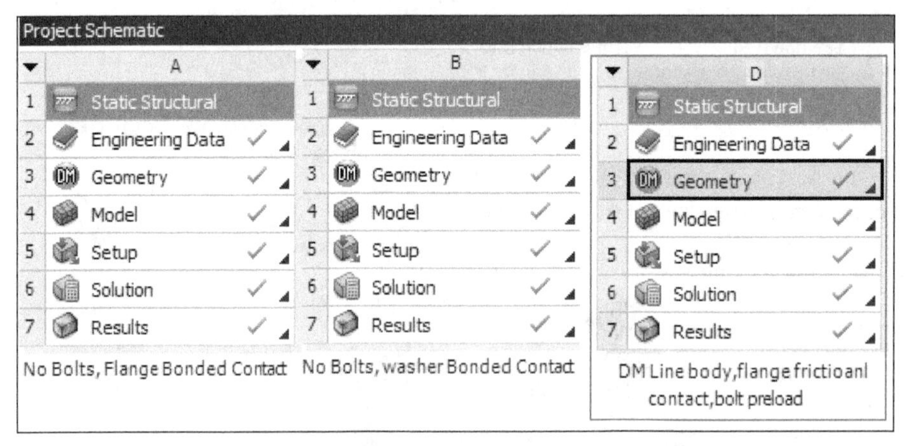

图5.5-17 复制分析系统A为系统D

2．创建线体（见图5.5-18）

（1）创建新平面：在工具栏单击【新平面】按钮，导航树中显示创建的新平面【Plane4】。

（2）在明细窗口设置【Base Plane】=XYPlane，【Transform 1（RMB）】=Rotate about Y，【FD1，Value 1】=45°，在工具栏中单击“生成”【Generate】按钮，导航树中显示生成的新平面【Plane4】。

（3）在工作平面工具栏中，将鼠标指针移动到【新草图】按钮，会出现【New Sketch】提示，单击【新草图】按钮。导航树中在【Plane1】下面可以看到新建草图【Sketch1】。

（4）选择导航树下方的“草图”【Sketching】标签，在草图中画线并标注尺寸，线长为48mm，距法兰端面24mm，距法兰中心76mm，如图5.5-18所示。

（5）选择【Modeling】标签，根据草图创建线体：在菜单栏中选择【Concept】→【Lines From Sketches】，选择Sketch1，在工具栏中单击“生成”【Generate】按钮，创建线体【Line1】。

（6）在图形窗口选择线体，在菜单栏中选择【Create】→【Pattern】。

（7）导航树中显示创建的阵列【Pattern】。

（8）在阵列明细窗口中设置绕法兰中心轴90°圆形阵列一个，【Pattern Type】=Circular，【Geometry】=1 Body，【Axis】=2D Edge，【FD2，Angle】=90°，【FD3，Copies（>=0）】=1，从而复制第2个线体。

（9）在菜单栏中选择【Concept】→【Cross Section】，选择圆截面，创建【Circular1】。

（10）在【Circular1】明细窗口中设置半径【R】=8mm。

（11）在导航树中选择生成的两个线体，即 Line Body，设置“线体截面”【Cross Section】=Circular1。
（12）在菜单栏中选择【View】，勾选“线框图”【Wireframe】和“横截面实体”【Cross Section Solids】。
（13）显示两个实体截面的线体和线框图模型，如图 5.5-18 所示，保存文件，返回 WB。

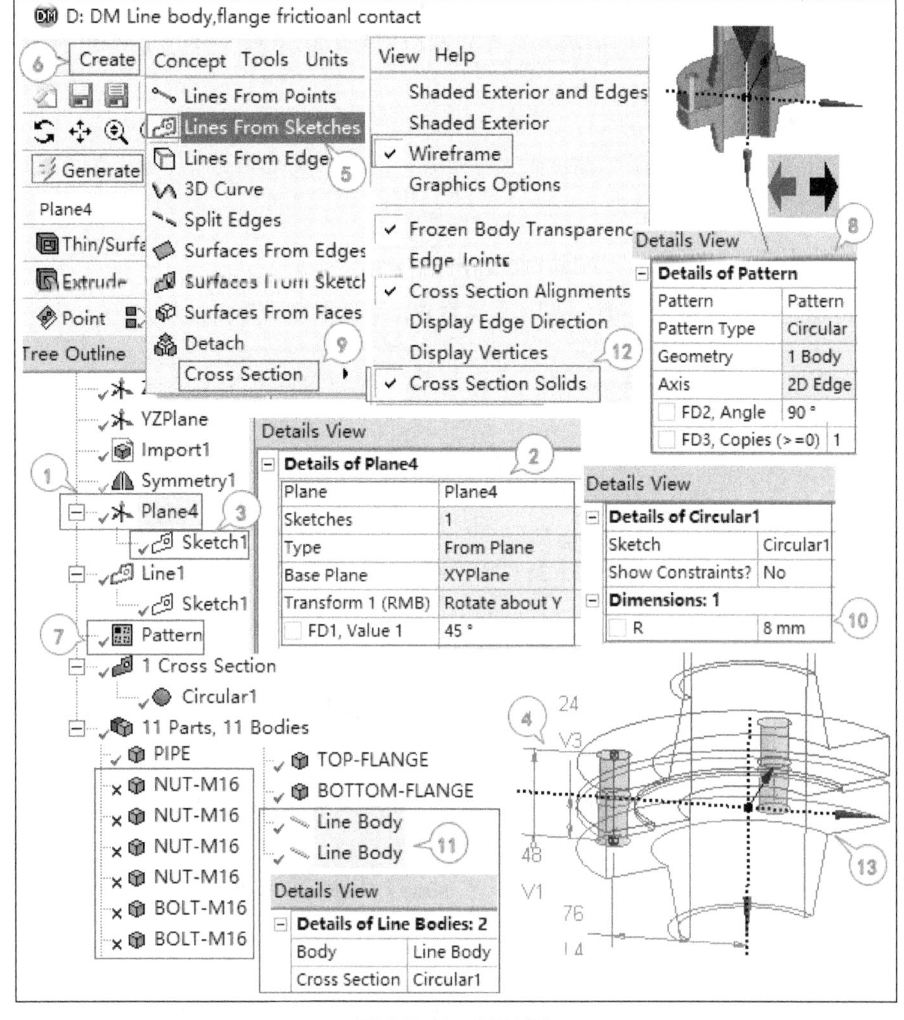

图 5.5-18 创建线体

3. 生成线体梁单元（见图 5.5-19）

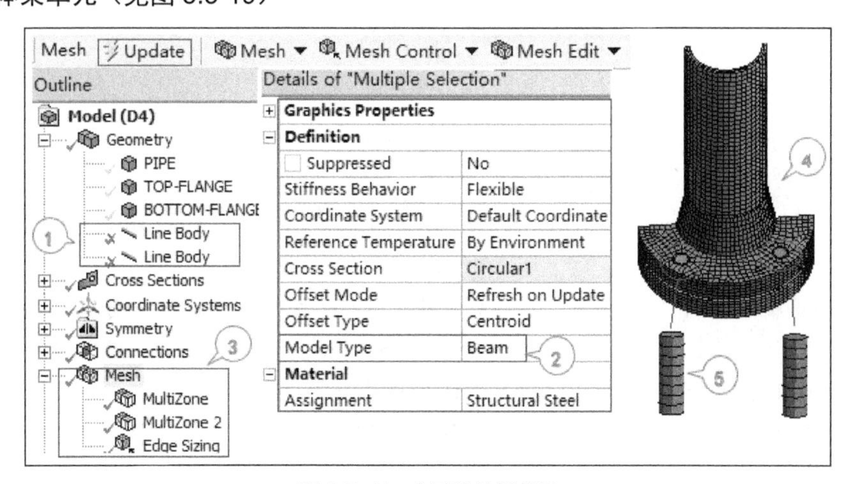

图 5.5-19 创建线体梁单元

（1）在 WB 的 D4 单元格【Model】双击鼠标，进入“结构静力分析”【Mechanical】。给线体梁分配材料：在导航树中选择【Geometry】→【Line Body】。

（2）在明细窗口中分配材料属性：设置【Model Type】=Beam，【Material】→【Assignment】=Structural Steel。

（3）在导航树中选择【Mesh】，则当前活动工具栏为网格划分的相关命令，选择【Mesh】→【Generate Mesh】或【Update】生成网格。

（4）在图形窗口可看到生成的单元。

（5）可隐藏其他对象，仅显示线体，查看线体梁单元，由于是线单元，所以单元仅在轴向，横截面上没有网格划分。

4．添加关节

每个螺栓两端与法兰的垫片螺母连接，采用固定关节，手动添加关节的步骤如下（见图 5.5-20）。

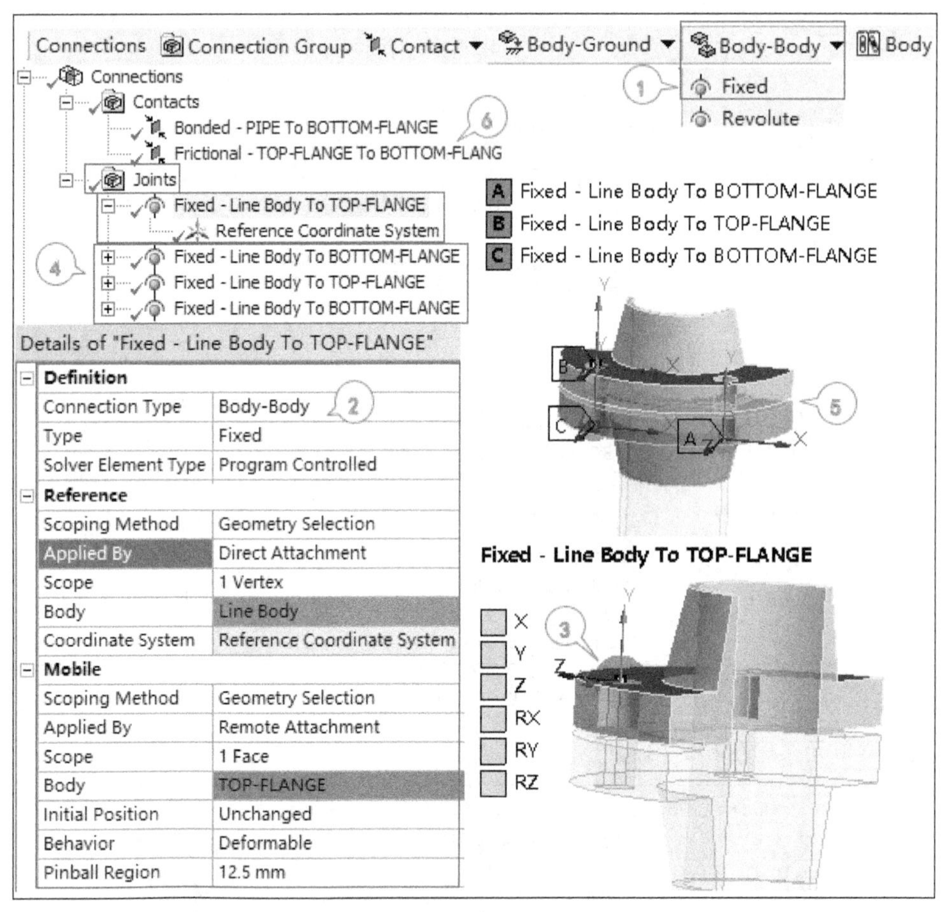

图 5.5-20　插入固定关节

（1）在导航树中选择【Model】→【Connections】，在工具栏中选择【Body-Body】下面的固定关节类型【Fiexed】。

（2）在固定关节明细窗口中，设置关节要应用的参考点与运动面，参考点为线体的端点，运动面为配对的法兰端面，设置可变形行为【Behavior】=Deformable，这样垫片面为可变形面，“弹球区域”【Pinball Region】=12.5mm 用于指定关节所需运动面的控制区域，数值为垫片直径范围。

（3）图形窗口显示定义的固定关节及局部坐标系原点和方向，蓝色为运动面，工具栏中【Body Views】按钮可以在独立窗口中显示参考体和运动体。

（4）同样，设置另外的 3 对固定关节，注意每个螺栓各有 2 对固定关节，模型中应进行关节的交互操作。

（5）在导航树选中关节，图形窗口中可查看后面的 3 对固定关节。

（6）修改上下法兰接触关系：【Connections】→【Contacts】，选择接触对【Bonded-TOP-FLANGE TO BOTTOM-FLANGE】，将法兰面之间的绑定接触修改为摩擦接触，摩擦系数为 0.2，在明细窗口设置：【Type】=Frictional，【Friction Coefficient】=0.2，如图 5.5-11 所示。

提示

当刚体使用很多关节连接在一起时会产生过约束现象，使用关节自由度检查有助于检查过约束的状况，自由度为负数或零，程序会提示可能过约束。

查看连接关系示例如图 5.5-21 所示。

（1）在导航树中选择【Connections】。

（2）在工具栏中选择【Worksheet】显示。

（3）【Joint DOF Checker】为关节自由度检查结果，这里关节自由度为 6，静力分析中需对自由度加以限制，后续边界条件中固定接管端部即可。

图 5.5-21 查看连接关系

5. 分析设置载荷步及施加螺栓预紧力（见图 5.5-22）

（1）在导航树中选择【Static Structural（D5）】→【Analysis Settings】。

（2）在明细窗口设置两个加载步及子步：选择【Step Controls】→【Number Of Steps】=2，第 1 个加载步子步控制：【Current Step Number】=1，【Auto Time Stepping】=On，【Define By】=Substeps，【Initial Substeps】=5，【Minimum Substeps】=5，【Maximum Substeps】=50。同样，设置第 2 个加载步时【Current Step Number】=2，其余的子步控制相同；【Large Deflection】=On。

（3）在导航树选择【Static Structural（D5）】，在分析环境工具栏中插入螺栓预紧载荷【Loads】→【Bolt Pretension】。

（4）在图形窗口选择螺栓处的线体，在明细窗口中确认，单击【Geometry】中的【Apply】，则【Geometry】=1 Edge，输入“预紧力”【Preload】=25000N。

（5）表格数据中锁紧第二个载荷步：【Steps】=2，【Define By】=Lock。

提示

由于采用分步加载，所以这里设置两个载荷步，考虑到非线性计算行为，因此每个载荷步设置了多个子步，不过子步数可以自由调整以满足计算收敛性，螺栓预紧力的加载也可以直接在数据表中输入。

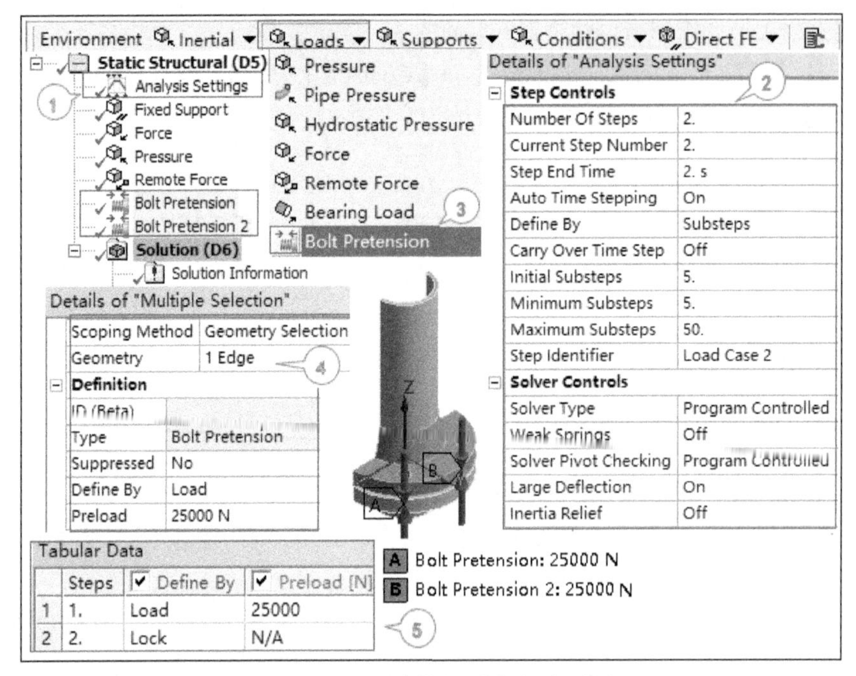

图 5.5-22　设置载荷步及施加螺栓预紧力

6．修改载荷（见图 5.5-23）

（1）分析设置中其他约束不变，但加载需要调整到第 2 个载荷步，在导航树中选择【Force】。

（2）在明细窗口载荷按数据表输入：【Y Component】=Tabular Data，数据表中输入：【Time】=1，【Y】=0 N，【Time】=2，【Y】=2389N。

（3）在导航树中选择“压力”【Pressure】和“远端力”【Remote Force】，按步骤（1）同样设置即可。

（4）【Analysis Settings】求解设置为显示第 2 个载荷步的数据，设置【Current Step Number】=2。

（5）在导航树中选择【Static Structural】，图形窗口显示当前的所有边界条件，可看到第 2 个载荷步时，螺栓锁紧，所有载荷同时施加对应的数值。同样可查看第 1 个载荷步仅有螺栓预紧力而没有其他载荷。

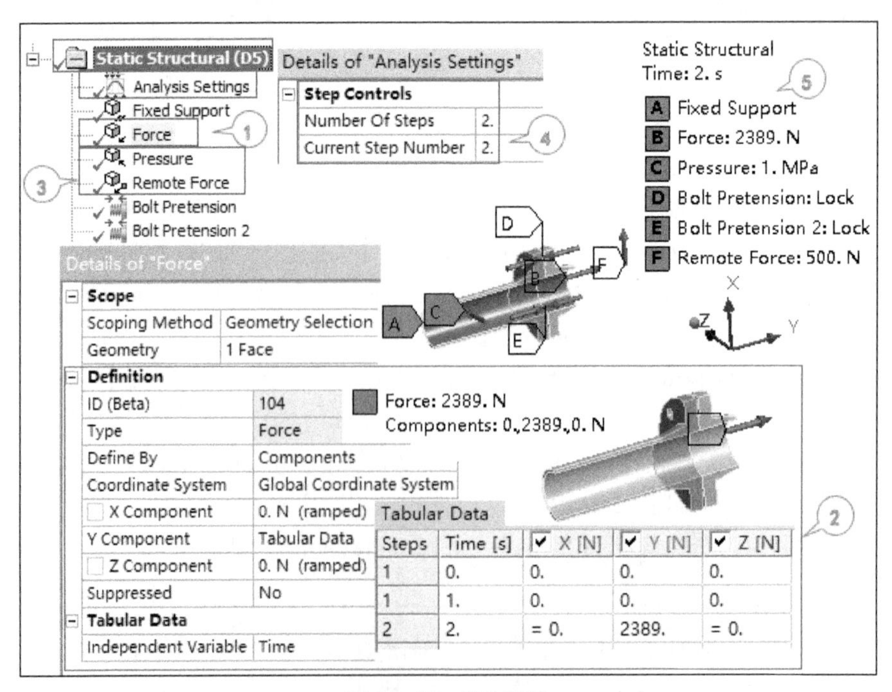

图 5.5-23　修改载荷

7．求解及查看结果（见图 5.5-24）

（1）在工具栏中单击【Solve】按钮重新求解，在导航树中选择【Total Deformation】。

（2）在明细窗口设置“显示时间”【Display Time】=1s。

（3）查看载荷步 1 的变形，预紧工况螺栓处法兰最大变形约为 0.04mm。

（4）设置“显示时间”【Display Time】=2s，查看载荷步 2 的变形，操作工况总变形最大增加到 0.093mm。

（5）在导航树中选择【Equivalent Stress】，查看第 2 步对应操作工况下的等效应力，螺栓孔处应力最大值约为 331MPa，法兰内壁最大应力约为 43MPa。

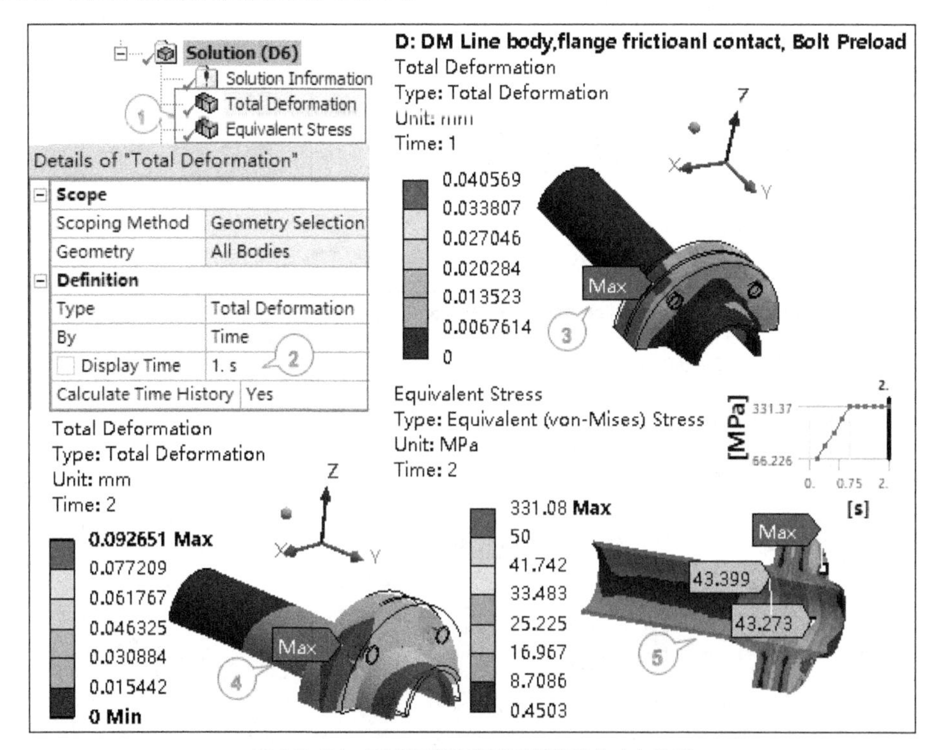

图 5.5-24　不同加载步变形及最终等效应力结果

8．查看梁结果、接触结果及梁应力结果（见图 5.5-25~图 5.5-27）

（1）在导航树中选择【Solution】。

（2）右键单击鼠标插入梁结果【Insert】→【Beam Results】，可选择“轴力”【Axial Force】、“弯矩”【Bending Moment】、“扭矩”【Torsional Moment】、“剪切力”【Shearl Force】、“剪力-弯矩图”【Shear-Moment Diagram】。

（3）同样可插入“接触工具”【Contact Tool】查看接触状态、接触压力等选项，“螺栓工具”【Bolt Tool】查看螺栓伸长量等，“梁工具”【Beam Tool】查看轴向应力、弯曲应力等选项。

（4）在工具栏中单击【Solve】按钮，更新结果显示在【Solution】下方，如图 5.5-25 所示。

（5）梁结果如图 5.5-26 所示。在导航树中选择【Solution】→【Axial Force】，螺栓轴向力显示第 2 个加载步后，两个螺栓受力为非对称，初始预紧力的作用因外载而减弱，轴向力由 25000N 下降到 24804 ~ 24876N。

（6）在导航树中选择【Solution】→【Total Bending Moment】，螺栓总弯矩显示第 2 个加载步后，两个螺栓上弯矩也是非对称的，弯矩随外载的增大而增加。

（7）在导航树中选择【Solution】→【Total Shear Force】，总剪力比轴向力小很多，最小值随加载的减小而减少，最大值随加载的增加而增加。

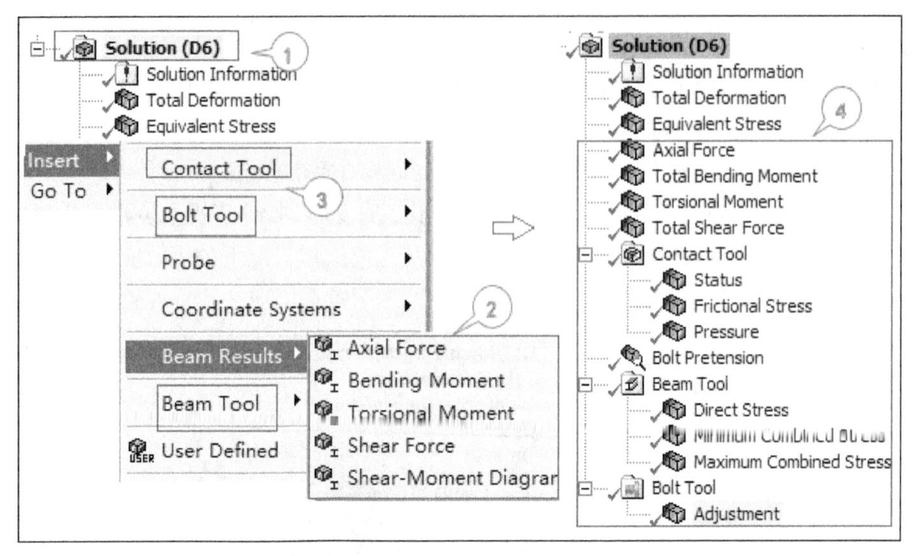

图 5.5-25 插入梁结果、接触工具、螺栓工具及梁工具

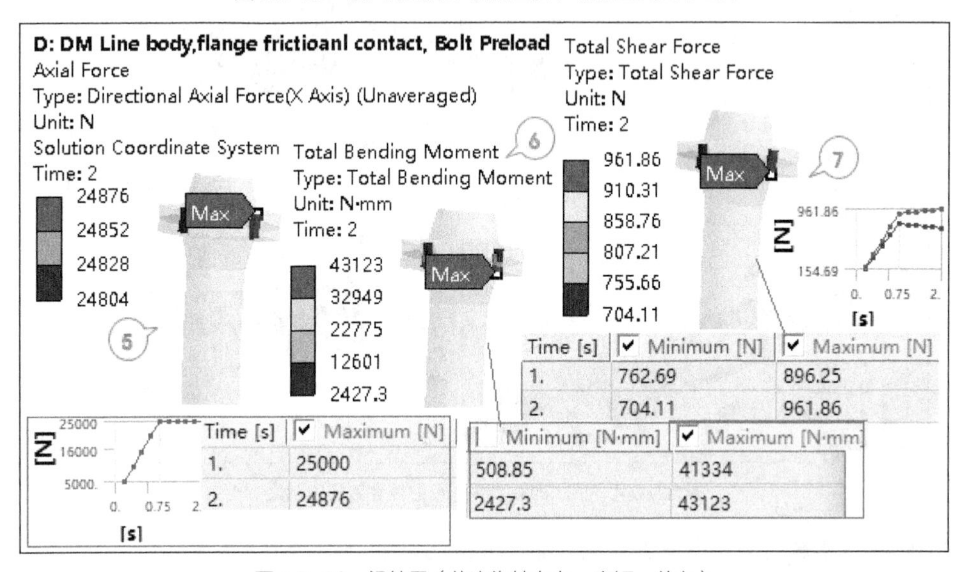

Time [s]	Maximum [N]
1.	25000
2.	24876

Minimum [N·mm]	Maximum [N·mm]
508.85	41334
2427.3	43123

Time [s]	Minimum [N]	Maximum [N]
1.	762.69	896.25
2.	704.11	961.86

图 5.5-26 梁结果（依次为轴向力、弯矩、剪力）

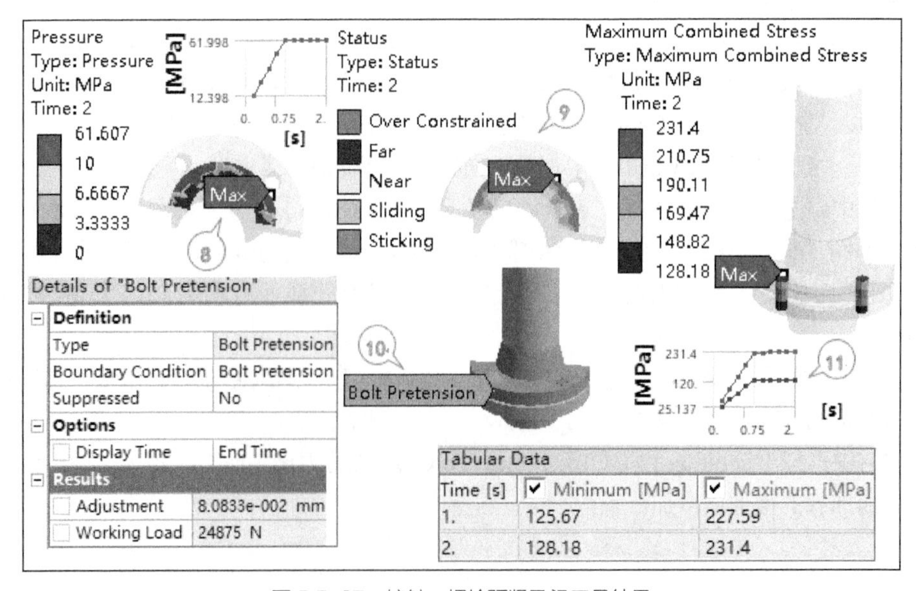

Details of "Bolt Pretension"

Definition	
Type	Bolt Pretension
Boundary Condition	Bolt Pretension
Suppressed	No
Options	
Display Time	End Time
Results	
Adjustment	8.0833e-002 mm
Working Load	24875 N

Tabular Data

Time [s]	Minimum [MPa]	Maximum [MPa]
1.	125.67	227.59
2.	128.18	231.4

图 5.5-27 接触、螺栓预紧及梁工具结果

（8）在导航树中选择【Solution】→【Contact Tool】→【Pressure】，查看接触处压力，显示预紧后接触面没有完全分离，压力值内侧为0，表明内侧部分有分离，而外侧为正值，最高值约为62MPa。

（9）在导航树中选择【Solution】→【Contact Tool】→【Status】，查看接触状态，显示预紧后接触面外侧为“黏结”【Sticking】状态，内侧为“临近”【Near】状态，与压力表征是一致的。

（10）在导航树中选择【Solution】→【Bolt Pretension】查看其中一个变化最大的螺栓预紧，显示工作载荷为24875N，螺栓伸长量约为0.08mm。

（11）在导航树中选择【Solution】→【Beam Tool】→【Maximum Combined Stress】，查看螺栓的最大组合应力，显示第2个加载步后，拉伸及弯曲最大组合应力为231MPa，可用于评估螺栓强度是否足够。

 提示

对于上述两种建模方式：无接触的梁连接模型为线性算法，易于设置，可快速获得螺栓载荷，但不考虑螺栓预紧力，计算保守；线体梁模型则考虑螺栓预紧力及连接面之间的摩擦接触，设置较为简单，可得到螺栓载荷，但需要几何前处理来创建线体，且忽略螺栓垫片之间的摩擦接触。

5.5.5 螺栓为实体单元（无螺纹）进行螺栓连接组件分析

如果考虑更多螺栓连接的详细特征，如法兰、螺栓、垫片、螺母之间的接触行为，则可用实体单元建模。简单的处理方式可采用绑定接触，复杂的处理方式采用摩擦接触；考虑到计算成本，实际建模中并不包含螺纹，下面给出建模螺栓采用实体单元时需要考虑的细节问题。

5.5.5.1 螺栓预紧单元预紧载荷的正确设置

ANSYS 程序中施加螺栓预紧载荷，如图5.5-28所示，螺栓被一分为二，两个部分之间通过创建的螺栓预紧单元PRETS179连接在一起，该单元特征如下。

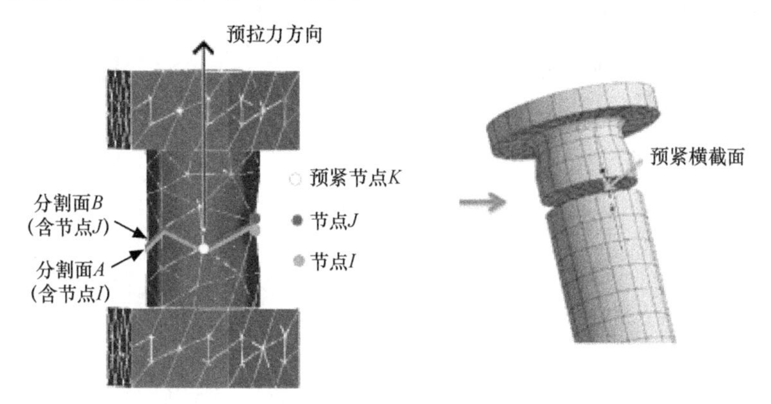

图5.5-28 螺栓预紧载荷

（1）一组预紧单元用一个截面标识，产生的线单元连接螺栓的两个分离部分。

（2）线单元两端为节点 I、J，且通常二者共点，节点 K 为预紧节点，节点 K 可处于任意位置，具有一个轴向位移自由度 UX，可定义轴向预紧力 FX 或轴向预紧位移 UX，在螺栓预紧方向为线运动。

（3）预紧方向不变，并不随螺栓转动更新方向。

螺栓采用规则的网格划分（如六面体单元）可以获得平直的预紧截面，而四面体网格则预紧截面是扭曲的，这会影响计算结果；当施加预紧力在绑定接触区时，由于预紧截面处的两个连接面会产生相对运动，而绑定接触会阻止该相对运动，因此DM中采用投影面、面分割或印记面能避免该问题。

> **提示**
>
> 施加实体单元的螺栓预紧载荷时，可以指定圆柱面或体，作用在圆柱面时程序自动指定载荷方向，因此此时要注意：作用面需要与绑定接触面分离；作用在实体上时，需定义局部坐标系指定载荷方向和实体分割的位置，坐标原点为预紧节点 K，z 轴为螺栓预紧力方向，xy 平面为预紧截面，同样需要注意的是该平面要远离绑定区域。

5.5.5.2 实体单元及螺栓预紧单元连接组件分析的数值模拟过程

1．添加【Static Structural】

WB 从工具箱中将“结构静力分析系统”【Static Structural】拖入到工程流程图中。

新的结构静力分析命名为“Weld Neck Flange with solid element”，并保存在 Flange Connection.wbpj 文件中。

2．建立模型（见图 5.5-29）

（1）项目流程图中，单击【Geometry】单元格，右键单击鼠标，从快捷菜单中选择【Import Geometry】，导入几何文件 flange-asm.stp。然后在【Geometry】单元格双击鼠标，进入 DM 程序，选择“对称”命令【Tools】→【Symmetry】，在明细窗口设置对称面为 XYPlane，【Symmetry Plane 1】=XYPlane，在工具栏单击“生成”【Generate】按钮，则图形窗口显示对称模型。

（2）在工具栏单击【新平面】按钮，创建新平面【Plane4】，设置基准面为 ZXPlane，即【Base Plane】=ZXPlane，图形窗口显示新平面在法兰中间。

（3）在菜单栏选择分割命令【Create】→【Slice】，导航树中出现【Slice1】。

（4）在明细窗口设置分割平面为 Plane4，分割两个螺栓，即【Slice Type】=Slice by Plane，【Base Plane】=Plane4，【Slice Targets】=Selected Bodies，【Bodies】=2。

（5）将分割的螺栓合并为一个零件，导航树中选择两个螺栓 BOLT-M16，右键单击鼠标选择【Form New Part】，合并为一个螺栓并重命名为 bolt1，另一组以相同方法操作。

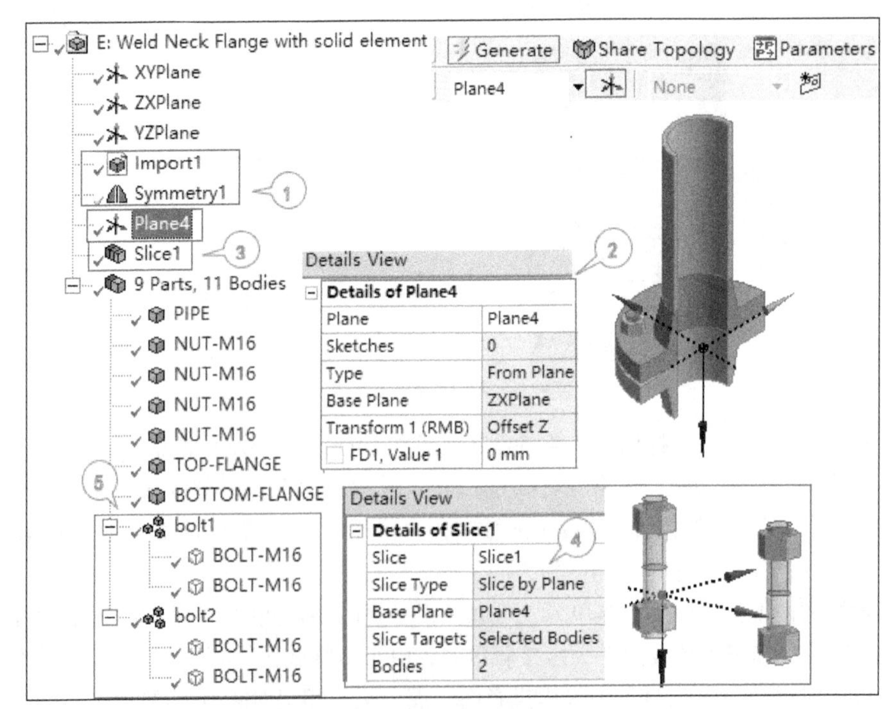

图 5.5-29 建立模型

3．创建局部坐标系（见图 5.5-30）

（1）返回 WB，在【Model】单元格双击鼠标，进入“结构分析”【Mechanical】程序，设置单位为“Metric (mm, kg, s, mV, mA)”，在导航树中展开【Geometry】，默认材料为“结构钢”。选中需要隐藏的上下法兰及接管，从快捷菜单中选择【Hide Body】，则图形窗口仅显示螺栓、螺母组。

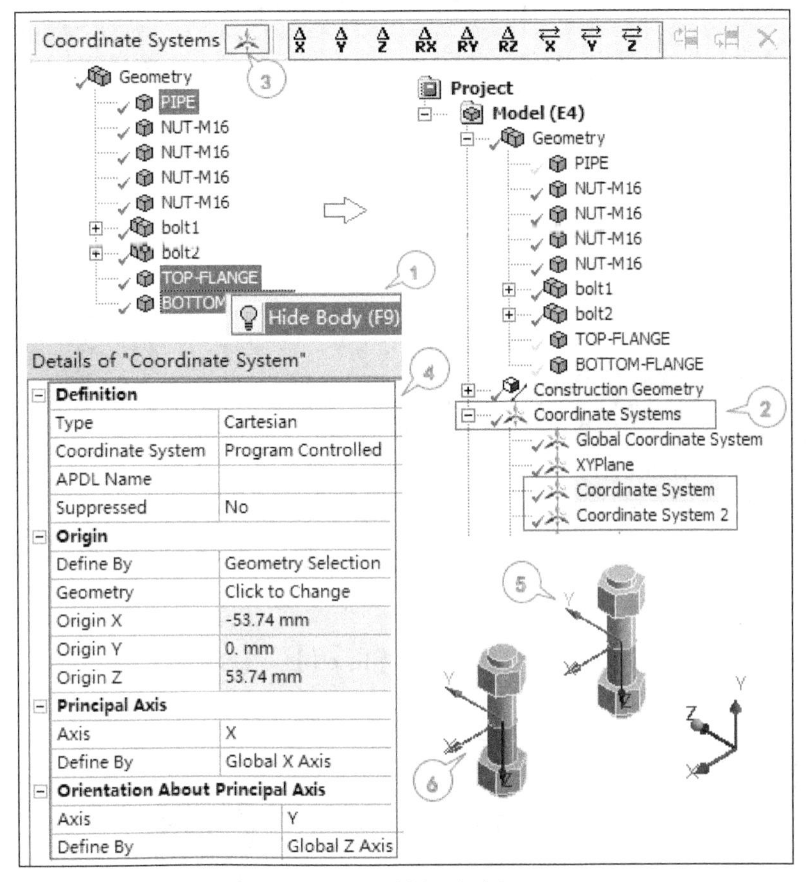

图 5.5-30　创建局部坐标系

（2）创建坐标系如图 5.5-30 所示，在导航树中选择【Coordinate Systems】。

（3）在工具栏中选择【创建坐标系】按钮，在导航树坐标系下面出现要创建的【Coordinate System】。

（4）在明细窗口的原点设置【Define By】=Geometry Selection，然后选择螺栓中间边，在【Geometry】中选择【Click to Change】，单击【Apply】按钮。

（5）图形窗口出现定义的局部坐标系，调整 z 方向为螺栓轴向。

（6）同样设置第 2 个螺栓局部坐标【Coordinate System 2】。

4．修改接触对（见图 5.5-31）

（1）在导航树中展开接触关系：【Connections】→【Contacts】，将法兰面之间的绑定接触修改为摩擦接触，选择接触对【Bonded-TOP FLANGE To BOTTOM-FLANGE】，按如下修改后如图 5.5-31 所示。

（2）摩擦系数为 0.2，在明细窗口设置：【Type】=Frictional，【Friction Coefficient】=0.2。

（3）将螺栓与法兰孔之间的绑定接触修改为无摩擦接触：选择接触对【Bonded-Mutliple To Multiple】，在图形窗口中选择螺栓 4 个表面为接触面，法兰孔 4 个内表面为目标面，在明细窗口设置:【Type】=Frictionless，改后如图 5.5-31 所示。

（4）同样设置另一对螺栓与法兰孔的无摩擦接触，其他仍保持绑定接触。

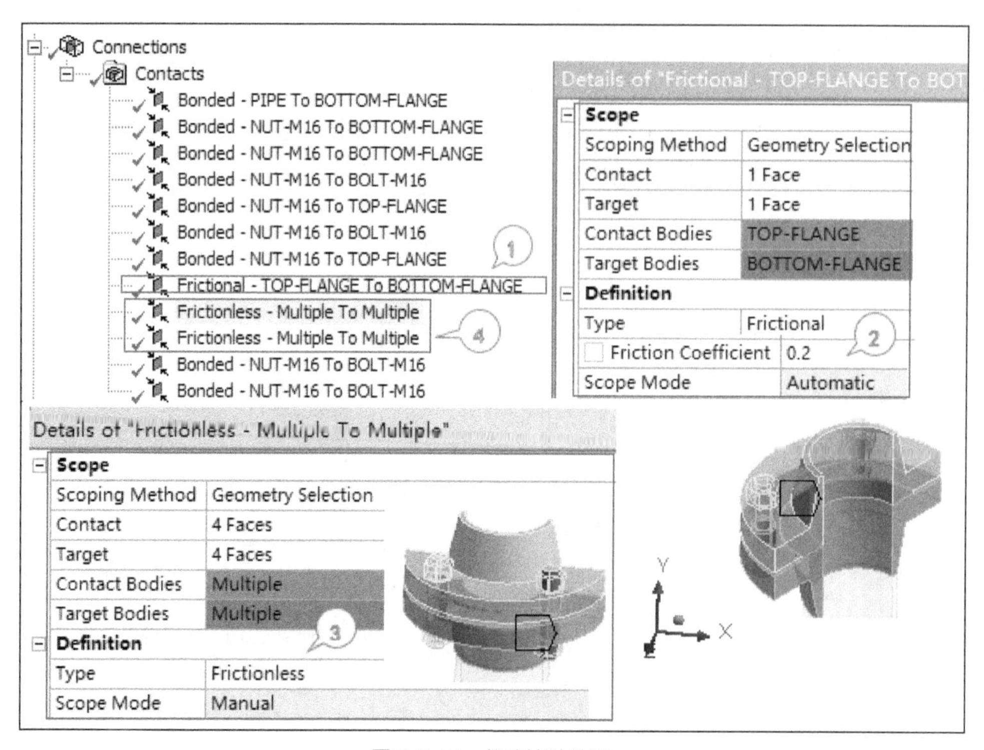

图 5.5-31　修改接触关系

5．网格划分（见图 5.5-32）

（1）在导航树中选择【Mesh】，右键单击鼠标选择【Insert】→【Sizing】。

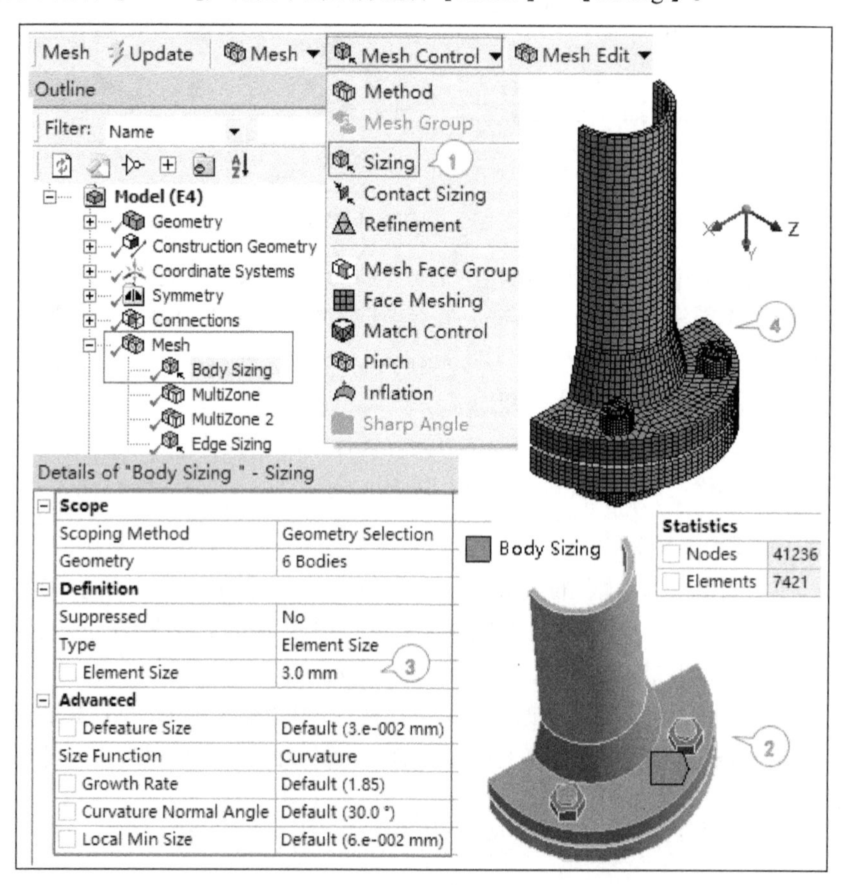

图 5.5-32　网格划分

（2）在图形窗口选择螺栓螺母 6 个实体。

（3）在明细窗口中确认，【Geometry】=6 Bodies，设置单元大小：【Type】→【Element Size】=3mm。

（4）法兰网格划分采用多区方法划分为六面体单元，同前面一样，即在图形窗口选择一个法兰，在导航树中选择【Mesh】→【Insert】→【Method】，在明细窗口设置【Method】=MultiZone，【Src/Trg Selection】=Manual Source，选择法兰面，【Source】=1 Faces，单击【Update】按钮更新网格，如图 5.5-32 所示。

6．施加螺栓预紧力（见图 5.5-33）

（1）在导航树中选择【Static Structural】→【Analysis Settings】；在明细窗口设置两个加载步及子步，参见 5.5.3.2 节，再在分析环境工具栏中插入螺栓预紧载荷【Loads】→【Bolt Pretension】。

（2）在图形窗口选择螺栓的两个实体，在明细窗口中确认，单击【Geometry】中的【Apply】，则【Geometry】=2 Bodies，设置已经建立的局部坐标系【Coordinate System】=Coordinate System。

（3）载荷表格数据中，第 1 个载荷步加载，第 2 个载荷步锁紧，即【Steps】=1，【Define By】=Load，输入“预紧力”【Preload】=25000N；【Steps】=2，【Define By】=Lock。

（4）同样，对另一个螺栓施加预紧力，图形窗口显示预紧力的方向及大小。

（5）其他载荷在第 2 个载荷步施加，见 5.5.3.2 节，第 2 个载荷步后的约束及载荷如图 5.5-33 所示。

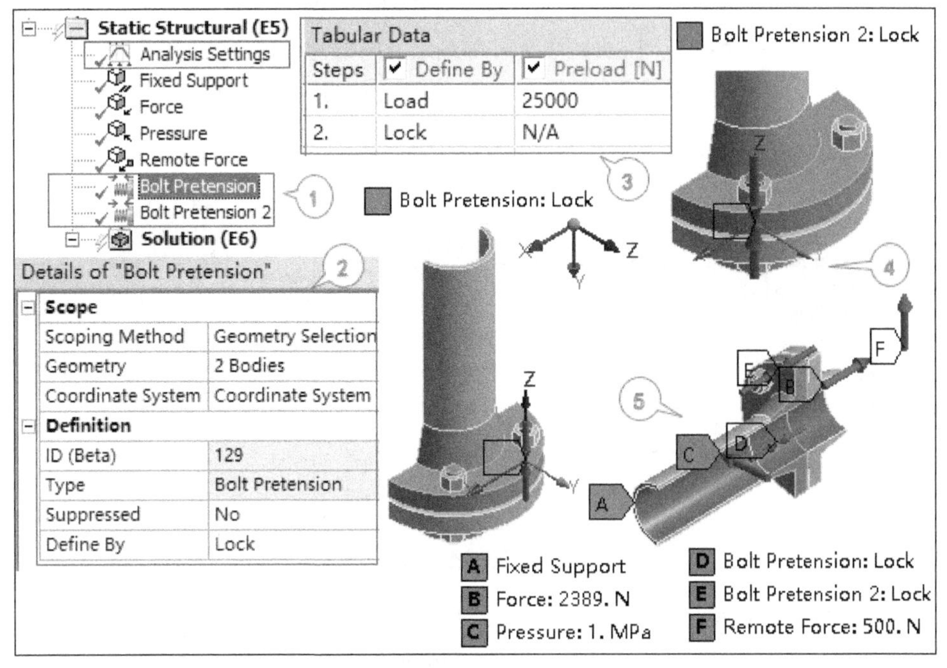

图 5.5-33　施加螺栓预紧力及其他载荷及约束

7．变形与应力结果（见图 5.5-34）

（1）在工具栏中单击【Solve】按钮求解，在导航树中选择【Total Deformation】，设置“显示时间”【Display Time】= 2s，查看第 2 个载荷步的变形，操作工况总变形最大增加到 0.11mm。

（2）在导航树中选择【Equivalent Stress】，查看第 2 个载荷步对应操作工况下的等效应力，螺栓孔处局部应力最大值约为 202MPa，单击“探测”【Probe】按钮，显示法兰内壁处的最大应力约为 43MPa，与线体梁连接的模型（见图 5.5-24）对比，可以看到，尽管螺栓孔处的局部应力不同，但法兰整体应力是相同的。

8．利用接触工具获得法兰接触压力（见图 5.5-35）

（1）在求解工具栏中插入接触工具：【Tools】→【Contact Tool】，打开工作表：在明细窗口设置【Scoping

Method 】=Worksheet，仅选择法兰接触对：在工作表窗口中勾选【Frictional-TOP-FLANGE TO BOTTOM-FLANGE】。

（2）在导航树中选择【Contact Tool】，右键单击鼠标，插入需要查看的接触选项，包括接触状态、接触压力、接触摩擦应力、滑移距离、接触间隙等，这里选择【Insert】→【Pressure】。

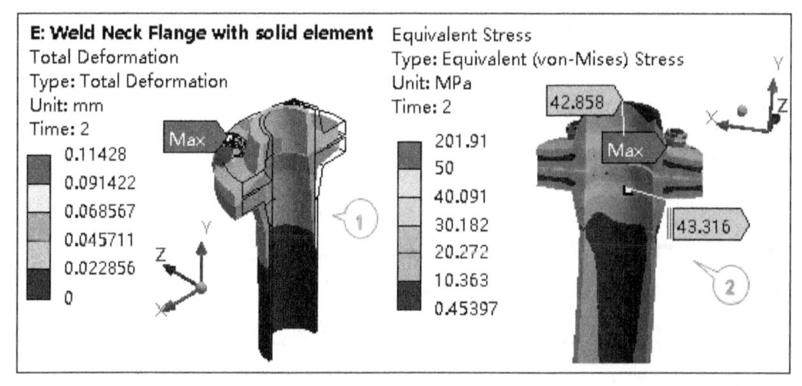

图 5.5-34 变形与等效应力分布

（3）再单击【Solve】按钮更新求解结果，选择【Contact Tool】→【Pressure】，接触压力外侧约为 61.8MPa，同时对比图 5.5-27 中线体梁模型的接触压力 61.6MPa，二者相差不大。

（4）以同样方法查看“接触状态”【Status】为外部黏结，内部为临近小分离。

（5）以同样方法查看“接触摩擦应力”【Frictional Stress】，外部约为 0.36MPa，内部为 0，表示分离不接触。

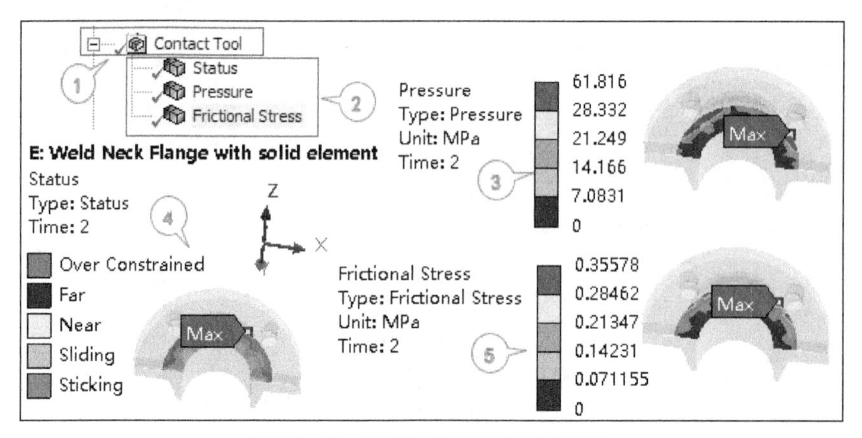

图 5.5-35 法兰面接触状态及接触压力

9. 使用构造表面获得螺栓反作用力（见图 5.5-36）

（1）创建构造表面：在导航树中选择“坐标系”【Coordinate System 2】，右键单击鼠标选择【Duplicate】，复制一个新坐标系【Coordinate System 3】。

（2）沿轴向移动 10mm，在工具栏选择 ，在明细窗口设置【Offset Z】=10mm。

（3）选择【Coordinate System 3】，右键单击鼠标选择【Create Construction Surface】，构造一个在新坐标系处的“表面”【Construction Geometry】→【Surface】。

（4）在求解后处理中插入反作用力：在导航树选择【Solution】，在工具栏中选择【Probe】→【Force Reaction】。

（5）在明细窗口中设置反作用力的位置：【Location Method】=Surface，【Surface】=Surface，【Geometry】=2 Bodies，【Orientation】=Coordinate System。

（6）再单击【Solve】按钮更新求解结果，选择【Force Reaction】查看反作用力的结果。

（7）程序默认最后时刻的合力值为 24885N，图形窗口显示反作用力的位置及构造平面上节点力大小分布，同样可得另一螺栓轴向力为24863N。

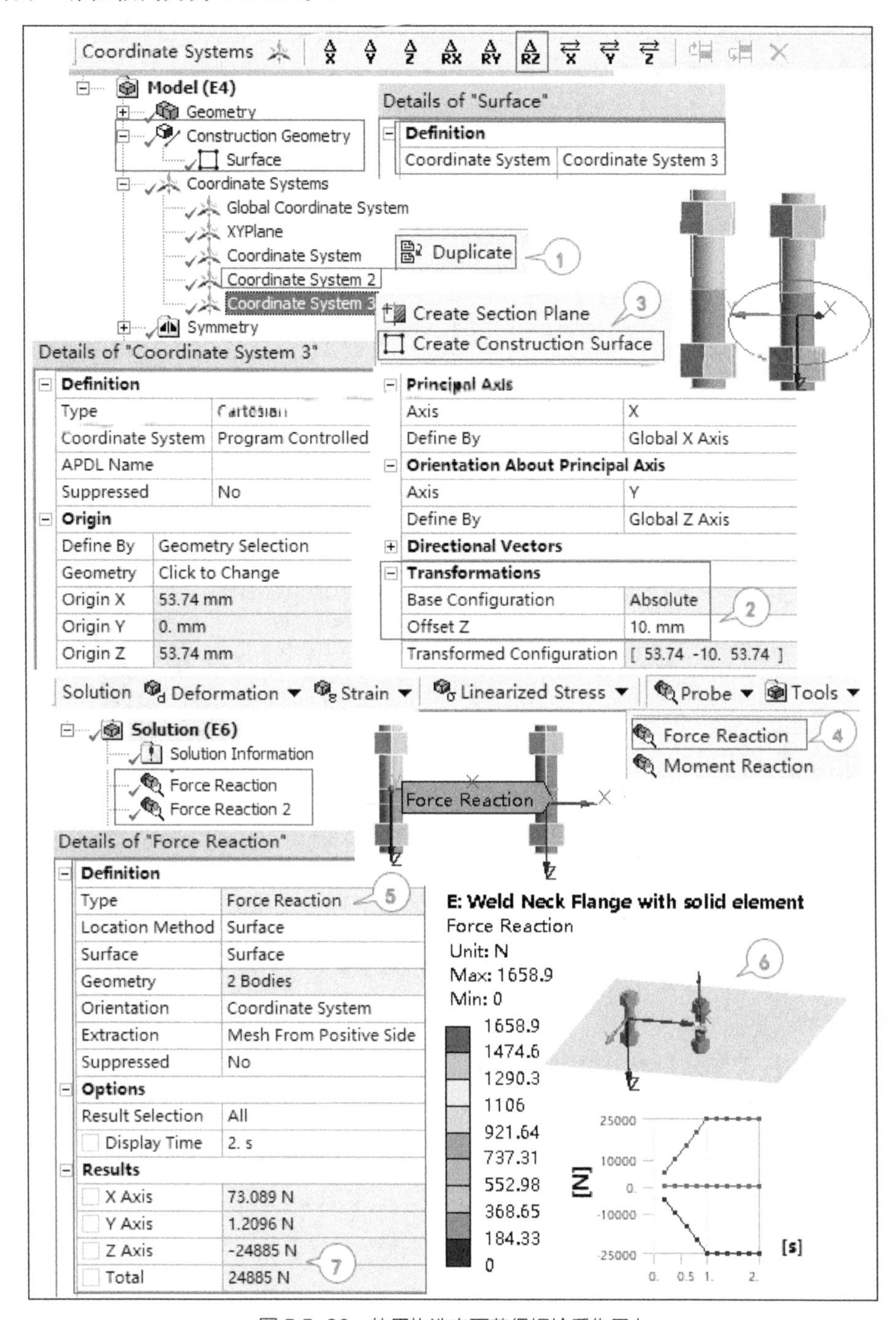

图5.5-36 使用构造表面获得螺栓反作用力

提示

螺栓上的作用力及力矩通过构造表面获得，注意构造表面需要至少远离绑定接触区一个单元远的距离，所以这里构造平面的位置距离螺栓中心10mm，螺栓轴向力由预紧时的25000N下降到24885N，与图5.5-26梁连接的结果24876N接近，如果构造平面在中间，则得到约2倍的合力大小49770N的数据是不合理的。

5.5.5.3 实体单元及平动关节连接组件分析的数值模拟过程

前面提到螺栓预紧单元方向是不变的，并不随几何体移动或转动，因此在几何大变形分析中会导致分析不准确，这时可以采用随几何转动的关节特征，施加预紧载荷，从而取代螺栓预紧单元进行分析。尽管本案例不需要这样做，但为了显示这种处理方式的不同，下面给出示例过程。

- 在 DM 中将螺栓一分为二，创建平动关节，确认参考坐标系的 x 轴沿螺栓轴向，然后创建关节载荷，施加力或位移，并锁定第 2 荷载步，符号约定为关节运动边沿指定方向运动。
- 后处理中螺栓作用力及力矩通过关节探测获得，不过前面施加的关节载荷（预紧力）并不包含在内。

1．修改几何模型（见图 5.5-37）

（1）在 WB 中，在 5.5.4.2 节的分析系统 E（标题为“ Weld Neck Flange with Solid Element”），右键单击，选择【Duplicate】，复制出一个新的分析系统，命名“Weld Neck Flange with solid element and joint”，进入 DM，选择合并的两组螺栓【bolt1】、【bolt2】，右键单击鼠标，选择【Explode Part】则将两组螺栓分散为 4 个实体【BOLT-M16】，如图 5.5-37 所示。

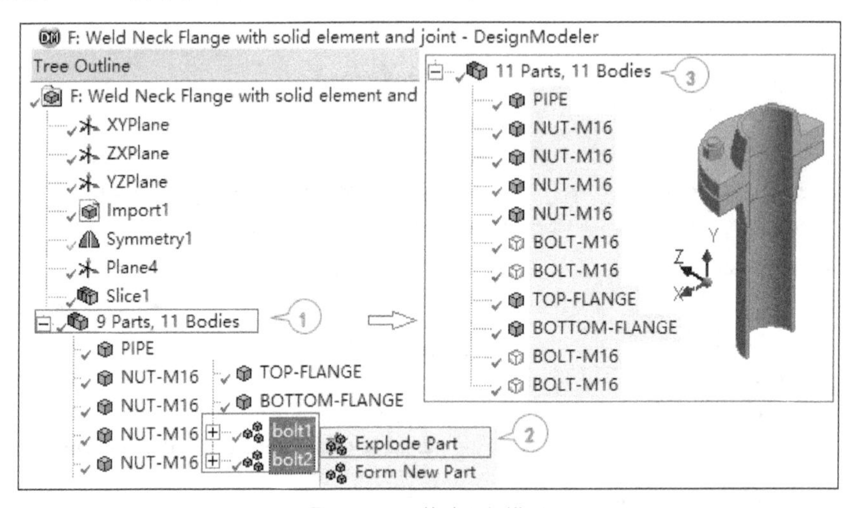

图 5.5-37 修改几何模型

2．添加平动关节（见图 5.5-38）

（1）返回 WB，在新系统的【Model】双击鼠标，进入结构分析环境，接上例，抑制每个螺栓两个实体之间的绑定连接：在导航树选中【Connections】→【Contacts】下面的 2 对“绑定接触”【Bonded-BOLT-M16 TO BOLT-M16】，右键单击鼠标选择“抑制”【Suppress】命令，则出现“×”图标。

> **提示**
> 几何模型中原先的两个实体一组的螺栓装配体需解体为单个实体，在分析模型中自动创建的绑定接触需要删除或抑制。

（2）在导航树选择【Connections】，在工具栏上选择【Body-Body】，插入两组平动关节类型【Translational】。

（3）在新的平动关节对象中，设置关节要应用的面为螺栓中间的一对分割面，则【Reference】→【Scope】=1 Face，【Mobile】→【Scope】=1 Face。

（4）图形窗口中，参考面为红色，运动面为蓝色，注意参考坐标系 x 方向为螺栓轴向。

（5）在导航树中选择两组【Static Structural】→【Bolt Pretension】，右键单击鼠标选择“抑制”【Suppress】命令，关闭前面定义的螺栓预紧力。

（6）在导航树中选择【Static Structural】，在分析环境工具栏选择【Loads】→【Joint Load】插入 2 两组关节载荷。

（7）关节的明细窗口中定义关节力的大小并在第 2 载荷步将其锁定：【DOF】=X Diaplacement，【Type】=Force，【Magnitude】=25000N，【Lock at Load Step】=2。

（8）后处理中加入关节探测结果：在导航树中选择【Solution】→【Probe】→【Joint】，在明细窗口可以设置边界条件为“平动关节”【Boundary Condition】=Tanslational-BOLT-M16 TO BOLT-M16，指定力【Result Type】=Total Force 或力矩【Result Type】=Total Moment，在工具栏单击【Solve】按钮求解后查看结果。

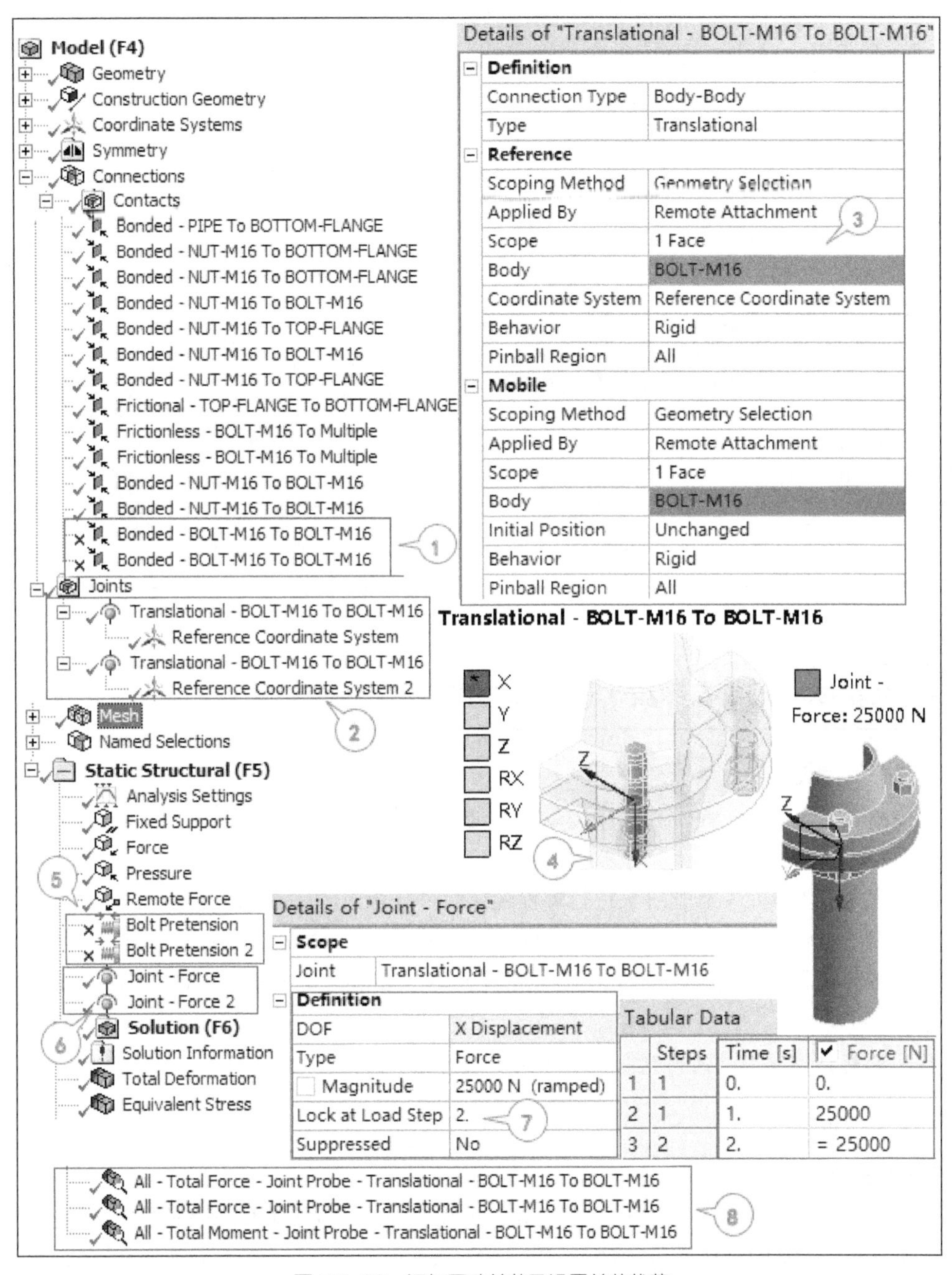

图 5.5-38 添加平动关节及设置关节载荷

3．查看平动关节的力与力矩（见图 5.5-39）

（1）在【Solution】下面选择相应的【Total Force】来查看关节力。

（2）图 5.5-39 给出螺栓关节力的大小及方向。

（3）明细窗口显示外载产生关节力（不包含预紧力），合力为 135N，而轴向力为-116N，即螺栓剩余预紧力为 25000-116=24884N，可与图 5.5-36 中的结果相印证。

（4）也可看出给出关节力及其分量随载荷的变化，并施加预紧力时，关节力为 0。

（5）同样，【Total Moment】可查看关节力矩，图 5.5-39 所示的螺栓合力矩约为 20N · m。

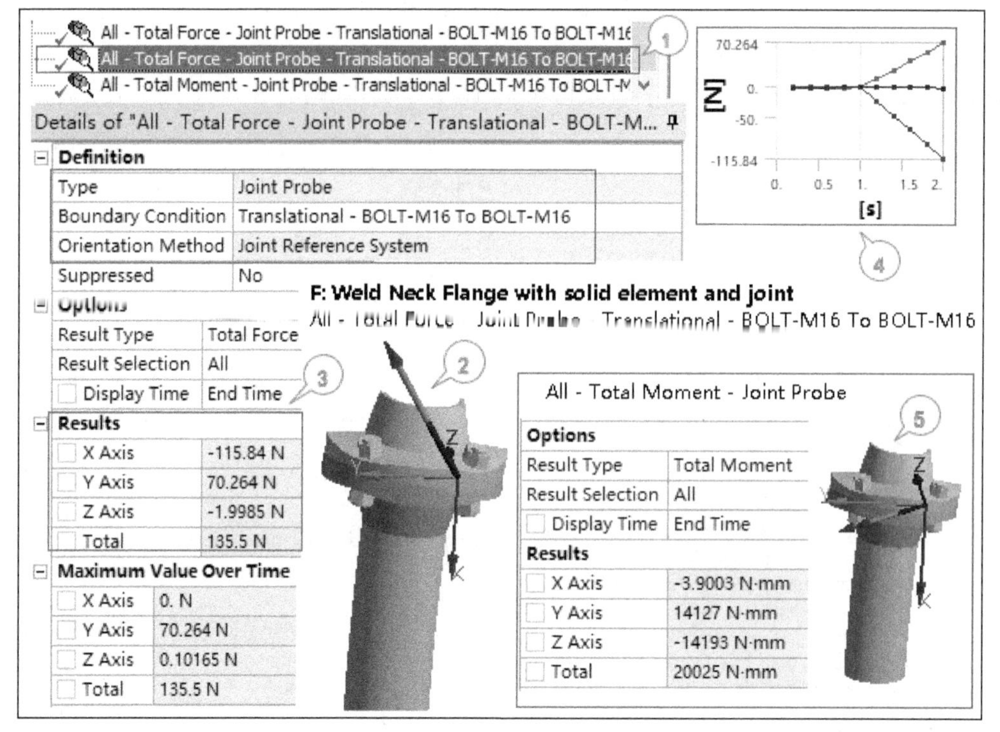

图 5.5-39　查看关节力及关节力矩

5.5.6　螺栓为实体单元（有螺纹）进行螺栓连接组件分析

5.5.6.1　注意的问题

螺栓螺纹接触的几何修正，将螺栓集中力处理为通过螺纹连接面的分布力，更接近于螺栓应力分布的真实状态。

以下给出螺栓为实体单元（有螺纹）进行螺栓连接组件分析过程，使用时要注意。

- 螺栓为接触面，螺栓孔为目标面，不能使用绑定接触，采用非对称接触行为【Behavior】=Asymmetry。
- 探测方式不能选择节点垂直于“目标面接触”【Nodal-Normal to Target】或“高斯点接触”【On Gauss Point】（程序默认）。
- 螺纹区域的网格密度高，网格划分的单元大小应为 1/4 螺距。

5.5.6.2　数值模拟过程

1．添加分析系统

WB 将 5.5.4.2 节的分析系统 E（标题为“Weld Neck Flange with Solid Element”）选中，右键单击选择【Duplicate】，复制出一个新的分析系统，命名“Weld Neck Flange with solid element, bolt thread”

2．修改几何模型

DM 中删除【Slice】仅保留 9 个零件，9 个实体各自独立，设置如图 5.5-40 所示。

3．设置螺栓螺纹接触（见图 5.5-41）

（1）在新系统的【Model】单元格双击鼠标，进入结构分析环境。接上例，修改螺栓螺母之间的绑定接触为螺纹接触，在导航树中分别选择这 4 组接触对【Connections】→【Contacts】→【Frictional-BOLT-M16 To

NUT-M16】。

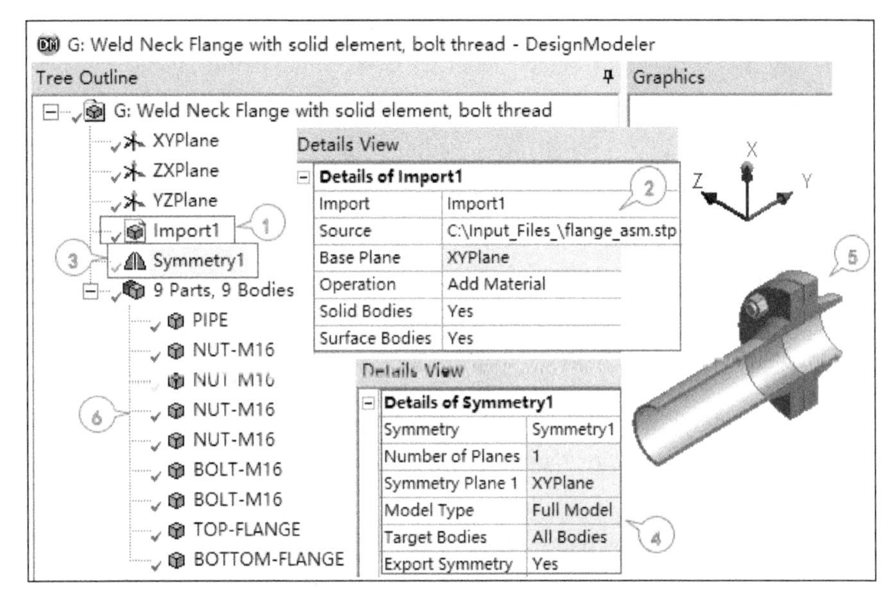

图 5.5-40　修改几何模型

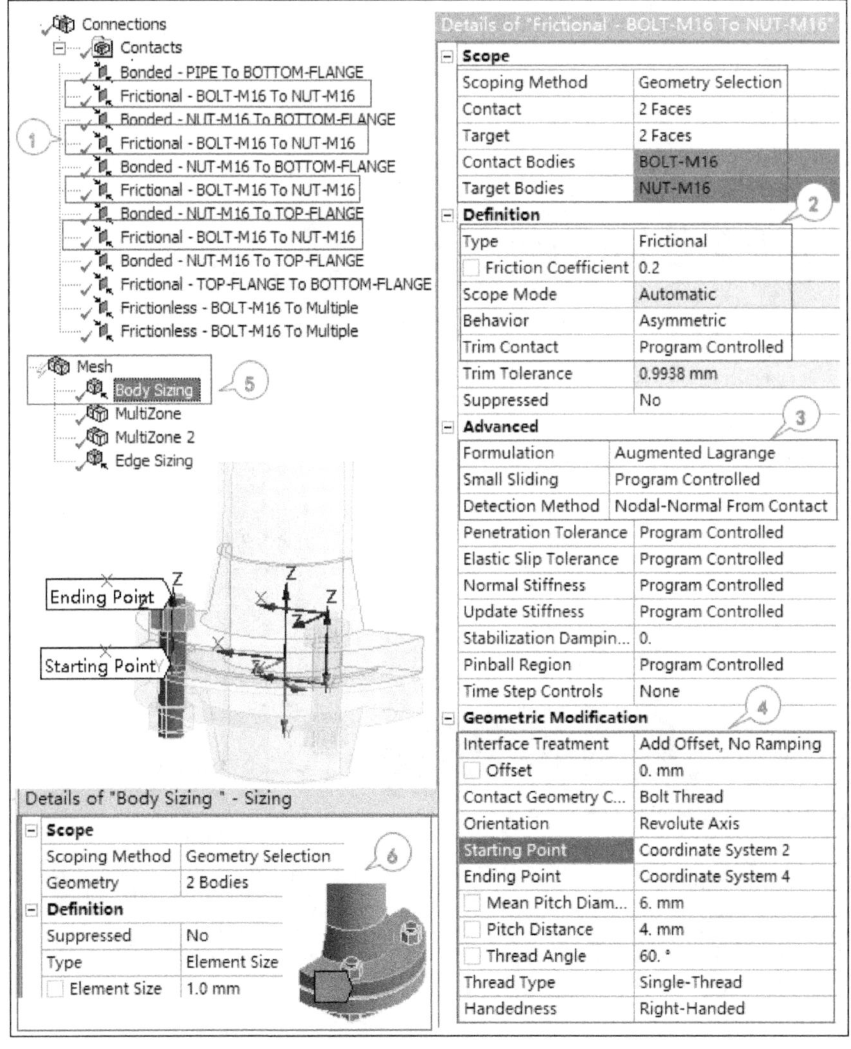

图 5.5-41　螺纹接触设置

（2）在明细窗口设置【Type】=Frictional，【Frictional Coefficient】=0.2，【Behavior】=Asymmetric。

（3）设置【Formulation】=Augmented Lagrange，【Detection Method】=Nodal-Normal From Contact。

（4）【几何修改】处设置螺纹选项：【Contact Geometry Correction】=Bolt Thread，这里需要先定义局部坐标系，然后指定旋转轴的起点和终点【Orientation】=Revolute Axis，起点坐标在螺栓中心【Starting Point】=Coordinate System 2，终点坐标在螺栓头端面中心【Ending Point】=Coordinate System 4；螺纹参数："螺纹中径"【Mean Pitch Diameter】=6mm，螺距【Pitch Distance】=4mm，螺纹升角【Thread Angle】=60°，"单线螺纹"【Thread Type】= Single –Thread，"右旋"【Handedness】=Right-Handed。

（5）在导航树中选择【Mesh】→【Body Sizing】。

（6）在明细窗口修改单元大小为 1mm：【Element Size】=1mm。

4．分析结果（见图 5.5-42）

（1）在工具栏中单击【Solve】按钮求解，由于是非线性计算，在导航树中选择【Solution Information】。

（2）设置求解输出为力收敛：【Solution Output】=Force Convergence；可查看力收敛曲线，程序总迭代次数为 15，15 次后计算结束。

（3）在导航树中选择【Total Deformation】，"显示时间"【Display Time】= 2s。

（4）查看第 2 个载荷步的变形，操作工况总变形最大增加到 0.113mm。

（5）在导航树中选择【Equivalent Stress】，查看第 2 个载荷步对应操作工况下的等效应力，螺栓处局部应力最大值为 362MPa。再选择法兰内壁，探测查看最大应力约为 43MPa，对比与线体梁连接的模型（见图 5.5-24），可以看到二者相差不大。

（6）使用接触工具查看法兰面的"接触压力"【Contact Tool】→【Pressure】，显示外侧最大值为 61MPa，内侧为 0，表示内侧分离，外侧压紧。

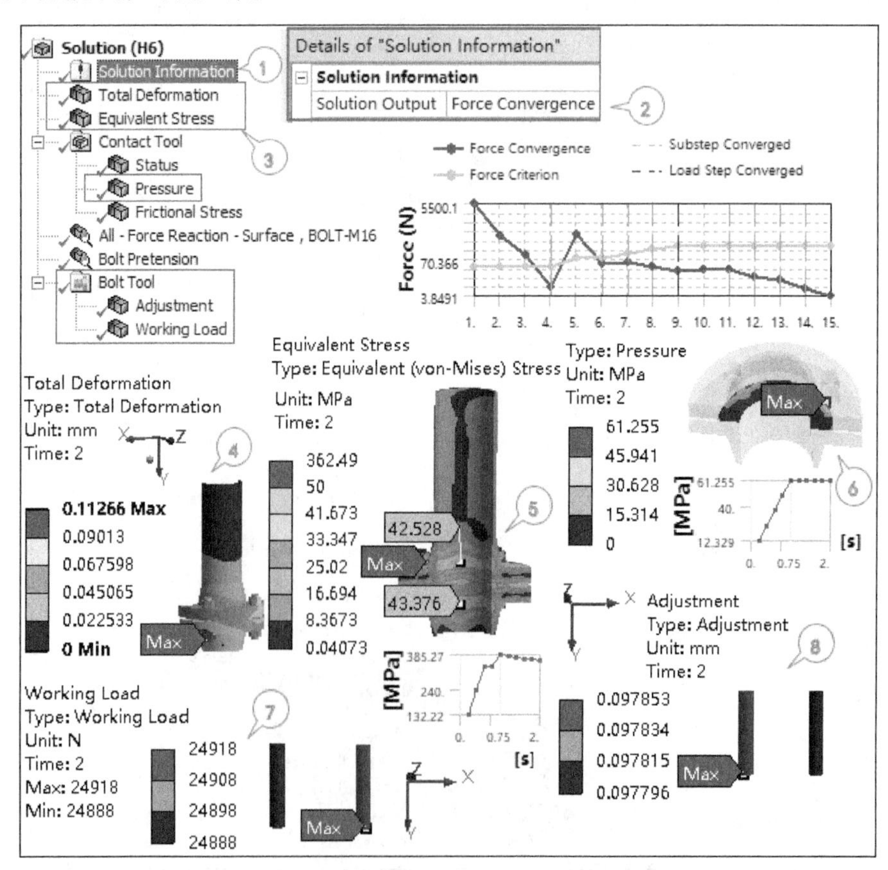

图 5.5-42　螺纹接触的求解、变形及应力分布

（7）插入螺栓工具获取螺栓伸长量及预紧力，选择【Bolt Tool】→【Working Load】，两个螺栓操作工况下的残余预紧力为24888N与24918N。

（8）选择【Bolt Tool】→【Adjustment】，两个螺栓操作工况下的伸长量略有差异，分别为0.09780mm与0.09785mm。

5．获得螺栓反作用力及螺栓残余预紧力（见图5.5-43）

参见5.5.4.2节实例，创建构造表面，求解后处理中插入反作用力，设置反作用力的位置，求解结果中选择【All-Force Reaction-Surface…】查看反作用力的结果。图5.5-43为一个螺栓预紧力由25000N下降为24919N时的残全预紧力示例，【Bolt Pretension】表示螺栓残余预紧力为24918N。

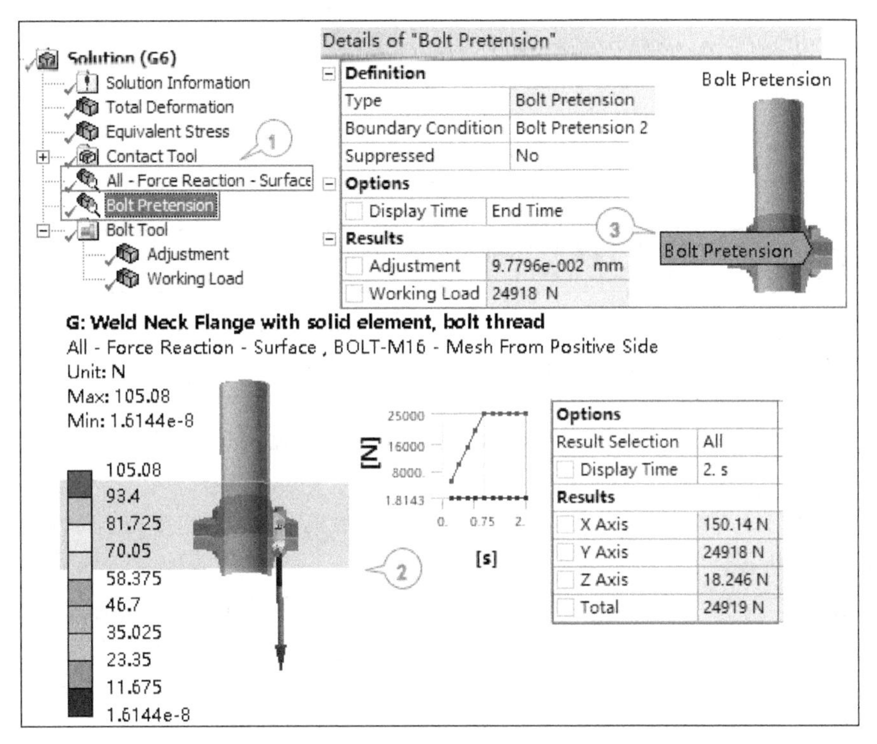

图5.5-43 获得螺栓反作用力及螺栓预紧力

6．保存文件

计算完成后保存文件，压缩归档，返回WB，在菜单栏中选择【Files】→【Archieve】，保存文件为Flange Connection.wbpz格式。

5.5.7 螺栓连接组件分析小结

对前面5.5.3节～5.5.6节分析模型中螺栓连接建模的6种方式的数值模拟结果汇总见下表，其中：

- 螺栓不参与建模，零件之间的连接使用绑定接触，无螺栓预紧力，法兰面完全绑定接触。
- 螺栓不参与建模，无螺栓预紧力，法兰面摩擦接触，法兰面螺栓垫片区及其他绑定接触。
- 螺栓连接采用梁单元建模，梁连接无螺栓预紧力。
- 螺栓连接采用梁单元建模，线体模型的梁单元包含螺栓预紧力及法兰连接面之间摩擦接触。
- 螺栓连接使用实体单元，但不建模螺纹，包含螺栓预紧力及摩擦接触。
- 螺栓连接使用实体单元，包含螺纹接触，包含螺栓预紧力及摩擦接触。

分析结果显示，模型越复杂，越可以获得更多的详细信息，但计算成本也随之增加，具体选择何种分析模型根据关心的具体对象而定，如需要校核法兰和螺栓强度，采用分析方式4或5都是比较合适的，其中分析方式 5 的模型前处理理比分析方式 4 复杂一些。

表 螺栓连接建模的 6 种方式的数值模拟结果汇总

分析方式序号	法兰变形 /mm	法兰内壁应力 /MPa	法兰接触压力（最小/最大）/MPa	螺栓轴向力（最小/最大）/N	预紧力（有/无）	计算时长
1	0.0817	—	-3.1 / 1.1	—	无	13s
2	0.0836	—	0	275 / 2149	无	1 min 40 s
3	0.0920	—	0	264 / 2124	无	1min 31s
4	0.0030	43	0 / 61.6	24804/24876	有	4min 10s
5	0.1140	43	0 / 61.8	24863/24885	有	2min 12s
6	0.1130	43	0 / 61.3	24888/24918	有	20min 33s

5.6 杆梁结构分析模型及案例

5.6.1 杆梁结构计算模型及简化原则

杆梁结构是指由长度远大于其横截面尺寸的构件组成的杆件系统，如机床中的传动轴、厂房刚架与桥梁结构中的梁杆等。

将实际模型简化为杆梁结构分析模型，其简化原则基于反映实际结构的主要力学特性，忽略其次要细节，显示其基本特点，使分析计算尽可能简便。

对于刚性连接的框架结构，梁承受拉、压、弯曲、扭转，分析模型所用的单元主要为梁单元，对于连接采用铰接的桁架结构（见图 5.6-1），杆件只受拉压作用，则采用桁架单元，当然这并不绝对，组合模型中可以同时包含多种单元。

图 5.6-1 桁架结构

简化内容如下。

- 体系简化：空间结构体系简化为平面结构体系。
- 杆件简化：将杆件用杆件的轴线取代。
- 结点简化：将连接结点简化为刚性结点、铰接结点、半铰接结点（组合结点）。

- 支座简化：将支座简化为固定铰支座、可动铰支座、固定端支座、滑动支座（定向支座）。
- 载荷简化：将复杂载荷简化为集中力、分布载荷、集中力矩等。

5.6.1.1 体系简化

体系简化中，有时把实际的空间结构（忽略次要的空间约束）分解为平面结构。如对于多跨多层的空间刚架，根据纵横向刚度和荷载（风载、地震力、重力等），截取纵向或横向的平面刚架来分析，如图 5.6-2 所示。

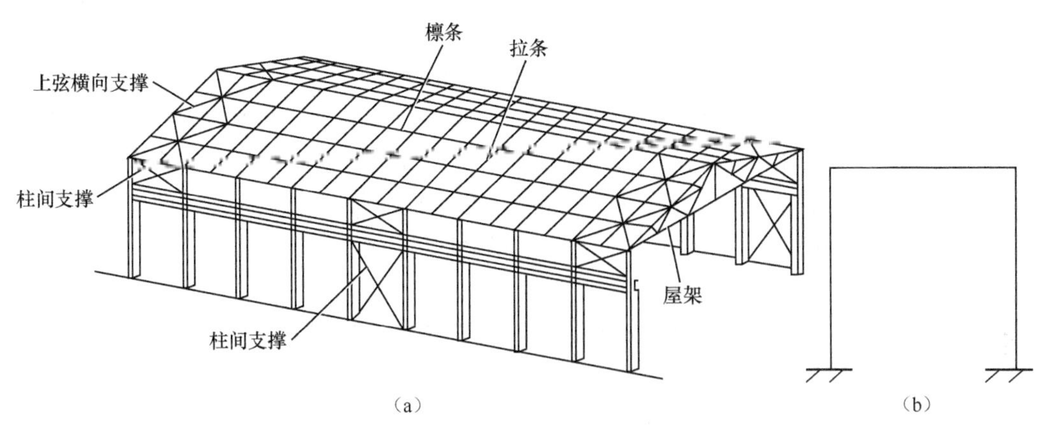

图 5.6-2 空间结构截取的横向刚架

5.6.1.2 杆件简化

杆件简化是指除了短杆深梁外，杆件用其轴线表示，杆件之间的连接区域用结点表示，并由此组成杆件系统（杆系内部结构），杆长用结点间的距离表示，并将荷载作用点转移到杆件的轴线上。

5.6.1.3 结点简化

杆件间的连接区简化为杆轴线的汇交点（称为结点），理想化的杆件连接结点包括铰结点、刚结点和组合结点，如图 5.6-3 所示。

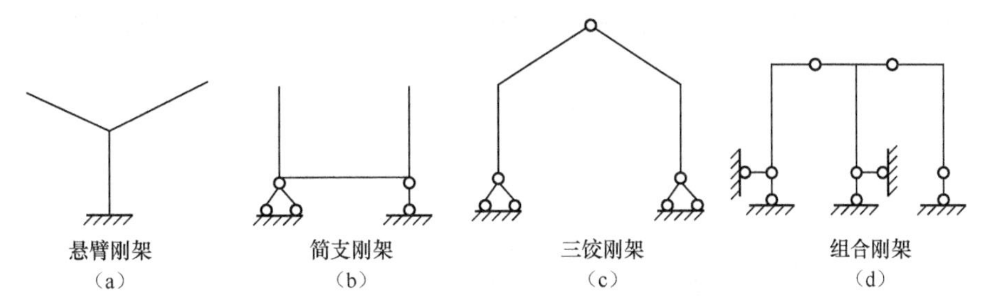

图 5.6-3 杆件连接理想化形式

结点简化时，各杆在铰结点处互不分离，但可以相互转动（如木屋架的结点）；各杆在刚结点处既不能相对移动，也不能相对转动，因此相互间的作用除了力外还有力矩（如现浇钢筋混凝土结点）。组合结点即部分杆件之间属铰结点，另一部分杆件之间属刚结点（有时也称半铰结点或半刚结点）。

在确定结点时，除要考虑结点的构造情况外，还要考虑结构的几何组成情况。

例如，工程中的钢桁架和钢筋混凝土桁架，虽然从结点构造上看接近于刚结点，但其受力状态却与一般刚架不同，因为其几何构造是桁架，几何不变性不依靠结点的刚性，因此结点处弯矩很小。也就是说，轴力是主要的，弯曲内力是次要的，把各结点简化为铰结点，按理想桁架计算主要内力是合理的。但空腹梁则不同，如果把所有刚结点都改为铰结点，则不能维持几何不变，其承载性能依赖于结点的刚性，所以结点必须取为刚结点，按刚架计算。

5.6.1.4 支座简化

工程上将结构或构件连接在支承物上的装置，称为支座。在工程上常常通过支座将构件支承在基础或另一静止的构件上。支座对构件就是一种约束。支座对它所支承的构件的约束反力也叫支座反力。支座的构造是多种多样的，其具体情况也是比较复杂的，通过加以简化，归纳成几个类型，便于分析计算。

支座按其受力特征可分为 5 种：活动铰支座（滚轴支座）、固定铰支座、定向支座（滑动支座）、固定（端）支座和弹性（弹簧）支座，前 4 种支座在理论力学中出现过。

1. 活动铰支座

活动铰支垂直方向不能移动，可以转动，也可以沿水平方向移动。

如图 5.6-4(a)所示，构件与支座用销钉连接，而支座可沿支承面移动，这种约束只能约束构件沿垂直于支承面方向的移动，而不能阻止构件绕销钉的转动和沿支承面方向的移动。所以，它的约束反力的作用点就是约束与被约束物体的接触点、约束反力通过销钉的中心垂直于支承面，方向可能指向构件，也可能背离构件，视主动力情况而定。简图如 5.6-4(b)所示，支反力如图 5.6-4(c)所示。

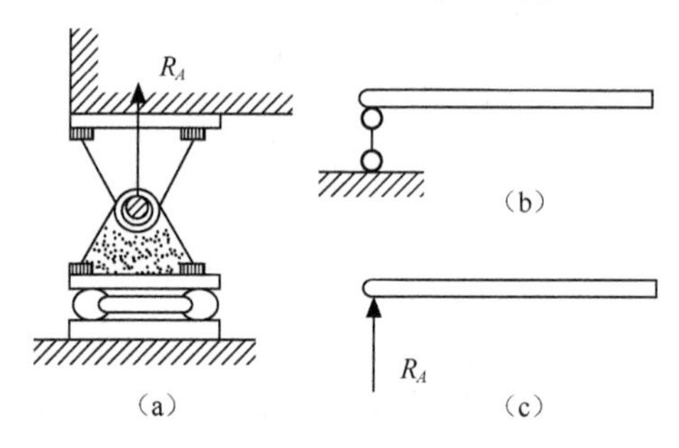

图 5.6-4 活动铰支座

2. 固定铰支座

固定铰支座可以转动，但不能沿水平方向和垂直方向移动。

如图 5.6-5(a)所示，构件与支座用光滑的圆柱铰链连接，构件不能产生沿任何方向的移动，但可以绕销钉转动，可见固定铰支座的约束反力与圆柱铰链约束相同，即约束反力一定作用于接触点，通过销钉中心，但方向未定。

固定铰支座的简图如图 5.6-5(b)所示，约束反力如图 5.6-5(c)所示，可以用 F_{RA} 和一未知方向角 α 表示，也可以用水平力 F_{XA} 和垂直力 F_{YA} 表示。

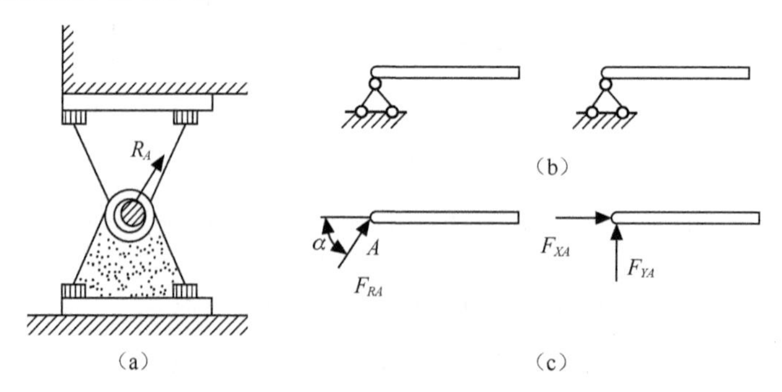

图 5.6-5 固定铰支座

3. 固定（端）支座

固定端支座如图 5.6-6(a)所示，一端完全嵌固，一端悬空。在嵌固端，既不能沿任何方向移动，也不能转动，为固定端支座，简图如图 5.6-6(b)所示，所以固定端支座除产生水平和竖直方向的约束反力外，还有一个约束反力偶，其支座反力如图 5.6-6(c)所示。

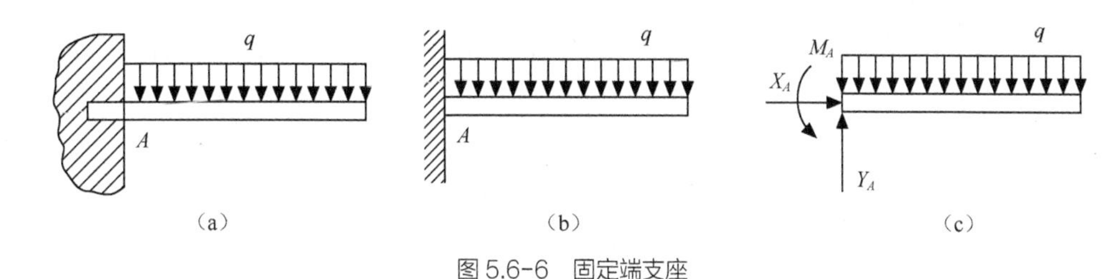

图 5.6-6　固定端支座

4. 定向支座

定向支座，就是滑动支座，梁搭在支座垫块上，但没有固定，可以进行热胀冷缩的位移调整，相对于滚动支座而言调整量小一些，如图 5.6-7 所示。

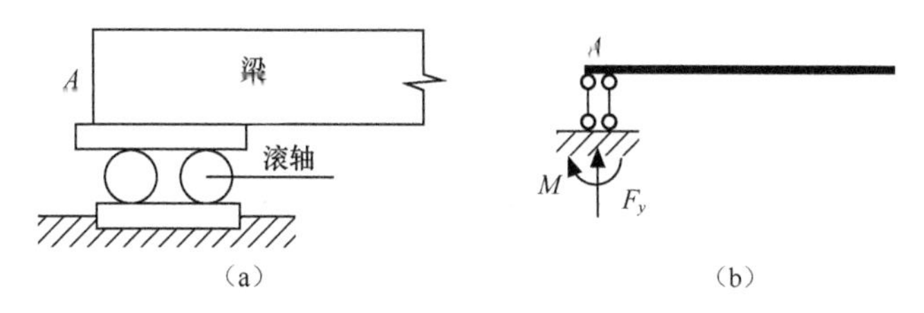

图 5.6-7　滑动支座

5. 弹性支座

弹性支座在提供反力的同时产生相应的位移，反力与位移的比值保持不变，称为弹性支座的刚度系数。弹性支座既可提供移动约束，也可提供转动约束。

当支座刚度与结构刚度相近时，宜简化为弹性支座。当结构某一部分承受载荷时，如研究结构稳定问题，其相邻部分可看作是该部分的弹性支承；支座的刚度取决于相邻部分的刚度，如将斜拉桥的斜拉索简化为弹簧支座。当支座刚度远大于或远小于该部分的刚度时，弹性支座向前 4 种理想支座转化。

5.6.1.5　载荷简化

对于载荷简化，结构承受的载荷分为体积力（结构的自重或惯性力）和表面力两大类，都作用于杆件轴线上，并简化为分布荷载和集中荷载。

以下给出分析示例及详细分析过程。

5.6.2　9m 单梁吊车弯曲模型及截取边界补强模型的强度分析

在工业厂房中，钢结构吊车梁在设备或工件起吊或支撑中使用广泛，其结构强度直接影响着吊车的吨位及生产的安全性。这里以 9m 单梁吊车弯曲的强度分析为例，给出有限元方法处理现有结构设计规范中简支吊车梁的强度校核问题，并对不满足强度要求的吊车梁进行局部补强，并利用边界上传递的弯矩，简化模型后又重新进行了强度校核。

5.6.2.1　问题描述及分析

单梁吊车跨度 $L = 9\text{m}$，由型号 45a 工字钢制成，材料的许用应力$[\sigma]$=140MPa，单梁吊车及工字钢横截面几何尺寸如图 5.6-8 所示。问题如下：①试计算能否起吊 F=100kN 的重物；②若不能，则在上下翼缘各焊接一块 150mm × 10mm 的钢板，钢板长 $a = 5\text{m}$，再校核其强度。

理论分析如下：校核未加固梁的强度，当小车位于梁的中点时，在梁的中点位置处弯矩最大，单梁吊车简化为受中间集中力作用的简支梁模型，计算简图如图 5.6-9 所示。

梁弯曲的最大正应力为:

$$\sigma_{\max} = \frac{M_{\max} y}{I_z} = \frac{100000 \times 9 \times 0.225}{4 \times 0.00032009} = 158.16(\text{MPa}) > [\sigma] = 140(\text{MPa})$$

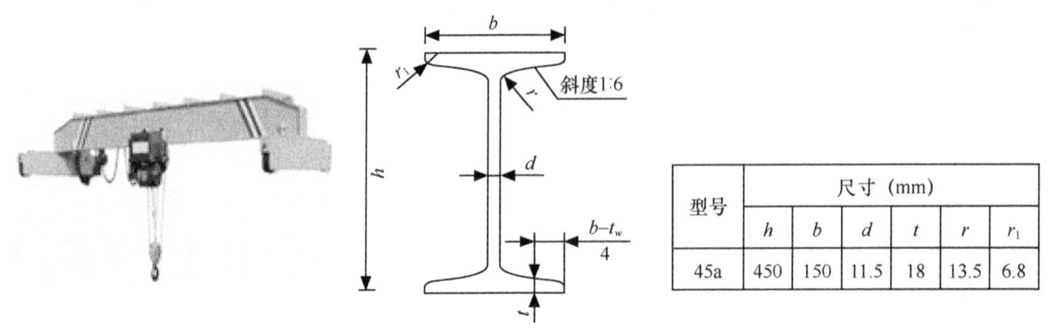

<table>
<tr><td rowspan="2">型号</td><td colspan="6">尺寸（mm）</td></tr>
<tr><td>h</td><td>b</td><td>d</td><td>t</td><td>r</td><td>r₁</td></tr>
<tr><td>45a</td><td>450</td><td>150</td><td>11.5</td><td>18</td><td>13.5</td><td>6.8</td></tr>
</table>

图 5.6-8　单梁吊车及工字钢横截面几何尺寸

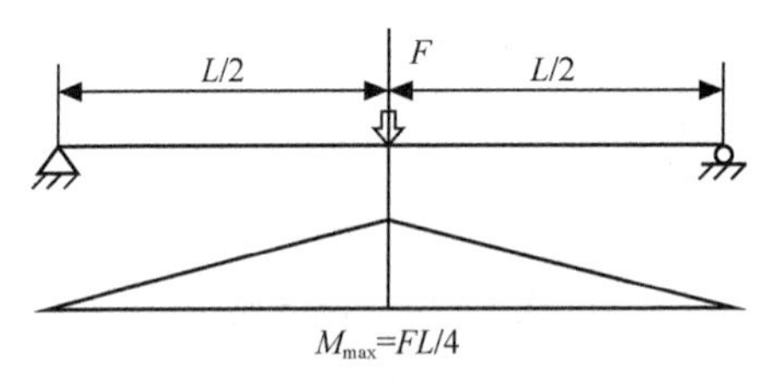

图 5.6-9　单梁吊车计算简图

所以，此梁不能起吊 $F = 100\text{kN}$ 的重物，下面给出有限元数值模拟过程，为了方便与理论值对比，材料参数中弹性模量 E=2e11Pa，泊松比为 0。

5.6.2.2　单梁吊车弯曲数值模拟过程

1. 进入 WB

运行程序→【ANSYS18.2】→【Workbench 18.2】，进入 Workbench 数值模拟平台。

2.【Workbench】设置静力分析系统（见图 5.6-10）

（1）从工具箱中将“静力分析系统”【Static Structural】拖入到【Project Schematic】。

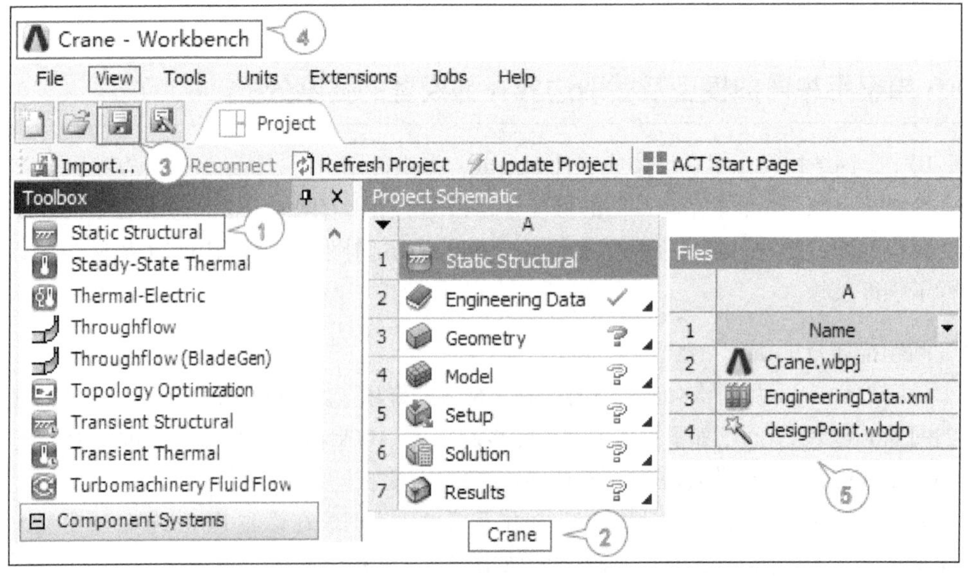

图 5.6-10　WB 中设置静力分析系统

（2）输入分析系统名称为 Crane。

（3）单击【Save】按钮。

（4）保存项目文件名称为 Crane.wbpj。

（5）勾选菜单栏中【View】→【Files】，项目流程图中可查看已保存了 3 个文件的列表。

3. 修改默认的结构钢材料属性（见图 5.6-11）

（1）在系统 A 的【Engineering Data】单元格双击鼠标，进入材料属性窗口【A2：Engineering Data】。

（2）选择“结构钢”【Structural Steel】。

（3）修改泊松比【Poisson's Ratio】=0。

（4）单击【Project】标签，返回 WB。

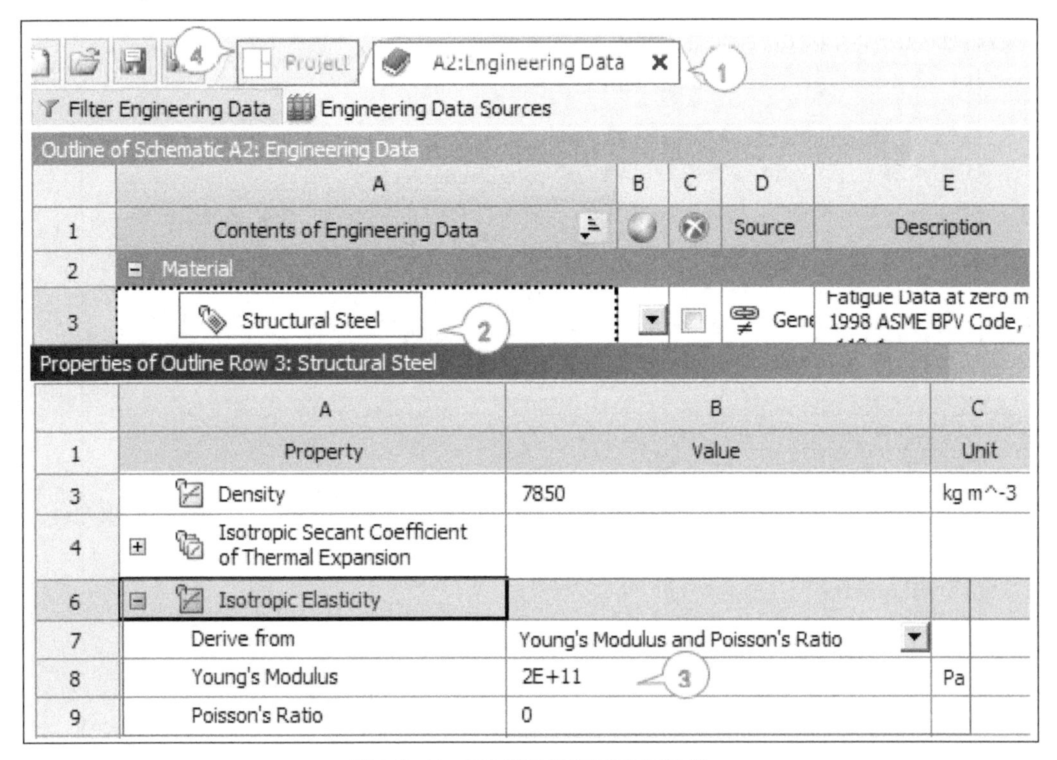

图 5.6-11 修改默认的结构钢材料属性

4. 创建几何模型（见图 5.6-12）

（1）草图画线：在 WB 分析系统 A 的“几何”【Geometry】单元格双击鼠标，进入 DM，默认尺寸的显示单位为 m，从菜单中选择【Units】→【Meter】。

（2）在导航树中选择【XYPlane】工作平面，在工具栏单击【新草图】按钮创建新草图【Sketch1】。

（3）选择【Sketching】标签选项；选择【Draw】下面的“画线”【Line】命令，在草图中拖曳鼠标指针画线，选择“尺寸标注”【Dimensions】，图形窗口分别单击线拖放鼠标显示水平尺寸，显示为 H1。

（4）在明细窗口中设置尺寸：【Details View】→【Dimensions】→【H1】=9m。

（5）在【Modeling】模式中创建线体。

① 选择【Modeling】标签，根据草图创建线体：在菜单栏中选择【Concept】→【Lines From Sketches】。

② 在导航树中选取【XYPlane】下的草图【Sketch1】。

③ 在明细窗口中单击【Details of Line1】→【Base Objects】=Apply 确认所选草图，【Operation】=Add Frozen 表示将线体冰冻。

④ 在工具栏中选择【Generate】；在导航树中显示生成线体 Line1，图形窗口显示生成的线体。

（6）分割线体：在图形窗口选择线，在菜单栏中选择【Concept】→【Split Edges】。

（7）在明细窗口设置：【Details of EdgeSplit1】→【Definition】=Fractional；【FD1,Fraction】=0.5。

（8）线体赋予工字钢截面：在菜单栏中选择【Concept】→【Cross Section】→【I Section】，导航树中会出现【Cross Section】→【I1】。

（9）输入工字钢截面尺寸，在选择【Details View】→【Dimensions】→【W1】=0.15m，【W2】=0.15m，【W3】=0.45m，【t1】=0.018m，【t2】=0.018m，【t3】=0.0115m，工字钢截面显示在图形窗口。

（10）为线体赋予圆截面，选择导航树【1 Parts，1 Body】下面线体。

（11）在明细窗口设置【Cross Section】=I1。

（12）在菜单栏中勾选【View】→【Cross Section Solids】。

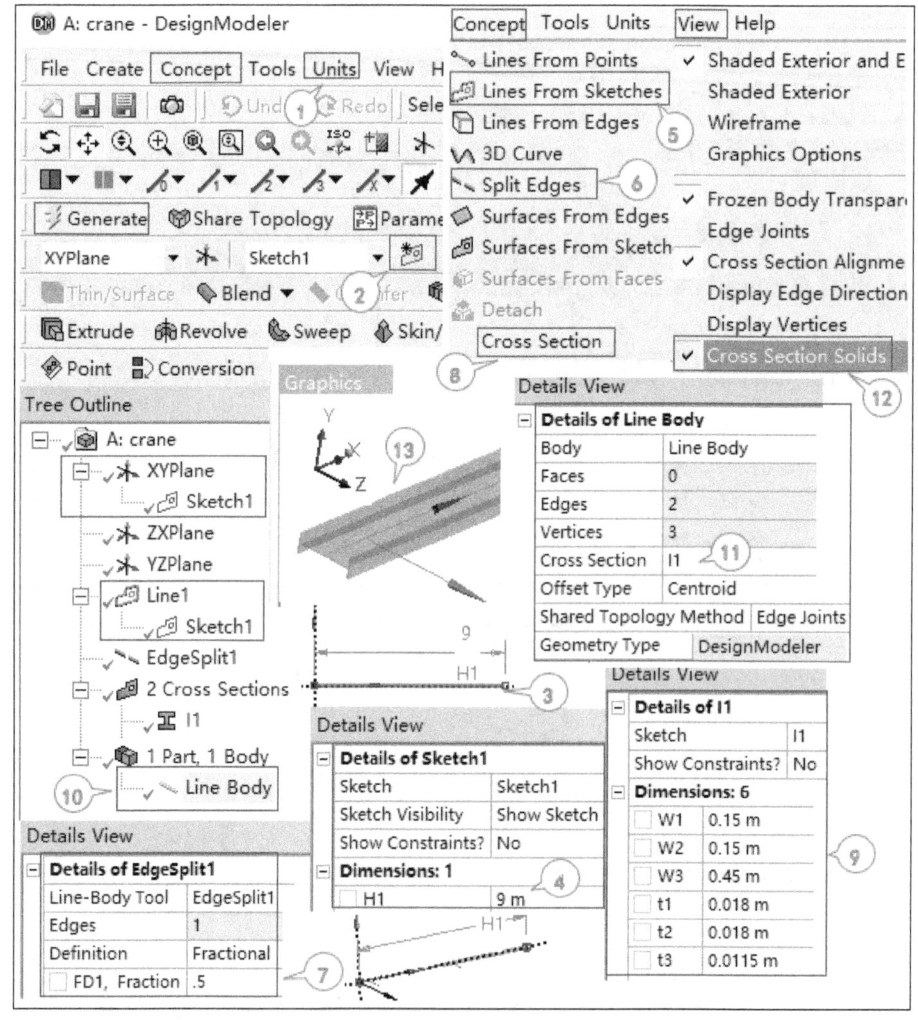

图 5.6-12　创建几何模型

（13）图形窗口线体以横截面的实体方式显示。

5．切换回 WB 项目流程窗口，在【Setup】单元格双击鼠标，进入【Mechanical】分析环境

6．静力分析中分配材料及网格划分（见图 5.6-13）

（1）分配材料为结构钢：在导航树中选择【Line Body】。

（2）在明细窗口中设置【Assignment】=Structural Steel。

（3）在菜单栏选择【Units】，设置单位为【Metric（m，kg，N，s，V，A）】。

（4）在导航树中选择【Mesh】，在工具栏中选择【Mesh Control】→【Sizing】。

（5）在工具栏中单击【线选】按钮，在图形窗口选择 2 条线。

（6）在单元尺寸明细窗口中设置单元大小为 0.1m：【Element Size】=0.1m。

（7）右键单击鼠标，选择【Generate Mesh】生成网格，图形窗口显示梁单元网格。

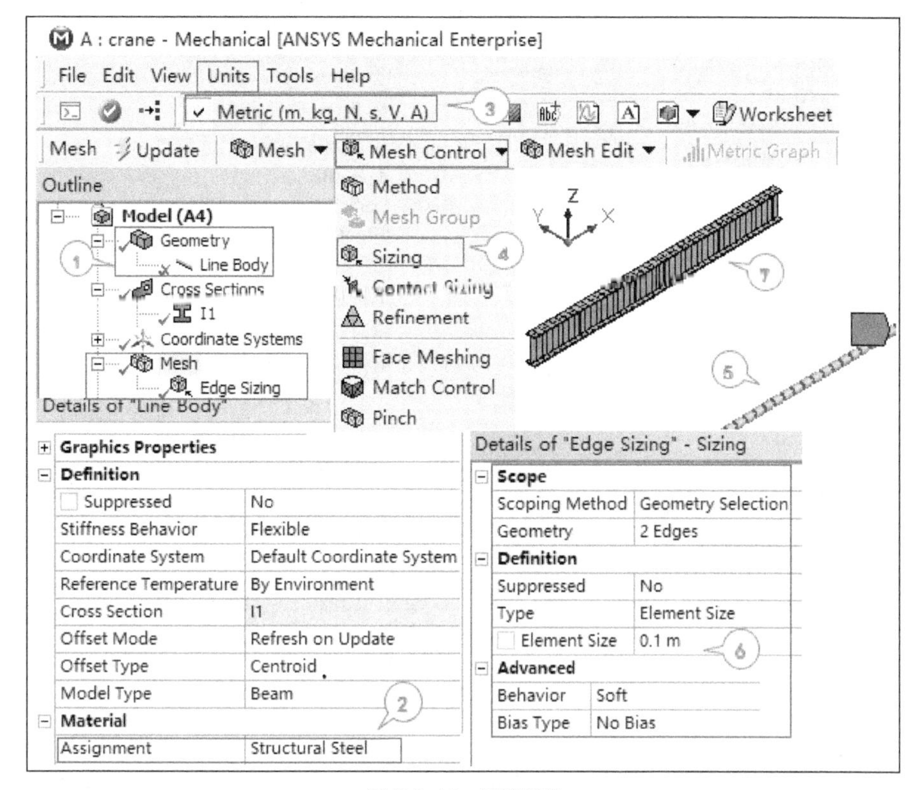

图 5.6-13　网格划分

7．施加约束及载荷（见图 5.6-14）

（1）在工具栏中单击【点选】按钮，在图形窗口选择左侧第 1 个点(在菜单栏中勾选【View】→【Cross Section Solids（Geometry）】，可以显示实体模型以方便选择对象)。插入简支约束：在导航树中选择【Static Structural（A5）】，在工具栏中选择【Supports】→【Simply Supported】，从而限制 x，y，z 方向的移动。

（2）在图形窗口选择右侧第 1 个点，插入位移约束【Supports】→【Displacement】。

（3）在明细窗口中设置：【Definition】→【X Component】= Free，【Y Component】= 0，【Z Component】=0。

（4）在图形窗口选择左右侧两个点，插入固定旋转【Supports】→【Fixed Rotation】。

（5）在明细窗口中设置：【Definition】→【Rotation X】= Fixed，【Rotation Y】=Free，【Rotation Z】= Fixed。

（6）在工具栏中选择【点选】按钮，在图形窗口选择中间点。施加集中力：在导航树中选择【Static Structural（A5）】，在工具栏中选择【Loads】→【Force】。

（7）编辑【Force】属性，施加负 z 轴方向力 100kN，在明细窗口中设置【Definition】→【Define by】=Components，【Z Component】=-100000N。

（8）在导航树中选择【Static Structural（A5）】。

（9）在图形窗口显示所有施加的边界条件为 A、B、C、D 四处。

8．添加求解选项并求解（见图 5.6-15）

（1）在工具栏中单击【线选】按钮，右键单击鼠标，从快捷菜单中单击“选择所有”【Select All】命令；在导航树中选择【Solution（A6）】，右键单击鼠标，选择【Insert】→【Deformation】→【Total】。

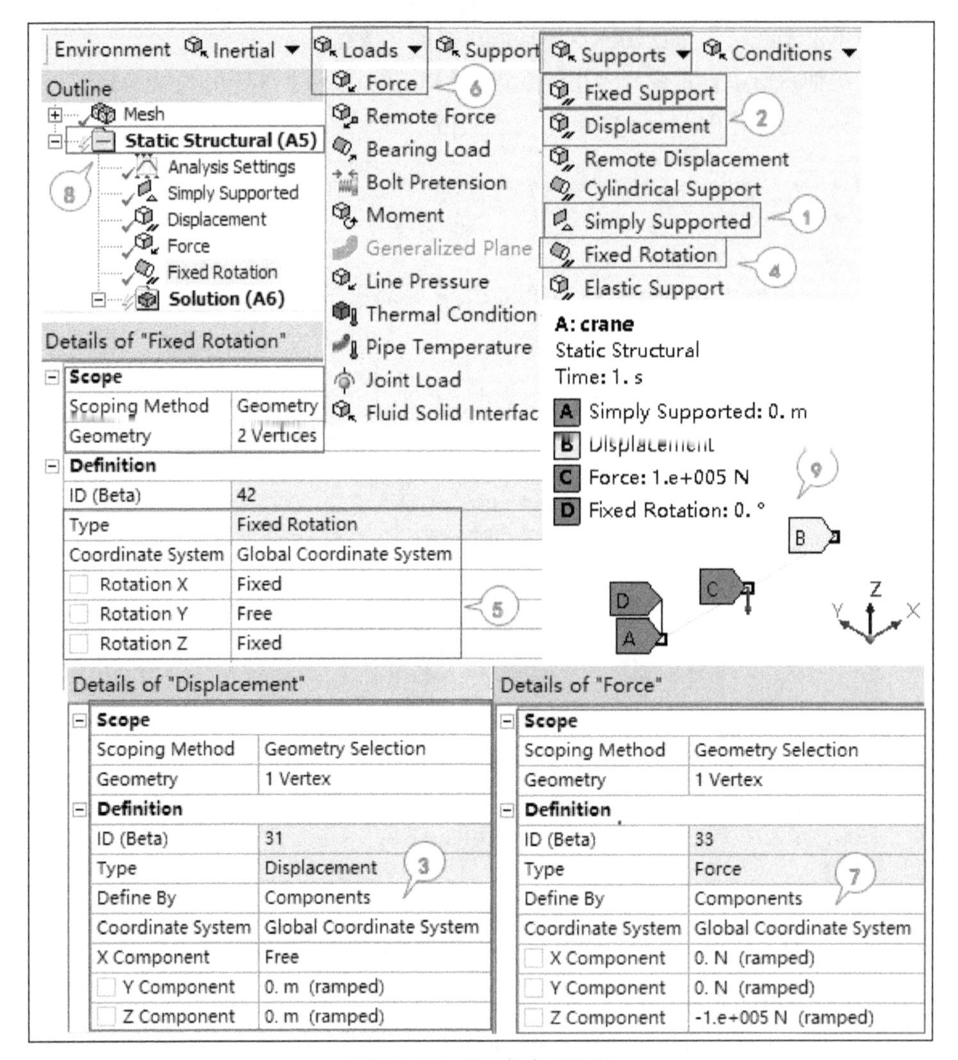

图 5.6-14　施加约束及载荷

（2）插入梁分析结果，右键单击鼠标，选择【Insert】→【Beam Results】→【Shear-Moment Diagram】、【Bending Moment】、【Shear Force】等。

（3）添加梁工具，右键单击鼠标，选择【Insert】→【Beam Tool】。

（4）在工具栏中单击【Solve】按钮求解。

（5）计算完成后，导航树“总变形”【Total Deformation】、梁单元“总剪力-弯矩图”【Total Shear-Moment Diagram】、梁单元“总弯矩”【Total Bending Moment】、梁单元“总剪力”【Total Shear Force】和“梁工具”【Beam Tool】前显示有绿色对勾图标。

9．查看结果（见图 5.6-16）

（1）在导航树中选择“总变形”【Total Deformation】，最大变形在梁中间，为 24.18mm。

（2）在导航树中选择“总弯矩”【Total Bending Moment】，图形窗口显示梁单元上的最大总弯矩位于中间段，为 2.25e5N · m。

（3）在导航树中选择“总剪力”【Total Shear Force】，梁单元上的剪力为常值，大小为 50000 N。

（4）在导航树中展开【Beam Tool】，选择【Maximum Combined Stress】，图形窗口显示最大组合应力，由于横截面均布轴向拉应力为 0，组合拉应力也就是最大弯曲应力，图中看到中间最大拉应力值为 158.16MPa。

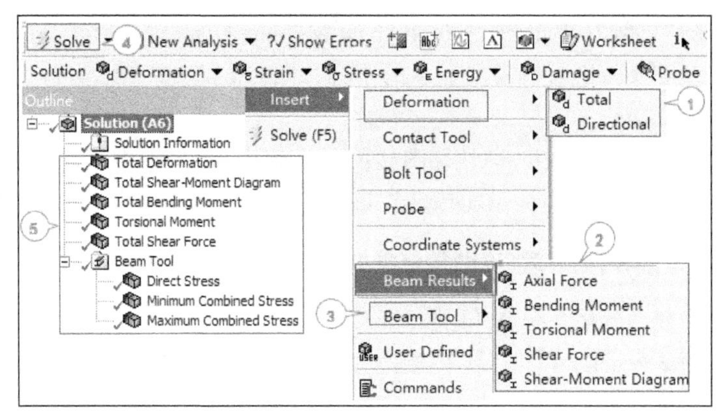

图 5.6-15 添加求解选项并求解

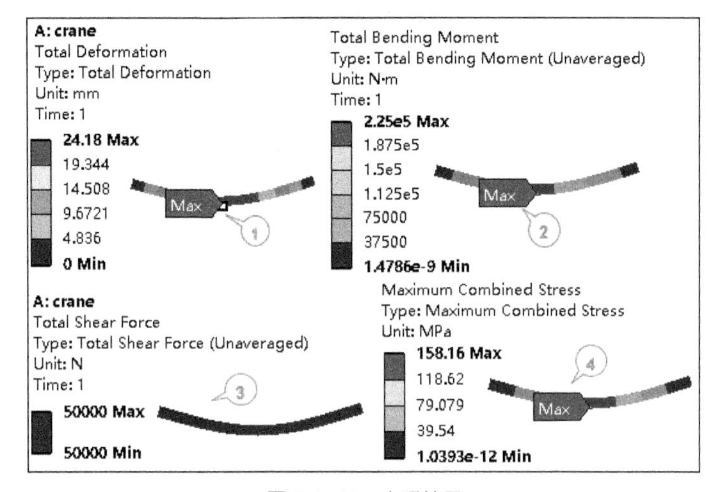

图 5.6-16 查看结果

10. 剪力弯矩图中获取弯矩数据（见图 5.6-17）

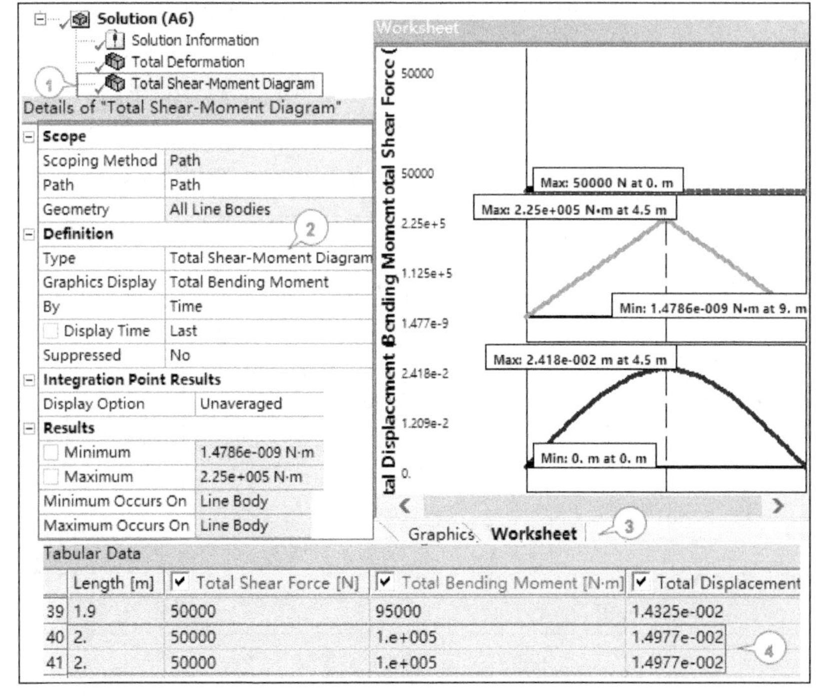

	Length [m]	Total Shear Force [N]	Total Bending Moment [N·m]	Total Displacement
39	1.9	50000	95000	1.4325e-002
40	2.	50000	1.e+005	1.4977e-002
41	2.	50000	1.e+005	1.4977e-002

图 5.6-17 剪力弯矩图中获取弯矩数据

（1）在导航树中选择“总剪力-弯矩图”【Total Shear-Moment Diagram】。

（2）在明细窗口可以设置图形窗口需要显示的内容，图 5.6-17 中图形窗口为“总弯矩”：【Graphics Display】=Total Bending Moment。

（3）以梁为路径，总剪力、总弯矩、总位移图显示在工作表中，图形为对称分布。

（4）数据表中，查看到 2m 处弯矩为 1e5N · m，该数据将用于后续局部补强计算的分析模型。

5.6.2.3 单梁吊车截取边界补强模型弯曲数值模拟过程

1. WB 项目流程图中复制分析系统 A（见图 5.6-18）

选择分析系统 A【Static Structural】，右键单击鼠标选择【Duplicate】，复制一个新系统 B，修改系统名称为 crane with reinforcing bar，单击【Save】按钮，保存项目文件。

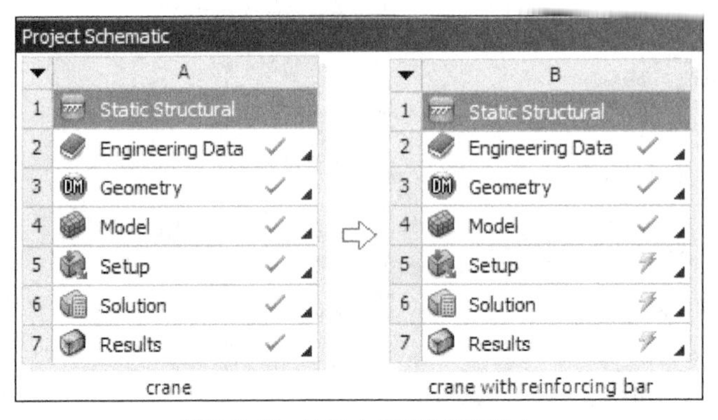

图 5.6-18 WB 中复制分析系统 A

2. 创建几何模型（见图 5.6-19）

（1）在 WB 分析系统 B 的“几何”【Geometry】单元格双击鼠标。进入 DM，默认尺寸的显示单位为 m，在菜单栏中选择【Units】→【Meter】，在导航树中选择【XYPlane】工作平面草图【Sketch1】。

（2）在明细窗口中修改尺寸：【Details View】→【Dimensions】→【H1】=5m。

（3）将线体赋予工字钢截面：在导航树中选择【Cross Section】→【I1】。

（4）修改工字钢截面尺寸，选择【Details View】→【Dimensions】→【W1】=0.15m，【W2】=0.15m，【W3】=0.47m，【t1】=0.028m，【t2】=0.028m，【t3】=0.0115m，工字钢截面显示在图形窗口。

（5）对线体赋予圆截面，选择导航树【1 Parts，1 Body】分支下面的线体，在明细窗口设置【Cross Section】=I1。在菜单栏中勾选【View】→【Cross Section Solids】，图形窗口中线体以横截面的实体方式显示。

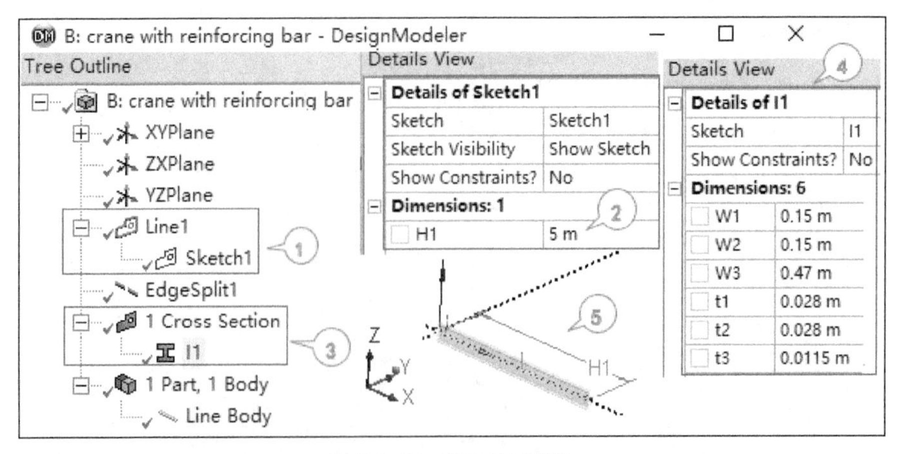

图 5.6-19 修改几何模型

3．进入【Mechanical】分析系统

切换回 WB 项目流程窗口，在【Setup】单元格双击鼠标，进入【Mechanical】分析环境。

4．静力分析中加载重新求解（见图 5.6-20）

（1）施加重力加速度：在导航树中选择【Static Structural】，在工具栏中选择【Inertial】→【Standard Earth Gravity】。

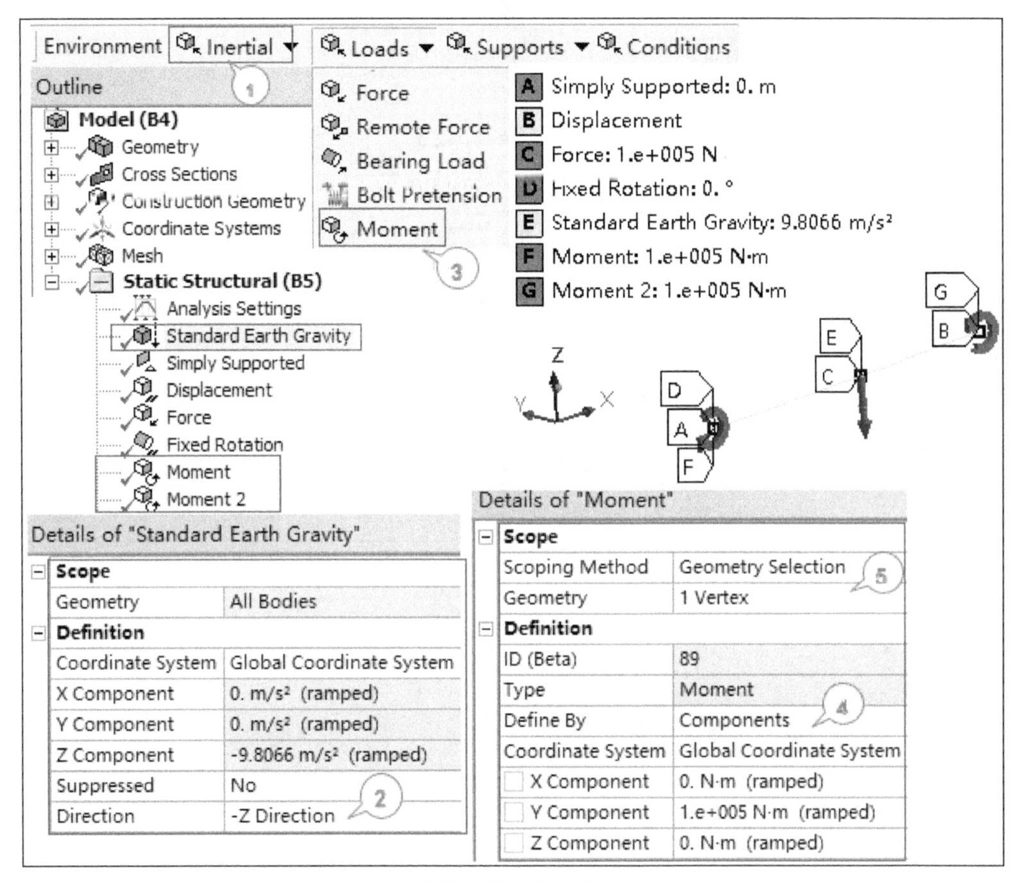

图 5.6-20 施加载荷

（2）明细窗口默认方向为-*z*，不需改变。

（3）在工具栏中单击【点选】按钮，在图形窗口选择左端点。施加弯矩：在导航树中选择【Static Structural（A5）】，在工具栏中选择【Loads】→【Moment】。

（4）编辑【Moment】属性，施加 *y* 方向弯矩 100kN·m，在明细窗口中设置【Definition】→【Define by】=Components，【Y Component】=1e5N·m。同样，在右侧端点施加 *y* 方向弯矩-100kN·m：【Y Component】=-1e5N·m。

（5）其余加载及边界条件不变，更新后的显示如图 5.6-20 所示。

5．求解查看结果（见图 5.6-21）

（1）在工具栏中单击【Solve】按钮求解，并分别查看结果：在导航树中选择“总变形”【Total Deformation】，最大变形在梁中间，约为 0.0063m。

（2）在导航树中选择“总弯矩”【Total Bending Moment】，图形窗口显示梁单元上的总弯矩最大在中间段，约为 2.28e5 N·m。

（3）在导航树中选择“总剪力”【Total Shear Force】，梁单元上的剪力最大值为 52533N。

（4）查看弯曲应力：在导航树中展开【Beam Tool】，选择【Maximum Combined Stress】，图形窗口显示

中间最大拉应力值约为 112MPa。

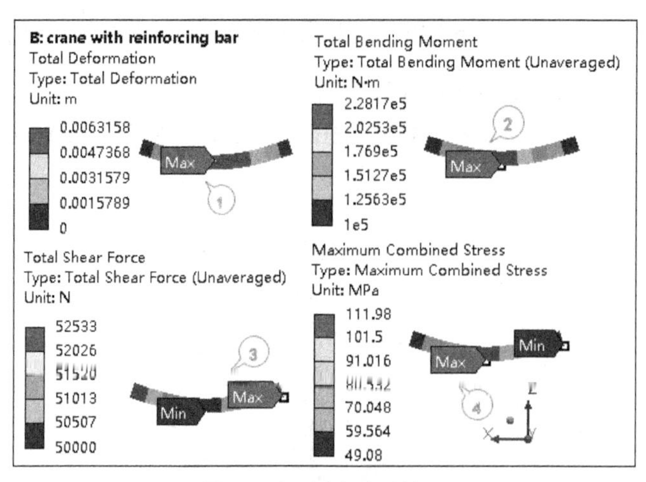

图 5.6-21　求解查看结果

5.6.2.4　结果分析与强度评定

原模型与补强模型结果对比汇总见表 5.6-1。

表 5.6-1　结果对比汇总

	最大变形量 /mm	最大总弯矩 /Nm	最大剪力 /N	组合应力 /MPa	强度评估值 /MPa	是/否接受
原模型数值解	24.18	2.25e5	50000	158.16	140	否
原模型理论解	—	—	—	158.16	140	否
补强后模型数值解	6.316	2.28e5	52533	112	140	是

为方便与理论解对比，原模型数值计算中没有考虑自重，数值解与理论解一致，这是为了验证仿真分析模型的有效性。

一旦分析模型合理，后续分析模型应考虑实际情况，增加合适的自重，尽管自重的影响并不大（源自：表 5.6-1 中剪力与弯矩的增加并不多），计算结果显示：考虑自重影响补强后的吊车梁中间最大拉应力值为 112MPa <140MPa 是满足强度要求的。

至此，本案例分析计算完成，保存文件，归档为压缩文件 Crane.wbpz。

5.7　2D 分析模型及案例

5.7.1　2D 分析模型简介

许多工程问题可以简化为 2D 分析模型求解，ANSYS Workbench 中支持平面应力、平面应变、广义平面应变、轴对称模型。

1．平面问题

平面问题是工程实际中比较常见的，许多工程问题可以简化为平面问题进行求解，平面问题一般可分为平面应力问题和平面应变问题。

平面应力问题是指只在平面内有应力，与该面垂直方向的应力可忽略，如薄板拉压问题，如图 5.7-1(a)

中厚度为 t 的薄板，外载荷与 z 轴垂直沿 z 方向没有变化，在 $z=t/2$ 处的两个外表面上不受任何载荷，则所有的应力都在 oxy 平面内，即只有正应力 σ_x、σ_y 和剪应力 τ_{xy}，而没有正应力 σ_z 和剪应力 τ_{yz}、τ_{zx}。

平面应变问题是指只在平面内有应变，与该面垂直方向的应变可忽略，如图 5.7-1(b)中无限长物体侧向承压问题。其所受载荷平行且垂直于横截面，也不沿长度方向变化，这时任一截面都可以看成是对称面，面内各个点不会发生轴向（z 向）移动，即所有的应变都在 oxy 平面内，即只有正应变 ε_x，ε_y 和剪应变 γ_{xy}，而没有正应变 ε_z 和剪应变 γ_{yz}、γ_{zx}。由于 z 方向变形被阻止了，一般正应力 σ_z 并不为零。

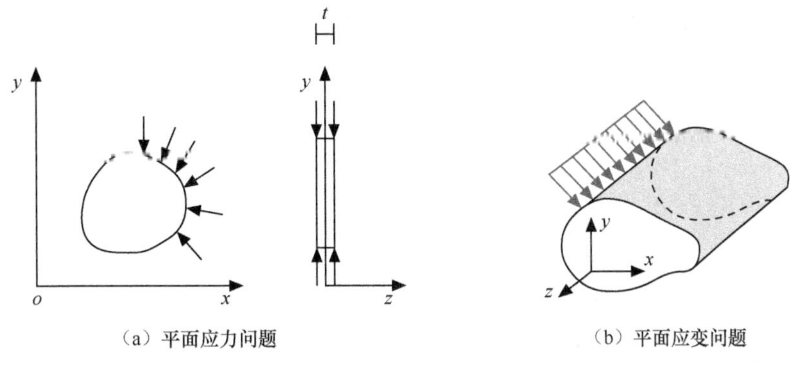

（a）平面应力问题　　（b）平面应变问题

图 5.7-1　平面问题

ANSYS 结构分析中用 2D 分析求解平面问题。有些实际问题虽然结构不是无限长，而且靠近两端处的横截面也是变化的，并不符合无限长形体的条件，但离两端较远处按平面应变问题进行分析求解，结果也可以满足工程要求，故可用广义平面应变模型求解。

2．轴对称问题

弹性分析中，如果结构的几何形状、约束状态及外载荷都对称于某一个轴，则体内各点所有位移、应变及应力也对称该轴，称为轴对称问题，如离心机械、压力容器，ANSYS Workbench 中也是在 2D 分析中求解轴对称模型的，不过指定的对称轴为 y 轴。

5.7.2　2D 平面应力模型分析齿轮齿条传动的约束反力矩

5.7.2.1　问题描述及分析

齿轮齿条传动是将齿轮的回转运动转变为齿条的往复直线运动，或将齿条的往复直线运动转变为齿轮的回转运动，是应用广泛的传动之一。齿轮齿条传动中，经常需要根据扭矩计算传动轴的直径或反计算扭矩。

本案例模型包含直齿圆柱齿轮和齿条这两个零件，厚度为 12mm，目的在于：需要确定齿轮产生输出时需要的力矩，通过建立 2D 平面应力模型，计算齿轮齿条传动的约束反力矩。

分析模型如图 5.7-2 所示，2D 平面应力分析模型中采用具有 3 个自由度的远端位移约束齿轮，而不用固定约束，齿条上承受 2500N 压力，得到齿轮上的约束反力矩。

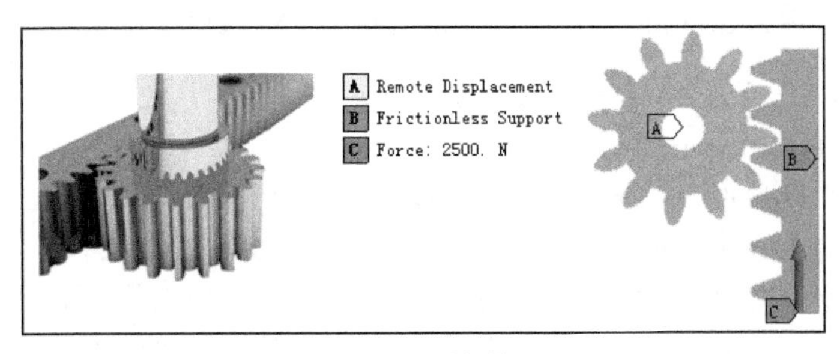

图 5.7-2　分析模型

下面给出数值模拟过程。

5.7.2.2　数值模拟过程

1．进入 WB

运行程序→【ANSYS18.2】→【Workbench 18.2】，进入 Workbench 数值模拟平台。

2．设置 2D 分析并导入几何模型（见图 5.7-3）

（1）【Workbench】设置静力分析系统：在工具箱中将“静力分析系统”【Static Structural】拖入到【Project Schematic】为分析系统 A。

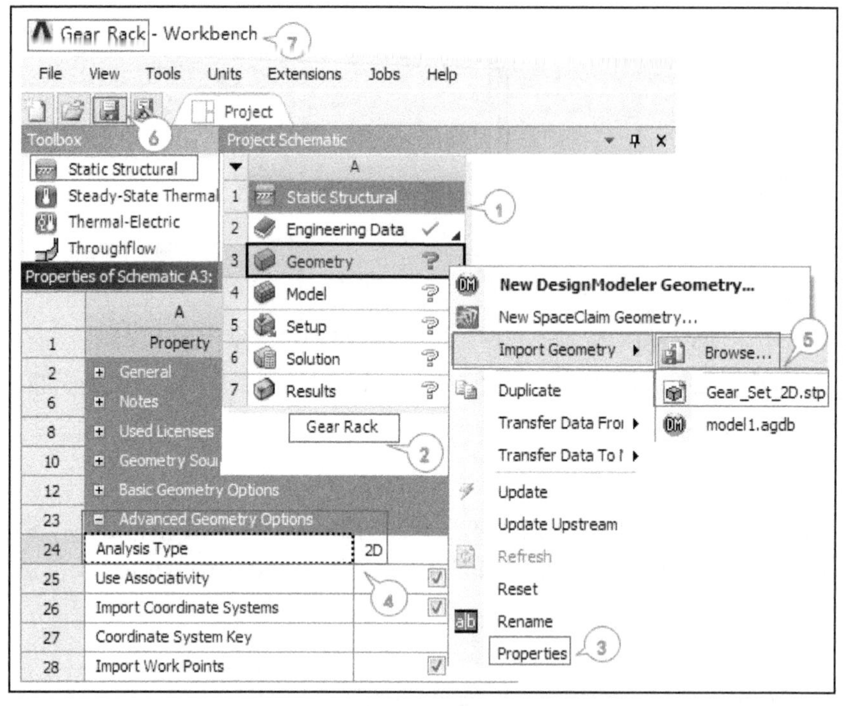

图 5.7-3　设置 2D 分析并导入几何模型

（2）键入分析系统名称 Gear Rack，在 WB 中设置工程项目单位：【Units】→【Metric (kg, mm, s, C, mA, mV)】，激活【Display Values in Project Units】。

（3）设置几何属性为 2D 分析：选择 A3 单元格，右键单击鼠标，选择【Properties】。

（4）在几何属性窗口中设置【Analysis Type】=2D。

（5）导入几何模型：选择 A3 单元格，右键单击鼠标，从快捷菜单中选择【Import Geometry】，导入几何文件 Gear_Set_2D.stp。

（6）单击【Save】按钮。

（7）保存项目文件名称为 Gear-rack.wbpj，在系统 A 中的【Model】单元格双击鼠标，进入结构分析。

3．静力分析中设置 2D 行为及摩擦接触（见图 5.7-4）

（1）在导航树中选择【Geometry】。

（2）在几何明细窗口设置平面应力分析模型：【2D Behavior】=Plane Stress。

（3）在导航树中选择【Geometry】分支下面的两个面体对象 Gear 与 Rack。

（4）在明细窗口定义厚度：【Thickness】=12mm，分配材料为结构钢：【Assignment】=Structural Steel。

（5）摩擦接触设置相应选项：在导航树中选择【Contacts】分支下面的接触对，程序默认为绑定接触。

（6）在明细窗口设置相应选项：齿轮为接触对象，齿条为目标对象，【Type】=Frictional，【Friction

Coefficient 】=0.2，非对称接触行为【 Behavior 】=Asymmetric，纯拉格朗日算法【 Formulation 】=Normal Lagrange。

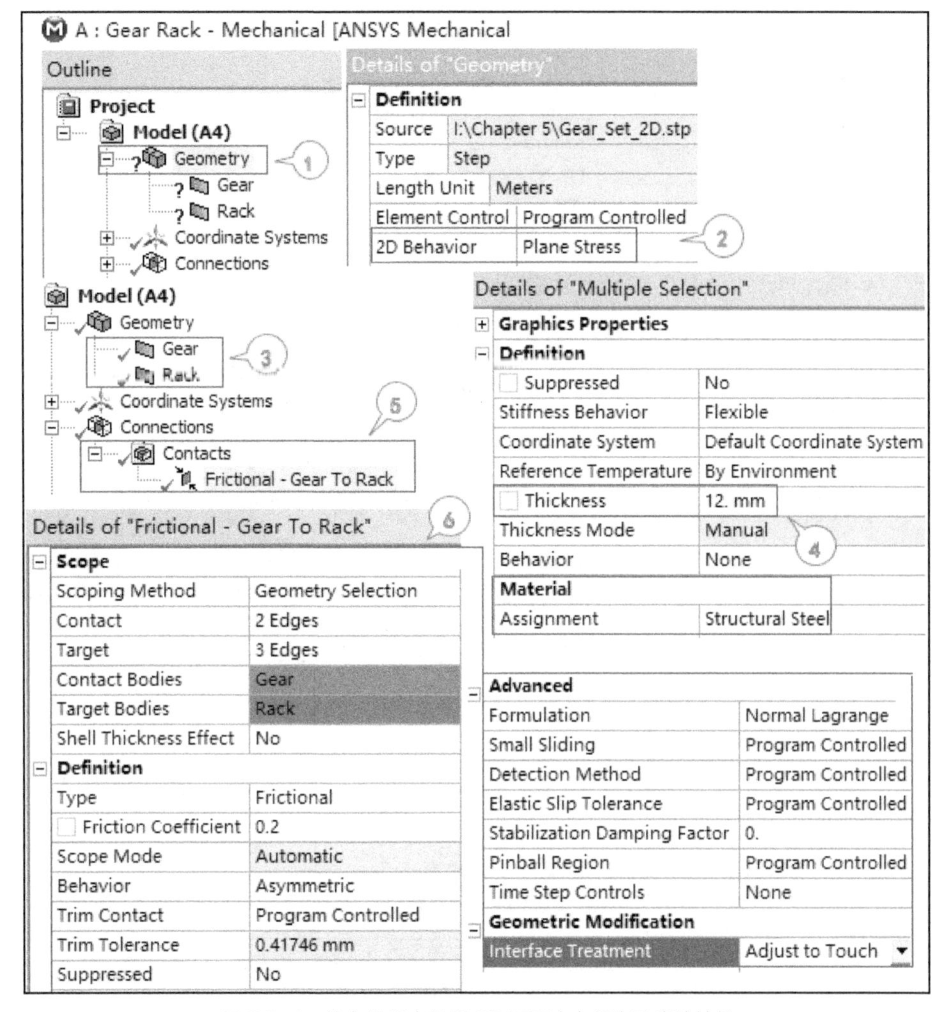

图 5.7-4 静力分析中设置 2D 平面应力行为及摩擦接触

4. 网格划分（见图 5.7-5）

（1）在导航树中选择【 Mesh 】。

（2）在明细窗口设置【 Size Function 】= Curvature，【 Relevance Center 】=Medium，【 Curvature Normal Angle 】=30° 。

（3）在工具栏中选择【 Mesh Control 】→【 Sizing 】。

（4）在工具栏中单击【线选】按钮，在图形窗口选择 4 条线。

（5）在单元尺寸明细窗口中设置单元大小为 0.5mm：【 Element Size 】=0.5mm。

（6）右键单击鼠标，选择【 Generate Mesh 】生成网格，在图形窗口显示单元网格，可局部放大显示齿轮齿条啮合区处的局部细化网格。

（7）在导航树中选择【 Mesh 】，设置【 Mesh Metric 】=Element Quality，网格统计结果显示网格平均质量约为 0.92。

（8）网格直方图显示三角形和四变形单元的质量分布。

5. 施加载荷及约束（见图 5.7-6）

（1）在齿轮中心创建远端位移：在导航树中选择【 Static Structural（A5）】，在工具栏中选择【 Supports 】→【 Remote Displacement 】。

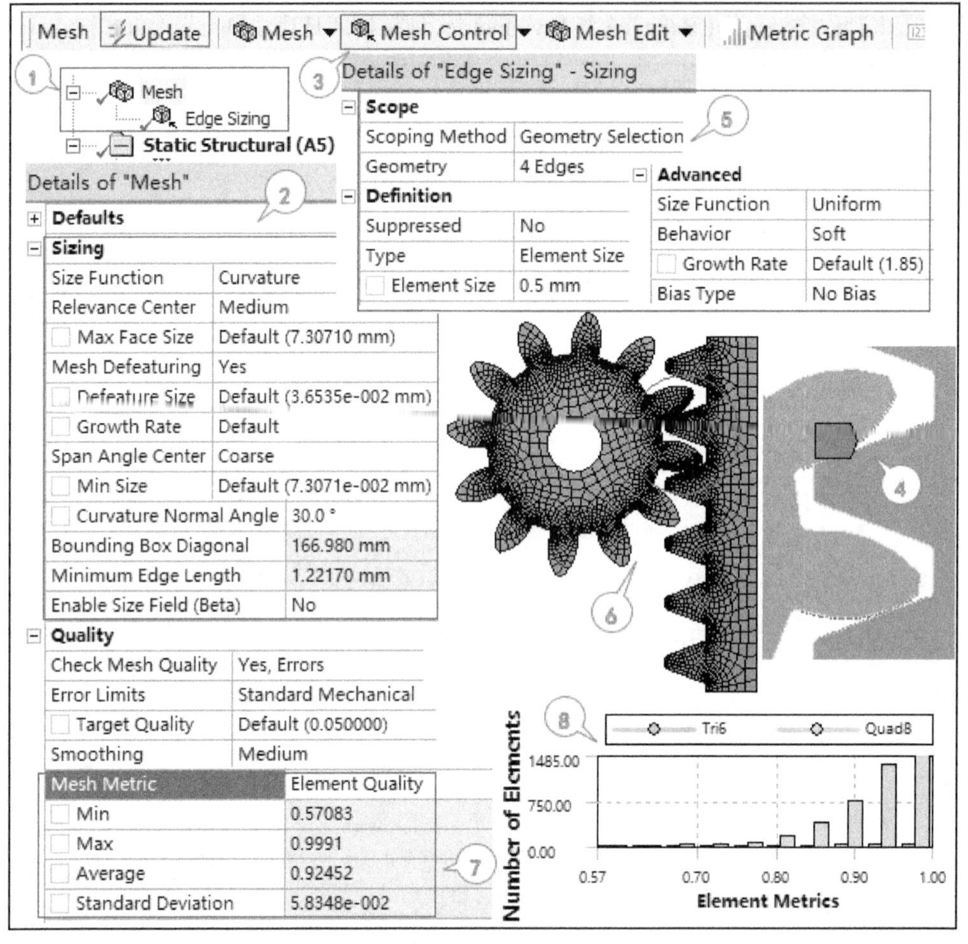

图 5.7-5　网格划分

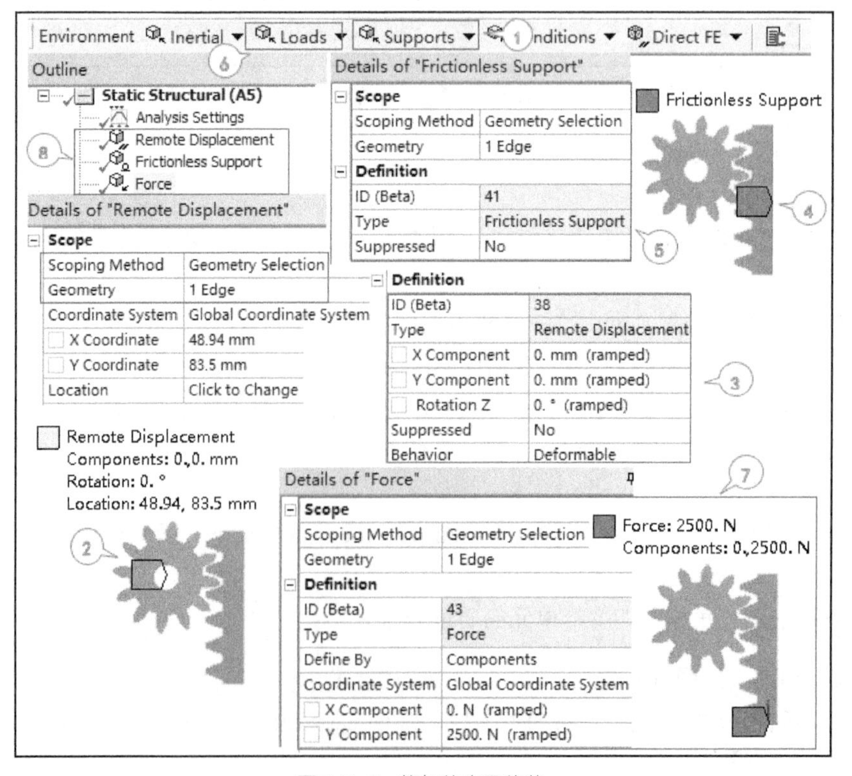

图 5.7-6　施加约束及载荷

（2）在工具栏中单击【线选】按钮，在图形窗口选择齿轮中心圆。

（3）在明细窗口显示远端位移的施加点为（48.94mm，83.5mm），定义【X Component】=0mm，【Y Component】=0mm，【Rotation Z】=0。

（4）施加无摩擦约束：在图形窗口选择齿条边线，在工具栏中选择【Supports】→【Frictional Support】。

（5）在明细窗口显示【Geometry】=1 Edge，【Type】=Frictionless Support。

（6）施加力，在图形窗口选择齿条底边，在工具栏中选择【Loads】→【Force】。

（7）编辑【Force】属性，施加 y 轴方向力 2500N，在明细窗口中设置【Definition】→【Define By】= Components，【Y Component】=2500N。

（8）在导航树【Static Structural（A5）】下方显示所有施加的边界条件。

6．分析求解并查看变形和反力矩等结果（见图 5.7-7）

（1）插入需要的结果：在导航树中选择【Solution】，在工具栏中选择“总变形”【Deformation】→【Total Deformation】、【Stress】→【Equivalent（von-Mises）】、反作用力【Probe】→【Force Reaction】、反力矩【Probe】→【Moment Reaction】等。

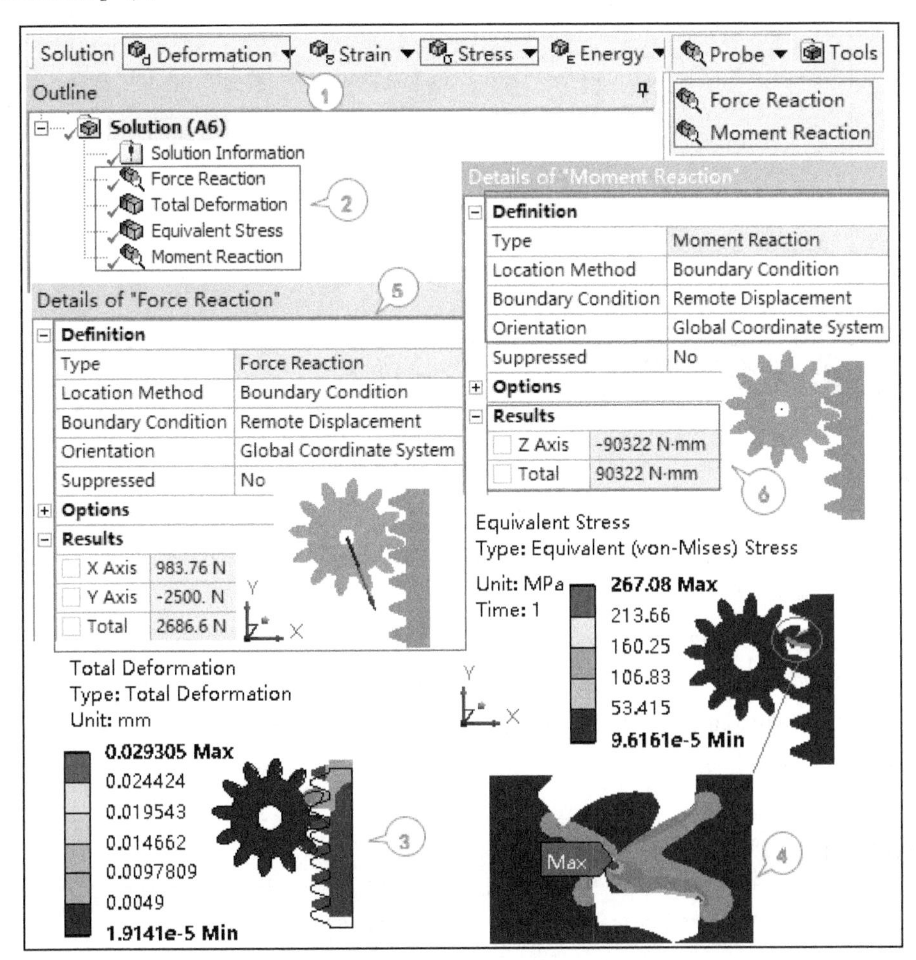

图 5.7-7　变形、应力、反作用力及反力矩分析结果

（2）在工具栏中单击【Solve】按钮求解，在导航树【Solution（A6）】中生成添加的结果。

（3）计算完成后，选择导航树【Solution（A6）】中的总变形【Total Deformation】，图形窗口中显示总变形以齿条为主，最大值约为 0.029mm。

（4）选择导航树【Solution（A6）】中的等效应力【Equivalent Stress】，图形窗口中显示齿轮齿条接触处最大等效应力为约为 267MPa。

（5）查看反作用力，选择导航树【Solution（A6）】中的【Force Reaction】，明细窗口中显示设置“定位方式”【Location Method】=Boundary Condition，及反作用力值，合力约为 2687N。

（6）查看反力矩，选择导航树【Solution（A6）】中的【Moment Reaction】，在明细窗口中显示设置“定位方式”【Location Method】=Boundary Condition，及反力矩值为 90.3kN·m，计算完成，可保存文件，退出程序。

5.7.2.3　结果分析及讨论

本案例的目的是确定得到 2500N 的驱动力所需的力矩值，结果表明，摩擦接触条件下力距应为 90.3kN·m。这里是把 3D 分析模型简化为 2D 平面应力模型来处理，可以大大减少计算量。此外类似的做法也可以获得接触力，如图 5.7-8 所示，可以看到 y 方向的力 2500N 与施加载荷平衡。

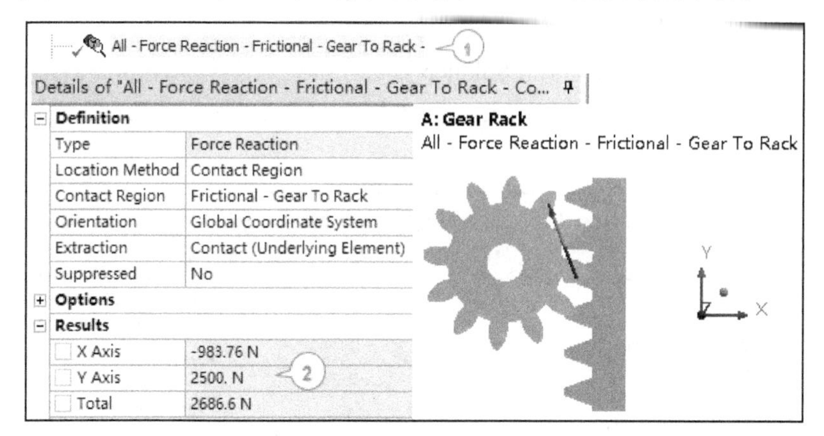

图 5.7-8　接触力

5.8　3D 分析模型及案例

5.8.1　概述

3D 分析模型往往用于处理结构响应行为产生三向应力状态的问题，如空间梁壳模型、3D 实体模型承受复杂载荷条件下的力学响应等。

由于 3D 模型的复杂程度不同，因而涉及更多分析难题，如导入几何模型的质量不好，需要修补和清理几何模型；模型简化会涉及混合单元，引入附加的单元连接，简化模型是否与原模型等效等问题；分析模型的复杂结果评估的问题，如前面章节中已论及的应力奇异与应力集中等。所以，3D 分析问题因问题而异，处理方式不尽相同。

5.8.2　卡箍连接模型的多载荷步数值模拟

下面以承受内压的 3D 卡箍连接模型为例，给出多载荷步数值模拟过程。

5.8.2.1　问题描述及分析

本案例模型如图 5.8-1 所示，管道内径 D=55mm，需要确定管道内压 P=1MPa，螺栓预紧 1000N 时，卡箍模型的变形及应力分布。其中管道材料为铜，弹性模量为 1.1e11Pa，泊松比为 0.34；卡箍及螺栓材料为结构钢，弹性模量为 2e11Pa，泊松比为 0.3。

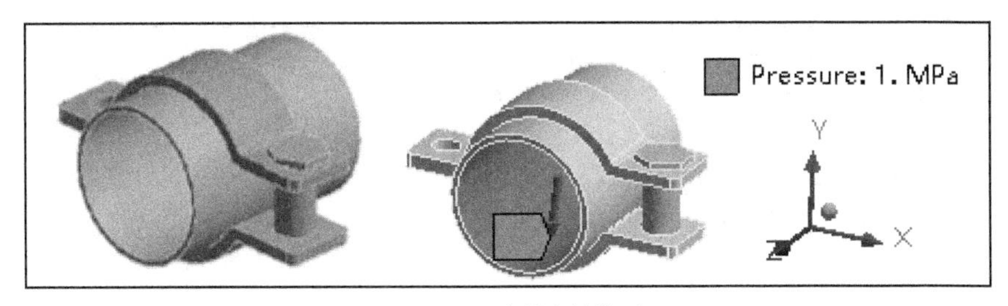

图 5.8-1 卡箍连接模型

本案例涉及多工况，先施加螺栓预紧力，然后再施加载荷，因此采用两个载荷步分析，第 1 个载荷步施加螺栓预紧载荷，该载荷在第 2 个载荷步中锁紧，第 2 个载荷步施加内压及轴向力，根据分析问题，需要先计算出轴向力的大小 F_a：

$$F_a=0.25\pi D^2P=0.25\times 3.1415926\times 55^2\times 1=2375.8(\text{N})$$

忽略自重，数值模拟的详细分析过程如下。

5.8.2.2 数值模拟过程

1. 打开 Workbench 建立静力分析模型（见图 5.8-2）

（1）设置单位为“Metric (kg, m, s, ℃, A,N,V)”，激活“Display Values in Project Units”。

（2）从工具箱中将结构静力分析系统【Static Structural】拖入到工程流程图中。

（3）将结构静力分析系统 A 命名为 Pipe Clamp Multiloads。

（4）单击【保存】按钮。

（5）并保存工程名为 Pipe Clamp Multiloads.wbpj。

（6）在 WB 的 A2 单元格【Engineering Data】双击鼠标，进入工程数据窗口。

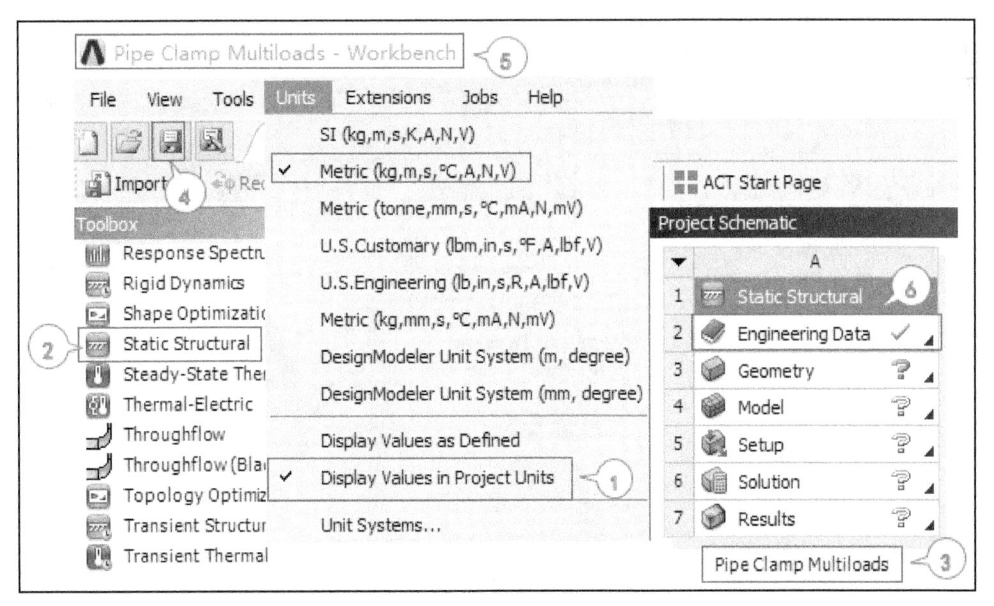

图 5.8-2 建立静力分析系统 A

2. 输入材料（见图 5.8-3）

（1）在工程数据窗口中添加新材料 Cu。

（2）在工具箱下选择【Linear Elastic】→【Isotropic Elasticity】，选后该选项为灰色。

（3）在属性窗口中输入弹性模量为 1.1e11Pa，泊松比为 0.34，结构钢为默认。

（4）单击【Project】标签，返回 WB。

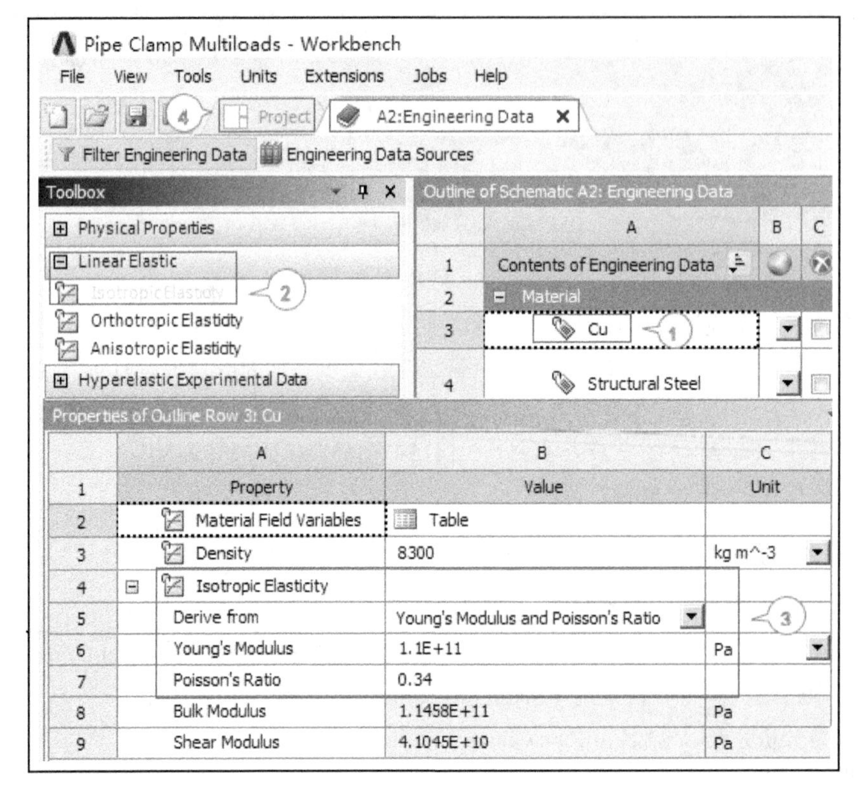

图 5.8-3　添加材料

3．建立模型（见图 5.8-4）

导入几何模型文件 Pipe_Clamp.stp。

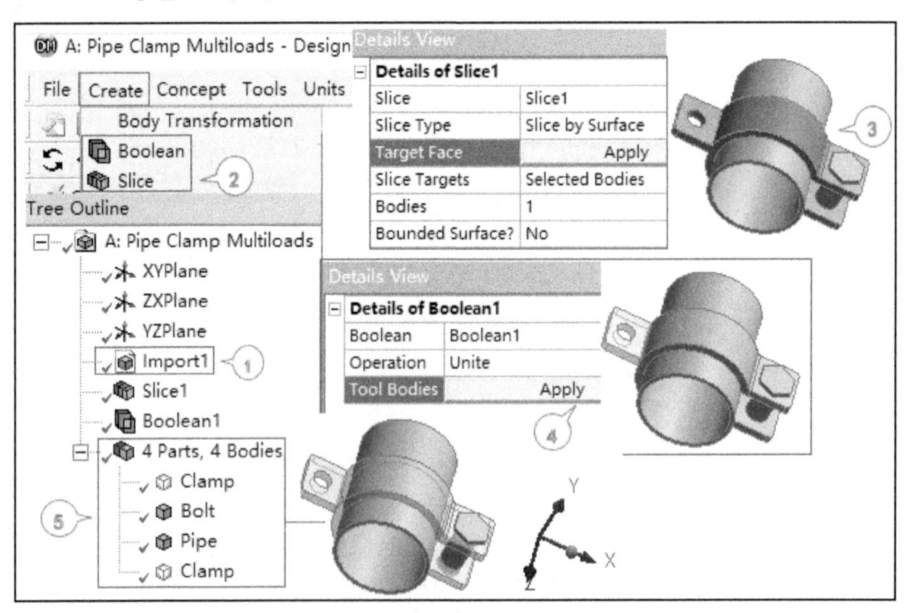

图 5.8-4　导入并编辑几何模型

（1）在单击【Geometry】单元格，右键单击鼠标，选择【Import Geometry】=Pipe_Clamp.stp；在【Geometry】单元格双击鼠标，进入 DM 程序，单击【Generate】按钮生成【Import1】，并看到导入的 3D 实体模型。

（2）在菜单栏选择【Create】→【Slice】插入分割命令。

（3）在明细窗口设置面分割：【Slice Type】=Slice by Surface，在图形窗口选择卡箍圆弧表面，【Target Surface】中单击【Apply】按钮确认，【Slice Targets】=Selected Bodies，在图形窗口选择卡箍，确认后【Bodies】

=1，单击【Generate】按钮生成【Slice1】。

（4）同样，在菜单栏选择【Create】→【Boolean】插入布尔操作命令，在明细窗口设置合并体：【Operation】=Unite，在图形窗口选择前面切割出来的螺栓附近的 3 个卡箍体，【Tool Bodies】中单击【Apply】按钮确认，确认后【Tool Bodies】=3，单击【Generate】生成【Boolean1】。

（5）展开【4 Parts，4 Bodies】看到 4 个实体为独立 4 个零件，返回 WB。

4．分配材料（见图 5.8-5）

在 WB 的 A4 单元格双击鼠标，进入【Mechanical】分析程序，设置单位为“Metric (mm, kg, s, mV, mA)”，在导航树中选择【Model】→【Geometry】→【Pipe】，在明细窗口分配材料为铜：【Material】→【Assignment】=Cu，其他材料默认为结构钢。

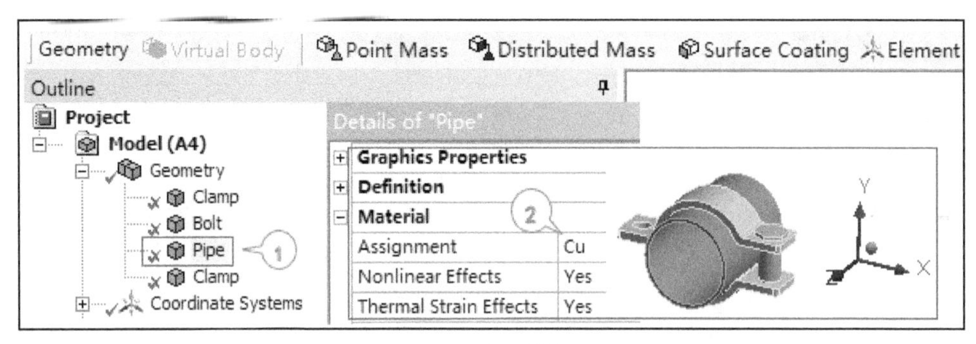

图 5.8-5　分配材料

5．网格划分（见图 5.8-6）

这里铜管及卡箍划分为两层，卡箍采用薄层扫掠方法，螺栓为多区网格划分方法。卡箍及螺栓单元大小为 3mm，铜管单元大小为 1.3mm，4 个实体得到的六面体网格平均质量都高于 0.91，由于铜管节点数最多，最终显示总体平均网格质量 0.99 为铜管的网格划分质量。给出不同于第 4 章的网格划分方法，整体设置如图 5.8-6（a）所示，局部设置如图 5.8-6（b）所示。

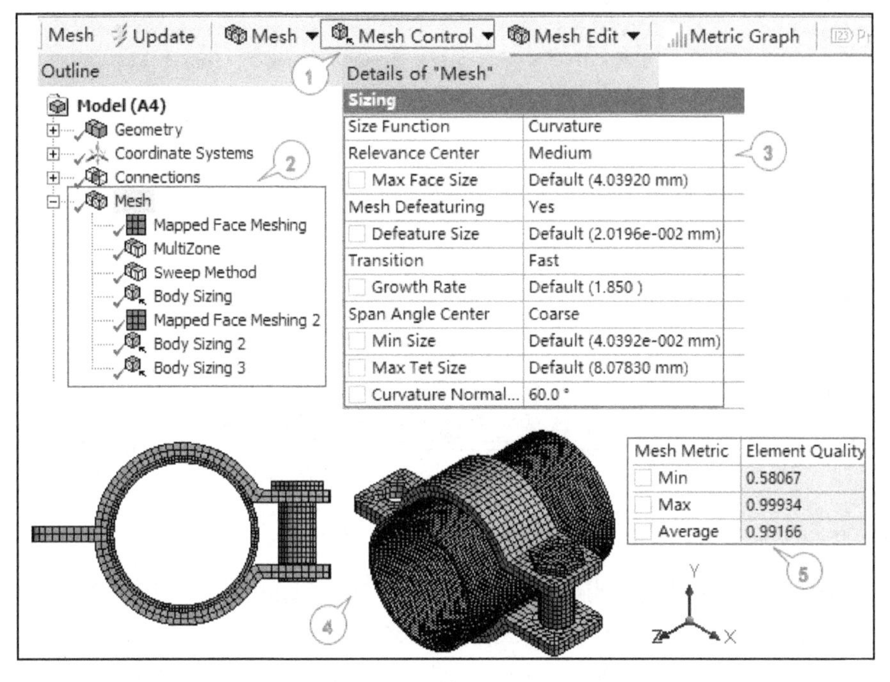

(a)

图 5.8-6　网格划分

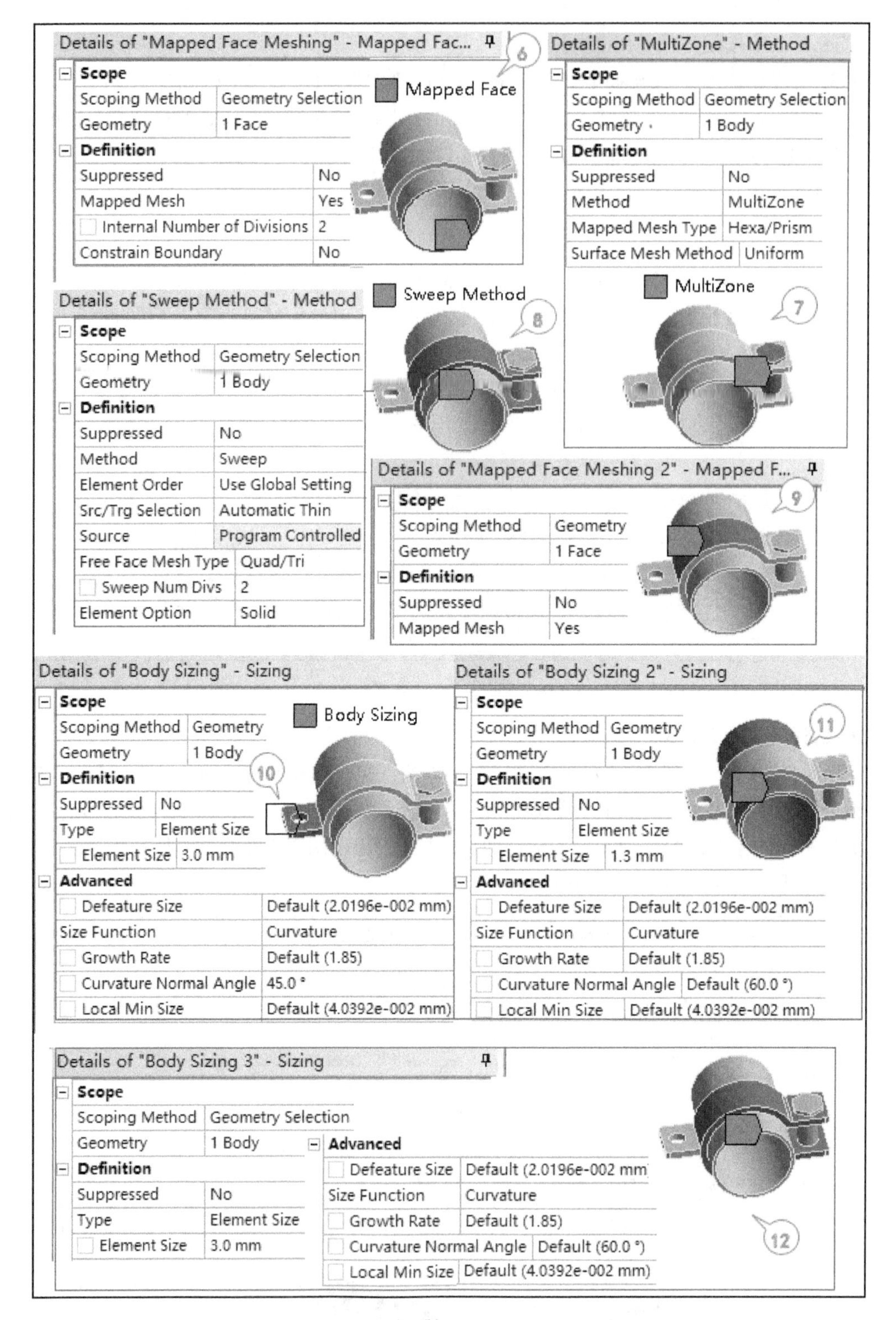

(b)

图 5.8-6　网格划分（续）

（1）在导航树中选择【Mesh】，分别插入两个映射面【Mesh Control】→【Face Meshing】；多区控制及扫掠方法【Mesh Control】→【Method】；3 个尺寸控制【Mesh Control】→【Sizing】。

（2）导航树中有 7 个局部控制，编辑每个局部控制对象，如图 5.8-6（b）中⑥～⑫所示。

（3）在导航树中选择【Mesh】，明细窗口整体设置如下：【Size Function】= Curvature，【Relevance Center】

=Medium，【Curvature Normal Angle】=30°，【Mesh Metric】=Element Quality。

（4）在导航树中选择【Mesh】，右键单击鼠标选择【Generate Mesh】生成网格，或在工具栏单击【Update】按钮更新网格，图形窗口显示划分好的网格。

（5）查看网格平均质量约为 0.99。

6．修改接触关系（见图 5.8-7）

（1）【Mechanical】分析环境中，在导航树中展开【连接关系】分支，选择【Connections】→【Contacts】，查看程序自动创建的 3 组绑定接触，全选，右键单击鼠标选择【Delete】。

（2）在导航树中选择【Contacts】，在明细窗口设置【Group By】=None。

（3）右键单击鼠标，选择【Create Automatic Connections】创建自动 7 组接触对。

（4）然后选中这 7 组接触对，右键单击鼠标选择【Rename Based on Definition】。

（5）重命名后，选择 3 组卡箍和管道的接触，合并为一组接触，右键单击鼠标选择【Merge Selected Contact Regions】。

（6）重新生成 5 组接触对。

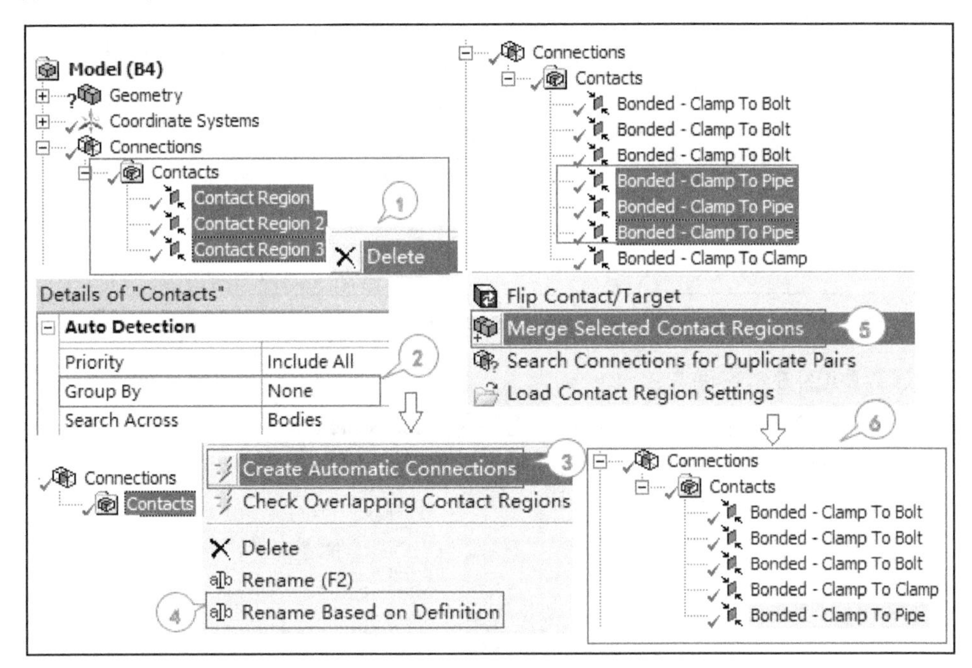

图 5.8-7 自动检测接触对及合并接触对

提示

导入模型时，程序根据每个实体之间产生的接触配对了 3 对接触，由于螺栓连接有无螺纹的接触设置是不同的，因此【Contacts】中设置【Group By】=None，则每个接触面都建立接触对，共创建 7 组接触对，将铜管与卡箍的接触合并为一个，右键单击鼠标选择【Merge Selected Contact Regions】，最后接触对减少为 5 组，此外也可人工创建接触对，如图 5.8-7 所示。

修改接触关系如下，其余为绑定连接（见图 5.8-8）。

（7）螺栓头处与卡箍的两对接触面之间的接触为不分离，这里不分离接触表示该位置允许少量滑移；选第 2 组和第 3 组【Bonded-Clamp To Bolt】接触对。

（8）在明细窗口设置【Type】=No Separation。

（9）选第 5 组【Bonded-Clamp to Pipe】接触对，修改为卡箍与铜管之间摩擦接触。

（10）在明细窗口设置相应选项：铜管外壁为接触面，卡箍内壁 3 个面为目标面，摩擦系数为 0.2，【Type】

=Frictional,【Frictional Coefficient】=0.2；设置非对称接触行为,【Behavior】=Asymmetric；从而产生接触非线性分析，因此采用 Augmented Lagrange 算法增强求解收敛，即【Formulation】=Augmented Lagrange。

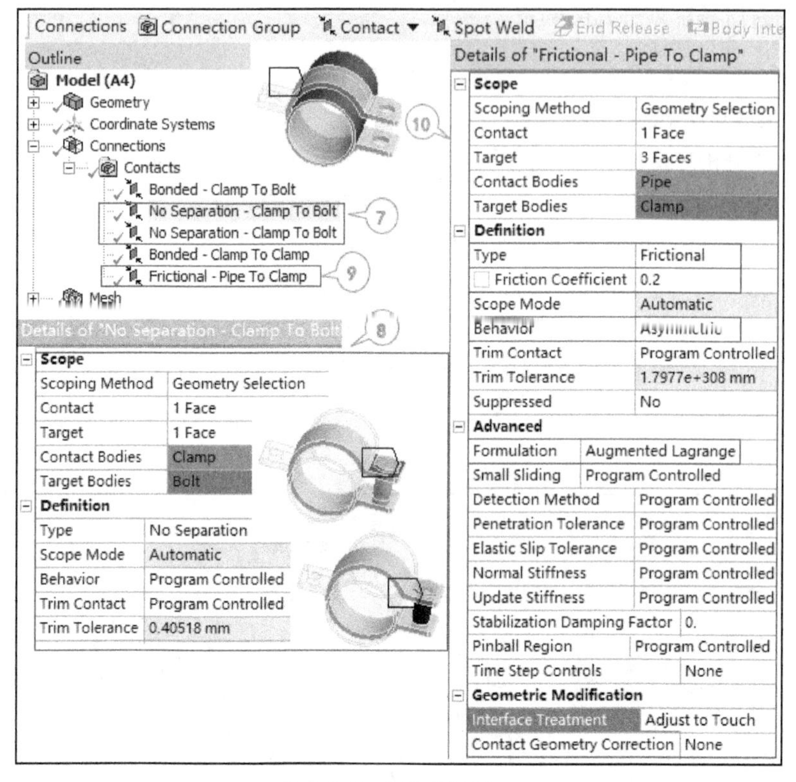

图 5.8-8　修改接触关系

7. 加载及求解（见图 5.8-9~图 5.8-11）

（1）分析设置中设置 2 个载荷步，在导航树中选择【Static Structural（A5）】→【Analysis Settings】。

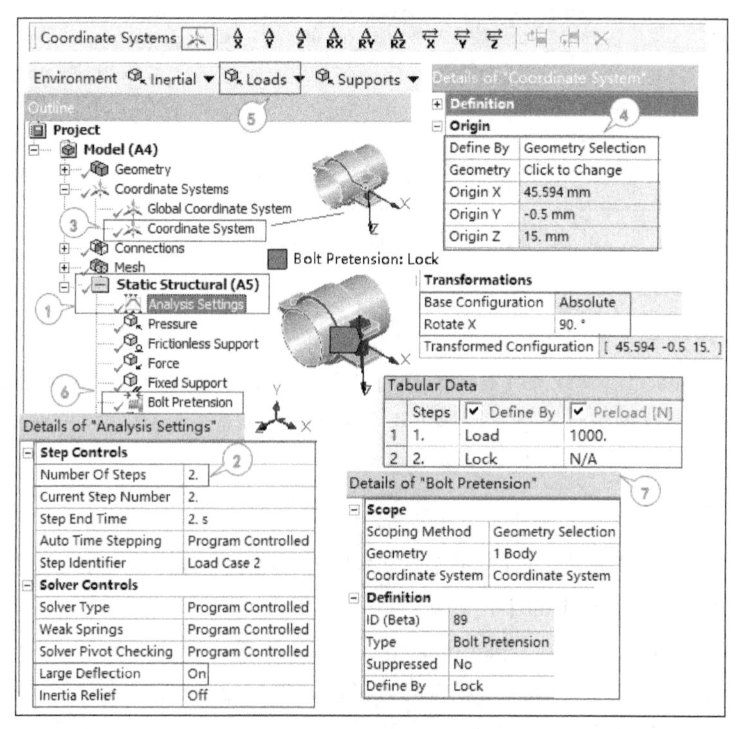

图 5.8-9　分析设置及螺栓预紧

（2）在明细窗口设置【Number of Steps】=2，激活“大变形”【Large Deflection】=On。

（3）螺栓预紧需要用到局部坐标，在导航树中单击【Coordinate Systems】，在工具栏中单击按钮创建一个局部坐标【Coordinate System】。

（4）在明细窗口定义中心螺栓中心为（45.594mm，-0.5mm，15mm），螺栓轴向为 *z* 轴即【Rotate X】=90°。

（5）在图形窗口中选择螺栓，在导航树中选择【Static Structural（A5）】，在工具栏中选择【Loads】→【Bolt Pretension】。

（6）导航树中出现插入的【Bolt Pretension】。

（7）在明细窗口中确认“几何”【Geometry】=1 Body，数据表中输入螺栓预紧力为 1000N，注意第 1 载荷步“加载”【Load】=1000N，第 2 载荷步“锁定”【Lock】。

（8）选择铜管内表面，在第 2 载荷步插入压力 1MPa，右键单击鼠标选择【Insert】→【Pressure】，创建【Pressure】出现在导航树中。

（9）在明细窗口中确认铜管内表面【Geometry】=1 Face，数据表中【Time】=2s，【Pressure】=1MPa。

提示

非线性分析中一般是渐变加载到指定值，载荷步 1 在表中出现两次，允许渐变从 0 到 1，这在静力分析中是无意义的。

（10）在图形窗口中选择铜管的一个端面，右键单击鼠标选择【Insert】→【Force】，创建的【Force】出现在导航树中。

（11）在第 2 个载荷步施加与 1MPa 内压平衡的 2375.8N 轴向拉力，数据表中【Time】=2s，【Z】=2375.8N。

（12）在图形窗口选择铜管的另一个端面，施加无摩擦约束，在工具栏中选择【Supports】→【Frictionless Support】，同样，在图形窗口选择卡箍的定位孔施加固定约束，在工具栏中选【Supports】→【Fixed Support】，如图 5.8-10 中的 A 处与 B 处。

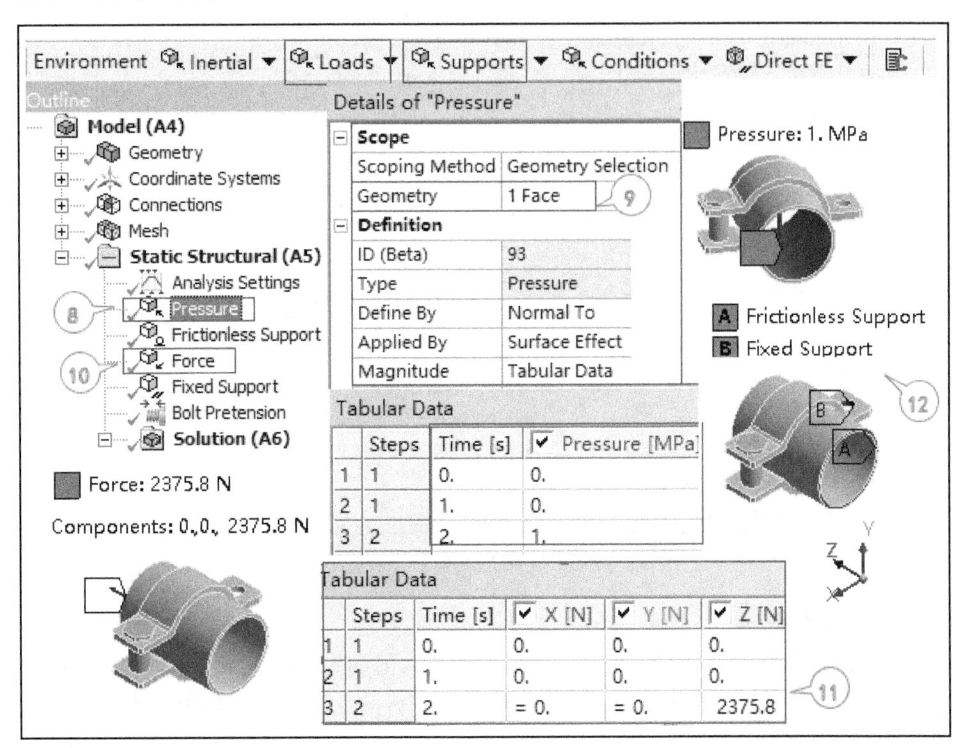

图 5.8-10 施加载荷及约束

（13）在导航树中选择【Solution（A6）】。

（14）求解中插入需要的结果：插入变形，右键单击鼠标选择【Insert】→【Total Deformation】；插入等效应力，右键单击鼠标选择【Insert】→【Stress】→【Equivalent von-Mises】；选择铜管，同样插入等效应力，单击【Solve】按钮求解，这些结果都出现在导航树下。

（15）对程序进行非线性求解，设置求解信息：【Solution Information】→【Solution Output】=Force Convergence。

（16）工作表窗口可监测力收敛曲线，两个载荷步非线性迭代 13 次计算完毕。

（17）在导航树中选择【Solution（A6）】在明细窗口下可查看相关信息，计算时间为 3min38s。

（18）再提取卡箍与铜管接触对的结果：插入接触工具，右键单击鼠标选择【Insert】→【Contact Tool】，在明细窗口设置【Scoping Method】=Worksheet。

（19）在工作表中仅勾选【Frictional Pipe To Clamp】。

（20）在导航树中选择【Contact Tool】，右键单击鼠标选择【Insert】→【Pressure】、【Frictional Stress】等关心的接触结果，单击【Solve】按钮求解。

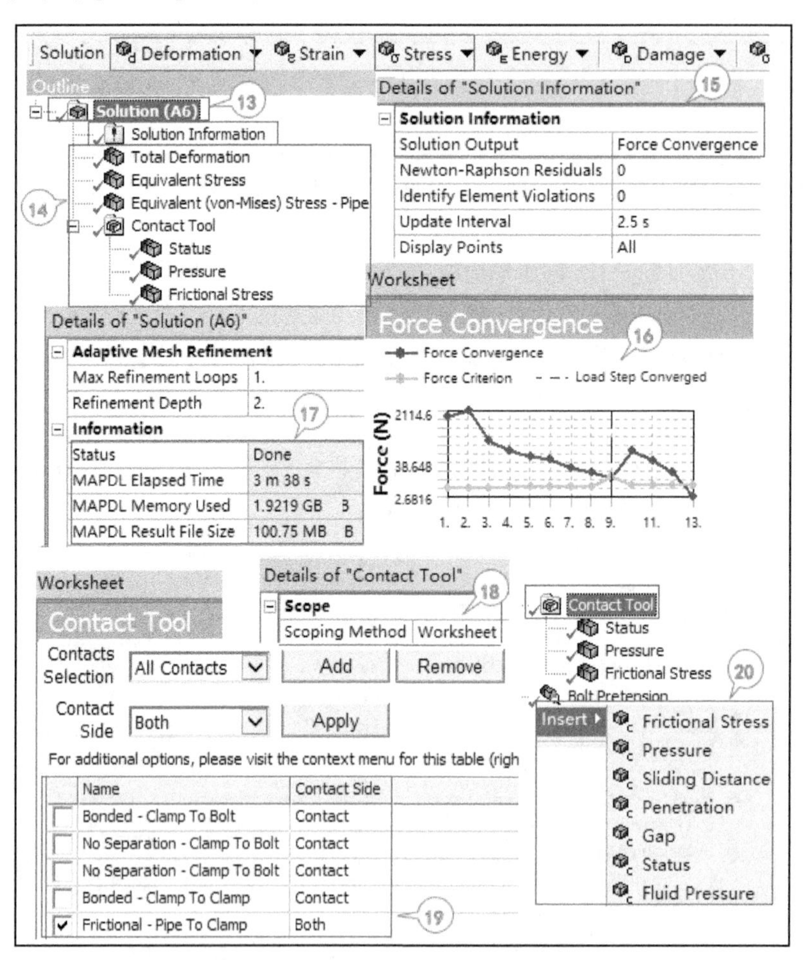

图 5.8-11　非线性求解力收敛曲线

8．显示结果（见图 5.8-12）

求解结束后，查看第 2 个载荷步的结果：①整体变形最大值约为 0.035mm，出现在卡箍夹持处；②最大等效应力出现在螺栓孔处，约为 83MPa；③查看铜管等效应力最大值约为 53MPa；④接触状态大部分为黏结，有少量滑移，表明卡箍夹持铜管牢固。

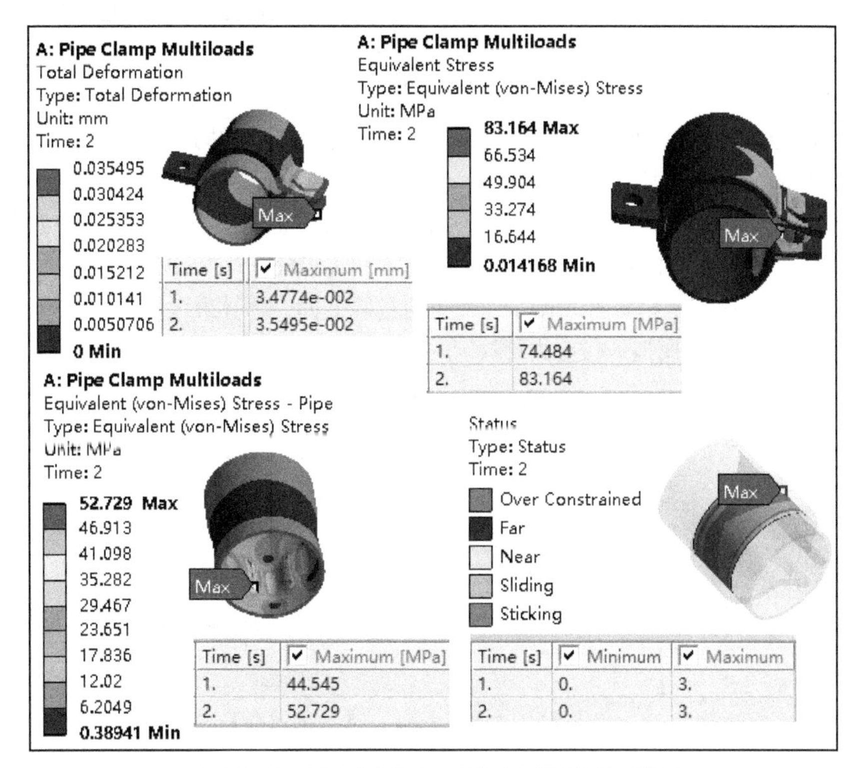

图 5.8-12　加载步的变形、等效应力分布及接触状态

5.8.2.3　结果分析及讨论

根据图 5.8-12 中每个结果下方数据表给出的两个载荷工况的数据，可看到预紧加载工况下的数值高于仅预紧工况下的数值，但两组工况都是夹紧状态没有松脱，这个结果说明该分析模型是符合设计要求的。

本案例的分析模型中涉及多工况、非线性、网格细化等，这些是互相关联的，假设铜管径向网格仅划分为一层，对非线性应力分析而言，结果是无法接受的，这是由于铜管径向受挤压状态下呈现三向应力状态，为获得准确应力结果，需要获取沿径向渐变的应力分布，因此至少需要 2 层以上的单元。同时，非线性计算明显增加了计算量，因此最终分析模型取决于综合计算精度与计算成本的考虑。

5.9　本章小结

本章主要讲解如何在 ANSYS 18.2 Workbench 中建立合理的有限元分析模型并给出分析案例。

首先概述了如何建立合理的有限元分析模型，讨论了结构分析建模涉及的相关求解策略，包括：结构如何理想化，提取有效的分析模型的方法，网格划分需要注意的问题，加载求解及结果评估中需要考虑的要点，以及应力集中的处理等。

然后基于 ANSYS 18.2 Workbench 平台，详述了结构分析模型的处理，包括软件分析中对体类型、多体零件、点质量、厚度、材料属性等的描述及处理；重点讨论如何正确建立结构分析的连接关系，这里涉及接触连接及设置、点焊连接、远端边界条件、关节连接、弹簧连接、梁连接、端点释放、轴承连接、坐标系、命名选择、选择信息，并给出相应的接触分析案例、远端边界使用案例、关节应用案例、螺栓连接模型的不同建模技术及案例；杆梁分析模型及案例、2D 平面应力分析模型及案例、3D 装配体接触分析模型及案例，每个案例分析均给出问题解读及详细的数值模拟过程，期待读者能够理解并掌握解决问题的关键点及相关数值仿真技术。

5.10 习题

（1）简述 ANSYS Workbench 中的多体零件与多零件装配体模型的异同。

（2）如何正确处理多零件装配体模型的各种连接关系？请举例说明。

（3）某车间欲安装简易吊车如图(a)所示，大梁选用工字钢，已知电葫芦自重 F_1=6.7kN，起吊力 F_2=50kN，跨度 l=9.5m，材料许用应力【σ】=140MPa，试选用工字钢型号，使用 ANSYS Workbench 给出数值模拟分析过程。

（提示：理论计算简图和弯矩图如图(b)所示，可确定危险截面，计算最大应力，根据许用应力选择工字钢型号，再用 ANSYS 进行数值模拟进行应力计算。）

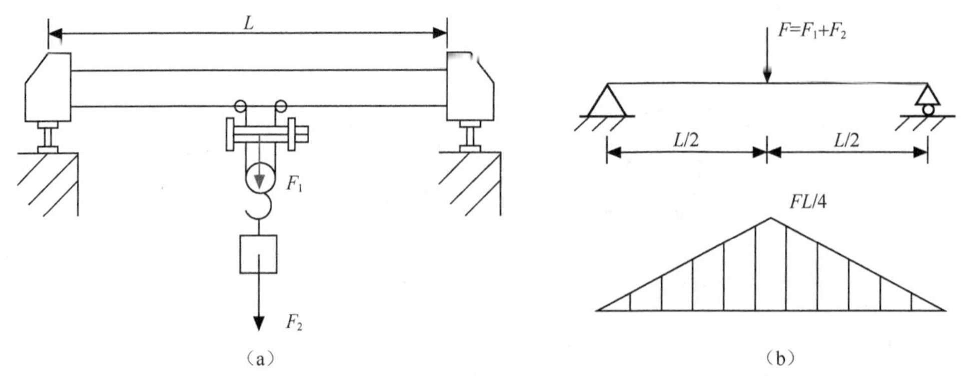

题 3 示意图

（4）一个多体零件包含 4 个体，一端固定，另一端压力为 250MPa；假设模型沿着轴向为 2m、3m、4m、5m，横截面为 1m × 1m；材料分别为不锈钢、铝、钢、铜，弹性模量为 207GPa、71GPa、200GPa、110GPa，拉伸屈服强度为 207MPa、280MPa、250MPa、280MPa，计算最大等效应力及每个零件的安全系数，安全系数的计算基于使用拉伸屈服应力的最大等效应力理论。

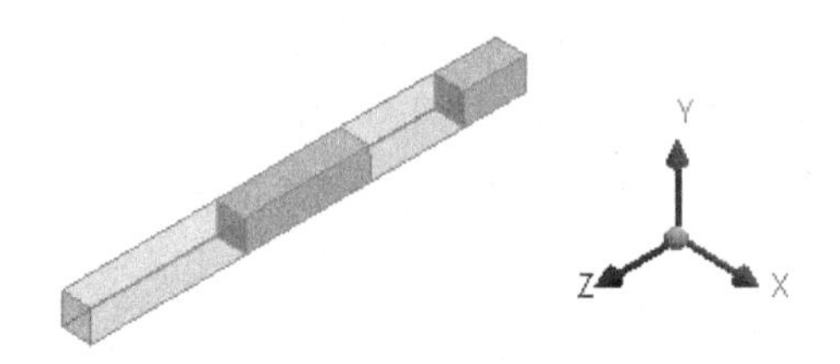

题 4 示意图

（5）如图所示，长厚壁圆筒初始承受内压 p，请确定内表面的径向位移 δ_r，内表面、外表面和厚壁中间处的径向应力 σ_r，切向应力 σ_t，然后，去除内压力，厚壁圆筒绕中心轴线以角速度 ω 旋转，请确定内壁和内部位置在 $r = x_i$ 处的径向应力 σ_r，和切向应力 σ_t，材料参数、几何参数及载荷如下，采用 ANSYS 15.0 Workbench 软件进行分析。

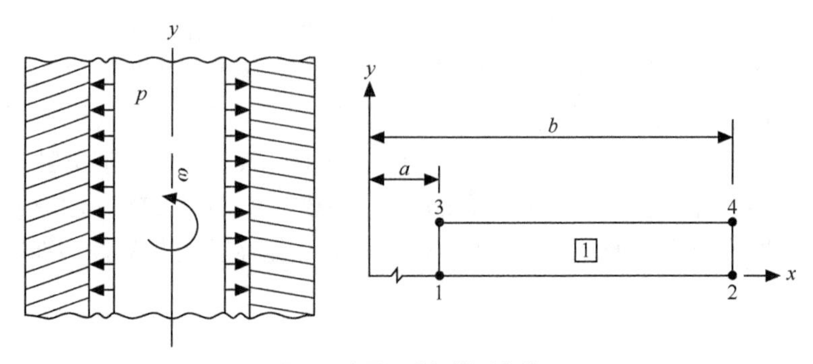

题 5 示意图及分析模型参数

材料属性	几何模型	载荷
E = 200GPa	a =100mm	工况 1: 压力 P = 0.5MPa (径向)
ν = 0.3	b = 200mm	工况 2: 角速度 ω=1000rad/s (y 向)
ρ = 7850 kg/m^3	x_i = 140mm	

题 5 示意图及分析模型参数（续）

（6）一阶梯形圆轴，已知 M_A=3.5kN·m，M_B=5kN·m，M_c=1.5kN·m，AB 段直径 d_1=60mm，长度 L_{AB}=200mm，BC 直径 d_2=45mm，长度 L_{BC}=100mm。材料参数：弹性模量 E=200GPa，泊松比 υ=0.3，采用 ANSYS 15.0 Workbench 软件进行分析，计算圆轴的最大剪应力。

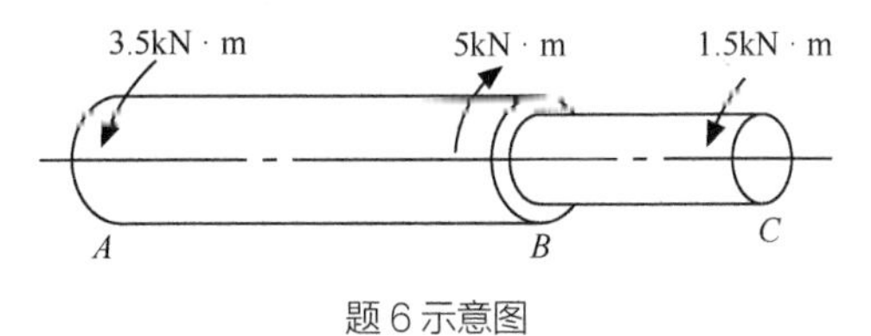

题 6 示意图

第 6 章

ANSYS Workbench 结构静强度分析

本章描述 ANSYS 18.2 Workbench 在结构强度分析中的应用，主要介绍结构静强度问题，并给出相应案例分析及数值模拟过程。

6.1 静强度分析

6.1.1 静强度分析概述

静强度分析一般研究结构承受静载荷的能力，静强度除研究承载能力外，还包括结构抵抗变形的能力（刚度）和结构在载荷作用下的响应（应力分布、变形形状、屈曲模态等）特性。

静强度分析包括以下几个方面的工作。

- 校核结构的承载能力是否满足强度设计的要求，其准则为：若强度过剩较多，可以减小结构承力件尺寸。对于带裂纹的结构，由于裂纹尖端存在奇异的应力分布，常规的静强度分析方法已不再适用，已属于疲劳与断裂问题。
- 校核结构抵抗变形的能力是否满足强度设计的要求，同时为动力分析等提供结构刚度特性数据，这种校核通常在使用载荷下或更小的载荷下进行。
- 计算和校核杆件、板件、薄壁结构、壳体等在载荷作用下是否会失稳。有空气动力、弹性力耦合作用的结构稳定性问题时，则用气动弹性力学方法研究。
- 计算和分析结构在静载荷作用下的应力、变形分布规律和屈曲模态，为其他方面的结构分析提供资料。

6.1.2 静强度设计方法

传统的静强度设计采用工程计算方法，习惯上称为强度计算方法。结构强度计算的理论基础涉及材料力学、弹性力学、结构力学、板壳理论、稳定理论等学科。结构强度计算在方法上有以下一些基本特点。

1. 静载荷方法

在静强度研究中，将各部分的惯性力比拟为静态外载荷。突然作用的动载荷虽然通常会引起较大的结构响应，但可以采用动载荷放大系数加以修正，修正后仍可作为静载荷处理。

2. 设计载荷法

结构允许发生局部失稳和局部塑性变形，所以在强度校核中可采用设计载荷法，使用载荷和安全系数由强度规范规定。

3．线（性）弹性方法

计算复杂结构在复杂载荷下的精确应力和进行变形分析是很困难的。静强度校核主要采用线弹性方法，对材料塑性和结构局部失稳的影响可用各种系数加以修正，在分析中还略去结构局部细节的变化（如铆钉孔、断面突变）。

下面给出 ANSYS 18.2 Workbench 中进行压力容器开孔接管区静强度线弹性分析的分析实例。

6.1.3 压力容器开孔接管区静强度分析

6.1.3.1 问题描述及分析

压力容器中的开孔接管区应力复杂，这是由于开孔破坏了压力容器壳体材料的连续性，削弱了其原有的承载面积，在开孔边缘附近会造成应力集中，接管的存在使开孔接管区成为整体结构不连续区，壳体与接管在内压作用下自由变形不一致，变形协调中会产生边缘应力。同时，接管和壳体通过焊缝连接，焊缝的结构尺寸（如焊缝高度、过渡圆角等）形成局部结构不连续。

下面对压力容器开孔接管区进行应力分析计算及静强度校核。

模型主体结构尺寸为：筒体内径 D_i=3048mm，壁厚 41mm，非标跑道型接管，如图 6.1-1（a）所示，设计压力 P=1MPa，设计温度 T=260℃，材料为 16MnR，该温度下的许用应力为 110MPa，弹性模量为 1.84e11Pa，泊松比为 0.3，完成结构静强度校核分析。

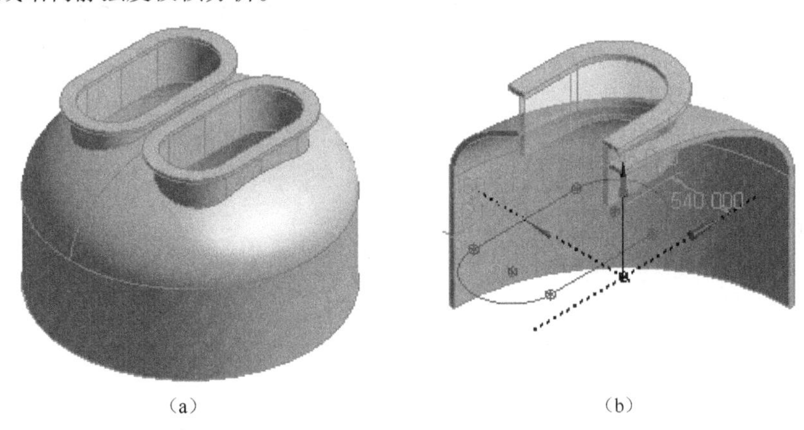

（a）　　（b）

图 6.1-1　分析模型

由于仅考虑内压作用，利用结构对称性，分析模型仅取模型的 1/4，如图 6.1-1（b）所示，筒体长度远远长于边缘应力的衰减长度，柱壳长度取为 1000mm，计算分析模型采用 3D 实体单元，筒体端面约束轴向位移，对称面为对称约束，接管端部施加轴向平衡载荷，分析中不考虑温度应力，仅取该温度下的许用应力为应力评定的限制值。

6.1.3.2 数值模拟过程

1．选择【Static Structural】

进入 WB，选择“结构静力分析系统”【Static Structural】。

（1）设置单位为“Metric (kg, m, s, °C, A,N,V)”，激活“Display Values in Project Units”。

（2）从工具箱中将“结构静力分析系统”【Static Structural】拖入到工程流程图中。

（3）将结构静力分析系统 A 命名为 3D Vessel Nozzle。

（4）单击【保存】按钮，保存工程名为 3D Vessel Nozzle.wbpj。

（5）在 WB 的 A2 单元格双击鼠标，进入工程数据窗口。

2. 定义材料（见图 6.1-2）

（1）在工程数据窗口中，添加新材料 16Mn。

（2）在工具箱中选择【Linear Elastic】→【Isotropic Elasticity】，选择后该选项为灰色。

（3）在属性窗口中输入弹性模量为 1.84e11Pa，泊松比为 0.3。

（4）单击【Project】标签，返回 WB。

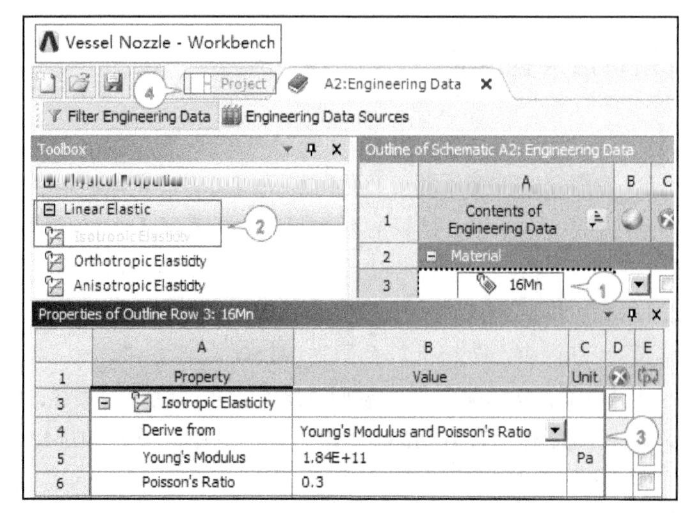

图 6.1-2 定义材料参数

3. 导入几何模型（见图 6.1-3）

（1）在 WB 中选择 A2 单元格，右键单击鼠标，选择【Geometry】→【Import Geometry】，选择文件 one-fourth vessel nozzle.stp，双击【Geometry】单元格，进入 DM 程序，单击【Generate】按钮。

（2）生成【Import1】，并看到导入的 3D 实体模型。

（3）生成的模型中包含 3 个零件，用【Slice】命令将接管分割为 3 个部分，在工具栏单击【Slice】插入“分割”命令。

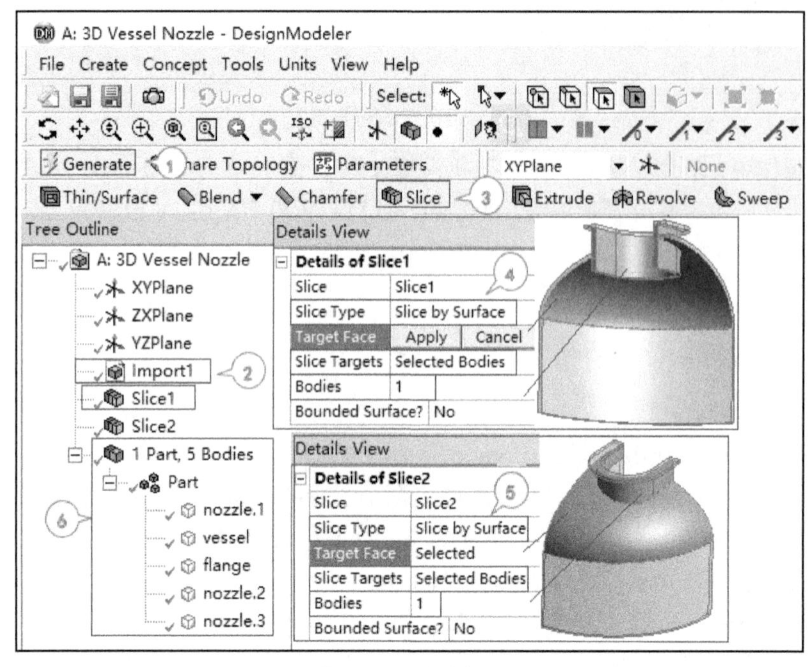

图 6.1-3 修改模型

（4）在明细窗口设置面分割：【Slice Type】=Slice by Surface，在图形窗口选择容器内表面，【Target Surface】中单击【Apply】按钮确认，【Slice Targets】=Selected Bodies，在图形窗口选择接管，确认后【Bodies】=1，单击【Generate】按钮生成【Slice1】。

（5）同样，在工具栏单击【Slice】插入“分割”命令，在明细窗口设置面分割：【Slice Type】=Slice by Surface，在图形窗口选择容器外表面，【Target Surface】中单击【Apply】按钮确认，【Slice Targets】=Selected Bodies，在图形窗口选择接近法兰的接管，确认后【Bodies】=1，单击【Generate】按钮生成【Slice2】。

（6）重新命名后，选中所有实体，用【Tools】→【Form New Part】将5个实体组合为一个零件，保存文件，返回WB。

4．进入【Mechanical】分析程序

在WB的【Model】单元格双击鼠标，进入【Mechanical】环境。

5．分配材料及网格划分（见图6.1-4）

（1）选择【Geometry】→【Part】。

（2）在明细窗口分配材料，【Assignment】=16Mn。

（3）在导航树中选择【Model（A4）】，插入虚拟拓扑，在工具栏中选择【Virtual Topology】，在导航树选择【Model（A4）】→【Virtual Topology】。

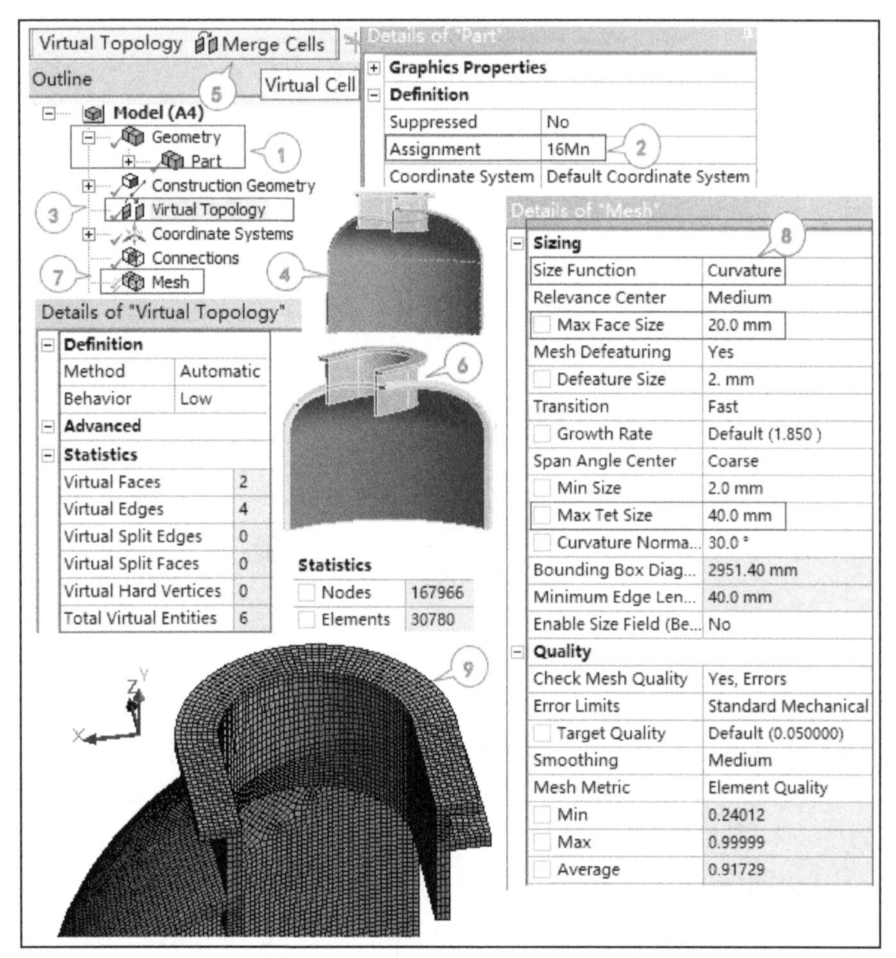

图6.1-4　网格划分

（4）在图形窗口选择容器内壁的两个面。

（5）在工具栏中选择【Merge Cells】，合并虚拟面。

（6）同样，合并容器外壁两个面为虚拟面，在导航树选【Model（A4）】→【Virtual Topology】，在明细窗口显示【Virtual Faces】=2，【Virtual Edges】=4。

（7）在导航树选择【Mesh】。

（8）在明细窗口设置尺寸函数为曲率，并设置单元边长：【Size Function】= Curvature，【Max Face Sizie】=20mm，【Max Tet Size】=40mm。

（9）选择【Mesh】→【Generate Mesh】生成网格，图形窗口显示六面体网格，网格平均质量约为 0.92，单元节点数约为 16.8 万，单元数约为 3 万。

6. 施加载荷及约束（见图 6.1-5）

（1）选择【Static Structural】出现结构静力分析“环境”【Environment】工具栏，需要插入相应的“载荷”【Loads】和“约束”【Supports】。

（2）在图形窗口选择对称面和容器底面，在工具栏中选择【Supports】→【Frictionless Support】，插入无摩擦约束。

（3）在图形窗口选择容器和接管内表面，在工具栏中选择【Loads】→【Pressure】，施加压力 1MPa，在明细窗口中输入压力值【Definition】→【Magnitude】=1MPa。

（4）在法兰端面施加平衡力，选法兰端面，在工具栏中选择【Loads】→【Force】，在明细窗口中输入值【Define By】=Components，【Y Component】=5.047e5N。

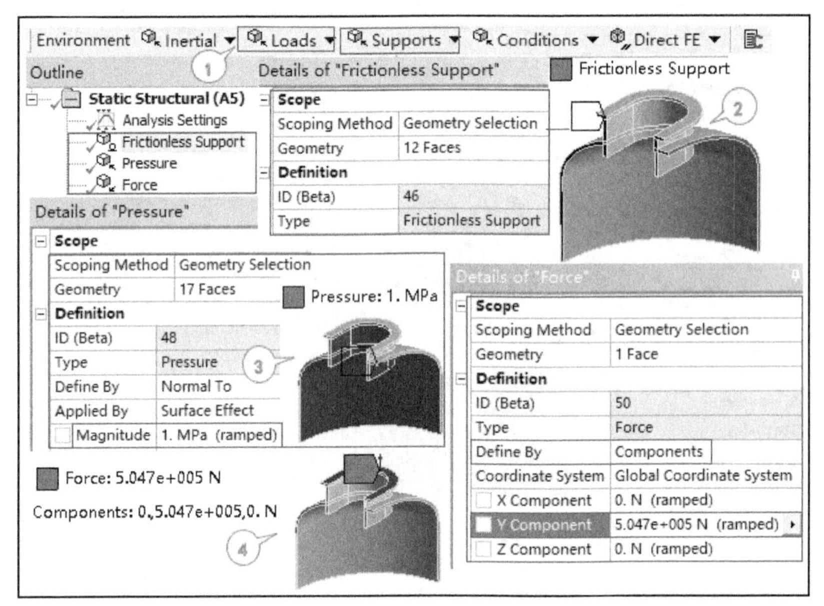

图 6.1-5　载荷及约束

7. 设置需要的结果及求解

选择【Solution（A6）】，设置结构变形：在求解工具栏选择【Deformation】→【Total】，设置等效应力：在求解工具栏选择【Stress】→【Equivalent von-Mises】，类似插入其他结果，单击“求解”【Solve】按钮，求解结束后可看到导航树“结构总变形”和“等效应力”等前面出现绿色对勾标识。

8. 结果显示（见图 6.1-6）

运行结束后，可以显示对称结果：①导航树中选择【Symmetry】；②明细窗口设置如图 6.1-6 所示；③选择【Total Deformation】，图形窗口显示变形结果，最大值约为 2.3mm；④最大等效应力约为 236MPa，出现在容器与接管相交处，为应力奇异，接管内壁最大等效应力约为 186MPa。

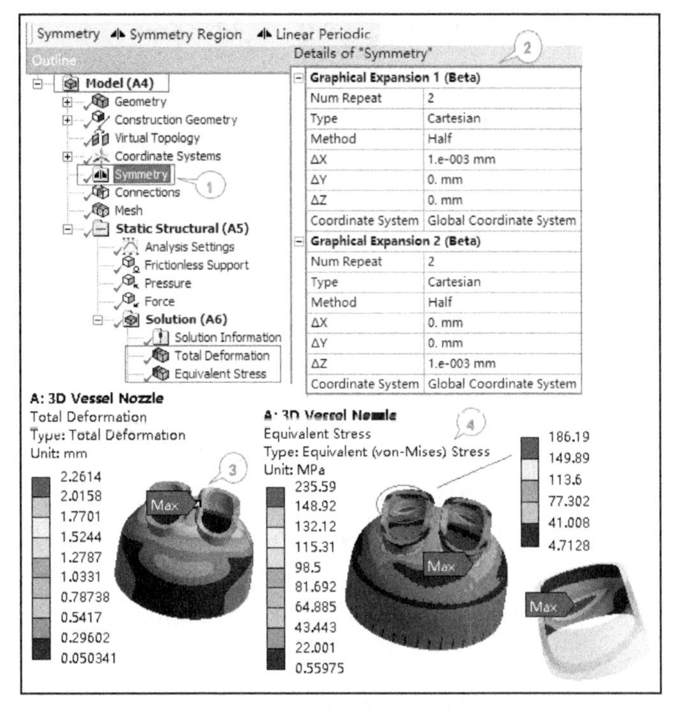

图 6.1-6　变形及等效应力分布

9．线性化等效应力结果（见图 6.1-7）

以下构造 3 条路径，Path 1、Path 2 为局部，Path 3 为整体。

（1）沿壁厚构造路径：选择【Model（A4）】，在模型工具栏中选择“构造几何”【Construction Geometry】，在导航树中选择【Construction Geometry】。

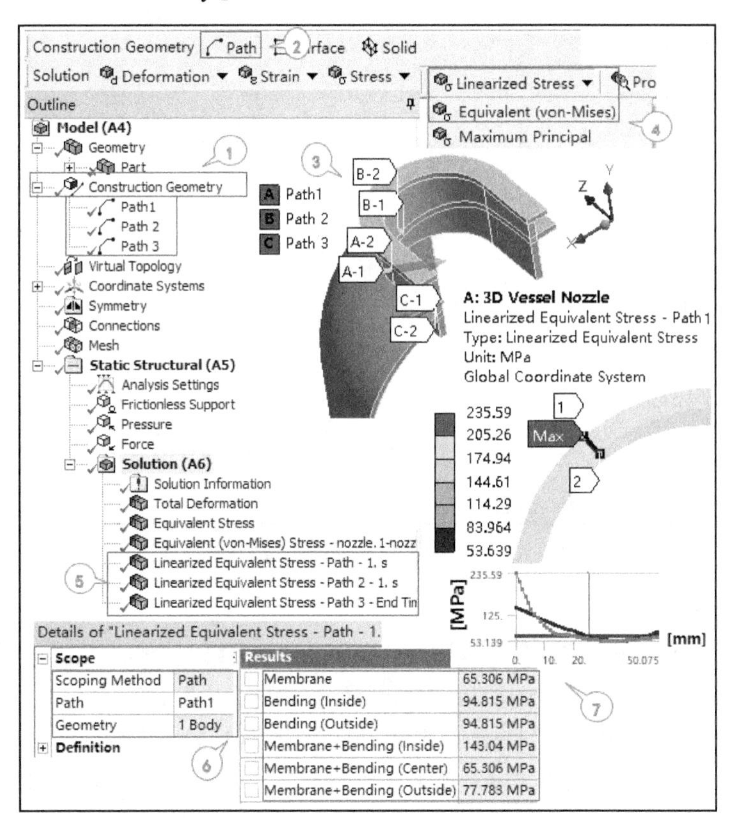

图 6.1-7　提取 Path1 线性化等效应力

（2）在工具栏中选路径【Path】，添加 3 条路径 Path 1、Path 2、Path 3。

（3）【Path1】中，在图形窗口选择接管内壁最大等效应力结点，在明细窗口中确认路径起始点【Start】→【Location】=Apply，在图形窗口选择接管外壁节点，在明细窗口中确认路径终点【End】→【Location】=Apply，在图形窗口显示路径。同样，建立【Path2】为中间接管壁面等效应力最大值的位置，【Path3】为接管对称面中间位置。

（4）求解中加入线性化等效应力：在求解工具栏中选择【Linearized Stress】→【Equivalent （Von-Mises）】，同样再插入两组。

（5）导航树中出现 3 组【Linearized Equivalent Stress】。

（6）第 1 组的明细窗口设置按路径 1 提取结果：【Scoping Method】=Path，【Path】=Path1，【Geometry】=1 Body，为接管。

（7）更新结果，在导航树中选择【Linearized Equivalent Stress】，图形窗口显示线性化等效应力结果，下方的线性化等效应力图中的曲线分别代表薄膜应力、薄膜应力+弯曲应力及总应力。

图 6.1-7 中数据列表显示路径上插值各点的薄膜应力、弯曲应力、薄膜应力+弯曲应力、峰值应力和总应力的数据值。明细窗口中显示线性化等效应力的结果，包含路径【Path1】上薄膜应力 65.3MPa、路径上内外点的弯曲应力、路径上内中外点的薄膜应力+弯曲应力（最大值 143MPa）、路径上内中外点的峰值应力和路径上内中外点的总应力（最大值 235.6MPa）。

同样，提取路径【Path 2】和【Path 3】的线性化等效应力如图 6.1-8 所示，图 6.1-8 中⑧处 Path 2 的薄膜应力为 105MPa，图 6.1-8 中⑨处 Path3 的薄膜应力为 3.6MPa。

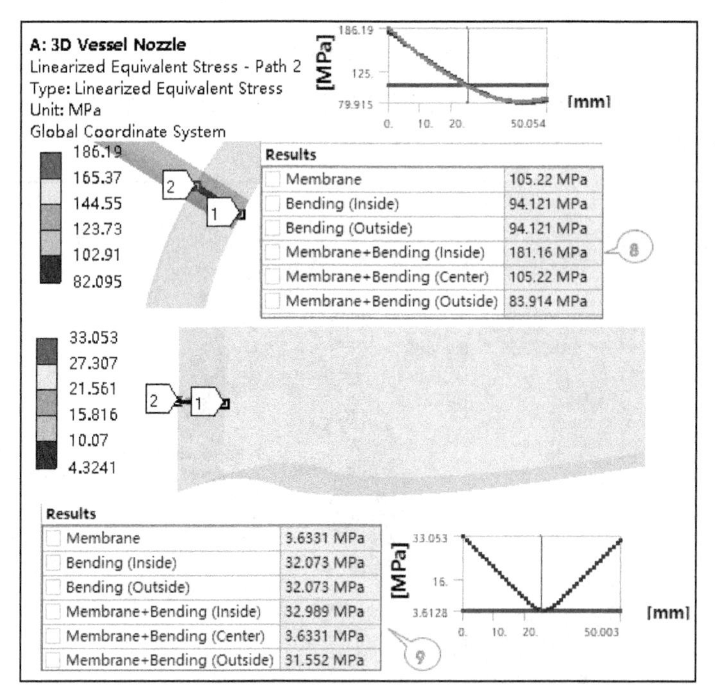

图 6.1-8　提取 Path2、Path3 的线性化等效应力

6.1.3.3　结果分析与解读

参照《ASME BPVC Ⅷ卷压力容器建造规则（第二册）》，采用第 5 篇分析设计的弹性应力分析方法，根据线性化等效应力结果，对接管连接处的局部应力和接管整体应力进行强度评定。

设计压力工况下：Path 1 与 Path 2 归属局部应力，接管内壁连接处产生局部一次薄膜应力 P_L，局部弯曲应力归为二次应力 Q，该温度下许用应力限制值为 S_m=110MPa，一次应力限值为 1.5S_m=165 MPa，一次应力+二次应力限制值为 3S_m=330MPa，一次+二次+峰值应力为总应力，用于疲劳计算与寿命评估，这里暂不考虑；Path 3 产生整体一次薄膜应力 P_m，应力限值为 S_m，一次薄膜+一次弯曲应力限值为 $1.5S_m$，按 Path1、Path 2、Path 3 的强度评定结果见表 6.1-1。

表 6.1-1　线性化等效应力及强度评定　　单位：MPa

评定路径	薄膜应力(P_m)		局部薄膜应力（P_L）		局部薄膜应力+弯曲应力(P_L+P_b)		一次应力+二次应力(P_L+P_b+Q)		是否接受
	计算值	许用值 S_m	计算值	许用值 $1.5S_m$	计算值	许用值 $1.5S_m$	计算值	许用值 $3S_m$	
Path1	—		65.3		—		143/77.8		
Path2	—	110	105.2	165	—	165	181.2/83.9	330	
Path3	3.6		—		33/31.6		—		

根据表 6.1-1 的评估结果，设计载荷工况下的强度校核是可以通过的。

由此可见，实际的结构分析设计中，整体强度校核和局部强度校核的评估标准是不同的，所以不能主观地采用最大值来作为评估依据，而应根据相关规范的要求进行具体分析。

6.2 本章小结

本章讨论如何在 ANSYS Workbench 中完成结构静强度分析，分析案例结合压力容器行业规范，对非标设计的开孔接管强度问题采用分析设计法进行数值模拟及强度校核。

第7章 ANSYS Workbench 结构疲劳强度分析

本章介绍了 ANSYS 18.2 Workbench 在结构疲劳强度分析的应用，主要介绍疲劳分析设计方法，以及利用 ANSYS 18.2 Workbench 的疲劳工具进行比例/非比例、恒定幅值/非恒定幅值载荷作用下的高周疲劳分析。

7.1 疲劳分析概述

任何运动机械都不可避免地会发生疲劳，疲劳、磨损和腐蚀已成为当前材料的 3 种主要破坏形式。一般将疲劳定义为：金属材料在应力或应变的反复作用下所发生的性能变化，该描述也适用于非金属材料。

疲劳破坏以多种不同形式出现，包括外加应力或应变造成的机械疲劳、循环载荷和高温耦合作用引起的蠕变或热机械疲劳、侵蚀环境下的腐蚀疲劳、滚动接触疲劳等，疲劳失效的循环载荷峰值一般小于静载估算值。

7.2 疲劳分析设计方法

工程构件的疲劳损伤包含不同的阶段，缺陷可以在没有损伤的部位形成，然后以稳定的形式扩展，直到发生断裂。疲劳的不同设计原理之间的区别在于如何定量处理裂纹萌生阶段和裂纹扩展阶段。目前的方法分为总寿命法和损伤容限法。

7.2.1 总寿命法

经典的疲劳设计方法用循环应力范围（*S-N* 曲线）或塑性应变/总应变范围来描述疲劳破坏的总寿命。通过控制应力幅或应变幅获得初始无裂纹的实验室试样产生疲劳破坏所需的应力循环数或应变循环数，这样得到的疲劳寿命包括萌生主裂纹的疲劳循环数（可高达疲劳总寿命的 90%）和使该主裂纹扩展到突然破坏的疲劳循环数。

应用经典方法预测疲劳总寿命，可以用各种方法处理平均应力、应力集中、环境、多轴应力和应力变幅的影响，由于裂纹萌生寿命占据光滑试样疲劳总寿命的主要部分，经典的应力和应变描述方法在多数情况下体现抵抗疲劳裂纹萌生的设计思想。在低应力高周疲劳条件下，材料主要发生弹性变形，可采用应力范围描述疲劳破坏的循环数；而低周疲劳中应力很大，足以在破坏前产生塑性变形，可采用应变范围描述疲劳寿命。

7.2.2 损伤容限法

疲劳设计的断裂力学方法以“损伤容限”原理为设计基础，原有损伤尺寸由无损探伤技术来确定，如果没有发现损伤，则进行可靠性检验，即根据经验对模型进行模拟试验，否则根据探伤技术的分辨率估计最大原始裂纹尺寸。疲劳寿命则定义为主裂纹从原始裂纹尺寸扩展到临界尺寸所需的疲劳循环数，采用损伤容限法预测裂纹扩展寿命时要应用断裂力学的裂纹扩展经验规律。

根据线弹性断裂力学知识，只有在远离应力集中的塑性应变场，裂纹顶端的塑性区与裂纹的特征尺寸相比要小很多，且弹性加载为主导的前提下才可应用损伤容限法，估计裂纹扩展的寿命中，可处理平均应力、应力集中、变幅载荷谱、多轴应力的影响，这种偏保守的疲劳设计方法广泛用于疲劳占据关键作用的结构，如航天航空和核工业中。

计算疲劳寿命时，不同的疲劳设计方法对裂纹萌生和扩展作用取不同的权重，前一种方法主要涉及对疲劳裂纹扩展的阻力，而后者主要根据无缺陷的实验室试样的结果，涉及对裂纹萌生的阻力。

7.3 总寿命法疲劳强度设计

总寿命法中疲劳强度设计包括疲劳安全系数的校核和疲劳寿命的估算两项内容。具体的设计计算方法有应力-寿命法和局部应力-应变法。局部应力-应变法目前还只适用于零部件的应力集中处发生了塑性变形的低周疲劳。应力-寿命设计法主要用于只发生弹性变形的高周疲劳。

7.3.1 无限寿命设计法

无限寿命设计法的基本思路是，使零件或构件的危险部位的工作应力低于其疲劳极限，从而保证它在设计的工作应力下能够长久工作而不发生破坏。当零件的结构比较简单、应力集中较小时，恒幅交变应力、过载应力小且次数很少时可用这种方法。对应力集中较大的构件使用该方法进行疲劳强度设计将会使结构变得粗大笨重。对于过载应力较大且次数较多的交变载荷情况和随机载荷一般也不宜采用此种方法。

7.3.2 有限寿命设计法

当交变载荷有较多的冲击过载或工作载荷为随机载荷时，工作应力在某些时刻会越过疲劳极限。此时，疲劳寿命设计主要是保证构件在设计的寿命之内不发生疲劳破坏而正常工作，即设计使构件具有有限的疲劳寿命。考虑到偶然因素的影响，为确保安全，在设计时一般使设计寿命为使用寿命的数倍。

1. 疲劳累积损伤理论

有限寿命设计法主要基于疲劳累积损伤理论——Miner 累积损伤理论。该理论认为材料的疲劳破坏是由于循环载荷的不断作用而产生损伤并不断积累造成的；疲劳损伤累积达到破坏时吸收的净功 W 与疲劳载荷的历史无关，并且材料的疲劳损伤程度与应力循环次数成正比。

设材料在某级应力下达到破坏时的应力循环次数为 N_1、经 N_1 次应力循环而疲劳损伤吸收的净功为 W_1，根据 Miner 理论有

$$\frac{W_1}{W}=\frac{n_1}{N_1} \tag{7.3.1}$$

则在 i 个应力水平级别下分别对应经过 n_i 次应力循环时，材料疲劳累积损伤为

$$D=\sum\frac{n_i}{N_i} \tag{7.3.2}$$

式中，n_i 为第 i 级应力水平下经过的应力循环数；N_i 为第 i 级应力水平下达到破坏时的应力循环数。当 D 值等于 1 时，认为被评估对象开始破坏。

2．随机载荷处理

零部件承受的变幅载荷尤其是承受随机载荷时需要测得到。利用累积损伤理论进行疲劳设计时，需要先对实测得到的载荷-时间历程进行编谱，即用概率统计的方法将其简化成典型的载荷谱或应力谱。因为引起疲劳的最根本的原因是动载分量应力幅值和它的循环次数，所以一般用统计记数法来处理波形与频次的关系等问题。

在各种统计记数法中，被广泛用于疲劳强度设计的是雨流计数法，它被认为最符合材料的疲劳损伤规律。这种方法把整个载荷-时间历程中出现的应力幅范围划分为若干个等差的应力幅级别，然后统计出各级应力幅级别内所出现的循环次数，从而得到载荷-频次曲线等各种形式的载荷的统计结果。

3．疲劳强度校核

设计中为保证不发生疲劳破坏，需使 $D\leqslant 1$，即

$$\sum\frac{n_i}{N_i}\leqslant 1 \tag{7.3.3}$$

4．疲劳寿命估算

根据 Miner 理论，达到疲劳破坏时

$$\sum\frac{n_i}{N_i}=\sum\frac{N_T}{N_i}\cdot\frac{n_i}{N_T}=1 \tag{7.3.4}$$

$$\alpha=\frac{n_i}{N_T} \tag{7.3.5}$$

式中，N_T 为载荷谱下出现损伤的循环次数，即所求的总寿命；α_i 为 i 级应力水平的循环次数在总寿命中的占比；N_i 为在应力 σ_i 作用下导致破坏的循环数。在应力谱已知的情况下，N_i 的估算是此项估算工作的关键。

5．复合应力下的疲劳强度设计

以上讨论的是单向应力的情况，对于复合应力的情况也有类似的疲劳强度校核与疲劳寿命的估算方法，只是此时所用的应力幅变成了对应强度理论下的等效应力幅。

7.4 ANSYS Workbench 高周疲劳分析

ANSYS Workbench 提供的疲劳工具可解决高周疲劳与低周疲劳问题。

7.4.1 疲劳工具处理的载荷

疲劳工具可处理以下载荷：恒定振幅载荷、比例载荷、变化振幅载荷、非比例载荷。

1．恒定载荷与非恒定载荷

在前面曾提到，疲劳是由于重复加载引起当最大和最小的应力水平恒定时，称为恒定振幅载荷，否则，则称为变化振幅或非恒定振幅载荷。

2. 比例载荷与非比例载荷

（1）比例载荷是指主应力的比例是恒定的，并且主应力的削减不随时间变化，这实质意味着载荷的增加或反作用产生的响应很容易通过计算得到。

（2）相反，非比例载荷没有隐含各应力之间的相互关系，典型情况包括：两个不同载荷工况间的交替变化；交变载荷叠加在静载荷上；非线性边界条件。

7.4.2 高周疲劳分析过程

ANSYS Workbench 基于应力理论的高周疲劳分析是基于线性静力分析的，疲劳分析是在线性静力分析之后，通过数值模拟自动执行的。对疲劳工具的添加，无论在求解之前还是之后，都没有关系，因为疲劳计算并不依赖应力分析计算。尽管疲劳与循环或重复载荷有关，但使用的结果却基于线性静力分析，而不是谐响应分析。尽管在模型中也可能存在非线性，但在处理时疲劳分析时会假设其为线性。

1. 高周疲劳分析的步骤

（1）创建分析模型，指定材料特性，包括 *S-N* 曲线。

（2）若采用装配模型，需要定义接触区域或其他连接关系。

（3）对分析模型进行网格控制及划分，设置边界条件，包括载荷和约束。

（4）设定需要的结果，包括“疲劳工具”【Fatigue Tool】。

（5）求解模型及查看结果。

在几何方面，疲劳计算只支持实体与面体，线体模型目前还不能输出应力结果，线体仍然可以包括在模型中，提供结构刚性，但在疲劳分析时并不计算线体模型。

2. 材料特性

（1）线性静力分析需要用到弹性模量和泊松比。

（2）如果有惯性载荷，则需要输入质量密度。

（3）如果有热载荷，则需要输入热膨胀系数和热传导率。

（4）如果使用“应力工具”【Stress Tool】，那么就需要输入应力限值数据，而且这个数据也用于平均应力修正理论疲劳分析。

3. 接触区域

接触区域可以包括在疲劳分析中。

提示

在恒定振幅、成比例载荷情况下处理疲劳时，只能包含绑定和不分离的线性接触，尽管无摩擦、有摩擦和粗糙的非线性接触也能够包括在内，但可能不再满足成比例载荷的要求。例如，改变载荷的方向或大小，如果发生分离，则可能导致主应力轴向发生改变；如果有非线性接触发生，那么必须小心使用，并且仔细判断；对于非线性接触，若是在恒定振幅的情况下，则可以采用非比例载荷的方法代替计算疲劳寿命。

4. 载荷与约束

能产生成比例载荷的任何载荷和约束都可能使用，但有些类型的载荷和约束会造成非比例载荷，像这些类型的载荷最好不要用于恒定振幅和比例载荷的疲劳计算，例如：

（1）螺栓载荷对压缩圆柱表面侧施加均布力，而圆柱的相反一侧的载荷将改变。

（2）预紧螺栓载荷首先施加预紧载荷，然后是外载荷，所以这种载荷是分为两个载荷步作用的。

（3）“压缩支撑”【Compression Only Support】仅阻止压缩法线正方向的移动，但也不会限制反方向的移动。

5．设置需要的结果

应力分析的任何类型结果，都可能需要用到：应力、应变和变形、接触结果、应力工具。另外，进行疲劳计算时，需要插入“疲劳工具”【Fatigue Tool】。

6．求解疲劳分析

疲劳计算将在应力分量实施完以后自动地进行，与应力分量计算相比，恒定振幅情况的疲劳计算通常会快得多。如果一个应力分析已经完成，那么仅选择【Solution】或【Fatigue Tool】分支并单击【Solve】按钮，便可开始疲劳计算。

7.4.3　材料的疲劳特性

对于载荷与疲劳失效的关系，高周疲劳分析采用的是应力-寿命曲线或 *S-N* 曲线来反映应力幅与失效循环次数的关系。

1．*S-N* 曲线

S-N 曲线是通过对试件做疲劳测试得到的弯曲或轴向测试，反映的是单轴的应力状态，影响 *S-N* 曲线的因素很多，如：材料的延展性、材料的加工工艺、几何形状信息（包括表面光滑度、残余应力以及存在的应力集中）、载荷环境（包括平均应力、温度和化学环境）。例如，压缩平均应力比零平均应力的疲劳寿命长，相反，拉伸平均应力比零平均应力的疲劳寿命短；对于压缩和拉伸平均应力，平均应力将分别提高和降低 *S-N* 曲线。

一个部件通常经受多轴应力状态。如果疲劳数据（*S-N* 曲线）是从反映单轴应力状态的测试中得到的，那么在计算寿命时就要注意：

（1）数值模拟提供了如何把结果和 *S-N* 曲线相关联的选择，包括多轴应力的选择；

（2）双轴应力结果有助于计算给定位置的情况。

2．平均应力影响

平均应力影响疲劳寿命，并且变换在 *S-N* 曲线的上方位置与下方位置，这反映出在给定应力幅下的寿命长短：

（1）对于不同的平均应力或应力比值，数值模拟允许输入多重 *S-N* 曲线（实验数据）；

（2）如果没有太多的多重 *S-N* 曲线（实验数据），那么数值模拟也允许采用多种不同的平均应力修正理论。早先曾提到影响疲劳寿命的其他因素，也可以在数值模拟中用一个修正因子来解释。

3．添加和修改材料的疲劳特性参数（见图 7.4-1）

（1）进入【Engineering Data】窗口。

（2）添加需要的材料名称。

（3）对于高周疲劳数据，在工具箱中选择【Life】→【Alternating Stress Mean Stress】，在材料特性的工作列表中可以输入 *S-N* 曲线，插入的图表可以是“线性”【Linear】、“半对数”【Semi-Log】或“双对数”【Log-Log】曲线。

（4）在材料特性的工作列表中，输入 *S-N* 曲线对应的数据：循环次数和交变应力幅值。

（5）图表显示输入的 *S-N* 曲线。

（6）对于低周疲劳数据，在工具箱中选择【Life】→【Strain-Life Parameters】，输入相应的应变-寿命参数。

（7）图表中显示 2*N* 失效次数-应变幅值曲线。

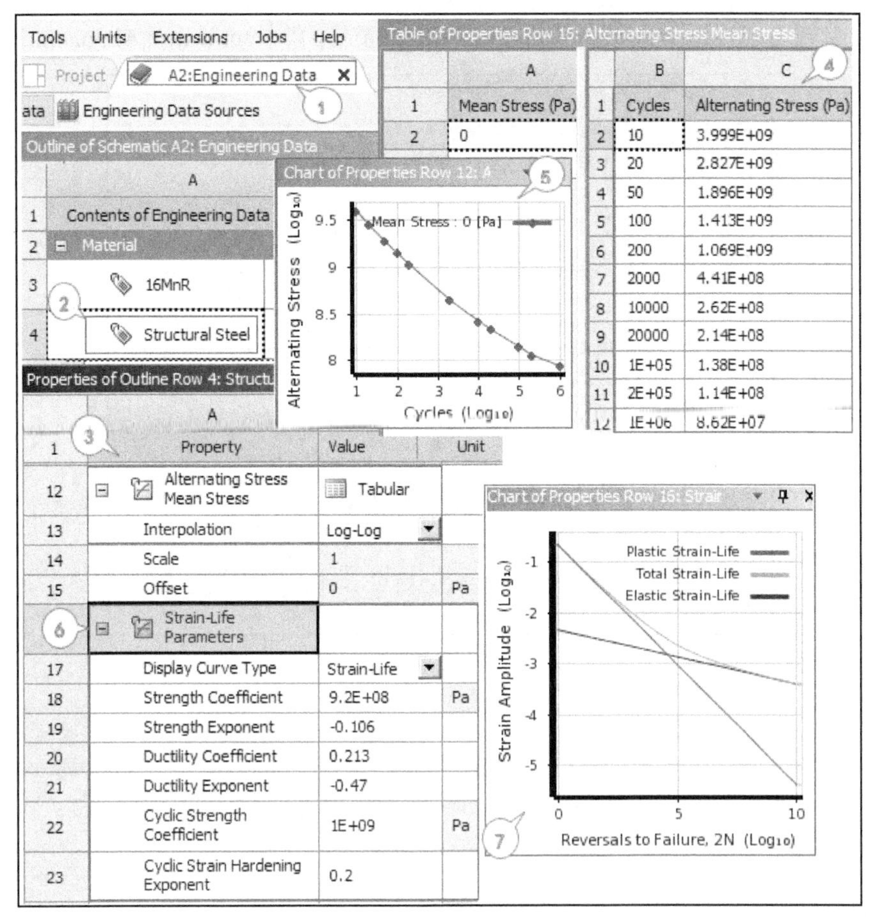

	B	C
1	Cycles	Alternating Stress (Pa)
2	10	3.999E+09
3	20	2.827E+09
4	50	1.896E+09
5	100	1.413E+09
6	200	1.069E+09
7	2000	4.41E+08
8	10000	2.62E+08
9	20000	2.14E+08
10	1E+05	1.38E+08
11	2E+05	1.14E+08
12	1E+06	8.62E+07

图 7.4-1 材料的疲劳特征数据

提示

S-N 曲线取决于平均应力。如果 *S-N* 曲线在不同的平均应力下都适用，那么也可以输入多重 *S-N* 曲线，每个 *S-N* 曲线可以在不同平均应力下直接输入，每个 *S-N* 曲线也可以在不同应力比下输入。可以通过选择【Mean Value】单击鼠标右键添加新的平均值来输入多条 *S-N* 曲线。

材料特性信息可以保存为 XML 文件或从 XML 文件提取，保存材料数据文件，用【Export Engineering Data】保存为 XML 外部文件，疲劳材料特性将自动写到 XML 文件中，就像其他材料数据一样。“Aluminum”和“Structural Steel”的 XML 文件，包含有范例疲劳数据可以作为参考，疲劳数据随着材料和测试方法的不同而有所变化，所以很重要一点就是，要选用能代表零部件疲劳特性的数据。

7.4.4 疲劳工具

1. 疲劳工具的使用（见图 7.4-2）

（1）插入“疲劳工具”【Fatigue Tool】后，明细窗中将显示控制疲劳计算的求解选项。

（2）疲劳工具栏将出现在相应的位置，并且也可添加相应的疲劳云图或结果曲线，这些是在分析中会用到的疲劳结果，如寿命和损伤。

（3）明细窗中控制疲劳计算的求解选项包括材料的影响、疲劳载荷加载方式，设置选项（如高周疲劳计算、低周疲劳计算）、平均应力影响和寿命单位。

（4）默认条件下，工作表给出疲劳载荷加载方式曲线图和平均应力理论曲线图。

（5）疲劳结果可在【疲劳工具】下指定，包括“寿命”【Life】、“损伤”【Damage】、“安全系数”【Safety

Factor】、“双轴指示”【Biaxiality Indication】，以及“等效交变应力”【Equivalent Alternating Stress】等。

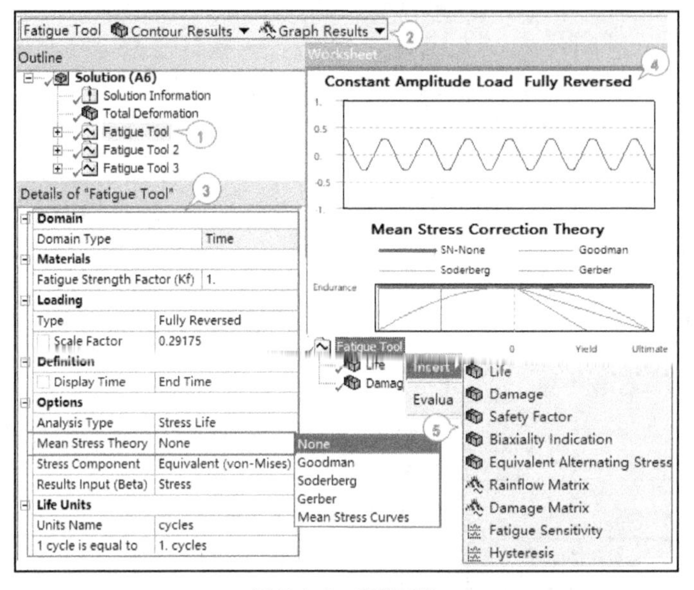

图 7.4-2 疲劳工具

2. 载荷类型

当插入【疲劳工具】以后，就可以输入疲劳载荷类型，可以在“脉动循环”【Zero-Based】、“完全对称循环”【Fully Reversed】、“给定比例循环”【Ratio】、“时程数据”【History Data】之间定义；同时可以输入一个比例因子，来按比例缩放所有的应力结果。

3. 平均应力影响

平均应力会影响 *S-N* 曲线的结果，而“分析类型”【Analysis Type】=Stress Life 时，“平均应力理论”【Mean Stress Theory】说明了程序对平均应力的处理方法。

（1）【None】：忽略平均应力的影响。

（2）【Mean Stress Curves】：使用多重 *S-N* 曲线（如果定义的话）。

（3）【Goodman】、【Soderberg】、【Gerber】：可以使用平均应力修正理论（见图 7.4-3）。

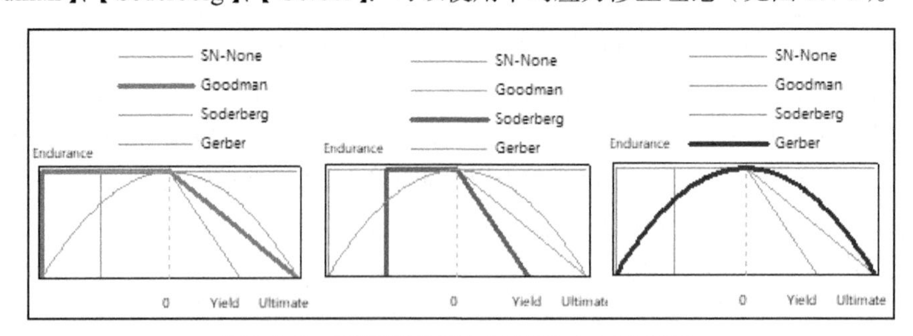

图 7.4-3 高周疲劳分析的 3 种平均应力修正理论

如果有可用的试验数据，那么建议使用多重 *S-N* 曲线；但是，如果多重 *S-N* 曲线是不可用的，那么可以从 3 个平均应力修正理论中选择，这里的方法在于将定义的单 *S-N* 曲线“转化”到考虑平均应力的影响。

对于给定的疲劳循环次数，随着平均应力的增加，应力幅将有所降低；随着应力幅趋近零，平均应力将趋近于极限（屈服）强度。

Goodman 理论适用于低韧性材料，不能修正压缩平均应力，Soderberg 理论比 Goodman 理论更保守，并且在有些情况下可用于脆性材料，Gerber 理论能够对韧性材料的拉伸平均应力提供很好的拟合，但它不能正确地预测出压缩平均应力的有害影响。

如果存在多重 *S-N* 曲线，但想要使用平均应力修正理论，那么将会用到在 σ_m=0 或 *R*=-1 的 *S-N* 曲线。尽管如此，这种做法并不推荐。

4．强度因子

除了平均应力的影响外，还有其他一些影响 *S-N* 曲线的因素，这些其他影响因素可以集中体现在疲劳强度（降低）因子 K_f中，这个值应小于 1，以便说明实际零部件和试件的差异，所计算的交变应力将被这个修正因子 K_f修正，而平均应力却保持不变。

5．应力分量

由于疲劳试验通常测定的是单轴应力状态，必须把单轴应力状态转换到一个标量值，以决定某一应力幅下（*S-N* 曲线）的疲劳循环次数。

疲劳工具中的“应力分量”【Stress Component】允许定义应力结果如何与疲劳曲线 *S-N* 进行比较。6 个应力分量的任何一个或最大剪切应力、最大主应力或等效应力也都可能使用到。所定义的等效应力表示的是最大绝对主应力，以便说明压缩平均应力。

6．疲劳结果

对于恒定振幅和比例载荷情况，有几种类型的疲劳结果可供选择。

（1）“寿命”【Life】：表示由于疲劳作用直到失效的循环次数，如果交变应力比 *S-N* 曲线中定义的最低交变应力低，则使用该寿命（循环次数），如 *S-N* 曲线失效的最大循环次数是 1e6 或 1×10^6，即是最大寿命。

（2）“损伤”【Damage】：表示设计寿命与可用寿命的比值，设计寿命在明细窗口中定义。

（3）“安全系数”【Safety Factor】：是关于一个在给定设计寿命下的失效，给定最大安全系数 *SF* 值是 15。

（4）“双轴指示”【Biaxiality Indication】：应力双轴有助于确定局部的应力状态，双轴指示是较小与较大主应力的比值，主应力接近 0 的被忽略。因此，单轴应力局部区域值为 0，纯剪切应力状态为-1，双轴应力状态为 1。

（5）“等效交变应力”【Equivalent Alternating Stress】：等效交变应力是基于所选择应力类型，在考虑了载荷类型和平均应力影响后，用于询问 *S-N* 曲线的应力。

（6）“疲劳敏感性”【Fatigue Sensitivity】：疲劳敏感曲线图可显示出部件的寿命、损伤或安全系数在临界区域随载荷的变化而变化，能够输入载荷变化的极限（包括负比率），曲线图的默认选项为【Fatigue】→【Sensitivity】。

提示

任何疲劳选项的范围可以是选定的零件和/或零件的表面，收敛性可用于云图结果，收敛和警告对疲劳敏感性图是无效的。疲劳工具也可以与求解组合一起使用，在求解组合中，多重环境可能组合，疲劳计算是基于不同环境的线性组合的结果。

7.5 分析案例——矩形板边缘承受交变弯矩的疲劳分析

7.5.1 问题描述及分析

矩形板板长 *L*、宽 *W*、厚 *T*，一端固定，另一端施加环绕 *z* 轴转动的交变弯矩（逆时针旋转），需要确定零件寿命及安全因子，分析模型如图 7.5-1 所示，模型参数见表 7.5-1（为了便于与理论解对比，表中的泊松比为 0）。

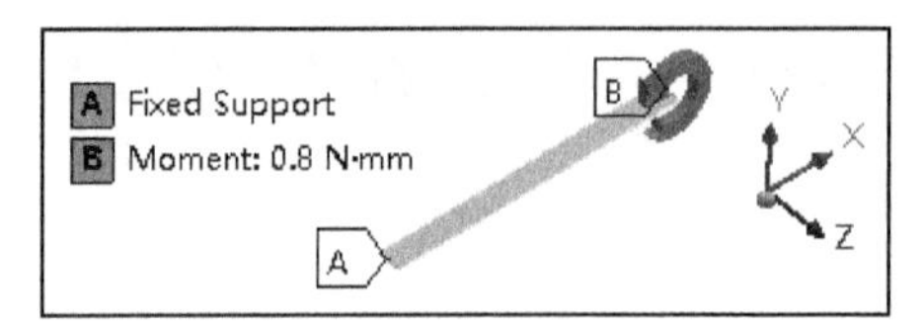

图 7.5-1　分析模型

表 7.5-1　分析模型参数

材料				几何	载荷
弹性模量 E	2e11 Pa	循环数	交变应力/Pa	L=12 mm	M_Z=0.8 N · mm
泊松比 ν	0	1000	1.08e9	W= 1 mm	
极限拉伸强度 σ_U	1.29e9 Pa	1e6	1.38e8	T= 0.1mm	
疲劳持久强度 σ_E	1.38e8 Pa				
屈服应力 σ_Y	2.5e8 Pa				

本案例采用壳单元进行疲劳分析，首先确定最大弯曲应力（该应力为σ_x）和板的最大总变形，然后进行疲劳计算，疲劳工具中使用 x 方向的应力分量，考虑载荷类型为完全对称循环，设计寿命为 1e6，疲劳强度因子为 1，缩放系数为 1。

7.5.2　数值模拟过程

1. 添加【Static Structural】

打开 Workbench，将“静力分析系统”【Static Structural】拖入项目流程图，保存文件 fatigue-rectangle plate .wbpj。

2. 输入材料（见图 7.5-2）

（1）在“工程数据”【Engineering Data】单元格双击鼠标，进入材料输入窗口。

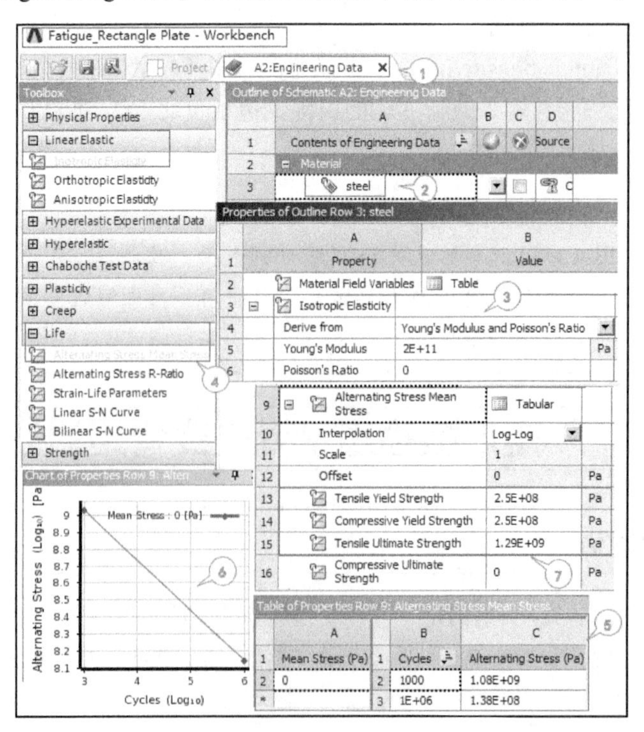

图 7.5-2　材料参数

（2）添加新材料【steel】。

（3）新材料中添加各项同性弹性材料模型，输入“弹性模量”【Young’s Modulus】=2e11Pa，“泊松比”【Poisson’s Ratio】=0。

（4）再添加应力循环及交变应力数据（即输入 *S-N* 曲线），工具箱中选择【Life】→【Alternating Stress Mean Stress】。

（5）表中输入【Cycles】=1000，1e6；【Alternating Stress】=1.08e9Pa, 1.38e8Pa。

（6）图表中显示双对数形式的 *S-N* 曲线。

（7）输入“拉伸屈服强度”【Tensile Yield Strength】=2.5e8Pa，“压缩屈服强度”【Compressive Yield Strength】=2.5e8Pa，“抗拉强度”【Tensile Ultimate Strength】=1.29e9Pa。

3．在进入 DM 建立模型（操作过程略，或导入模型 Rectangle Plate.stp）

4．静力分析

在项目流程图的【Model】单元格双击鼠标，进入 Mechnical 环境，进行静力分析（见图 7.5-3）。

（1）在导航树中选择【Surface Body】。

（2）在明细窗口中输入“壳厚度”【Thickness】=0.1mm，“分配材料”【Assignment】=steel。

（3）选择【Mesh】，生成默认网格。在图形窗口选择壳的一端，在工具栏中选择【Supports】→【Fixed Support】加入“固定约束”【Fixed Support】。

（4）在图形窗口选择另一端，从工具栏中选择【Loads】→【Moment】，施加“弯矩”【Moment】。

（5）在明细窗口中输入“弯矩值”【Z Component】=0.8N·mm。

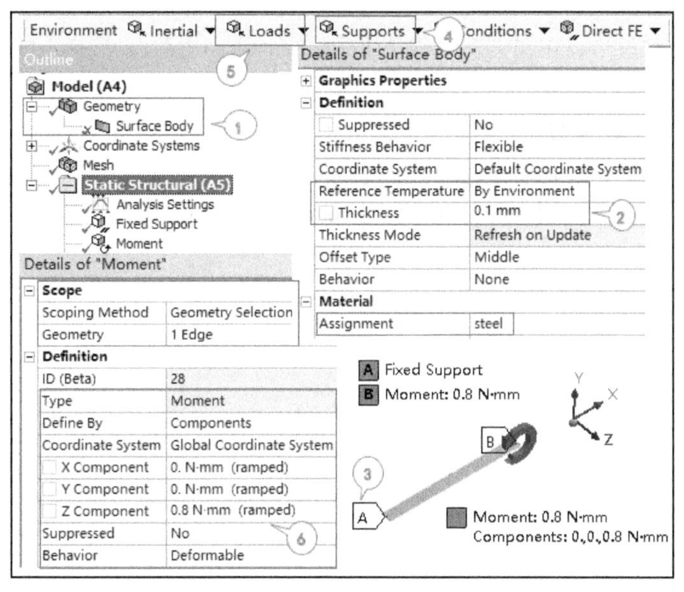

图 7.5-3　静力分析

5．分析结果（见图 7.5-4）

（1）求解中加入总变形及法向应力：在导航树中选择【Solution】，右键单击鼠标选择【Insert】→【Deformation】→【Total】，【Stress】→【Normal Stress】。

（2）在导航树中选择【Solution】→【Normal Stress】。

（3）选择固定约束端，设置 *x* 方向正应力：在明细窗口设置【Geometry】=1 Edge，【Orientation】=X Axis，在工具栏中单击【Solve】按钮进行静力求解。

（4）显示总变形：在导航树中选择【Solution】→【Total Deformation】，变形约为 3.455mm。

（5）导航树中单击【Solution】→【Normal Stress】最大正应力为 480MPa。

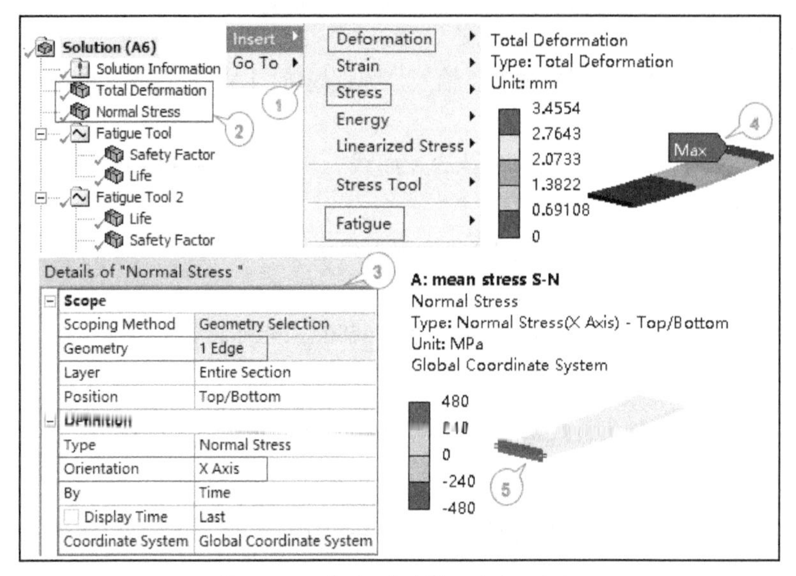

图 7.5-4 变形及约束端 X 方向正应力

6．加入疲劳工具（见图 7.5-5）

（1）在导航树中选择【Solution】，右键单击鼠标选择【Insert】→【Fatigue】→【Fatigue Tool】。

（2）在明细窗口设置“疲劳强度因子”【Fatigue Strength Factor（Kf）】=1，【Type】=Fully Reversed，以名义应力法计算应力疲劳寿命：【Analysis Type】=Stress Life，【Stress Component】=Normal X。

（3）添加疲劳寿命：在导航树中选择【Fatigue Tool】，右键单击鼠标选择【Insert】→【Life】。

（4）在图形窗口选择约束边，在明细窗口确认【Geometry】=1 Edge，选择【Life】并右键单击鼠标，选择【Evaluate All Results】计算得到疲劳寿命为 15220 次循环。

（5）添加疲劳安全因子：在导航树中选择【Fatigue Tool】，右键单击鼠标选择【Insert】→【Safety Factor】。

（6）在图形窗口选择约束边，在明细窗口确认【Geometry】=1 Edge，输入“设计寿命”【Design Life】=1e6，选择【Safety Factor】右键单击鼠标，选择【Evaluate All Results】计算得到疲劳安全因子为 0.2875。

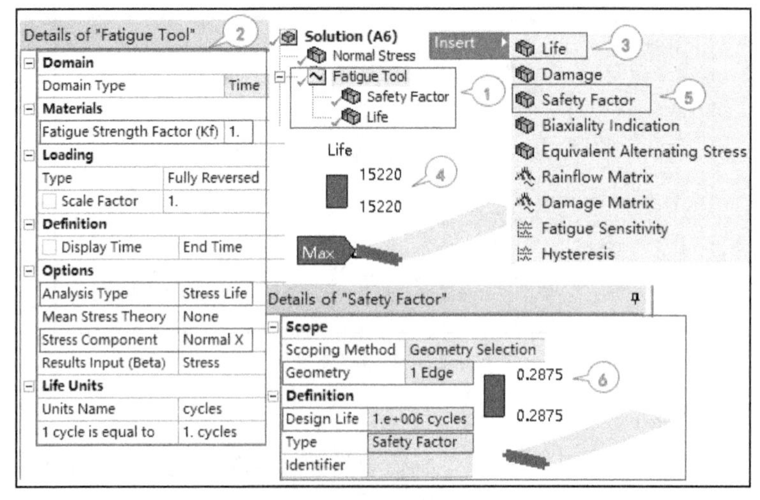

图 7.5-5 计算疲劳寿命及疲劳安全因子

7.5.3 结果分析与讨论

上述模型为恒定振幅比例载荷的对称循环载荷下的疲劳寿命，理论寿命计算公式为

$$N=N_0\left(S/S_0\right)^{1/b} \tag{7.5.1}$$

当 S_0=138MPa 时，N_0=1e6，当 S_0=1080MPa 时，N=1e3，则由式（7.5.1）计算得：取压力幅 S=480MPa，计算该应力幅下的应力疲劳寿命为：

$$N=1e6\ (480/138)^{-1/0.297848}=152200$$

设计寿命 1e6 的疲劳强度安全因子为 $f=S_0/S$=138/480=0.2875，安全因子小于 1，表明没有安全余量，理论计算与数值模拟结果对比见表 7.5-2。

表 7.5-2　对称循环加载疲劳分析结果比较

结果	理论	ANSYS WB	误差 /%
X 方向最大正应力/MPa	480	480	0
寿命	15220	15220	0
安全因子	0.2875	0.2875	0

考虑脉动循环加载，即弯矩为 0～0.8N · mm，则 x 方向正应力变化范围为 0～480MPa，应力幅 S_a=240MPa，平均应力 S_m=240MPa，S-N 曲线为对称循环下的结果，所以应考虑平均应力的影响，按 Goodman 考虑平均应力计算如下。

等效到对称循环的应力为

$$S_n=S_a/\ (1-S_m/S_u)=240/\ (1-240/1290)=294.86\ (\text{MPa}) \tag{7.5.2}$$

则该应力幅下的寿命，即失效时交变应力循环次数 N_2

$$N_2=N_0\ (S_n/S_0)^{1/b}=1e6\ (294.86/138)^{-1/0.297848}=78154 \tag{7.5.3}$$

与前面略有不同，重新假设设计寿命 N_d 为 1e5 的疲劳损伤 D_2

$$D_2=N_d/N_2=1e5/78154=1.279525 \tag{7.5.4}$$

如果不考虑平均应力的影响，则 450MPa 应力幅下的疲劳寿命 N_3

$$N_3=N_0\ (S_n/S_0)^{1/b}=1e6\ (240/138)^{-1/0.29785}=155993 \tag{7.5.5}$$

假设设计寿命 N_d 为 1e5 的疲劳损伤 D_3

$$D_3=N_d/N_3=1e5/155993=0.641 \tag{7.5.6}$$

ANSYS WB 的计算结果见图 7.5-6，理论计算与数值模拟结果对比见表 7.5-3。

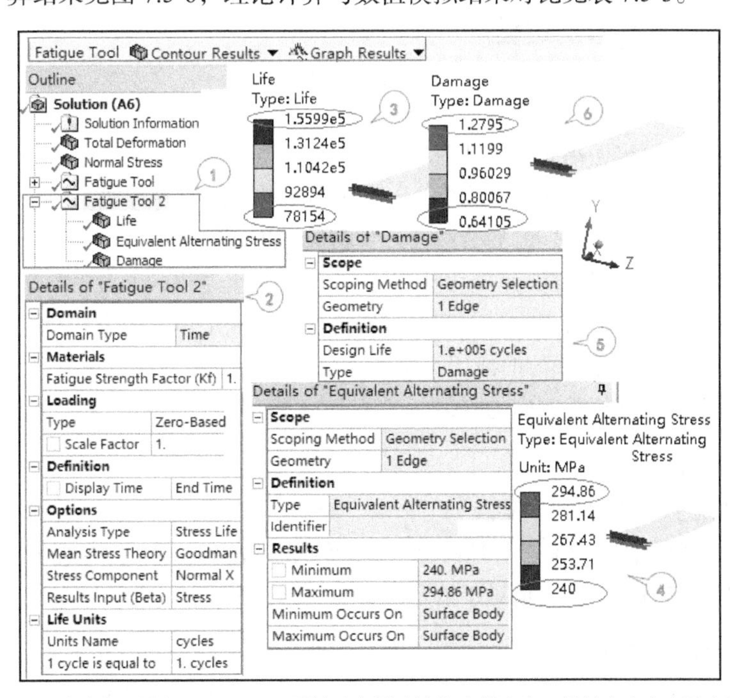

图 7.5-6　脉动循环计入 Goodman 平均应力影响计算疲劳寿命、等效交变应力及疲劳损伤

表 7.5-3 脉动循环加载计入/不计平均应力的疲劳分析结果比较

	Goodman 平均应力			不计平均应力		
结果	理论	ANSYS WB	误差/%	理论	ANSYS WB	误差/%
X 向变化正应力/MPa	0~480	0~480	0	0~480	0~480	0
等效交变应力/MPa	294.86	294.86	0	240	240	0
疲劳寿命	78154	78154	0	155993	155993	0
设计寿命 1e5 的疲劳损伤	1.2795	1.2795	0	0.641	0.641	0

对比结果可以看到数值解和理论解完全一致，且考虑平均应力的影响使疲劳寿命减少，疲劳损伤增加。通过这个简单的例子可使读者理解疲劳工具的使用，这有助于增强其对后续复杂模型分析结果的判断能力。

7.6 非比例载荷的疲劳分析

7.6.1 简述

前面讨论了恒定振幅和比例载荷情况，对于恒定振幅非比例载荷的情况，其基本思想是用两个加载环境代替单一加载环境，进行疲劳计算，不采用应力比，而是采用两个载荷环境的应力值来决定最大最小值。由于同一组应力结果并不成比例，这就是这种方法称为非比例的原因，但是两组结果都会被用到，由于需要两个解，所以可以采用求解组合来实现。

对于恒定振幅、非比例情况的处理过程与恒定振幅、比例载荷的求解基本相同，但下面所提出的情况除外。

- 建立两个带不同载荷条件的环境，增加一个求解组合，并定义两个环境；
- 为求解组合添加“疲劳工具”【Fatigue Tool】和其他结果，并将载荷类型定义为“非比例”【Non-Proportional】；定义所需的结果并求解。

7.6.2 非比例载荷的疲劳分析过程

1．建立两个载荷环境

建立两个载荷环境处理恒定振幅非比例载荷的情况具体如下。

（1）这两个载荷环境可以有两组不同的载荷，以模仿两组载荷的交互形式。例如，一个是弯曲载荷，另一个是扭转载荷，作为两个环境，这样的疲劳载荷计算将假定为在这样的两个载荷环境下交互受载。

（2）一个交互载荷可以叠加到静载荷上。例如，有一个恒定压力和一个力矩载荷。对于其中一个环境，仅定义恒定压力，而另一个环境定义为力矩载荷。这就将模仿成一个恒定压力和交变力矩。

（3）非线性支撑/接触或非比例载荷的使用。例如，仅有一个压缩支撑，只要阻止刚体运动，那么两个环境应该反映的是某一方向和其相反方向的载荷。

2．增加一个求解组合

在工作表中，添加用于计算的两个环境。

注意，系数可以是一个数值，只有一种情况除外，即结果是被缩放的。两个环境将会很好地用于非比例载荷。从两个环境产生的应力结果将决定对于给定位置的应力范围。

3．求解组合中添加疲劳工具

“疲劳工具”【Fatigue Tool】中的明细窗口中指定“非比例加载”类型【Non-Proportional】。任何其他选项将把两个环境当作线性组合，比例系数、疲劳强度系数、分析类型以及应力组分都可以进行相应地设置。

4. 定义所需的其他结果并求解

对于非比例载荷，可能需要获得与作用在比例载荷情况下相同的结果。唯一的差别在于“双轴指示”【Biaxiality Indication】。由于所进行的分析是作用在非比例载荷条件下的，所以对于给定的位置，没有单个双轴应力存在，双轴应力的平均或标准偏差可以在明细窗口中进行设置。

提示

平均应力双轴性是直接用来解释的，标准偏差显示的是在给定位置的应力状态改变量，因此，一个小标准偏差值是指行为接近比例载荷；而大的标准偏差值，则是指在主应力方向上的变化足够大。在两个环境首先得到解后，疲劳求解将自动进行。

7.7 分析案例——正应力的非比例加载疲劳分析

7.7.1 问题描述及分析

本案例为矩形截面杆（20m × 1m × 1m），承受 2 个载荷工况的交变载荷作用，工况 1 为一端固定，另一端施加集中力；工况 2 为 3 个基准平面内的所有面施加无摩擦约束，*y* 和 *z* 正方向表面施加压力。

疲劳分析中对非比例加载采用 Soderberg 理论，采用 2 个工况分析的最大应力和最小应力作为疲劳计算，确定 *x*，*y*，*z* 方向的正应力的寿命、损伤和安全因子，设计寿命为 1e6，疲劳强度因子为 1，缩放系数为 1，求解组合中的环境系数为 1。分析模型如图 7.7-1 所示，模型参数见表 7.7-1。

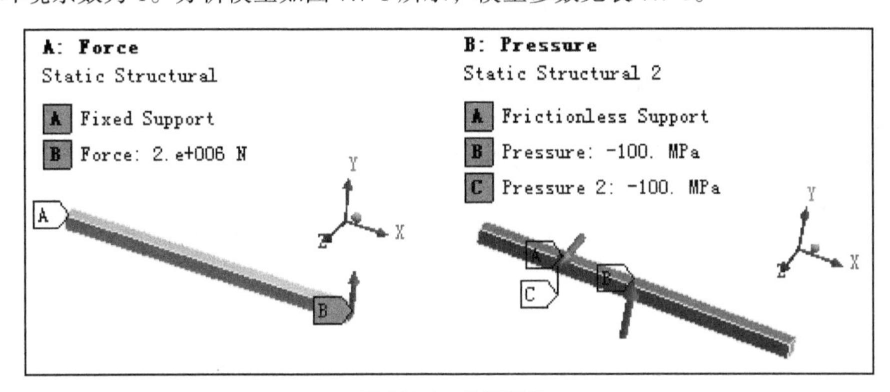

图 7.7-1 分析模型

表 7.7-1 分析模型参数

材料				几何	载荷
弹性模量 E	2e5 MPa	循环数	交变应力/MPa	L=20m	F=2e6 N
泊松比 ν	0	1000	460	W= 1 m	P=100MPa
极限拉伸强度 σ_U	460 MPa	1e6	2.2998	T= 1m	
疲劳持久强度 σ_E	2.2998 MPa				
屈服应力 σ_Y	350 MPa				

7.7.2 数值模拟过程

1. 打开 Workbench

将 2 个“静力分析系统”【Static Structural】拖入到项目流程图，二者共享材料、几何及网格模型，如图

7.7-2 所示，保存文件 Fatigue_Non-Proportional Loads.wbpj。

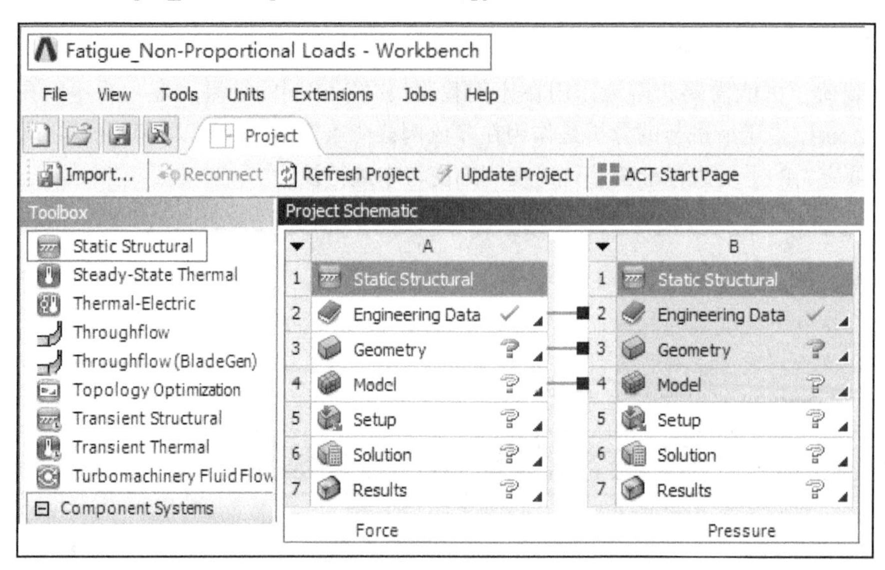

图 7.7-2 分析流程

2. 添加材料属性

在“工程数据”【Engineering Data】单元格双击鼠标，进入材料输入窗口，输入材料属性如图 7.7-3 所示。

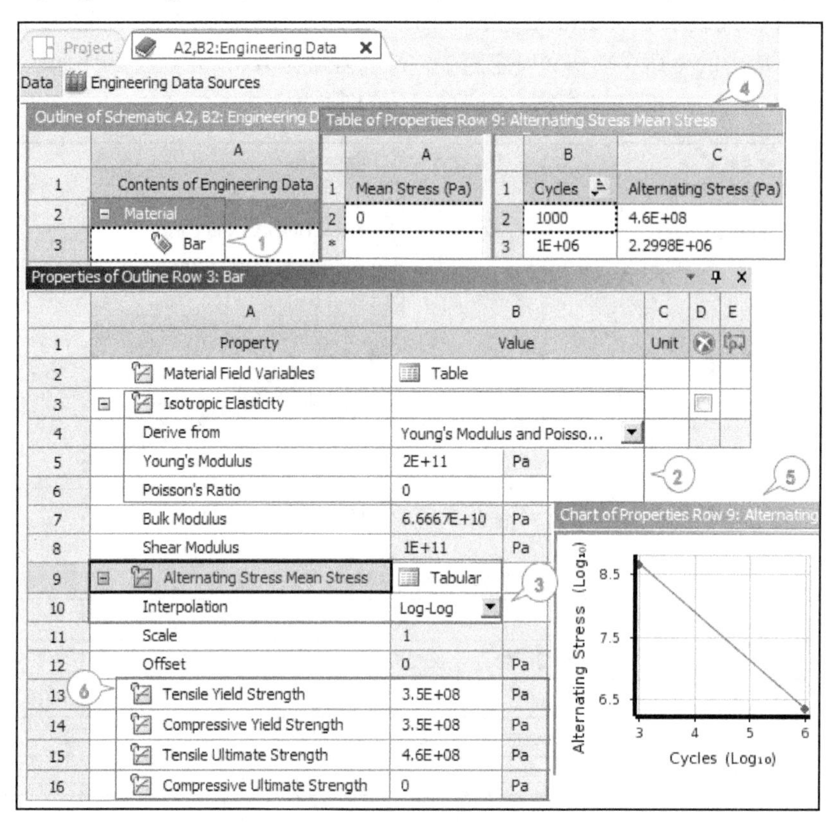

图 7.7-3 材料参数

（1）添加新材料【Bar】。

（2）新材料中添加各项同性弹性材料模型，输入“弹性模量”【Young's Modulus】=2e11Pa，“泊松比”【Poisson's Ratio】=0。

（3）添加“应力循环及交变应力数据”（即输入 *S-N* 曲线）【Alternating Stress Mean Stress】。

（4）表中输入【Cycles】=1000，1e6；【Alternating Stress】=4.6e8Pa，2.2998e6 Pa。

（5）图表中显示双对数形式的 *S-N* 曲线。

（6）输入“拉伸屈服强度”【Tensile Yield Strength】=3.5e8Pa，“压缩屈服强度”【Compressive Yield Strength】=3.5e8Pa，“抗拉强度”【Tensile Ultimate Strength】=4.6e8Pa。

3．进入 DM 建立模型（见图 7.7-4）

（1）在系统 A 的【Geometry】单元格双击鼠标进入 DM，创建块体，在菜单栏中选【Create】→【Primitives】→【Box】。

（2）在明细窗口输入长、宽、高的数据：【FD6，Diagonal X Component】=20m，【FD7，Diagonal Y Component】=1m，【FD8，Diagonal Z Component】=1m。

（3）在工具栏单击【Generate】按钮生成实体。

（4）图形窗口显示实体，返回 WB。

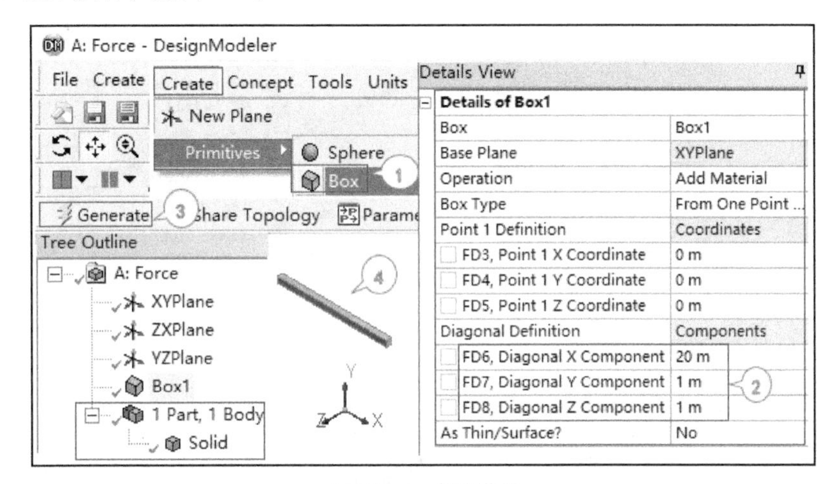

图 7.7-4 创建模型

4．静力分析(见图 7.7-5 和图 7.7-6)

在项目流程图中的【Model】单元格双击鼠标，进入 Mechnical 环境，进行静力分析。

（1）在导航树中选择【Solid】。

（2）在明细窗口中“分配材料”【Assignment】=Bar。

（3）选择【Mesh】，生成默认网格。工况 1【Static Structural】中在图形窗口选择一个端面，加入“固定约束”【Fixed Support】，选择另一个端面施加【Force】。

（4）在明细窗口中输入【Y Component】=2e6N，图形窗口显示边界条件。

（5）选择【Solution】添加需要的结果，在工具栏选择【Deformation】→【Total Deformation】，3 个【Stress】分别设为【Normal Stress】，在明细窗口分别设置 *x*、*y*、*z* 方向：【Orientation】=X Axis，Y Axis，Z Axis，单击工具栏中的【Solve】按钮进行静力求解。

（6）分析结果中显示“总变形”【Total Deformation】为 320.7mm。

（7）*x* 方向正应力为 240.31MPa，*y* 方向正应力为 1.1749MPa，*z* 方向正应力为 0。

（8）工况 2【Static Structural 2】中，在工具栏中添加【Supports】→【Frictionless Support】和两个【Loads】→【Pressure】。

（9）在图形窗口选择 3 个基准平面内的 3 个面，加入“无摩擦约束”【Frictionless Support】，选择另 2 个侧面施加“压力”【Pressure】，在明细窗口中输入【Magnitude】=–100MPa。

（10）选择【Solution】添加需要的结果，在工具栏选择【Deformation】→【Total Deformation】，3 个【Stress】分别设为【Normal Stress】，在明细窗口分别设置 *x*、*y*、*z* 方向：【Orientation】=X Axis，Y Axis，Z Axis，

单击工具栏中的【Solve】按钮进行静力求解。

（11）分析结果中显示“总变形”【Total Deformation】约为 0.707mm。

（12）x 方向正应力为 0MPa，y 向正应力为 100MPa，z 向正应力为 100MPa。

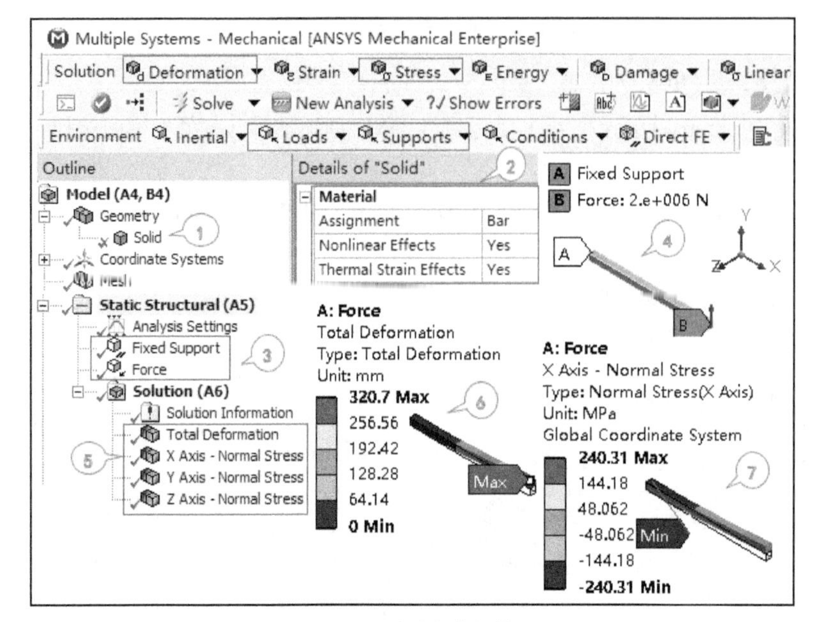

图 7.7-5　集中力分析结果

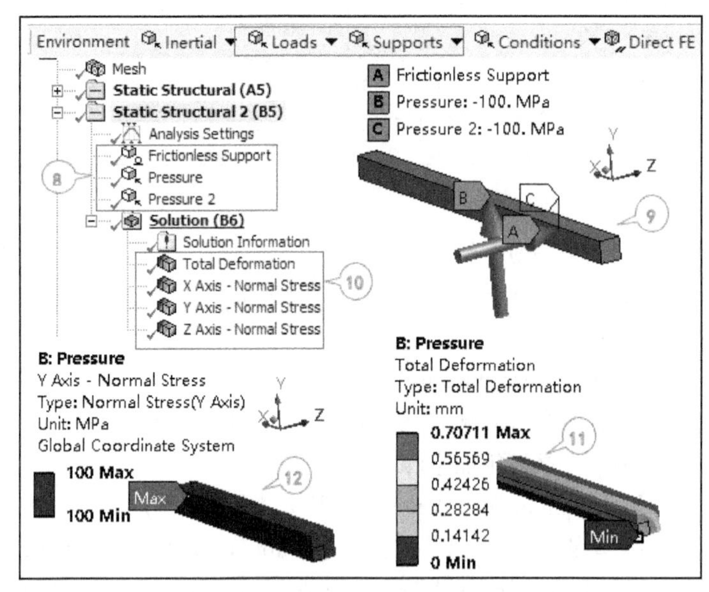

图 7.7-6　压力分析结果

5．加入求解组合（见图 7.7-7）

（1）在导航树中选择【Model（A4, B4）】。

（2）在工具栏中选择“求解组合”【Solution Combination】，则导航树中插入求解组合。

（3）在导航树中选择【Solution Combination】。

（4）工作表中添加 2 个组合工况，这里需得到最大与最小应力差值，设置工况 1 的系数为-1，工况 2 的系数为 1。

（5）插入 y 向应力结果加以验证：在工具栏中选择【Stress】→【Normal Stress】。

（6）在明细窗口设置【Orientation】=Y Axis，在工具栏中单击【Solve】按钮求解，查看 y 向正应力结果最大值为 101.17MPa，最小值为 98.825MPa，组合结果为 100+/-1.1749 是对的。

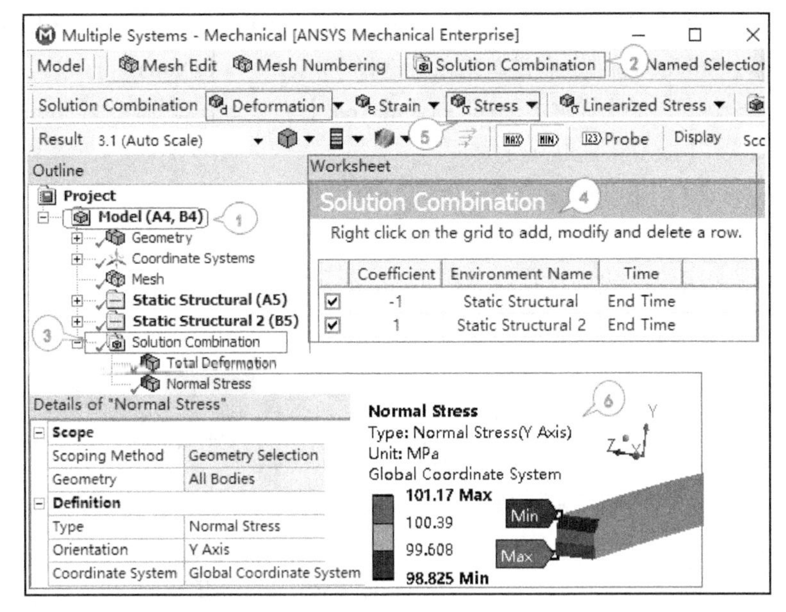

图 7.7-7　设置求解组合

6．添加疲劳工具（见图 7.7-8）

（1）在导航栏中选择“求解组合”【Solution Combination】，右键单击鼠标选择【Insert】→【Fatigue】→【Fatigue Tool】。

（2）在明细窗口设置“疲劳强度因子”【Fatigue Strength Factor（Kf）】=1，【Type】 =Non-Proportional，计算应力疲劳寿命【Analysis Type】=Stress Life，对于三向拉应力状态，设置平均应力理论【Mean Stress Theory】=Soderberg，取 x 方向正应力【Stress Component】 = Component X。

（3）工作表上方显示对应的非比例加载图，下方为平均应力修正理论图。

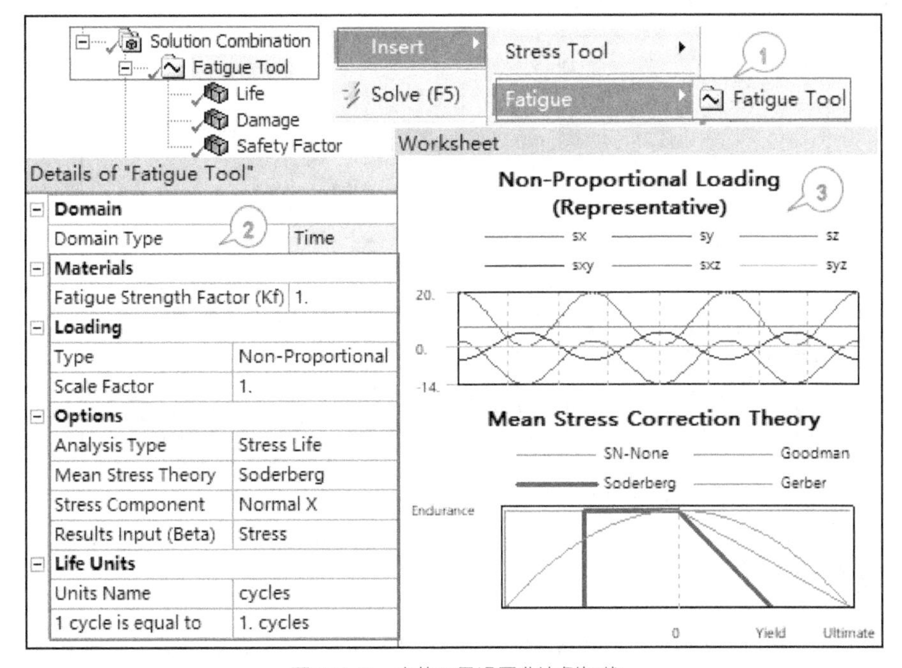

图 7.7-8　疲劳工具设置非比例加载

7．添加疲劳工具相关结果（见图 7.7-9）

（1）加入疲劳寿命，在导航树中选择【Fatigue Tool】，右键单击鼠标选择【Insert】→【Life】；添加疲劳损伤，在导航树中选择【Fatigue Tool】，右键单击鼠标选择【Insert】→【Damage】，输入“设计寿命”【Design Life】=1e6；添加疲劳安全因子，在导航树中选择【Fatigue Tool】，右键单击鼠标选择【Insert】→【Safety Factor】。

（2）输入“设计寿命”【Design Life】=1e6。

（3）右键单击鼠标，选择【Evaluate All Results】计算得到最小疲劳寿命 3326.6。

（4）最大疲劳损伤为 300.6，该值大于 1，表明已完全损伤。

（5）最小安全因子为 0.019，该值小于 1，表明已经没有疲劳安全余量。

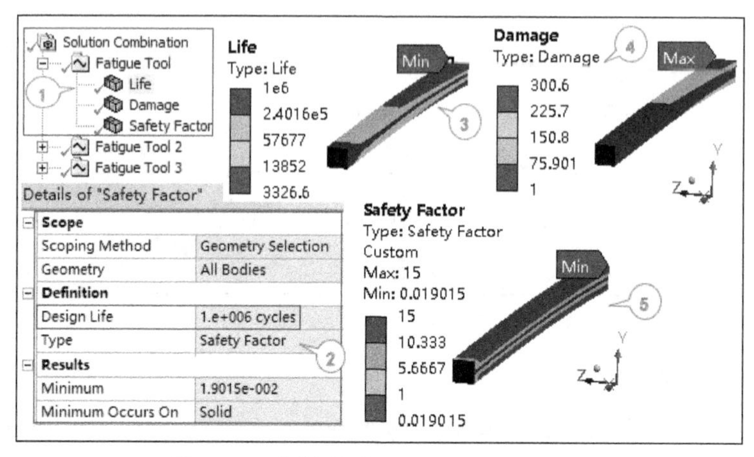

图 7.7-9　非比例加载 *x* 向应力疲劳计算结果

8．非比例加载 *y*、*z* 向应力疲劳计算结果（见图 7.7-10）

（1）复制“疲劳工具”【Fatigue Tool】2 次，得到【Fatigue Tool 2】、【Fatigue Tool 3】。

（2）分别修改属性为取 *y* 方向正应力：【Stress Component】 = Component Y，取 *z* 方向正应力：【Stress Component】= Component Z，重新计算疲劳获得结果。

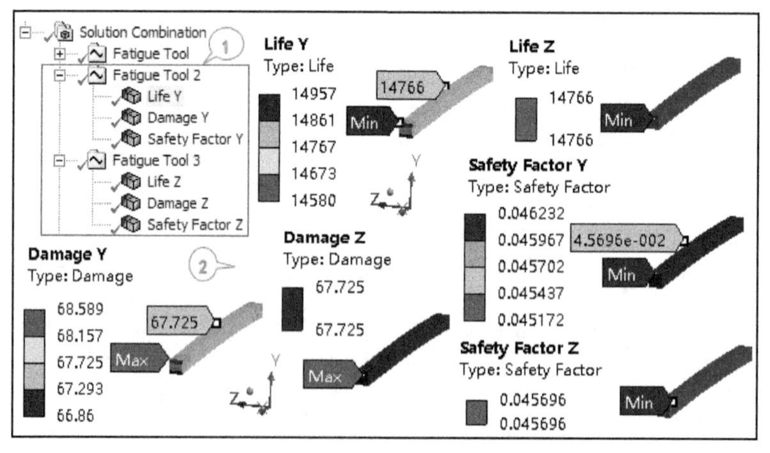

图 7.7-10　非比例加载 *y*、*z* 向应力疲劳计算结果

7.7.3　结果分析与讨论

上述模型为恒定振幅非比例载荷的疲劳分析，*x* 与 *y* 方向正应力为分布应力，二者相似，*z* 方向正应力为单值应力，所以以下仅给出 *x* 与 *z* 方向正应力的理论计算与数值模拟结果对比，见表 7.7-2，由对比结果可知误差很小。

表 7.7-2 恒定振幅非比例载荷的疲劳分析结果比较

结果	理论	ANSYS WB	误差 /%
x 方向正应力寿命	3335	3326.6	-0.25
x 方向正应力损伤	299.8	300.6	0.27
x 方向正应力安全因子	0.019	0.019015	0.08
z 方向正应力寿命	14766	14766	0
z 方向正应力损伤	67.724	67.725	0.001
z 方向正应力安全因子	0.04569	0.045696	0.013

7.8 非恒幅载荷的疲劳分析

在本节中将针对非恒定振幅、比例载荷情况进行疲劳分析，尽管载荷仍是成比例的，但应力幅和平均应力却是随时间变化的。

7.8.1 不规则载荷历程的处理

1. 不规则载荷历程的特殊处理

计算不规则载荷历程的循环所使用的是“雨流”循环计算，“雨流”循环计算是把不规则应力历程转化为用于疲劳计算循环的一种技术，先计算不同的“平均”应力和应力幅的循环，然后使用这组“雨流”循环完成疲劳计算。

损伤累加是通过 Miner 法则完成的，在一个给定的平均应力和应力幅下，每次循环用到有效寿命占总和的百分之几。对于在一个给定应力幅下的循环次数，当循环次数达到失效次数时，寿命用尽，即失效。“雨流”循环计算和 Miner 损伤累加都用于不定振幅情况。

因此，任何任意载荷历程都可以切分成一个不同的平均值和范围值的循环阵列，即“雨流”阵列。“雨流”阵列指出了在每个平均值和范围值下所计算的循环次数，较高值表示这些循环将出现在载荷历程中。

在一个疲劳分析完成后，可显示每个“循环”造成的损伤量，“雨流”阵列中的每个“竖条”所显示的是对应的所用掉的寿命量的百分比。虽然大多数循环发生在低范围平均值，但高范围循环仍会造成主要的损伤，如果损伤累加到 1，那么将发生失效。

2. 非恒定振幅、比例载荷情况下疲劳分析的过程

（1）建立前导分析（线性、比例载荷）。

（2）定义疲劳材料特性（包括 *S-N* 曲线）。

（3）定义载荷历程数据和平均应力影响的处理。

（4）为“雨流”循环次数的计算定义竖条的数量。

（5）求解并查看疲劳结果（如损伤阵列、损伤云图、寿命云图等）。

建立基于不定振幅、比例载荷情况下疲劳分析的过程与前面介绍非常相似，但有两个例外：①载荷类型的定义不同；②查看的疲劳结果中包括变化的“雨流”和损伤阵列。

7.8.2 非恒定振幅、比例加载疲劳分析相关设置

1. 定义载荷类型

在疲劳工具中，“载荷类型”【Type】是指“历程数据”【History Data】，因此在【History Data Location】下定义一个外部文件，这个文本文件将会包含一组循环（或周期）的载荷历程点，由于历程数据文本文件的

数值表示的是载荷的倍数，所以“比例因子”【Scale Factor】也能够用于放大载荷。

2. 定义无限寿命

恒定振幅载荷中，如果应力低于 S-N 曲线中最低限，曾提过的最后定义的循环次数将被使用。但在不定振幅载荷下，载荷历程将被划分成各种平均应力和应力幅的“竖条”【Bins】。由于损伤是累积起来的，这些小应力可能会造成相当大的影响，即当循环次数很高时。因此，如果应力幅比 S-N 曲线的最低点低，“无限寿命”值可以在疲劳工具明细窗口栏中输入，以定义所采用循环次数的值。

损伤是指循环次数与失效次数的比值，因此对于没有达到 S-N 曲线上的失效循次数的小应力，“无限寿命”就提供这个值。通过对“无限寿命”设置较大值，小应力幅循环的影响造成的损伤将很小，因为损伤比较小。

3. 定义竖条尺寸

“竖条尺寸”【Bin Size】可以在疲劳工具栏中定义，雨流阵列尺寸是 Bin_Size x Bin_Size。该值越大，排列的阵列就越大，于是可以考虑更精确的平均值和范围，否则将把更多的循环次数放在给定的竖条中。但是对于疲劳分析，竖条的尺寸越大，所需的内存和 CPU 成本会越高。

提示

对于单根锯齿或正弦曲线的载荷历程数据将产生与恒定振幅相似的结果，这样的一个载荷历程将产生一个与恒定振幅情况下相同的平均应力和应力幅的计算。这个结果可能与恒定振幅情况有轻微差异，这取决于竖条的尺寸，由于范围的均分方式可能与确切值不一致，故此时推荐使用恒定振幅法。

前面的讨论非常清楚地指出“块”的数目影响求解精度。这是因为交互和平均应力在计算部分损伤前先被输入到“块”中，这就是“快速计数”技术。可关闭默认方法（因为其效率高）【Quick Rainflow Counting】，在这种情况下，部分损伤发现前，数据不会被输入到“块”，因此“块”的数目不会影响结果。虽然这种方法很准确，但它会耗费更多的内存和计算时间。

4. 查看疲劳结果

定义了需要的结果以后，不定振幅情况就可以采用与恒定振幅情况相似的方式，与应力分析一起或在应力分析以后进行求解。由于求解时间取决于载荷历程和竖条尺寸，求解时间可能要比恒定振幅情况长，但它的求解速度仍比常规有限元方法快。

其结果与恒定振幅情况相似。

（1）代替疲劳循环次数，寿命结果报告了直到失效的载荷“块”的数量。举个例子，如果载荷历程数据描述了一个给定的时间“块”（假设是一周的时间），以及指定的最小寿命是 50，那么该部件的寿命就是 50“块”或 50 周。

（2）损伤和安全系数基于在明细窗口中输入的设计寿命，但仍然是以“块”形式出现，而不是循环次数。

（3）双轴指示与恒定振幅情况一样，对不定振幅载荷也可用。

（4）对于不定振幅情况，等效交变应力不能作为结果输出。这是因为单个值不能用于决定失效的循环次数，因而采用基于载荷历程的多个值。

（5）疲劳敏感性对于寿命“块”也是可用的。

（6）在不定振幅情况中也有一些自身独特的结果。

① 雨流阵列，虽然不是真实的结果，对于输出是有效的，它提供了如何把交变和平均应力从载荷历程划分成竖条的信息。

② 损伤阵列显示的是指定实体的评定位置的损伤。它反映了所生成的每个竖条损伤的大小。注意，结果是在指定部件或表面的临界位置上的损伤。

7.9 分析案例——连杆受压疲劳分析

7.9.1 问题描述及分析

本案例中的连杆受压，目标在于完成一个连杆装配模型的疲劳分析（Connecting_Rod.x_t），具体来讲，将分析两个载荷环境：①10000N 的恒定振幅载荷，即加载 10000N 后卸载再反向加载，施加完全对称循环载荷；②均值为 10000N 的任意变幅载荷。

采用实体单元进行疲劳分析，连杆小头端限位，大头加载 10000N 载荷，如图 7.9-1 所示，材料默认为结构钢，确定最大等效应力和最大总变形，疲劳计算采用等效应力，确定零件寿命及安全因子，假设设计寿命为 1e5，疲劳强度因子为 0.8，缩放系数为 1。

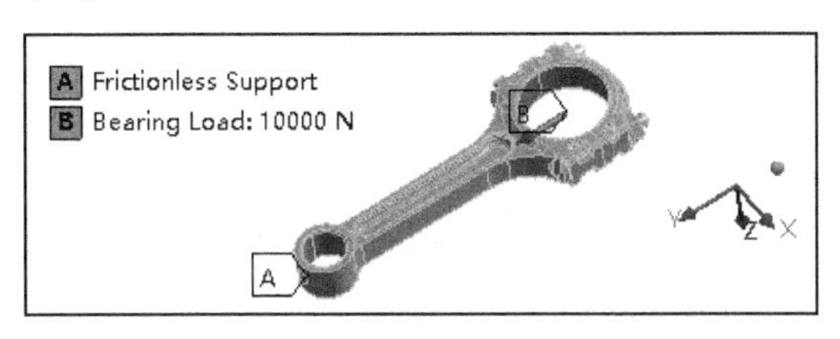

图 7.9-1　分析模型

7.9.2 恒幅对称循环加载的数值模拟过程

1．分析系统导入模型（见图 7.9-2）

（1）打开 Workbench，将工具箱中的“静力分析系统”【Static Structural】拖入项目流程图。

（2）可看到分析系统 A 的 A2 单元格前面有绿色对勾标识，这时材料默认为结构钢，无需再定义，在系统 A 下方输入分析系统 A 的标题为 Connecting Rod。

（3）选择【Geometry】单元格并右键单击鼠标，选择【Import Geometry】导入几何模型 Connecting_Rod.x_t；在工具栏单击【保存】按钮，保存文件 Fatigue_Connecting Rod.wbpj。

（4）在菜单栏激活【View】→【Files】，可看到已经保存的文件列表。

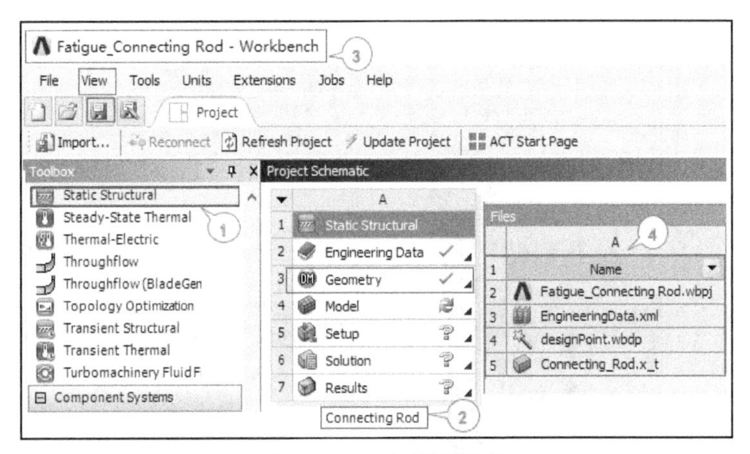

图 7.9-2　导入分析模型

2．DM 中处理几何模型（见图 7.9-3）

（1）在 WB 中的【Geometry】单元格双击鼠标，进入 DM，在工具栏中单击【Generate】按钮生成模型。

（2）导入模型有 6 个离散的实体（连杆、螺栓、螺母），这里需要组合为一个连杆装配模型，在导航树中选中 6 个实体，右键单击鼠标选择【Form New Part】。

（3）然后在导航树中看到【1 Part，6 Bodies】，图形窗口中显示模型，返回 WB。

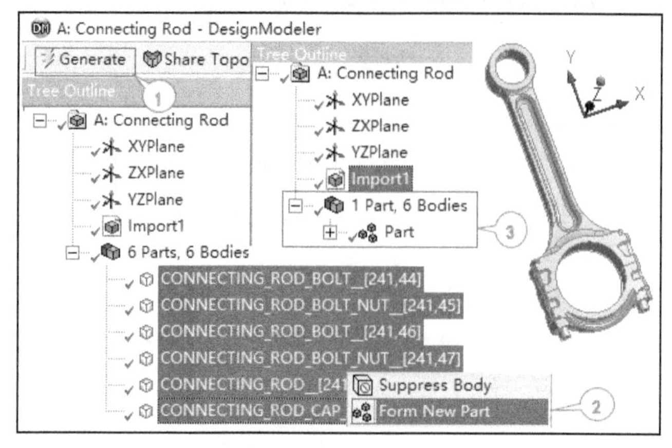

图 7.9-3　修改几何模型

3．分析环境中分配材料及处理连接关系（见图 7.9-4）

（1）在项目流程图的【Model】双击鼠标，进入 Mechnical 环境，在导航树中选择【Part】。

（2）在明细窗口分配材料：【Assignment】=Structural Steel。

（3）导航树中展开【Contacts】，选择程序生成的 4 组接触对，右键单击鼠标选择【Delete】删除。

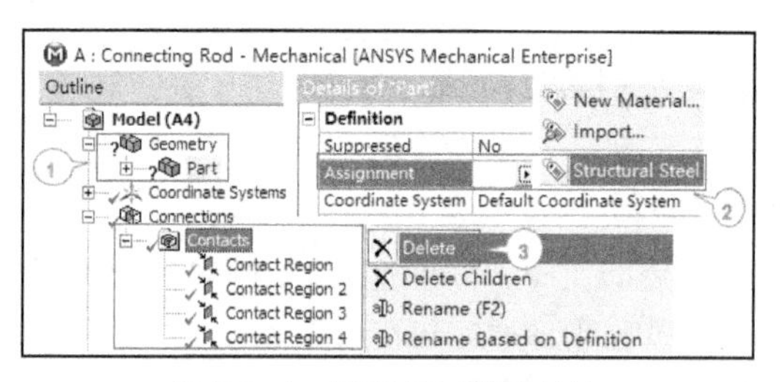

图 7.9-4　分配材料及删除接触

4．生成网格（见图 7.9-5）

（1）在导航树中选择【Mesh】。

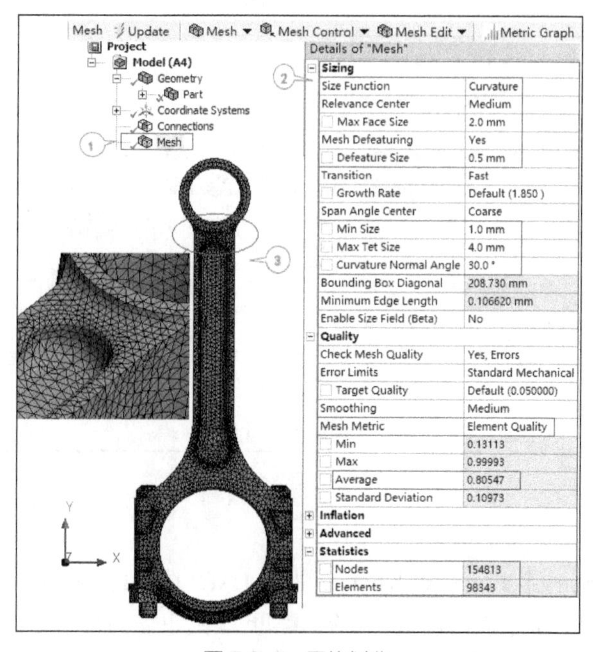

图 7.9-5　网格划分

（2）在明细窗口设置【Size Function】=Curvature，【Relevance Center】=Medium，【Max Face Size】=2mm，【Defeature Size】=0.5mm，【Min Size】=1mm，【Max Tet Size】=4mm，【Curvature Normal Angle】=30°，【Mesh Metric】=Element Quality。

（3）单击【Update】按钮生成网格，可在图形窗口查看网格，并可局部放大查看，在明细窗口查看网格质量平均值为 0.8，网格划分的节点数约为 15.5 万，单元数约为 9.8 万。

5. 施加边界条件（见图 7.9-6）

（1）在导航树中选择【Static Structural】显示加载工具栏，添加“无摩擦约束”【Frictionless Support】和“轴承载荷”【Bearing Load】。

（2）图形窗口中显示连杆小头内孔，选定位孔处的 6 个面添加“无摩擦约束”【Frictionless Support】。

（3）大头孔处施加轴承载荷，在明细窗口设置【Y Component】=10000N。

（4）在导航树“结果”【Solution】下插入“总变形”【Total Deformation】和“等效应力”【Equivalent Stress】，单击【Solve】按钮进行静力求解。

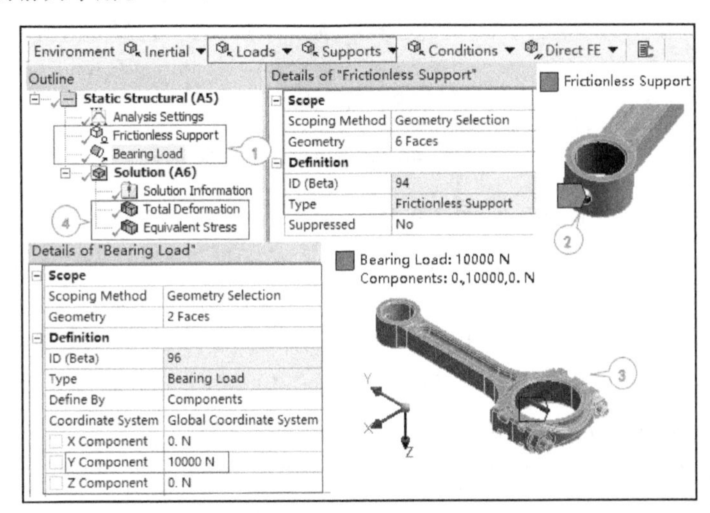

图 7.9-6 添加边界条件

6. 查看结果（见图 7.9-7）

（1）分析结果中显示“总变形”【Solution】→【Total Deformation】约为 0.042mm。

（2）显示“等效应力”【Solution】→【Equivalent Stress】，连杆小头定位孔附近最大应力约为 115MPa。

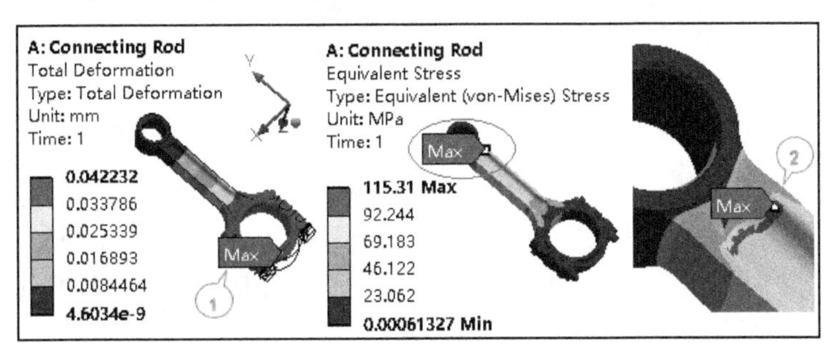

图 7.9-7 变形及等效应力

7. 细化网格重新求解（见图 7.9-8）

（1）疲劳分析需要获取局部收敛的等效应力结果，因此需要在应力最大值处局部细化网格重新求解，以确定得到收敛值。在导航树选择【Mesh】，在工具栏中选择【Mesh Control】→【Refinement】。

（2）在图形窗口选择最大值处的 3 个面，在明细窗口中确认【Geometry】=3 Faces，细化等级默认【Refinement】=1。

（3）重新求解，在导航树中选择【Solution】→【Equivalent Stress】。

（4）查看更新后的等效应力分布，最大值变化不大，为 116MPa，结果收敛。

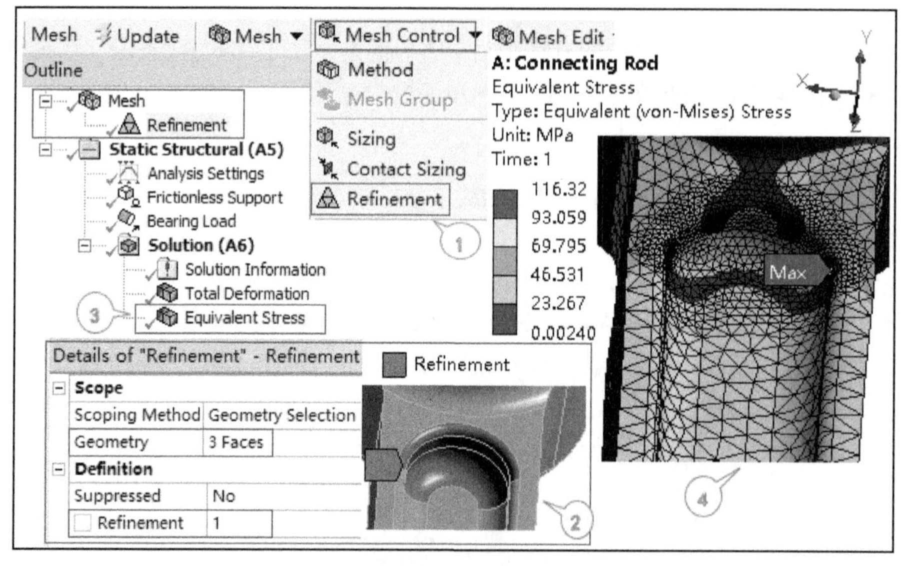

图 7.9-8　局部细化网格重新求解获取等效应力

8. 添加疲劳工具及结果（见图 7.9-9~图 7.9-11）

（1）在导航树中选择【Solution】，右键单击鼠标选择【Insert】→【Fatigue】→【Fatigue Tool】，在明细窗口设置“疲劳强度因子”【Fatigue Strength Factor（Kf）】=0.8（描述实际零件与试验光滑试件的差异），类型为“对称循环”【Type】=Fully Reversed 以建立交互应力循环。计算应力“疲劳寿命”【Analysis Type】=Stress Life，由于是完全对称循环载荷，所以不需要平均应力理论，【Stress Component】=Equivalent（Von-Mieses）定义 Von Mises 应力以便与疲劳数据进行比较。

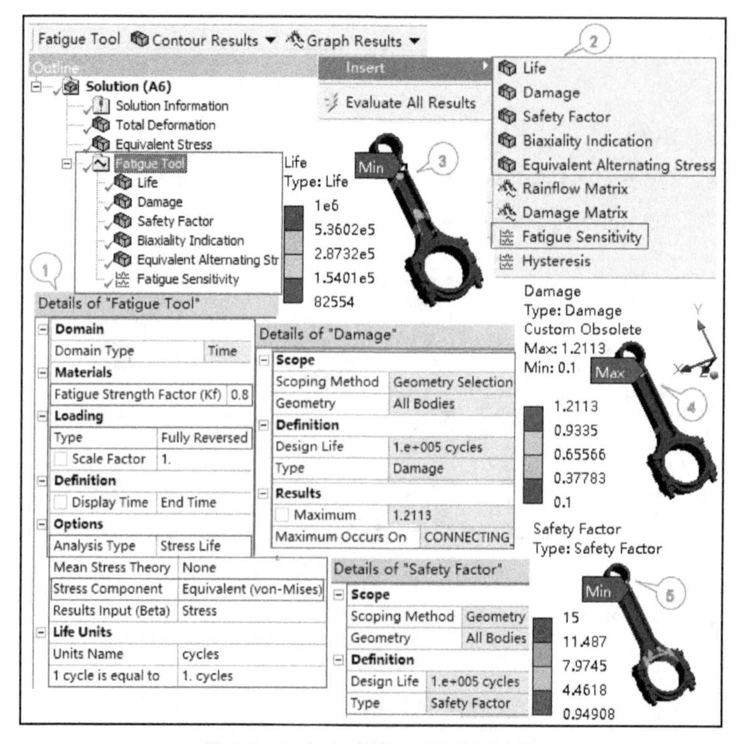

图 7.9-9　加入疲劳工具及获取结果

（2）添加疲劳寿命：在导航树中选择【Fatigue Tool】，右键单击鼠标选择【Insert】→【Life】，选择【Life】右键单击鼠标，选择【Evaluate All Results】。

（3）计算得到疲劳寿命最小值为 82554 次循环，为有限寿命。

（4）添加损伤：在导航树中选择【Fatigue Tool】，右键单击鼠标选择【Insert】→【Damage】，输入“设计寿命”【Design Life】=1e5，选择【Damage】右键单击鼠标，选择【Evaluate All Results】，计算得到疲劳损伤最大值为 1.21。

（5）添加疲劳安全因子：在导航树中选择【Fatigue Tool】，右键单击鼠标选择【Insert】→【Safety Factor】，输入“设计寿命”【Design Life】=1e5，选择【Safety Factor】右键单击鼠标，选择【Evaluate All Results】，计算得到疲劳安全因子最小值为 0.949<1，表示在设计寿命下无安全余量。

（6）添加双轴指示。

在导航树中选择【Fatigue Tool】，右键单击鼠标选择【Insert】→【Biaxiality Indication】，选择【Biaxiality Indication】右键单击鼠标，选择【Evaluate All Results】，得到并画出双轴指示结果。

注意

连杆中间及接近危险区域的应力状态接近单轴的材料，因为材料特性是单轴的（0 与单轴应力一致；-1 时为纯剪切；1 时为纯双轴状态）。

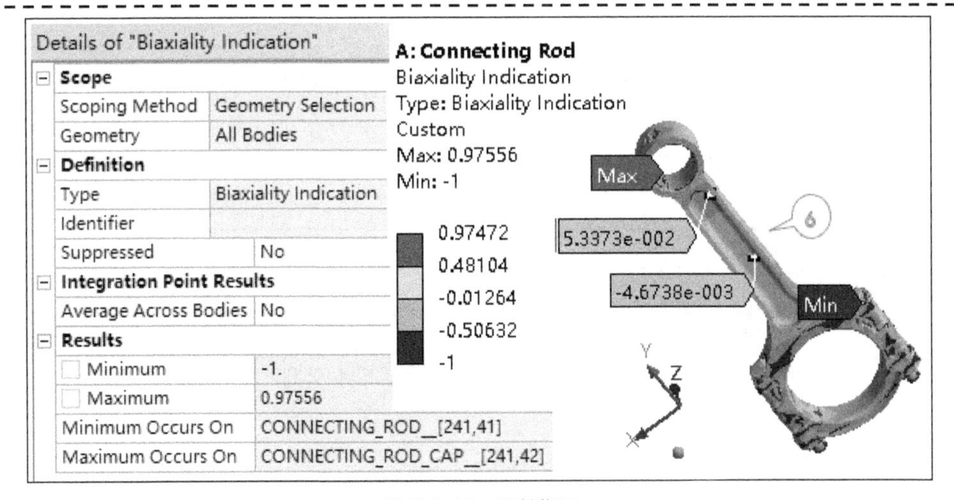

图 7.9-10 双轴指示

（7）添加等效交变应力：选择【Fatigue Tool】，右键单击鼠标选择【Insert】→【Equivalent Alternating Stress】，计算得到等效交变应力最大值约为 145MPa。

（8）添加寿命的疲劳敏感性。

① 图 7.9-11 中的疲劳敏感曲线图显示零件寿命在临界区域随载荷的变化而变化，输入载荷变化的范围为原值的 50%～150%。

② 在导航树中选择【Fatigue Tool】，右键单击鼠标选择【Insert】→【Fatigue Sensitivity】。

③ 在明细窗口定义基本载荷变化幅度，最小为 50%（一个 5000N 的交互应力）和最大为 150%（一个 15000N 的交互应力），即【Lower Variation】=50%，【Upper Variation】=150%，选择【Fatigue Sensitivity】右键单击鼠标，选择【Evaluate All Results】，计算得到并画出关于最小基本载荷变化幅度和最大基本载荷变化幅度的寿命疲劳敏感性结果。可以估计载荷变化幅度为 50%时，5000N 的疲劳寿命循环次数为无限寿命 1e6；估计载荷变化幅度为 150%时，15000N 的疲劳寿命循环次数为有限寿命 18740。

④ 同样，可找出最大基本载荷变化幅度为 400%的疲劳敏感性，但必须重新计算以得到新的敏感性结果。

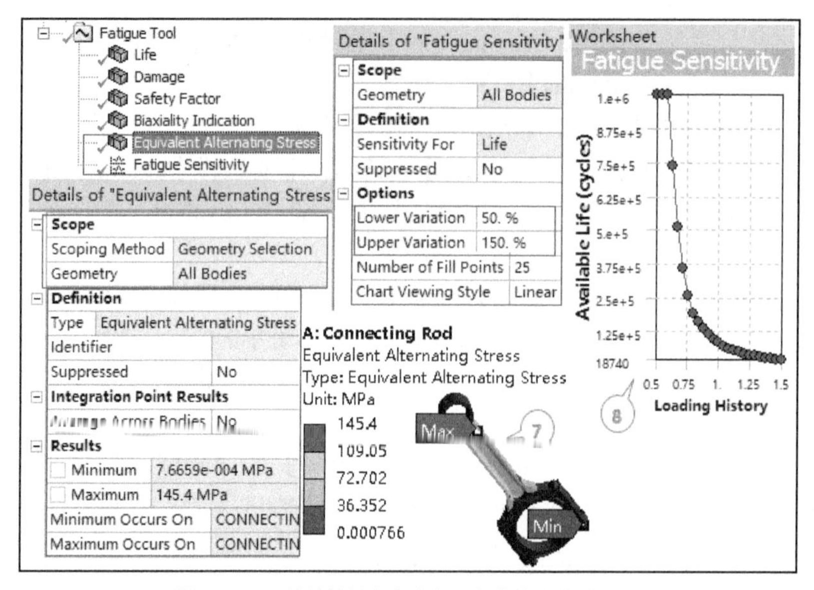

图 7.9-11 计算等效交变应力及寿命的疲劳敏感性

7.9.3 变幅比例加载的疲劳分析过程

接 7.9.3 节案例，假设连杆装配模型受变幅比例载荷的作用，疲劳分析过程如下。

1. 添加【疲劳工具】处理变幅比例载荷（见图 7.9-12）

（1）在导航树中选择【Solution】，右键单击鼠标选择【Insert】→【Fatigue】→【Fatigue Tool】。

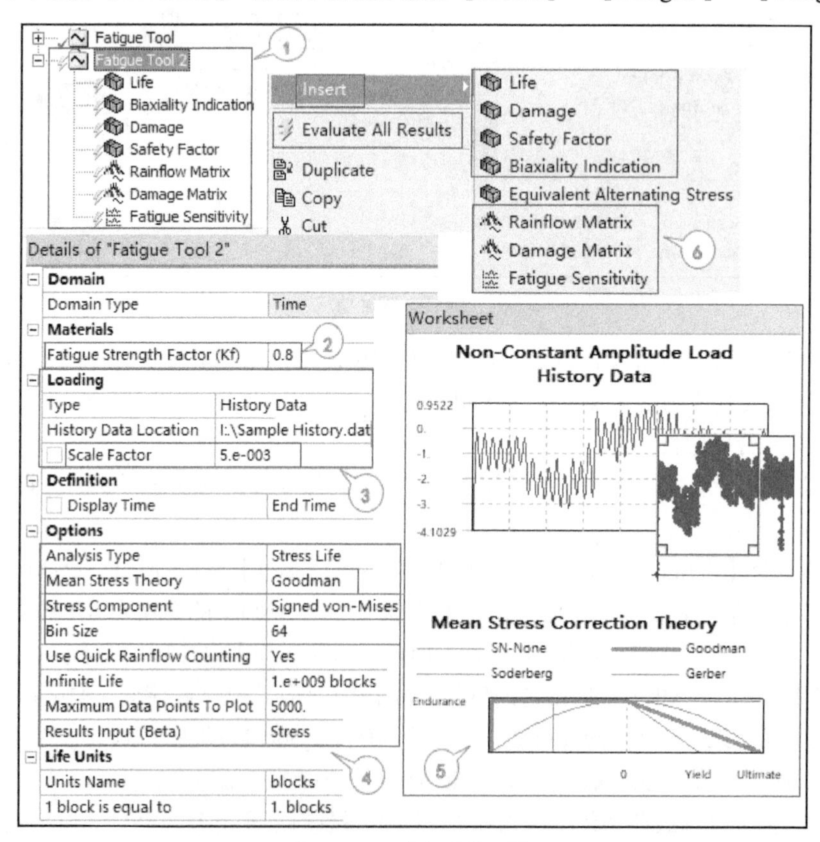

图 7.9-12 添加疲劳工具

（2）在明细窗口设置“疲劳强度因子”【Fatigue Strength Factor（Kf）】=0.8。

（3）定义疲劳载荷，源自一个比例历程文件，浏览并打开“Sample History.dat”，定义比例系数为 0.005。

提示

这里必须规范化载荷历程，以便使载荷能够与载荷历程文件中的比例系数匹配，提供的数据文件中，根据试验应变仪测量结果，200 对应于 1000N 的加载，则指定单位有限元加载为时程载荷的比例因子为 1/200，即 0.005。

（4）定义【Mean Stress Theory】=Goodman 理论以计算平均应力影响；定义【Stress Component】= Signed von-Mises 应力，用于与疲劳材料数据进行比较，这样可用 Goodman 修正理论来处理正/负不同的平均应力形式；定义【Bin Size】为 64，这指“雨流矩阵”【Rainflow Matrix】和“损伤矩阵”【Damage Matrix】是 64 × 64。

（5）工作表中显示变幅比例加载历程曲线及平均应力修正理论图。

（6）在导航树中选择新添加的“疲劳工具”【Fatigue Tool 2】，右键单击鼠标插入疲劳分析需要的结果：【Insert】→【Life】、【Damage】、【Biaxiality Indication】、【Safety Factor】、【Rainflow Matrix】、【Damage Matrix】、【Fatigue Sensitivity】，进行相应的选项设置后，选择【Evaluate All Results】获取相应结果。

2．获取疲劳分析结果（见图 7.9-13）

（1）在导航树中选择【Fatigue Tool 2】→【Life】，计算得到疲劳寿命最小值为 210 载荷谱循环。

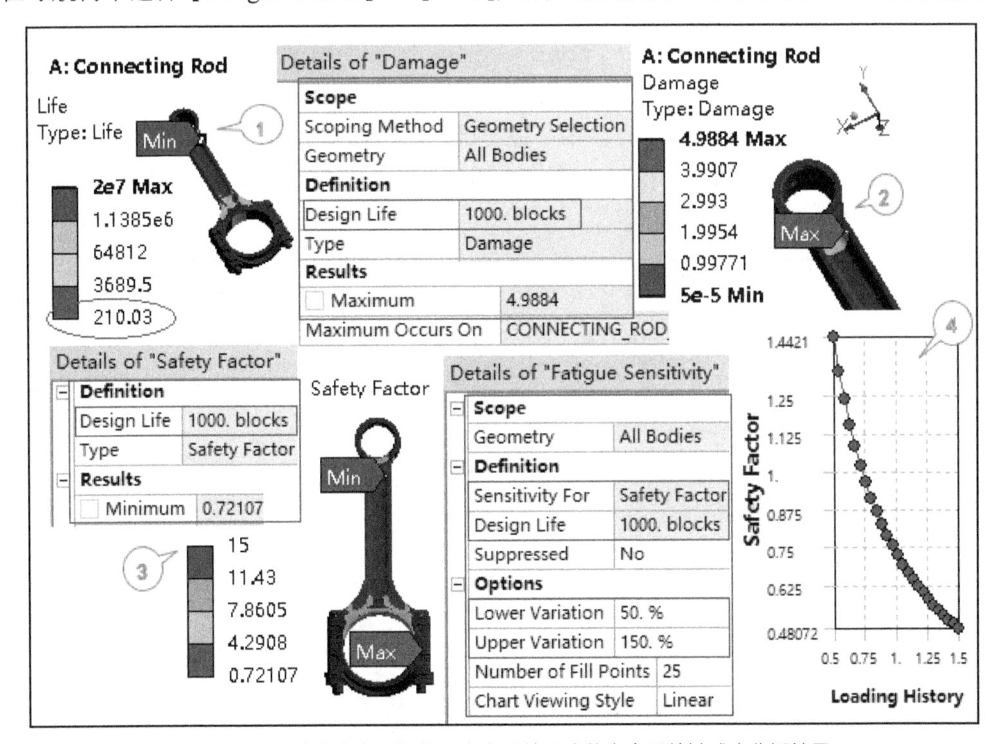

图 7.9-13 疲劳寿命、损伤、安全系数及疲劳安全系数敏感度分析结果

（2）在导航树中选择【Fatigue Tool】→【Damage】，“设计寿命”【Design Life】=1000，计算得到设计寿命为 1000 次的疲劳损伤最大值 4.988。

（3）在导航树中选择【Fatigue Tool】→【Safety Factor】，“设计寿命”【Design Life】=1000，计算得到设计寿命为 1000 次的疲劳安全系数为 0.721。

提示

如果载荷历程与构件一个月时间中的经历一致，那么损伤和安全系数就对应于设计寿命为 1000 次循环的结果，安全系数是为了使其满足 1000 个月寿命的比例系数，表示尽管寿命计算为 210 个载荷块，但只有 0.721 的比例达到 1000 次循环。

（4）疲劳安全系数的敏感性（表示安全系数为基本载荷的函数），在导航树中选择【Fatigue Tool】→【Fatigue Sensitivity】，在明细窗口定义 1000 次设计寿命下安全系数的敏感性：【Sensitivity For】=Safety Factor，【Design Life】=1000 blocks；定义最小基本载荷变化幅度为 50%，最大基本载荷变化幅度为 150%，即【Lower Variation】=50%，【Upper Variation】=150%。选择【Fatigue Sensitivity】右键单击鼠标，选择【Evaluate All Results】，计算得到并画出关于载荷变化幅度为 50%～150%的疲劳安全系数敏感性结果。可以估计 50%载荷作用下，安全系数为 1.44，150%的载荷对应的安全系数为 0.48。同样，选择【Biaxiality Indication】，得到并画出的双轴指示结果基本同前。注意：单击连杆处查看应力状态接近 0，为单轴应力状态。

3．雨流矩阵及损伤矩阵（见图 7.9-14）

（1）在导航树中选择【Fatigue Tool】→【Rainflow Matrix】，如没有求解，也可以右键单击鼠标，选择【Evaluate All Results】，得到并画出雨流矩阵分布。

（2）3D 图中 x 轴表示等效应力幅变化范围为 0～346MPa，y 轴表示平均应力范围为-111～581MPa，z 轴为表示数量的竖条，从竖条分布看，低应力幅变化占多数。明细窗口显示等效应力幅分布的最大最小范围及最大/最小平均应力。

（3）在导航树中选择【Fatigue Tool】→【Damage Matrix】，在明细窗口中【Design Life】=1000 blocks，图表按 3D 显示：【Chart Viewing Style】=Three Dimensional。

（4）同样得到并画出损伤矩阵分布，3D 图中 x 轴表示等效应力幅变化范围，y 轴表示平均应力范围，但 z 轴为相对损伤，竖条最高为相对损伤大最大，出现在高应力幅处。明细窗口显示等效应力幅分布的最大最小范围及最大/最小平均应力。

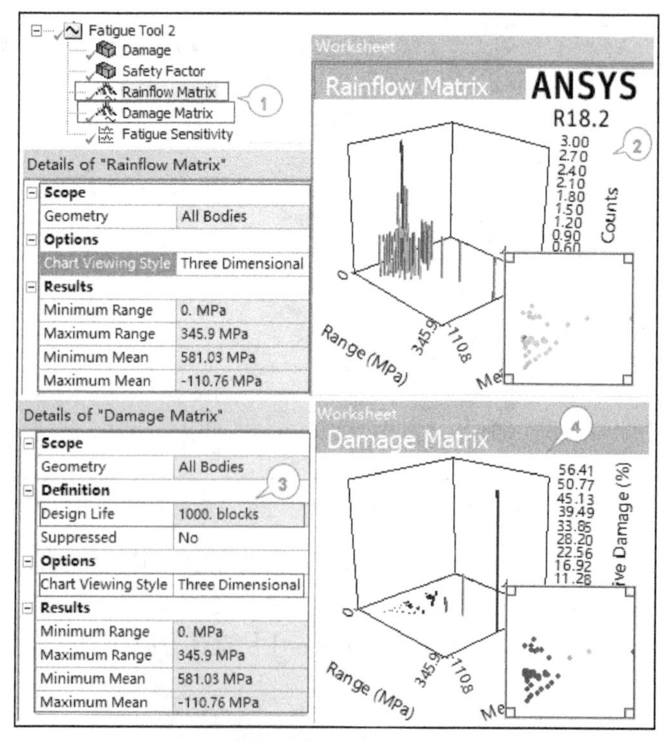

图 7.9-14　雨流矩阵及损伤矩阵

 提示

尽管前面的雨流矩阵分布中大多数针对低应力幅值，但这些并不在危险位置造成最大的损伤，从损伤矩阵中看到，“较高”应力幅循环在危险位置造成大的损伤。类似可生成另外没有考虑平均应力效果的疲劳分析结果并做相应的对比。

7.10 本章小结

本章介绍疲劳分析的基本概念及分析流程，基于 ANSYS 18.2 Workench 平台提供的疲劳工具，主要针对结构高周疲劳，给出不同加载状态下的疲劳分析案例及详细的数值模拟过程。

第 8 章 结构热变形及热应力分析

温度变化会以多种方式影响结构性能，如高温或温度变化，不同材料热胀冷缩系数不同，引起不同材料的伸缩长度不同，因此，往往在不同材料界面之间产生剪切力，可能导致结构过度变形，甚至屈服、疲劳和断裂，这一问题在使用过程中常难以克服。本章主要描述结构热变形引发的热应力问题及其分析方法和数值模拟过程。

8.1 结构热应力分析方法概述

结构的连续性或边界条件对热胀冷缩的限制会导致结构产生热变形和热应力，在没有边界约束时，结构热应力是自平衡的。

理论上说，热和结构分析是耦合在一起的，但事实上，对于复杂的结构热效应问题，热/结构耦合方法是合适的，如强热流环境冲击环境下，结构短时间产生很高的温度梯度，导致材料的强度、刚度、热物理性能、传热方式及几何形状发生明显变化，引起结构热边界条件的显著变化，除此之外，大多数情况下，结构的力学响应几乎不会影响热物性、传热方式及热边界条件，因此，通常二者可以分开求解，结构力学分析可用热分析的温度分布作为输入条件。

对于大多数结构而言，热变形是指温度缓慢变化及其分布不均匀导致结构产生准静态变形，由于温度场变化缓慢，结构热效应是线性的，且与时间无关，可以用线性稳态方法来描述。因此本章侧重有限元稳态求解方法分析热变形和热应力问题。

8.2 传热基本方式

热的传递是由物体内部或物体之间的温度不同而引起的。当无外功输入时，根据热力学第二定律，热总是自动地从温度较高的部分传给温度较低的部分，根据不同的传热机理，传热的基本方式有热传导、对流和辐射 3 种。

1. 热传导

当物体的内部或两个直接接触的物体之间存在着温度差异时，物体各部分之间不发生相对位移时，依靠分子、原子及自由电子等微观粒子的热运动而产生的热量传递称为热传导。热能就从物体的温度较高部分传给温度较低部分或从一个温度较高的物体传递给直接接触的温度较低的物体。

热传导基本规律（傅里叶定律）表示为：

$$Q=-kA\frac{\mathrm{d}T}{\mathrm{d}n} \tag{8.2.1}$$

式中，Q 为热流率，表示单位时间内通过某一给定面积的热量，单位为 W；$\mathrm{d}T/\mathrm{d}n$ 为温度梯度，单位为℃/m；A 为导热面积，单位为 m^2；k 为材料的导热系数，单位为 W/（m・℃）。导热系数是物质的一种物理性质，表示物质的导热能力的大小，导热系数值越大，物质导热性能越好。

傅里叶定律表示：单位时间内热传导的方式传递的热量与垂直于热流的截面积成正比，与温度梯度成正比，负号表示导热方向与温度梯度方向相反。

2．对流

对流是指由于流体的宏观运动，使流体各部分之间发生相对位移，冷热流体相互掺混所引起的热量传递过程。对流仅发生在流体中，对流的同时必伴随有导热现象。

流体流过一个物体表面时的热量传递过程，称为对流换热；又可根据对流换热时是否发生相变分为有相变的对流换热和无相变的对流换热；而根据引起流动的原因可分为自然对流（密度差引起）和强制对流（压差引起）、沸腾换热及凝结换热（相变引起对流换热）等。

对流换热的基本规律（牛顿冷却公式）表示为

$$Q = Ah(t_s - t_f) \tag{8.2.2}$$

式中，t_s、t_f分别为固体表面温度和流体温度；h 为对流换热系数，表示单位温差作用下通过单位面积的热流率，对流换热系数越大，传热越剧烈，单位为 W/m²℃。

对流换热系数的大小与传热过程中的许多因素有关。它不仅取决于物体的物性、换热表面的形状、大小相对位置，而且与流体的流速有关。

一般地，就介质而言，水的对流换热比空气强烈；就换热方式而言，有相变的强于无相变的；强制对流强于自然对流。对流换热研究的基本任务是用理论分析或实验的方法推导出各种场合下表面对流换热系数的关系式。

3．辐射

物体通过电磁波来传递能量的方式称为辐射。因热的原因而发出辐射能的现象称为热辐射。

辐射与吸收过程的综合作用造成了以辐射方式进行的物体间的热量传递称为辐射换热。辐射换热是一个动态过程，当物体与周围环境温度处于热平衡时，辐射换热量为零，但辐射与吸收过程仍在不停地进行，只是辐射热与吸收热相等。

实际物体辐射热流率根据斯特藩-玻耳兹曼定律求得：

$$Q = \varepsilon A \sigma T^4 \tag{8.2.3}$$

式中，T 为黑体的热力学温度 K（开尔文，0℃= 273.16 K）；σ 为斯特藩-玻耳兹曼常数（黑体辐射常数），5.67 $\times 10^{-8}$ W/m²·K⁴；A 为辐射表面积，单位为 m²。其中 Q 为物体自身向外辐射的热流率，而不是辐射换热量；ε 为物体的发射率（黑度），其大小与物体的种类及表面状态有关。把吸收率等于 1 的物体称为黑体，这是一种假想的理想物体。

物体温度越高，单位时间辐射的热量越多。热传导和热对流都需要有传热介质，而热辐射无需任何介质，实质上，物体在真空中的热辐射效率最高。

在工程中通常考虑两个或两个以上物体之间的辐射，系统中每个物体同时辐射并吸收热量。它们之间的净热量传递可以用斯特藩-波尔兹曼方程来计算：

$$Q = \varepsilon_1 A_1 \sigma F_{12} (T_1^4 - T_2^4) \tag{8.2.4}$$

式中，Q 为热流率；ε_1 为该物体辐射率（黑度），σ为斯特藩-波尔兹曼常数；A_1 为辐射面 1 的面积；F_{12} 为由辐射面 1 到辐射面 2 的形状系数；T_1 为辐射面 1 的绝对温度；T_2 为辐射面 2 的绝对温度。

由式（8.2.4）可以看出，包含热辐射的热分析是高度非线性的。

8.3 稳态传热

1．稳态传热

传热系统中各点的温度仅随位置的变化而变化，不随时间变化而变化。其特点为单位时间通过传热面的额定热量是一个常量。

如果系统的净流为零，即流入系统的热量加上系统自身产生的热量等于流出系统的热量：

$$Q_{\text{流入}}+Q_{\text{生成}}-Q_{\text{流出}}=0 \tag{8.3.1}$$

则系统热稳态，稳态传热的有限元方程表示为：

$$[\boldsymbol{K}]\{\boldsymbol{T}\}=\{\boldsymbol{Q}\} \tag{8.3.2}$$

式中，$[\boldsymbol{K}]$为热传导矩阵，包含热系数、对流系数及辐射和形状系数；$\{\boldsymbol{T}\}$为节点温度向量；$\{\boldsymbol{Q}\}$为节点热流率向量，包括热生成。

2．线性与非线性

如果满足下列条件，则为非线性热分析。

- 材料热性能随温度变化，如导热系数为温度函数 $k(T)$等。
- 边界条件随温度变化，如对流换热系数随温度改变 $h(T)$等。
- 含有非线性单元。
- 考虑辐射传热。

非线性稳态热分析的有限元方程可描述为：

$$\left[\boldsymbol{K}(T)\right]\{\boldsymbol{T}\}=\left\{\boldsymbol{Q}(T)\right\} \tag{8.3.3}$$

8.4　结构热变形及热应力分析的有限元方程

前面提到，热变形及热应力的产生与温差分布、材料热膨胀系数或膨胀方式相关。从分析热效应的角度来讲，只要结构的力学响应不会明显影响热物性参数、热传导方式及热边界条件，就可以将结构热应力问题解耦为热分析+结构静力分析。

这样，结构热变形问题就可与一般结构静力问题统一考虑，先进行热分析，得到结构温度场的分布，再按照静力求解过程，将材料本构关系、应变-位移关系代入力平衡方程，引入相应的载荷及位移边界条件，通过求解力平衡方程求结构热变形，进而根据变形和应力关系得到热应力。

有限元数值解法中，应用有限元位移法，其中温度场及位移场表述为结构空间的离散量。有限元方程可表示为：

$$[\boldsymbol{K}]\{\boldsymbol{u}\}-\left\{\boldsymbol{F}^{th}\right\}=\{\boldsymbol{F}\} \tag{8.4.1}$$

式中，$[\boldsymbol{K}]$为刚度矩阵；$\{\boldsymbol{u}\}$为节点位移矢量；$\{\boldsymbol{F}\}$为节点力矢量；$\left\{\boldsymbol{F}^{th}\right\}$为结构温度节点载荷列阵，即：

$$\left\{\boldsymbol{F}^{th}\right\}=\sum\int_{V_e}[\boldsymbol{B}]^{\mathrm{T}}[\boldsymbol{D}]\left\{\boldsymbol{\varepsilon}^{th}\right\}\mathrm{d}V \tag{8.4.2}$$

$$\left\{\boldsymbol{\varepsilon}^{th}\right\}=\left(T-T_{\text{ref}}\right)\left[\alpha_x\,\alpha_y\,\alpha_z\,000\right]^{\mathrm{T}} \tag{8.4.3}$$

式中，$[\boldsymbol{B}]$为应变-位移矩阵；$[\boldsymbol{D}]$为应力-应变矩阵；V_e 为单元体积；$\left\{\varepsilon^{th}\right\}$为热应变；$T_{\text{ref}}$为参考温度；$\alpha_x,\alpha_y,\alpha_z$为 x，y，z 方向热膨胀系数。

当只有温度载荷时，式（8.4.1）简化为：

$$[\boldsymbol{K}]\{\boldsymbol{u}\}=\left\{\boldsymbol{F}^{th}\right\} \tag{8.4.4}$$

提示

热应力的有限元分析可看作结构静力分析的延伸，在考虑结构加载的同时，也要引入热分析得到的温度场分布作为热载荷输入条件，材料参数中也要补充热膨胀系数。

8.5 覆铜板模型低温热应力分析

8.5.1 问题描述及分析

本案例对覆铜板模型进行低温（22℃～100℃）条件下热应力分析，铜带与基板之间通过胶层连接，当温度很低或胶层很薄时，可认为铜带与基板之间为刚性连接，这样分析模型中不包含胶层，仅包含长 10mm 铜条（横截面 2mm×0.1mm）、10mm 的基板（横截面 2mm×0.2mm），有限元分析模型采用实体-实体单元，单元大小为 0.05mm，如图 8.5-1 所示，材料性能参数见表 8.5-1。

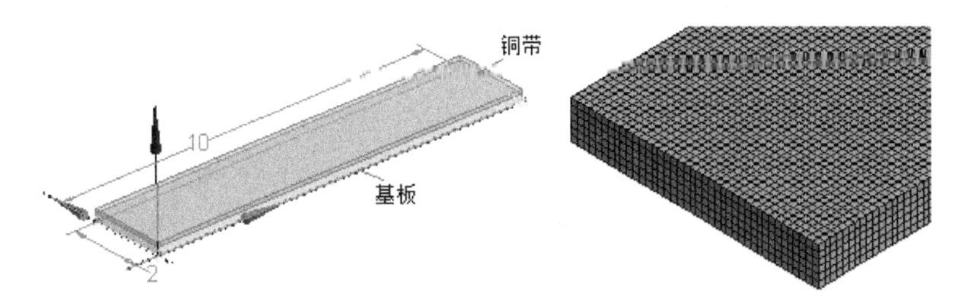

图 8.5-1 覆铜板分析模型

表 8.5-1 材料性能参数

名称	弹性模量	泊松比	热胀系数/℃
基板	3.5 GPa	0.4	5e-5
覆铜	110 GPa	0.34	1.8e-5

8.5.2 刚性结点的热应力理论计算

两条不同材料的窄带刚性结合在一起，材料特性为弹性模量 E、热膨胀系数α、泊松比ν、厚度 t、温度变化 $\Delta T=T-T_0$，两种材料将产生膨胀或收缩，但由于连接在一起，因此界面上的长度变化是相同的，也就是应变相等，即 $\varepsilon_1=\varepsilon_2$；如果带宽比长度及厚度小，则宽度方向（横向）的应力可忽略，而且如果长带受到限制，不产生弯曲，仍然平的，则应变表示如下。

$$\varepsilon_1=\alpha_1\Delta T+\frac{\sigma_1}{E_1}=\varepsilon_2=\alpha_2\Delta T+\frac{\sigma_2}{E_2} \tag{8.5.1}$$

由于轴向（x 方向）没有机械载荷，则力平衡方程为：

$$\sigma_1 t_1+\sigma_2 t_2=0 \tag{8.5.2}$$

求解得到：

$$\sigma_1=-\frac{E_1(\alpha_1-\alpha_2)\Delta T}{1+mn},\sigma_2=\frac{E_2(\alpha_1-\alpha_2)\Delta T}{1+1/mn} \tag{8.5.3}$$

其中，

$$m=\frac{t_1}{t_2},n=\frac{E_1}{E_2} \tag{8.5.4}$$

本案例中覆铜板中的接合层不是窄带而是宽板，则层内平面内各方向应力相等，因此需要考虑泊松效应，修正弹性模量如下。

$$E_1'=\frac{E_1}{1-\nu_1},\qquad E_2'=\frac{E_2}{1-\nu_2} \tag{8.5.5}$$

因此计算得到:

$$m=0.1/0.2=0.5,\quad n=110\mathrm{e}9\times(1-0.4)/3.5\mathrm{e}9/(1-0.34)=28.57 \tag{8.5.6}$$

$$\sigma_1=-\frac{E_1'(\alpha_1-\alpha_2)\Delta T}{1+mn}=\frac{\frac{110\mathrm{e}9}{1-0.34}\times(1.8-5)e-5\times122}{1+0.5\times28.57}=-42.57\ (\mathrm{MPa}) \tag{8.5.7}$$

$$\sigma_2=\frac{E_2'(\alpha_1-\alpha_2)\Delta T}{1+\frac{1}{mn}}=-\frac{\frac{3.5\mathrm{e}9}{1-0.4}\times(1.8-5)\mathrm{e}-5\times122}{1+1/0.5/28.57}=21.28\ (\mathrm{MPa}) \tag{8.5.8}$$

在弹性范围内，应变 ε_1、ε_2 为热应变与弹性应变之和，则覆铜热应变为:

$$\alpha_1\Delta T=1.8\times10^{-5}\times(-122)=-0.002196 \tag{8.5.9}$$

覆铜弹性应变为:

$$\frac{\sigma_1(1-\nu_1)}{E_1}=-42.57\times10^6\times0.66/(110\times10^9)=-0.0002554 \tag{8.5.10}$$

基板热应变为:

$$\alpha_2\Delta T=5\times10^{-5}\times(-122)=-0.0061 \tag{8.5.11}$$

基板弹性应变为:

$$\frac{\sigma_2(1-\nu_2)}{E_2}=21.28\times10^6\times0.6/(3.5\times10^9)=0.003648 \tag{8.5.12}$$

8.5.3　数值模拟过程

1．添加【Static Structural】

打开 Workbench，将“静力分析系统”【Static Structural】拖入项目流程图，保存文件为 Thermal_Stress_Cu_Base.wbpj。

2．添加材料参数

在【Engineering Data】单元格双击鼠标，根据表 8.5-1 输入铜与基板材料参数，如图 8.5-2 所示。

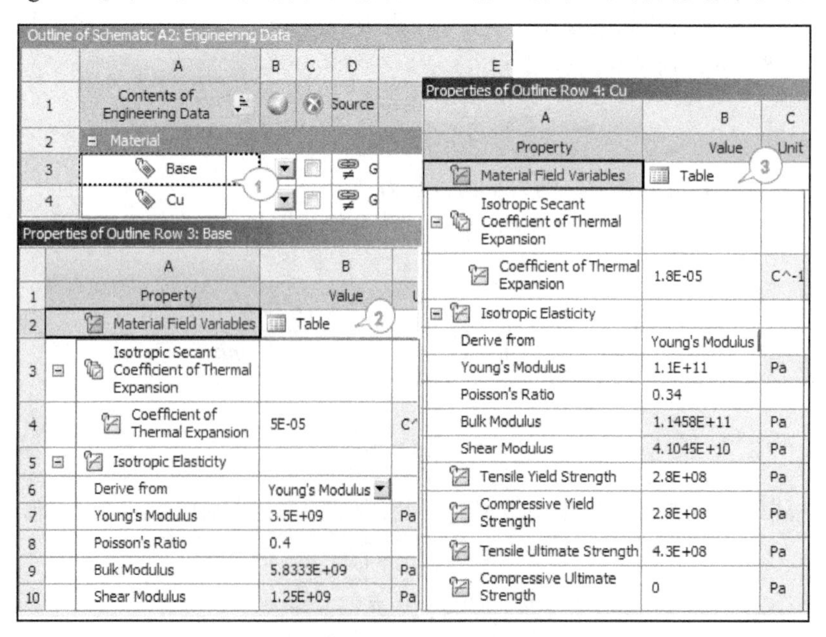

图 8.5-2　材料参数

3. 建立几何模型

在 WB 中的【Geometry】单元格双击鼠标，进入 DM 程序，按照尺寸建模且合并为一个零件，如图 8.5-3 所示。

（1）在菜单栏中设置 mm 单位：【Units】→【Millimeter】，在工具栏单击【草图】按钮，创建草图【Sketch1】。

（2）选择【草图】【Sketching】标签切换到草图模式，绘制矩形，在明细窗口输入尺寸 H1=10mm，V2=2mm。

（3）选择【模型】【Modeling】标签切换到模型模式，在工具栏单击【拉伸】按钮Extrude。

（4）根据草图创建拉伸特征【Extrude1】，在明细窗口设置【Operation】=Add Frozen，【FD1, Depth(>0)】=0.2mm，在工具栏中单击生成【Generate】按钮，图形窗口中生成 3D 基板。

（5）在工具栏单击【面选】按钮，选择基板顶面，在工具栏单击【拉伸】按钮Extrude，根据顶面创建拉伸特征【Extrude2】，在明细窗口设置【Operation】=Add Frozen，【FD1, Depth(>0)】=0.1mm，在工具栏中单击“生成”【Generate】按钮，图形窗口中生成基板上的覆盖层。

（6）在导航树中选中两个实体，右键单击鼠标选择【Form New Part】合并为一个零件，返回 WB。

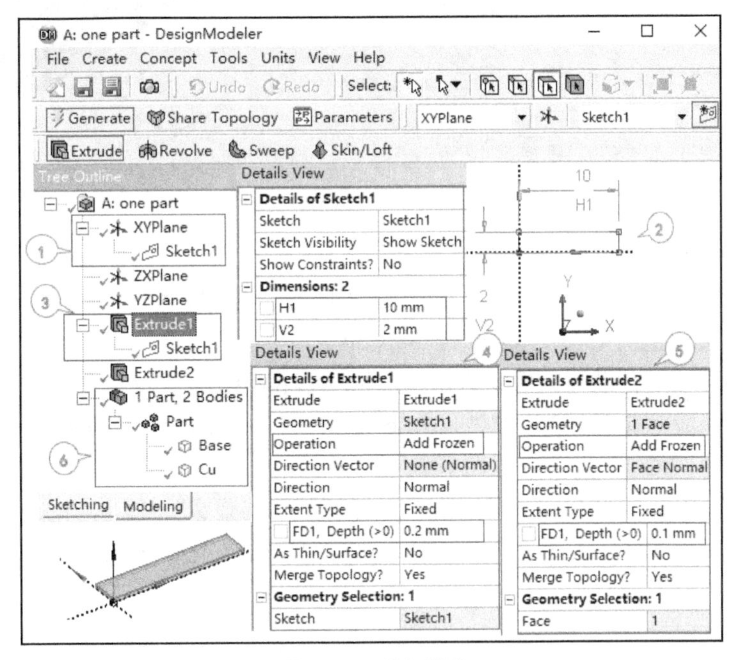

图 8.5-3 几何模型

4. 进入静力分析

在项目流程图中的【Model】双击鼠标，进入 Mechnical 环境进行静力分析。

5. 分配材料及网格划分（见图 8.5-4）

（1）在导航树中展开【Geometry】→【Part】。

（2）在【Base】明细窗口中分配材料属性：设置【Material】→【Assignment】=Base。

（3）在【Cu】明细窗口中分配材料属性：设置【Material】→【Assignment】=Cu。

（4）在导航树中选择“网格划分”【Mesh】。

（5）【Mesh】明细窗口中提供了网格划分的整体设置选项，设置【Relevance Center】=Medium，【Element Size】=0.05mm，当前活动工具栏为网格划分的相关命令，选择【Updat】按钮更新网格。

（6）图形窗口中显示网格，双层板共划分为 5 层，查看网格质量，平均值为 0.96。

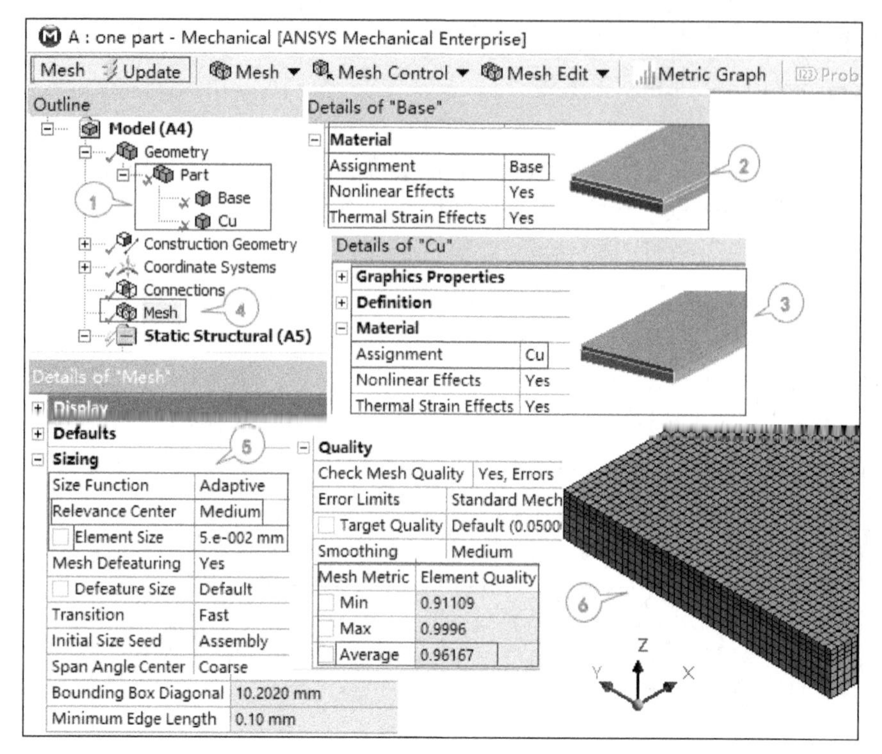

图 8.5-4　网格划分

6．边界条件（见图 8.5-5）

（1）约束条件为基板底端约束法向位移，允许 *xy* 平面内的自由膨胀，在图形窗口选择基板底面，在结构环境工具栏中加入“无摩擦约束”【Frictionless Support】。

（2）模型热仿真分析中，热载荷为低温的温差分布，即环境温度从 22℃～-100℃，选择两个实体，导航树中选 A5，在结构环境工具栏中选添加热载【Loads】→【Thermal Condition】，在明细窗口中输入温度【Magnitude】=-100℃。

（3）在“分析设置”【Analysis Settings】明细窗口中激活“弱弹簧”，即【Weak Springs】=On。

（4）在导航树中选择【Solution】，在工具栏中插入需要的结果：“变形”【Deformation】、“热应变”【Strain】→【Thermal】等。

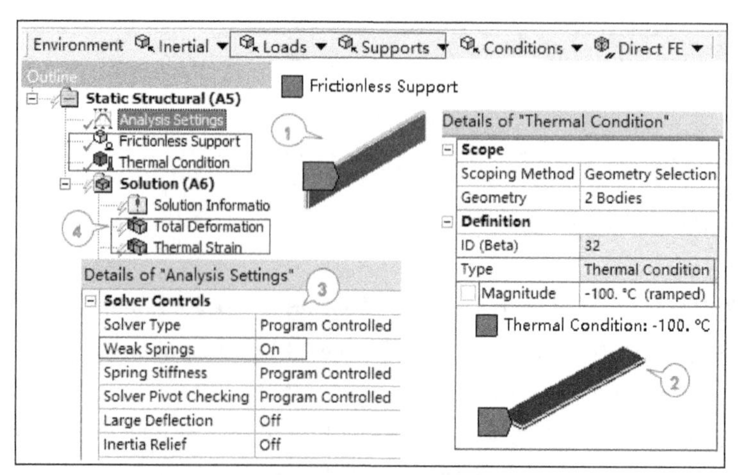

图 8.5-5　约束及热载

7．分析结果

单击【Solve】按钮进行静力求解，在导航树中选择【Solution】，在工具栏中选择“总变形”【Total

Deformation】、“热应变”【Thermal Strain】，结果如图 8.5-6 所示。

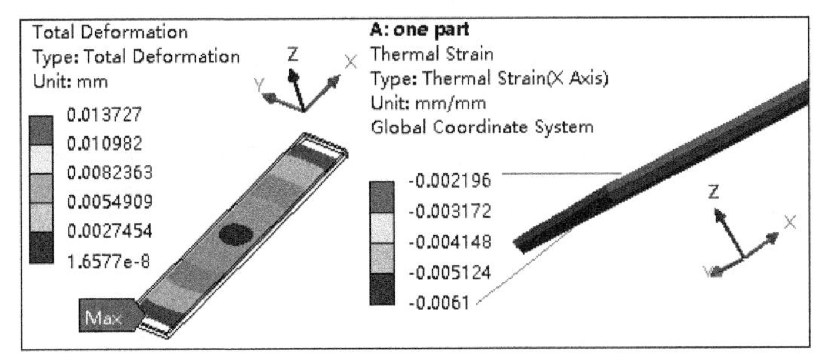

图 8.5-6 变形及热应变（最大收缩变形 0.0137；热应变铜为-0.002196，基板为-0.0061）

下面再分别选择覆铜和基板：①选择【Strain】→【Normal】；②、③显示 x 方向“正应变”【X Axis-Normal Elastic Strain】，如图 8.5-7 所示；④～⑥在覆铜和基板中间分别设置路径【Path】、【Path 3】；⑦在求解工具栏中选择【Stress】→【Normal Stress】；⑧、⑨在明细窗口设置到对应的路径及实体：【Scopping Method】=Path，【Path】=Path 3，得到中间处的 x 正应力【X Axis-Normal Stress】，结果如图 8.5-8 所示。最后保存文件，归档压缩文件。

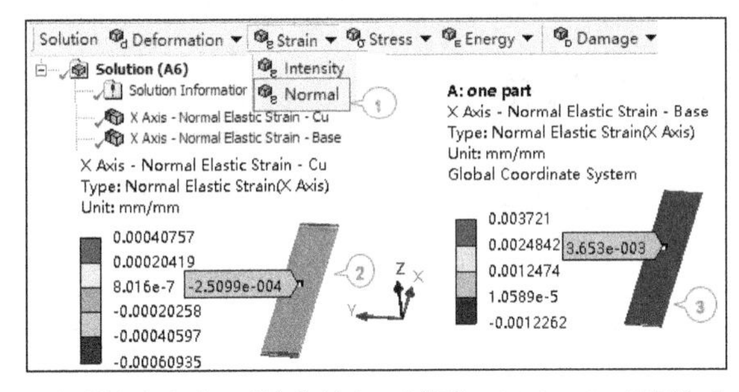

图 8.5-7 x 向弹性应变（不计边缘效应，则铜为-2.51e-4，基板为 3.653e-3）

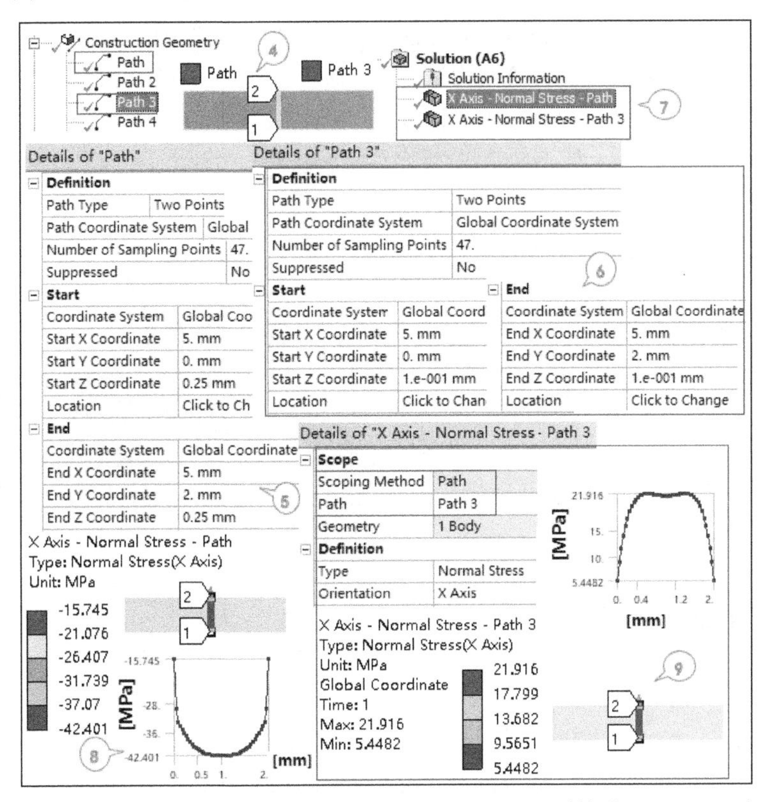

图 8.5-8 x 向正应力（不计边缘效应，则铜为-42.4MPa，基板为 21.916MPa）

8.5.4　结果分析与讨论

覆铜板模型热应力分析的理论计算与数值模拟结果对比见表 8.5-2。

表 8.5-2　覆铜板模型热应力分析的理论计算与数值模拟结果对比

结果	理论	ANSYS WB	误差/%
覆铜 *x* 方向正应力 /MPa	−42.57	−42.4	−0.4
覆铜热应变 (mm/mm)	−0.002196	−0.002196	0
覆铜弹性应变 (mm/mm)	−0.0002554	−0.000251	−1.72
基板 *x* 方向正应力 /MPa	21.28	21.916	3
基板热应变 (mm/mm)	−0.0061	−0.0061	0
基板弹性应变 (mm/mm)	0.003648	0.003653	0.137

根据表 8.5-2 的对比结果可以看到：本模型计算结果与理论解相差很小，低温环境下覆铜承受压应力，基板则承受拉应力。将本模型期待值和理论计算值相对比，仿真分析中假设材料参数不随温度变化，后续练习中可考虑随温度变化的材料参数和可变的几何参数等，并可做进一步计算分析，这里略过。

8.6　泵壳传热及热应力分析

前面的案例给出环境温度变化产生的热变形及热应力问题，下面给出结构传热产生的温差分布形成的热应力问题。

8.6.1　问题描述与分析

本案例中，塑料泵壳具有温度边界条件，壳体固定端为 60℃，壳体内部温度 90℃，与环境之间进行自然对流，对流换热系数 10 为 W/m^2℃，计算结构热应力。这里需要先计算稳态传热，然后将温度分布结果导入到结构静力分析求解结构热应力，分析模型如图 8.6-1 所示，提供 3D 几何模型文件 Pump_Housing.x_t。

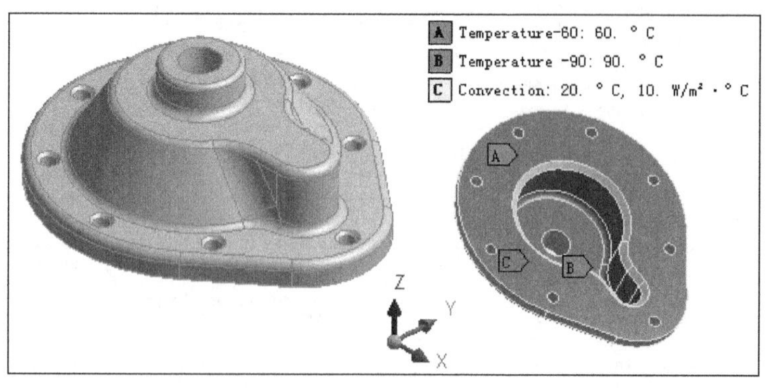

图 8.6-1　泵壳分析模型

8.6.2　数值模拟过程

1. 设置分析流程（见图 8.6-2）

（1）打开 Workbench，将“稳态热分析”【Steady-State Thermal】从工具箱中拖入项目流程图。

（2）再将“结构静力分析”【Static Structural】拖入到稳态热分析中的【Solution】单元格上。

（3）在工具栏单击【Save】按钮。

（4）保存文件 Thermal_Stress_pump.wbpj，分析流程图如图 8.6-2 所示。

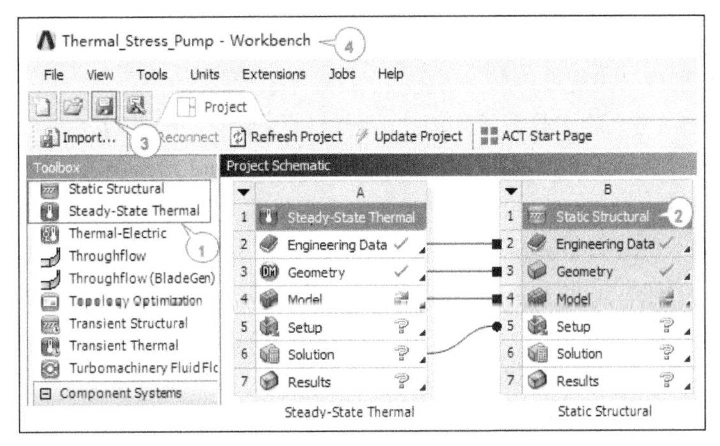

图 8.6-2　泵壳热应力分析流程

2．材料库中导入材料（见图 8.6-3）

（1）在稳态热分析“工程数据”【Engineering Data】双击鼠标，选择【Engineering Data Sources】标签。

（2）选择“通用材料库”【General Material】。

（3）通用材料库中找到“聚乙烯”【Polyethylene】材料，单击，则导入材料。

（4）单击【Engineering Data Sources】标签返回【A2，B2：Engineering Data】。

（5）工程数据中选择“聚乙烯”【Polyethylene】查看属性。

（6）属性表中给出材料参数：热膨胀系数为 0.00023（1/℃），弹性模量为 1.1GPa，泊松比为 0.42，热导率为 0.28 W/m℃。

（7）然后在工具栏中选择【Project】标签返回项目流程图。

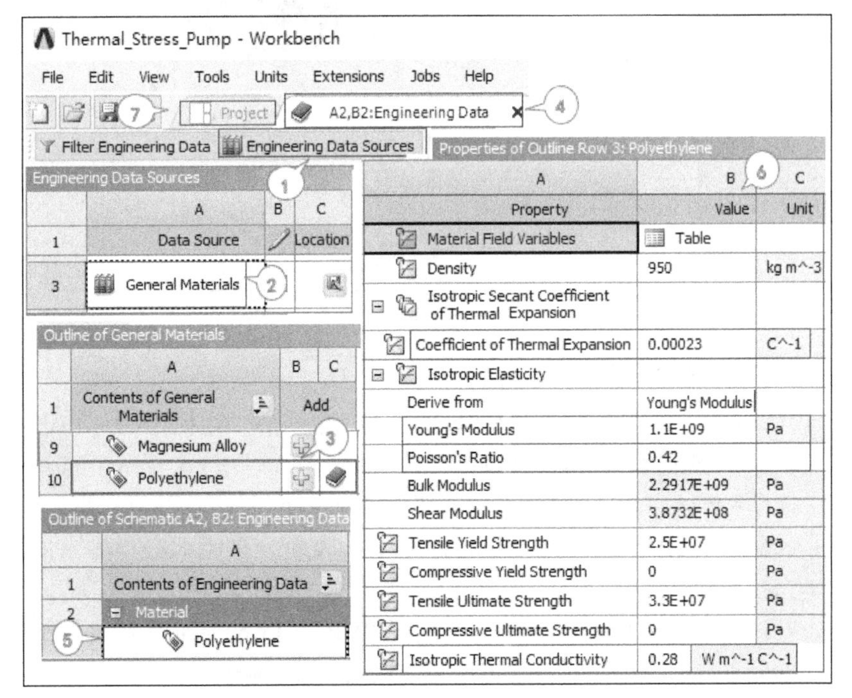

图 8.6-3　导入泵壳材料参数

3．导入模型

在稳态热分析 A 中选择【Geometry】单元格右键单击鼠标，选择“导入几何模型”【Import Geometry】=Pump_Housing.x_t。

4．分配材料及网格划分（见图 8.6-4）

（1）双击 A4【Model】进入稳态热分析环境，分配材料：展开【Model】→【Geomety】→【Solid】。

（2）在明细窗口设置【Material】→【Assignment】=Polyethylene。

（3）由基于模型不规则，故考虑用曲率及单元大小进行整体网格划分，在导航树中选择【Mesh】。

（4）在明细窗口设置：【Size Function】=Curvature，相关度【Relevance Center】=Medium，“单元大小”【Max Face Size】=6mm，【Defeature Size】=1mm，【Min Size】=3mm，【Max Tet Size】=6mm，【Curvature Normal Angle】=60° 。

（5）单击【Mesh】工具栏中的【Update】按钮生成网格。

（6）图形窗口显示四面体单元的网格划分结果。

（7）查看网格质量及统计结果：选择【Mesh】，在明细窗口展开【Quality】，设置【Mesh Metric】=Element Quality，查看网格质量平均值为 0.82；展开【Statistics】，网格划分的单元节点数约为 5.5 万，单元数约为 3.5 万。

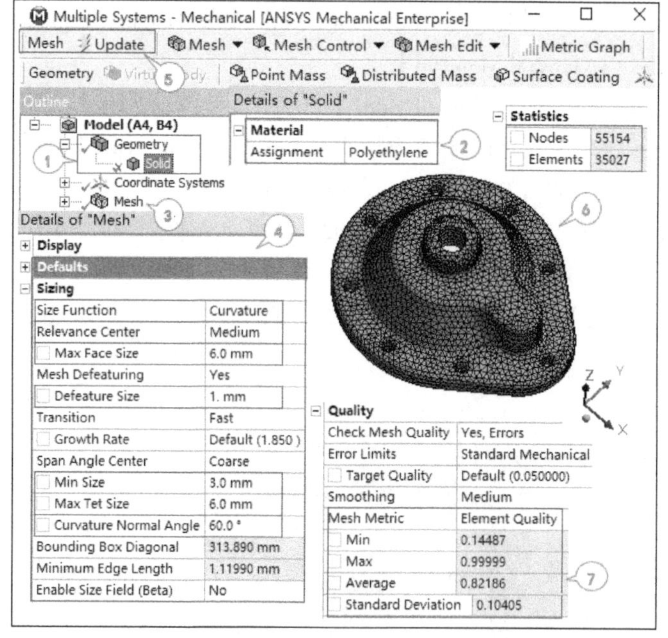

图 8.6-4　网格划分

5．热载荷、对流边界及热分析结果（见图 8.6-5）

（1）在菜单栏中选择单位：【Units】→【Metric（m，kg，N，s，V，A）】，在导航树中选择【Steady-State Thermal（A5）】，在工具栏中添加【Temperature】。

（2）图形窗口中选择泵体底面，在明细窗口输入值：【Definition】→【Magnitude】=60℃。

（3）同样再加入温度，图形窗口中选择泵体 13 个内表面，在明细窗口输入值：【Definition】→【Magnitude】=90℃。

（4）施加对流边界：选择泵体 32 个外表面，在工具栏中选择【Convection】，在明细窗口输入“对流换热系数”【Film Coefficient】=10W/m^2℃，“环境温度”【Ambient Temperature】=20℃。

（5）添加温度及热通量结果：选择【Solution】，右键单击鼠标，选择【Insert】→【Thermal】→【Temperature】及【Total Heat Flux】。

（6）在工具栏中单击【Solve】按钮，求解后得到温度及热通量结果，在导航树中选择【Solution】→【Temperature】查看稳态热分析的温度变化范围为 38.6℃ ~ 90℃。

（7）在导航树中选择【Solution】→【Total Heat Flux】，内壁过渡处最大热通量约为 1710W/m^2。

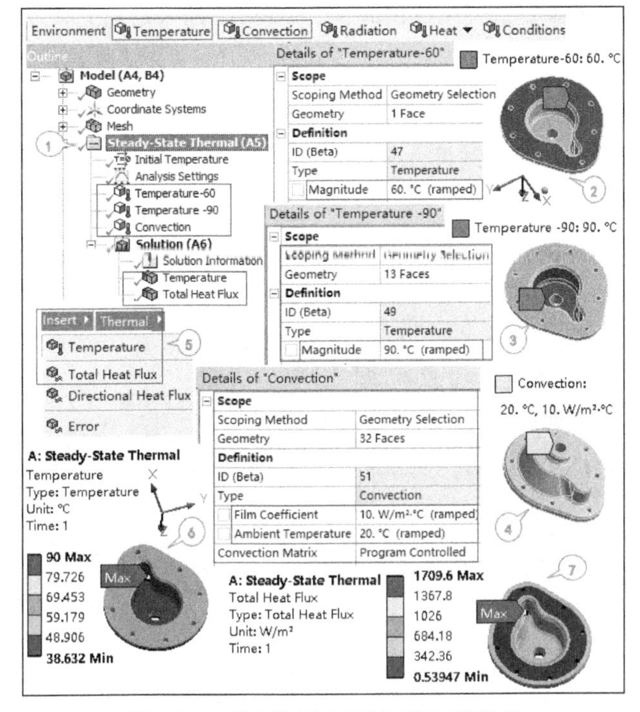

图 8.6-5　稳态热分析边界条件及求解结果

6．静力分析过程（见图 8.6-6）

（1）在导航树中选择【Static Structural】，图形窗口中选择 8 个定位孔面及泵体底面，施加无摩擦约束，右键单击鼠标选【Insert】→【Frictionless Support】。

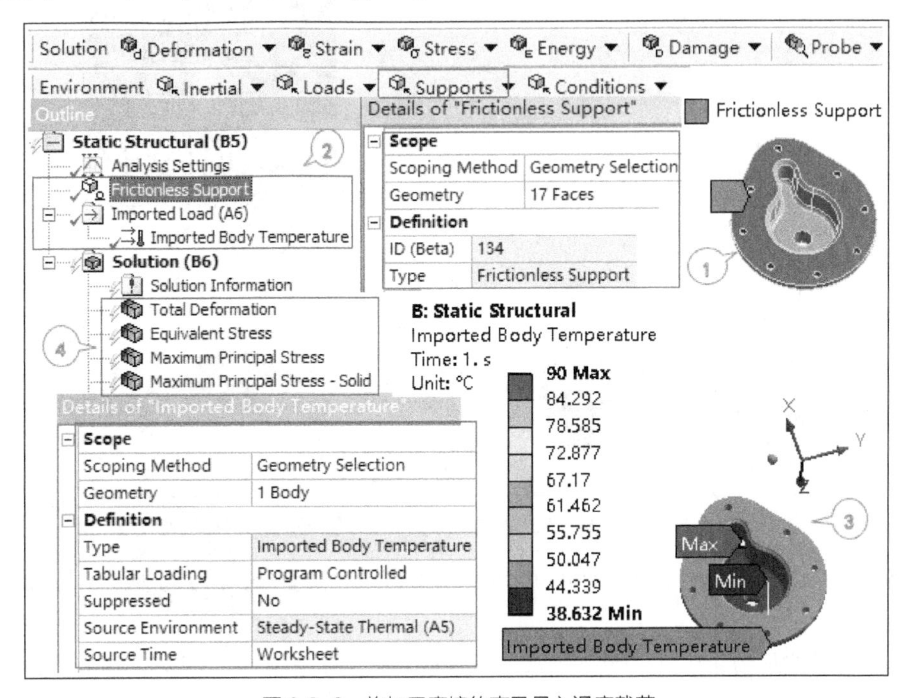

图 8.6-6　施加无摩擦约束及导入温度载荷

（2）在导航树中展开【Imported Load】→【Imported Body Temperature】。

（3）右键单击鼠标，选择【Import Load】，导入温度显示在图形窗口。

（4）在导航树中选择【Solution】，右键单击鼠标，插入结果选项【Total Deformation】、【Equivalent Stress】、【Maximum Principal Stress】，选择泵体顶部 5 个外表面，插入最大主应力【Maximum Principal Stress】及结构误差【Structural Error】。

7．求解及查看结构热应力分析结果（见图 8.6-7 和图 8.6-8）

（1）单击【Solve】按钮求解，查看结果。导航树中选择“总变形”【Total Deformation】，图形窗口显示最大变形在泵体顶面，约为 1.42mm。

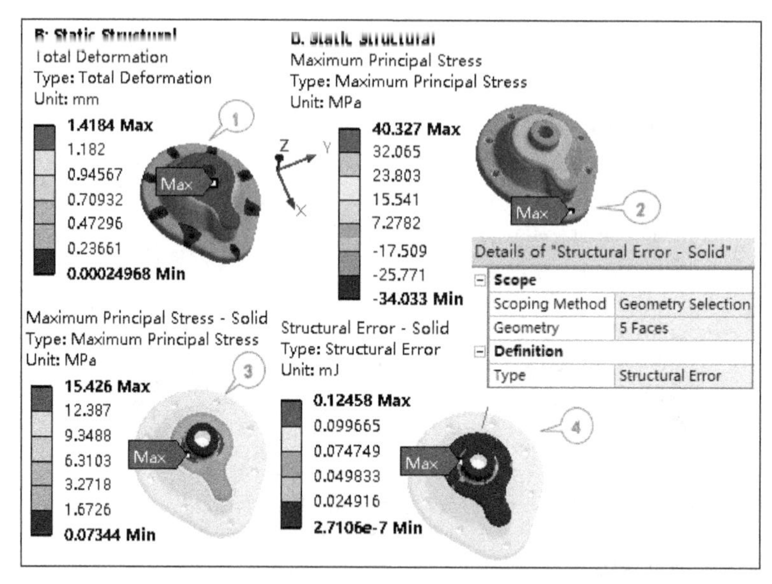

图 8.6-7 变形、最大主应力及结构误差分布（未局部细分网格）

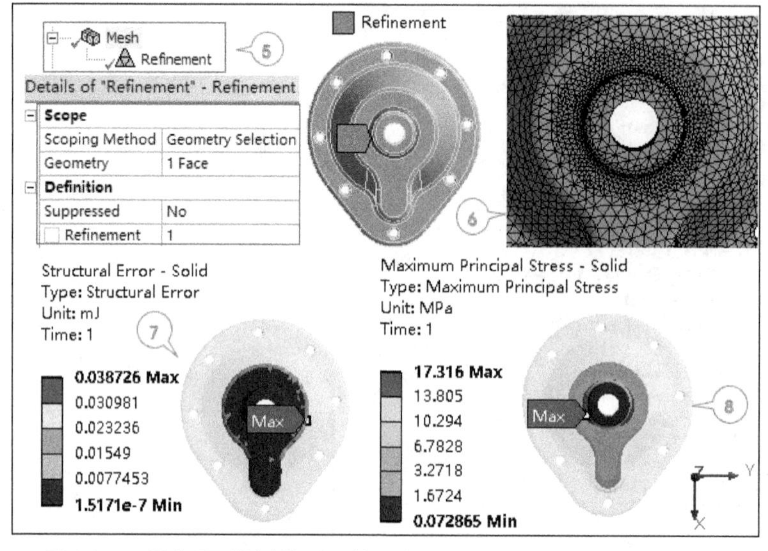

图 8.6-8 泵壳顶面圆角处细化网格、结构误差和泵壳顶面最大主应力分布

（2）在导航树中选择【Maximum Principal Stress】，图形窗口中查看泵壳最大主应力，最大值约为 40MPa，出现在螺栓孔处。

（3）由于螺栓孔处为应力集中处，整体最大主应力发生在泵壳顶面处，所以选择相关的 5 个面，查看最大主应力约为 15.4MPa。

（4）在导航树中选择【Structural Error】，查看顶面的结构误差约为 0.12mJ。

（5）对泵壳顶面圆角处细化网格，选择【Mesh】→【Refinement】，细化等级为 1，重新计算。

（6）图形窗口显示局部细化后的网格。

（7）分析结果查看泵壳顶面处的 5 个面的"结构误差"【Structural Error】，最大值约为 0.04mJ。

（8）"最大主应力"【Maximum Principal Stress】升高到 17MPa，该处的结构误差未细分网格前是集中在这里的，现在最大结构误差已经转移到外边缘，所关心的位置的结构误差已经不大。分析完成后保存文件，归档 Thermal_Stress_Pump.wbpz。

8.6.3 结果分析与讨论

对热分析而言，由于仅计算温度结果，网格划分稀疏或者稠密对结果影响不大，但本案例中要求解热应力的结果，则在关心位置需要有较好的网格质量，应力分析的结果也显示局部的应力集中在螺栓定位孔处，因此查看关心处的泵壳顶面位置的应力分布是否收敛即可。

本案例中也可以将多个感兴趣的热工况导入到静力分析中，静力分析中设置多载荷步，并对每个载荷步指定导入的工况时间点即可，如果时间允许，请修改泵壳材料为铝合金再重新计算，对比两种不同材料的结果。这里不再展开讨论，读者可以自行测试。

8.7 本章小结

本章讲述 ANSYS Workbench 在结构热变形及热应力分析中的工程应用，结合环境温度和温差分布产生结构热变形引发的热应力问题，给出覆铜板模型低温热应力分析和泵壳传热及热应力分析案例，以及详细数值模拟过程。

8.8 习题

（1）结构为带椭圆端盖的垂直圆柱压力容器，椭圆封头比例为 2：1，圆柱内径 1050mm，外径为 1074mm，圆柱垂直长度为 1400mm，全长为 2370mm，忽略压力容器中间检查孔、空气入口和空气出口、排水口，容器底部有 4 个支撑梁，矩形横截面 120mm×120mm，每根支撑梁总长度为 750mm，其中 150mm 与罐体重叠。模型示意图如下。

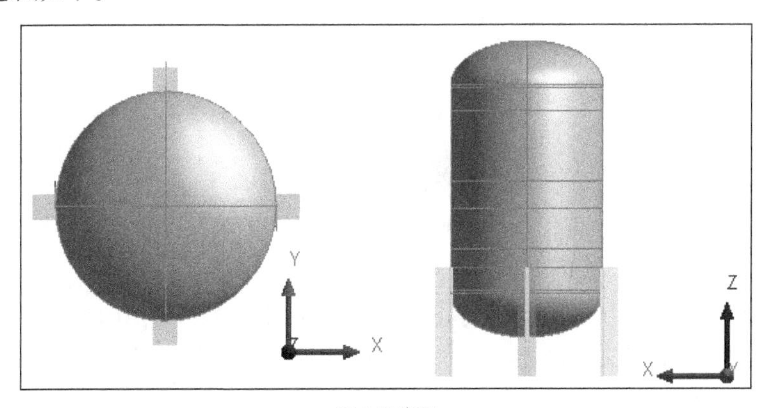

题 1 示意图

仅计算设计工况，载荷条件为：考虑自重及指定温度下的压力载荷，设计压力为 38℃温度下 0.5MPa，地震载荷水平 0.12g，给定温度下的结构材料属性如下。

题 1 表　材料属性

名称	密度/（kg · m^{-3}）	许用应力 S_m /MPa	屈服强度 S_y/MPa	极限拉伸强度/MPa	弹性模量/GPa	泊松比
钢板	7850	138	260	485	201	0.3
支撑梁	7850	114	250	400	203	0.3

采用基本应力强度评估组合载荷，使用 ANSYS 15.0 Workbench 进行结构静力分析及强度校核，其中强度校核参考 ASME III 中 1 类组件的应力评定标准为：薄膜应力 $P_m<1S_m$，局部薄膜应力 P_L 为一次应力，$P_L<1.5S_m$，薄膜应力+弯曲应力 $P_L+P_b<1.5S_m$。

（2）分析模型为受内压壳体，采用图示中截取的部分模型，轴对称截面尺寸如图所示，单位为 mm，壳体承受内压为 0 ~ 2MPa，使用 ANSYS 15.0 Workbench 进行结构静强度分析及疲劳分析，采用等效应力作为疲劳计算，确定卸载槽处的疲劳寿命、损伤和安全因子，设计寿命为 1e6，疲劳强度因子为 0.8，缩放系数为 1，模型参数如下表。

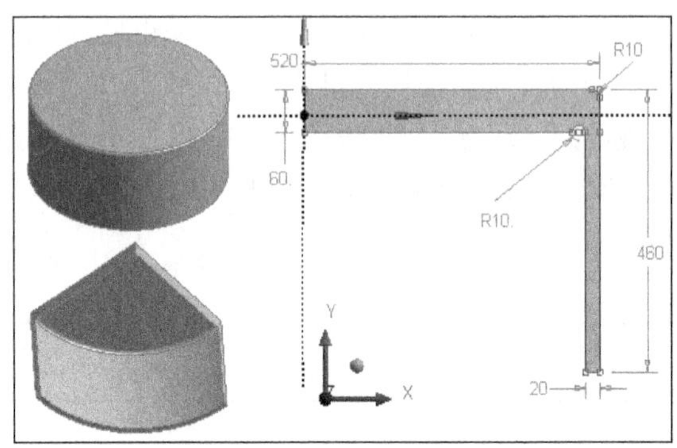

题 2 示意图

题 2 表　分析模型参数

名称	数值	S-N 曲线数据	
弹性模量 E	200GPa	循环数	交变应力/MPa
泊松比 ν	0.3	10	4000
极限拉伸强度 σ_U	460 MPa	1e3	572
疲劳持久强度 σ_E	86 MPa	1e4	262
屈服应力 σ_Y	250 MPa	1e5	138
		1e6	86

（3）4 层保温桶，最外层为钢，次外层为铝，中间为隔热的树脂基复合材料，里层为铝，筒内为热水，筒外为空气，需确定筒壁的温度场分布及热应力分布。

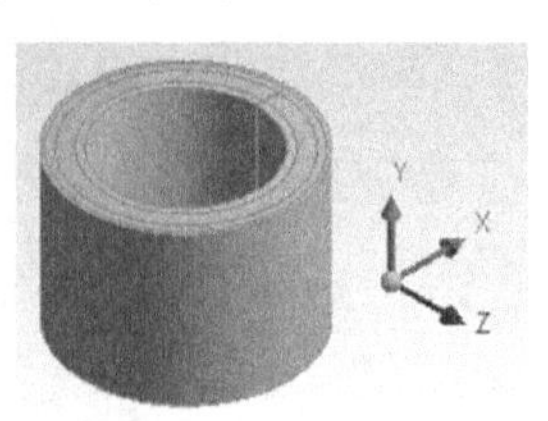

题 3 示意图

已知：筒内半径 0.1m、筒长度 0.1m、4 层厚度为 0.01m、0.02m、0.01m、0.005m，钢、复合材料及铝导热系数为 60.5 W/m ·℃、0.055 W/m ·℃、236W/m ·℃，水温度 80℃，空气温度为 20℃，空气对流系数为 12.5 W/m^2 ·℃。

提示

属于稳态传热产生的热变形及热应力问题，由于几何结构、载荷及边界条件都为轴对称的，可取轴对称截面分析。

参 考 文 献

[1] [美]G.R.布查南.有限元分析（全美经典学习指导系列）[M]. 董文君、谢伟松，译. 北京：科学出版社，2002.

[2] [美]库克. 有限元分析的概念与应用[M]. 关正西，强洪夫, 译. 4 版. 西安: 西安交通大学出版社，2007.

[3] J. N. Reddy. An Introduction to the Finite Element Method[M]. McGraw-Hill.Inc, 1993.

[4] Saeed Moaveni. Finite Element Analysis_ theory and Application with ANSYS[D]. Minnesota State Universtiy,1999.

[5] Larry J.Segerlind, Applied Finite Element Analysis, Second Edition[M]. John Wiley & Sons,Inc,1984.

[6] Taylor Zienkiewicz, R.L, and Zhu J Z, The Finite Element Method: Its Basis and Fundamentals, Sixth edition. Elsevier Butterworth-Heinemann. 2005.

[7] Daryl L. Logan. A First Course in the Finite Element Method,Fifth Edition, Cengage Learning, 2012.

[8] Nakasone Y, Yoshimoto S, Stolarski T A. Engineering Analysis With ANSYS Software, Elsevier Butterworth-Heinemann, 2006.

[9] Javier Bonet, Wood Richard D, NONLINEAR CONTINUUM MECHANICS FOR FINITE ELEMENT ANALYSIS[M]. 2nd Edition. Cambridge University Press , 2008.

[10] 陆金甫，关治. 偏微分方程的数值解法[M] 2. 北京，清华大学出版社，2004.

[11] 李荣华. 偏微分方程的数值解法[M]. 北京：高等教育出版社，2005.

[12] 濮良贵，纪明刚（西北工业大学机械原理及机械零件教研室）. 机械设计[M]7 版. 北京：高等教育出版社，2001.

[13] 郑江，许瑛. 机械设计[M]. 北京：中国林业出版社, 北京大学出版社，2006.

[14] 许京荆，王正涛等，FCC 催化剂喷雾干燥塔内的 CFX 气-液二相流数值模拟[C]// 2014 ANSYS 技术大会论文集，2014.

[15] 刘威威,许京荆, 等,基于 CFX 的多腔回转炉中催化剂颗粒加热的数值模拟[J]. 过程工程学报, 2013, 13(6):908-914.

[16] http://www.ansys.com.

[17] 2017 SAS IP, Inc., ANSYS Help System, Release 18 [M].

[18] 2017 SAS IP.Inc. ANSYS Verification Manual for Workbench [M].

[19] Erdogan Madenci，Ibrahim Guven. THE FINITE ELEMENT METHOD AND APPLICATIONS IN ENGINEERING USING ANSYS，Springer Science-nBusiness Media, LLC，2006.

[20] 许京荆，王秀梅，吴益敏，有限元数值模拟方法在 CAE 教学中的研究与探讨[J]，东北大学学报（社会科学版），2013.15（s1）：62-68.

[21] 许京莉. ANSYS13.0 WORKBENCH 数值模拟技术[M]. 2012. 中国水利水电出版社.

[22] 许京荆. ANSYS 16.0 软件课程——ANSYS WORKBENCH 压力容器结构分析，2017.

[23] 许京荆. ANSYS 16.0 软件课程——ANSYS WORKBENCH 结构静力分析，2017.

[24] 许京荆. ANSYS 16.0 软件课程——网格划分技术，2017.

[25] 许京荆. ANSYS 16.0 软件课程——低频电磁场分析，2017.

[26] 许京荆. ANSYS 16.0 软件课程——结构动力分析，2017.

[27] 许京荆. ANSYS 16.0 软件课程——结构非线性分析， 2017.

[28] 许京荆. ANSYS 16.0 软件课程——结构热分析，2017.

[29] 孙佳,许京荆,翁健, 等. 基于 ANSYS Workbench 高压电阻箱式结构的抗震分析[J]. 机械设计,2012.

[30] Jing-jing Xu, Yu Chen, Wei-wei Liu, Zheng-tao Wang. Numerical Simulation on the Strength and Sealing Performance for High-Pressure Isolating Flange[C]// Proceedings of the Sixth International Conference on Nonlinear Mechanics (ICNM-VI). 2013: P392-396

[31] 卢志珍，许京荆等，PTFE 缠绕垫片旋转法兰的强度及密封性能研究[J]. 机械设计与制造，2014.

[32] 卢志珍，许京荆，等. 分析设计法对蒸馏塔热效应非线性屈曲行为的研究[J]. 机械设计与制造, 2014

[33] 2013 ASME Boiler & Pressure Vessel Code, Ⅷ Division 2, Alternative Rules, Rules for Construction of Pressure Vessels [S]. 2013.

[34] 2013 ASME Boiler and Pressure Vessel Code，Section II Part D，Properties (Metric)， Materials；Three Park Avenue • New York, NY • 10016 USA

[35] EN 13445: 2009 (E) Unfired Pressure Vessels, Part 3: Design [S]. 2009.

[36] 寿比南，GB 150-2011 《压力容器》标准释义[M]. 北京：新华出版社，2012.

[37] G Mathan，A study on the sealing performance of flange joints with gaskets under external bending using finite-element analysis[C]//Proceedings of the Institution of Mechanical Engineers, Part E: Journal of Process Mechanical Engineering，2008.

[38] 蔡仁良. 压力容器法兰设计和垫片参数的发展现状[C]// 第六届全国压力容器学术会议压力容器先进技术精选集. 2005: 756-763.

[39] 约瑟夫 L. 泽曼. 压力容器分析设计-直接法[M]. 苏文献，等, 译. 北京：化学工业出版社，2009.

[40] 秦荣. 工程结构非线性[M]. 北京：科学出版社，2006.

[41] 曾正明. 机械工程材料数据手册[M]，北京：机械工业出版社，2009.

[42] [美]库慈（Kutz,M.）. 材料选用手册[M]. 陈祥宝，戴圣龙，等，译. 北京：化学工业出版社，2005.

[43] 崔佳等. 钢结构设计规范理解与应用[M]. 北京: 中国建筑工业出版社，2004.

[44] GB 50260—1996, 电力设施抗震设计规范[S]. 1996.

[45] GB 50011—2010, 建筑抗震设计规范[S]. 2010.

[46] 安世亚太. ANSYS WORKBENCH 疲劳分析指南[M]. 2009.

[47] [美]Surech. S. 材料的疲劳[M]. 王光中，译. 北京: 国防工业出版社，1993.

[48] 姚卫星. 结构疲劳寿命分析[M]. 北京: 国防工业出版社，2003.

[49] 弗兰克 P. 英克鲁佩勒. 传热和传质基本原理[M]. 葛新石，叶宏，译. 6. 北京：化学工业出版社，2007.